草种质资源保护利用系列丛书

# 中国草种质资源库
ZHONGGUO CAO ZHONGZHI ZIYUANKU
BAOCUN MINGLU—DOUKE MUCAO(XIACE)

## 保存名录——豆科牧草（下册）

全国畜牧总站 编

中国农业出版社
北 京

**图书在版编目（CIP）数据**

中国草种质资源库保存名录.下册,豆科牧草/全
国畜牧总站编.—北京:中国农业出版社,2020.10
（草种质资源保护利用系列丛书）
ISBN 978-7-109-27343-6

Ⅰ.①中… Ⅱ.①全… Ⅲ.①豆科牧草-种质资源-
中国-名录 Ⅳ.①S564.024-62②S541.024-62

中国版本图书馆 CIP 数据核字（2020）第 178354 号

中国农业出版社出版
地址:北京市朝阳区麦子店街 18 号楼
邮编:100125
责任编辑:赵 刚 肖 杨
版式设计:王 晨 责任校对:吴丽婷
印刷:中农印务有限公司
版次:2020 年 10 月第 1 版
印次:2020 年 10 月北京第 1 次印刷
发行:新华书店北京发行所
开本:880mm×1230mm 1/16
印张:21.75
字数:400 千字
定价:90.00 元

# 《中国草种质资源库保存名录——豆科牧草（下册）》编写委员会

主 任 委 员：贠旭江

副主任委员：李新一　洪　军　董永平　李志勇　白昌军

委　　　员：陈志宏　高　秋　师文贵　张　瑜　刘　芳　高洪文　袁庆华　师尚礼
　　　　　　周青平　何光武　刘　洋　程云辉　赵景峰　尼玛群宗　刘公社　李　萌
　　　　　　宛　涛　艾尔肯

主　　　编：李新一　陈志宏　董永平

副 主 编：高　秋　师文贵　张　瑜　刘　芳

编　　　者：（以姓名笔画为序）

王　瑜　王　赞　王加亭　王学敏　王梅娟　尹晓飞　田　宏　白昌军
丛培义　宁　布　冯葆昌　达　丽　师文贵　刘　欢　刘　芳　刘　彬
刘　磊　刘文辉　齐　晓　贠旭江　苏爱莲　杜桂林　杨晓东　李玉荣
李存福　李志勇　李佶恺　李新一　吴欣明　张　义　张　瑜　张文洁
张鹤山　陈志宏　陈艳宇　邵麟惠　依甫拉音·玉素甫　鱼小军　赵桂琴
赵恩泽　赵鸿鑫　洪　军　夏茂林　高　秋　崔荣梅　董永平　解永凤
蔡　萍

# 编写说明

1. "名录"保存地点栏中，"1"指中国农业科学院草原研究所温带牧草备份库，"2"指中国热带农业科学院热带作物品种资源研究所热带牧草备份库，"3"指全国畜牧总站中心库。

2. "名录"材料来源栏中，"ICRISAT"指印度国际半干旱作物研究所，"CIAT"指哥伦比亚国际热带农业中心，"ACIAR"指澳大利亚国际热带农业中心。

# 前　言

　　草种质资源是筛选、培育新草品种的素材和重要基因源，是现代畜牧业可持续发展的重要物质基础，世界各国都重视并将其纳入战略性资源的保护范畴。我国也把生物多样性保护与利用作为种质资源可持续发展与农业供给侧结构性改革中的重要举措。新形势下夯实草种质资源的保护及创新利用对于缓解饲料资源短缺、确保粮食及畜产品稳定供给、促进草地畜牧业稳步发展、加速农业结构调整、满足生态环境治理等有着十分重要的作用。

　　我国幅员辽阔，地域生态地理条件复杂多样，植被水平分布及垂直分布差异明显，多样的草地类型及复杂的生态地理条件造就了草种质资源的多样性。据 20 世纪 80 年代全国草地及饲用植物调查和研究表明，我国拥有饲用植物 246 科 1 545 属 6 704 种（包括亚种、变种和变型）。饲用植物绝大多数种类都属于被子植物门，种类最多，饲用价值和经济价值巨大，有 177 科 1 391 属 6 262 种（包括亚种、变种和变型），其中，豆科有 123 属 1 231 种。

　　《中国草种质资源库保存名录——豆科牧草（下册）》收录了中心库、温带备份库、热带备份库保存的豆科种质材料 95 属 357 种 7 298 份，其中野生资源 3 608 份，引进资源 2 001 份，栽培资源 1 689 份。

　　由于时间和业务水平所限，难免有不足之处，诚望读者批评指教。


《中国草种质资源库保存名录——豆科牧草》编写组

2020 年 4 月

# 目　　录

# 中国草种质资源库保存名录——豆科牧草（下册）

| 序号 | 送种单位编号 | 属 名 | 种 名 | 学 名 | 品种名（原文名） | 材料来源 | 材料原产地 | 收种时间（年份） | 保存地点 | 类型 |
|---|---|---|---|---|---|---|---|---|---|---|
| 1 | 060307014 | 相思子属 | 毛相思子 | *Abrus mollis* Hance | | | 海南五指山南圣镇 | 2006 | 2 | 野生资源 |
| 2 | FJ 金合欢 | 金合欢属 | 金合欢 | *Acacia farnesiana*（L.）Willd. | CIAT 20126 | 福建农科院 | | 2010 | 2 | 引进资源 |
| 3 | HN2011-1826 | 合萌属 | 美洲合萌 | *Aeschynomene americana* L. | | | 广西凭祥 | 2010 | 3 | 野生资源 |
| 4 | Lee Jointretch | 合萌属 | 美州合萌 | *Aeschynomene americana* L. | lee Jointvetch | ACIAR | | 2004 | 2 | 引进资源 |
| 5 | 050323001 | 合萌属 | 美州合萌 | *Aeschynomene americana* L. | | 华农土化系 | | 2005 | 2 | 引进资源 |
| 6 | GX 田皂角 | 合萌属 | 美州合萌 | *Aeschynomene americana* L. | | 广西牧草工作站 | | 2010 | 2 | 野生资源 |
| 7 | 071105001 | 合萌属 | 美洲合萌 | *Aeschynomene americana* L. | CIAT56282 | 广西 | | 2007 | 2 | 引进资源 |
| 8 | 049 | 合萌属 | 美洲合萌 | *Aeschynomene americana* L. | | 广西畜牧所 | | 2010 | 1 | 野生资源 |
| 9 | HN111 | 合萌属 | 合萌 | *Aeschynomene indica* L. | | 华农土化系 | | 1999 | 3 | 野生资源 |
| 10 | JL14-129 | 合萌属 | 合萌 | *Aeschynomene indica* L. | | | 辽宁东港椅圈镇 | 2013 | 3 | 野生资源 |
| 11 | 041201003 | 合萌属 | 合萌 | *Aeschynomene indica* L. | | | 海南昌江叉河 | 2004 | 2 | 野生资源 |
| 12 | GX 合萌 56282 | 合萌属 | 合萌 | *Aeschynomene indica* L. | | 广西牧草工作站 | | 2011 | 2 | 野生资源 |
| 13 | GX 合萌 9690 | 合萌属 | 合萌 | *Aeschynomene indica* L. | | 广西牧草工作站 | | 2011 | 2 | 野生资源 |
| 14 | GX 合萌 1028 | 合萌属 | 合萌 | *Aeschynomene indica* L. | | 广西牧草工作站 | | 2011 | 2 | 野生资源 |
| 15 | GX 合萌 2018 | 合萌属 | 合萌 | *Aeschynomene indica* L. | | 广西牧草工作站 | | 2011 | 2 | 野生资源 |
| 16 | GX08121124 | 合萌属 | 合萌 | *Aeschynomene indica* L. | | 广西牧草工作站 | | 2008 | 2 | 野生资源 |
| 17 | JL15-060 | 合欢属 | 合欢 | *Albizia julibrissin* Durazz. | | | 辽宁锦州北镇河吕山 | 2014 | 3 | 野生资源 |
| 18 | JL15-064 | 合欢属 | 合欢 | *Albizia julibrissin* Durazz. | | | 辽宁兴城双树村 | 2014 | 3 | 野生资源 |
| 19 | HN1088 | 合欢属 | 黄豆树 | *Albizia procera*（Roxb.）Benth. | | | 广西百色 | 2007 | 3 | 野生资源 |
| 20 | 070314001 | 合欢属 | 黄豆树 | *Albizia procera*（Roxb.）Benth. | | | 广西百色 | 2007 | 2 | 野生资源 |
| 21 | HN2010-1518 | 链荚豆属 | 链荚豆 | *Alysicarpus vaginalis*（L.）Candolle | | 广西南宁 | | 2008 | 3 | 野生资源 |
| 22 | HN2011-1746 | 链荚豆属 | 链荚豆 | *Alysicarpus vaginalis*（L.）Candolle | | | 海南尖峰岭天池 | 2004 | 3 | 野生资源 |
| 23 | HN2011-1747 | 链荚豆属 | 链荚豆 | *Alysicarpus vaginalis*（L.）Candolle | | | 海南东方鸵鸟基地 | 2007 | 3 | 野生资源 |

（续）

| 序号 | 送种单位编号 | 属 名 | 种 名 | 学 名 | 品种名（原文名） | 材料来源 | 材料原产地 | 收种时间（年份） | 保存地点 | 类型 |
|---|---|---|---|---|---|---|---|---|---|---|
| 24 | HN2011-1748 | 链荚豆属 | 链荚豆 | *Alysicarpus vaginalis*（L.）Candolle | | | 海南陵水英州 | 2007 | 3 | 野生资源 |
| 25 | HN2011-1977 | 链荚豆属 | 链荚豆 | *Alysicarpus vaginalis*（L.）Candolle | | | 海南尖峰岭天池 | 2004 | 3 | 野生资源 |
| 26 | HN2011-1978 | 链荚豆属 | 链荚豆 | *Alysicarpus vaginalis*（L.）Candolle | | | 海南陵水提蒙 | 2004 | 3 | 野生资源 |
| 27 | HN2011-1980 | 链荚豆属 | 链荚豆 | *Alysicarpus vaginalis*（L.）Candolle | | | 海南东方鸵鸟基地 | 2004 | 3 | 野生资源 |
| 28 | HN232 | 链荚豆属 | 链荚豆 | *Alysicarpus vaginalis*（L.）Candolle | | | 海南三亚亚龙湾 | 2002 | 3 | 野生资源 |
| 29 | hn3088 | 链荚豆属 | 链荚豆 | *Alysicarpus vaginalis*（L.）Candolle | | | 广西大新 | 2010 | 3 | 野生资源 |
| 30 | 101214006 | 链荚豆属 | 链荚豆 | *Alysicarpus vaginalis*（L.）Candolle | | | 贝宁 | 2010 | 2 | 引进资源 |
| 31 | 101114015 | 链荚豆属 | 链荚豆 | *Alysicarpus vaginalis*（L.）Candolle | | | 广西龙州叫堪乡 | 2010 | 2 | 野生资源 |
| 32 | 110110021 | 链荚豆属 | 链荚豆 | *Alysicarpus vaginalis*（L.）Candolle | | | 福建漳浦古雷镇 | 2011 | 2 | 野生资源 |
| 33 | 110111003 | 链荚豆属 | 链荚豆 | *Alysicarpus vaginalis*（L.）Candolle | | | 福建漳浦 | 2011 | 2 | 野生资源 |
| 34 | 050214008 | 链荚豆属 | 链荚豆 | *Alysicarpus vaginalis*（L.）Candolle | | | 广西白色田阳那坡镇 | 2005 | 2 | 野生资源 |
| 35 | 050214008 | 链荚豆属 | 链荚豆 | *Alysicarpus vaginalis*（L.）Candolle | | | 广西白色田阳那坡镇 | 2005 | 2 | 野生资源 |
| 36 | 061014004 | 链荚豆属 | 链荚豆 | *Alysicarpus vaginalis*（L.）Candolle | | | 海南儋州大成 | 2006 | 2 | 野生资源 |
| 37 | 130809008 | 链荚豆属 | 链荚豆 | *Alysicarpus vaginalis*（L.）Candolle | | | 江西彭泽庐山冲 | 2013 | 2 | 野生资源 |
| 38 | 151021005 | 链荚豆属 | 链荚豆 | *Alysicarpus vaginalis*（L.）Candolle | | | 广东吴川 | 2015 | 2 | 野生资源 |
| 39 | 040822064 | 链荚豆属 | 链荚豆 | *Alysicarpus vaginalis*（L.）Candolle | | | 海南陵水提蒙 | 2004 | 2 | 野生资源 |
| 40 | 040822064 | 链荚豆属 | 链荚豆 | *Alysicarpus vaginalis*（L.）Candolle | | | 海南陵水提蒙 | 2004 | 2 | 野生资源 |
| 41 | HN2011-1979 | 链荚豆属 | 链荚豆 | *Alysicarpus vaginalis*（L.）Candolle | | | 海南昌江高速公路旁 | 2004 | 3 | 野生资源 |
| 42 | hn3047 | 链荚豆属 | 异叶链荚豆 | *Alysicarpus vaginalis*（L.）DC. var. *diversifolius* Chun | | | 广西岑溪南渡镇 | 2008 | 3 | 野生资源 |
| 43 | NM08-002 | 沙冬青属 | 沙冬青 | *Ammopiptanthus mongolicus*（Maxim. ex Kom.）Cheng f. | | 内蒙古草原站 | | 2011 | 3 | 野生资源 |
| 44 | NM09-097 | 沙冬青属 | 沙冬青 | *Ammopiptanthus mongolicus*（Maxim. ex Kom.）Cheng f. | | 内蒙古草原站 | | 2014 | 3 | 野生资源 |
| 45 | NM09-098 | 沙冬青属 | 沙冬青 | *Ammopiptanthus mongolicus*（Maxim. ex Kom.）Cheng f. | | 内蒙古草原站 | | 2014 | 3 | 野生资源 |

（续）

| 序号 | 送种单位编号 | 属 名 | 种 名 | 学 名 | 品种名（原文名） | 材料来源 | 材料原产地 | 收种时间（年份） | 保存地点 | 类型 |
|---|---|---|---|---|---|---|---|---|---|---|
| 46 | NM09-099 | 沙冬青属 | 沙冬青 | *Ammopiptanthus mongolicus* （Maxim. ex Kom.）Cheng f. | | 内蒙古草原站 | | 2014 | 3 | 野生资源 |
| 47 | T7-1（XJDK2007027） | 沙冬青属 | 沙冬青 | *Ammopiptanthus mongolicus* （Maxim. ex Kom.）Cheng f. | | | | 2010 | 1 | 野生资源 |
| 48 | GS4522 | 紫穗槐属 | 紫穗槐 | *Amorpha fruticosa* L. | | | 陕西旬邑 | 2014 | 3 | 野生资源 |
| 49 | GS4553 | 紫穗槐属 | 紫穗槐 | *Amorpha fruticosa* L. | | | 陕西彬县 | 2014 | 3 | 野生资源 |
| 50 | JL14-157 | 紫穗槐属 | 紫穗槐 | *Amorpha fruticosa* L. | | | 辽宁鲅鱼圈市郊区 | 2013 | 3 | 栽培资源 |
| 51 | JL10-143 | 紫穗槐属 | 紫穗槐 | *Amorpha fruticosa* L. | | | 吉林白山 | 2016 | 3 | 野生资源 |
| 52 | JL14-024 | 紫穗槐属 | 紫穗槐 | *Amorpha fruticosa* L. | | | 吉林靖宇 | 2016 | 3 | 野生资源 |
| 53 | JL16-087 | 紫穗槐属 | 紫穗槐 | *Amorpha fruticosa* L. | | | 吉林抚松 | 2016 | 3 | 野生资源 |
| 54 | JL15-096 | 紫穗槐属 | 紫穗槐 | *Amorpha fruticosa* L. | | | 吉林浑江区 | 2016 | 3 | 野生资源 |
| 55 | YN2014-160 | 紫穗槐属 | 紫穗槐 | *Amorpha fruticosa* L. | | | 云南嵩明 | 2014 | 3 | 野生资源 |
| 56 | HB2010-136 | 两型豆属 | 两型豆 | *Amphicarpaea edgeworthii* Benth. | | | 湖北神农架松柏镇 | 2014 | 3 | 野生资源 |
| 57 | HB2011-018 | 两型豆属 | 两型豆 | *Amphicarpaea edgeworthii* Benth. | | 湖北农科院畜牧所 | | 2016 | 3 | 野生资源 |
| 58 | HB2012-475 | 两型豆属 | 两型豆 | *Amphicarpaea edgeworthii* Benth. | | | 湖北松柏镇 | 2012 | 3 | 野生资源 |
| 59 | HB2014-110 | 两型豆属 | 两型豆 | *Amphicarpaea edgeworthii* Benth. | | | 河南信阳平桥区 | 2013 | 3 | 野生资源 |
| 60 | HB2014-262 | 两型豆属 | 两型豆 | *Amphicarpaea edgeworthii* Benth. | | | 河南信阳浉河区 | 2014 | 3 | 野生资源 |
| 61 | 中畜-005 | 两型豆属 | 两型豆 | *Amphicarpaea edgeworthii* Benth. | | 中国农科院畜牧所 | 北京香山公园 | 2000 | 1 | 野生资源 |
| 62 | SC2016-098 | 两型豆属 | 两型豆 | *Amphicarpaea edgeworthii* Benth. | | | 四川茂县凤仪镇 | 2014 | 3 | 野生资源 |
| 63 | HB2013-091 | 土圞儿属 | 土圞儿 | *Apios fortunei* Maxim. | | | 湖南涟源芙蓉 | 2012 | 3 | 野生资源 |
| 64 | HB2013-092 | 土圞儿属 | 土圞儿 | *Apios fortunei* Maxim. | | | 湖南冷水江市渣渡 | 2012 | 3 | 野生资源 |
| 65 | HB2013-093 | 土圞儿属 | 土圞儿 | *Apios fortunei* Maxim. | | | 湖南涟源白马镇 | 2012 | 3 | 野生资源 |
| 66 | HB2013-094 | 土圞儿属 | 土圞儿 | *Apios fortunei* Maxim. | | | 湖南娄底新化温塘 | 2012 | 3 | 野生资源 |

（续）

| 序号 | 送种单位编号 | 属名 | 种名 | 学名 | 品种名（原文名） | 材料来源 | 材料原产地 | 收种时间（年份） | 保存地点 | 类型 |
|---|---|---|---|---|---|---|---|---|---|---|
| 67 | HB2013-096 | 土圞儿属 | 土圞儿 | *Apios fortunei* Maxim. | | | 湖南涟源市杨市镇园艺场 | 2012 | 3 | 野生资源 |
| 68 | HB2013-097 | 土圞儿属 | 土圞儿 | *Apios fortunei* Maxim. | | | 湖南涟源安平镇 | 2012 | 3 | 野生资源 |
| 69 | HB2013-098 | 土圞儿属 | 土圞儿 | *Apios fortunei* Maxim. | | | 湖南涟源毛坪 | 2012 | 3 | 野生资源 |
| 70 | HB2013-099 | 土圞儿属 | 土圞儿 | *Apios fortunei* Maxim. | | | 湖南娄底新化 | 2012 | 3 | 野生资源 |
| 71 | HB2013-102 | 土圞儿属 | 土圞儿 | *Apios fortunei* Maxim. | | | 湖南涟源桂花 | 2012 | 3 | 野生资源 |
| 72 | HB2013-103 | 土圞儿属 | 土圞儿 | *Apios fortunei* Maxim. | | | 湖南邵阳邵东 | 2012 | 3 | 野生资源 |
| 73 | HB2013-104 | 土圞儿属 | 土圞儿 | *Apios fortunei* Maxim. | | | 湖南涟源茅塘 | 2012 | 3 | 野生资源 |
| 74 | HB2013-105 | 土圞儿属 | 土圞儿 | *Apios fortunei* Maxim. | | | 湖南涟源快溪 | 2012 | 3 | 野生资源 |
| 75 | HB2013-106 | 土圞儿属 | 土圞儿 | *Apios fortunei* Maxim. | | | 湖南涟源太和 | 2012 | 3 | 野生资源 |
| 76 | HB2013-107 | 土圞儿属 | 土圞儿 | *Apios fortunei* Maxim. | | | 湖南涟源三甲 | 2012 | 3 | 野生资源 |
| 77 | HB2013-108 | 土圞儿属 | 土圞儿 | *Apios fortunei* Maxim. | | | 湖南冷水江 | 2012 | 3 | 野生资源 |
| 78 | HB2013-109 | 土圞儿属 | 土圞儿 | *Apios fortunei* Maxim. | | | 湖南娄底新化 | 2012 | 3 | 野生资源 |
| 79 | HB2013-270 | 土圞儿属 | 土圞儿 | *Apios fortunei* Maxim. | | | 湖南冷水江 | 2012 | 3 | 野生资源 |
| 80 | E661 | 落花生属 | 落花生 | *Arachis hypogaea* L. | | 湖北武汉江夏 | 印度 | 2006 | 3 | 引进资源 |
| 81 | E662 | 落花生属 | 落花生 | *Arachis hypogaea* L. | | 湖北武汉江夏 | 印度 | 2006 | 3 | 引进资源 |
| 82 | E663 | 落花生属 | 落花生 | *Arachis hypogaea* L. | | 湖北武汉江夏 | 印度 | 2006 | 3 | 引进资源 |
| 83 | E664 | 落花生属 | 落花生 | *Arachis hypogaea* L. | | 湖北武汉江夏 | 印度 | 2006 | 3 | 引进资源 |
| 84 | E665 | 落花生属 | 落花生 | *Arachis hypogaea* L. | | 湖北武汉江夏 | 印度 | 2006 | 3 | 引进资源 |
| 85 | E666 | 落花生属 | 落花生 | *Arachis hypogaea* L. | | 湖北武汉江夏 | 印度 | 2006 | 3 | 引进资源 |
| 86 | E667 | 落花生属 | 落花生 | *Arachis hypogaea* L. | | 湖北武汉江夏 | 印度 | 2006 | 3 | 引进资源 |
| 87 | E668 | 落花生属 | 落花生 | *Arachis hypogaea* L. | | 湖北武汉江夏 | 印度 | 2006 | 3 | 引进资源 |
| 88 | E669 | 落花生属 | 落花生 | *Arachis hypogaea* L. | | 湖北武汉江夏 | 印度 | 2006 | 3 | 引进资源 |
| 89 | E670 | 落花生属 | 落花生 | *Arachis hypogaea* L. | | 湖北武汉江夏 | 印度 | 2006 | 3 | 引进资源 |
| 90 | E672 | 落花生属 | 落花生 | *Arachis hypogaea* L. | | 湖北武汉江夏 | 印度 | 2006 | 3 | 引进资源 |

（续）

| 序号 | 送种单位编号 | 属 名 | 种 名 | 学 名 | 品种名（原文名） | 材料来源 | 材料原产地 | 收种时间（年份） | 保存地点 | 类型 |
|---|---|---|---|---|---|---|---|---|---|---|
| 91 | 花生 | 落花生属 | 落花生 | *Arachis hypogaea* L. | | | 云南江城老挝边界 | 2012 | 2 | 野生资源 |
| 92 | HN302 | 落花生属 | 平托落花生 | *Arachis pintoi* Krapov. et W. e Greg. | CIAT 22160 | 中、南美洲 | | 2004 | 3 | 引进资源 |
| 93 | HN303 | 落花生属 | 平托落花生 | *Arachis pintoi* Krapov. et W. e Greg. | CIAT 18750 | 中、南美洲 | | 2004 | 3 | 引进资源 |
| 94 | HN304 | 落花生属 | 平托落花生 | *Arachis pintoi* Krapov. et W. e Greg. | CIAT 17434 | 中、南美洲 | | 2004 | 3 | 引进资源 |
| 95 | HN305 | 落花生属 | 平托落花生 | *Arachis pintoi* Krapov. et W. e Greg. | CIAT 18744 | 中、南美洲 | | 2010 | 3 | 引进资源 |
| 96 | HN306 | 落花生属 | 平托落花生 | *Arachis pintoi* Krapov. et W. e Greg. | CIAT 18748 | CIAT | | 2005 | 3 | 引进资源 |
| 97 | CIAT17434 | 落花生属 | 平托落花生 | *Arachis pintoi* Krapov. et W. e Greg. | | CIAT | | 2003 | 2 | 引进资源 |
| 98 | 2361 | 黄芪属 | 斜茎黄芪 | *Astragalus adsurgens* Pall. | | 中国农科院畜牧所 | | 2016 | 3 | 栽培资源 |
| 99 | 2616 | 黄芪属 | 斜茎黄芪 | *Astragalus adsurgens* Pall. | | | 黑龙江 | 2016 | 2 | 栽培资源 |
| 100 | 2193 | 黄芪属 | 斜茎黄芪 | *Astragalus adsurgens* Pall. | | | 内蒙古 | 2016 | 3 | 栽培资源 |
| 101 | 2798 | 黄芪属 | 斜茎黄芪 | *Astragalus adsurgens* Pall. | | | 辽宁 | 1999 | 3 | 栽培资源 |
| 102 | 2806 | 黄芪属 | 斜茎黄芪 | *Astragalus adsurgens* Pall. | | | 内蒙古 | 1999 | 3 | 栽培资源 |
| 103 | B480 | 黄芪属 | 斜茎黄芪 | *Astragalus adsurgens* Pall. | | | 内蒙古贡布板 | 2004 | 3 | 野生资源 |
| 104 | B481 | 黄芪属 | 斜茎黄芪 | *Astragalus adsurgens* Pall. | | | 内蒙古贡布板 | 2004 | 3 | 野生资源 |
| 105 | B484 | 黄芪属 | 斜茎黄芪 | *Astragalus adsurgens* Pall. | | | 山西五台山 | 2004 | 3 | 野生资源 |
| 106 | GS1315 | 黄芪属 | 斜茎黄芪 | *Astragalus adsurgens* Pall. | | | 宁夏固原原州 | 2006 | 3 | 野生资源 |
| 107 | GS1367 | 黄芪属 | 斜茎黄芪 | *Astragalus adsurgens* Pall. | | | 宁夏盐池 | 2006 | 3 | 野生资源 |
| 108 | GS-234 | 黄芪属 | 斜茎黄芪 | *Astragalus adsurgens* Pall. | | 宁夏盐池 | | 2003 | 3 | 野生资源 |
| 109 | GS3560 | 黄芪属 | 斜茎黄芪 | *Astragalus adsurgens* Pall. | | | 宁夏盐池大水坑镇 | 2012 | 3 | 野生资源 |
| 110 | GS395 | 黄芪属 | 斜茎黄芪 | *Astragalus adsurgens* Pall. | | | 甘肃玛曲大水 | 2004 | 3 | 野生资源 |
| 111 | JL06-192 | 黄芪属 | 斜茎黄芪 | *Astragalus adsurgens* Pall. | | 吉林龙井 | | 2006 | 3 | 野生资源 |
| 112 | JL14-021 | 黄芪属 | 斜茎黄芪 | *Astragalus adsurgens* Pall. | | | 辽宁盘锦 | 2016 | 3 | 野生资源 |
| 113 | JL15-088 | 黄芪属 | 斜茎黄芪 | *Astragalus adsurgens* Pall. | | | 吉林浑江 | 2016 | 3 | 野生资源 |
| 114 | JL15-089 | 黄芪属 | 斜茎黄芪 | *Astragalus adsurgens* Pall. | | | 吉林江源 | 2016 | 3 | 野生资源 |

（续）

| 序号 | 送种单位编号 | 属 名 | 种 名 | 学 名 | 品种名（原文名） | 材料来源 | 材料原产地 | 收种时间（年份） | 保存地点 | 类型 |
|---|---|---|---|---|---|---|---|---|---|---|
| 115 | JL16-078 | 黄芪属 | 斜茎黄芪 | *Astragalus adsurgens* Pall. | | | 吉林江源 | 2016 | 3 | 野生资源 |
| 116 | JL16-079 | 黄芪属 | 斜茎黄芪 | *Astragalus adsurgens* Pall. | | | 辽宁新宾 | 2016 | 3 | 野生资源 |
| 117 | JL16-080 | 黄芪属 | 斜茎黄芪 | *Astragalus adsurgens* Pall. | | | 辽宁清原 | 2016 | 3 | 野生资源 |
| 118 | KLW052 | 黄芪属 | 斜茎黄芪 | *Astragalus adsurgens* Pall. | 普通 | | 甘肃 | 2003 | 3 | 栽培资源 |
| 119 | NM03-076 | 黄芪属 | 斜茎黄芪 | *Astragalus adsurgens* Pall. | | 内蒙古和林 | | 2003 | 3 | 野生资源 |
| 120 | NM03-080 | 黄芪属 | 斜茎黄芪 | *Astragalus adsurgens* Pall. | | 内蒙古托县永圣域 | | 2003 | 3 | 栽培资源 |
| 121 | NM03-120 | 黄芪属 | 斜茎黄芪 | *Astragalus adsurgens* Pall. | 杂花 | 内蒙古托县永圣域 | | 2005 | 3 | 野生资源 |
| 122 | NM05-010 | 黄芪属 | 斜茎黄芪 | *Astragalus adsurgens* Pall. | | 内蒙古奈曼 | | 2005 | 3 | 野生资源 |
| 123 | NM05-048 | 黄芪属 | 斜茎黄芪 | *Astragalus adsurgens* Pall. | | 内蒙古克什克腾 | | 2005 | 3 | 野生资源 |
| 124 | NM05-059 | 黄芪属 | 斜茎黄芪 | *Astragalus adsurgens* Pall. | | 内蒙古巴林左旗 | | 2005 | 3 | 野生资源 |
| 125 | NM05-091 | 黄芪属 | 斜茎黄芪 | *Astragalus adsurgens* Pall. | | 内蒙古白旗 | | 2005 | 3 | 野生资源 |
| 126 | NM05-101 | 黄芪属 | 斜茎黄芪 | *Astragalus adsurgens* Pall. | | 内蒙古敖汉 | | 2005 | 3 | 野生资源 |
| 127 | NM05-124 | 黄芪属 | 斜茎黄芪 | *Astragalus adsurgens* Pall. | | 内蒙古宁城 | | 2005 | 3 | 野生资源 |
| 128 | SD06-04 | 黄芪属 | 斜茎黄芪 | *Astragalus adsurgens* Pall. | 中沙1号 | 中国农科院畜牧所 | | 2009 | 3 | 栽培资源 |
| 129 | 蒙99-104 | 黄芪属 | 斜茎黄芪 | *Astragalus adsurgens* Pall. | | 内蒙古锡林浩特 | | 1997 | 3 | 栽培资源 |
| 130 | 蒙99-73 | 黄芪属 | 斜茎黄芪 | *Astragalus adsurgens* Pall. | | | 内蒙古伊盟伊旗 | 1997 | 3 | 野生资源 |
| 131 | 蒙99-90 | 黄芪属 | 斜茎黄芪 | *Astragalus adsurgens* Pall. | | | 内蒙古东胜朝脑梁 | 1998 | 3 | 野生资源 |
| 132 | 中畜-1380 | 黄芪属 | 斜茎黄芪 | *Astragalus adsurgens* Pall. | | | 河北怀来 | 2010 | 3 | 野生资源 |
| 133 | 中畜-1382 | 黄芪属 | 斜茎黄芪 | *Astragalus adsurgens* Pall. | | | 河北怀来 | 2010 | 3 | 野生资源 |
| 134 | 中畜-1550 | 黄芪属 | 斜茎黄芪 | *Astragalus adsurgens* Pall. | | | 河北廊坊 | 2011 | 3 | 野生资源 |
| 135 | 中畜-2190 | 黄芪属 | 斜茎黄芪 | *Astragalus adsurgens* Pall. | | | 山西忻州五台 | 2013 | 3 | 野生资源 |
| 136 | 中畜-2254 | 黄芪属 | 斜茎黄芪 | *Astragalus adsurgens* Pall. | | | 河北蔚县 | 2011 | 3 | 野生资源 |

（续）

| 序号 | 送种单位编号 | 属 名 | 种 名 | 学 名 | 品种名（原文名） | 材料来源 | 材料原产地 | 收种时间（年份） | 保存地点 | 类型 |
|---|---|---|---|---|---|---|---|---|---|---|
| 137 | 中畜-2255 | 黄芪属 | 斜茎黄芪 | *Astragalus adsurgens* Pall. | | | 河北蔚县 | 2011 | 3 | 野生资源 |
| 138 | 中畜-2256 | 黄芪属 | 斜茎黄芪 | *Astragalus adsurgens* Pall. | | | 河北赤城 | 2011 | 3 | 野生资源 |
| 139 | 中畜-2257 | 黄芪属 | 斜茎黄芪 | *Astragalus adsurgens* Pall. | | | 河北涿鹿 | 2011 | 3 | 野生资源 |
| 140 | 中畜-2258 | 黄芪属 | 斜茎黄芪 | *Astragalus adsurgens* Pall. | | | 河北蔚县 | 2011 | 3 | 野生资源 |
| 141 | 中畜-2263 | 黄芪属 | 斜茎黄芪 | *Astragalus adsurgens* Pall. | | | 河北赤城 | 2011 | 3 | 野生资源 |
| 142 | 中畜-2307 | 黄芪属 | 斜茎黄芪 | *Astragalus adsurgens* Pall. | | | 河北阜平 | 2012 | 3 | 野生资源 |
| 143 | 中畜-2309 | 黄芪属 | 斜茎黄芪 | *Astragalus adsurgens* Pall. | | | 内蒙古赤峰松山 | 2011 | 3 | 野生资源 |
| 144 | 中畜-2315 | 黄芪属 | 斜茎黄芪 | *Astragalus adsurgens* Pall. | | | 北京密云 | 2011 | 3 | 野生资源 |
| 145 | 中畜-2452 | 黄芪属 | 斜茎黄芪 | *Astragalus adsurgens* Pall. | | | 山东烟台招远 | 2014 | 3 | 野生资源 |
| 146 | 中畜-2453 | 黄芪属 | 斜茎黄芪 | *Astragalus adsurgens* Pall. | | | 北京门头沟 | 2008 | 3 | 野生资源 |
| 147 | 中畜-2454 | 黄芪属 | 斜茎黄芪 | *Astragalus adsurgens* Pall. | | | 山西大同右玉 | 2009 | 3 | 野生资源 |
| 148 | 中畜-2455 | 黄芪属 | 斜茎黄芪 | *Astragalus adsurgens* Pall. | | | 山西大同右玉 | 2009 | 3 | 野生资源 |
| 149 | 中畜-2456 | 黄芪属 | 斜茎黄芪 | *Astragalus adsurgens* Pall. | | | 山西大同左云 | 2009 | 3 | 野生资源 |
| 150 | 中畜-2457 | 黄芪属 | 斜茎黄芪 | *Astragalus adsurgens* Pall. | | | 河北承德围场 | 2009 | 3 | 野生资源 |
| 151 | 中畜-2458 | 黄芪属 | 斜茎黄芪 | *Astragalus adsurgens* Pall. | | | 河北承德围场 | 2009 | 3 | 野生资源 |
| 152 | 中畜-2459 | 黄芪属 | 斜茎黄芪 | *Astragalus adsurgens* Pall. | | | 河北承德围场 | 2009 | 3 | 野生资源 |
| 153 | 中畜-2460 | 黄芪属 | 斜茎黄芪 | *Astragalus adsurgens* Pall. | | | 北京延庆 | 2009 | 3 | 野生资源 |
| 154 | 中畜-2462 | 黄芪属 | 斜茎黄芪 | *Astragalus adsurgens* Pall. | | | 北京昌平 | 2009 | 3 | 野生资源 |
| 155 | 中畜-2463 | 黄芪属 | 斜茎黄芪 | *Astragalus adsurgens* Pall. | | | 河北保定涞源 | 2010 | 3 | 野生资源 |
| 156 | 中畜-2464 | 黄芪属 | 斜茎黄芪 | *Astragalus adsurgens* Pall. | | | 内蒙古赤峰松山 | 2012 | 3 | 野生资源 |
| 157 | 中畜-2465 | 黄芪属 | 斜茎黄芪 | *Astragalus adsurgens* Pall. | | | 内蒙古赤峰松山 | 2012 | 3 | 野生资源 |
| 158 | 中畜-2466 | 黄芪属 | 斜茎黄芪 | *Astragalus adsurgens* Pall. | | | 内蒙古赤峰翁牛特 | 2012 | 3 | 野生资源 |
| 159 | 中畜-2467 | 黄芪属 | 斜茎黄芪 | *Astragalus adsurgens* Pall. | | | 内蒙古赤峰巴林右旗 | 2012 | 3 | 野生资源 |
| 160 | 中畜-2468 | 黄芪属 | 斜茎黄芪 | *Astragalus adsurgens* Pall. | | | 内蒙古赤峰巴林左旗 | 2012 | 3 | 野生资源 |
| 161 | 中畜-2469 | 黄芪属 | 斜茎黄芪 | *Astragalus adsurgens* Pall. | | | 山西沂州五台 | 2012 | 3 | 野生资源 |

（续）

| 序号 | 送种单位编号 | 属名 | 种名 | 学名 | 品种名（原文名） | 材料来源 | 材料原产地 | 收种时间（年份） | 保存地点 | 类型 |
|---|---|---|---|---|---|---|---|---|---|---|
| 162 | 中畜-2470 | 黄芪属 | 斜茎黄芪 | *Astragalus adsurgens* Pall. | | | 河北阜北 | 2012 | 3 | 野生资源 |
| 163 | 中畜-2796 | 黄芪属 | 斜茎黄芪 | *Astragalus adsurgens* Pall. | | | 山西忻州五台 | 2013 | 3 | 野生资源 |
| 164 | 中畜-445 | 黄芪属 | 斜茎黄芪 | *Astragalus adsurgens* Pall. | | | 内蒙古贡布板 | 2003 | 3 | 野生资源 |
| 165 | 中畜-458 | 黄芪属 | 斜茎黄芪 | *Astragalus adsurgens* Pall. | | | 北京灵山 | 2003 | 3 | 野生资源 |
| 166 | 中畜-472 | 黄芪属 | 斜茎黄芪 | *Astragalus adsurgens* Pall. | | | 山西五台山 | 2004 | 3 | 栽培资源 |
| 167 | 87-283 | 黄芪属 | 斜茎黄芪 | *Astragalus adsurgens* Pall. | | 中国农科院草原所 | 山西五台 | 1991 | 1 | 野生资源 |
| 168 | 2666 | 黄芪属 | 斜茎黄芪 | *Astragalus adsurgens* Pall. | 早熟 | 中国农科院北京畜牧所 | 陕西 | 1993 | 1 | 栽培资源 |
| 169 | 青171 | 黄芪属 | 斜茎黄芪 | *Astragalus adsurgens* Pall. | 早熟 | 青海畜牧科学院 | 青海 | 2003 | 1 | 栽培资源 |
| 170 | 兰250 | 黄芪属 | 斜茎黄芪 | *Astragalus adsurgens* Pall. | | 中国农科院兰州畜牧所 | | 1991 | 1 | 野生资源 |
| 171 | 兰251 | 黄芪属 | 斜茎黄芪 | *Astragalus adsurgens* Pall. | | 中国农科院兰州畜牧所 | 辽宁 | 1992 | 1 | 野生资源 |
| 172 | 兰253 | 黄芪属 | 斜茎黄芪 | *Astragalus adsurgens* Pall. | | 中国农科院兰州畜牧所 | 甘肃天祝 | 1992 | 1 | 野生资源 |
| 173 | 9 | 黄芪属 | 斜茎黄芪 | *Astragalus adsurgens* Pall. | | 内蒙古草原站 | | 1990 | 1 | 野生资源 |
| 174 | | 黄芪属 | 斜茎黄芪 | *Astragalus adsurgens* Pall. | 黄河2号 | 甘肃天水 | 黄河故道 | 1991 | 1 | 栽培资源 |
| 175 | | 黄芪属 | 斜茎黄芪 | *Astragalus adsurgens* Pall. | | 陕西榆林 | | 1991 | 1 | 野生资源 |
| 176 | | 黄芪属 | 斜茎黄芪 | *Astragalus adsurgens* Pall. | | 中国农科院草原所 | | 1993 | 1 | 野生资源 |
| 177 | 兰299 | 黄芪属 | 斜茎黄芪 | *Astragalus adsurgens* Pall. | | 中国农科院兰州畜牧所 | 内蒙古 | 1993 | 1 | 野生资源 |
| 178 | 中畜-472 | 黄芪属 | 斜茎黄芪 | *Astragalus adsurgens* Pall. | | 山西五台山 | 北京畜牧所 | 2005 | 1 | 野生资源 |
| 179 | 中畜-024 | 黄芪属 | 斜茎黄芪 | *Astragalus adsurgens* Pall. | | 中国农科院畜牧所 | 山西五台山 | 2000 | 1 | 野生资源 |

（续）

| 序号 | 送种单位编号 | 属名 | 种名 | 学名 | 品种名（原文名） | 材料来源 | 材料原产地 | 收种时间（年份） | 保存地点 | 类型 |
|---|---|---|---|---|---|---|---|---|---|---|
| 180 | L92 | 黄芪属 | 斜茎黄芪 | *Astragalus adsurgens* Pall. | | 中国农科院草原所 | | 1999 | 1 | 野生资源 |
| 181 | nongda73 | 黄芪属 | 斜茎黄芪 | *Astragalus adsurgens* Pall. | | | 内蒙古东乌旗 | 2010 | 1 | 野生资源 |
| 182 | nongda77 | 黄芪属 | 斜茎黄芪 | *Astragalus adsurgens* Pall. | | | 内蒙古新巴尔虎左旗 | 2010 | 1 | 野生资源 |
| 183 | 7121228 | 黄芪属 | 斜茎黄芪 | *Astragalus adsurgens* Pall. | | 陕西杨凌 | 陕西杨凌 | 2010 | 1 | 野生资源 |
| 184 | GX085 | 黄芪属 | 斜茎黄芪 | *Astragalus adsurgens* Pall. | | 宁夏 | | 2010 | 1 | 野生资源 |
| 185 | LM-D167 | 黄芪属 | 斜茎黄芪 | *Astragalus adsurgens* Pall. | | 内蒙古草原工作站 | 内蒙古呼和浩特 | 2014 | 1 | 野生资源 |
| 186 | 712058 | 黄芪属 | 斜茎黄芪 | *Astragalus adsurgens* Pall. | | 四川眉县 | 四川眉县 | 2010 | 1 | 野生资源 |
| 187 | 2001-02-01-00032 | 黄芪属 | 斜茎黄芪 | *Astragalus adsurgens* Pall. | | 陕西杨凌 | 陕西杨凌 | 2010 | 1 | 野生资源 |
| 188 | 20050269 | 黄芪属 | 斜茎黄芪 | *Astragalus adsurgens* Pall. | | 赤峰天邦草业公司 | 内蒙古赤峰元宝山 | 2010 | 1 | 野生资源 |
| 189 | NNDW-0037 | 黄芪属 | 斜茎黄芪 | *Astragalus adsurgens* Pall. | | 内蒙古 | | 2010 | 1 | 野生资源 |
| 190 | xj2015-72 | 黄芪属 | 阿克苏黄芪 | *Astragalus aksuensis* Bunge | | | 新疆奇台吉布库镇 | 2015 | 3 | 野生资源 |
| 191 | GS3123 | 黄芪属 | 地八角 | *Astragalus bhotanensis* Baker | | | 甘肃夏河霍尔仓香果 | 2011 | 3 | 野生资源 |
| 192 | GS3167 | 黄芪属 | 地八角 | *Astragalus bhotanensis* Baker | | | 甘肃合作卡加道 | 2011 | 3 | 野生资源 |
| 193 | 140510004 | 黄芪属 | 地八角 | *Astragalus bhotanensis* Baker | | | 贵州兴义 | 2014 | 2 | 野生资源 |
| 194 | 070226001 | 黄芪属 | 地八角 | *Astragalus bhotanensis* Baker | | | 云南昆明 | 2007 | 2 | 野生资源 |
| 195 | 中畜-320 | 黄芪属 | 地八角 | *Astragalus bhotanensis* Baker | | 中国农科院畜牧所 | 云南昆明小哨 | 2000 | 1 | 野生资源 |
| 196 | GS4590 | 黄芪属 | 草珠黄芪 | *Astragalus capillipes* Fisch. ex Bunge | | | 宁夏罗山保护区 | 2014 | 3 | 野生资源 |
| 197 | zxy2012P-9662 | 黄芪属 | | *Astragalus captiosus* Boriss. | | 俄罗斯 | | 2016 | 3 | 引进资源 |
| 198 | JL16-077 | 黄芪属 | 华黄芪 | *Astragalus chinensis* L. f. | | | 黑龙江东宁 | 2016 | 3 | 野生资源 |
| 199 | GS0011 | 黄芪属 | 鹰嘴紫云英 | *Astragalus cicer* L. | | 甘肃兰州 | | 1999 | 3 | 栽培资源 |
| 200 | GS0414 | 黄芪属 | 鹰嘴紫云英 | *Astragalus cicer* L. | AC Oxley II | 甘肃景泰 | 加拿大 | 2002 | 3 | 引进资源 |

（续）

| 序号 | 送种单位编号 | 属 名 | 种 名 | 学 名 | 品种名（原文名） | 材料来源 | 材料原产地 | 收种时间（年份） | 保存地点 | 类型 |
|---|---|---|---|---|---|---|---|---|---|---|
| 201 | GS20007 | 黄芪属 | 鹰嘴紫云英 | *Astragalus cicer* L. | | 甘肃兰州 | | 2000 | 3 | 栽培资源 |
| 202 | SCH34 | 黄芪属 | 鹰嘴紫云英 | *Astragalus cicer* L. | | 四川洪雅 | | 1999 | 3 | 栽培资源 |
| 203 | ZXY07P-3183 | 黄芪属 | 鹰嘴紫云英 | *Astragalus cicer* L. | | 俄罗斯 | | 2014 | 3 | 引进资源 |
| 204 | ZXY07P-3232 | 黄芪属 | 鹰嘴紫云英 | *Astragalus cicer* L. | | 俄罗斯 | | 2014 | 3 | 引进资源 |
| 205 | ZXY07P-3994 | 黄芪属 | 鹰嘴紫云英 | *Astragalus cicer* L. | | 俄罗斯 | | 2014 | 3 | 引进资源 |
| 206 | zxy2012P-9177 | 黄芪属 | 鹰嘴紫云英 | *Astragalus cicer* L. | | 俄罗斯 | | 2016 | 3 | 引进资源 |
| 207 | IA0710 | 黄芪属 | 鹰嘴紫云英 | *Astragalus cicer* L. | | 中国农科院草原所 | 加拿大 | 1990 | 1 | 引进资源 |
| 208 | IA0716 | 黄芪属 | 鹰嘴紫云英 | *Astragalus cicer* L. | | 中国农科院草原所 | 加拿大 | 1991 | 1 | 引进资源 |
| 209 | 兰254 | 黄芪属 | 鹰嘴紫云英 | *Astragalus cicer* L. | | 中国农科院兰州畜牧所 | 甘肃天祝 | 1993 | 1 | 野生资源 |
| 210 | 00682 | 黄芪属 | 鹰嘴紫云英 | *Astragalus cicer* L. | | 新疆 | 加拿大 | 1989 | 1 | 引进资源 |
| 211 | 兰298 | 黄芪属 | 鹰嘴紫云英 | *Astragalus cicer* L. | | 中国农科院兰州畜牧所 | | 1994 | 1 | 栽培资源 |
| 212 | YN00011 | 黄芪属 | 鹰嘴紫云英 | *Astragalus cicer* L. | | 云南农业大学 | | 2010 | 1 | 栽培资源 |
| 213 | 中畜-1376 | 黄芪属 | 扁茎黄芪 | *Astragalus complanatus* R. Br. ex Bge. | | | 北京昌平 | 2010 | 3 | 野生资源 |
| 214 | 中畜-1699 | 黄芪属 | 扁茎黄芪 | *Astragalus complanatus* R. Br. ex Bge. | | | 河北怀来 | 2010 | 3 | 野生资源 |
| 215 | 中畜-1701 | 黄芪属 | 扁茎黄芪 | *Astragalus complanatus* R. Br. ex Bge. | | | 北京延庆 | 2010 | 3 | 野生资源 |
| 216 | 中畜-1922 | 黄芪属 | 扁茎黄芪 | *Astragalus complanatus* R. Br. ex Bge. | | | 北京房山青圈 | 2010 | 3 | 野生资源 |
| 217 | 中畜-2250 | 黄芪属 | 扁茎黄芪 | *Astragalus complanatus* R. Br. ex Bge. | | | 内蒙古赤峰松山 | 2010 | 3 | 野生资源 |
| 218 | 中畜-2251 | 黄芪属 | 扁茎黄芪 | *Astragalus complanatus* R. Br. ex Bge. | | | 山西忻州五台 | 2013 | 3 | 野生资源 |
| 219 | 中畜-2252 | 黄芪属 | 扁茎黄芪 | *Astragalus complanatus* R. Br. ex Bge. | | | 河北承德丰宁 | 2012 | 3 | 野生资源 |
| 220 | 中畜-2253 | 黄芪属 | 扁茎黄芪 | *Astragalus complanatus* R. Br. ex Bge. | | | 北京延庆 | 2012 | 3 | 野生资源 |
| 221 | 中畜-2518 | 黄芪属 | 扁茎黄芪 | *Astragalus complanatus* R. Br. ex Bge. | | | 山西运城绛县 | 2014 | 3 | 野生资源 |

（续）

| 序号 | 送种单位编号 | 属 名 | 种 名 | 学 名 | 品种名（原文名） | 材料来源 | 材料原产地 | 收种时间（年份） | 保存地点 | 类型 |
|---|---|---|---|---|---|---|---|---|---|---|
| 222 | 中畜-2519 | 黄芪属 | 扁茎黄芪 | *Astragalus complanatus* R. Br . ex Bge. | | | 山西晋中昔阳 | 2014 | 3 | 野生资源 |
| 223 | 中畜-2566 | 黄芪属 | 扁茎黄芪 | *Astragalus complanatus* R. Br . ex Bge. | | | 河北张家口万全 | 2013 | 3 | 野生资源 |
| 224 | 中畜-2567 | 黄芪属 | 扁茎黄芪 | *Astragalus complanatus* R. Br . ex Bge. | | | 山西忻州五台 | 2013 | 3 | 野生资源 |
| 225 | 中畜-455 | 黄芪属 | 扁茎黄芪 | *Astragalus complanatus* R. Br . ex Bge. | | | 北京龙门涧 | 2003 | 3 | 野生资源 |
| 226 | 中畜-2794 | 黄芪属 | 扁茎黄芪 | *Astragalus complanatus* R. Br . ex Bge. | | | 山西晋城左权 | 2014 | 3 | 野生资源 |
| 227 | 中畜-2795 | 黄芪属 | 扁茎黄芪 | *Astragalus complanatus* R. Br . ex Bge. | | | 河北张家口万全 | 2013 | 3 | 野生资源 |
| 228 | JL16-053 | 黄芪属 | 达乌里黄芪 | *Astragalus dahuricus*（Pall.）DC. | | | 黑龙江漠河北极村 | 2015 | 3 | 野生资源 |
| 229 | 中畜-1281 | 黄芪属 | 达乌里黄芪 | *Astragalus dahuricus*（Pall.）DC. | | | 内蒙古翁牛特旗高家梁 | 2006 | 3 | 野生资源 |
| 230 | 中畜-1405 | 黄芪属 | 达乌里黄芪 | *Astragalus dahuricus*（Pall.）DC. | | | 北京昌平 | 2010 | 3 | 野生资源 |
| 231 | 中畜-2027 | 黄芪属 | 达乌里黄芪 | *Astragalus dahuricus*（Pall.）DC. | | | 河北保定阜平鞍子岭 | 2012 | 3 | 野生资源 |
| 232 | 中畜-2029 | 黄芪属 | 达乌里黄芪 | *Astragalus dahuricus*（Pall.）DC. | | | 河北保定市易石岗村 | 2012 | 3 | 野生资源 |
| 233 | 中畜-2030 | 黄芪属 | 达乌里黄芪 | *Astragalus dahuricus*（Pall.）DC. | | | 内蒙古赤峰巴林左旗 | 2012 | 3 | 野生资源 |
| 234 | 中畜-2187 | 黄芪属 | 达乌里黄芪 | *Astragalus dahuricus*（Pall.）DC. | | | 山西晋中昔阳 | 2013 | 3 | 野生资源 |
| 235 | 中畜-2513 | 黄芪属 | 达乌里黄芪 | *Astragalus dahuricus*（Pall.）DC. | | | 山西晋中昔阳 | 2014 | 3 | 野生资源 |
| 236 | 中畜-2514 | 黄芪属 | 达乌里黄芪 | *Astragalus dahuricus*（Pall.）DC. | | | 山西运城绛县 | 2014 | 3 | 野生资源 |
| 237 | 中畜-2515 | 黄芪属 | 达乌里黄芪 | *Astragalus dahuricus*（Pall.）DC. | | | 山西运城绛县 | 2014 | 3 | 野生资源 |
| 238 | 中畜-652 | 黄芪属 | 达乌里黄芪 | *Astragalus dahuricus*（Pall.）DC. | | | 北京妙峰山 | 2005 | 3 | 野生资源 |
| 239 | 中畜-813 | 黄芪属 | 达乌里黄芪 | *Astragalus dahuricus*（Pall.）DC. | | | 山西平定冶西镇 | 2006 | 3 | 野生资源 |
| 240 | 中畜-817 | 黄芪属 | 达乌里黄芪 | *Astragalus dahuricus*（Pall.）DC. | | | 山西沁县下曲峪 | 2006 | 3 | 野生资源 |
| 241 | 中畜-827 | 黄芪属 | 达乌里黄芪 | *Astragalus dahuricus*（Pall.）DC. | | | 山西昔阳东冶头镇 | 2006 | 3 | 野生资源 |
| 242 | 中畜-955 | 黄芪属 | 达乌里黄芪 | *Astragalus dahuricus*（Pall.）DC. | | | 北京 109 国道 | 2008 | 3 | 野生资源 |
| 243 | | 黄芪属 | 达乌里黄芪 | *Astragalus dahuricus*（Pall.）DC. | | | 山西五台 | 1989 | 1 | 野生资源 |
| 244 | 中畜-538 | 黄芪属 | 达乌里黄芪 | *Astragalus dahuricus*（Pall.）DC. | | 山西陈家窑 | 北京畜牧所 | 2005 | 1 | 野生资源 |
| 245 | 中畜-003 | 黄芪属 | 达乌里黄芪 | *Astragalus dahuricus*（Pall.）DC. | | 中国农科院畜牧所 | 北京百花山 | 2000 | 1 | 野生资源 |

（续）

| 序号 | 送种单位编号 | 属名 | 种名 | 学名 | 品种名（原文名） | 材料来源 | 材料原产地 | 收种时间（年份） | 保存地点 | 类型 |
|---|---|---|---|---|---|---|---|---|---|---|
| 246 | 中畜-028 | 黄芪属 | 达乌里黄芪 | *Astragalus dahuricus*（Pall.）DC. | | 中国农科院畜牧所 | 山西沁源 | 2000 | 1 | 野生资源 |
| 247 | ZXY07P-3461 | 黄芪属 | | *Astragalus falcatus* L. | | 俄罗斯 | | 2016 | 3 | 野生资源 |
| 248 | GS4473 | 黄芪属 | 乳白黄芪 | *Astragalus galactites* Pall. | | | 宁夏吴忠罗山 | 2013 | 3 | 野生资源 |
| 249 | WPT-846 | 黄芪属 | 乌拉特黄芪 | *Astragalus hoantchy* Franch. | | | 甘肃阿克塞野马河 | 2015 | 3 | 野生资源 |
| 250 | GS4589 | 黄芪属 | 乌拉特黄芪 | *Astragalus hoantchy* Franch. | | | 宁夏盐池麻黄山乡 | 2014 | 3 | 野生资源 |
| 251 | B483 | 黄芪属 | 草木樨状黄芪 | *Astragalus melilotoides* Pall. | | 中国农科院草原所 | | 2004 | 3 | 野生资源 |
| 252 | GS5004 | 黄芪属 | 草木樨状黄芪 | *Astragalus melilotoides* Pall. | | | 甘肃静宁 | 2015 | 3 | 野生资源 |
| 253 | GS5026 | 黄芪属 | 草木樨状黄芪 | *Astragalus melilotoides* Pall. | | | 甘肃静宁 | 2015 | 3 | 野生资源 |
| 254 | 中畜-821 | 黄芪属 | 草木樨状黄芪 | *Astragalus melilotoides* Pall. | | | 山西沁县 | 2006 | 3 | 野生资源 |
| 255 | | 黄芪属 | 草木樨状黄芪 | *Astragalus melilotoides* Pall. | | 中国农科院草原所 | 陕西靖边 | 1989 | 1 | 野生资源 |
| 256 | | 黄芪属 | 草木樨状黄芪 | *Astragalus melilotoides* Pall. | | 陕西榆林 | | 1991 | 1 | 野生资源 |
| 257 | L519 | 黄芪属 | 草木樨状黄芪 | *Astragalus melilotoides* Pall. | | 四川南坪 | | 2001 | 1 | 野生资源 |
| 258 | L520 | 黄芪属 | 草木樨状黄芪 | *Astragalus melilotoides* Pall. | | 宁夏银川 | | 2001 | 1 | 野生资源 |
| 259 | GS4475 | 黄芪属 | 蒙古黄芪 | *Astragalus mongholicus* Bunge | | | 宁夏盐池 | 2013 | 3 | 野生资源 |
| 260 | xj2015-67 | 黄芪属 | 蒙古黄芪 | *Astragalus mongholicus* Bunge | | | 新疆民丰 | 2015 | 3 | 野生资源 |
| 261 | xj2015-71 | 黄芪属 | 蒙古黄芪 | *Astragalus mongholicus* Bunge | | | 新疆乌鲁木齐 | 2015 | 3 | 野生资源 |
| 262 | xj2015-73 | 黄芪属 | 蒙古黄芪 | *Astragalus mongholicus* Bunge | | | 新疆奇台 | 2015 | 3 | 野生资源 |
| 263 | JL10-138 | 黄芪属 | 蒙古黄芪 | *Astragalus mongholicus* Bunge | | 吉林白山市草原站 | | 2010 | 3 | 野生资源 |
| 264 | JL10-139 | 黄芪属 | 蒙古黄芪 | *Astragalus mongholicus* Bunge | | 吉林白山市草原站 | | 2010 | 3 | 野生资源 |
| 265 | WPT-824 | 黄芪属 | 蒙古黄芪 | *Astragalus mongholicus* Bunge | | | 内蒙古包头 | 2015 | 3 | 野生资源 |

（续）

| 序号 | 送种单位编号 | 属名 | 种名 | 学名 | 品种名（原文名） | 材料来源 | 材料原产地 | 收种时间（年份） | 保存地点 | 类型 |
|---|---|---|---|---|---|---|---|---|---|---|
| 266 | 中畜-008 | 黄芪属 | 蒙古黄芪 | *Astragalus mongholicus* Bunge | | 中国农科院畜牧所 | 甘肃碌曲 | 2000 | 1 | 野生资源 |
| 267 | xj09-49 | 黄芪属 | 蒙古黄芪 | *Astragalus mongholicus* Bunge | | | 新疆博州夏尔西里 | 2009 | 3 | 野生资源 |
| 268 | xj09-50 | 黄芪属 | 蒙古黄芪 | *Astragalus mongholicus* Bunge | | | 新疆博州温泉 | 2009 | 3 | 野生资源 |
| 269 | 中畜-040 | 黄芪属 | 糙叶黄芪 | *Astragalus scaberrimus* Bunge | | 中国农科院畜牧所 | 中国农科院 | 2000 | 1 | 野生资源 |
| 270 | CHQ2004-350 | 黄芪属 | 紫云英 | *Astragalus sinicus* L. | | 四川涪陵 | | 2003 | 3 | 栽培资源 |
| 271 | E1292 | 黄芪属 | 紫云英 | *Astragalus sinicus* L. | | | 湖北神农架 | 2008 | 3 | 野生资源 |
| 272 | HB2014-111 | 黄芪属 | 紫云英 | *Astragalus sinicus* L. | | | 河南南阳桐柏 | 2014 | 3 | 野生资源 |
| 273 | HB2015034 | 黄芪属 | 紫云英 | *Astragalus sinicus* L. | | | 河南云梦义堂镇 | 2015 | 3 | 栽培资源 |
| 274 | HB2016002 | 黄芪属 | 紫云英 | *Astragalus sinicus* L. | | | 河南信阳浉河区 | 2016 | 3 | 野生资源 |
| 275 | HB2016005 | 黄芪属 | 紫云英 | *Astragalus sinicus* L. | | | 河南信阳罗山县 | 2016 | 3 | 野生资源 |
| 276 | HB2016007 | 黄芪属 | 紫云英 | *Astragalus sinicus* L. | | | 河南信阳浉河区 | 2016 | 3 | 野生资源 |
| 277 | HB2016009 | 黄芪属 | 紫云英 | *Astragalus sinicus* L. | | | 河南信阳罗山县 | 2016 | 3 | 野生资源 |
| 278 | HB2016016 | 黄芪属 | 紫云英 | *Astragalus sinicus* L. | | | 河南信阳浉河区 | 2016 | 3 | 野生资源 |
| 279 | HB2016017 | 黄芪属 | 紫云英 | *Astragalus sinicus* L. | | | 河南信阳浉河区 | 2016 | 3 | 野生资源 |
| 280 | HB2016019 | 黄芪属 | 紫云英 | *Astragalus sinicus* L. | | | 河南信阳浉河区 | 2016 | 3 | 野生资源 |
| 281 | HB2016020 | 黄芪属 | 紫云英 | *Astragalus sinicus* L. | | | 河南信阳新县 | 2016 | 3 | 野生资源 |
| 282 | HB2016023 | 黄芪属 | 紫云英 | *Astragalus sinicus* L. | | | 河南信阳浉河区 | 2016 | 3 | 野生资源 |
| 283 | JL04-55 | 黄芪属 | 紫云英 | *Astragalus sinicus* L. | | | 加拿大 | 2004 | 3 | 引进资源 |
| 284 | JS2014-135 | 黄芪属 | 紫云英 | *Astragalus sinicus* L. | | | 江苏盐城盐都区 | 2014 | 3 | 野生资源 |
| 285 | SC2007-071 | 黄芪属 | 紫云英 | *Astragalus sinicus* L. | | 四川梓潼广元 | 四川梓潼广元 | 2007 | 3 | 野生资源 |
| 286 | SC2014-038 | 黄芪属 | 紫云英 | *Astragalus sinicus* L. | | 四川草原总站 | | 2014 | 3 | 引进资源 |
| 287 | SC2014-064 | 黄芪属 | 紫云英 | *Astragalus sinicus* L. | | | 四川西昌礼州镇 | 2012 | 3 | 野生资源 |
| 288 | SC2015-120 | 黄芪属 | 紫云英 | *Astragalus sinicus* L. | | | 四川开江 | 2016 | 3 | 栽培资源 |
| 289 | SC2015-121 | 黄芪属 | 紫云英 | *Astragalus sinicus* L. | | | 四川开江普安镇 | 2015 | 3 | 野生资源 |

（续）

| 序号 | 送种单位编号 | 属 名 | 种 名 | 学 名 | 品种名（原文名） | 材料来源 | 材料原产地 | 收种时间（年份） | 保存地点 | 类型 |
|---|---|---|---|---|---|---|---|---|---|---|
| 290 | SC2016-104 | 黄芪属 | 紫云英 | *Astragalus sinicus* L. | | | 四川泸州古蔺 | 2014 | 3 | 野生资源 |
| 291 | YN2015-132 | 黄芪属 | 紫云英 | *Astragalus sinicus* L. | | | 云南嵩明 | 2015 | 3 | 栽培资源 |
| 292 | | 黄芪属 | 紫云英 | *Astragalus sinicus* L. | | | 四川乐山 | 2010 | 1 | 野生资源 |
| 293 | Sau2003145 | 黄芪属 | 紫云英 | *Astragalus sinicus* L. | | | 四川青神太平镇 | 2003 | 1 | 野生资源 |
| 294 | xj2014-028 | 黄芪属 | 球脬黄芪 | *Astragalus sphaerophysa* Kar. et Kir. | | | 新疆裕民 | 2013 | 3 | 野生资源 |
| 295 | zxy2012P-9527 | 黄芪属 | 纹茎黄芪 | *Astragalus sulcatus* L. | | 俄罗斯 | | 2012 | 3 | 引进资源 |
| 296 | xj2014-031 | 黄芪属 | 藏新黄芪 | *Astragalus tibetanus* Benth. ex Bunge | | | 新疆裕民 | 2013 | 3 | 野生资源 |
| 297 | xj2014-032 | 黄芪属 | 藏新黄芪 | *Astragalus tibetanus* Benth. ex Bunge | | | 新疆额敏 | 2013 | 3 | 野生资源 |
| 298 | xj2014-75 | 黄芪属 | 藏新黄芪 | *Astragalus tibetanus* Benth. ex Bunge | | | 新疆裕民 | 2014 | 3 | 野生资源 |
| 299 | xj2015-74 | 黄芪属 | 藏新黄芪 | *Astragalus tibetanus* Benth. ex Bunge | | | 新疆乌鲁木齐 | 2015 | 3 | 野生资源 |
| 300 | SC11-194 | 黄芪属 | 东俄洛黄芪 | *Astragalus tongolensis* Ulbr. | | | 四川若尔盖 | 2010 | 3 | 野生资源 |
| 301 | 050228390 | 羊蹄甲属 | 羊蹄甲 | *Bauhinia purpurea* L. | | | 中科院西双版纳热带植物园 | 2005 | 2 | 栽培资源 |
| 302 | 060811005 | 羊蹄甲属 | 羊蹄甲 | *Bauhinia purpurea* L. | | | 印度尼西亚茂物 | 2006 | 2 | 引进资源 |
| 303 | 060330037 | 云实属 | 苏木 | *Caesalpinia sappan* L. | | | 云南景洪勐腊镇 | 2006 | 2 | 野生资源 |
| 304 | 060331034 | 云实属 | 苏木 | *Caesalpinia sappan* L. | | | 云南景洪勐罕 | 2006 | 2 | 野生资源 |
| 305 | hn2666 | 木豆属 | 木豆 | *Cajanus cajan*（L.）Millsp. | | | 云南景洪213国道 | 2006 | 3 | 野生资源 |
| 306 | SC2013-023 | 木豆属 | 木豆 | *Cajanus cajan*（L.）Millsp. | | | 云南昆明 | 2011 | 3 | 引进资源 |
| 307 | 桂312号 | 木豆属 | 木豆 | *Cajanus cajan*（L.）Millsp. | | | 广西 | 2006 | 2 | 栽培资源 |
| 308 | L035 | 木豆属 | 木豆 | *Cajanus cajan*（L.）Millsp. | | | 云南元谋 | 2005 | 2 | 栽培资源 |
| 309 | ICPH3345-35 | 木豆属 | 木豆 | *Cajanus cajan*（L.）Millsp. | ICPH3345-35 | ICRISAT | | 2004 | 2 | 引进资源 |
| 310 | ICPH3345-36 | 木豆属 | 木豆 | *Cajanus cajan*（L.）Millsp. | ICPH3345-36 | ICRISAT | | 2004 | 2 | 引进资源 |
| 311 | ICPH3345-37 | 木豆属 | 木豆 | *Cajanus cajan*（L.）Millsp. | ICPH3345-37 | ICRISAT | | 2004 | 2 | 引进资源 |
| 312 | ICPH3345-40 | 木豆属 | 木豆 | *Cajanus cajan*（L.）Millsp. | ICPH3345-40 | ICRISAT | | 2004 | 2 | 引进资源 |
| 313 | ICPH3345-43 | 木豆属 | 木豆 | *Cajanus cajan*（L.）Millsp. | ICPH3345-43 | ICRISAT | | 2004 | 2 | 引进资源 |
| 314 | ICPH3345-47 | 木豆属 | 木豆 | *Cajanus cajan*（L.）Millsp. | ICPH3345-47 | ICRISAT | | 2004 | 2 | 引进资源 |

（续）

| 序号 | 送种单位编号 | 属 名 | 种 名 | 学 名 | 品种名（原文名） | 材料来源 | 材料原产地 | 收种时间（年份） | 保存地点 | 类型 |
|---|---|---|---|---|---|---|---|---|---|---|
| 315 | ICPH3345-48 | 木豆属 | 木豆 | *Cajanus cajan*（L.）Millsp. | ICPH3345-48 | ICRISAT | | 2004 | 2 | 引进资源 |
| 316 | ICPH3345-49 | 木豆属 | 木豆 | *Cajanus cajan*（L.）Millsp. | ICPH3345-49 | ICRISAT | | 2004 | 2 | 引进资源 |
| 317 | ICPH3345-5 | 木豆属 | 木豆 | *Cajanus cajan*（L.）Millsp. | ICPH3345-5 | ICRISAT | | 2004 | 2 | 引进资源 |
| 318 | ICPH3345-50 | 木豆属 | 木豆 | *Cajanus cajan*（L.）Millsp. | ICPH3345-50 | ICRISAT | | 2004 | 2 | 引进资源 |
| 319 | ICPH3345-51 | 木豆属 | 木豆 | *Cajanus cajan*（L.）Millsp. | ICPH3345-51 | ICRISAT | | 2004 | 2 | 引进资源 |
| 320 | ICPH3345-52 | 木豆属 | 木豆 | *Cajanus cajan*（L.）Millsp. | ICPH3345-52 | ICRISAT | | 2004 | 2 | 引进资源 |
| 321 | ICPH3345-54 | 木豆属 | 木豆 | *Cajanus cajan*（L.）Millsp. | ICPH3345-54 | ICRISAT | | 2004 | 2 | 引进资源 |
| 322 | ICPH3345-58 | 木豆属 | 木豆 | *Cajanus cajan*（L.）Millsp. | ICPH3345-58 | ICRISAT | | 2004 | 2 | 引进资源 |
| 323 | ICPH3345-61 | 木豆属 | 木豆 | *Cajanus cajan*（L.）Millsp. | ICPH3345-61 | ICRISAT | | 2004 | 2 | 引进资源 |
| 324 | ICPH3345-62 | 木豆属 | 木豆 | *Cajanus cajan*（L.）Millsp. | ICPH3345-62 | ICRISAT | | 2004 | 2 | 引进资源 |
| 325 | ICPH3345-66 | 木豆属 | 木豆 | *Cajanus cajan*（L.）Millsp. | ICPH3345-66 | ICRISAT | | 2004 | 2 | 引进资源 |
| 326 | ICPH3345-67 | 木豆属 | 木豆 | *Cajanus cajan*（L.）Millsp. | ICPH3345-67 | ICRISAT | | 2004 | 2 | 引进资源 |
| 327 | ICPH3345-69 | 木豆属 | 木豆 | *Cajanus cajan*（L.）Millsp. | ICPH3345-69 | ICRISAT | | 2004 | 2 | 引进资源 |
| 328 | ICPH3345-72 | 木豆属 | 木豆 | *Cajanus cajan*（L.）Millsp. | ICPH3345-72 | ICRISAT | | 2004 | 2 | 引进资源 |
| 329 | ICPL149 | 木豆属 | 木豆 | *Cajanus cajan*（L.）Millsp. | ICPL149 | ICRISAT | | 2003 | 2 | 引进资源 |
| 330 | ICPL161 | 木豆属 | 木豆 | *Cajanus cajan*（L.）Millsp. | ICPL161 | ICRISAT | | 2003 | 2 | 引进资源 |
| 331 | ICPL20107 | 木豆属 | 木豆 | *Cajanus cajan*（L.）Millsp. | ICPL20107 | ICRISAT | | 2003 | 2 | 引进资源 |
| 332 | ICPL81-3 | 木豆属 | 木豆 | *Cajanus cajan*（L.）Millsp. | ICPL81-3 | ICRISAT | | 2003 | 2 | 引进资源 |
| 333 | ICPL87119 | 木豆属 | 木豆 | *Cajanus cajan*（L.）Millsp. | ICPL87119 | ICRISAT | | 2003 | 2 | 引进资源 |
| 334 | ICPL88034 | 木豆属 | 木豆 | *Cajanus cajan*（L.）Millsp. | ICPL88034 | ICRISAT | | 2003 | 2 | 引进资源 |
| 335 | ICPL88039 | 木豆属 | 木豆 | *Cajanus cajan*（L.）Millsp. | ICPL88039 | ICRISAT | | 2003 | 2 | 引进资源 |
| 336 | ICPL8863 | 木豆属 | 木豆 | *Cajanus cajan*（L.）Millsp. | ICPL8863 | ICRISAT | | 2004 | 2 | 引进资源 |
| 337 | ICPL93103 | 木豆属 | 木豆 | *Cajanus cajan*（L.）Millsp. | ICPL93103 | ICRISAT | | 2003 | 2 | 引进资源 |
| 338 | KATDT-1 | 木豆属 | 木豆 | *Cajanus cajan*（L.）Millsp. | KATDT-1 | ICRISAT | | 2003 | 2 | 引进资源 |
| 339 | KATDT-2 | 木豆属 | 木豆 | *Cajanus cajan*（L.）Millsp. | KATDT-2 | ICRISAT | | 2003 | 2 | 引进资源 |
| 340 | KAT-NDT-1 | 木豆属 | 木豆 | *Cajanus cajan*（L.）Millsp. | KAT-NDT-1 | ICRISAT | | 2003 | 2 | 引进资源 |

（续）

| 序号 | 送种单位编号 | 属　名 | 种　名 | 学　名 | 品种名（原文名） | 材料来源 | 材料原产地 | 收种时间（年份） | 保存地点 | 类型 |
|---|---|---|---|---|---|---|---|---|---|---|
| 341 | 050217049 | 木豆属 | 木豆 | *Cajanus cajan*（L.）Millsp. | | 云南农科院 | | 2005 | 2 | 栽培资源 |
| 342 | 050217050 | 木豆属 | 木豆 | *Cajanus cajan*（L.）Millsp. | | 云南农科院 | | 2005 | 2 | 栽培资源 |
| 343 | 050217052 | 木豆属 | 木豆 | *Cajanus cajan*（L.）Millsp. | | 云南农科院 | | 2005 | 2 | 野生资源 |
| 344 | 050217053 | 木豆属 | 木豆 | *Cajanus cajan*（L.）Millsp. | | 云南农科院 | | 2005 | 2 | 栽培资源 |
| 345 | 060218005 | 木豆属 | 木豆 | *Cajanus cajan*（L.）Millsp. | | | 海南白沙乐叉农场 | 2006 | 2 | 野生资源 |
| 346 | 060306002 | 木豆属 | 木豆 | *Cajanus cajan*（L.）Millsp. | | | 海南白沙青年农场 | 2006 | 2 | 野生资源 |
| 347 | 060331001 | 木豆属 | 木豆 | *Cajanus cajan*（L.）Millsp. | | | 云南景洪 | 2006 | 2 | 栽培资源 |
| 348 | 060401010 | 木豆属 | 木豆 | *Cajanus cajan*（L.）Millsp. | | | 云南景洪勐养镇 | 2006 | 2 | 野生资源 |
| 349 | 060401024 | 木豆属 | 木豆 | *Cajanus cajan*（L.）Millsp. | | | 云南景洪 213 国道 | 2006 | 2 | 野生资源 |
| 350 | 060427101 | 木豆属 | 木豆 | *Cajanus cajan*（L.）Millsp. | | 云南热经所 | | 2006 | 2 | 栽培资源 |
| 351 | 060427102 | 木豆属 | 木豆 | *Cajanus cajan*（L.）Millsp. | | 云南热经所 | | 2006 | 2 | 栽培资源 |
| 352 | 060427104 | 木豆属 | 木豆 | *Cajanus cajan*（L.）Millsp. | | 云南热经所 | | 2006 | 2 | 栽培资源 |
| 353 | 060427105 | 木豆属 | 木豆 | *Cajanus cajan*（L.）Millsp. | | 云南热经所 | | 2006 | 2 | 栽培资源 |
| 354 | 060427106 | 木豆属 | 木豆 | *Cajanus cajan*（L.）Millsp. | | 云南德宏热经所 | | 2006 | 2 | 栽培资源 |
| 355 | 060811002 | 木豆属 | 木豆 | *Cajanus cajan*（L.）Millsp. | | | 吉隆坡 | 2006 | 2 | 引进资源 |
| 356 | 061023026 | 木豆属 | 木豆 | *Cajanus cajan*（L.）Millsp. | | | 哥斯达黎加 | 2006 | 2 | 引进资源 |
| 357 | 061023027 | 木豆属 | 木豆 | *Cajanus cajan*（L.）Millsp. | | | 哥斯达黎加 | 2006 | 2 | 引进资源 |
| 358 | 070104003 | 木豆属 | 木豆 | *Cajanus cajan*（L.）Millsp. | | | 广东阳江 | 2007 | 2 | 野生资源 |
| 359 | 070104021 | 木豆属 | 木豆 | *Cajanus cajan*（L.）Millsp. | | | 广东阳江阳东 | 2007 | 2 | 野生资源 |
| 360 | 070109032 | 木豆属 | 木豆 | *Cajanus cajan*（L.）Millsp. | | | 广东惠州 | 2007 | 2 | 野生资源 |
| 361 | 070109033 | 木豆属 | 木豆 | *Cajanus cajan*（L.）Millsp. | | | 广东惠州 | 2007 | 2 | 野生资源 |
| 362 | 070114002 | 木豆属 | 木豆 | *Cajanus cajan*（L.）Millsp. | | | 福建江萍 | 2007 | 2 | 野生资源 |
| 363 | 070117045 | 木豆属 | 木豆 | *Cajanus cajan*（L.）Millsp. | | | 广东梅县 | 2007 | 2 | 野生资源 |
| 364 | 070117093 | 木豆属 | 木豆 | *Cajanus cajan*（L.）Millsp. | | | 广东龙川 | 2007 | 2 | 野生资源 |
| 365 | 070117094 | 木豆属 | 木豆 | *Cajanus cajan*（L.）Millsp. | | | 广东龙川 | 2007 | 2 | 野生资源 |
| 366 | 070117097 | 木豆属 | 木豆 | *Cajanus cajan*（L.）Millsp. | | | 广东龙川 | 2007 | 2 | 野生资源 |

（续）

| 序号 | 送种单位编号 | 属名 | 种名 | 学名 | 品种名（原文名） | 材料来源 | 材料原产地 | 收种时间（年份） | 保存地点 | 类型 |
|---|---|---|---|---|---|---|---|---|---|---|
| 367 | 070117098 | 木豆属 | 木豆 | *Cajanus cajan*（L.）Millsp. | | | 广东龙川 | 2007 | 2 | 野生资源 |
| 368 | 070120030 | 木豆属 | 木豆 | *Cajanus cajan*（L.）Millsp. | | | 广东信宜旺沙镇 | 2007 | 2 | 野生资源 |
| 369 | 070305022 | 木豆属 | 木豆 | *Cajanus cajan*（L.）Millsp. | | | 云南文山 | 2007 | 2 | 野生资源 |
| 370 | 070315020 | 木豆属 | 木豆 | *Cajanus cajan*（L.）Millsp. | | | 广西宜山 | 2007 | 2 | 野生资源 |
| 371 | 070320025 | 木豆属 | 木豆 | *Cajanus cajan*（L.）Millsp. | | | 广西博白 | 2007 | 2 | 野生资源 |
| 372 | 040301040 | 木豆属 | 木豆 | *Cajanus cajan*（L.）Millsp. | | | 云南元谋 | 2004 | 2 | 野生资源 |
| 373 | 广西引1号 | 木豆属 | 木豆 | *Cajanus cajan*（L.）Millsp. | | 广西牧草工作站 | | 2004 | 2 | 栽培资源 |
| 374 | 广西引2号 | 木豆属 | 木豆 | *Cajanus cajan*（L.）Millsp. | | 广西牧草工作站 | | 2004 | 2 | 栽培资源 |
| 375 | 广西引3号 | 木豆属 | 木豆 | *Cajanus cajan*（L.）Millsp. | | 广西牧草工作站 | | 2004 | 2 | 栽培资源 |
| 376 | 广西引4号 | 木豆属 | 木豆 | *Cajanus cajan*（L.）Millsp. | | 广西牧草工作站 | | 2004 | 2 | 栽培资源 |
| 377 | 080426032 | 木豆属 | 木豆 | *Cajanus cajan*（L.）Millsp. | | | 广西大新 | 2008 | 2 | 野生资源 |
| 378 | 101119028 | 木豆属 | 木豆 | *Cajanus cajan*（L.）Millsp. | | | 广西崇左江州 | 2010 | 2 | 野生资源 |
| 379 | 101115016 | 木豆属 | 木豆 | *Cajanus cajan*（L.）Millsp. | | | 广西龙州 | 2010 | 2 | 野生资源 |
| 380 | 071222050 | 木豆属 | 木豆 | *Cajanus cajan*（L.）Millsp. | | | 福建龙岩坎 | 2007 | 2 | 野生资源 |
| 381 | 071013005 | 木豆属 | 木豆 | *Cajanus cajan*（L.）Millsp. | | | 云南嵩明基地 | 2007 | 2 | 野生资源 |
| 382 | 080117049 | 木豆属 | 木豆 | *Cajanus cajan*（L.）Millsp. | | | 云南怒江州福贡 | 2008 | 2 | 野生资源 |
| 383 | 广西引5号 | 木豆属 | 木豆 | *Cajanus cajan*（L.）Millsp. | | | 广西 | 2006 | 2 | 栽培资源 |
| 384 | 050131001 | 木豆属 | 木豆 | *Cajanus cajan*（L.）Millsp. | | | 广东惠州博罗 | 2005 | 2 | 野生资源 |
| 385 | 161124033 | 木豆属 | 木豆 | *Cajanus cajan*（L.）Millsp. | | 云南 | 云南 | 2016 | 2 | 野生资源 |
| 386 | 南02138 | 木豆属 | 木豆 | *Cajanus cajan*（L.）Millsp. | | 海南南繁基地 | | 2001 | 2 | 野生资源 |
| 387 | 南02138-1 | 木豆属 | 木豆 | *Cajanus cajan*（L.）Millsp. | | 海南南繁基地 | | 2001 | 2 | 野生资源 |
| 388 | 南02137 | 木豆属 | 木豆 | *Cajanus cajan*（L.）Millsp. | | 海南南繁基地 | | 2001 | 2 | 野生资源 |
| 389 | 南02137-1 | 木豆属 | 木豆 | *Cajanus cajan*（L.）Millsp. | | 海南南繁基地 | | 2001 | 2 | 野生资源 |
| 390 | 南01106 | 木豆属 | 木豆 | *Cajanus cajan*（L.）Millsp. | | 海南南繁基地 | | 2001 | 2 | 野生资源 |
| 391 | 广西红木豆（白种） | 木豆属 | 木豆 | *Cajanus cajan*（L.）Millsp. | | | 广西 | 2004 | 2 | 栽培资源 |
| 392 | 广西红木豆（红种） | 木豆属 | 木豆 | *Cajanus cajan*（L.）Millsp. | | | 广西 | 2004 | 2 | 野生资源 |

（续）

| 序号 | 送种单位编号 | 属 名 | 种 名 | 学 名 | 品种名（原文名） | 材料来源 | 材料原产地 | 收种时间（年份） | 保存地点 | 类型 |
|---|---|---|---|---|---|---|---|---|---|---|
| 393 | 广西红木豆（黑种） | 木豆属 | 木豆 | *Cajanus cajan*（L.）Millsp. | | | 广西 | 2006 | 2 | 栽培资源 |
| 394 | 广西白木豆（白种） | 木豆属 | 木豆 | *Cajanus cajan*（L.）Millsp. | | | 广西 | 2005 | 2 | 栽培资源 |
| 395 | 广西白木豆（红种） | 木豆属 | 木豆 | *Cajanus cajan*（L.）Millsp. | | | 广西 | 2005 | 2 | 栽培资源 |
| 396 | 060427203 | 木豆属 | 木豆 | *Cajanus cajan*（L.）Millsp. | | 云南热经所 | | 2006 | 2 | 栽培资源 |
| 397 | 060427201 | 木豆属 | 木豆 | *Cajanus cajan*（L.）Millsp. | | 云南热经所 | | 2006 | 2 | 栽培资源 |
| 398 | 060427103 | 木豆属 | 木豆 | *Cajanus cajan*（L.）Millsp. | | 云南热经所 | | 2006 | 2 | 栽培资源 |
| 399 | 060427202 | 木豆属 | 木豆 | *Cajanus cajan*（L.）Millsp. | | | 云南怒江州泸水 | 2006 | 2 | 野生资源 |
| 400 | 37-19 | 木豆属 | 木豆 | *Cajanus cajan*（L.）Millsp. | | | 广西大新 | 2004 | 2 | 野生资源 |
| 401 | L027-1 | 木豆属 | 木豆 | *Cajanus cajan*（L.）Millsp. | | | 云南元谋 | 2005 | 2 | 栽培资源 |
| 402 | 030521073 | 木豆属 | 木豆 | *Cajanus cajan*（L.）Millsp. | | | 云南元谋 | 2003 | 2 | 野生资源 |
| 403 | 030521073-1 | 木豆属 | 木豆 | *Cajanus cajan*（L.）Millsp. | | | 云南元谋 | 2003 | 2 | 野生资源 |
| 404 | 030521073-2 | 木豆属 | 木豆 | *Cajanus cajan*（L.）Millsp. | | | 云南元谋 | 2003 | 2 | 野生资源 |
| 405 | 060427303 | 木豆属 | 木豆 | *Cajanus cajan*（L.）Millsp. | | | 广西大新 | 2006 | 2 | 野生资源 |
| 406 | L028 | 木豆属 | 木豆 | *Cajanus cajan*（L.）Millsp. | | | 云南元谋 | 2004 | 2 | 栽培资源 |
| 407 | L029 | 木豆属 | 木豆 | *Cajanus cajan*（L.）Millsp. | | | 云南元谋 | 2004 | 2 | 栽培资源 |
| 408 | L030 | 木豆属 | 木豆 | *Cajanus cajan*（L.）Millsp. | | | 云南元谋 | 2004 | 2 | 栽培资源 |
| 409 | L033 | 木豆属 | 木豆 | *Cajanus cajan*（L.）Millsp. | | | 云南元谋 | 2004 | 2 | 栽培资源 |
| 410 | 060302216 | 木豆属 | 木豆 | *Cajanus cajan*（L.）Millsp. | | | 广西大新 | 2006 | 2 | 野生资源 |
| 411 | WFEIJAO | 木豆属 | 木豆 | *Cajanus cajan*（L.）Millsp. | | | 广西大新 | 2005 | 2 | 野生资源 |
| 412 | 7号 | 木豆属 | 木豆 | *Cajanus cajan*（L.）Millsp. | | | 云南 | 2005 | 2 | 栽培资源 |
| 413 | 161124008 | 木豆属 | 木豆 | *Cajanus cajan*（L.）Millsp. | | 云南 | 云南 | 2016 | 2 | 野生资源 |
| 414 | 161124014 | 木豆属 | 木豆 | *Cajanus cajan*（L.）Millsp. | | 云南 | 云南 | 2016 | 2 | 野生资源 |
| 415 | 161124030 | 木豆属 | 木豆 | *Cajanus cajan*（L.）Millsp. | | 云南 | 云南 | 2016 | 2 | 野生资源 |
| 416 | 161124010 | 木豆属 | 木豆 | *Cajanus cajan*（L.）Millsp. | | 云南 | 云南 | 2016 | 2 | 野生资源 |
| 417 | 161124005 | 木豆属 | 木豆 | *Cajanus cajan*（L.）Millsp. | | 云南 | 云南 | 2016 | 2 | 野生资源 |

（续）

| 序号 | 送种单位编号 | 属 名 | 种 名 | 学 名 | 品种名（原文名） | 材料来源 | 材料原产地 | 收种时间（年份） | 保存地点 | 类型 |
|---|---|---|---|---|---|---|---|---|---|---|
| 418 | 161124002 | 木豆属 | 木豆 | *Cajanus cajan*（L.）Millsp. | | 云南 | 云南 | 2016 | 2 | 野生资源 |
| 419 | 161124024 | 木豆属 | 木豆 | *Cajanus cajan*（L.）Millsp. | | 云南 | 云南 | 2016 | 2 | 野生资源 |
| 420 | 161124017 | 木豆属 | 木豆 | *Cajanus cajan*（L.）Millsp. | | 云南 | 云南 | 2016 | 2 | 野生资源 |
| 421 | 161124025 | 木豆属 | 木豆 | *Cajanus cajan*（L.）Millsp. | | 云南 | 云南 | 2016 | 2 | 野生资源 |
| 422 | 161124001 | 木豆属 | 木豆 | *Cajanus cajan*（L.）Millsp. | | 云南 | 云南 | 2016 | 2 | 野生资源 |
| 423 | 161124015 | 木豆属 | 木豆 | *Cajanus cajan*（L.）Millsp. | | 云南 | 云南 | 2016 | 2 | 野生资源 |
| 424 | 161124019 | 木豆属 | 木豆 | *Cajanus cajan*（L.）Millsp. | | 云南 | 云南 | 2016 | 2 | 野生资源 |
| 425 | 161124023 | 木豆属 | 木豆 | *Cajanus cajan*（L.）Millsp. | | 云南 | 云南 | 2016 | 2 | 野生资源 |
| 426 | 161124021 | 木豆属 | 木豆 | *Cajanus cajan*（L.）Millsp. | | 云南 | 云南 | 2016 | 2 | 野生资源 |
| 427 | 161124029 | 木豆属 | 木豆 | *Cajanus cajan*（L.）Millsp. | | 云南 | 云南 | 2016 | 2 | 野生资源 |
| 428 | 161124009 | 木豆属 | 木豆 | *Cajanus cajan*（L.）Millsp. | | 云南 | 云南 | 2016 | 2 | 野生资源 |
| 429 | 161124028 | 木豆属 | 木豆 | *Cajanus cajan*（L.）Millsp. | | 云南 | 云南 | 2016 | 2 | 野生资源 |
| 430 | 161124011 | 木豆属 | 木豆 | *Cajanus cajan*（L.）Millsp. | | 云南 | 云南 | 2016 | 2 | 野生资源 |
| 431 | 161124027 | 木豆属 | 木豆 | *Cajanus cajan*（L.）Millsp. | | 云南 | 云南 | 2016 | 2 | 野生资源 |
| 432 | 161124007 | 木豆属 | 木豆 | *Cajanus cajan*（L.）Millsp. | | 云南 | 云南 | 2016 | 2 | 野生资源 |
| 433 | 161124032 | 木豆属 | 木豆 | *Cajanus cajan*（L.）Millsp. | | 云南 | 云南 | 2016 | 2 | 野生资源 |
| 434 | 161124003 | 木豆属 | 木豆 | *Cajanus cajan*（L.）Millsp. | | 云南 | 云南 | 2016 | 2 | 野生资源 |
| 435 | 161124013 | 木豆属 | 木豆 | *Cajanus cajan*（L.）Millsp. | | 云南 | 云南 | 2016 | 2 | 野生资源 |
| 436 | 161124031 | 木豆属 | 木豆 | *Cajanus cajan*（L.）Millsp. | | 云南 | 云南 | 2016 | 2 | 野生资源 |
| 437 | 161124026 | 木豆属 | 木豆 | *Cajanus cajan*（L.）Millsp. | | 云南 | 云南 | 2016 | 2 | 野生资源 |
| 438 | 161124004 | 木豆属 | 木豆 | *Cajanus cajan*（L.）Millsp. | | 云南 | 云南 | 2016 | 2 | 野生资源 |
| 439 | 161124012 | 木豆属 | 木豆 | *Cajanus cajan*（L.）Millsp. | | 云南 | 云南 | 2016 | 2 | 野生资源 |
| 440 | 161124006 | 木豆属 | 木豆 | *Cajanus cajan*（L.）Millsp. | | 云南 | 云南 | 2016 | 2 | 野生资源 |
| 441 | 161124020 | 木豆属 | 木豆 | *Cajanus cajan*（L.）Millsp. | | 云南 | 云南 | 2016 | 2 | 野生资源 |
| 442 | 161124016 | 木豆属 | 木豆 | *Cajanus cajan*（L.）Millsp. | | 云南 | 云南 | 2016 | 2 | 野生资源 |

（续）

| 序号 | 送种单位编号 | 属　名 | 种　名 | 学　名 | 品种名（原文名） | 材料来源 | 材料原产地 | 收种时间（年份） | 保存地点 | 类型 |
|---|---|---|---|---|---|---|---|---|---|---|
| 443 | 161124022 | 木豆属 | 木豆 | *Cajanus cajan*（L.）Millsp. | | 云南 | 云南 | 2016 | 2 | 野生资源 |
| 444 | 161124034 | 木豆属 | 木豆 | *Cajanus cajan*（L.）Millsp. | | 云南 | 云南 | 2016 | 2 | 野生资源 |
| 445 | 161124036 | 木豆属 | 木豆 | *Cajanus cajan*（L.）Millsp. | | 云南 | 云南 | 2016 | 2 | 野生资源 |
| 446 | 161124037 | 木豆属 | 木豆 | *Cajanus cajan*（L.）Millsp. | | 云南 | 云南 | 2016 | 2 | 野生资源 |
| 447 | 161124038 | 木豆属 | 木豆 | *Cajanus cajan*（L.）Millsp. | | 云南 | 云南 | 2016 | 2 | 野生资源 |
| 448 | 161124039 | 木豆属 | 木豆 | *Cajanus cajan*（L.）Millsp. | | 云南 | 云南 | 2016 | 2 | 野生资源 |
| 449 | 161124040 | 木豆属 | 木豆 | *Cajanus cajan*（L.）Millsp. | | 云南 | 云南 | 2016 | 2 | 野生资源 |
| 450 | 161124041 | 木豆属 | 木豆 | *Cajanus cajan*（L.）Millsp. | | 云南 | 云南 | 2016 | 2 | 野生资源 |
| 451 | 161124042 | 木豆属 | 木豆 | *Cajanus cajan*（L.）Millsp. | | 云南 | 云南 | 2016 | 2 | 野生资源 |
| 452 | 161124043 | 木豆属 | 木豆 | *Cajanus cajan*（L.）Millsp. | | 云南 | 云南 | 2016 | 2 | 野生资源 |
| 453 | 161124044 | 木豆属 | 木豆 | *Cajanus cajan*（L.）Millsp. | | 云南 | 云南 | 2016 | 2 | 野生资源 |
| 454 | 161124045 | 木豆属 | 木豆 | *Cajanus cajan*（L.）Millsp. | | 云南 | 云南 | 2016 | 2 | 野生资源 |
| 455 | 161124046 | 木豆属 | 木豆 | *Cajanus cajan*（L.）Millsp. | | 云南 | 云南 | 2016 | 2 | 野生资源 |
| 456 | 161124047 | 木豆属 | 木豆 | *Cajanus cajan*（L.）Millsp. | | 云南 | 云南 | 2016 | 2 | 野生资源 |
| 457 | 161124048 | 木豆属 | 木豆 | *Cajanus cajan*（L.）Millsp. | | 云南 | 云南 | 2016 | 2 | 野生资源 |
| 458 | 161124049 | 木豆属 | 木豆 | *Cajanus cajan*（L.）Millsp. | | 云南 | 云南 | 2016 | 2 | 野生资源 |
| 459 | 161124050 | 木豆属 | 木豆 | *Cajanus cajan*（L.）Millsp. | | 云南 | 云南 | 2016 | 2 | 野生资源 |
| 460 | 161124051 | 木豆属 | 木豆 | *Cajanus cajan*（L.）Millsp. | | 云南 | 云南 | 2016 | 2 | 野生资源 |
| 461 | 161124052 | 木豆属 | 木豆 | *Cajanus cajan*（L.）Millsp. | | 云南 | 云南 | 2016 | 2 | 野生资源 |
| 462 | 161124053 | 木豆属 | 木豆 | *Cajanus cajan*（L.）Millsp. | | 云南 | 云南 | 2016 | 2 | 野生资源 |
| 463 | 161124054 | 木豆属 | 木豆 | *Cajanus cajan*（L.）Millsp. | | 云南 | 云南 | 2016 | 2 | 野生资源 |
| 464 | 161124055 | 木豆属 | 木豆 | *Cajanus cajan*（L.）Millsp. | | 云南 | 云南 | 2016 | 2 | 野生资源 |
| 465 | 161124056 | 木豆属 | 木豆 | *Cajanus cajan*（L.）Millsp. | | 云南 | 云南 | 2016 | 2 | 野生资源 |
| 466 | 161124057 | 木豆属 | 木豆 | *Cajanus cajan*（L.）Millsp. | | 云南 | 云南 | 2016 | 2 | 野生资源 |
| 467 | 161124058 | 木豆属 | 木豆 | *Cajanus cajan*（L.）Millsp. | | 云南 | 云南 | 2016 | 2 | 野生资源 |

（续）

| 序号 | 送种单位编号 | 属名 | 种名 | 学名 | 品种名（原文名） | 材料来源 | 材料原产地 | 收种时间（年份） | 保存地点 | 类型 |
|---|---|---|---|---|---|---|---|---|---|---|
| 468 | 161124059 | 木豆属 | 木豆 | *Cajanus cajan*（L.）Millsp. | | 云南 | 云南 | 2016 | 2 | 野生资源 |
| 469 | 161124060 | 木豆属 | 木豆 | *Cajanus cajan*（L.）Millsp. | | 云南 | 云南 | 2016 | 2 | 野生资源 |
| 470 | 161124061 | 木豆属 | 木豆 | *Cajanus cajan*（L.）Millsp. | | 云南 | 云南 | 2016 | 2 | 野生资源 |
| 471 | 161124062 | 木豆属 | 木豆 | *Cajanus cajan*（L.）Millsp. | | 云南 | 云南 | 2016 | 2 | 野生资源 |
| 472 | 161124063 | 木豆属 | 木豆 | *Cajanus cajan*（L.）Millsp. | | 云南 | 云南 | 2016 | 2 | 野生资源 |
| 473 | 161124064 | 木豆属 | 木豆 | *Cajanus cajan*（L.）Millsp. | | 云南 | 云南 | 2016 | 2 | 野生资源 |
| 474 | ICPH33432-14 | 木豆属 | 木豆 | *Cajanus cajan*（L.）Millsp. | ICPH33432-14 | ICRISAT | | 2003 | 2 | 引进资源 |
| 475 | ICPH33432-15 | 木豆属 | 木豆 | *Cajanus cajan*（L.）Millsp. | ICPH33432-15 | ICRISAT | | 2003 | 2 | 引进资源 |
| 476 | ICPH33432-16 | 木豆属 | 木豆 | *Cajanus cajan*（L.）Millsp. | ICPH33432-16 | ICRISAT | | 2003 | 2 | 引进资源 |
| 477 | ICPH33432-27 | 木豆属 | 木豆 | *Cajanus cajan*（L.）Millsp. | ICPH33432-27 | ICRISAT | | 2003 | 2 | 引进资源 |
| 478 | ICPH33432-3 | 木豆属 | 木豆 | *Cajanus cajan*（L.）Millsp. | ICPH33432-3 | ICRISAT | | 2003 | 2 | 引进资源 |
| 479 | ICPH33432-31 | 木豆属 | 木豆 | *Cajanus cajan*（L.）Millsp. | ICPH33432-31 | ICRISAT | | 2003 | 2 | 引进资源 |
| 480 | ICPH33432-35 | 木豆属 | 木豆 | *Cajanus cajan*（L.）Millsp. | ICPH33432-35 | ICRISAT | | 2003 | 2 | 引进资源 |
| 481 | ICPH33432-43 | 木豆属 | 木豆 | *Cajanus cajan*（L.）Millsp. | ICPH33432-43 | ICRISAT | | 2003 | 2 | 引进资源 |
| 482 | KATDT-2-9 | 木豆属 | 木豆 | *Cajanus cajan*（L.）Millsp. | KATDT-2-9 | ICRISAT | | 2003 | 2 | 引进资源 |
| 483 | 110117001 | 木豆属 | 木豆 | *Cajanus cajan*（L.）Millsp. | | | 福建安溪 | 2011 | 2 | 野生资源 |
| 484 | GX030 | 木豆属 | 木豆 | *Cajanus cajan*（L.）Millsp. | 木豆2号 | | | 2010 | 1 | 栽培资源 |
| 485 | 84-8 | 木豆属 | 木豆 | *Cajanus cajan*（L.）Millsp. | 柳城木豆 | 广西畜牧所 | 广西柳城 | 1993 | 1 | 栽培资源 |
| 486 | | 木豆属 | 蔓草虫豆 | *Cajanus scarabaeoides*（L.）Thouars | | 广西畜牧所 | 广西野生 | 1992 | 1 | 野生资源 |
| 487 | HN1250 | 木豆属 | 蔓草虫豆 | *Cajanus scarabaeoides*（L.）Thouars | | | 广西 | 2001 | 3 | 野生资源 |
| 488 | hn2247 | 木豆属 | 蔓草虫豆 | *Cajanus scarabaeoides*（L.）Thouars | | | 广西崇左天等 | 2011 | 3 | 野生资源 |
| 489 | 041130119 | 木豆属 | 蔓草虫豆 | *Cajanus scarabaeoides*（L.）Thouars | | | 海南三亚崖城 | 2004 | 2 | 野生资源 |
| 490 | 101118024 | 木豆属 | 蔓草虫豆 | *Cajanus scarabaeoides*（L.）Thouars | | | 广西大新堪圩 | 2010 | 2 | 野生资源 |
| 491 | 101119017 | 木豆属 | 蔓草虫豆 | *Cajanus scarabaeoides*（L.）Thouars | | | 广西大新堪圩 | 2010 | 2 | 野生资源 |
| 492 | 101116031 | 木豆属 | 蔓草虫豆 | *Cajanus scarabaeoides*（L.）Thouars | | | 广西大新硕龙 | 2010 | 2 | 野生资源 |

（续）

| 序号 | 送种单位编号 | 属名 | 种名 | 学名 | 品种名（原文名） | 材料来源 | 材料原产地 | 收种时间（年份） | 保存地点 | 类型 |
|---|---|---|---|---|---|---|---|---|---|---|
| 493 | 101115026 | 木豆属 | 蔓草虫豆 | *Cajanus scarabaeoides*（L.）Thouars | | | 广西大新硕龙 | 2010 | 2 | 野生资源 |
| 494 | 101117012 | 木豆属 | 蔓草虫豆 | *Cajanus scarabaeoides*（L.）Thouars | | | 广西大新 | 2010 | 2 | 野生资源 |
| 495 | 061118022 | 木豆属 | 蔓草虫豆 | *Cajanus scarabaeoides*（L.）Thouars | | | 海南儋州 | 2006 | 2 | 野生资源 |
| 496 | 050308510 | 木豆属 | 蔓草虫豆 | *Cajanus scarabaeoides*（L.）Thouars | | | 广西田林 | 2005 | 2 | 野生资源 |
| 497 | 061128022 | 木豆属 | 蔓草虫豆 | *Cajanus scarabaeoides*（L.）Thouars | | | 海南东方 | 2006 | 2 | 野生资源 |
| 498 | 061128008 | 木豆属 | 蔓草虫豆 | *Cajanus scarabaeoides*（L.）Thouars | | | 海南东方 | 2006 | 2 | 野生资源 |
| 499 | 060403018 | 木豆属 | 蔓草虫豆 | *Cajanus scarabaeoides*（L.）Thouars | | | 云南元江 | 2006 | 2 | 野生资源 |
| 500 | 051211081 | 木豆属 | 蔓草虫豆 | *Cajanus scarabaeoides*（L.）Thouars | | | 海南乐东 | 2005 | 2 | 野生资源 |
| 501 | 140922019 | 木豆属 | 蔓草虫豆 | *Cajanus scarabaeoides*（L.）Thouars | | | 广东英德 | 2014 | 2 | 野生资源 |
| 502 | HN430 | 木豆属 | 虫豆 | *Cajanus volubilis*（Blanco）Blanco | | | 海南昌江 | 2004 | 3 | 野生资源 |
| 503 | HN509 | 木豆属 | 虫豆 | *Cajanus volubilis*（Blanco）Blanco | | 海南三亚 | 海南三亚崖城 | 2004 | 3 | 野生资源 |
| 504 | HN654 | 木豆属 | 虫豆 | *Cajanus volubilis*（Blanco）Blanco | | | 云南勐海 | 2005 | 3 | 野生资源 |
| 505 | 050228388 | 朱缨花属 | 朱缨花 | *Calliandra haematocephala* Hassk. | | | 云南西双版纳热带植物园 | 2005 | 2 | 野生资源 |
| 506 | hn2103 | 毛蔓豆属 | 毛蔓豆 | *Calopogonium mucunoides* Desv. | | | 海南五指山 | 2005 | 3 | 野生资源 |
| 507 | HN225 | 毛蔓豆属 | 毛蔓豆 | *Calopogonium mucunoides* Desv. | | 热带牧草中心 | | 2003 | 3 | 野生资源 |
| 508 | hn2861 | 毛蔓豆属 | 毛蔓豆 | *Calopogonium mucunoides* Desv. | | 热带牧草中心 | | 2013 | 3 | 野生资源 |
| 509 | hn2865 | 毛蔓豆属 | 毛蔓豆 | *Calopogonium mucunoides* Desv. | | | 海南陵水 | 2005 | 3 | 野生资源 |
| 510 | hn2866 | 毛蔓豆属 | 毛蔓豆 | *Calopogonium mucunoides* Desv. | | | 海南儋州宝岛新村 | 2013 | 3 | 野生资源 |
| 511 | hn2868 | 毛蔓豆属 | 毛蔓豆 | *Calopogonium mucunoides* Desv. | | | 海南儋州宝岛新村 | 2006 | 3 | 野生资源 |
| 512 | 060116037 | 毛蔓豆属 | 毛蔓豆 | *Calopogonium mucunoides* Desv. | | | 海南两院奶牛山 | 2006 | 2 | 野生资源 |
| 513 | 030115001 | 毛蔓豆属 | 毛蔓豆 | *Calopogonium mucunoides* Desv. | | | 海南三亚 | 2003 | 2 | 野生资源 |
| 514 | HB2011-023 | 杭子梢属 | 杭子梢 | *Campylotropis macrocarpa*（Bge.）Rehd. | | 湖北农科院畜牧所 | | 2016 | 3 | 野生资源 |
| 515 | HB2012-142 | 杭子梢属 | 杭子梢 | *Campylotropis macrocarpa*（Bge.）Rehd. | | | 河南信阳浉河 | 2016 | 3 | 野生资源 |

（续）

| 序号 | 送种单位编号 | 属 名 | 种 名 | 学 名 | 品种名（原文名） | 材料来源 | 材料原产地 | 收种时间（年份） | 保存地点 | 类型 |
|---|---|---|---|---|---|---|---|---|---|---|
| 516 | JL16-050 | 杭子梢属 | 杭子梢 | *Campylotropis macrocarpa*（Bge.）Rehd. | | | 内蒙古锡林浩特克什克腾 | 2015 | 3 | 野生资源 |
| 517 | 中畜-2267 | 杭子梢属 | 杭子梢 | *Campylotropis macrocarpa*（Bge.）Rehd. | | | 北京门头沟妙峰山 | 2005 | 3 | 野生资源 |
| 518 | 071221039 | 杭子梢属 | 杭子梢 | *Campylotropis macrocarpa*（Bge.）Rehd. | | | 云南思茅 | 2007 | 2 | 野生资源 |
| 519 | 060326003 | 杭子梢属 | 杭子梢 | *Campylotropis macrocarpa*（Bge.）Rehd. | | | 云南思茅 | 2006 | 2 | 野生资源 |
| 520 | 060402009 | 杭子梢属 | 绒毛叶杭子梢 | *Campylotropis pinetorum*（Kurz）Schindl. subsp. *velutina*（Dunn）Ohashi | | | 云南思茅 | 2006 | 2 | 野生资源 |
| 521 | 050228389 | 杭子梢属 | 绒毛叶杭子梢 | *Campylotropis pinetorum*（Kurz）Schindl. subsp. *velutina*（Dunn）Ohashi | | | 云南西双版纳热带植物园 | 2005 | 2 | 野生资源 |
| 522 | 060402006 | 杭子梢属 | 绒毛叶杭子梢 | *Campylotropis pinetorum*（Kurz）Schindl. subsp. *velutina*（Dunn）Ohashi | | | 云南思茅 | 2006 | 2 | 野生资源 |
| 523 | 060403003 | 杭子梢属 | 绒毛叶杭子梢 | *Campylotropis pinetorum*（Kurz）Schindl. subsp. *velutina*（Dunn）Ohashi | | | 云南墨江 | 2006 | 2 | 野生资源 |
| 524 | 131102004 | 杭子梢属 | 绒毛叶杭子梢 | *Campylotropis pinetorum*（Kurz）Schindl. subsp. *velutina*（Dunn）Ohashi | | | 江西永修云山保护区 | 2013 | 2 | 野生资源 |
| 525 | 121026017 | 杭子梢属 | 绒毛叶杭子梢 | *Campylotropis pinetorum*（Kurz）Schindl. subsp. *velutina*（Dunn）Ohashi | | | 福建天宝岩 | 2012 | 2 | 野生资源 |
| 526 | hn2473 | 刀豆属 | 刀豆 | *Canavalia gladiata*（Jacq.）DC. | | | 云南玉元高速 213 国道 | 2005 | 3 | 野生资源 |
| 527 | YN2008-085 | 刀豆属 | 刀豆 | *Canavalia gladiata*（Jacq.）DC. | | 云南元阳 | | 2009 | 3 | 野生资源 |
| 528 | 050223228B | 刀豆属 | 刀豆 | *Canavalia gladiata*（Jacq.）DC. | | | 云南镇康怒江大桥 | 2005 | 2 | 野生资源 |
| 529 | 刀豆 | 刀豆属 | 刀豆 | *Canavalia gladiata*（Jacq.）DC. | | | 云南保山 | 2009 | 2 | 栽培资源 |
| 530 | 刀豆 | 刀豆属 | 刀豆 | *Canavalia gladiata*（Jacq.）DC. | | | 福建农科院甘蔗所 | 2009 | 2 | 栽培资源 |
| 531 | 081118029 | 刀豆属 | 刀豆 | *Canavalia gladiata*（Jacq.）DC. | | | 福建南平武夷山 | 2008 | 2 | 野生资源 |
| 532 | 050225280 | 刀豆属 | 刀豆 | *Canavalia gladiata*（Jacq.）DC. | | | 214 国道小黑江 | 2005 | 2 | 野生资源 |

（续）

| 序号 | 送种单位编号 | 属名 | 种名 | 学名 | 品种名（原文名） | 材料来源 | 材料原产地 | 收种时间（年份） | 保存地点 | 类型 |
|---|---|---|---|---|---|---|---|---|---|---|
| 533 | 070228022 | 刀豆属 | 刀豆 | *Canavalia gladiata*（Jacq.）DC. | | | 云南元阳至河口（黄草坝） | 2007 | 2 | 野生资源 |
| 534 | 070120023 | 刀豆属 | 刀豆 | *Canavalia gladiata*（Jacq.）DC. | | | 广东信宜贵子镇 | 2007 | 2 | 野生资源 |
| 535 | 071227053 | 刀豆属 | 刀豆 | *Canavalia gladiata*（Jacq.）DC. | | | 广东清远高桥镇 | 2007 | 2 | 野生资源 |
| 536 | 071226021 | 刀豆属 | 刀豆 | *Canavalia gladiata*（Jacq.）DC. | | | 江西赣州南康 | 2007 | 2 | 野生资源 |
| 537 | 070320019 | 刀豆属 | 刀豆 | *Canavalia gladiata*（Jacq.）DC. | | | 广西博白东平镇 | 2007 | 2 | 野生资源 |
| 538 | 050225291 | 刀豆属 | 刀豆 | *Canavalia gladiata*（Jacq.）DC. | | | 云南思茅 | 2005 | 2 | 野生资源 |
| 539 | 070117054 | 刀豆属 | 刀豆 | *Canavalia gladiata*（Jacq.）DC. | | | 广东义宁 | 2007 | 2 | 野生资源 |
| 540 | 121120009 | 刀豆属 | 刀豆 | *Canavalia gladiata*（Jacq.）DC. | | | 福建泉州安溪福田 | 2012 | 2 | 野生资源 |
| 541 | 061021004 | 刀豆属 | 海刀豆 | *Canavalia rosea*（Sw.）DC. | | | 海南儋州光村 | 2006 | 2 | 野生资源 |
| 542 | 151023009 | 刀豆属 | 海刀豆 | *Canavalia rosea*（Sw.）DC. | | | 广东化州丽岗 | 2015 | 2 | 野生资源 |
| 543 | 151022023 | 刀豆属 | 海刀豆 | *Canavalia rosea*（Sw.）DC. | | | 广东化州丽岗 | 2015 | 2 | 野生资源 |
| 544 | 3号 | 刀豆属 | 海刀豆 | *Canavalia rosea*（Sw.）DC. | | | 广西百色田阳 | 2000 | 2 | 野生资源 |
| 545 | 040223002 | 刀豆属 | 海刀豆 | *Canavalia rosea*（Sw.）DC. | | | 广东茂名电白 | 2004 | 2 | 野生资源 |
| 546 | 140401074 | 刀豆属 | 海刀豆 | *Canavalia rosea*（Sw.）DC. | | | 海南琼中 | 2014 | 2 | 野生资源 |
| 547 | 151110002 | 刀豆属 | 海刀豆 | *Canavalia rosea*（Sw.）DC. | | | 四川攀枝花 | 2015 | 2 | 野生资源 |
| 548 | HN568 | 刀豆属 | 海刀豆 | *Canavalia rosea*（Sw.）DC. | | 海南文昌迈号镇 | 海南文昌冯家湾 | 2004 | 3 | 野生资源 |
| 549 | HN602 | 刀豆属 | 海刀豆 | *Canavalia rosea*（Sw.）DC. | | 海南老城镇 | 海南海口西秀镇 | 2004 | 3 | 野生资源 |
| 550 | JL15-024 | 锦鸡儿属 | 树锦鸡儿 | *Caragana arborescens* Lam. | | | 内蒙古鄂温克旗 | 2014 | 3 | 野生资源 |
| 551 | GS4471 | 锦鸡儿属 | 中间锦鸡儿 | *Caragana intermedia* Kuang et H. C. Fu | | | 宁夏盐池大水坑镇 | 2013 | 3 | 野生资源 |
| 552 | GS840 | 锦鸡儿属 | 甘蒙锦鸡儿 | *Caragana opulens* Kom. | | 甘肃肃南康乐乡赛定村 | | 2008 | 3 | 野生资源 |
| 553 | GS5066 | 锦鸡儿属 | 柠条锦鸡儿 | *Caragana korshinskii* Kom. | | | 甘肃陇西 | 2015 | 3 | 野生资源 |
| 554 | B486 | 锦鸡儿属 | 柠条锦鸡儿 | *Caragana korshinskii* Kom. | | 中国农科院草原所 | 内蒙古贡布板 | 2004 | 3 | 野生资源 |

（续）

| 序号 | 送种单位编号 | 属名 | 种名 | 学名 | 品种名（原文名） | 材料来源 | 材料原产地 | 收种时间（年份） | 保存地点 | 类型 |
|---|---|---|---|---|---|---|---|---|---|---|
| 555 | B488 | 锦鸡儿属 | 柠条锦鸡儿 | *Caragana korshinskii* Kom. | | 中国农科院草原所 | | 2004 | 3 | 野生资源 |
| 556 | GS4469 | 锦鸡儿属 | 柠条锦鸡儿 | *Caragana korshinskii* Kom. | | | 宁夏盐池大水坑镇 | 2013 | 3 | 野生资源 |
| 557 | GS4862 | 锦鸡儿属 | 柠条锦鸡儿 | *Caragana korshinskii* Kom. | | | 陕西黄陵 | 2015 | 3 | 野生资源 |
| 558 | GS4899 | 锦鸡儿属 | 柠条锦鸡儿 | *Caragana korshinskii* Kom. | | | 陕西定边 | 2015 | 3 | 野生资源 |
| 559 | NM05-434 | 锦鸡儿属 | 柠条锦鸡儿 | *Caragana korshinskii* Kom. | | 内蒙古草原站 | | 2005 | 3 | 野生资源 |
| 560 | NM05-473 | 锦鸡儿属 | 柠条锦鸡儿 | *Caragana korshinskii* Kom. | | 内蒙古草原站 | | 2014 | 3 | 野生资源 |
| 561 | nm-2014-194 | 锦鸡儿属 | 柠条锦鸡儿 | *Caragana korshinskii* Kom. | | 内蒙古草原站 | | 2014 | 3 | 野生资源 |
| 562 | 中畜-2491 | 锦鸡儿属 | 柠条锦鸡儿 | *Caragana korshinskii* Kom. | | | 内蒙古赤峰翁牛特旗 | 2014 | 3 | 野生资源 |
| 563 | 中畜-2493 | 锦鸡儿属 | 柠条锦鸡儿 | *Caragana korshinskii* Kom. | | | 内蒙古赤峰阿鲁科尔沁旗 | 2014 | 3 | 野生资源 |
| 564 | 中畜-2495 | 锦鸡儿属 | 柠条锦鸡儿 | *Caragana korshinskii* Kom. | | | 内蒙古赤峰阿鲁科尔沁旗 | 2014 | 3 | 野生资源 |
| 565 | 中畜-2498 | 锦鸡儿属 | 柠条锦鸡儿 | *Caragana korshinskii* Kom. | | | 内蒙古巴林左旗 | 2014 | 3 | 野生资源 |
| 566 | | 锦鸡儿属 | 柠条锦鸡儿 | *Caragana korshinskii* Kom. | | 陕西榆林草原站 | | 1992 | 1 | 野生资源 |
| 567 | 137 | 锦鸡儿属 | 柠条锦鸡儿 | *Caragana korshinskii* Kom. | | 宁夏草原站 | 宁夏盐池高沙窝 | 2003 | 1 | 野生资源 |
| 568 | 22 | 锦鸡儿属 | 柠条锦鸡儿 | *Caragana korshinskii* Kom. | | 内蒙古赤峰林西 | | 2013 | 1 | 野生资源 |
| 569 | 2015280 | 锦鸡儿属 | 柠条锦鸡儿 | *Caragana korshinskii* Kom. | | | 内蒙古正镶白旗 | 2015 | 1 | 野生资源 |
| 570 | YC-024 | 锦鸡儿属 | 小叶锦鸡儿 | *Caragana microphylla* Lam. | | 内蒙古草原站 | | 2016 | 3 | 野生资源 |
| 571 | YC-025 | 锦鸡儿属 | 小叶锦鸡儿 | *Caragana microphylla* Lam. | | 内蒙古草原站 | | 2016 | 3 | 野生资源 |
| 572 | 中畜-2490 | 锦鸡儿属 | 小叶锦鸡儿 | *Caragana microphylla* Lam. | | | 内蒙古赤峰翁牛特旗 | 2014 | 3 | 野生资源 |
| 573 | 中畜-2492 | 锦鸡儿属 | 小叶锦鸡儿 | *Caragana microphylla* Lam. | | | 内蒙古赤峰翁牛特旗 | 2014 | 3 | 野生资源 |
| 574 | 中畜-2494 | 锦鸡儿属 | 小叶锦鸡儿 | *Caragana microphylla* Lam. | | | 内蒙古赤峰阿鲁科尔沁旗 | 2014 | 3 | 野生资源 |

（续）

| 序号 | 送种单位编号 | 属名 | 种名 | 学名 | 品种名（原文名） | 材料来源 | 材料原产地 | 收种时间（年份） | 保存地点 | 类型 |
|---|---|---|---|---|---|---|---|---|---|---|
| 575 | 中畜-2496 | 锦鸡儿属 | 小叶锦鸡儿 | *Caragana microphylla* Lam. | | | 内蒙古赤峰阿鲁科尔沁旗 | 2014 | 3 | 野生资源 |
| 576 | 中畜-2497 | 锦鸡儿属 | 小叶锦鸡儿 | *Caragana microphylla* Lam. | | | 内蒙古巴林左旗 | 2014 | 3 | 野生资源 |
| 577 | 中畜-2499 | 锦鸡儿属 | 小叶锦鸡儿 | *Caragana microphylla* Lam. | | | 内蒙古巴林左旗 | 2014 | 3 | 野生资源 |
| 578 | 2015274 | 锦鸡儿属 | 小叶锦鸡儿 | *Caragana microphylla* Lam. | | | 内蒙古正镶白旗南 | 2015 | 1 | 野生资源 |
| 579 | NM07-054 | 锦鸡儿属 | 锦鸡儿 | *Caragana sinica*（Buc'hoz）Rehd. | | 内蒙古草原站 | | 2008 | 3 | 野生资源 |
| 580 | NM07-055 | 锦鸡儿属 | 锦鸡儿 | *Caragana sinica*（Buc'hoz）Rehd. | | 内蒙古草原站 | | 2008 | 3 | 野生资源 |
| 581 | NM07-063 | 锦鸡儿属 | 锦鸡儿 | *Caragana sinica*（Buc'hoz）Rehd. | | 内蒙古草原站 | | 2008 | 3 | 野生资源 |
| 582 | NM07-080 | 锦鸡儿属 | 锦鸡儿 | *Caragana sinica*（Buc'hoz）Rehd. | | 内蒙古草原站 | | 2008 | 3 | 野生资源 |
| 583 | NM09-084 | 锦鸡儿属 | 锦鸡儿 | *Caragana sinica*（Buc'hoz）Rehd. | | 内蒙古草原站 | | 2014 | 3 | 野生资源 |
| 584 | nm-2014-185 | 锦鸡儿属 | 锦鸡儿 | *Caragana sinica*（Buc'hoz）Rehd. | | 内蒙古草原站 | | 2016 | 3 | 野生资源 |
| 585 | 2 | 锦鸡儿属 | 狭叶锦鸡儿 | *Caragana stenophylla* Pojark. | | 内蒙古草原站 | 内蒙古鄂尔多斯准格尔旗 | 1990 | 1 | 野生资源 |
| 586 | JL15-029 | 锦鸡儿属 | 南口锦鸡儿 | *Caragana zahlbruckneri* Schneid. | | | 内蒙古新巴尔虎左旗甘珠尔 | 2014 | 3 | 野生资源 |
| 587 | JL15-031 | 锦鸡儿属 | 南口锦鸡儿 | *Caragana zahlbruckneri* Schneid. | | | 内蒙古呼伦贝尔扎赉特 | 2014 | 3 | 野生资源 |
| 588 | HN1305 | 决明属 | 翅荚决明 | *Cassia alata* L. | | | 海南三亚 | 2014 | 3 | 野生资源 |
| 589 | 闽红298 | 决明属 | 翅荚决明 | *Cassia alata* L. | | 福建农科院甘蔗所 | | 2006 | 2 | 栽培资源 |
| 590 | 101124001 | 决明属 | 双荚决明 | *Cassia bicapsularis* L. | | | 云南昆明小哨 | 2010 | 2 | 野生资源 |
| 591 | 151017002 | 决明属 | 双荚决明 | *Cassia bicapsularis* L. | | | 四川攀枝花仁和 | 2015 | 2 | 野生资源 |
| 592 | 151024002 | 决明属 | 双荚决明 | *Cassia bicapsularis* L. | | | 广东廉江 | 2015 | 2 | 野生资源 |
| 593 | HN670 | 决明属 | 双荚决明 | *Cassia bicapsularis* L. | | | 云南昆明 | 2005 | 3 | 野生资源 |
| 594 | 061029001 | 决明属 | 双荚决明 | *Cassia bicapsularis* L. | | | 海南儋州 | 2006 | 2 | 野生资源 |

（续）

| 序号 | 送种单位编号 | 属 名 | 种 名 | 学 名 | 品种名（原文名） | 材料来源 | 材料原产地 | 收种时间（年份） | 保存地点 | 类型 |
|---|---|---|---|---|---|---|---|---|---|---|
| 595 | 121019013 | 决明属 | 双荚决明 | *Cassia bicapsularis* L. | | | 贵州关岭 | 2012 | 2 | 野生资源 |
| 596 | GX074 | 决明属 | 双荚决明 | *Cassia bicapsularis* L. | | 广西南宁 | 广西南宁 | 2010 | 1 | 野生资源 |
| 597 | HN1107 | 决明属 | 长穗决明 | *Cassia didymobotrya* Fresen. | | | 海南品资所南药圃 | 2006 | 3 | 野生资源 |
| 598 | HN1293 | 决明属 | 长穗决明 | *Cassia didymobotrya* Fresen. | | | 海南儋州两院 | 2010 | 3 | 野生资源 |
| 599 | HN583 | 决明属 | 长穗决明 | *Cassia didymobotrya* Fresen. | | 海南文昌昌洒镇 | 海南文昌文教镇 | 2004 | 3 | 野生资源 |
| 600 | HN612 | 决明属 | 长穗决明 | *Cassia didymobotrya* Fresen. | | 海南两院 | | 2004 | 3 | 野生资源 |
| 601 | 071028001 | 决明属 | 红花决明 | *Cassia javanica* subsp. *nodosa*（Buchanan-Hamilton ex Roxburgh）K. Larsen & S. S. Larsen | | | 云南澜沧 | 2007 | 2 | 野生资源 |
| 602 | SC2014-066 | 决明属 | 短叶决明 | *Cassia leschenaultiana* DC. | | | 四川西昌邛海湿地 | 2016 | 3 | 野生资源 |
| 603 | 中畜-1161 | 决明属 | 豆茶决明 | *Cassia nomame*（Sieb.）Kitagawa | | | 北京昌平 | 2010 | 3 | 野生资源 |
| 604 | 041130135 | 决明属 | 望江南 | *Cassia occidentalis* L. | | | 海南三亚罗蓬道班 | 2004 | 2 | 野生资源 |
| 605 | HB2011-235 | 决明属 | 望江南 | *Cassia occidentalis* L. | | 湖北农科院畜牧所 | | 2016 | 3 | 野生资源 |
| 606 | HN1115 | 决明属 | 望江南 | *Cassia occidentalis* L. | | | 广西北海合浦 | 2009 | 3 | 野生资源 |
| 607 | HN1131 | 决明属 | 望江南 | *Cassia occidentalis* L. | | | 云南勐海打洛镇 | 2009 | 3 | 野生资源 |
| 608 | HN1141 | 决明属 | 望江南 | *Cassia occidentalis* L. | | | 广西大新雷平镇 | 2009 | 3 | 野生资源 |
| 609 | HN1160 | 决明属 | 望江南 | *Cassia occidentalis* L. | | | 云南保山潞江坝 | 2009 | 3 | 野生资源 |
| 610 | HN1219 | 决明属 | 望江南 | *Cassia occidentalis* L. | | | 海南临高角 | 2009 | 3 | 野生资源 |
| 611 | HN1222 | 决明属 | 望江南 | *Cassia occidentalis* L. | | | 海南海口长流镇 | 2009 | 3 | 野生资源 |
| 612 | HN1234 | 决明属 | 望江南 | *Cassia occidentalis* L. | | | 云南开远丘北 | 2009 | 3 | 野生资源 |
| 613 | HN1238 | 决明属 | 望江南 | *Cassia occidentalis* L. | | | 海南临高角 | 2009 | 3 | 野生资源 |
| 614 | HN1242 | 决明属 | 望江南 | *Cassia occidentalis* L. | | | 海南临高角 | 2009 | 3 | 野生资源 |
| 615 | HN1279 | 决明属 | 望江南 | *Cassia occidentalis* L. | | | 海南白沙细水牧场 | 2004 | 3 | 野生资源 |
| 616 | HN1286 | 决明属 | 望江南 | *Cassia occidentalis* L. | | | 云南潞江坝 | 2009 | 3 | 野生资源 |

（续）

| 序号 | 送种单位编号 | 属名 | 种名 | 学名 | 品种名（原文名） | 材料来源 | 材料原产地 | 收种时间（年份） | 保存地点 | 类型 |
|---|---|---|---|---|---|---|---|---|---|---|
| 617 | HN1287 | 决明属 | 望江南 | *Cassia occidentalis* L. | | | 海南文昌 | 2004 | 3 | 野生资源 |
| 618 | HN1301 | 决明属 | 望江南 | *Cassia occidentalis* L. | | | 海南乐东响水 | 2004 | 3 | 野生资源 |
| 619 | HN1310 | 决明属 | 望江南 | *Cassia occidentalis* L. | | | 广西靖西 | 2004 | 3 | 野生资源 |
| 620 | HN227 | 决明属 | 望江南 | *Cassia occidentalis* L. | | | 海南儋州雅星 | 2002 | 3 | 野生资源 |
| 621 | HN246 | 决明属 | 望江南 | *Cassia occidentalis* L. | | | 海南儋州雅星 | 2002 | 3 | 野生资源 |
| 622 | HN2011-1829 | 决明属 | 望江南 | *Cassia occidentalis* L. | | | 广西明江 | 2010 | 3 | 野生资源 |
| 623 | HN465 | 决明属 | 望江南 | *Cassia occidentalis* L. | | | 海南三亚 | 2004 | 3 | 野生资源 |
| 624 | HN579 | 决明属 | 望江南 | *Cassia occidentalis* L. | | | 海南文昌东阁镇 | 2009 | 3 | 野生资源 |
| 625 | HN599 | 决明属 | 望江南 | *Cassia occidentalis* L. | | 海南海口西秀镇 | 海南海口长流镇 | 2004 | 3 | 野生资源 |
| 626 | HN605 | 决明属 | 望江南 | *Cassia occidentalis* L. | | 海南马村镇 | 海南马村镇 | 2004 | 3 | 野生资源 |
| 627 | HN630 | 决明属 | 望江南 | *Cassia occidentalis* L. | | 海南儋州木棠镇 | 海南临高 | 2005 | 3 | 野生资源 |
| 628 | HN656 | 决明属 | 望江南 | *Cassia occidentalis* L. | | | 云南怒江坝 | 2005 | 3 | 野生资源 |
| 629 | HN657 | 决明属 | 望江南 | *Cassia occidentalis* L. | | | 云南盈江 | 2005 | 3 | 引进资源 |
| 630 | HN658 | 决明属 | 望江南 | *Cassia occidentalis* L. | | | 云南勐海 | 2009 | 3 | 野生资源 |
| 631 | HN659 | 决明属 | 望江南 | *Cassia occidentalis* L. | | | 广西大新 | 2009 | 3 | 野生资源 |
| 632 | SC2008-099 | 决明属 | 望江南 | *Cassia occidentalis* L. | | 云南元阳 | | 2009 | 3 | 野生资源 |
| 633 | 50226307 | 决明属 | 望江南 | *Cassia occidentalis* L. | | | 云南勐海 | 2005 | 2 | 野生资源 |
| 634 | 50309555 | 决明属 | 望江南 | *Cassia occidentalis* L. | | | 广西大新 | 2005 | 2 | 野生资源 |
| 635 | 51101010 | 决明属 | 望江南 | *Cassia occidentalis* L. | | | 福建和平 | 2005 | 2 | 野生资源 |
| 636 | 70110019 | 决明属 | 望江南 | *Cassia occidentalis* L. | | | 广东汕尾 | 2007 | 2 | 野生资源 |
| 637 | 20301017 | 决明属 | 望江南 | *Cassia occidentalis* L. | | | 海南儋州雅星 | 2002 | 2 | 野生资源 |
| 638 | 20301040 | 决明属 | 望江南 | *Cassia occidentalis* L. | | | 海南儋州雅星 | 2002 | 2 | 野生资源 |
| 639 | 050106048 | 决明属 | 望江南 | *Cassia occidentalis* L. | | | 海南临高波莲镇 | 2005 | 2 | 野生资源 |
| 640 | 110119019 | 决明属 | 望江南 | *Cassia occidentalis* L. | | | 福建长泰 | 2011 | 2 | 野生资源 |
| 641 | 2010FJ008 | 决明属 | 望江南 | *Cassia occidentalis* L. | | 福建农科院 | | 2010 | 2 | 野生资源 |

（续）

| 序号 | 送种单位编号 | 属　名 | 种　名 | 学　名 | 品种名（原文名） | 材料来源 | 材料原产地 | 收种时间（年份） | 保存地点 | 类型 |
|---|---|---|---|---|---|---|---|---|---|---|
| 642 | 071217047 | 决明属 | 望江南 | *Cassia occidentalis* L. | | | 福建云霄海边 | 2007 | 2 | 野生资源 |
| 643 | 151021021 | 决明属 | 望江南 | *Cassia occidentalis* L. | | | 广东惠州 | 2015 | 2 | 野生资源 |
| 644 | 131113004 | 决明属 | 望江南 | *Cassia occidentalis* L. | | | 江西潘阳白沙洲保护区 | 2013 | 2 | 野生资源 |
| 645 | 061113014 | 决明属 | 柄腺山扁豆 | *Chamaecrista pumila*（Lam.）K. Larsen | | | 海南儋州木棠镇 | 2006 | 2 | 野生资源 |
| 646 | 040822002 | 决明属 | 柄腺山扁豆 | *Chamaecrista pumila*（Lam.）K. Larsen | | | 海南昌江叉河 | 2004 | 2 | 野生资源 |
| 647 | 131104004 | 决明属 | 圆叶决明 | *Cassia rotundifolia* Pers. | | | 江西星子 | 2013 | 2 | 野生资源 |
| 648 | 150527002 | 决明属 | 圆叶决明 | *Cassia rotundifolia* Pers. | | | 云南怒江州泸水 | 2015 | 2 | 野生资源 |
| 649 | HB0003 | 决明属 | 圆叶决明 | *Cassia rotundifolia* Pers. | | | 江西南昌 | 2010 | 1 | 野生资源 |
| 650 | GX11120901 | 决明属 | 圆叶决明 | *Cassia rotundifolia* Pers. | | 广西牧草站 | | 2011 | 2 | 野生资源 |
| 651 | 08QT28 | 决明属 | 圆叶决明 | *Cassia rotundifolia* Pers. | | 福建农科院 | | 2008 | 2 | 栽培资源 |
| 652 | 08QT06 | 决明属 | 圆叶决明 | *Cassia rotundifolia* Pers. | | 福建农科院 | | 2008 | 2 | 栽培资源 |
| 653 | 08QT05 | 决明属 | 圆叶决明 | *Cassia rotundifolia* Pers. | | 福建农科院 | | 2008 | 2 | 栽培资源 |
| 654 | 08QT02 | 决明属 | 圆叶决明 | *Cassia rotundifolia* Pers. | | 福建农科院 | | 2008 | 2 | 栽培资源 |
| 655 | 08QT04 | 决明属 | 圆叶决明 | *Cassia rotundifolia* Pers. | | 福建农科院 | | 2008 | 2 | 栽培资源 |
| 656 | 08QT20 | 决明属 | 圆叶决明 | *Cassia rotundifolia* Pers. | | 福建农科院 | | 2008 | 2 | 栽培资源 |
| 657 | 08QT08 | 决明属 | 圆叶决明 | *Cassia rotundifolia* Pers. | | 福建农科院 | | 2008 | 2 | 栽培资源 |
| 658 | FJ 圆叶决明 | 决明属 | 圆叶决明 | *Cassia rotundifolia* Pers. | | 福建农科院 | | 2009 | 2 | 栽培资源 |
| 659 | FJ 圆叶决明 | 决明属 | 圆叶决明 | *Cassia rotundifolia* Pers. | | 福建农科院 | | 2009 | 2 | 栽培资源 |
| 660 | BQ11 | 决明属 | 圆叶决明 | *Cassia rotundifolia* Pers. | | 福建省农科院农业生态所 | | 2009 | 2 | 栽培资源 |
| 661 | BQ4 | 决明属 | 圆叶决明 | *Cassia rotundifolia* Pers. | | 福建省农科院农业生态所 | | 2010 | 2 | 栽培资源 |
| 662 | BQ38 | 决明属 | 圆叶决明 | *Cassia rotundifolia* Pers. | | 福建省农科院农业生态所 | | 2010 | 2 | 栽培资源 |
| 663 | FJ007 | 决明属 | 圆叶决明 | *Cassia rotundifolia* Pers. | | 福建农科院 | | 2010 | 2 | 栽培资源 |

（续）

| 序号 | 送种单位编号 | 属名 | 种名 | 学名 | 品种名（原文名） | 材料来源 | 材料原产地 | 收种时间（年份） | 保存地点 | 类型 |
|---|---|---|---|---|---|---|---|---|---|---|
| 664 | 普通 | 决明属 | 圆叶决明 | *Cassia rotundifolia* Pers. | | 福建农科院 | | 2010 | 2 | 栽培资源 |
| 665 | GX024 | 决明属 | 圆叶决明 | *Cassia rotundifolia* Pers. | | | | 2010 | 1 | 野生资源 |
| 666 | | 决明属 | 圆叶决明 | *Cassia rotundifolia* Pers. | 威恩 | | 巴西 | 2010 | 1 | 引进资源 |
| 667 | 070117057 | 决明属 | 黄槐决明 | *Cassia surattensis* Burm. f. | | | 广东龙川 | 2007 | 2 | 野生资源 |
| 668 | 070314008 | 决明属 | 黄槐决明 | *Cassia surattensis* Burm. f. | | | 广西田阳 | 2007 | 2 | 野生资源 |
| 669 | 070103005 | 决明属 | 黄槐决明 | *Cassia surattensis* Burm. f. | | | 广东湛江 | 2007 | 2 | 野生资源 |
| 670 | 060301024 | 决明属 | 黄槐决明 | *Cassia surattensis* Burm. f. | | | 海南三亚红塘 | 2006 | 2 | 野生资源 |
| 671 | ZND0079 | 决明属 | 黄槐决明 | *Cassia surattensis* Burm. f. | | 云南昆明 | | 2010 | 1 | 野生资源 |
| 672 | HN2010-1484 | 决明属 | 决明 | *Cassia tora* L. | | | 广西河池巴马 | 2009 | 3 | 野生资源 |
| 673 | CHQ2004-344 | 决明属 | 决明 | *Cassia tora* L. | | 四川江津 | | 2003 | 3 | 栽培资源 |
| 674 | CHQ2004-356 | 决明属 | 决明 | *Cassia tora* L. | | 四川黔江 | | 2003 | 3 | 野生资源 |
| 675 | CHQ2004-361 | 决明属 | 决明 | *Cassia tora* L. | | 四川巫山 | | 2003 | 3 | 野生资源 |
| 676 | E1032 | 决明属 | 决明 | *Cassia tora* L. | | 湖北麻城 | 湖北麻城 | 2007 | 3 | 栽培资源 |
| 677 | E1195 | 决明属 | 决明 | *Cassia tora* L. | | | 江西南昌蛟桥 | 2008 | 3 | 野生资源 |
| 678 | E310 | 决明属 | 决明 | *Cassia tora* L. | | 湖北武汉 | | 2003 | 3 | 栽培资源 |
| 679 | HB2009-376 | 决明属 | 决明 | *Cassia tora* L. | | 江西南昌 | 美洲 | 2010 | 3 | 引进资源 |
| 680 | HB2010-116 | 决明属 | 决明 | *Cassia tora* L. | | | 河南信阳 | 2010 | 3 | 野生资源 |
| 681 | HB2011-132 | 决明属 | 决明 | *Cassia tora* L. | | 湖北农科院畜牧所 | | 2014 | 3 | 野生资源 |
| 682 | HB2011-221 | 决明属 | 决明 | *Cassia tora* L. | | 湖北农科院畜牧所 | | 2016 | 3 | 野生资源 |
| 683 | HB2013-088 | 决明属 | 决明 | *Cassia tora* L. | | | 湖南双峰 | 2012 | 3 | 野生资源 |
| 684 | HB2013-268 | 决明属 | 决明 | *Cassia tora* L. | | | 湖南邵阳邵东 | 2012 | 3 | 野生资源 |
| 685 | HN1090 | 决明属 | 决明 | *Cassia tora* L. | | | 海南乐东 | 2004 | 3 | 栽培资源 |
| 686 | HN1095 | 决明属 | 决明 | *Cassia tora* L. | | | 云南潞江坝 | 2005 | 3 | 野生资源 |

（续）

| 序号 | 送种单位编号 | 属名 | 种名 | 学名 | 品种名（原文名） | 材料来源 | 材料原产地 | 收种时间（年份） | 保存地点 | 类型 |
|---|---|---|---|---|---|---|---|---|---|---|
| 687 | HN1098 | 决明属 | 决明 | *Cassia tora* L. | | | 海南东方 | 2004 | 3 | 栽培资源 |
| 688 | HN1120 | 决明属 | 决明 | *Cassia tora* L. | | 贵州 | 云南昆明 | 2005 | 3 | 野生资源 |
| 689 | HN1147 | 决明属 | 决明 | *Cassia tora* L. | | | 广西河池怀远镇 | 2007 | 3 | 野生资源 |
| 690 | HN1215 | 决明属 | 决明 | *Cassia tora* L. | | | 海南儋州木堂镇 | 2009 | 3 | 野生资源 |
| 691 | HN1223 | 决明属 | 决明 | *Cassia tora* L. | | | 海南陵水 | 2010 | 3 | 野生资源 |
| 692 | HN1232 | 决明属 | 决明 | *Cassia tora* L. | | | 海南临高波莲镇 | 2009 | 3 | 野生资源 |
| 693 | HN1236 | 决明属 | 决明 | *Cassia tora* L. | | | 海南东方 | 2009 | 3 | 野生资源 |
| 694 | HN1257 | 决明属 | 决明 | *Cassia tora* L. | | | 海南尖峰岭天池 | 2007 | 3 | 野生资源 |
| 695 | HN1275 | 决明属 | 决明 | *Cassia tora* L. | | | 海南万宁兴隆 | 2009 | 3 | 野生资源 |
| 696 | HN1277 | 决明属 | 决明 | *Cassia tora* L. | | | 海南白沙茶园 | 2009 | 3 | 野生资源 |
| 697 | HN1281 | 决明属 | 决明 | *Cassia tora* L. | | | 云南保山潞江坝 | 2009 | 3 | 野生资源 |
| 698 | HN1311 | 决明属 | 决明 | *Cassia tora* L. | | 热带牧草研究中心 | | 2003 | 3 | 野生资源 |
| 699 | HN1313 | 决明属 | 决明 | *Cassia tora* L. | | | 海南儋州黄泥沟 | 2009 | 3 | 野生资源 |
| 700 | HN1317 | 决明属 | 决明 | *Cassia tora* L. | | | 海南昌江叉河镇 | 2009 | 3 | 野生资源 |
| 701 | HN1318 | 决明属 | 决明 | *Cassia tora* L. | | | 海南海口马村镇 | 2009 | 3 | 野生资源 |
| 702 | HN444 | 决明属 | 决明 | *Cassia tora* L. | | | 海南白沙茶园 | 2004 | 3 | 栽培资源 |
| 703 | HN447 | 决明属 | 决明 | *Cassia tora* L. | | | 海南白沙细水高山村 | 2004 | 3 | 栽培资源 |
| 704 | HN453 | 决明属 | 决明 | *Cassia tora* L. | | | 海南白沙元门新村 | 2004 | 3 | 栽培资源 |
| 705 | HN458 | 决明属 | 决明 | *Cassia tora* L. | | | 海南琼中加叉农场 | 2004 | 3 | 栽培资源 |
| 706 | HN461 | 决明属 | 决明 | *Cassia tora* L. | | | 海南琼中 | 2004 | 3 | 栽培资源 |
| 707 | HN467 | 决明属 | 决明 | *Cassia tora* L. | | | 海南陵水 | 2004 | 3 | 野生资源 |
| 708 | HN468 | 决明属 | 决明 | *Cassia tora* L. | | | 海南陵水 | 2004 | 3 | 野生资源 |
| 709 | HN473 | 决明属 | 决明 | *Cassia tora* L. | | | 海南陵水提蒙 | 2004 | 3 | 栽培资源 |
| 710 | HN487 | 决明属 | 决明 | *Cassia tora* L. | | | 海南东方唐马园 | 2004 | 3 | 栽培资源 |

（续）

| 序号 | 送种单位编号 | 属名 | 种名 | 学名 | 品种名（原文名） | 材料来源 | 材料原产地 | 收种时间（年份） | 保存地点 | 类型 |
|---|---|---|---|---|---|---|---|---|---|---|
| 711 | HN498 | 决明属 | 决明 | *Cassia tora* L. | | | 海南东方江边乡 | 2004 | 3 | 栽培资源 |
| 712 | HN503 | 决明属 | 决明 | *Cassia tora* L. | | | 海南乐东志仲 | 2004 | 3 | 栽培资源 |
| 713 | HN513 | 决明属 | 决明 | *Cassia tora* L. | | 海南三亚罗蓬道班 | 海南三亚罗蓬道班 | 2004 | 3 | 野生资源 |
| 714 | HN551 | 决明属 | 决明 | *Cassia tora* L. | | 海南定安岭江镇 | 海南定安龙门镇 | 2004 | 3 | 野生资源 |
| 715 | HN580 | 决明属 | 决明 | *Cassia tora* L. | | 海南文昌东阁镇 | 海南文昌东阁镇 | 2004 | 3 | 野生资源 |
| 716 | HN595 | 决明属 | 决明 | *Cassia tora* L. | | 海南琼山演丰镇 | 海南琼山演丰镇 | 2004 | 3 | 野生资源 |
| 717 | HN622 | 决明属 | 决明 | *Cassia tora* L. | | 海南万宁新中农场 | 海南兴隆牛漏 | 2005 | 3 | 野生资源 |
| 718 | HN665 | 决明属 | 决明 | *Cassia tora* L. | | | 云南保山 | 2005 | 3 | 野生资源 |
| 719 | HN666 | 决明属 | 决明 | *Cassia tora* L. | | | 云南盈江 | 2005 | 3 | 野生资源 |
| 720 | HN667 | 决明属 | 决明 | *Cassia tora* L. | | | 云南盈江 | 2005 | 3 | 野生资源 |
| 721 | HN668 | 决明属 | 决明 | *Cassia tora* L. | | | 云南永德 | 2005 | 3 | 野生资源 |
| 722 | HN669 | 决明属 | 决明 | *Cassia tora* L. | | | 云南勐海 | 2005 | 3 | 野生资源 |
| 723 | HN671 | 决明属 | 决明 | *Cassia tora* L. | | | 贵州安龙 | 2005 | 3 | 野生资源 |
| 724 | HN672 | 决明属 | 决明 | *Cassia tora* L. | | | 贵州兴义册享 | 2005 | 3 | 野生资源 |
| 725 | HN673 | 决明属 | 决明 | *Cassia tora* L. | | | 广西北海 | 2005 | 3 | 野生资源 |
| 726 | JS216 | 决明属 | 决明 | *Cassia tora* L. | | 江苏南京 | | 2000 | 3 | 栽培资源 |
| 727 | SC2008-095 | 决明属 | 决明 | *Cassia tora* L. | | 云南江城 | | 2009 | 3 | 栽培资源 |
| 728 | SCH2004-157 | 决明属 | 决明 | *Cassia tora* L. | | 四川筠连 | | 2003 | 3 | 栽培资源 |
| 729 | SCH2004-160 | 决明属 | 决明 | *Cassia tora* L. | | 四川米易 | | 2003 | 3 | 栽培资源 |
| 730 | SCH2004-352 | 决明属 | 决明 | *Cassia tora* L. | | | 四川峨边 | 2003 | 3 | 野生资源 |
| 731 | 041104129 | 决明属 | 决明 | *Cassia tora* L. | | | 海南琼中 | 2004 | 2 | 野生资源 |
| 732 | 041130082 | 决明属 | 决明 | *Cassia tora* L. | | | 海南东方江边 | 2004 | 2 | 野生资源 |

（续）

| 序号 | 送种单位编号 | 属 名 | 种 名 | 学 名 | 品种名（原文名） | 材料来源 | 材料原产地 | 收种时间（年份） | 保存地点 | 类型 |
|---|---|---|---|---|---|---|---|---|---|---|
| 733 | 050217037 | 决明属 | 决明 | *Cassia tora* L. | | | 云南保山潞江坝 | 2005 | 2 | 野生资源 |
| 734 | 061020004 | 决明属 | 决明 | *Cassia tora* L. | | | 海南儋州黄泥沟 | 2006 | 2 | 野生资源 |
| 735 | 041130338 | 决明属 | 决明 | *Cassia tora* L. | | | 海南海口马村镇 | 2004 | 2 | 野生资源 |
| 736 | 070106017 | 决明属 | 决明 | *Cassia tora* L. | | | 广东华南植物园 | 2007 | 2 | 野生资源 |
| 737 | 050217051-2 | 决明属 | 决明 | *Cassia tora* L. | | 云南农科院 | | 2005 | 2 | 栽培资源 |
| 738 | 040301019 | 决明属 | 决明 | *Cassia tora* L. | | | 广西百色隆安 | 2004 | 2 | 野生资源 |
| 739 | 070320017 | 决明属 | 决明 | *Cassia tora* L. | | | 广西博白 | 2007 | 2 | 野生资源 |
| 740 | 070320020 | 决明属 | 决明 | *Cassia tora* L. | | | 广西博白 | 2007 | 2 | 野生资源 |
| 741 | 040301022 | 决明属 | 决明 | *Cassia tora* L. | | 广西牧草站 | | 2004 | 2 | 野生资源 |
| 742 | 051209004 | 决明属 | 决明 | *Cassia tora* L. | | | 海南海口 | 2005 | 2 | 栽培资源 |
| 743 | 051209017 | 决明属 | 决明 | *Cassia tora* L. | | | 海南琼山红山 | 2005 | 2 | 栽培资源 |
| 744 | 051211071 | 决明属 | 决明 | *Cassia tora* L. | | | 海南三亚 | 2005 | 2 | 野生资源 |
| 745 | 040822117 | 决明属 | 决明 | *Cassia tora* L. | | | 海南中建农场 | 2004 | 2 | 野生资源 |
| 746 | 041201002-1 | 决明属 | 决明 | *Cassia tora* L. | | | 云南景洪东方农场 | 2004 | 2 | 野生资源 |
| 747 | 050217043 | 决明属 | 决明 | *Cassia tora* L. | | | 云南保山潞江坝 | 2005 | 2 | 野生资源 |
| 748 | 040301020 | 决明属 | 决明 | *Cassia tora* L. | | | 云南保山小平田 | 2004 | 2 | 野生资源 |
| 749 | 050227326 | 决明属 | 决明 | *Cassia tora* L. | | | 云南勐海 | 2005 | 2 | 野生资源 |
| 750 | 050219136 | 决明属 | 决明 | *Cassia tora* L. | | | 云南盈江姐冒 | 2005 | 2 | 野生资源 |
| 751 | GX11121526 | 决明属 | 决明 | *Cassia tora* L. | | 广西牧草站 | | 2011 | 2 | 野生资源 |
| 752 | 2010FJ023 | 决明属 | 决明 | *Cassia tora* L. | | 福建农科院 | | 2010 | 2 | 野生资源 |
| 753 | 2010FJ025 | 决明属 | 决明 | *Cassia tora* L. | | 福建农科院 | | 2010 | 2 | 野生资源 |
| 754 | 2010FJ021 | 决明属 | 决明 | *Cassia tora* L. | | 福建农科院 | | 2010 | 2 | 野生资源 |
| 755 | 2010FJ022 | 决明属 | 决明 | *Cassia tora* L. | | 福建农科院 | | 2010 | 2 | 野生资源 |
| 756 | 2010FJ004 | 决明属 | 决明 | *Cassia tora* L. | | 福建农科院 | | 2010 | 2 | 野生资源 |
| 757 | 2010FJ020 | 决明属 | 决明 | *Cassia tora* L. | | 福建农科院 | | 2010 | 2 | 野生资源 |

（续）

| 序号 | 送种单位编号 | 属名 | 种名 | 学名 | 品种名（原文名） | 材料来源 | 材料原产地 | 收种时间（年份） | 保存地点 | 类型 |
|---|---|---|---|---|---|---|---|---|---|---|
| 758 | 2010FJ026 | 决明属 | 决明 | *Cassia tora* L. | | 福建农科院 | | 2010 | 2 | 野生资源 |
| 759 | GX11120801 | 决明属 | 决明 | *Cassia tora* L. | | 广西牧草站 | | 2011 | 2 | 野生资源 |
| 760 | BQ26 | 决明属 | 决明 | *Cassia tora* L. | | 福建农科院 | | 2009 | 2 | 栽培资源 |
| 761 | BQ25 | 决明属 | 决明 | *Cassia tora* L. | | 福建农科院 | | 2009 | 2 | 栽培资源 |
| 762 | BQ03 | 决明属 | 决明 | *Cassia tora* L. | | 福建农科院 | | 2009 | 2 | 栽培资源 |
| 763 | BQ27 | 决明属 | 决明 | *Cassia tora* L. | | 福建农科院 | | 2009 | 2 | 栽培资源 |
| 764 | BQ29 | 决明属 | 决明 | *Cassia tora* L. | | 福建农科院 | | 2009 | 2 | 栽培资源 |
| 765 | GX08121104 | 决明属 | 决明 | *Cassia tora* L. | | 广西牧草站 | | 2008 | 2 | 野生资源 |
| 766 | 091207002 | 决明属 | 决明 | *Cassia tora* L. | | | 广西河池巴马 | 2009 | 2 | 野生资源 |
| 767 | | 决明属 | 决明 | *Cassia tora* L. | | 广西畜牧所 | | 1993 | 1 | 野生资源 |
| 768 | 200702195 | 决明属 | 决明 | *Cassia tora* L. | | 甘肃兰州 | 甘肃兰州安宁 | 2010 | 1 | 野生资源 |
| 769 | BQ10 | 决明属 | 决明 | *Cassia tora* L. | | 福建农科院 | | 2009 | 2 | 栽培资源 |
| 770 | 070523001 | 决明属 | 决明 | *Cassia tora* L. | | | 福建诏安 | 2007 | 2 | 野生资源 |
| 771 | hn2745 | 决明属 | 羽叶决明 | *Cassia nictitans* L. | | | 云南澜沧江 | 2007 | 3 | 野生资源 |
| 772 | 08QT09 | 决明属 | 羽叶决明 | *Cassia nictitans* L. | | 福建农科院 | | 2009 | 2 | 栽培资源 |
| 773 | FJ 羽叶决明 | 决明属 | 羽叶决明 | *Cassia nictitans* L. | | 福建农科院 | | 2010 | 2 | 栽培资源 |
| 774 | 071028005 | 决明属 | 羽叶决明 | *Cassia nictitans* L. | | | 云南澜沧江 | 2007 | 2 | 野生资源 |
| 775 | 071028004 | 决明属 | 羽叶决明 | *Cassia nictitans* L. | | | 云南澜沧江 | 2007 | 2 | 野生资源 |
| 776 | GX13120805 | 决明属 | 羽叶决明 | *Cassia nictitans* L. | | 广西牧草站 | | 2013 | 2 | 野生资源 |
| 777 | GX131122008 | 决明属 | 羽叶决明 | *Cassia nictitans* L. | | 广西牧草站 | | 2013 | 2 | 野生资源 |
| 778 | 160113004 | 决明属 | 羽叶决明 | *Cassia nictitans* L. | | 广西牧草工作站 | | 2016 | 2 | 野生资源 |
| 779 | 050508007 | 决明属 | 羽叶决明 | *Cassia nictitans* L. | 福建 7 | 福建福州农科院生态所 | | 2005 | 2 | 栽培资源 |
| 780 | 050508009 | 决明属 | 羽叶决明 | *Cassia nictitans* L. | 福建 9 | 福建福州农科院生态所 | | 2005 | 2 | 栽培资源 |

（续）

| 序号 | 送种单位编号 | 属名 | 种名 | 学名 | 品种名（原文名） | 材料来源 | 材料原产地 | 收种时间（年份） | 保存地点 | 类型 |
|---|---|---|---|---|---|---|---|---|---|---|
| 781 | GX057 | 决明属 | 羽叶决明 | *Cassia nictitans* L. | ATF2219 | 福建福州 | 福州 | 2010 | 1 | 野生资源 |
| 782 | GX023 | 决明属 | 羽叶决明 | *Cassia nictitans* L. | | | | 2010 | 1 | 野生资源 |
| 783 | | 决明属 | 羽叶决明 | *Cassia nictitans* L. | 闽引 | | 巴拉圭 | 2010 | 1 | 引进资源 |
| 784 | hn2675 | 决明属 | 疏毛决明 | *Cassia pilosa* L. | | ACIAR | | 2000 | 3 | 引进资源 |
| 785 | HN2010-1463 | 决明属 | 疏毛决明 | *Cassia pilosa* L. | | ACIAR | | 2008 | 3 | 野生资源 |
| 786 | HN1097 | 决明属 | 疏毛决明 | *Cassia pilosa* L. | | ACIAR | | 2000 | 3 | 栽培资源 |
| 787 | hn3098 | 距瓣豆属 | 尖叶蝴蝶豆 | *Centrosema acutifolium* Benth. | CIAT5277 | CIAT | | 2016 | 3 | 引进资源 |
| 788 | CIAT5277 | 距瓣豆属 | 尖叶蝴蝶豆 | *Centrosema acutifolium* Benth. | CIAT5277 | CIAT | | 2003 | 2 | 引进资源 |
| 789 | CIAT15387 | 距瓣豆属 | 巴西蝴蝶豆 | *Centrosema brasilianum* (L) Benth. | CIAT 15387 | CIAT | | 2003 | 2 | 引进资源 |
| 790 | CIAT17480 | 距瓣豆属 | 巴西蝴蝶豆 | *Centrosema brasilianum* (L) Benth. | CIAT 15388 | 美国夏威夷大学 | | 2003 | 2 | 引进资源 |
| 791 | B3140 | 距瓣豆属 | 大果蝴蝶豆 | *Centrosema macrocarpum* Benth. | | CIAT | | 2016 | 3 | 引进资源 |
| 792 | hn2834 | 距瓣豆属 | 大果蝴蝶豆 | *Centrosema macrocarpum* Benth. | | CIAT | | 2016 | 3 | 引进资源 |
| 793 | hn2889 | 距瓣豆属 | 大果蝴蝶豆 | *Centrosema macrocarpum* Benth. | | CIAT | | 2016 | 3 | 引进资源 |
| 794 | CIAT5275 | 距瓣豆属 | 大果蝴蝶豆 | *Centrosema macrocarpum* Benth. | | CIAT | | 2003 | 2 | 引进资源 |
| 795 | CIAT5593 | 距瓣豆属 | 大果蝴蝶豆 | *Centrosema macrocarpum* Benth. | | CIAT | | 2003 | 2 | 引进资源 |
| 796 | 大叶 | 距瓣豆属 | 大果蝴蝶豆 | *Centrosema macrocarpum* Benth. | | | 海南儋州两院 | 2003 | 2 | 野生资源 |
| 797 | CIAT5887 | 距瓣豆属 | 大果蝴蝶豆 | *Centrosema macrocarpum* Benth. | CIAT5887 | CIAT | | 2003 | 2 | 引进资源 |
| 798 | hn2835 | 距瓣豆属 | 距瓣豆 | *Centrosema pubescens* Benth | | CIAT | | 2016 | 3 | 引进资源 |
| 799 | hn2836 | 距瓣豆属 | 距瓣豆 | *Centrosema pubescens* Benth | | CIAT | | 2016 | 3 | 引进资源 |
| 800 | CIAT25118 | 距瓣豆属 | 距瓣豆 | *Centrosema pubescens* Benth | | CIAT | | 2003 | 2 | 引进资源 |
| 801 | CIAT5006 | 距瓣豆属 | 距瓣豆 | *Centrosema pubescens* Benth | | CIAT | | 2003 | 2 | 引进资源 |
| 802 | HN1126 | 踞瓣豆属 | 距瓣豆 | *Centrosema pubescens* Benth. | | | 海南保亭什岭 | 2005 | 3 | 野生资源 |
| 803 | HN224 | 距瓣豆属 | 距瓣豆 | *Centrosema pubescens* Benth. | | | 海南万宁长丰新加 | 2003 | 3 | 野生资源 |
| 804 | HN231 | 距瓣豆属 | 距瓣豆 | *Centrosema pubescens* Benth. | | | 海南万宁长丰新加 | 2003 | 3 | 野生资源 |

（续）

| 序号 | 送种单位编号 | 属名 | 种名 | 学名 | 品种名（原文名） | 材料来源 | 材料原产地 | 收种时间（年份） | 保存地点 | 类型 |
|---|---|---|---|---|---|---|---|---|---|---|
| 805 | hn2517 | 距瓣豆属 | 距瓣豆 | *Centrosema pubescens* Benth. | | CIAT | | 2016 | 3 | 引进资源 |
| 806 | hn2741 | 距瓣豆属 | 距瓣豆 | *Centrosema pubescens* Benth. | | | 海南东方广坝农场 | 2006 | 3 | 野生资源 |
| 807 | hn2843 | 距瓣豆属 | 距瓣豆 | *Centrosema pubescens* Benth. | | | 海南乐东千家镇 | 2005 | 3 | 野生资源 |
| 808 | hn2847 | 距瓣豆属 | 距瓣豆 | *Centrosema pubescens* Benth. | | 热带牧草中心 | | 2013 | 3 | 野生资源 |
| 809 | HN677 | 距瓣豆属 | 距瓣豆 | *Centrosema pubescens* Benth. | | | 海南乐东 | 2002 | 3 | 野生资源 |
| 810 | 草地 | 距瓣豆属 | 距瓣豆 | *Centrosema pubescens* Benth. | | CIAT | | 2003 | 2 | 引进资源 |
| 811 | 060221002 | 距瓣豆属 | 距瓣豆 | *Centrosema pubescens* Benth. | | | 海南白沙邦溪镇 | 2006 | 2 | 野生资源 |
| 812 | 050321038 | 距瓣豆属 | 距瓣豆 | *Centrosema pubescens* Benth. | | | 海南保亭响水镇 | 2005 | 2 | 野生资源 |
| 813 | 050319019 | 距瓣豆属 | 距瓣豆 | *Centrosema pubescens* Benth. | | | 海南乐东千家镇 | 2005 | 2 | 野生资源 |
| 814 | 050320027-1 | 距瓣豆属 | 距瓣豆 | *Centrosema pubescens* Benth. | | | 海南保亭什岭镇 | 2005 | 2 | 野生资源 |
| 815 | 050319029 | 距瓣豆属 | 距瓣豆 | *Centrosema pubescens* Benth. | | | 海南三亚田独 | 2005 | 2 | 野生资源 |
| 816 | Cardillo | 距瓣豆属 | 距瓣豆 | *Centrosema pubescens* Benth. | | ACIAR | | 2003 | 2 | 引进资源 |
| 817 | 050320026 | 距瓣豆属 | 距瓣豆 | *Centrosema pubescens* Benth. | | | 海南保亭什岭镇 | 2005 | 2 | 野生资源 |
| 818 | 060301009 | 距瓣豆属 | 距瓣豆 | *Centrosema pubescens* Benth. | | | 海南乐东戒毒所 | 2006 | 2 | 野生资源 |
| 819 | 071029001 | 距瓣豆属 | 距瓣豆 | *Centrosema pubescens* Benth. | | | 海南乐东 | 2007 | 2 | 野生资源 |
| 820 | 050320027 | 距瓣豆属 | 距瓣豆 | *Centrosema pubescens* Benth. | | | 海南保亭什岭 | 2005 | 2 | 野生资源 |
| 821 | 050320029 | 距瓣豆属 | 距瓣豆 | *Centrosema pubescens* Benth. | | | 海南保亭七仙岭 | 2005 | 2 | 野生资源 |
| 822 | 060219018 | 距瓣豆属 | 距瓣豆 | *Centrosema pubescens* Benth. | | | 海南昌江霸王岭 | 2006 | 2 | 野生资源 |
| 823 | 050319012 | 距瓣豆属 | 距瓣豆 | *Centrosema pubescens* Benth. | | | 海南乐东千家镇 | 2005 | 2 | 野生资源 |
| 824 | CIAT5189 | 距瓣豆属 | 距瓣豆 | *Centrosema pubescens* Benth. | CIAT5189 | CIAT | | 2003 | 2 | 引进资源 |
| 825 | HB2010-134 | 紫荆属 | 紫荆 | *Cercis chinensis* Bunge | | | 湖北神农架红坪镇 | 2014 | 3 | 野生资源 |
| 826 | HB2011-002 | 紫荆属 | 紫荆 | *Cercis chinensis* Bunge | | | 湖北农科院畜牧所 | 2016 | 3 | 野生资源 |
| 827 | HB2011-202 | 紫荆属 | 紫荆 | *Cercis chinensis* Bunge | | | 湖北农科院畜牧所 | 2016 | 3 | 野生资源 |

（续）

| 序号 | 送种单位编号 | 属 名 | 种 名 | 学 名 | 品种名（原文名） | 材料来源 | 材料原产地 | 收种时间（年份） | 保存地点 | 类型 |
|---|---|---|---|---|---|---|---|---|---|---|
| 828 | HB2010-135 | 紫荆属 | 垂丝紫荆 | *Cercis racemosa* Oliv. | | | 湖北神农架红坪镇 | 2014 | 3 | 野生资源 |
| 829 | HB2011-003 | 紫荆属 | 垂丝紫荆 | *Cercis racemosa* Oliv. | | 湖北农科院畜牧所 | | 2016 | 3 | 野生资源 |
| 830 | HB2015213 | 紫荆属 | 垂丝紫荆 | *Cercis racemosa* Oliv. | | | 湖北神农架松柏镇 | 2015 | 3 | 野生资源 |
| 831 | HB2009-378 | 山扁豆属 | 山扁豆 | *Chamaecrista mimosoides* Standl. | | 江西南昌 | 中国 | 2010 | 3 | 栽培资源 |
| 832 | JL15-077 | 山扁豆属 | 山扁豆 | *Chamaecrista mimosoides* Standl. | | | 吉林浑江区 | 2016 | 3 | 野生资源 |
| 833 | JL16-040 | 山扁豆属 | 山扁豆 | *Chamaecrista mimosoides* Standl. | | | 辽宁兴城邴家 | 2015 | 3 | 野生资源 |
| 834 | JL2013-089 | 山扁豆属 | 山扁豆 | *Chamaecrista mimosoides* Standl. | | | 吉林白山 | 2016 | 3 | 野生资源 |
| 835 | JL2013-090 | 山扁豆属 | 山扁豆 | *Chamaecrista mimosoides* Standl. | | | 吉林集安 | 2016 | 3 | 野生资源 |
| 836 | B5518 | 山扁豆属 | 山扁豆 | *Chamaecrista mimosoides* Standl. | | 中国农科院草原所 | | 2013 | 3 | 野生资源 |
| 837 | JL14-138 | 山扁豆属 | 山扁豆 | *Chamaecrista mimosoides* Standl. | | | 辽宁庄河海边 | 2013 | 3 | 野生资源 |
| 838 | JL15-055 | 山扁豆属 | 山扁豆 | *Chamaecrista mimosoides* Standl. | | | 辽宁兴城东辛庄 | 2014 | 3 | 野生资源 |
| 839 | JL14-012 | 山扁豆属 | 山扁豆 | *Chamaecrista mimosoides* Standl. | | | 吉林靖宇 | 2016 | 3 | 野生资源 |
| 840 | JL14-013 | 山扁豆属 | 山扁豆 | *Chamaecrista mimosoides* Standl. | | | 吉林临江 | 2016 | 3 | 野生资源 |
| 841 | 041104036 | 蝙蝠草属 | 长管蝙蝠草 | *Christia constricta* (Schindl.) T. Chen | | | 海南乐东尖峰岭 | 2004 | 2 | 野生资源 |
| 842 | 101110032 | 蝙蝠草属 | 铺地蝙蝠草 | *Christia obcordata* (Poir.) Bahn. F. | | | 广西宁明寨安 | 2010 | 2 | 野生资源 |
| 843 | 101119013 | 蝙蝠草属 | 铺地蝙蝠草 | *Christia obcordata* (Poir.) Bahn. F. | | | 广西大新榄圩 | 2010 | 2 | 野生资源 |
| 844 | 101113019 | 蝙蝠草属 | 铺地蝙蝠草 | *Christia obcordata* (Poir.) Bahn. F. | | | 广西龙州上降 | 2010 | 2 | 野生资源 |
| 845 | 071216003 | 蝙蝠草属 | 铺地蝙蝠草 | *Christia obcordata* (Poir.) Bahn. F. | | | 海南乐东尖峰岭 | 2007 | 2 | 野生资源 |
| 846 | 060119008 | 蝙蝠草属 | 铺地蝙蝠草 | *Christia obcordata* (Poir.) Bahn. F. | | | 海南海口市老城 | 2006 | 2 | 野生资源 |
| 847 | 060309001 | 蝙蝠草属 | 铺地蝙蝠草 | *Christia obcordata* (Poir.) Bahn. F. | | | 海南五指山毛阳镇 | 2006 | 2 | 野生资源 |
| 848 | 061118004 | 蝙蝠草属 | 铺地蝙蝠草 | *Christia obcordata* (Poir.) Bahn. F. | | | 海南儋州雅星镇 | 2006 | 2 | 野生资源 |
| 849 | 061126022 | 蝙蝠草属 | 铺地蝙蝠草 | *Christia obcordata* (Poir.) Bahn. F. | | | 海南白沙南开乡 | 2006 | 2 | 野生资源 |
| 850 | 060218014 | 蝙蝠草属 | 铺地蝙蝠草 | *Christia obcordata* (Poir.) Bahn. F. | | | 海南白沙邦溪镇 | 2006 | 2 | 野生资源 |

（续）

| 序号 | 送种单位编号 | 属 名 | 种 名 | 学 名 | 品种名（原文名） | 材料来源 | 材料原产地 | 收种时间（年份） | 保存地点 | 类型 |
|---|---|---|---|---|---|---|---|---|---|---|
| 851 | 070227051 | 蝙蝠草属 | 铺地蝙蝠草 | *Christia obcordata*（Poir.）Bahn. F. | | | 云南红河州安阳区幸福村 | 2007 | 2 | 野生资源 |
| 852 | 040822065 | 蝙蝠草属 | 铺地蝙蝠草 | *Christia obcordata*（Poir.）Bahn. F. | | | 海南三亚大矛 | 2004 | 2 | 野生资源 |
| 853 | 051210040 | 蝙蝠草属 | 铺地蝙蝠草 | *Christia obcordata*（Poir.）Bahn. F. | | | 海南琼中毛阳镇 | 2005 | 2 | 野生资源 |
| 854 | 061113010 | 蝙蝠草属 | 铺地蝙蝠草 | *Christia obcordata*（Poir.）Bahn. F. | | | 海南儋州木堂镇 | 2006 | 2 | 野生资源 |
| 855 | 050106002 | 蝙蝠草属 | 铺地蝙蝠草 | *Christia obcordata*（Poir.）Bahn. F. | | | 海南昌江叉河镇 | 2005 | 2 | 野生资源 |
| 856 | 041130331 | 蝙蝠草属 | 铺地蝙蝠草 | *Christia obcordata*（Poir.）Bahn. F. | | | 海南海口市老城镇 | 2004 | 2 | 野生资源 |
| 857 | 071214019 | 蝙蝠草属 | 铺地蝙蝠草 | *Christia obcordata*（Poir.）Bahn. F. | | | 广东饶平 | 2007 | 2 | 野生资源 |
| 858 | 071218003 | 蝙蝠草属 | 铺地蝙蝠草 | *Christia obcordata*（Poir.）Bahn. F. | | | 福建漳浦地质公园 | 2007 | 2 | 野生资源 |
| 859 | 050321050 | 蝙蝠草属 | 铺地蝙蝠草 | *Christia obcordata*（Poir.）Bahn. F. | | | 海南五指山市毛阳镇 | 2005 | 2 | 野生资源 |
| 860 | 061021038 | 蝙蝠草属 | 铺地蝙蝠草 | *Christia obcordata*（Poir.）Bahn. F. | | | 海南儋州三都 | 2006 | 2 | 野生资源 |
| 861 | 061021025 | 蝙蝠草属 | 铺地蝙蝠草 | *Christia obcordata*（Poir.）Bahn. F. | | | 海南儋州峨蔓镇 | 2006 | 2 | 野生资源 |
| 862 | 050319001 | 蝙蝠草属 | 铺地蝙蝠草 | *Christia obcordata*（Poir.）Bahn. F. | | | 海南儋州雅星 | 2005 | 2 | 野生资源 |
| 863 | 101111039 | 蝙蝠草属 | 蝙蝠草 | *Christia vespertilionis*（L. f.）Bahn. f. | | | 广西宁明那雷 | 2010 | 2 | 野生资源 |
| 864 | 061222070 | 蝙蝠草属 | 蝙蝠草 | *Christia vespertilionis*（L. f.）Bahn. f. | | | 海南陵水黎安镇 | 2006 | 2 | 野生资源 |
| 865 | 041117030 | 蝙蝠草属 | 蝙蝠草 | *Christia vespertilionis*（L. f.）Bahn. f. | | | 海南七仙岭 | 2004 | 2 | 野生资源 |
| 866 | 041130070 | 蝙蝠草属 | 蝙蝠草 | *Christia vespertilionis*（L. f.）Bahn. f. | | | 海南大广坝 | 2004 | 2 | 野生资源 |
| 867 | 040822083 | 蝙蝠草属 | 蝙蝠草 | *Christia vespertilionis*（L. f.）Bahn. f. | | | 海南琼中 | 2004 | 2 | 野生资源 |
| 868 | 040822010 | 蝙蝠草属 | 蝙蝠草 | *Christia vespertilionis*（L. f.）Bahn. f. | | | 海南尖峰天池 | 2004 | 2 | 野生资源 |
| 869 | 041130125 | 蝙蝠草属 | 蝙蝠草 | *Christia vespertilionis*（L. f.）Bahn. f. | | | 海南三亚崖城 | 2004 | 2 | 野生资源 |
| 870 | 051212090 | 蝙蝠草属 | 蝙蝠草 | *Christia vespertilionis*（L. f.）Bahn. f. | | | 海南东方鸵鸟基地 | 2005 | 2 | 野生资源 |
| 871 | 061130008 | 蝙蝠草属 | 蝙蝠草 | *Christia vespertilionis*（L. f.）Bahn. f. | | | 海南陵水黎安镇 | 2006 | 2 | 野生资源 |
| 872 | 041104106 | 蝙蝠草属 | 蝙蝠草 | *Christia vespertilionis*（L. f.）Bahn. f. | | | 海南鹦歌岭 | 2004 | 2 | 野生资源 |
| 873 | 041130092 | 蝙蝠草属 | 蝙蝠草 | *Christia vespertilionis*（L. f.）Bahn. f. | | | 海南乐东莹乡东美村 | 2004 | 2 | 野生资源 |

（续）

| 序号 | 送种单位编号 | 属 名 | 种 名 | 学 名 | 品种名（原文名） | 材料来源 | 材料原产地 | 收种时间（年份） | 保存地点 | 类型 |
|---|---|---|---|---|---|---|---|---|---|---|
| 874 | 050309558 | 蝙蝠草属 | 蝙蝠草 | *Christia vespertilionis* (L. f.) Bahn. f. | | | 广西崇左 | 2005 | 2 | 野生资源 |
| 875 | 040822075 | 蝙蝠草属 | 蝙蝠草 | *Christia vespertilionis* (L. f.) Bahn. f. | | | 海南乐东响水 | 2004 | 2 | 野生资源 |
| 876 | 060220023 | 蝙蝠草属 | 蝙蝠草 | *Christia vespertilionis* (L. f.) Bahn. f. | | | 海南昌江海尾镇 | 2006 | 2 | 野生资源 |
| 877 | 070118017 | 蝙蝠草属 | 蝙蝠草 | *Christia vespertilionis* (L. f.) Bahn. f. | | | 广东惠州博罗 | 2007 | 2 | 野生资源 |
| 878 | 060130034 | 蝙蝠草属 | 蝙蝠草 | *Christia vespertilionis* (L. f.) Bahn. f. | | | 海南三亚红塘 | 2006 | 2 | 野生资源 |
| 879 | ZXY07P-3037 | 鹰嘴豆属 | 鹰嘴豆 | *Cicer arietinum* L. | | 俄罗斯 | | 2014 | 3 | 引进资源 |
| 880 | ZXY07P-4048 | 鹰嘴豆属 | 鹰嘴豆 | *Cicer arietinum* L. | | 俄罗斯 | | 2014 | 3 | 引进资源 |
| 881 | ZXY07P-4186 | 鹰嘴豆属 | 鹰嘴豆 | *Cicer arietinum* L. | | 俄罗斯 | | 2014 | 3 | 引进资源 |
| 882 | 中畜-013 | 鹰嘴豆属 | 鹰嘴豆 | *Cicer arietinum* L. | | 中国农科院畜牧所 | 甘肃古浪 | 2000 | 1 | 栽培资源 |
| 883 | 060401027 | 舞草属 | 圆叶舞草 | *Codoriocalyx gyroides* (Roxb. ex Link) Hassk. | | | 云南思茅 | 2006 | 2 | 野生资源 |
| 884 | GX131206003 | 舞草属 | 圆叶舞草 | *Codoriocalyx gyroides* (Roxb. ex Link) Hassk. | | 广西牧草站 | | 2013 | 2 | 野生资源 |
| 885 | 151121015 | 舞草属 | 圆叶舞草 | *Codoriocalyx gyroides* (Roxb. ex Link) Hassk. | | | 贵州兴义南牌江镇 | 2015 | 2 | 野生资源 |
| 886 | 050217048 | 舞草属 | 舞草 | *Codoriocalyx motorius* (Houtt.) Ohashi | | 云南保山农科院热经所 | | 2005 | 2 | 野生资源 |
| 887 | 050218100 | 舞草属 | 舞草 | *Codoriocalyx motorius* (Houtt.) Ohashi | | | 云南腾冲清水乡热海 | 2005 | 2 | 野生资源 |
| 888 | 060119022 | 舞草属 | 舞草 | *Codoriocalyx motorius* (Houtt.) Ohashi | | | 海南澄迈 | 2006 | 2 | 野生资源 |
| 889 | 061004028 | 舞草属 | 舞草 | *Codoriocalyx motorius* (Houtt.) Ohashi | | | 海南乐东郊区 | 2006 | 2 | 野生资源 |
| 890 | 060328006 | 舞草属 | 舞草 | *Codoriocalyx motorius* (Houtt.) Ohashi | | | 云南江城曲水 | 2006 | 2 | 野生资源 |
| 891 | 060402027 | 舞草属 | 舞草 | *Codoriocalyx motorius* (Houtt.) Ohashi | | | 云南普洱磨黑镇 | 2006 | 2 | 野生资源 |
| 892 | 101116033 | 舞草属 | 舞草 | *Codoriocalyx motorius* (Houtt.) Ohashi | | | 广西大新硕龙镇 | 2010 | 2 | 野生资源 |
| 893 | 101111024 | 舞草属 | 舞草 | *Codoriocalyx motorius* (Houtt.) Ohashi | | | 广西宁明峙浪 | 2010 | 2 | 野生资源 |

（续）

| 序号 | 送种单位编号 | 属名 | 种名 | 学名 | 品种名（原文名） | 材料来源 | 材料原产地 | 收种时间（年份） | 保存地点 | 类型 |
|---|---|---|---|---|---|---|---|---|---|---|
| 894 | 080112025 | 舞草属 | 舞草 | *Codoriocalyx motorius*（Houtt.）Ohashi | | | 云南保山 | 2008 | 2 | 野生资源 |
| 895 | 071120021 | 舞草属 | 舞草 | *Codoriocalyx motorius*（Houtt.）Ohashi | | | 广西岑溪南渡镇 | 2007 | 2 | 野生资源 |
| 896 | 040822023 | 舞草属 | 舞草 | *Codoriocalyx motorius*（Houtt.）Ohashi | | | 海南白沙细水 | 2004 | 2 | 野生资源 |
| 897 | 050223209 | 舞草属 | 舞草 | *Codoriocalyx motorius*（Houtt.）Ohashi | | | 云南保山龙陵勐糯 | 2005 | 2 | 野生资源 |
| 898 | 071026002 | 舞草属 | 舞草 | *Codoriocalyx motorius*（Houtt.）Ohashi | | | 海南三亚天涯海角 | 2007 | 2 | 野生资源 |
| 899 | L523 | 小冠花属 | 多变小冠花 | *Coronilla varia* L. | | 内蒙古呼和浩特 | | 2001 | 1 | 野生资源 |
| 900 | GS4129 | 小冠花属 | 多变小冠花 | *Coronilla varia* L. | | 陕西洛川 | | 2013 | 3 | 野生资源 |
| 901 | zxy2012P-10292 | 小冠花属 | 多变小冠花 | *Coronilla varia* L. | | 俄罗斯 | | 2016 | 3 | 引进资源 |
| 902 | zxy2012P-9661 | 小冠花属 | 多变小冠花 | *Coronilla varia* L. | | 俄罗斯 | | 2016 | 3 | 引进资源 |
| 903 | 中畜-1448 | 小冠花属 | 多变小冠花 | *Coronilla varia* L. | | 中国农科院畜牧所 | | 2016 | 3 | 野生资源 |
| 904 | | 小冠花属 | 多变小冠花 | *Coronilla varia* L. | | 中国农科院草原所 | | 1990 | 1 | 野生资源 |
| 905 | | 小冠花属 | 多变小冠花 | *Coronilla varia* L. | 绿宝石 | 甘肃天水 | 中欧 | 1991 | 1 | 引进资源 |
| 906 | 061220019 | 猪屎豆属 | 翅托叶野百合 | *Crotalaria alata* Buch.-Ham. ex D. Don | | | 海南乐东千家响水镇 | 2006 | 2 | 野生资源 |
| 907 | 080111016 | 猪屎豆属 | 翅托叶猪屎豆 | *Crotalaria alata* Buch.-Ham. ex D. Don | | | 云南保山 | 2008 | 2 | 野生资源 |
| 908 | hn2727 | 猪屎豆属 | 响铃豆 | *Crotalaria albida* Heyne ex Roth | | | 广西柳州三江 | 2013 | 3 | 野生资源 |
| 909 | 060327008 | 猪屎豆属 | 响铃豆 | *Crotalaria albida* Heyne ex Roth | | | 云南思茅江城 | 2006 | 2 | 野生资源 |
| 910 | 060401038 | 猪屎豆属 | 响铃豆 | *Crotalaria albida* Heyne ex Roth | | | 云南思茅 | 2006 | 2 | 野生资源 |
| 911 | 060402002 | 猪屎豆属 | 响铃豆 | *Crotalaria albida* Heyne ex Roth | | | 云南思茅 | 2006 | 2 | 野生资源 |
| 912 | 061220016 | 猪屎豆属 | 响铃豆 | *Crotalaria albida* Heyne ex Roth | | | 海南乐东 | 2006 | 2 | 野生资源 |
| 913 | 101111022 | 猪屎豆属 | 响铃豆 | *Crotalaria albida* Heyne ex Roth | | | 广西宁明 | 2010 | 2 | 野生资源 |
| 914 | GX131209008 | 猪屎豆属 | 响铃豆 | *Crotalaria albida* Heyne ex Roth | | 广西牧草站 | | 2013 | 2 | 野生资源 |
| 915 | 050320033 | 猪屎豆属 | 响铃豆 | *Crotalaria albida* Heyne ex Roth | | | 海南保亭七仙岭 | 2005 | 2 | 野生资源 |
| 916 | 060217012 | 猪屎豆属 | 响铃豆 | *Crotalaria albida* Heyne ex Roth | | | 海南儋州西培农场 | 2006 | 2 | 野生资源 |

（续）

| 序号 | 送种单位编号 | 属名 | 种名 | 学名 | 品种名（原文名） | 材料来源 | 材料原产地 | 收种时间（年份） | 保存地点 | 类型 |
|---|---|---|---|---|---|---|---|---|---|---|
| 917 | HN1413 | 猪屎豆属 | 大猪屎豆 | *Crotalaria assamica* Benth. | | 热带牧草研究中心 | 云南思茅 | 2010 | 3 | 野生资源 |
| 918 | hn2118 | 猪屎豆属 | 大猪屎豆 | *Crotalaria assamica* Benth. | | | 海南三亚梅山 | 2002 | 3 | 野生资源 |
| 919 | hn2198 | 猪屎豆属 | 大猪屎豆 | *Crotalaria assamica* Benth. | | | 云南镇康怒江大桥 | 2005 | 3 | 野生资源 |
| 920 | HN683 | 猪屎豆属 | 大猪屎豆 | *Crotalaria assamica* Benth. | | | 云南陇川 | 2005 | 3 | 野生资源 |
| 921 | HN949 | 猪屎豆属 | 大猪屎豆 | *Crotalaria assamica* Benth. | | | 云南永德 | 2008 | 3 | 野生资源 |
| 922 | 080111017 | 猪屎豆属 | 大猪屎豆 | *Crotalaria assamica* Benth. | | | 云南保山 | 2008 | 2 | 野生资源 |
| 923 | 050302429 | 猪屎豆属 | 大猪屎豆 | *Crotalaria assamica* Benth. | | | 云南思茅普洱 | 2005 | 2 | 野生资源 |
| 924 | 060401048 | 猪屎豆属 | 大猪屎豆 | *Crotalaria assamica* Benth. | | | 云南思茅 | 2006 | 2 | 野生资源 |
| 925 | 060330024 | 猪屎豆属 | 大猪屎豆 | *Crotalaria assamica* Benth. | | | 云南景洪 | 2006 | 2 | 野生资源 |
| 926 | 050224257 | 猪屎豆属 | 大猪屎豆 | *Crotalaria assamica* Benth. | | | 云南永德 | 2005 | 2 | 野生资源 |
| 927 | 04110111 | 猪屎豆属 | 大猪屎豆 | *Crotalaria assamica* Benth. | | | 广东河源东源 | 2004 | 2 | 野生资源 |
| 928 | 101117001 | 猪屎豆属 | 大猪屎豆 | *Crotalaria assamica* Benth. | | | 广西大新 | 2010 | 2 | 野生资源 |
| 929 | 071023005 | 猪屎豆属 | 毛果猪屎豆 | *Crotalaria bracteata* Roxb. | | | 印度尼西亚 | 2007 | 2 | 引进资源 |
| 930 | 071023006 | 猪屎豆属 | 毛果猪屎豆 | *Crotalaria bracteata* Roxb. | | | 印度尼西亚 | 2007 | 2 | 引进资源 |
| 931 | 071023011 | 猪屎豆属 | 毛果猪屎豆 | *Crotalaria bracteata* Roxb. | | | 印度尼西亚 | 2007 | 2 | 引进资源 |
| 932 | 080728001 | 猪屎豆属 | 毛果猪屎豆 | *Crotalaria bracteata* Roxb. | | | 印度尼西亚 | 2008 | 2 | 引进资源 |
| 933 | 110129001 | 猪屎豆属 | 毛果猪屎豆 | *Crotalaria bracteata* Roxb. | | | 印度尼西亚 | 2011 | 2 | 引进资源 |
| 934 | hn2112 | 猪屎豆属 | 毛果猪屎豆 | *Crotalaria bracteata* Roxb. | | | 云南景洪 | 2006 | 3 | 野生资源 |
| 935 | 041130032 | 猪屎豆属 | 长萼猪屎豆 | *Crotalaria calycina* Schrank | | | 海南昌江 | 2004 | 2 | 野生资源 |
| 936 | 041130345 | 猪屎豆属 | 长萼猪屎豆 | *Crotalaria calycina* Schrank | | | 海南澄迈 | 2004 | 2 | 野生资源 |
| 937 | 041130173 | 猪屎豆属 | 中国猪屎豆 | *Crotalaria chinensis* L. | | | 海南琼中长征 | 2004 | 2 | 野生资源 |
| 938 | GX13110102 | 猪屎豆属 | 中国猪屎豆 | *Crotalaria chinensis* L. | | 广西牧草站 | | 2013 | 2 | 野生资源 |
| 939 | 041130172 | 猪屎豆属 | 中国猪屎豆 | *Crotalaria chinensis* L. | | | 海南琼中长征 | 2004 | 2 | 野生资源 |
| 940 | 071226039 | 猪屎豆属 | 中国猪屎豆 | *Crotalaria chinensis* L. | | | 江西大余 | 2007 | 2 | 野生资源 |

（续）

| 序号 | 送种单位编号 | 属　名 | 种　名 | 学　名 | 品种名（原文名） | 材料来源 | 材料原产地 | 收种时间（年份） | 保存地点 | 类型 |
|---|---|---|---|---|---|---|---|---|---|---|
| 941 | 050321044 | 猪屎豆属 | 假地蓝 | *Crotalaria ferruginea* Grah. ex Benth. | | | 海南五指山 | 2005 | 2 | 野生资源 |
| 942 | hn1636 | 猪屎豆属 | 假地蓝 | *Crotalaria ferruginea* Grah. ex Benth. | | | 云南思茅江城 | 2006 | 3 | 野生资源 |
| 943 | hn1639 | 猪屎豆属 | 假地蓝 | *Crotalaria ferruginea* Grah. ex Benth. | | | 云南河口 | 2016 | 3 | 野生资源 |
| 944 | hn1692 | 猪屎豆属 | 假地蓝 | *Crotalaria ferruginea* Grah. ex Benth. | | | 海南五指山南圣镇 | 2006 | 3 | 野生资源 |
| 945 | hn1698 | 猪屎豆属 | 假地蓝 | *Crotalaria ferruginea* Grah. ex Benth. | | | 云南江城老挝边界 | 2006 | 3 | 野生资源 |
| 946 | hn2130 | 猪屎豆属 | 假地蓝 | *Crotalaria ferruginea* Grah. ex Benth. | | | 云南江城老挝边界 | 2006 | 3 | 野生资源 |
| 947 | hn2131 | 猪屎豆属 | 假地蓝 | *Crotalaria ferruginea* Grah. ex Benth. | | | 云南思茅江城 | 2006 | 3 | 野生资源 |
| 948 | hn2274 | 猪屎豆属 | 假地蓝 | *Crotalaria ferruginea* Grah. ex Benth. | | | 云南腾冲清水乡热海 | 2005 | 3 | 野生资源 |
| 949 | hn2276 | 猪屎豆属 | 假地蓝 | *Crotalaria ferruginea* Grah. ex Benth. | | | 海南五指山 | 2005 | 3 | 野生资源 |
| 950 | hn2278 | 猪屎豆属 | 假地蓝 | *Crotalaria ferruginea* Grah. ex Benth. | | | 云南思茅 | 2006 | 3 | 野生资源 |
| 951 | hn2280 | 猪屎豆属 | 假地蓝 | *Crotalaria ferruginea* Grah. ex Benth. | | | 云南思茅 | 2006 | 3 | 野生资源 |
| 952 | hn2284 | 猪屎豆属 | 假地蓝 | *Crotalaria ferruginea* Grah. ex Benth. | | | 云南思茅 | 2006 | 3 | 野生资源 |
| 953 | hn2570 | 猪屎豆属 | 假地蓝 | *Crotalaria ferruginea* Grah. ex Benth. | | | 云南镇康 | 2005 | 3 | 野生资源 |
| 954 | HN979 | 猪屎豆属 | 假地蓝 | *Crotalaria ferruginea* Grah. ex Benth. | | | 云南勐海勐板镇 | 2008 | 3 | 野生资源 |
| 955 | 050227318 | 猪屎豆属 | 假地蓝 | *Crotalaria ferruginea* Grah. ex Benth. | | | 云南勐海勐板镇 | 2005 | 2 | 野生资源 |
| 956 | 050227317 | 猪屎豆属 | 假地蓝 | *Crotalaria ferruginea* Grah. ex Benth. | | | 云南勐海勐板镇 | 2005 | 2 | 野生资源 |
| 957 | 050218097 | 猪屎豆属 | 假地蓝 | *Crotalaria ferruginea* Grah. ex Benth. | | | 云南腾冲清水乡热海 | 2005 | 2 | 野生资源 |
| 958 | 050218098 | 猪屎豆属 | 假地蓝 | *Crotalaria ferruginea* Grah. ex Benth. | | | 云南腾冲清水乡热海 | 2005 | 2 | 野生资源 |
| 959 | 050223238 | 猪屎豆属 | 假地蓝 | *Crotalaria ferruginea* Grah. ex Benth. | | | 云南镇康 | 2005 | 2 | 野生资源 |
| 960 | 050301411 | 猪屎豆属 | 假地蓝 | *Crotalaria ferruginea* Grah. ex Benth. | | | 云南勐腊 | 2005 | 2 | 野生资源 |
| 961 | 060327010 | 猪屎豆属 | 假地蓝 | *Crotalaria ferruginea* Grah. ex Benth. | | | 云南思茅江城 | 2006 | 2 | 野生资源 |
| 962 | 060329009 | 猪屎豆属 | 假地蓝 | *Crotalaria ferruginea* Grah. ex Benth. | | | 云南江城老挝边界 | 2006 | 2 | 野生资源 |
| 963 | 060329016 | 猪屎豆属 | 假地蓝 | *Crotalaria ferruginea* Grah. ex Benth. | | | 云南江城老挝边界山坡 | 2006 | 2 | 野生资源 |
| 964 | 060329034 | 猪屎豆属 | 假地蓝 | *Crotalaria ferruginea* Grah. ex Benth. | | | 云南江城老挝边界 | 2006 | 2 | 野生资源 |

（续）

| 序号 | 送种单位编号 | 属 名 | 种 名 | 学 名 | 品种名（原文名） | 材料来源 | 材料原产地 | 收种时间（年份） | 保存地点 | 类型 |
|---|---|---|---|---|---|---|---|---|---|---|
| 965 | 060401026 | 猪屎豆属 | 假地蓝 | *Crotalaria ferruginea* Grah. ex Benth. | | | 云南景洪普文镇 | 2006 | 2 | 野生资源 |
| 966 | 060401031 | 猪屎豆属 | 假地蓝 | *Crotalaria ferruginea* Grah. ex Benth. | | | 云南思茅 | 2006 | 2 | 野生资源 |
| 967 | 070303027 | 猪屎豆属 | 假地蓝 | *Crotalaria ferruginea* Grah. ex Benth. | | | 云南河口 | 2007 | 2 | 野生资源 |
| 968 | 061210002 | 猪屎豆属 | 假地蓝 | *Crotalaria ferruginea* Grah. ex Benth. | | | 海南万宁乐东镇 | 2006 | 2 | 野生资源 |
| 969 | 151110009 | 猪屎豆属 | 假地蓝 | *Crotalaria ferruginea* Grah. ex Benth. | | | 四川攀枝花仁和 | 2015 | 2 | 野生资源 |
| 970 | 040822046 | 猪屎豆属 | 假地蓝 | *Crotalaria ferruginea* Grah. ex Benth. | | | 海南尖峰天池 | 2004 | 2 | 野生资源 |
| 971 | 040822085 | 猪屎豆属 | 假地蓝 | *Crotalaria ferruginea* Grah. ex Benth. | | | 海南五指山红山 | 2004 | 2 | 野生资源 |
| 972 | 050101011 | 猪屎豆属 | 假地蓝 | *Crotalaria ferruginea* Grah. ex Benth. | | | 海南白沙元门 | 2005 | 2 | 野生资源 |
| 973 | 060306013 | 猪屎豆属 | 假地蓝 | *Crotalaria ferruginea* Grah. ex Benth. | | | 海南白沙元门大坝 | 2006 | 2 | 野生资源 |
| 974 | 060325030 | 猪屎豆属 | 假地蓝 | *Crotalaria ferruginea* Grah. ex Benth. | | | 云南思茅 | 2006 | 2 | 野生资源 |
| 975 | 070119020 | 猪屎豆属 | 假地蓝 | *Crotalaria ferruginea* Grah. ex Benth. | | | 广东肇庆鼎湖区桂城 | 2007 | 2 | 野生资源 |
| 976 | 080113063 | 猪屎豆属 | 假地蓝 | *Crotalaria ferruginea* Grah. ex Benth. | | | 云南怒江州泸水六库镇 | 2008 | 2 | 野生资源 |
| 977 | 080305003 | 猪屎豆属 | 假地蓝 | *Crotalaria ferruginea* Grah. ex Benth. | | | 云南思茅曼中田 | 2008 | 2 | 野生资源 |
| 978 | 060401050 | 猪屎豆属 | 长果猪屎豆 | *Crotalaria lanceolata* E. Mey | | | 云南思茅 | 2006 | 2 | 野生资源 |
| 979 | 041104017 | 猪屎豆属 | 线叶猪屎豆 | *Crotalaria linifolia* L. f. | | | 海南乐东 | 2004 | 2 | 野生资源 |
| 980 | 041104017 | 猪屎豆属 | 线叶猪屎豆 | *Crotalaria linifolia* L. f. | | | 海南乐东 | 2004 | 2 | 野生资源 |
| 981 | 061004027 | 猪屎豆属 | 线叶猪屎豆 | *Crotalaria linifolia* L. f. | | | 海南乐东郊区 | 2006 | 2 | 野生资源 |
| 982 | 061222065 | 猪屎豆属 | 线叶猪屎豆 | *Crotalaria linifolia* L. f. | | | 海南陵水黎安镇 | 2006 | 2 | 野生资源 |
| 983 | 041104047 | 猪屎豆属 | 线叶猪屎豆 | *Crotalaria linifolia* L. f. | | | 海南七仙岭 | 2004 | 2 | 野生资源 |
| 984 | 050224255 | 猪屎豆属 | 头花猪屎豆 | *Crotalaria mairei* Levl. | | | 云南永德勐永镇 | 2005 | 2 | 野生资源 |
| 985 | 151119008 | 猪屎豆属 | 假苜蓿 | *Crotalaria medicaginea* Lamk. | | | 云南楚雄元谋 | 2015 | 2 | 野生资源 |
| 986 | hn1697 | 猪屎豆属 | 三尖叶猪屎豆 | *Crotalaria micans* Link | | | 云南芒市旧城镇 | 2005 | 3 | 野生资源 |
| 987 | hn2196 | 猪屎豆属 | 三尖叶猪屎豆 | *Crotalaria micans* Link | | | 广西岑溪三堡镇 | 2006 | 3 | 野生资源 |
| 988 | hn2461 | 猪屎豆属 | 三尖叶猪屎豆 | *Crotalaria micans* Link | | | 福建漳州沙建 | 2012 | 3 | 野生资源 |

（续）

| 序号 | 送种单位编号 | 属名 | 种名 | 学名 | 品种名（原文名） | 材料来源 | 材料原产地 | 收种时间（年份） | 保存地点 | 类型 |
|---|---|---|---|---|---|---|---|---|---|---|
| 989 | HN682 | 猪屎豆属 | 三尖叶猪屎豆 | *Crotalaria micans* Link | | | 云南思茅 | 2008 | 3 | 野生资源 |
| 990 | HN944 | 猪屎豆属 | 三尖叶猪屎豆 | *Crotalaria micans* Link | | | 海南儋州两院南药区 | 2005 | 3 | 野生资源 |
| 991 | GX11120706 | 猪屎豆属 | 三尖叶猪屎豆 | *Crotalaria micans* Link | | 广西牧草站 | | 2011 | 2 | 野生资源 |
| 992 | 041223001 | 猪屎豆属 | 三尖叶猪屎豆 | *Crotalaria micans* Link | | | 广西大新 | 2004 | 2 | 野生资源 |
| 993 | 060425103 | 猪屎豆属 | 三尖叶猪屎豆 | *Crotalaria micans* Link | | | 广西岑溪三堡镇 | 2006 | 2 | 野生资源 |
| 994 | 南01102 | 猪屎豆属 | 三尖叶猪屎豆 | *Crotalaria micans* Link | | 南繁基地 | | 2001 | 2 | 野生资源 |
| 995 | HN686 | 猪屎豆属 | 狭叶猪屎豆 | *Crotalaria ochroleuca* G. Don | | | 云南保山 | 2005 | 3 | 野生资源 |
| 996 | HN1114 | 猪屎豆属 | 猪屎豆 | *Crotalaria pallida* Ait. | | | 云南玉元 | 2005 | 3 | 野生资源 |
| 997 | HN1239 | 猪屎豆属 | 猪屎豆 | *Crotalaria pallida* Ait. | | | 云南永德县勐永镇 | 2009 | 3 | 野生资源 |
| 998 | HN1427 | 猪屎豆属 | 猪屎豆 | *Crotalaria pallida* Ait. | | 热带牧草研究中心 | | 2010 | 3 | 野生资源 |
| 999 | hn1634 | 猪屎豆属 | 猪屎豆 | *Crotalaria pallida* Ait. | | | 海南昌江石碌 | 2006 | 3 | 野生资源 |
| 1000 | hn1657 | 猪屎豆属 | 猪屎豆 | *Crotalaria pallida* Ait. | | | 广东惠州博罗 | 2008 | 3 | 野生资源 |
| 1001 | hn1661 | 猪屎豆属 | 猪屎豆 | *Crotalaria pallida* Ait. | | | 海南文昌高隆弯 | 2008 | 3 | 野生资源 |
| 1002 | hn1666 | 猪屎豆属 | 猪屎豆 | *Crotalaria pallida* Ait. | | | 海南白沙元门乡 | 2008 | 3 | 野生资源 |
| 1003 | hn1690 | 猪屎豆属 | 猪屎豆 | *Crotalaria pallida* Ait. | | | 海南七仙岭 | 2008 | 3 | 野生资源 |
| 1004 | hn1699 | 猪屎豆属 | 猪屎豆 | *Crotalaria pallida* Ait. | | | 云南红河州元阳 | 2007 | 3 | 野生资源 |
| 1005 | hn1700 | 猪屎豆属 | 猪屎豆 | *Crotalaria pallida* Ait. | | 云南农科院 | | 2005 | 3 | 野生资源 |
| 1006 | HN2011-2011 | 猪屎豆属 | 猪屎豆 | *Crotalaria pallida* Ait. | | | 海南乐东九所 | 2003 | 3 | 野生资源 |
| 1007 | hn2075 | 猪屎豆属 | 猪屎豆 | *Crotalaria pallida* Ait. | | | 云南勐海勐遮 | 2005 | 3 | 野生资源 |
| 1008 | hn2089 | 猪屎豆属 | 猪屎豆 | *Crotalaria pallida* Ait. | | | 海南五指山毛阳 | 2005 | 3 | 野生资源 |
| 1009 | hn2095 | 猪屎豆属 | 猪屎豆 | *Crotalaria pallida* Ait. | | | 海南霸王岭 | 2006 | 3 | 野生资源 |
| 1010 | hn2100 | 猪屎豆属 | 猪屎豆 | *Crotalaria pallida* Ait. | | | 广东潮州 | 2007 | 3 | 野生资源 |
| 1011 | hn2134 | 猪屎豆属 | 猪屎豆 | *Crotalaria pallida* Ait. | | | 海南乐东 | 2006 | 3 | 野生资源 |
| 1012 | HN222 | 猪屎豆属 | 猪屎豆 | *Crotalaria pallida* Ait. | | 热带牧草中心 | | 2002 | 3 | 引进资源 |

（续）

| 序号 | 送种单位编号 | 属名 | 种名 | 学名 | 品种名（原文名） | 材料来源 | 材料原产地 | 收种时间（年份） | 保存地点 | 类型 |
|---|---|---|---|---|---|---|---|---|---|---|
| 1013 | HN616 | 猪屎豆属 | 猪屎豆 | *Crotalaria pallida* Ait. | | 海南两院 | | 2004 | 3 | 野生资源 |
| 1014 | HN868 | 猪屎豆属 | 猪屎豆 | *Crotalaria pallida* Ait. | | 热带牧草中心 | | 2008 | 3 | 野生资源 |
| 1015 | HN903 | 猪屎豆属 | 猪屎豆 | *Crotalaria pallida* Ait. | | | 海南陵水本号 | 2006 | 3 | 野生资源 |
| 1016 | HN953 | 猪屎豆属 | 猪屎豆 | *Crotalaria pallida* Ait. | | | 广东梅县经南镇 | 2007 | 3 | 野生资源 |
| 1017 | HN959 | 猪屎豆属 | 猪屎豆 | *Crotalaria pallida* Ait. | | | 广东阳江阳东含山镇 | 2004 | 3 | 野生资源 |
| 1018 | HN962 | 猪屎豆属 | 猪屎豆 | *Crotalaria pallida* Ait. | | | 广东茂名高州市区 | 2007 | 3 | 野生资源 |
| 1019 | HN966 | 猪屎豆属 | 猪屎豆 | *Crotalaria pallida* Ait. | | | 广西北海合浦乌家镇 | 2005 | 3 | 野生资源 |
| 1020 | HN978 | 猪屎豆属 | 猪屎豆 | *Crotalaria pallida* Ait. | | | 海南白沙元门 | 2004 | 3 | 野生资源 |
| 1021 | hn2135 | 猪屎豆属 | 猪屎豆 | *Crotalaria pallida* Ait. | | | 海南乐东千家镇 | 2006 | 3 | 野生资源 |
| 1022 | 041130158 | 猪屎豆属 | 猪屎豆 | *Crotalaria pallida* Ait. | | | 海南陵水苯号 | 2004 | 2 | 野生资源 |
| 1023 | 041130181 | 猪屎豆属 | 猪屎豆 | *Crotalaria pallida* Ait. | | | 海南琼中长征 | 2004 | 2 | 野生资源 |
| 1024 | 041130186 | 猪屎豆属 | 猪屎豆 | *Crotalaria pallida* Ait. | | | 海南琼中和平镇乘波农场 | 2004 | 2 | 野生资源 |
| 1025 | 041130244 | 猪屎豆属 | 猪屎豆 | *Crotalaria pallida* Ait. | | | 海南琼海 | 2004 | 2 | 野生资源 |
| 1026 | 041130245 | 猪屎豆属 | 猪屎豆 | *Crotalaria pallida* Ait. | | | 海南琼海 | 2004 | 2 | 野生资源 |
| 1027 | 041130251 | 猪屎豆属 | 猪屎豆 | *Crotalaria pallida* Ait. | | | 海南琼海塔洋镇 | 2004 | 2 | 野生资源 |
| 1028 | 041130266 | 猪屎豆属 | 猪屎豆 | *Crotalaria pallida* Ait. | | | 海南文昌迈号镇 | 2004 | 2 | 野生资源 |
| 1029 | 041130272 | 猪屎豆属 | 猪屎豆 | *Crotalaria pallida* Ait. | | | 海南文昌 | 2004 | 2 | 野生资源 |
| 1030 | 041130274 | 猪屎豆属 | 猪屎豆 | *Crotalaria pallida* Ait. | | | 海南文昌东郊镇 | 2004 | 2 | 野生资源 |
| 1031 | 041130277 | 猪屎豆属 | 猪屎豆 | *Crotalaria pallida* Ait. | | | 海南文昌东郊镇 | 2004 | 2 | 野生资源 |
| 1032 | 041130293 | 猪屎豆属 | 猪屎豆 | *Crotalaria pallida* Ait. | | | 海南文昌东阁 | 2004 | 2 | 野生资源 |
| 1033 | 041130312 | 猪屎豆属 | 猪屎豆 | *Crotalaria pallida* Ait. | | | 海南海口琼山区演海 | 2004 | 2 | 野生资源 |
| 1034 | 041229015 | 猪屎豆属 | 猪屎豆 | *Crotalaria pallida* Ait. | | | 海南儋州两院 | 2004 | 2 | 野生资源 |
| 1035 | 060227011 | 猪屎豆属 | 猪屎豆 | *Crotalaria pallida* Ait. | | | 海南儋州马井 | 2006 | 2 | 野生资源 |
| 1036 | 041130301 | 猪屎豆属 | 猪屎豆 | *Crotalaria pallida* Ait. | | | 海南文昌公坡镇 | 2004 | 2 | 野生资源 |

（续）

| 序号 | 送种单位编号 | 属 名 | 种 名 | 学 名 | 品种名（原文名） | 材料来源 | 材料原产地 | 收种时间（年份） | 保存地点 | 类型 |
|---|---|---|---|---|---|---|---|---|---|---|
| 1037 | 041117018 | 猪屎豆属 | 猪屎豆 | *Crotalaria pallida* Ait. | | | 海南陵水提蒙 | 2004 | 2 | 野生资源 |
| 1038 | 061021018 | 猪屎豆属 | 猪屎豆 | *Crotalaria pallida* Ait. | | | 海南儋州光村 | 2006 | 2 | 野生资源 |
| 1039 | 060312605 | 猪屎豆属 | 猪屎豆 | *Crotalaria pallida* Ait. | | | 海南昌江霸王岭 | 2006 | 2 | 野生资源 |
| 1040 | 050311589 | 猪屎豆属 | 猪屎豆 | *Crotalaria pallida* Ait. | | | 广西北海 | 2005 | 2 | 野生资源 |
| 1041 | 060219033 | 猪屎豆属 | 猪屎豆 | *Crotalaria pallida* Ait. | | | 海南霸王岭 | 2006 | 2 | 野生资源 |
| 1042 | 060220001 | 猪屎豆属 | 猪屎豆 | *Crotalaria pallida* Ait. | | | 海南昌江石碌 | 2006 | 2 | 野生资源 |
| 1043 | 060220018 | 猪屎豆属 | 猪屎豆 | *Crotalaria pallida* Ait. | | | 海南昌江石碌海尾镇 | 2006 | 2 | 野生资源 |
| 1044 | 060128027 | 猪屎豆属 | 猪屎豆 | *Crotalaria pallida* Ait. | | | 海南乐东尖峰岭 | 2006 | 2 | 野生资源 |
| 1045 | 070107006 | 猪屎豆属 | 猪屎豆 | *Crotalaria pallida* Ait. | | | 广东东莞大岭山镇 | 2007 | 2 | 野生资源 |
| 1046 | 060403027 | 猪屎豆属 | 猪屎豆 | *Crotalaria pallida* Ait. | | | 云南元江 | 2006 | 2 | 野生资源 |
| 1047 | 070111007 | 猪屎豆属 | 猪屎豆 | *Crotalaria pallida* Ait. | | | 广东潮安金石镇 | 2007 | 2 | 野生资源 |
| 1048 | 070115033 | 猪屎豆属 | 猪屎豆 | *Crotalaria pallida* Ait. | | | 福建福州古田 | 2007 | 2 | 野生资源 |
| 1049 | 070119026 | 猪屎豆属 | 猪屎豆 | *Crotalaria pallida* Ait. | | | 广东肇庆 | 2007 | 2 | 野生资源 |
| 1050 | 070120038 | 猪屎豆属 | 猪屎豆 | *Crotalaria pallida* Ait. | | | 广东信宜 | 2007 | 2 | 野生资源 |
| 1051 | 070306014 | 猪屎豆属 | 猪屎豆 | *Crotalaria pallida* Ait. | | | 云南文山丘北 | 2007 | 2 | 野生资源 |
| 1052 | 070312039 | 猪屎豆属 | 猪屎豆 | *Crotalaria pallida* Ait. | | | 云南隆林旧州城 | 2007 | 2 | 野生资源 |
| 1053 | 070313017 | 猪屎豆属 | 猪屎豆 | *Crotalaria pallida* Ait. | | | 广西田林城郊 | 2007 | 2 | 野生资源 |
| 1054 | 071023002 | 猪屎豆属 | 猪屎豆 | *Crotalaria pallida* Ait. | | | 海南东方华侨农场 | 2007 | 2 | 野生资源 |
| 1055 | 040301023 | 猪屎豆属 | 猪屎豆 | *Crotalaria pallida* Ait. | | 广西牧草站 | | 2004 | 2 | 野生资源 |
| 1056 | 080305002 | 猪屎豆属 | 猪屎豆 | *Crotalaria pallida* Ait. | | | 野百合地 | 2008 | 2 | 野生资源 |
| 1057 | 130310009 | 猪屎豆属 | 猪屎豆 | *Crotalaria pallida* Ait. | | | 大棚 | 2013 | 2 | 野生资源 |
| 1058 | GX13120406 | 猪屎豆属 | 猪屎豆 | *Crotalaria pallida* Ait. | | 广西牧草站 | | 2013 | 2 | 野生资源 |
| 1059 | 040203001 | 猪屎豆属 | 猪屎豆 | *Crotalaria pallida* Ait. | | | 云南 | 2004 | 2 | 野生资源 |
| 1060 | 040203002 | 猪屎豆属 | 猪屎豆 | *Crotalaria pallida* Ait. | | | 云南 | 2004 | 2 | 野生资源 |
| 1061 | 040203003 | 猪屎豆属 | 猪屎豆 | *Crotalaria pallida* Ait. | | | 云南 | 2004 | 2 | 野生资源 |

（续）

| 序号 | 送种单位编号 | 属 名 | 种 名 | 学 名 | 品种名（原文名） | 材料来源 | 材料原产地 | 收种时间（年份） | 保存地点 | 类型 |
|---|---|---|---|---|---|---|---|---|---|---|
| 1062 | 050217051-1 | 猪屎豆属 | 猪屎豆 | *Crotalaria pallida* Ait. | | 云南农科院 | | 2005 | 2 | 野生资源 |
| 1063 | GX08121101 | 猪屎豆属 | 猪屎豆 | *Crotalaria pallida* Ait. | | 广西牧草站 | | 2008 | 2 | 野生资源 |
| 1064 | 101115011 | 猪屎豆属 | 猪屎豆 | *Crotalaria pallida* Ait. | | | 广西龙州 | 2010 | 2 | 野生资源 |
| 1065 | 040301002-1 | 猪屎豆属 | 猪屎豆 | *Crotalaria pallida* Ait. | | | 广西百色山林 | 2004 | 2 | 野生资源 |
| 1066 | 040301001 | 猪屎豆属 | 猪屎豆 | *Crotalaria pallida* Ait. | | | 广西田阳 | 2004 | 2 | 野生资源 |
| 1067 | 050217051-1 | 猪屎豆属 | 猪屎豆 | *Crotalaria pallida* Ait. | | 云南农科院 | | 2005 | 2 | 野生资源 |
| 1068 | 141022006 | 猪屎豆属 | 猪屎豆 | *Crotalaria pallida* Ait. | | | 广西百色田林 | 2014 | 2 | 野生资源 |
| 1069 | 150529001 | 猪屎豆属 | 猪屎豆 | *Crotalaria pallida* Ait. | | | 刚果黑角 | 2015 | 2 | 引进资源 |
| 1070 | 151020014 | 猪屎豆属 | 猪屎豆 | *Crotalaria pallida* Ait. | | | 广东湛江南三镇 | 2015 | 2 | 野生资源 |
| 1071 | 150921008 | 猪屎豆属 | 猪屎豆 | *Crotalaria pallida* Ait. | | | 云南景洪普文镇 | 2015 | 2 | 野生资源 |
| 1072 | 151110001 | 猪屎豆属 | 猪屎豆 | *Crotalaria pallida* Ait. | | | 四川攀枝花仁和区 | 2015 | 2 | 野生资源 |
| 1073 | 151112040 | 猪屎豆属 | 猪屎豆 | *Crotalaria pallida* Ait. | | | 四川攀枝花西区苏铁保护区 | 2015 | 2 | 野生资源 |
| 1074 | 040301003 | 猪屎豆属 | 猪屎豆 | *Crotalaria pallida* Ait. | | | 海南乐东九所龙湾 | 2004 | 2 | 野生资源 |
| 1075 | 101114027 | 猪屎豆属 | 猪屎豆 | *Crotalaria pallida* Ait. | | | 广西龙州下冻镇 | 2010 | 2 | 野生资源 |
| 1076 | GX10111002 | 猪屎豆属 | 猪屎豆 | *Crotalaria pallida* Ait. | | | 广西崇左凭祥上石镇 | 2010 | 2 | 野生资源 |
| 1077 | 020401052 | 猪屎豆属 | 猪屎豆 | *Crotalaria pallida* Ait. | | | 海南乐东九所 | 2002 | 2 | 野生资源 |
| 1078 | 040822084 | 猪屎豆属 | 猪屎豆 | *Crotalaria pallida* Ait. | | | 海南五指山 | 2004 | 2 | 野生资源 |
| 1079 | 040822138 | 猪屎豆属 | 猪屎豆 | *Crotalaria pallida* Ait. | | | 海南乐东响水 | 2004 | 2 | 野生资源 |
| 1080 | 041118001 | 猪屎豆属 | 猪屎豆 | *Crotalaria pallida* Ait. | | | 四川攀枝花 | 2004 | 2 | 野生资源 |
| 1081 | 060307009 | 猪屎豆属 | 猪屎豆 | *Crotalaria pallida* Ait. | | | 海南五指山南圣镇 | 2006 | 2 | 野生资源 |
| 1082 | 060425108 | 猪屎豆属 | 猪屎豆 | *Crotalaria pallida* Ait. | | | 海南乐东 | 2006 | 2 | 野生资源 |
| 1083 | 060425110 | 猪屎豆属 | 猪屎豆 | *Crotalaria pallida* Ait. | | | 海南乐东千家镇 | 2006 | 2 | 野生资源 |
| 1084 | GX11120702 | 猪屎豆属 | 猪屎豆 | *Crotalaria pallida* Ait. | | 广西牧草站 | | 2011 | 2 | 野生资源 |
| 1085 | 060402021 | 猪屎豆属 | 猪屎豆 | *Crotalaria pallida* Ait. | | | 云南思茅 | 2006 | 2 | 野生资源 |

(续)

| 序号 | 送种单位编号 | 属名 | 种名 | 学名 | 品种名（原文名） | 材料来源 | 材料原产地 | 收种时间（年份） | 保存地点 | 类型 |
|---|---|---|---|---|---|---|---|---|---|---|
| 1086 | 050228019 | 猪屎豆属 | 猪屎豆 | *Crotalaria pallida* Ait. | | | 云南西双版纳热带植物园 | 2005 | 2 | 野生资源 |
| 1087 | 050221294 | 猪屎豆属 | 猪屎豆 | *Crotalaria pallida* Ait. | | | 云南陇川章凤 | 2005 | 2 | 野生资源 |
| 1088 | 050219285 | 猪屎豆属 | 猪屎豆 | *Crotalaria pallida* Ait. | | | 云南盈江香纳 | 2005 | 2 | 野生资源 |
| 1089 | HN687 | 猪屎豆属 | 黄雀儿 | *Crotalaria psoralioides* D. Don | | | 云南思茅 | 2005 | 3 | 野生资源 |
| 1090 | HN973 | 猪屎豆属 | 黄雀儿 | *Crotalaria psoralioides* D. Don | | | 云南勐海 | 2008 | 3 | 野生资源 |
| 1091 | 051211084 | 猪屎豆属 | 吊裙草 | *Crotalaria retusa* L. | | | 海南乐东梅山镇 | 2005 | 2 | 野生资源 |
| 1092 | 050218101 | 猪屎豆属 | 紫花野百合 | *Crotalaria sessiliflora* L. | | | 云南腾冲清水乡热海 | 2005 | 2 | 野生资源 |
| 1093 | 101111013 | 猪屎豆属 | 紫花野百合 | *Crotalaria sessiliflora* L. | | | 广西宁明下店镇 | 2010 | 2 | 野生资源 |
| 1094 | 050227345 | 猪屎豆属 | 思茅猪屎豆 | *Crotalaria szemoensis* Gagnep | | | 云南勐海 | 2005 | 2 | 野生资源 |
| 1095 | 050226299 | 猪屎豆属 | 思茅猪屎豆 | *Crotalaria szemoensis* Gagnep | | | 云南勐海 | 2005 | 2 | 野生资源 |
| 1096 | 070202003 | 猪屎豆属 | 思茅猪屎豆 | *Crotalaria szemoensis* Gagnep | | | 云南思茅 | 2007 | 2 | 野生资源 |
| 1097 | 071023008 | 猪屎豆属 | 思茅猪屎豆 | *Crotalaria szemoensis* Gagnep | | | 云南思茅 | 2007 | 2 | 野生资源 |
| 1098 | HN491 | 猪屎豆属 | 球果猪屎豆 | *Crotalaria uncinella* subsp. *elliptica*（Roxb.）Polhill | | | 海南东方鸵鸟基地 | 2004 | 3 | 野生资源 |
| 1099 | 041130047 | 猪屎豆属 | 球果猪屎豆 | *Crotalaria uncinella* subsp. *elliptica*（Roxb.）Polhill | | | 海南东方鸵鸟基地 | 2004 | 2 | 野生资源 |
| 1100 | 041130049 | 猪屎豆属 | 球果猪屎豆 | *Crotalaria uncinella* subsp. *elliptica*（Roxb.）Polhill | | | 海南东方鸵鸟基地 | 2004 | 2 | 野生资源 |
| 1101 | 051212093 | 猪屎豆属 | 球果猪屎豆 | *Crotalaria uncinella* subsp. *elliptica*（Roxb.）Polhill | | | 海南东方鸵鸟基地 | 2005 | 2 | 野生资源 |
| 1102 | 061127030 | 猪屎豆属 | 球果猪屎豆 | *Crotalaria uncinella* subsp. *elliptica*（Roxb.）Polhill | | | 海南东方新街镇 | 2006 | 2 | 野生资源 |
| 1103 | 080111011 | 猪屎豆属 | 球果猪屎豆 | *Crotalaria uncinella* subsp. *elliptica*（Roxb.）Polhill | | | 云南保山 | 2008 | 2 | 野生资源 |

（续）

| 序号 | 送种单位编号 | 属名 | 种名 | 学名 | 品种名（原文名） | 材料来源 | 材料原产地 | 收种时间（年份） | 保存地点 | 类型 |
|---|---|---|---|---|---|---|---|---|---|---|
| 1104 | GX11120804 | 猪屎豆属 | 球果猪屎豆 | *Crotalaria uncinella* subsp. *elliptica*（Roxb.）Polhill | | 广西牧草站 | | 2011 | 2 | 野生资源 |
| 1105 | 120830002 | 猪屎豆属 | 球果猪屎豆 | *Crotalaria uncinella* subsp. *elliptica*（Roxb.）Polhill | | | 海南五指山郊区 | 2012 | 2 | 野生资源 |
| 1106 | 030612001 | 猪屎豆属 | 球果猪屎豆 | *Crotalaria uncinella* subsp. *elliptica*（Roxb.）Polhill | | | 海南博鳌 | 2003 | 2 | 野生资源 |
| 1107 | 050507007 | 猪屎豆属 | 球果猪屎豆 | *Crotalaria uncinella* subsp. *elliptica*（Roxb.）Polhill | | | 澳大利亚 | 2005 | 2 | 引进资源 |
| 1108 | 011123001 | 猪屎豆属 | 球果猪屎豆 | *Crotalaria uncinella* subsp. *elliptica*（Roxb.）Polhill | | | 海南东方 | 2001 | 2 | 野生资源 |
| 1109 | 041130108 | 猪屎豆属 | 球果猪屎豆 | *Crotalaria uncinella* subsp. *elliptica*（Roxb.）Polhill | | | 海南乐东志仲 | 2004 | 2 | 野生资源 |
| 1110 | 050106035 | 猪屎豆属 | 球果猪屎豆 | *Crotalaria uncinella* subsp. *elliptica*（Roxb.）Polhill | | | 海南临高 | 2005 | 2 | 野生资源 |
| 1111 | 050319014 | 猪屎豆属 | 球果猪屎豆 | *Crotalaria uncinella* subsp. *elliptica*（Roxb.）Polhill | | | 海南乐东千家镇响水乡 | 2005 | 2 | 野生资源 |
| 1112 | 061128017 | 猪屎豆属 | 球果猪屎豆 | *Crotalaria uncinella* subsp. *elliptica*（Roxb.）Polhill | | | 海南东方 | 2006 | 2 | 野生资源 |
| 1113 | 060425115 | 猪屎豆属 | 球果猪屎豆 | *Crotalaria uncinella* subsp. *elliptica*（Roxb.）Polhill | | | 海南乐东梅山镇 | 2006 | 2 | 野生资源 |
| 1114 | 061129020 | 猪屎豆属 | 球果猪屎豆 | *Crotalaria uncinella* subsp. *elliptica*（Roxb.）Polhill | | | 海南乐东抱由 | 2006 | 2 | 野生资源 |
| 1115 | 061129029 | 猪屎豆属 | 球果猪屎豆 | *Crotalaria uncinella* subsp. *elliptica*（Roxb.）Polhill | | | 海南乐东保园农场 | 2006 | 2 | 野生资源 |
| 1116 | 061211006 | 猪屎豆属 | 球果猪屎豆 | *Crotalaria uncinella* subsp. *elliptica*（Roxb.）Polhill | | | 海南文昌宋氏故居 | 2006 | 2 | 野生资源 |

（续）

| 序号 | 送种单位编号 | 属 名 | 种 名 | 学 名 | 品种名（原文名） | 材料来源 | 材料原产地 | 收种时间（年份） | 保存地点 | 类型 |
|---|---|---|---|---|---|---|---|---|---|---|
| 1117 | 061221045 | 猪屎豆属 | 球果猪屎豆 | *Crotalaria uncinella* subsp. *elliptica*（Roxb.）Polhill | | | 海南陵水英州 | 2006 | 2 | 野生资源 |
| 1118 | 060425109-1 | 猪屎豆属 | 球果猪屎豆 | *Crotalaria uncinella* subsp. *elliptica*（Roxb.）Polhill | | | 福建龙海紫云公园 | 2006 | 2 | 野生资源 |
| 1119 | 050227373 | 猪屎豆属 | 球果猪屎豆 | *Crotalaria uncinella* subsp. *elliptica*（Roxb.）Polhill | | | 云南景洪 | 2005 | 2 | 野生资源 |
| 1120 | 050218080 | 猪屎豆属 | 球果猪屎豆 | *Crotalaria uncinella* subsp. *elliptica*（Roxb.）Polhill | | | 云南腾冲清水乡热海 | 2005 | 2 | 野生资源 |
| 1121 | 060309008 | 猪屎豆属 | 球果猪屎豆 | *Crotalaria uncinella* subsp. *elliptica*（Roxb.）Polhill | | | 四川乐东乐中镇 | 2006 | 2 | 野生资源 |
| 1122 | 060131024 | 猪屎豆属 | 球果猪屎豆 | *Crotalaria uncinella* subsp. *elliptica*（Roxb.）Polhill | | | 海南三亚大小洞天 | 2006 | 2 | 野生资源 |
| 1123 | 060131037 | 猪屎豆属 | 球果猪屎豆 | *Crotalaria uncinella* subsp. *elliptica*（Roxb.）Polhill | | | 云南保山怒江坝 | 2006 | 2 | 野生资源 |
| 1124 | 060211004 | 猪屎豆属 | 球果猪屎豆 | *Crotalaria uncinella* subsp. *elliptica*（Roxb.）Polhill | | | 海南东成银村 | 2006 | 2 | 野生资源 |
| 1125 | 060302004 | 猪屎豆属 | 球果猪屎豆 | *Crotalaria uncinella* subsp. *elliptica*（Roxb.）Polhill | | | 海南陵水黎安 | 2006 | 2 | 野生资源 |
| 1126 | 060318004 | 猪屎豆属 | 球果猪屎豆 | *Crotalaria uncinella* subsp. *elliptica*（Roxb.）Polhill | | | 海南儋州洛基 | 2006 | 2 | 野生资源 |
| 1127 | 051211072 | 猪屎豆属 | 球果猪屎豆 | *Crotalaria uncinella* subsp. *elliptica*（Roxb.）Polhill | | | 海南三亚天涯海角 | 2005 | 2 | 野生资源 |
| 1128 | HN1158 | 猪屎豆属 | 光萼猪屎豆 | *Crotalaria trichotoma* Bojer. | | | 海南琼中加丁村 | 2006 | 3 | 野生资源 |
| 1129 | hn2927 | 猪屎豆属 | 光萼猪屎豆 | *Crotalaria trichotoma* Bojer. | | | 福建平和大田坑 | 2011 | 3 | 野生资源 |
| 1130 | HN552 | 猪屎豆属 | 光萼猪屎豆 | *Crotalaria trichotoma* Bojer. | | 海南琼海 | 海南定安岭江镇 | 2004 | 3 | 野生资源 |

（续）

| 序号 | 送种单位编号 | 属　名 | 种　名 | 学　名 | 品种名（原文名） | 材料来源 | 材料原产地 | 收种时间（年份） | 保存地点 | 类型 |
|---|---|---|---|---|---|---|---|---|---|---|
| 1131 | HN703 | 猪屎豆属 | 光萼猪屎豆 | *Crotalaria trichotoma* Bojer. | | | 海南儋州两院 | 2005 | 3 | 野生资源 |
| 1132 | HN888 | 猪屎豆属 | 光萼猪屎豆 | *Crotalaria trichotoma* Bojer. | | | 海南五指山毛阳镇 | 2009 | 3 | 野生资源 |
| 1133 | HN937 | 猪屎豆属 | 光萼猪屎豆 | *Crotalaria trichotoma* Bojer. | | | 云南思茅 | 2006 | 3 | 野生资源 |
| 1134 | HN946 | 猪屎豆属 | 光萼猪屎豆 | *Crotalaria trichotoma* Bojer. | | | 海南临高博厚镇 | 2006 | 3 | 野生资源 |
| 1135 | HN952 | 猪屎豆属 | 光萼猪屎豆 | *Crotalaria trichotoma* Bojer. | | | 云南江城 | 2006 | 3 | 野生资源 |
| 1136 | 041130231 | 猪屎豆属 | 光萼猪屎豆 | *Crotalaria trichotoma* Bojer. | | | 海南定安龙门镇 | 2004 | 2 | 野生资源 |
| 1137 | 041130237 | 猪屎豆属 | 光萼猪屎豆 | *Crotalaria trichotoma* Bojer. | | | 海南定安岭江镇 | 2004 | 2 | 野生资源 |
| 1138 | 041130188 | 猪屎豆属 | 光萼猪屎豆 | *Crotalaria trichotoma* Bojer. | | | 海南琼中和平镇 | 2004 | 2 | 野生资源 |
| 1139 | 051210052 | 猪屎豆属 | 光萼猪屎豆 | *Crotalaria trichotoma* Bojer. | | | 海南五指山毛阳 | 2005 | 2 | 野生资源 |
| 1140 | GX11120807 | 猪屎豆属 | 光萼猪屎豆 | *Crotalaria trichotoma* Bojer. | | 广西牧草站 | | 2011 | 2 | 野生资源 |
| 1141 | 日本菁 | 猪屎豆属 | 光萼猪屎豆 | *Crotalaria trichotoma* Bojer. | | CIAT | | 2003 | 2 | 引进资源 |
| 1142 | 051212092 | 假木豆属 | 单节荚假木豆 | *Dendrolobium dunnii* Merr. | | | 海南东方鸵鸟基地 | 2005 | 2 | 野生资源 |
| 1143 | 060227008 | 假木豆属 | 单节荚假木豆 | *Dendrolobium dunnii* Merr. | | | 海南儋州王五 | 2006 | 2 | 野生资源 |
| 1144 | 060310004 | 假木豆属 | 单节荚假木豆 | *Dendrolobium dunnii* Merr. | | | 海南乐东 | 2006 | 2 | 野生资源 |
| 1145 | 060311003 | 假木豆属 | 单节荚假木豆 | *Dendrolobium dunnii* Merr. | | | 海南昌江叉河 | 2006 | 2 | 野生资源 |
| 1146 | 060424007 | 假木豆属 | 单节荚假木豆 | *Dendrolobium dunnii* Merr. | | | 海南乐东千家镇 | 2006 | 2 | 野生资源 |
| 1147 | 060428026 | 假木豆属 | 单节荚假木豆 | *Dendrolobium dunnii* Merr. | | | 海南屯昌大同 | 2006 | 2 | 野生资源 |
| 1148 | 061128012 | 假木豆属 | 单节荚假木豆 | *Dendrolobium dunnii* Merr. | | | 海南东方东方镇 | 2006 | 2 | 野生资源 |
| 1149 | 060120027 | 假木豆属 | 单节荚假木豆 | *Dendrolobium dunnii* Merr. | | | 海南临高和舍 | 2006 | 2 | 野生资源 |
| 1150 | 041130088 | 假木豆属 | 单节荚假木豆 | *Dendrolobium dunnii* Merr. | | | 海南东方江边 | 2004 | 2 | 野生资源 |
| 1151 | 041130114 | 假木豆属 | 单节荚假木豆 | *Dendrolobium dunnii* Merr. | | | 海南三亚崖城 | 2004 | 2 | 野生资源 |
| 1152 | 041130037 | 假木豆属 | 单节荚假木豆 | *Dendrolobium dunnii* Merr. | | | 海南昌江叉河镇 | 2004 | 2 | 野生资源 |
| 1153 | 020301022 | 假木豆属 | 单节荚假木豆 | *Dendrolobium dunnii* Merr. | | | 海南东方 | 2002 | 2 | 野生资源 |
| 1154 | 041130319A | 假木豆属 | 单节荚假木豆 | *Dendrolobium dunnii* Merr. | | | 广东惠阳新圩镇 | 2004 | 2 | 野生资源 |
| 1155 | 040822155 | 假木豆属 | 单节荚假木豆 | *Dendrolobium dunnii* Merr. | | | 海南昌江叉河 | 2004 | 2 | 野生资源 |

（续）

| 序号 | 送种单位编号 | 属 名 | 种 名 | 学 名 | 品种名（原文名） | 材料来源 | 材料原产地 | 收种时间（年份） | 保存地点 | 类型 |
|---|---|---|---|---|---|---|---|---|---|---|
| 1156 | 0604028026 | 假木豆属 | 单节荚假木豆 | *Dendrolobium dunnii* Merr. | | | 广西田林 | 2006 | 2 | 野生资源 |
| 1157 | HN1075 | 假木豆属 | 假木豆 | *Dendrolobium triangulare*（Retz.）Schindl. | | | 广西田林旧州 | 2009 | 3 | 野生资源 |
| 1158 | HN1083 | 假木豆属 | 假木豆 | *Dendrolobium triangulare*（Retz.）Schindl. | | | 云南保山怒江坝 | 2009 | 3 | 野生资源 |
| 1159 | HN1536 | 假木豆属 | 假木豆 | *Dendrolobium triangulare*（Retz.）Schindl. | | | 广西隆林旧州 | 2007 | 3 | 野生资源 |
| 1160 | HN2011-1806 | 假木豆属 | 假木豆 | *Dendrolobium triangulare*（Retz.）Schindl. | | | 广西田林旧州 | 2016 | 3 | 野生资源 |
| 1161 | HN2011-1808 | 假木豆属 | 假木豆 | *Dendrolobium triangulare*（Retz.）Schindl. | | | 广西田林旧州 | 2008 | 3 | 野生资源 |
| 1162 | hn2911 | 假木豆属 | 假木豆 | *Dendrolobium triangulare*（Retz.）Schindl. | | | 海南乐东山荣 | 2004 | 3 | 野生资源 |
| 1163 | 050307492 | 假木豆属 | 假木豆 | *Dendrolobium triangulare*（Retz.）Schindl. | | | 广西田林旧州镇 | 2005 | 2 | 野生资源 |
| 1164 | 050217067 | 假木豆属 | 假木豆 | *Dendrolobium triangulare*（Retz.）Schindl. | | | 云南保山曼海大桥 | 2005 | 2 | 野生资源 |
| 1165 | 050307479 | 假木豆属 | 假木豆 | *Dendrolobium triangulare*（Retz.）Schindl. | | | 贵州册亨巧马镇 | 2005 | 2 | 野生资源 |
| 1166 | 040822154 | 假木豆属 | 假木豆 | *Dendrolobium triangulare*（Retz.）Schindl. | | | 海南白沙响水牧场 | 2004 | 2 | 野生资源 |
| 1167 | 041104055 | 假木豆属 | 假木豆 | *Dendrolobium triangulare*（Retz.）Schindl. | | | 海南白沙胶厂 | 2004 | 2 | 野生资源 |
| 1168 | 041212001-1 | 假木豆属 | 假木豆 | *Dendrolobium triangulare*（Retz.）Schindl. | | | 海南乐东千家镇 | 2004 | 2 | 野生资源 |
| 1169 | 060305031 | 假木豆属 | 假木豆 | *Dendrolobium triangulare*（Retz.）Schindl. | | | 海南白沙细水牧场 | 2006 | 2 | 野生资源 |
| 1170 | 060310009 | 假木豆属 | 假木豆 | *Dendrolobium triangulare*（Retz.）Schindl. | | | 海南乐东 | 2006 | 2 | 野生资源 |
| 1171 | 061222077 | 假木豆属 | 假木豆 | *Dendrolobium triangulare*（Retz.）Schindl. | | | 海南陵水黎安镇 | 2006 | 2 | 野生资源 |
| 1172 | 070305007 | 假木豆属 | 假木豆 | *Dendrolobium triangulare*（Retz.）Schindl. | | | 云南西畴兴街 | 2007 | 2 | 野生资源 |
| 1173 | 070312040 | 假木豆属 | 假木豆 | *Dendrolobium triangulare*（Retz.）Schindl. | | | 广西隆林旧州镇 | 2007 | 2 | 野生资源 |
| 1174 | 080112003 | 假木豆属 | 假木豆 | *Dendrolobium triangulare*（Retz.）Schindl. | | | 云南保山 | 2008 | 2 | 野生资源 |
| 1175 | 040822167 | 假木豆属 | 假木豆 | *Dendrolobium triangulare*（Retz.）Schindl. | | | 海南白沙细水牧场 | 2004 | 2 | 野生资源 |
| 1176 | 060326028 | 假木豆属 | 假木豆 | *Dendrolobium triangulare*（Retz.）Schindl. | | | 云南思茅 | 2006 | 2 | 野生资源 |
| 1177 | 060325019 | 假木豆属 | 假木豆 | *Dendrolobium triangulare*（Retz.）Schindl. | | | 云南思茅 | 2006 | 2 | 野生资源 |
| 1178 | 050218094 | 假木豆属 | 假木豆 | *Dendrolobium triangulare*（Retz.）Schindl. | | | 云南腾冲清水乡热海 | 2005 | 2 | 野生资源 |
| 1179 | 101115018 | 假木豆属 | 假木豆 | *Dendrolobium triangulare*（Retz.）Schindl. | | | 广西龙州水口镇 | 2010 | 2 | 野生资源 |
| 1180 | 101113001 | 假木豆属 | 假木豆 | *Dendrolobium triangulare*（Retz.）Schindl. | | | 广西龙州上降乡 | 2010 | 2 | 野生资源 |

（续）

| 序号 | 送种单位编号 | 属名 | 种名 | 学名 | 品种名（原文名） | 材料来源 | 材料原产地 | 收种时间（年份） | 保存地点 | 类型 |
|------|------|------|------|------|------|------|------|------|------|------|
| 1181 | GX11120302 | 假木豆属 | 假木豆 | *Dendrolobium triangulare*（Retz.）Schindl. | | 广西牧草站 | | 2011 | 2 | 野生资源 |
| 1182 | 050307482 | 鱼藤属 | 鱼藤 | *Derris trifoliata* Lour. | | | 贵州册亨巧马 | 2005 | 2 | 野生资源 |
| 1183 | 070508001 | 合欢草属 | 多枝草合欢 | *Desmanthus virgatus*（L.）Willd. | | | 广西南宁马山 | 2007 | 2 | 野生资源 |
| 1184 | 070801001 | 合欢草属 | 多枝草合欢 | *Desmanthus virgatus*（L.）Willd. | | | 广西河池东兰 | 2007 | 2 | 野生资源 |
| 1185 | ex. IRRI | 合欢草属 | 多枝草合欢 | *Desmanthus virgatus*（L.）Willd. | | CIAT | | 2005 | 2 | 引进资源 |
| 1186 | 071120020 | 合欢草属 | 多枝草合欢 | *Desmanthus virgatus*（L.）Willd. | | | 广东英德青塘 | 2007 | 2 | 野生资源 |
| 1187 | 140401030 | 合欢草属 | 多枝草合欢 | *Desmanthus virgatus*（L.）Willd. | | | 云南西畴兴街 | 2014 | 2 | 野生资源 |
| 1188 | 140401072 | 合欢草属 | 多枝草合欢 | *Desmanthus virgatus*（L.）Willd. | | | 云南保山龙陵邦腊 | 2014 | 2 | 野生资源 |
| 1189 | 140401089 | 合欢草属 | 多枝草合欢 | *Desmanthus virgatus*（L.）Willd. | | | 云南镇康 | 2014 | 2 | 野生资源 |
| 1190 | 140401053 | 合欢草属 | 多枝草合欢 | *Desmanthus virgatus*（L.）Willd. | | | 云南镇康怒江大桥 | 2014 | 2 | 野生资源 |
| 1191 | 140411089 | 合欢草属 | 多枝草合欢 | *Desmanthus virgatus*（L.）Willd. | | | 云南思茅普洱磨黑 | 2014 | 2 | 野生资源 |
| 1192 | 101115024 | 山蚂蝗属 | 小槐花 | *Desmodium caudatum*（Thunb.）DC. | | | 广西大新硕龙 | 2010 | 2 | 野生资源 |
| 1193 | HN1068 | 山蚂蝗属 | 大叶山蚂蝗 | *Desmodium gangeticum*（L.）DC. | | | 海南琼中百花岭 | 2005 | 3 | 野生资源 |
| 1194 | hn2066 | 山蚂蝗属 | 大叶山蚂蝗 | *Desmodium gangeticum*（L.）DC. | | | 海南白沙新村大坝 | 2004 | 3 | 野生资源 |
| 1195 | 040822173 | 山蚂蝗属 | 大叶山蚂蝗 | *Desmodium gangeticum*（L.）DC. | | | 海南乐东响水 | 2004 | 2 | 野生资源 |
| 1196 | 041104073 | 山蚂蝗属 | 大叶山蚂蝗 | *Desmodium gangeticum*（L.）DC. | | | 海南白沙元门 | 2004 | 2 | 野生资源 |
| 1197 | 041104087 | 山蚂蝗属 | 大叶山蚂蝗 | *Desmodium gangeticum*（L.）DC. | | | 海南白沙新村大坝 | 2004 | 2 | 野生资源 |
| 1198 | 050223236 | 山蚂蝗属 | 大叶山蚂蝗 | *Desmodium gangeticum*（L.）DC. | | | 云南镇康怒江大桥 | 2005 | 2 | 野生资源 |
| 1199 | 061129037 | 山蚂蝗属 | 大叶山蚂蝗 | *Desmodium gangeticum*（L.）DC. | | | 海南乐东保国农场 | 2006 | 2 | 野生资源 |
| 1200 | 070117091 | 山蚂蝗属 | 大叶山蚂蝗 | *Desmodium gangeticum*（L.）DC. | | | 龙川县柳城镇 | 2007 | 2 | 野生资源 |
| 1201 | 070228010 | 山蚂蝗属 | 大叶山蚂蝗 | *Desmodium gangeticum*（L.）DC. | | | 云南元阳至河口 | 2007 | 2 | 野生资源 |
| 1202 | 070228032 | 山蚂蝗属 | 大叶山蚂蝗 | *Desmodium gangeticum*（L.）DC. | | | 云南河口莲花滩 | 2007 | 2 | 野生资源 |
| 1203 | 070311007 | 山蚂蝗属 | 大叶山蚂蝗 | *Desmodium gangeticum*（L.）DC. | | | 贵州册亨城郊 | 2007 | 2 | 野生资源 |
| 1204 | 101118019 | 山蚂蝗属 | 大叶山蚂蝗 | *Desmodium gangeticum*（L.）DC. | | | 广西大新全茗 | 2010 | 2 | 野生资源 |
| 1205 | 101113009 | 山蚂蝗属 | 大叶山蚂蝗 | *Desmodium gangeticum*（L.）DC. | | | 广西龙州上降 | 2010 | 2 | 野生资源 |

（续）

| 序号 | 送种单位编号 | 属 名 | 种 名 | 学 名 | 品种名（原文名） | 材料来源 | 材料原产地 | 收种时间（年份） | 保存地点 | 类型 |
|---|---|---|---|---|---|---|---|---|---|---|
| 1206 | 101118025 | 山蚂蝗属 | 大叶山蚂蝗 | *Desmodium gangeticum*（L.）DC. | | | 广西大新堪圩 | 2010 | 2 | 野生资源 |
| 1207 | 101115020 | 山蚂蝗属 | 大叶山蚂蝗 | *Desmodium gangeticum*（L.）DC. | | | 广西大新硕龙 | 2010 | 2 | 野生资源 |
| 1208 | 101117008 | 山蚂蝗属 | 大叶山蚂蝗 | *Desmodium gangeticum*（L.）DC. | | | 广西大新下雷 | 2010 | 2 | 野生资源 |
| 1209 | 080113069 | 山蚂蝗属 | 大叶山蚂蝗 | *Desmodium gangeticum*（L.）DC. | | | 云南怒江州泸水六库镇 | 2008 | 2 | 野生资源 |
| 1210 | 080117044 | 山蚂蝗属 | 大叶山蚂蝗 | *Desmodium gangeticum*（L.）DC. | | | 云南怒江州福贡 | 2008 | 2 | 野生资源 |
| 1211 | 080112039 | 山蚂蝗属 | 大叶山蚂蝗 | *Desmodium gangeticum*（L.）DC. | | | 云南保山 | 2008 | 2 | 野生资源 |
| 1212 | 080113019 | 山蚂蝗属 | 大叶山蚂蝗 | *Desmodium gangeticum*（L.）DC. | | | 云南保山怒江坝 | 2008 | 2 | 野生资源 |
| 1213 | 110525001 | 山蚂蝗属 | 大叶山蚂蝗 | *Desmodium gangeticum*（L.）DC. | | | 自 I4001 地点 | 2011 | 2 | 野生资源 |
| 1214 | GX11120603 | 山蚂蝗属 | 大叶山蚂蝗 | *Desmodium gangeticum*（L.）DC. | | 广西牧草站 | | 2011 | 2 | 野生资源 |
| 1215 | HN1732 | 山蚂蝗属 | 假地豆 | *Desmodium heterocarpon*（L.）DC. | | | 广东梅县经口镇 | 2007 | 3 | 野生资源 |
| 1216 | hn2507 | 山蚂蝗属 | 假地豆 | *Desmodium heterocarpon*（L.）DC. | | | 广西河池东兰那合 | 2012 | 3 | 栽培资源 |
| 1217 | 060303008 | 山蚂蝗属 | 假地豆 | *Desmodium heterocarpon*（L.）DC. | | | 海南琼中 | 2006 | 2 | 野生资源 |
| 1218 | 060401047 | 山蚂蝗属 | 假地豆 | *Desmodium heterocarpon*（L.）DC. | | | 云南思茅 | 2006 | 2 | 野生资源 |
| 1219 | 070302002 | 山蚂蝗属 | 假地豆 | *Desmodium heterocarpon*（L.）DC. | | | 云南屏边白河田 | 2007 | 2 | 野生资源 |
| 1220 | 070311010 | 山蚂蝗属 | 假地豆 | *Desmodium heterocarpon*（L.）DC. | | | 贵州册亨城郊 | 2007 | 2 | 野生资源 |
| 1221 | 041104057 | 山蚂蝗属 | 假地豆 | *Desmodium heterocarpon*（L.）DC. | | | 海南白沙高山 | 2004 | 2 | 野生资源 |
| 1222 | 070118042 | 山蚂蝗属 | 假地豆 | *Desmodium heterocarpon*（L.）DC. | | | 广东惠州博罗 | 2007 | 2 | 野生资源 |
| 1223 | 070117090 | 山蚂蝗属 | 假地豆 | *Desmodium heterocarpon*（L.）DC. | | | 广东龙川 | 2007 | 2 | 野生资源 |
| 1224 | 070320011 | 山蚂蝗属 | 假地豆 | *Desmodium heterocarpon*（L.）DC. | | | 广西博白 | 2007 | 2 | 野生资源 |
| 1225 | 070313002 | 山蚂蝗属 | 假地豆 | *Desmodium heterocarpon*（L.）DC. | | | 云南德宏潞西 | 2007 | 2 | 野生资源 |
| 1226 | 071209003 | 山蚂蝗属 | 假地豆 | *Desmodium heterocarpon*（L.）DC. | | | 江西彭泽庐山冲 | 2007 | 2 | 野生资源 |
| 1227 | CIAT3787 | 山蚂蝗属 | 假地豆 | *Desmodium heterocarpon*（L.）DC. | | CIAT | | 2003 | 2 | 引进资源 |
| 1228 | 120917007 | 山蚂蝗属 | 糙毛假地豆 | *Desmodium heterocarpon*（L.）DC. var. *strigosum* van Meeuwen | | | 广西钦州钦北大垌镇 | 2012 | 2 | 野生资源 |

（续）

| 序号 | 送种单位编号 | 属 名 | 种 名 | 学 名 | 品种名（原文名） | 材料来源 | 材料原产地 | 收种时间（年份） | 保存地点 | 类型 |
|---|---|---|---|---|---|---|---|---|---|---|
| 1229 | hn2434 | 山蚂蝗属 | 糙毛假地豆 | *Desmodium heterocarpon*（L.）DC. var. *strigosum* van Meeuwen | | | 广西钦州钦北大垌镇 | 2012 | 3 | 野生资源 |
| 1230 | 071221050 | 山蚂蝗属 | 糙毛假地豆 | *Desmodium heterocarpon*（L.）DC. var. *strigosum* van Meeuwen | | | 福建南靖 | 2007 | 2 | 野生资源 |
| 1231 | 071221027 | 山蚂蝗属 | 糙毛假地豆 | *Desmodium heterocarpon*（L.）DC. var. *strigosum* van Meeuwen | | | 福建平和 | 2007 | 2 | 野生资源 |
| 1232 | HN1283 | 山蚂蝗属 | 异叶山蚂蝗 | *Desmodium heterophyllum*（Willd.）DC. | | | 海南三亚天涯海角 | 2007 | 3 | 野生资源 |
| 1233 | 060326043 | 山蚂蝗属 | 小叶三点金 | *Desmodium microphyllum*（Thunb.）DC. | | | 云南思茅 | 2006 | 2 | 野生资源 |
| 1234 | HN1072 | 山蚂蝗属 | 卵叶山蚂蝗 | *Desmodium ovalifolium* Wall. | CIAT13120 | CIAT | | 2016 | 3 | 引进资源 |
| 1235 | HN309 | 山蚂蝗属 | 卵叶山蚂蝗 | *Desmodium ovalifolium* Wall. | | CIAT | | 2003 | 3 | 引进资源 |
| 1236 | CIAT13397 | 山蚂蝗属 | 卵叶山蚂蝗 | *Desmodium ovalifolium* Wall. | | CIAT | | 2003 | 2 | 引进资源 |
| 1237 | CIATOLD | 山蚂蝗属 | 卵叶山蚂蝗 | *Desmodium ovalifolium* Wall. | | CIAT | | 2003 | 2 | 引进资源 |
| 1238 | 040822027 | 山蚂蝗属 | 卵叶山蚂蝗 | *Desmodium ovalifolium* Wall. | | | 海南白沙细水牧场 | 2004 | 2 | 引进资源 |
| 1239 | CIAT13107 | 山蚂蝗属 | 卵叶山蚂蝗 | *Desmodium ovalifolium* Wall. | CIAT 13107 | CIAT | | 2003 | 2 | 引进资源 |
| 1240 | CIAT13082 | 山蚂蝗属 | 卵叶山蚂蝗 | *Desmodium ovalifolium* Wall. | CIAT 13082 | CIAT | | 2003 | 2 | 引进资源 |
| 1241 | CIAT13108 | 山蚂蝗属 | 卵叶山蚂蝗 | *Desmodium ovalifolium* Wall. | CIAT 13108 | CIAT | | 2003 | 2 | 引进资源 |
| 1242 | CIAT13110 | 山蚂蝗属 | 卵叶山蚂蝗 | *Desmodium ovalifolium* Wall. | CIAT 13110 | CIAT | | 2003 | 2 | 引进资源 |
| 1243 | CIAT13117 | 山蚂蝗属 | 卵叶山蚂蝗 | *Desmodium ovalifolium* Wall. | CIAT 13117 | CIAT | | 2003 | 2 | 引进资源 |
| 1244 | CIAT350 | 山蚂蝗属 | 卵叶山蚂蝗 | *Desmodium ovalifolium* Wall. | CIAT 350 | CIAT | | 2003 | 2 | 引进资源 |
| 1245 | CIAT3666 | 山蚂蝗属 | 卵叶山蚂蝗 | *Desmodium ovalifolium* Wall. | CIAT 3666 | CIAT | | 2003 | 2 | 引进资源 |
| 1246 | CIAT3784 | 山蚂蝗属 | 卵叶山蚂蝗 | *Desmodium ovalifolium* Wall. | CIAT 3784 | CIAT | | 2003 | 2 | 引进资源 |
| 1247 | CIAT13083 | 山蚂蝗属 | 卵叶山蚂蝗 | *Desmodium ovalifolium* Wall. | CIAT13083 | CIAT | | 2003 | 2 | 引进资源 |
| 1248 | CIAT13087 | 山蚂蝗属 | 卵叶山蚂蝗 | *Desmodium ovalifolium* Wall. | CIAT13087 | CIAT | | 2003 | 2 | 引进资源 |
| 1249 | CIAT13089 | 山蚂蝗属 | 卵叶山蚂蝗 | *Desmodium ovalifolium* Wall. | CIAT13089 | CIAT | | 2003 | 2 | 引进资源 |
| 1250 | CIAT13100 | 山蚂蝗属 | 卵叶山蚂蝗 | *Desmodium ovalifolium* Wall. | | CIAT | | 2003 | 2 | 引进资源 |

（续）

| 序号 | 送种单位编号 | 属名 | 种名 | 学名 | 品种名（原文名） | 材料来源 | 材料原产地 | 收种时间（年份） | 保存地点 | 类型 |
|---|---|---|---|---|---|---|---|---|---|---|
| 1251 | CIAT13111 | 山蚂蝗属 | 卵叶山蚂蝗 | *Desmodium ovalifolium* Wall. | CIAT13111 | CIAT | | 2003 | 2 | 引进资源 |
| 1252 | CIAT13114 | 山蚂蝗属 | 卵叶山蚂蝗 | *Desmodium ovalifolium* Wall. | CIAT13114 | CIAT | | 2003 | 2 | 引进资源 |
| 1253 | CIAT13120 | 山蚂蝗属 | 卵叶山蚂蝗 | *Desmodium ovalifolium* Wall. | CIAT13120 | CIAT | | 2003 | 2 | 引进资源 |
| 1254 | CIAT13128 | 山蚂蝗属 | 卵叶山蚂蝗 | *Desmodium ovalifolium* Wall. | CIAT13128 | CIAT | | 2003 | 2 | 引进资源 |
| 1255 | CIAT13289 | 山蚂蝗属 | 卵叶山蚂蝗 | *Desmodium ovalifolium* Wall. | CIAT13289 | CIAT | | 2003 | 2 | 引进资源 |
| 1256 | CIAT13305 | 山蚂蝗属 | 卵叶山蚂蝗 | *Desmodium ovalifolium* Wall. | CIAT13305 | CIAT | | 2003 | 2 | 引进资源 |
| 1257 | CIAT13307 | 山蚂蝗属 | 卵叶山蚂蝗 | *Desmodium ovalifolium* Wall. | CIAT13307 | CIAT | | 2003 | 2 | 引进资源 |
| 1258 | CIAT13370 | 山蚂蝗属 | 卵叶山蚂蝗 | *Desmodium ovalifolium* Wall. | CIAT13370 | CIAT | | 2003 | 2 | 引进资源 |
| 1259 | CIAT13371 | 山蚂蝗属 | 卵叶山蚂蝗 | *Desmodium ovalifolium* Wall. | CIAT13371 | CIAT | | 2003 | 2 | 引进资源 |
| 1260 | CIAT13646 | 山蚂蝗属 | 卵叶山蚂蝗 | *Desmodium ovalifolium* Wall. | CIAT13646 | CIAT | | 2003 | 2 | 引进资源 |
| 1261 | CIAT13647 | 山蚂蝗属 | 卵叶山蚂蝗 | *Desmodium ovalifolium* Wall. | CIAT13647 | CIAT | | 2003 | 2 | 引进资源 |
| 1262 | CIAT3666Exp-43/81 | 山蚂蝗属 | 卵叶山蚂蝗 | *Desmodium ovalifolium* Wall. | CIAT3666 Exp-43/81 | CIAT | | 2003 | 2 | 引进资源 |
| 1263 | CIAT13649 | 山蚂蝗属 | 卵叶山蚂蝗 | *Desmodium ovalifolium* Wall. | CIAT3787 | CIAT | | 2003 | 2 | 引进资源 |
| 1264 | CIAT3788 | 山蚂蝗属 | 卵叶山蚂蝗 | *Desmodium ovalifolium* Wall. | CIAT3788 | CIAT | | 2003 | 2 | 引进资源 |
| 1265 | 061220001 | 山蚂蝗属 | 肾叶山蚂蝗 | *Desmodium renifolium*（L.）Schindl. | | | 海南乐东千家镇响水 | 2006 | 2 | 野生资源 |
| 1266 | HN1309 | 山蚂蝗属 | 度尼山蚂蝗 | *Desmodium rensonii* Flemingiacongesta（Malabalatong） | | CIAT | | 2016 | 3 | 引进资源 |
| 1267 | CIAT | 山蚂蝗属 | 度尼山蚂蝗 | *Desmodium rensonii* Flemingiacongesta（Malabalatong） | | CIAT | | 2003 | 2 | 引进资源 |
| 1268 | CIAT | 山蚂蝗属 | 度尼山蚂蝗 | *Desmodium rensonii* Flemingiacongesta（Malabalatong） | | CIAT | | 2003 | 2 | 引进资源 |
| 1269 | 060305022 | 山蚂蝗属 | 度尼山蚂蝗 | *Desmodium rensonii* Flemingiacongesta（Malabalatong） | | | 海南白沙牙叉农场 | 2006 | 2 | 野生资源 |
| 1270 | 081015001 | 山蚂蝗属 | 度尼山蚂蝗 | *Desmodium rensonii* Flemingiacongesta（Malabalatong） | | | 海南五指山 | 2008 | 2 | 野生资源 |

（续）

| 序号 | 送种单位编号 | 属 名 | 种 名 | 学 名 | 品种名（原文名） | 材料来源 | 材料原产地 | 收种时间（年份） | 保存地点 | 类型 |
|------|------|------|------|------|------|------|------|------|------|------|
| 1271 | CIAT46562 | 山蚂蝗属 | 度尼山蚂蝗 | *Desmodium rensonii* Flemingiacongesta (Malabalatong) | | CIAT | | 2003 | 2 | 引进资源 |
| 1272 | 140401006 | 山蚂蝗属 | 度尼山蚂蝗 | *Desmodium rensonii* Flemingiacongesta (Malabalatong) | | | 广东惠州博罗 | 2014 | 2 | 野生资源 |
| 1273 | CIAT46562 | 山蚂蝗属 | 度尼山蚂蝗 | *Desmodium rensonii* Flemingiacongesta (Malabalatong) | | CIAT | | 2003 | 2 | 引进资源 |
| 1274 | 061228080 | 山蚂蝗属 | 显脉山绿豆 | *Desmodium reticulatum* Champ. ex Benth | | | 广西龙州武德 | 2006 | 2 | 野生资源 |
| 1275 | HN1733 | 山蚂蝗属 | 赤山蚂蝗 | *Desmodium rubrum*（Lour.）DC. | | | 云南河口 | 2007 | 3 | 野生资源 |
| 1276 | 060203045 | 山蚂蝗属 | 赤山蚂蝗 | *Desmodium rubrum*（Lour.）DC. | | | 海南文昌文教头 | 2006 | 2 | 野生资源 |
| 1277 | E190 | 山蚂蝗属 | 长波叶山蚂蝗 | *Desmodium sequax* Wall. | | 湖北畜牧所 | | 2002 | 3 | 野生资源 |
| 1278 | HN1596 | 山蚂蝗属 | 长波叶山蚂蝗 | *Desmodium sequax* Wall. | | | 广西田林旧州镇 | 2005 | 3 | 野生资源 |
| 1279 | HN2011-1863 | 山蚂蝗属 | 长波叶山蚂蝗 | *Desmodium sequax* Wall. | | | 云南思茅 | 2006 | 3 | 野生资源 |
| 1280 | HN2011-1864 | 山蚂蝗属 | 长波叶山蚂蝗 | *Desmodium sequax* Wall. | | | 云南思茅 | 2006 | 3 | 野生资源 |
| 1281 | HN2011-1869 | 山蚂蝗属 | 长波叶山蚂蝗 | *Desmodium sequax* Wall. | | | 云南西畴 | 2007 | 3 | 野生资源 |
| 1282 | HN2011-1875 | 山蚂蝗属 | 长波叶山蚂蝗 | *Desmodium sequax* Wall. | | | 云南腾冲清水 | 2005 | 3 | 野生资源 |
| 1283 | HN2011-2019 | 山蚂蝗属 | 长波叶山蚂蝗 | *Desmodium sequax* Wall. | | | 广西龙州 | 2010 | 3 | 野生资源 |
| 1284 | 060324018 | 山蚂蝗属 | 长波叶山蚂蝗 | *Desmodium sequax* Wall. | | | 云南思茅 | 2006 | 2 | 野生资源 |
| 1285 | 060402010 | 山蚂蝗属 | 长波叶山蚂蝗 | *Desmodium sequax* Wall. | | | 云南思茅 | 2006 | 2 | 野生资源 |
| 1286 | 070305010 | 山蚂蝗属 | 长波叶山蚂蝗 | *Desmodium sequax* Wall. | | | 云南西畴 | 2007 | 2 | 野生资源 |
| 1287 | 070311009 | 山蚂蝗属 | 长波叶山蚂蝗 | *Desmodium sequax* Wall. | | | 贵州册亨 | 2007 | 2 | 野生资源 |
| 1288 | 080111029 | 山蚂蝗属 | 长波叶山蚂蝗 | *Desmodium sequax* Wall. | | | 云南保山 | 2008 | 2 | 野生资源 |
| 1289 | 150918005 | 山蚂蝗属 | 南美山蚂蝗 | *Desmodium tortuosum*（Sw.）DC. | | | 海南儋州宝岛 | 2015 | 2 | 野生资源 |
| 1290 | HN2011-1857 | 山蚂蝗属 | 银叶山蚂蝗 | *Desmodium uncinatum*（Jacq.）Candolle | | | 广西崇左龙州 | 2010 | 3 | 野生资源 |
| 1291 | hn2513 | 山蚂蝗属 | 绒毛山蚂蝗 | *Desmodium velutinum*（Willd.）DC. | | | 福建龙岩永安 | 2012 | 3 | 野生资源 |
| 1292 | HN1308 | 山蚂蝗属 | 绒毛山蚂蝗 | *Desmodium velutinum*（Willd.）DC. | | | 海南白沙细水牧场 | 2005 | 3 | 野生资源 |

（续）

| 序号 | 送种单位编号 | 属名 | 种名 | 学名 | 品种名（原文名） | 材料来源 | 材料原产地 | 收种时间（年份） | 保存地点 | 类型 |
|---|---|---|---|---|---|---|---|---|---|---|
| 1293 | HN1566 | 山蚂蝗属 | 绒毛山蚂蝗 | *Desmodium velutinum*（Willd.）DC. | | | 云南德宏盈江新城镇 | 2005 | 3 | 野生资源 |
| 1294 | HN1568 | 山蚂蝗属 | 绒毛山蚂蝗 | *Desmodium velutinum*（Willd.）DC. | | | 海南白沙细水牧场 | 2004 | 3 | 野生资源 |
| 1295 | HN235 | 山蚂蝗属 | 绒毛山蚂蝗 | *Desmodium velutinum*（Willd.）DC. | | | 海南儋州雅星 | 2003 | 3 | 野生资源 |
| 1296 | hn2798 | 山蚂蝗属 | 绒毛山蚂蝗 | *Desmodium velutinum*（Willd.）DC. | | | 云南勐海 | 2005 | 3 | 野生资源 |
| 1297 | hn2799 | 山蚂蝗属 | 绒毛山蚂蝗 | *Desmodium velutinum*（Willd.）DC. | | | 海南儋州两院 | 2006 | 3 | 野生资源 |
| 1298 | 060201013 | 山蚂蝗属 | 绒毛山蚂蝗 | *Desmodium velutinum*（Willd.）DC. | | | 海南陵水本号镇 | 2006 | 2 | 野生资源 |
| 1299 | 050227325B | 山蚂蝗属 | 绒毛山蚂蝗 | *Desmodium velutinum*（Willd.）DC. | | | 云南勐海勐遮乡 | 2005 | 2 | 野生资源 |
| 1300 | GX131116004 | 山蚂蝗属 | 绒毛山蚂蝗 | *Desmodium velutinum*（Willd.）DC. | | 广西牧草站 | | 2013 | 2 | 野生资源 |
| 1301 | 050101004 | 山蚂蝗属 | 绒毛山蚂蝗 | *Desmodium velutinum*（Willd.）DC. | | | 海南白沙元门新村大坝 | 2005 | 2 | 野生资源 |
| 1302 | 060116028 | 山蚂蝗属 | 绒毛山蚂蝗 | *Desmodium velutinum*（Willd.）DC. | | | 海南儋州两院 | 2006 | 2 | 野生资源 |
| 1303 | 061220003 | 山蚂蝗属 | 绒毛山蚂蝗 | *Desmodium velutinum*（Willd.）DC. | | | 海南乐东千家响水镇 | 2006 | 2 | 野生资源 |
| 1304 | 060130017 | 山蚂蝗属 | 绒毛山蚂蝗 | *Desmodium velutinum*（Willd.）DC. | | | 海南乐东尖峰岭 | 2006 | 2 | 野生资源 |
| 1305 | GX11122003 | 山蚂蝗属 | 绒毛山蚂蝗 | *Desmodium velutinum*（Willd.）DC. | | 广西牧草站 | | 2011 | 2 | 野生资源 |
| 1306 | 041130003 | 山蚂蝗属 | 绒毛山蚂蝗 | *Desmodium velutinum*（Willd.）DC. | | | 海南两院六队天堂村 | 2004 | 2 | 野生资源 |
| 1307 | 060131017 | 山蚂蝗属 | 绒毛山蚂蝗 | *Desmodium velutinum*（Willd.）DC. | | | 海南三亚崖城 | 2006 | 2 | 野生资源 |
| 1308 | 060210013 | 山蚂蝗属 | 绒毛山蚂蝗 | *Desmodium velutinum*（Willd.）DC. | | | 海南儋州两院 | 2006 | 2 | 野生资源 |
| 1309 | 150528006 | 山蚂蝗属 | 绒毛山蚂蝗 | *Desmodium velutinum*（Willd.）DC. | | | 刚果 | 2015 | 2 | 引进资源 |
| 1310 | 060424012 | 山蚂蝗属 | 云南山蚂蝗 | *Desmodium yunnanense* Franch | | | 广西梧州 | 2006 | 2 | 野生资源 |
| 1311 | E828 | 山黑豆属 | 山黑豆 | *Dumasia truncata* Sieb. et Zucc | | | 湖北神农架 | 2006 | 3 | 野生资源 |
| 1312 | HB2009-362 | 山黑豆属 | 山黑豆 | *Dumasia truncata* Sieb. et Zucc | | | 湖北神农架松柏镇 | 2009 | 3 | 野生资源 |
| 1313 | 101111008 | 野扁豆属 | 白背野扁豆 | *Dunbaria incana*（Zoll. et Moritzi）Maesen | | | 广西宁明下店 | 2010 | 2 | 野生资源 |
| 1314 | 061005009 | 野扁豆属 | 白背野扁豆 | *Dunbaria incana*（Zoll. et Moritzi）Maesen | | | 海南东风抱板镇 | 2006 | 2 | 野生资源 |
| 1315 | 060227020 | 野扁豆属 | 白背野扁豆 | *Dunbaria incana*（Zoll. et Moritzi）Maesen | | | 云南勐海打洛镇 | 2006 | 2 | 野生资源 |
| 1316 | 061004025 | 野扁豆属 | 白背野扁豆 | *Dunbaria incana*（Zoll. et Moritzi）Maesen | | | 海南乐东保国胶园 | 2006 | 2 | 野生资源 |

（续）

| 序号 | 送种单位编号 | 属 名 | 种 名 | 学 名 | 品种名（原文名） | 材料来源 | 材料原产地 | 收种时间（年份） | 保存地点 | 类型 |
|---|---|---|---|---|---|---|---|---|---|---|
| 1317 | 061118029 | 野扁豆属 | 白背野扁豆 | *Dunbaria incana*（Zoll. et Moritzi）Maesen | | | 海南儋州海头 | 2006 | 2 | 野生资源 |
| 1318 | 061014012 | 野扁豆属 | 白背野扁豆 | *Dunbaria incana*（Zoll. et Moritzi）Maesen | | | 海南儋州大成 | 2006 | 2 | 野生资源 |
| 1319 | 060227004 | 野扁豆属 | 白背野扁豆 | *Dunbaria incana*（Zoll. et Moritzi）Maesen | | | 海南儋州大成 | 2006 | 2 | 野生资源 |
| 1320 | 060330038 | 野扁豆属 | 黄毛野扁豆 | *Dunbaria fusca*（Wall.）Kurz | | | 云南景洪勐腊 | 2006 | 2 | 野生资源 |
| 1321 | 060330055 | 野扁豆属 | 黄毛野扁豆 | *Dunbaria fusca*（Wall.）Kurz | | | 云南景洪勐腊 | 2006 | 2 | 野生资源 |
| 1322 | 060307005 | 野扁豆属 | 黄毛野扁豆 | *Dunbaria fusca*（Wall.）Kurz | | | 海南五指山南圣镇 | 2006 | 2 | 野生资源 |
| 1323 | 121031003 | 野扁豆属 | 长柄野扁豆 | *Dunbaria podocarpa* Kurz | | | 广西桂林蒙山 | 2012 | 2 | 野生资源 |
| 1324 | GX131121003 | 野扁豆属 | 圆叶野扁豆 | *Dunbaria rotundifolia*（Lour.）Merr. | | 广西牧草站 | | 2013 | 2 | 野生资源 |
| 1325 | 081210005 | 野扁豆属 | 柄腺野扁豆 | *Dunbraria scortechinii* Prain ex King | | | 广东雷州 | 2008 | 2 | 野生资源 |
| 1326 | 070112004 | 刺桐属 | 刺桐 | *Erythrina variegata* L. | | 福建甘蔗所 | | 2007 | 2 | 野生资源 |
| 1327 | 060402021 | 千斤拔属 | 锈毛千斤拔 | *Flemingia ferruginea*（Wall. ex Benth.）H. L. Li | | | 云南思茅 | 2006 | 2 | 野生资源 |
| 1328 | 060305006 | 千斤拔属 | 锈毛千斤拔 | *Flemingia ferruginea*（Wall. ex Benth.）H. L. Li | | | 海南白沙天堂 | 2006 | 2 | 野生资源 |
| 1329 | 060319033 | 千斤拔属 | 锈毛千斤拔 | *Flemingia ferruginea*（Wall. ex Benth.）H. L. Li | | | 海南临高多文 | 2006 | 2 | 野生资源 |
| 1330 | 060306003 | 千斤拔属 | 锈毛千斤拔 | *Flemingia ferruginea*（Wall. ex Benth.）H. L. Li | | | 海南白沙青年农场 | 2006 | 2 | 野生资源 |
| 1331 | 060327001 | 千斤拔属 | 锈毛千斤拔 | *Flemingia ferruginea*（Wall. ex Benth.）H. L. Li | | | 云南临沧大寨 | 2006 | 2 | 野生资源 |
| 1332 | 060327009 | 千斤拔属 | 锈毛千斤拔 | *Flemingia ferruginea*（Wall. ex Benth.）H. L. Li | | | 云南思茅江城 | 2006 | 2 | 野生资源 |
| 1333 | 060401006 | 千斤拔属 | 锈毛千斤拔 | *Flemingia ferruginea*（Wall. ex Benth.）H. L. Li | | | 云南景洪 | 2006 | 2 | 野生资源 |
| 1334 | 060227001 | 千斤拔属 | 锈毛千斤拔 | *Flemingia ferruginea*（Wall. ex Benth.）H. L. Li | | | 海南儋州大成 | 2006 | 2 | 野生资源 |

（续）

| 序号 | 送种单位编号 | 属 名 | 种 名 | 学 名 | 品种名（原文名） | 材料来源 | 材料原产地 | 收种时间（年份） | 保存地点 | 类型 |
|---|---|---|---|---|---|---|---|---|---|---|
| 1335 | 060308014 | 千斤拔属 | 锈毛千斤拔 | *Flemingia ferruginea*（Wall. ex Benth.）H. L. Li | | | 海南五指山毛祥 | 2006 | 2 | 野生资源 |
| 1336 | 060301010 | 千斤拔属 | 锈毛千斤拔 | *Flemingia ferruginea*（Wall. ex Benth.）H. L. Li | | | 海南乐东保显农场 | 2006 | 2 | 野生资源 |
| 1337 | 060329017 | 千斤拔属 | 锈毛千斤拔 | *Flemingia ferruginea*（Wall. ex Benth.）H. L. Li | | | 云南江城老挝边界 | 2006 | 2 | 野生资源 |
| 1338 | 060325031 | 千斤拔属 | 锈毛千斤拔 | *Flemingia ferruginea*（Wall. ex Benth.）H. L. Li | | | 云南思茅 | 2006 | 2 | 野生资源 |
| 1339 | 060303013 | 千斤拔属 | 锈毛千斤拔 | *Flemingia ferruginea*（Wall. ex Benth.）H. L. Li | | | 海南乌石农场 | 2006 | 2 | 野生资源 |
| 1340 | 060302019 | 千斤拔属 | 锈毛千斤拔 | *Flemingia ferruginea*（Wall. ex Benth.）H. L. Li | | | 海南乐东戒毒所 | 2006 | 2 | 野生资源 |
| 1341 | 060218001 | 千斤拔属 | 锈毛千斤拔 | *Flemingia ferruginea*（Wall. ex Benth.）H. L. Li | | | 海南白沙牙叉农场 | 2006 | 2 | 野生资源 |
| 1342 | hn2856 | 千斤拔属 | 大叶千斤拔 | *Flemingia macrophylla*（Willd.）Prain | | | 海南白沙元门大坝 | 2006 | 3 | 野生资源 |
| 1343 | 091020001 | 千斤拔属 | 大叶千斤拔 | *Flemingia macrophylla*（Willd.）Prain | | | 越南 | 2009 | 2 | 引进资源 |
| 1344 | 090311001 | 千斤拔属 | 大叶千斤拔 | *Flemingia macrophylla*（Willd.）Prain | | | 越南 | 2009 | 2 | 引进资源 |
| 1345 | 101108004 | 千斤拔属 | 大叶千斤拔 | *Flemingia macrophylla*（Willd.）Prain | | | 云南思茅 | 2010 | 2 | 野生资源 |
| 1346 | 101111012 | 千斤拔属 | 千斤拔 | *Flemingia prostrata* C. Y. Wu | | | 广西宁明下店镇 | 2010 | 2 | 野生资源 |
| 1347 | GX131204007 | 千斤拔属 | 千斤拔 | *Flemingia prostrata* C. Y. Wu | | 广西牧草站 | | 2013 | 2 | 野生资源 |
| 1348 | 070515001 | 千斤拔属 | 千斤拔 | *Flemingia prostrata* C. Y. Wu | | 江苏农科院 | | 2007 | 2 | 野生资源 |
| 1349 | 060326021 | 千斤拔属 | 千斤拔 | *Flemingia prostrata* C. Y. Wu | | | 云南思茅 | 2006 | 2 | 野生资源 |
| 1350 | 060330019 | 千斤拔属 | 千斤拔 | *Flemingia prostrata* C. Y. Wu | | | 云南思茅江城 | 2006 | 2 | 野生资源 |
| 1351 | 060326037 | 千斤拔属 | 千斤拔 | *Flemingia prostrata* C. Y. Wu | | | 云南思茅 | 2006 | 2 | 野生资源 |

（续）

| 序号 | 送种单位编号 | 属 名 | 种 名 | 学 名 | 品种名（原文名） | 材料来源 | 材料原产地 | 收种时间（年份） | 保存地点 | 类型 |
|---|---|---|---|---|---|---|---|---|---|---|
| 1352 | 060325014 | 千斤拔属 | 千斤拔 | *Flemingia prostrata* C. Y. Wu | | | 云南思茅 | 2006 | 2 | 野生资源 |
| 1353 | 060326001 | 千斤拔属 | 千斤拔 | *Flemingia prostrata* C. Y. Wu | | | 云南思茅茶园 | 2006 | 2 | 野生资源 |
| 1354 | 080112008 | 千斤拔属 | 千斤拔 | *Flemingia prostrata* C. Y. Wu | | | 广西宁明下店镇 | 2008 | 2 | 野生资源 |
| 1355 | hn2884 | 乳豆属 | 乳豆 | *Galactia tenuiflora*（Klein ex Willd.）Wight et Arn. | | | 海南三亚大小洞天 | 2006 | 3 | 野生资源 |
| 1356 | hn2886 | 乳豆属 | 乳豆 | *Galactia tenuiflora*（Klein ex Willd.）Wight et Arn. | | | 海南儋州海头镇 | 2006 | 3 | 野生资源 |
| 1357 | 041130124-1 | 乳豆属 | 乳豆 | *Galactia tenuiflora*（Klein ex Willd.）Wight et Arn. | | | 海南东方保国农场 | 2004 | 2 | 野生资源 |
| 1358 | 051211086 | 乳豆属 | 乳豆 | *Galactia tenuiflora*（Klein ex Willd.）Wight et Arn. | | | 海南乐东梅山镇 | 2005 | 2 | 野生资源 |
| 1359 | HN834 | 乳豆属 | 乳豆 | *Galactia tenuiflora*（Klein ex Willd.）Wight et Arn. | | | 海南三亚天涯 | 2002 | 3 | 野生资源 |
| 1360 | 040624055 | 乳豆属 | 乳豆 | *Galactia tenuiflora*（Klein ex Willd.）Wight et Arn | | | 江西彭泽 | 2004 | 2 | 野生资源 |
| 1361 | 061204009 | 乳豆属 | 乳豆 | *Galactia tenuiflora*（Klein ex Willd.）Wight et Arn | | | 广西贵港港南 | 2006 | 2 | 野生资源 |
| 1362 | 041130024A | 乳豆属 | 乳豆 | *Galactia tenuiflora*（Klein ex Willd.）Wight et Arn | | | 海南昌江太坡镇 | 2004 | 2 | 野生资源 |
| 1363 | ZXY06P-1619 | 山羊豆属 | 山羊豆 | *Galega officinalis* L. | | 俄罗斯 | | 2010 | 3 | 引进资源 |
| 1364 | ZXY06P-2061 | 山羊豆属 | 山羊豆 | *Galega officinalis* L. | | 俄罗斯 | | 2010 | 3 | 引进资源 |
| 1365 | ZXY06P-2116 | 山羊豆属 | 山羊豆 | *Galega officinalis* L. | | 俄罗斯 | | 2010 | 3 | 引进资源 |
| 1366 | ZXY06P-2657 | 山羊豆属 | 东方山羊豆 | *Galega orientalis* Lam. | | 俄罗斯 | | 2016 | 3 | 引进资源 |
| 1367 | JL14-135 | 皂荚属 | 山皂荚 | *Gleditsia japonica* Miq. | | | 辽宁沈阳 | 2013 | 3 | 栽培资源 |
| 1368 | JL10-088 | 皂荚属 | 山皂荚 | *Gleditsia japonica* Miq. | | | 吉林吉林永吉口前镇 | 2009 | 3 | 野生资源 |

（续）

| 序号 | 送种单位编号 | 属 名 | 种 名 | 学 名 | 品种名（原文名） | 材料来源 | 材料原产地 | 收种时间（年份） | 保存地点 | 类型 |
|---|---|---|---|---|---|---|---|---|---|---|
| 1369 | HB2015145 | 皂荚属 | 野皂荚 | *Gleditsia microphylla* Gordon ex Y. T. Lee | | | 河南鹤壁浚县 | 2015 | 3 | 野生资源 |
| 1370 | JS2014-143 | 皂荚属 | 野皂荚 | *Gleditsia microphylla* Gordon ex Y. T. Lee | | | 江苏盐城盐都 | 2015 | 3 | 野生资源 |
| 1371 | GS1460 | 大豆属 | 大豆 | *Glycine max* (L.) Merr. | | 宁夏盐池 | | 2007 | 3 | 栽培资源 |
| 1372 | GS1461 | 大豆属 | 大豆 | *Glycine max* (L.) Merr. | 大黑豆 | 宁夏盐池 | | 2007 | 3 | 栽培资源 |
| 1373 | GS2477 | 大豆属 | 大豆 | *Glycine max* (L.) Merr. | | | 宁夏中宁 | 2010 | 3 | 栽培资源 |
| 1374 | GS4943 | 大豆属 | 大豆 | *Glycine max* (L.) Merr. | | | 甘肃古浪西靖 | 2015 | 3 | 野生资源 |
| 1375 | GS582 | 大豆属 | 大豆 | *Glycine max* (L.) Merr. | | 宁夏盐池 | | 2004 | 3 | 栽培资源 |
| 1376 | HB2011-022 | 大豆属 | 大豆 | *Glycine max* (L.) Merr. | | 湖北农科院畜牧所 | | 2016 | 3 | 野生资源 |
| 1377 | HN798 | 大豆属 | 大豆 | *Glycine max* (L.) Merr. | | 吉林大学 | | 2004 | 3 | 野生资源 |
| 1378 | HN799 | 大豆属 | 大豆 | *Glycine max* (L.) Merr. | | 吉林大学 | | 2004 | 3 | 野生资源 |
| 1379 | HN800 | 大豆属 | 大豆 | *Glycine max* (L.) Merr. | | 吉林大学 | | 2004 | 3 | 野生资源 |
| 1380 | HN801 | 大豆属 | 大豆 | *Glycine max* (L.) Merr. | | 吉林大学 | | 2004 | 3 | 野生资源 |
| 1381 | HN802 | 大豆属 | 大豆 | *Glycine max* (L.) Merr. | | 吉林大学 | | 2004 | 3 | 野生资源 |
| 1382 | HN803 | 大豆属 | 大豆 | *Glycine max* (L.) Merr. | | 吉林大学 | | 2004 | 3 | 野生资源 |
| 1383 | HN804 | 大豆属 | 大豆 | *Glycine max* (L.) Merr. | | 吉林大学 | 巴西 | 2004 | 3 | 引进资源 |
| 1384 | JS2005-20 | 大豆属 | 大豆 | *Glycine max* (L.) Merr. | 新港大黑豆 | 江苏 | | 2005 | 3 | 栽培资源 |
| 1385 | SC2010-009 | 大豆属 | 大豆 | *Glycine max* (L.) Merr. | | | 四川雷波 | 2009 | 3 | 栽培资源 |
| 1386 | YN2012-069 | 大豆属 | 大豆 | *Glycine max* (L.) Merr. | | 云南省姚安县 | 云南姚安 | 2011 | 3 | 栽培资源 |
| 1387 | YN2014-146 | 大豆属 | 大豆 | *Glycine max* (L.) Merr. | | | 云南昆明 | 2014 | 3 | 野生资源 |
| 1388 | 康奈尔(cornel) | 大豆属 | 大豆 | *Glycine max* (L.) Merr. | | 美国康奈尔大学 | | 2003 | 2 | 引进资源 |
| 1389 | FJ黄豆 | 大豆属 | 大豆 | *Glycine max* (L.) Merr. | | 福建农科院 | | 2009 | 2 | 栽培资源 |
| 1390 | 070311002B | 大豆属 | 大豆 | *Glycine max* (L.) Merr. | | | 贵州册亨城郊 | 2007 | 2 | 野生资源 |
| 1391 | 南01973 | 大豆属 | 大豆 | *Glycine max* (L.) Merr. | | | 海南南繁基地 | 2001 | 2 | 野生资源 |
| 1392 | sau2005047 | 大豆属 | 大豆 | *Glycine max* (L.) Merr. | | 四川农业大学 | 四川大邑 | 2005 | 1 | 栽培资源 |

（续）

| 序号 | 送种单位编号 | 属名 | 种名 | 学名 | 品种名（原文名） | 材料来源 | 材料原产地 | 收种时间（年份） | 保存地点 | 类型 |
|---|---|---|---|---|---|---|---|---|---|---|
| 1393 | sau2005048 | 大豆属 | 大豆 | *Glycine max*（L.）Merr. | | 四川农业大学 | 四川大邑 | 2005 | 1 | 栽培资源 |
| 1394 | sau2005049 | 大豆属 | 大豆 | *Glycine max*（L.）Merr. | | 四川农业大学 | 四川都江堰 | 2005 | 1 | 栽培资源 |
| 1395 | sau2005050 | 大豆属 | 大豆 | *Glycine max*（L.）Merr. | | 四川农业大学 | 四川崇州 | 2005 | 1 | 栽培资源 |
| 1396 | sau2005051 | 大豆属 | 大豆 | *Glycine max*（L.）Merr. | | 四川农业大学 | 四川温江 | 2005 | 1 | 栽培资源 |
| 1397 | hljxmyjs-045 | 大豆属 | 大豆 | *Glycine max*（L.）Merr. | | | 黑龙江齐齐哈尔 | 2010 | 1 | 栽培资源 |
| 1398 | 乌92-24 | 大豆属 | 大豆 | *Glycine max*（L.）Merr. | 76701 | 新疆八一农学院 | 黑龙江 | 1993 | 1 | 栽培资源 |
| 1399 | 乌92-25 | 大豆属 | 大豆 | *Glycine max*（L.）Merr. | 76702 | 新疆八一农学院 | 黑龙江 | 1994 | 1 | 栽培资源 |
| 1400 | 乌92-27 | 大豆属 | 大豆 | *Glycine max*（L.）Merr. | | 新疆八一农学院 | 黑龙江 | 1992 | 1 | 栽培资源 |
| 1401 | E1278 | 大豆属 | 野大豆 | *Glycine soja* Sieb. et Zucc. | | | 湖北神农架宗洛 | 2008 | 3 | 野生资源 |
| 1402 | E1281 | 大豆属 | 野大豆 | *Glycine soja* Sieb. et Zucc. | | | 湖北神农架松柏 | 2008 | 3 | 野生资源 |
| 1403 | HB2009-356 | 大豆属 | 野大豆 | *Glycine soja* Sieb. et Zucc. | | | 湖北神农架木鱼镇 | 2009 | 3 | 野生资源 |
| 1404 | HB2010-158 | 大豆属 | 野大豆 | *Glycine soja* Sieb. et Zucc. | | | 湖北神农架木鱼镇 | 2014 | 3 | 野生资源 |
| 1405 | HB2014-240 | 大豆属 | 野大豆 | *Glycine soja* Sieb. et Zucc. | | | 河南信阳浉河 | 2014 | 3 | 野生资源 |
| 1406 | HB2014-243 | 大豆属 | 野大豆 | *Glycine soja* Sieb. et Zucc. | | | 河南信阳浉河 | 2014 | 3 | 野生资源 |
| 1407 | HB2014-249 | 大豆属 | 野大豆 | *Glycine soja* Sieb. et Zucc. | | | 河南信阳浉河 | 2014 | 3 | 野生资源 |
| 1408 | HB2014-251 | 大豆属 | 野大豆 | *Glycine soja* Sieb. et Zucc. | | | 河南信阳浉河 | 2014 | 3 | 野生资源 |
| 1409 | HB2014-258 | 大豆属 | 野大豆 | *Glycine soja* Sieb. et Zucc. | | | 河南信阳浉河 | 2014 | 3 | 野生资源 |
| 1410 | HB2015169 | 大豆属 | 野大豆 | *Glycine soja* Sieb. et Zucc. | | | 河南信阳浉河 | 2015 | 3 | 野生资源 |
| 1411 | HB2015171 | 大豆属 | 野大豆 | *Glycine soja* Sieb. et Zucc. | | | 河南信阳浉河 | 2015 | 3 | 野生资源 |
| 1412 | HB2015172 | 大豆属 | 野大豆 | *Glycine soja* Sieb. et Zucc. | | | 河南信阳新县 | 2015 | 3 | 野生资源 |
| 1413 | HB2015174 | 大豆属 | 野大豆 | *Glycine soja* Sieb. et Zucc. | | | 河南信阳罗山 | 2015 | 3 | 野生资源 |
| 1414 | HB2015175 | 大豆属 | 野大豆 | *Glycine soja* Sieb. et Zucc. | | | 河南信阳罗山 | 2015 | 3 | 野生资源 |
| 1415 | HB2015176 | 大豆属 | 野大豆 | *Glycine soja* Sieb. et Zucc. | | | 河南驻马店确山 | 2015 | 3 | 野生资源 |
| 1416 | HB2015178 | 大豆属 | 野大豆 | *Glycine soja* Sieb. et Zucc. | | | 河南驻马店确山 | 2015 | 3 | 野生资源 |
| 1417 | HB2015179 | 大豆属 | 野大豆 | *Glycine soja* Sieb. et Zucc. | | | 河南信阳浉河 | 2015 | 3 | 野生资源 |

（续）

| 序号 | 送种单位编号 | 属 名 | 种 名 | 学 名 | 品种名（原文名） | 材料来源 | 材料原产地 | 收种时间（年份） | 保存地点 | 类型 |
|---|---|---|---|---|---|---|---|---|---|---|
| 1418 | HB2015182 | 大豆属 | 野大豆 | *Glycine soja* Sieb. et Zucc. | | | 河南信阳浉河 | 2015 | 3 | 野生资源 |
| 1419 | HB2015183 | 大豆属 | 野大豆 | *Glycine soja* Sieb. et Zucc. | | | 河南信阳羊山 | 2015 | 3 | 野生资源 |
| 1420 | HB2015222 | 大豆属 | 野大豆 | *Glycine soja* Sieb. et Zucc. | | | 湖北神农架松柏 | 2015 | 3 | 野生资源 |
| 1421 | JL14-137 | 大豆属 | 野大豆 | *Glycine soja* Sieb. et Zucc. | | | 辽宁东港椅圈 | 2013 | 3 | 野生资源 |
| 1422 | HB2015071 | 大豆属 | 野大豆 | *Glycine soja* Sieb. et Zucc. | | | 湖北钟祥九里 | 2014 | 3 | 野生资源 |
| 1423 | JL15-037 | 大豆属 | 野大豆 | *Glycine soja* Sieb. et Zucc. | | | 辽宁兴城邴家 | 2014 | 3 | 野生资源 |
| 1424 | JL15-043 | 大豆属 | 野大豆 | *Glycine soja* Sieb. et Zucc. | | | 辽宁抚顺章党 | 2014 | 3 | 野生资源 |
| 1425 | JL15-063 | 大豆属 | 野大豆 | *Glycine soja* Sieb. et Zucc. | | | 吉林永吉北大湖 | 2014 | 3 | 野生资源 |
| 1426 | JL09087 | 大豆属 | 野大豆 | *Glycine soja* Sieb. et Zucc. | | 吉林白山 | | 2009 | 3 | 野生资源 |
| 1427 | JL09106 | 大豆属 | 野大豆 | *Glycine soja* Sieb. et Zucc. | | 吉林白山 | | 2009 | 3 | 野生资源 |
| 1428 | JL10-130 | 大豆属 | 野大豆 | *Glycine soja* Sieb. et Zucc. | | 白山市草原站 | | 2011 | 3 | 野生资源 |
| 1429 | JL10-131 | 大豆属 | 野大豆 | *Glycine soja* Sieb. et Zucc. | | 白山市草原站 | | 2011 | 3 | 野生资源 |
| 1430 | JL14-014 | 大豆属 | 野大豆 | *Glycine soja* Sieb. et Zucc. | | | 吉林靖宇 | 2014 | 3 | 野生资源 |
| 1431 | JL14-015 | 大豆属 | 野大豆 | *Glycine soja* Sieb. et Zucc. | | | 吉林洮南 | 2014 | 3 | 野生资源 |
| 1432 | JL15-078 | 大豆属 | 野大豆 | *Glycine soja* Sieb. et Zucc. | | | 吉林浑江 | 2015 | 3 | 野生资源 |
| 1433 | JL15-079 | 大豆属 | 野大豆 | *Glycine soja* Sieb. et Zucc. | | | 黑龙江林口 | 2015 | 3 | 野生资源 |
| 1434 | JL16-047 | 大豆属 | 野大豆 | *Glycine soja* Sieb. et Zucc. | | | 辽宁沈阳宁官屯 | 2015 | 3 | 野生资源 |
| 1435 | JL16-069 | 大豆属 | 野大豆 | *Glycine soja* Sieb. et Zucc. | | | 吉林靖宇 | 2016 | 3 | 野生资源 |
| 1436 | JL16-070 | 大豆属 | 野大豆 | *Glycine soja* Sieb. et Zucc. | | | 辽宁新宾 | 2016 | 3 | 野生资源 |
| 1437 | JL16-071 | 大豆属 | 野大豆 | *Glycine soja* Sieb. et Zucc. | | | 黑龙江林口 | 2016 | 3 | 野生资源 |
| 1438 | JL2013-091 | 大豆属 | 野大豆 | *Glycine soja* Sieb. et Zucc. | | 黑龙江牡丹江 | | 2013 | 3 | 野生资源 |
| 1439 | JL2013-092 | 大豆属 | 野大豆 | *Glycine soja* Sieb. et Zucc. | | 吉林集安 | | 2013 | 3 | 野生资源 |
| 1440 | JS2006-259 | 大豆属 | 野大豆 | *Glycine soja* Sieb. et Zucc. | 野8001 | 江苏如东北坎乡 | | 2006 | 3 | 野生资源 |
| 1441 | JS2006-260 | 大豆属 | 野大豆 | *Glycine soja* Sieb. et Zucc. | 野8005 | 江苏如东北坎乡 | | 2006 | 3 | 野生资源 |
| 1442 | JS2013-117 | 大豆属 | 野大豆 | *Glycine soja* Sieb. et Zucc. | | | 江苏盐城麋鹿保护区 | 2016 | 3 | 野生资源 |

（续）

| 序号 | 送种单位编号 | 属 名 | 种 名 | 学 名 | 品种名（原文名） | 材料来源 | 材料原产地 | 收种时间（年份） | 保存地点 | 类型 |
|------|------------|------|------|------|----------------|----------|------------|----------------|----------|------|
| 1443 | JS2014-134 | 大豆属 | 野大豆 | *Glycine soja* Sieb. et Zucc. | | | 江苏盐城盐都 | 2016 | 3 | 野生资源 |
| 1444 | JS2015-43 | 大豆属 | 野大豆 | *Glycine soja* Sieb. et Zucc. | 大夹 | 江苏 | | 2015 | 3 | 野生资源 |
| 1445 | JS2015-44 | 大豆属 | 野大豆 | *Glycine soja* Sieb. et Zucc. | | 江苏 | | 2015 | 3 | 野生资源 |
| 1446 | JS2015-45 | 大豆属 | 野大豆 | *Glycine soja* Sieb. et Zucc. | | | 江苏扬州大学扬子津校区 | 2015 | 3 | 野生资源 |
| 1447 | SC2013-121 | 大豆属 | 野大豆 | *Glycine soja* Sieb. et Zucc. | | | 四川广元朝天区 | 2012 | 3 | 野生资源 |
| 1448 | SC2013-126 | 大豆属 | 野大豆 | *Glycine soja* Sieb. et Zucc. | | | 四川广元朝天区 | 2012 | 3 | 野生资源 |
| 1449 | SC2014-202 | 大豆属 | 野大豆 | *Glycine soja* Sieb. et Zucc. | | | 四川广元朝天区 | 2012 | 3 | 野生资源 |
| 1450 | SC2015-112 | 大豆属 | 野大豆 | *Glycine soja* Sieb. et Zucc. | | | 四川达州开江 | 2014 | 3 | 野生资源 |
| 1451 | YN2012-097 | 大豆属 | 野大豆 | *Glycine soja* Sieb. et Zucc. | 四川绵阳 | | | 2011 | 3 | 野生资源 |
| 1452 | 中畜-2153 | 大豆属 | 野大豆 | *Glycine soja* Sieb. et Zucc. | | | 河北张家口赤城 | 2011 | 3 | 野生资源 |
| 1453 | 中畜-2162 | 大豆属 | 野大豆 | *Glycine soja* Sieb. et Zucc. | | | 北京昌平 | 2013 | 3 | 野生资源 |
| 1454 | 中畜-2163 | 大豆属 | 野大豆 | *Glycine soja* Sieb. et Zucc. | | | 山西晋中昔阳 | 2013 | 3 | 野生资源 |
| 1455 | 中畜-2756 | 大豆属 | 野大豆 | *Glycine soja* Sieb. et Zucc. | | | 北京顺义 | 2015 | 3 | 野生资源 |
| 1456 | 中畜-2757 | 大豆属 | 野大豆 | *Glycine soja* Sieb. et Zucc. | | | 北京顺义 | 2015 | 3 | 野生资源 |
| 1457 | 中畜-2758 | 大豆属 | 野大豆 | *Glycine soja* Sieb. et Zucc. | | | 内蒙古阿鲁科沁旗 | 2015 | 3 | 野生资源 |
| 1458 | 121025018 | 大豆属 | 野大豆 | *Glycine soja* Sieb. et Zucc. | | | 贵州凯里剑河 | 2012 | 2 | 野生资源 |
| 1459 | 121026015 | 大豆属 | 野大豆 | *Glycine soja* Sieb. et Zucc. | | | 湖南新晃登寨镇 | 2012 | 2 | 野生资源 |
| 1460 | 141020001 | 大豆属 | 野大豆 | *Glycine soja* Sieb. et Zucc. | | | 贵州兴义南牌江 | 2014 | 2 | 野生资源 |
| 1461 | JS2013-118 | 大豆属 | 烟豆 | *Glycine tabacina* Benth. | | | 江苏盐城麋鹿保护区 | 2013 | 3 | 野生资源 |
| 1462 | XJ-069 | 甘草属 | 光果甘草 | *Glycyrrhiza glabra* L. | | | 新疆民丰 | 2007 | 3 | 野生资源 |
| 1463 | xj09-52 | 甘草属 | 胀果甘草 | *Glycyrrhiza inflata* Batal. | | | 新疆和田民丰 | 2009 | 3 | 野生资源 |
| 1464 | JL15-026 | 甘草属 | 刺果甘草 | *Glycyrrhiza pallidiflora* Maxim. | | | 内蒙古呼伦贝尔扎赉特 | 2014 | 3 | 野生资源 |
| 1465 | JL15-061 | 甘草属 | 刺果甘草 | *Glycyrrhiza pallidiflora* Maxim. | | | 辽宁沈阳于洪 | 2014 | 3 | 野生资源 |

（续）

| 序号 | 送种单位编号 | 属 名 | 种 名 | 学 名 | 品种名（原文名） | 材料来源 | 材料原产地 | 收种时间（年份） | 保存地点 | 类型 |
|---|---|---|---|---|---|---|---|---|---|---|
| 1466 | xj2014-73 | 甘草属 | 甘草 | *Glycyrrhiza uralensis* Fisch. | | | 新疆托里庙 | 2014 | 3 | 野生资源 |
| 1467 | xj2014-74 | 甘草属 | 甘草 | *Glycyrrhiza uralensis* Fisch. | | | 新疆裕民哈拉齐力克草场 | 2014 | 3 | 野生资源 |
| 1468 | xj2014-76 | 甘草属 | 甘草 | *Glycyrrhiza uralensis* Fisch. | | | 新疆托里 | 2014 | 3 | 野生资源 |
| 1469 | xj2014-78 | 甘草属 | 甘草 | *Glycyrrhiza uralensis* Fisch. | | | 新疆托里 | 2014 | 3 | 野生资源 |
| 1470 | | 甘草属 | 甘草 | *Glycyrrhiza uralensis* Fisch. | | | 内蒙古鄂托克旗 | 1992 | 1 | 野生资源 |
| 1471 | T11-1（XJDK2007006） | 甘草属 | 甘草 | *Glycyrrhiza uralensis* Fisch. | | | | 2010 | 1 | 野生资源 |
| 1472 | BJCY-YSC029 | 甘草属 | 甘草 | *Glycyrrhiza uralensis* Fisch. | | | 新疆吐鲁番 | 2016 | 3 | 野生资源 |
| 1473 | GS1248 | 甘草属 | 甘草 | *Glycyrrhiza uralensis* Fisch. | | | 甘肃肃南 | 2006 | 3 | 野生资源 |
| 1474 | GS1316 | 甘草属 | 甘草 | *Glycyrrhiza uralensis* Fisch. | | | 宁夏灵武 | 2006 | 3 | 野生资源 |
| 1475 | X02-018 | 甘草属 | 甘草 | *Glycyrrhiza uralensis* Fisch. | | 新疆草原总站 | | 2002 | 3 | 野生资源 |
| 1476 | XJ06-059 | 甘草属 | 甘草 | *Glycyrrhiza uralensis* Fisch. | | | 新疆塔城库鲁斯台 | 2006 | 3 | 野生资源 |
| 1477 | XJ06-060 | 甘草属 | 甘草 | *Glycyrrhiza uralensis* Fisch. | | | 新疆塔城库鲁斯台 | 2006 | 3 | 野生资源 |
| 1478 | XJ-070 | 甘草属 | 甘草 | *Glycyrrhiza uralensis* Fisch. | | 新疆库车 | | 2004 | 3 | 野生资源 |
| 1479 | XJ-071 | 甘草属 | 甘草 | *Glycyrrhiza uralensis* Fisch. | | 新疆阿勒泰哈拉布尔 | | 2004 | 3 | 野生资源 |
| 1480 | xj2013-46 | 甘草属 | 甘草 | *Glycyrrhiza uralensis* Fisch. | | 新疆尼勒克 | | 2012 | 3 | 野生资源 |
| 1481 | 蒙57 | 甘草属 | 甘草 | *Glycyrrhiza uralensis* Fisch. | | | 内蒙古通辽科左后旗 | 2000 | 3 | 野生资源 |
| 1482 | 蒙99-83 | 甘草属 | 甘草 | *Glycyrrhiza uralensis* Fisch. | | | 内蒙古杭锦旗 | 1998 | 3 | 野生资源 |
| 1483 | ZXY2010P-7364 | 甘草属 | 甘草 | *Glycyrrhiza uralensis* Fisch. | | 俄罗斯 | | 2010 | 3 | 野生资源 |
| 1484 | GS4941 | 甘草属 | 甘草 | *Glycyrrhiza uralensis* Fisch. | | | 甘肃古浪西靖 | 2015 | 3 | 野生资源 |
| 1485 | SC2015-083 | 米口袋属 | 异叶米口袋 | *Gueldenstaedtia diversifolia* Maxim. | | | 四川阿坝州茂县 | 2014 | 3 | 野生资源 |
| 1486 | 中畜-316 | 米口袋属 | 异叶米口袋 | *Gueldenstaedtia diversifolia* Maxim. | | 中国农科院畜牧所 | 甘肃碌曲 | 2000 | 1 | 野生资源 |

（续）

| 序号 | 送种单位编号 | 属 名 | 种 名 | 学 名 | 品种名（原文名） | 材料来源 | 材料原产地 | 收种时间（年份） | 保存地点 | 类型 |
|---|---|---|---|---|---|---|---|---|---|---|
| 1487 | 中畜-317 | 米口袋属 | 异叶米口袋 | *Gueldenstaedtia diversifolia* Maxim. | | 中国农科院畜牧所 | 甘肃碌曲 | 2000 | 1 | 野生资源 |
| 1488 | 051012012 | 米口袋属 | 米口袋 | *Gueldenstaedtia multiflora* （Bunge） Tsuistat. | | | 美国纽约康奈尔 | 2005 | 2 | 引进资源 |
| 1489 | 051012010 | 米口袋属 | 米口袋 | *Gueldenstaedtia multiflora* （Bunge） Tsuistat. | | | 美国纽约康奈尔 | 2005 | 2 | 引进资源 |
| 1490 | GS4520 | 米口袋属 | 狭叶米口袋 | *Gueldenstaedtia stenophylla* Bunge | | | 陕西洛川 | 2013 | 3 | 野生资源 |
| 1491 | 中畜-052 | 米口袋属 | 狭叶米口袋 | *Gueldenstaedtia stenophylla* Bunge | | 中国农科院畜牧所 | | 2000 | 1 | 野生资源 |
| 1492 | HB2011-151 | 米口袋属 | 少花米口袋 | *Gueldenstaedtia verna* （Georgi） Boriss. | | 湖北省农科院畜牧兽医所 | | 2014 | 3 | 野生资源 |
| 1493 | HB2011-152 | 米口袋属 | 少花米口袋 | *Gueldenstaedtia verna* （Georgi） Boriss. | | 湖北省农科院畜牧兽医所 | | 2014 | 3 | 野生资源 |
| 1494 | HB2011-153 | 米口袋属 | 少花米口袋 | *Gueldenstaedtia verna* （Georgi） Boriss. | | 湖北省农科院畜牧兽医所 | | 2014 | 3 | 野生资源 |
| 1495 | XJ06-067 | 铃铛刺属 | 铃铛刺 | *Halimodendron halodendron* （Pall.） Voss | | 新疆草原总站 | | 2008 | 3 | 野生资源 |
| 1496 | GS4269 | 岩黄芪属 | 山岩黄芪 | *Hedysarum alpinum* L. | | | 甘肃合作勒秀 | 2013 | 3 | 野生资源 |
| 1497 | xj09-47 | 岩黄芪属 | 西伯利亚岩黄芪 | *Hedysarum austrosibiricum* B. Fedtsch. | | | 新疆博州夏尔西里 | 2010 | 3 | 野生资源 |
| 1498 | XJ07-54 | 岩黄芪属 | 西伯利亚岩黄芪 | *Hedysarum austrosibiricum* B. Fedtsch. | | | 新疆新源县林场 | 2007 | 3 | 野生资源 |
| 1499 | IA081 | 岩黄芪属 | 冠状岩黄芪 | *Hedysarum coronarium* L. | 苏拉 | 中国农科院草原所 | 意大利 | 1990 | 1 | 引进资源 |
| 1500 | 中畜-2186 | 岩黄芪属 | 山竹岩黄芪 | *Hedysarum fruticosum* Pall. | | | 内蒙古锡林郭勒正蓝旗 | 2013 | 3 | 野生资源 |
| 1501 | 1 | 岩黄芪属 | 山竹岩黄芪 | *Hedysarum fruticosum* Pall. | | 内蒙古草原站 | 内蒙古多伦 | 1990 | 1 | 野生资源 |
| 1502 | NM07-048 | 岩黄芪属 | 山竹岩黄芪 | *Hedysarum fruticosum* Pall. | | 内蒙古草原站 | | 2008 | 3 | 野生资源 |

（续）

| 序号 | 送种单位编号 | 属 名 | 种 名 | 学 名 | 品种名（原文名） | 材料来源 | 材料原产地 | 收种时间（年份） | 保存地点 | 类型 |
|---|---|---|---|---|---|---|---|---|---|---|
| 1503 | NM07-050 | 岩黄芪属 | 山竹岩黄芪 | *Hedysarum fruticosum* Pall. | | 内蒙古草原站 | | 2008 | 3 | 野生资源 |
| 1504 | NM07-065 | 岩黄芪属 | 山竹岩黄芪 | *Hedysarum fruticosum* Pall. | | 内蒙古草原站 | | 2008 | 3 | 野生资源 |
| 1505 | NM07-075 | 岩黄芪属 | 山竹岩黄芪 | *Hedysarum fruticosum* Pall. | | 内蒙古草原站 | | 2008 | 3 | 野生资源 |
| 1506 | IA08y | 岩黄芪属 | 山竹岩黄芪 | *Hedysarum fruticosum* Pall. | | 中国农科院草原所 | | 1990 | 1 | 野生资源 |
| 1507 | IA08x | 岩黄芪属 | 塔落岩黄芪 | *Hedysarum fruticosum* Pall. var. *laeve* (Maxim.) H. C. Fu | | 中国农科院草原所 | | 1990 | 1 | 野生资源 |
| 1508 | | 岩黄芪属 | 蒙古岩黄芪 | *Hedysarum fruticosum* Pall. var. *mongolicum* (Turcz.) Turcz. ex B. Fedtsch. | | 榆林草原站 | | 1991 | 1 | 野生资源 |
| 1509 | B489 | 岩黄芪属 | 华北岩黄芪 | *Hedysarum gmelinii* Ledeb. | | 中国农科院草原所 | 河北围场 | 2004 | 3 | 野生资源 |
| 1510 | GS568 | 岩黄芪属 | 华北岩黄芪 | *Hedysarum gmelinii* Ledeb. | | 宁夏盐池 | | 2004 | 3 | 野生资源 |
| 1511 | PT-179 | 岩黄芪属 | 华北岩黄芪 | *Hedysarum gmelinii* Ledeb. | | 内蒙古农业大学 | 内蒙古锡林郭勒正蓝旗 | 2010 | 1 | 野生资源 |
| 1512 | GS2718 | 岩黄芪属 | 红花岩黄芪 | *Hedysarum multijugum* Maxim. | | | 甘肃会宁太平店 | 2009 | 3 | 野生资源 |
| 1513 | GS4274 | 岩黄芪属 | 红花岩黄芪 | *Hedysarum multijugum* Maxim. | | | 甘肃合作勒秀 | 2013 | 3 | 野生资源 |
| 1514 | GS4631 | 岩黄芪属 | 红花岩黄芪 | *Hedysarum multijugum* Maxim. | | | 甘肃甘州 | 2014 | 3 | 野生资源 |
| 1515 | GS490 | 岩黄芪属 | 红花岩黄芪 | *Hedysarum multijugum* Maxim. | | | 甘肃肃南大河 | 2004 | 3 | 野生资源 |
| 1516 | GS932 | 岩黄芪属 | 红花岩黄芪 | *Hedysarum multijugum* Maxim. | | | 宁夏固原泾源 | 2005 | 3 | 野生资源 |
| 1517 | SCH2004-565 | 岩黄芪属 | 红花岩黄芪 | *Hedysarum multijugum* Maxim. | | | 四川若尔盖 | 2004 | 3 | 野生资源 |
| 1518 | 中畜-232 | 岩黄芪属 | 红花岩黄芪 | *Hedysarum multijugum* Maxim. | | 中国农科院畜牧所 | 甘肃碌曲 | 2000 | 1 | 野生资源 |
| 1519 | NM05-390 | 岩黄芪属 | 细枝岩黄芪 | *Hedysarum scoparium* Fisch. et Mey. | | | 宁夏盐池 | 2005 | 3 | 野生资源 |
| 1520 | NM08-003 | 岩黄芪属 | 细枝岩黄芪 | *Hedysarum scoparium* Fisch. et Mey. | | 内蒙古草原站 | | 2008 | 3 | 野生资源 |
| 1521 | NM08-006 | 岩黄芪属 | 细枝岩黄芪 | *Hedysarum scoparium* Fisch. et Mey. | | 内蒙古草原站 | | 2008 | 3 | 野生资源 |

（续）

| 序号 | 送种单位编号 | 属 名 | 种 名 | 学 名 | 品种名（原文名） | 材料来源 | 材料原产地 | 收种时间（年份） | 保存地点 | 类型 |
|---|---|---|---|---|---|---|---|---|---|---|
| 1522 | L462 | 岩黄芪属 | 细枝岩黄芪 | *Hedysarum scoparium* Fisch. et Mey. | | | 内蒙古锡林郭勒兰旗 | 2001 | 1 | 野生资源 |
| 1523 | | 岩黄芪属 | 细枝岩黄芪 | *Hedysarum scoparium* Fisch. et Mey. | | 甘肃民勤 | 甘肃民勤 | 2014 | 1 | 野生资源 |
| 1524 | | 岩黄芪属 | 细枝岩黄芪 | *Hedysarum scoparium* Fisch. et Mey. | | 陕西榆林草原站 | | 1991 | 1 | 野生资源 |
| 1525 | IA08a | 岩黄芪属 | 细枝岩黄芪 | *Hedysarum scoparium* Fisch. et Mey. | | 中国农科院草原所 | | 1992 | 1 | 野生资源 |
| 1526 | GS1470 | 岩黄芪属 | 细枝岩黄芪 | *Hedysarum scoparium* Fisch. et Mey. | | 宁夏盐池 | | 2006 | 3 | 野生资源 |
| 1527 | JL15-025 | 岩黄芪属 | 长白岩黄芪 | *Hedysarum ussuriense* Schischk. et Kom. | | | 内蒙古牙克石博克图镇 | 2014 | 3 | 野生资源 |
| 1528 | JS2013-116 | 长柄山蚂蝗属 | 云南长柄山蚂蝗 | *Hylodesmum longipes*（Franchet）H. Ohashi & R. R. Mill | | | 江苏盐城麋鹿保护区 | 2016 | 3 | 野生资源 |
| 1529 | 050222175 | 长柄山蚂蝗属 | 尖叶长柄山蚂蝗 | *Hylodesmum podocarpum* subsp. *oxyphyllum*（Candolle）H. Ohashi & R. R. Mill | | | 云南德宏潞西 | 2005 | 2 | 野生资源 |
| 1530 | 050219125 | 长柄山蚂蝗属 | 尖叶长柄山蚂蝗 | *Hylodesmum podocarpum* subsp. *oxyphyllum*（Candolle）H. Ohashi & R. R. Mill | | | 云南盈江香纳村 | 2005 | 2 | 野生资源 |
| 1531 | 050222186 | 长柄山蚂蝗属 | 尖叶长柄山蚂蝗 | *Hylodesmum podocarpum* subsp. *oxyphyllum*（Candolle）H. Ohashi & R. R. Mill | | | 云南保山龙陵 | 2005 | 2 | 野生资源 |
| 1532 | 050319016 | 长柄山蚂蝗属 | 尖叶长柄山蚂蝗 | *Hylodesmum podocarpum* subsp. *oxyphyllum*（Candolle）H. Ohashi & R. R. Mill | | | 海南乐东千家镇响水乡 | 2005 | 2 | 野生资源 |
| 1533 | 060327003 | 长柄山蚂蝗属 | 尖叶长柄山蚂蝗 | *Hylodesmum podocarpum* subsp. *oxyphyllum*（Candolle）H. Ohashi & R. R. Mill | | | 云南临沧大寨 | 2006 | 2 | 野生资源 |
| 1534 | 060424004 | 长柄山蚂蝗属 | 尖叶长柄山蚂蝗 | *Hylodesmum podocarpum* subsp. *oxyphyllum*（Candolle）H. Ohashi & R. R. Mill | | | 广西梧州 | 2006 | 2 | 野生资源 |
| 1535 | 060424005 | 长柄山蚂蝗属 | 尖叶长柄山蚂蝗 | *Hylodesmum podocarpum* subsp. *oxyphyllum*（Candolle）H. Ohashi & R. R. Mill | | | 广西苍梧 | 2006 | 2 | 野生资源 |
| 1536 | 060424010 | 长柄山蚂蝗属 | 尖叶长柄山蚂蝗 | *Hylodesmum podocarpum* subsp. *oxyphyllum*（Candolle）H. Ohashi & R. R. Mill | | 湖北畜牧兽医所 | | 2006 | 2 | 野生资源 |

（续）

| 序号 | 送种单位编号 | 属 名 | 种 名 | 学 名 | 品种名（原文名） | 材料来源 | 材料原产地 | 收种时间（年份） | 保存地点 | 类型 |
|---|---|---|---|---|---|---|---|---|---|---|
| 1537 | 060424011 | 长柄山蚂蝗属 | 尖叶长柄山蚂蝗 | *Hylodesmum podocarpum* subsp. *oxyphyllum* (Candolle) H. Ohashi & R. R. Mill | | | 广西梧州 | 2006 | 2 | 野生资源 |
| 1538 | 060428030 | 长柄山蚂蝗属 | 尖叶长柄山蚂蝗 | *Hylodesmum podocarpum* subsp. *oxyphyllum* (Candolle) H. Ohashi & R. R. Mill | | | 海南天涯海角 | 2006 | 2 | 野生资源 |
| 1539 | 061023013 | 长柄山蚂蝗属 | 尖叶长柄山蚂蝗 | *Hylodesmum podocarpum* subsp. *oxyphyllum* (Candolle) H. Ohashi & R. R. Mill | | | 哥斯达黎加 | 2006 | 2 | 引进资源 |
| 1540 | 071026001 | 长柄山蚂蝗属 | 尖叶长柄山蚂蝗 | *Hylodesmum podocarpum* subsp. *oxyphyllum* (Candolle) H. Ohashi & R. R. Mill | | | 海南三亚天涯海角 | 2007 | 2 | 野生资源 |
| 1541 | 140401085 | 长柄山蚂蝗属 | 尖叶长柄山蚂蝗 | *Hylodesmum podocarpum* subsp. *oxyphyllum* (Candolle) H. Ohashi & R. R. Mill | | | 海南五指山毛阳 | 2014 | 2 | 野生资源 |
| 1542 | 140401024 | 长柄山蚂蝗属 | 尖叶长柄山蚂蝗 | *Hylodesmum podocarpum* subsp. *oxyphyllum* (Candolle) H. Ohashi & R. R. Mill | | | 海南白沙芙蓉 | 2014 | 2 | 野生资源 |
| 1543 | 110111009 | 长柄山蚂蝗属 | 尖叶长柄山蚂蝗 | *Hylodesmum podocarpum* subsp. *oxyphyllum* (Candolle) H. Ohashi & R. R. Mill | | | 福建漳浦 | 2011 | 2 | 野生资源 |
| 1544 | 080113056 | 长柄山蚂蝗属 | 尖叶长柄山蚂蝗 | *Hylodesmum podocarpum* subsp. *oxyphyllum* (Candolle) H. Ohashi & R. R. Mill | | | 云南怒江州泸水六库镇 | 2008 | 2 | 野生资源 |
| 1545 | 081213049 | 长柄山蚂蝗属 | 尖叶长柄山蚂蝗 | *Hylodesmum podocarpum* subsp. *oxyphyllum* (Candolle) H. Ohashi & R. R. Mill | | | 江西定南岭北 | 2008 | 2 | 野生资源 |
| 1546 | 080119007 | 长柄山蚂蝗属 | 尖叶长柄山蚂蝗 | *Hylodesmum podocarpum* subsp. *oxyphyllum* (Candolle) H. Ohashi & R. R. Mill | | | 云南丽江 | 2008 | 2 | 野生资源 |
| 1547 | 080114012 | 长柄山蚂蝗属 | 尖叶长柄山蚂蝗 | *Hylodesmum podocarpum* subsp. *oxyphyllum* (Candolle) H. Ohashi & R. R. Mill | | | 云南怒江州泸水 | 2008 | 2 | 野生资源 |
| 1548 | 080112021 | 长柄山蚂蝗属 | 尖叶长柄山蚂蝗 | *Hylodesmum podocarpum* subsp. *oxyphyllum* (Candolle) H. Ohashi & R. R. Mill | | | 云南保山 | 2008 | 2 | 野生资源 |
| 1549 | 080113023 | 长柄山蚂蝗属 | 尖叶长柄山蚂蝗 | *Hylodesmum podocarpum* subsp. *oxyphyllum* (Candolle) H. Ohashi & R. R. Mill | | | 云南保山怒江坝 | 2008 | 2 | 野生资源 |

（续）

| 序号 | 送种单位编号 | 属　名 | 种　名 | 学　名 | 品种名（原文名） | 材料来源 | 材料原产地 | 收种时间（年份） | 保存地点 | 类型 |
|---|---|---|---|---|---|---|---|---|---|---|
| 1550 | 080111002 | 长柄山蚂蝗属 | 尖叶长柄山蚂蝗 | *Hylodesmum podocarpum* subsp. *oxyphyllum* (Candolle) H. Ohashi & R. R. Mill | | | 云南保山 | 2008 | 2 | 野生资源 |
| 1551 | 080111001 | 长柄山蚂蝗属 | 尖叶长柄山蚂蝗 | *Hylodesmum podocarpum* subsp. *oxyphyllum* (Candolle) H. Ohashi & R. R. Mill | | | 云南保山 | 2008 | 2 | 野生资源 |
| 1552 | 080113017 | 长柄山蚂蝗属 | 尖叶长柄山蚂蝗 | *Hylodesmum podocarpum* subsp. *oxyphyllum* (Candolle) H. Ohashi & R. R. Mill | | | 云南保山 | 2008 | 2 | 野生资源 |
| 1553 | 080113043 | 长柄山蚂蝗属 | 尖叶长柄山蚂蝗 | *Hylodesmum podocarpum* subsp. *oxyphyllum* (Candolle) H. Ohashi & R. R. Mill | | | 云南保山怒江坝 | 2008 | 2 | 野生资源 |
| 1554 | 060330036 | 长柄山蚂蝗属 | 尖叶长柄山蚂蝗 | *Hylodesmum podocarpum* subsp. *oxyphyllum* (Candolle) H. Ohashi & R. R. Mill | | | 云南景洪勐腊 | 2006 | 2 | 野生资源 |
| 1555 | 091106004 | 长柄山蚂蝗属 | 尖叶长柄山蚂蝗 | *Hylodesmum podocarpum* subsp. *oxyphyllum* (Candolle) H. Ohashi & R. R. Mill | | | 广西河池环江 | 2009 | 2 | 野生资源 |
| 1556 | 110906060 | 长柄山蚂蝗属 | 尖叶长柄山蚂蝗 | *Hylodesmum podocarpum* subsp. *oxyphyllum* (Candolle) H. Ohashi & R. R. Mill | | | 海南儋州那大镇宝岛新村 | 2011 | 2 | 野生资源 |
| 1557 | 050825260 | 长柄山蚂蝗属 | 尖叶长柄山蚂蝗 | *Hylodesmum podocarpum* subsp. *oxyphyllum* (Candolle) H. Ohashi & R. R. Mill | | | 海南尖峰岭天池 | 2005 | 2 | 野生资源 |
| 1558 | 040822008 | 长柄山蚂蝗属 | 尖叶长柄山蚂蝗 | *Hylodesmum podocarpum* subsp. *oxyphyllum* (Candolle) H. Ohashi & R. R. Mill | | | 海南尖峰岭天池 | 2004 | 2 | 野生资源 |
| 1559 | 040822045 | 长柄山蚂蝗属 | 尖叶长柄山蚂蝗 | *Hylodesmum podocarpum* subsp. *oxyphyllum* (Candolle) H. Ohashi & R. R. Mill | | | 海南昌江叉河 | 2004 | 2 | 野生资源 |
| 1560 | 060428003-1 | 长柄山蚂蝗属 | 尖叶长柄山蚂蝗 | *Hylodesmum podocarpum* subsp. *oxyphyllum* (Candolle) H. Ohashi & R. R. Mill | | | 海南乐东 | 2006 | 2 | 野生资源 |
| 1561 | 070311005 | 长柄山蚂蝗属 | 尖叶长柄山蚂蝗 | *Hylodesmum podocarpum* subsp. *oxyphyllum* (Candolle) H. Ohashi & R. R. Mill | | | 贵州册亨 | 2007 | 2 | 野生资源 |
| 1562 | 130103022 | 长柄山蚂蝗属 | 尖叶长柄山蚂蝗 | *Hylodesmum podocarpum* subsp. *oxyphyllum* (Candolle) H. Ohashi & R. R. Mill | | | 云南怒江州泸水 | 2013 | 2 | 野生资源 |

（续）

| 序号 | 送种单位编号 | 属 名 | 种 名 | 学 名 | 品种名（原文名） | 材料来源 | 材料原产地 | 收种时间（年份） | 保存地点 | 类型 |
|------|------------|-------|-------|-------|----------------|---------|-----------|----------------|---------|------|
| 1563 | 140401082 | 长柄山蚂蝗属 | 尖叶长柄山蚂蝗 | *Hylodesmum podocarpum* subsp. *oxyphyllum* (Candolle) H. Ohashi & R. R. Mill | | | 广东连州京丰 | 2014 | 2 | 野生资源 |
| 1564 | 140401022 | 长柄山蚂蝗属 | 尖叶长柄山蚂蝗 | *Hylodesmum podocarpum* subsp. *oxyphyllum* (Candolle) H. Ohashi & R. R. Mill | | | 广西桂林龙胜 | 2014 | 2 | 野生资源 |
| 1565 | 130103023 | 长柄山蚂蝗属 | 尖叶长柄山蚂蝗 | *Hylodesmum podocarpum* subsp. *oxyphyllum* (Candolle) H. Ohashi & R. R. Mill | | | 云南澜沧江 | 2013 | 2 | 野生资源 |
| 1566 | 110906010 | 长柄山蚂蝗属 | 尖叶长柄山蚂蝗 | *Hylodesmum podocarpum* subsp. *oxyphyllum* (Candolle) H. Ohashi & R. R. Mill | | | 广西来宾象州石龙 | 2011 | 2 | 野生资源 |
| 1567 | 130301022 | 长柄山蚂蝗属 | 尖叶长柄山蚂蝗 | *Hylodesmum podocarpum* subsp. *oxyphyllum* (Candolle) H. Ohashi & R. R. Mill | | | 江西鄱阳白沙 | 2013 | 2 | 野生资源 |
| 1568 | 150500002 | 长柄山蚂蝗属 | 尖叶长柄山蚂蝗 | *Hylodesmum podocarpum* subsp. *oxyphyllum* (Candolle) H. Ohashi & R. R. Mill | | | 刚果黑角 | 2015 | 2 | 引进资源 |
| 1569 | 150500004 | 长柄山蚂蝗属 | 尖叶长柄山蚂蝗 | *Hylodesmum podocarpum* subsp. *oxyphyllum* (Candolle) H. Ohashi & R. R. Mill | | | 刚果黑角 | 2015 | 2 | 引进资源 |
| 1570 | 161020002 | 长柄山蚂蝗属 | 尖叶长柄山蚂蝗 | *Hylodesmum podocarpum* subsp. *oxyphyllum* (Candolle) H. Ohashi & R. R. Mill | | 萨摩亚 | 云南 | 2016 | 2 | 引进资源 |
| 1571 | 161021001 | 长柄山蚂蝗属 | 尖叶长柄山蚂蝗 | *Hylodesmum podocarpum* subsp. *oxyphyllum* (Candolle) H. Ohashi & R. R. Mill | | 萨摩亚 | 云南 | 2016 | 2 | 引进资源 |
| 1572 | 161024001 | 长柄山蚂蝗属 | 尖叶长柄山蚂蝗 | *Hylodesmum podocarpum* subsp. *oxyphyllum* (Candolle) H. Ohashi & R. R. Mill | | | 汤加努库阿洛法海边 | 2016 | 2 | 引进资源 |
| 1573 | 161025002 | 长柄山蚂蝗属 | 尖叶长柄山蚂蝗 | *Hylodesmum podocarpum* subsp. *oxyphyllum* (Candolle) H. Ohashi & R. R. Mill | | | 汤加埃瓦岛 | 2016 | 2 | 引进资源 |
| 1574 | 161030001 | 长柄山蚂蝗属 | 尖叶长柄山蚂蝗 | *Hylodesmum podocarpum* subsp. *oxyphyllum* (Candolle) H. Ohashi & R. R. Mill | | | 云南 | 2016 | 2 | 野生资源 |
| 1575 | 161030002 | 长柄山蚂蝗属 | 尖叶长柄山蚂蝗 | *Hylodesmum podocarpum* subsp. *oxyphyllum* (Candolle) H. Ohashi & R. R. Mill | | | 云南 | 2016 | 2 | 野生资源 |

（续）

| 序号 | 送种单位编号 | 属　名 | 种　名 | 学　名 | 品种名（原文名） | 材料来源 | 材料原产地 | 收种时间（年份） | 保存地点 | 类型 |
|---|---|---|---|---|---|---|---|---|---|---|
| 1576 | GX161112001 | 长柄山蚂蝗属 | 尖叶长柄山蚂蝗 | *Hylodesmum podocarpum* subsp. *oxyphyllum* (Candolle) H. Ohashi & R. R. Mill | | 广西梧州藤县藤州镇 | 广西梧州藤县 | 2016 | 2 | 野生资源 |
| 1577 | hn2906 | 长柄山蚂蝗属 | 尖叶长柄山蚂蝗 | *Hylodesmum podocarpum* subsp. *oxyphyllum* (Candolle) H. Ohashi & R. R. Mill | | | 广东惠州博罗 | 2007 | 3 | 野生资源 |
| 1578 | hn2907 | 长柄山蚂蝗属 | 尖叶长柄山蚂蝗 | *Hylodesmum podocarpum* subsp. *oxyphyllum* (Candolle) H. Ohashi & R. R. Mill | | | 海南临高 | 2005 | 3 | 野生资源 |
| 1579 | E1279 | 木蓝属 | 多花木蓝 | *Indigofera amblyantha* Craib | | | 湖北神农架松柏镇 | 2008 | 3 | 野生资源 |
| 1580 | HB2015212 | 木蓝属 | 多花木蓝 | *Indigofera amblyantha* Craib | | | 湖北神农架松柏镇 | 2015 | 3 | 野生资源 |
| 1581 | 中畜-1449 | 木蓝属 | 多花木蓝 | *Indigofera amblyantha* Craib | | 中国农科院畜牧所 | | 2015 | 3 | 野生资源 |
| 1582 | 中畜-1823 | 木蓝属 | 多花木蓝 | *Indigofera amblyantha* Craib | | | 河北张家口怀来 | 2010 | 3 | 野生资源 |
| 1583 | 中畜-2391 | 木蓝属 | 多花木蓝 | *Indigofera amblyantha* Craib | | | 北京延庆 | 2012 | 3 | 野生资源 |
| 1584 | 中畜-2797 | 木蓝属 | 多花木蓝 | *Indigofera amblyantha* Craib | | | 山西阳泉盂县 | 2013 | 3 | 野生资源 |
| 1585 | 中畜-2798 | 木蓝属 | 多花木蓝 | *Indigofera amblyantha* Craib | | | 山西忻州五台 | 2013 | 3 | 野生资源 |
| 1586 | 中畜-2799 | 木蓝属 | 多花木蓝 | *Indigofera amblyantha* Craib | | | 山西忻州五台 | 2013 | 3 | 野生资源 |
| 1587 | 071103012 | 木蓝属 | 多花木蓝 | *Indigofera amblyantha* Craib | | 湖北畜牧所 | | 2007 | 2 | 野生资源 |
| 1588 | HB2011-028 | 木蓝属 | 河北木蓝 | *Indigofera bungeana* Walp. | | 湖北省畜牧兽医所 | | 2011 | 3 | 野生资源 |
| 1589 | 110518010 | 木蓝属 | 河北木蓝 | *Indigofera bungeana* Walp. | | | 福建泰宁 | 2011 | 2 | 野生资源 |
| 1590 | 木蓝1-4 | 木蓝属 | 苏木蓝 | *Indigofera carlesii* Craib | | 湖北畜牧所 | 湖北武昌 | 1990 | 1 | 野生资源 |
| 1591 | 101113012 | 木蓝属 | 尾叶木蓝 | *Indigofera caudata* dunn | | | 广西龙州上降 | 2010 | 2 | 野生资源 |
| 1592 | 061129055 | 木蓝属 | 疏花木蓝 | *Indigofera chuniana* Metc. | | | 海南三亚安游 | 2006 | 2 | 野生资源 |
| 1593 | hn2896 | 木蓝属 | 假大青蓝 | *Indigofera galegoides* DC. | | | 广西大新硕龙 | 2010 | 3 | 野生资源 |
| 1594 | hn2897 | 木蓝属 | 假大青蓝 | *Indigofera galegoides* DC. | | | 广西龙州武德 | 2010 | 3 | 野生资源 |
| 1595 | 041130112 | 木蓝属 | 假大青蓝 | *Indigofera galegoides* DC. | | | 海南乐东志仲镇 | 2004 | 2 | 野生资源 |

（续）

| 序号 | 送种单位编号 | 属名 | 种名 | 学名 | 品种名（原文名） | 材料来源 | 材料原产地 | 收种时间（年份） | 保存地点 | 类型 |
|---|---|---|---|---|---|---|---|---|---|---|
| 1596 | 101119022 | 木蓝属 | 假大青蓝 | *Indigofera galegoides* DC. | | | 广西大新榄圩 | 2010 | 2 | 野生资源 |
| 1597 | 101115003 | 木蓝属 | 假大青蓝 | *Indigofera galegoides* DC. | | | 广西龙州武德 | 2010 | 2 | 野生资源 |
| 1598 | GX10110507 | 木蓝属 | 假大青蓝 | *Indigofera galegoides* DC. | | | 广西崇左龙州 | 2010 | 2 | 野生资源 |
| 1599 | GX11121602 | 木蓝属 | 假大青蓝 | *Indigofera galegoides* DC. | | 广西牧草站 | | 2011 | 2 | 野生资源 |
| 1600 | 101114029 | 木蓝属 | 假大青蓝 | *Indigofera galegoides* DC. | | | 广西龙州下冻 | 2010 | 2 | 野生资源 |
| 1601 | 101116030 | 木蓝属 | 假大青蓝 | *Indigofera galegoides* DC. | | | 广西大新 | 2010 | 2 | 野生资源 |
| 1602 | HN1094 | 木蓝属 | 硬毛木蓝 | *Indigofera hirsuta* L. | | | 海南东方鸵鸟基地 | 2005 | 3 | 野生资源 |
| 1603 | hn2542 | 木蓝属 | 硬毛木蓝 | *Indigofera hirsuta* L. | | | 海南陵水黎安镇 | 2006 | 3 | 野生资源 |
| 1604 | hn2543 | 木蓝属 | 硬毛木蓝 | *Indigofera hirsuta* L. | | | 海南东方唐麻园 | 2006 | 3 | 野生资源 |
| 1605 | hn2544 | 木蓝属 | 硬毛木蓝 | *Indigofera hirsuta* L. | | | 福建漳州诏安 | 2007 | 3 | 野生资源 |
| 1606 | hn2545 | 木蓝属 | 硬毛木蓝 | *Indigofera hirsuta* L. | | | 海南三亚田独 | 2005 | 3 | 野生资源 |
| 1607 | hn2546 | 木蓝属 | 硬毛木蓝 | *Indigofera hirsuta* L. | | | 海南广坝江边公路 | 2006 | 3 | 野生资源 |
| 1608 | hn2547 | 木蓝属 | 硬毛木蓝 | *Indigofera hirsuta* L. | | | 广东湛江龙头 | 2007 | 3 | 野生资源 |
| 1609 | hn2548 | 木蓝属 | 硬毛木蓝 | *Indigofera hirsuta* L. | | | 海南昌江海尾镇 | 2006 | 3 | 野生资源 |
| 1610 | hn2550 | 木蓝属 | 硬毛木蓝 | *Indigofera hirsuta* L. | | | 海南白沙邦溪镇 | 2006 | 3 | 野生资源 |
| 1611 | hn2551 | 木蓝属 | 硬毛木蓝 | *Indigofera hirsuta* L. | | | 海南乐东志仲镇 | 2004 | 3 | 野生资源 |
| 1612 | hn2552 | 木蓝属 | 硬毛木蓝 | *Indigofera hirsuta* L. | | | 海南儋州王五镇 | 2006 | 3 | 野生资源 |
| 1613 | hn2553 | 木蓝属 | 硬毛木蓝 | *Indigofera hirsuta* L. | | | 福州晋安埔档 | 2010 | 3 | 野生资源 |
| 1614 | hn2909 | 木蓝属 | 硬毛木蓝 | *Indigofera hirsuta* L. | | | 福建漳州漳浦 | 2012 | 3 | 栽培资源 |
| 1615 | hn3060 | 木蓝属 | 硬毛木蓝 | *Indigofera hirsuta* L. | | | 海南海口 | 2007 | 3 | 野生资源 |
| 1616 | hn3076 | 木蓝属 | 硬毛木蓝 | *Indigofera hirsuta* L. | | | 海南海口城西 | 2012 | 3 | 野生资源 |
| 1617 | hn3102 | 木蓝属 | 硬毛木蓝 | *Indigofera hirsuta* L. | | | 广东饶平 | 2007 | 3 | 野生资源 |
| 1618 | hn3103 | 木蓝属 | 硬毛木蓝 | *Indigofera hirsuta* L. | | | 广东饶平 | 2007 | 3 | 野生资源 |
| 1619 | hn3104 | 木蓝属 | 硬毛木蓝 | *Indigofera hirsuta* L. | | | 广东饶平 | 2007 | 3 | 野生资源 |
| 1620 | 041130320 | 木蓝属 | 硬毛木蓝 | *Indigofera hirsuta* L. | | | 海南海口西秀镇 | 2004 | 2 | 野生资源 |

（续）

| 序号 | 送种单位编号 | 属 名 | 种 名 | 学 名 | 品种名（原文名） | 材料来源 | 材料原产地 | 收种时间（年份） | 保存地点 | 类型 |
|---|---|---|---|---|---|---|---|---|---|---|
| 1621 | 041130099 | 木蓝属 | 硬毛木蓝 | *Indigofera hirsuta* L. | | | 海南乐东 | 2004 | 2 | 野生资源 |
| 1622 | 041130316 | 木蓝属 | 硬毛木蓝 | *Indigofera hirsuta* L. | | | 海南海口长流镇 | 2004 | 2 | 野生资源 |
| 1623 | 051212101 | 木蓝属 | 硬毛木蓝 | *Indigofera hirsuta* L. | | | 海南东方鸵鸟基地 | 2005 | 2 | 野生资源 |
| 1624 | 041104013 | 木蓝属 | 硬毛木蓝 | *Indigofera hirsuta* L. | | | 海南乐东 | 2004 | 2 | 野生资源 |
| 1625 | 041130053 | 木蓝属 | 硬毛木蓝 | *Indigofera hirsuta* L. | | | 海南东方鸵鸟基地 | 2004 | 2 | 野生资源 |
| 1626 | 061117001 | 木蓝属 | 硬毛木蓝 | *Indigofera hirsuta* L. | | | 海南海口 | 2006 | 2 | 野生资源 |
| 1627 | 051211063 | 木蓝属 | 硬毛木蓝 | *Indigofera hirsuta* L. | | | 海南三亚藤桥 | 2005 | 2 | 野生资源 |
| 1628 | 060318038 | 木蓝属 | 硬毛木蓝 | *Indigofera hirsuta* L. | | | 海南临高东英镇 | 2006 | 2 | 野生资源 |
| 1629 | 060227017 | 木蓝属 | 硬毛木蓝 | *Indigofera hirsuta* L. | | | 海南儋州新英 | 2006 | 2 | 野生资源 |
| 1630 | 051212087 | 木蓝属 | 硬毛木蓝 | *Indigofera hirsuta* L. | | | 海南东方 | 2005 | 2 | 野生资源 |
| 1631 | 051209024 | 木蓝属 | 硬毛木蓝 | *Indigofera hirsuta* L. | | | 海南定安县城 | 2005 | 2 | 野生资源 |
| 1632 | 041130189 | 木蓝属 | 硬毛木蓝 | *Indigofera hirsuta* L. | | | 海南琼中和平镇 | 2004 | 2 | 野生资源 |
| 1633 | 051209010 | 木蓝属 | 硬毛木蓝 | *Indigofera hirsuta* L. | | | 海南海口 | 2005 | 2 | 野生资源 |
| 1634 | 041130241 | 木蓝属 | 硬毛木蓝 | *Indigofera hirsuta* L. | | | 海南琼海 | 2004 | 2 | 野生资源 |
| 1635 | 031223001 | 木蓝属 | 硬毛木蓝 | *Indigofera hirsuta* L. | | | 海南白沙邦溪镇 | 2003 | 2 | 野生资源 |
| 1636 | 041104007 | 木蓝属 | 硬毛木蓝 | *Indigofera hirsuta* L. | | | 海南昌江 | 2004 | 2 | 野生资源 |
| 1637 | 041130111 | 木蓝属 | 硬毛木蓝 | *Indigofera hirsuta* L. | | | 海南乐东志仲镇 | 2004 | 2 | 野生资源 |
| 1638 | 050311587 | 木蓝属 | 硬毛木蓝 | *Indigofera hirsuta* L. | | | 广西北海合浦 | 2005 | 2 | 野生资源 |
| 1639 | 050319028 | 木蓝属 | 硬毛木蓝 | *Indigofera hirsuta* L. | | | 海南三亚田独 | 2005 | 2 | 野生资源 |
| 1640 | 060124008 | 木蓝属 | 硬毛木蓝 | *Indigofera hirsuta* L. | | | 海南儋州南丰 | 2006 | 2 | 野生资源 |
| 1641 | 060130044 | 木蓝属 | 硬毛木蓝 | *Indigofera hirsuta* L. | | | 海南三亚红塘 | 2006 | 2 | 野生资源 |
| 1642 | 060131020 | 木蓝属 | 硬毛木蓝 | *Indigofera hirsuta* L. | | | 海南三亚崖城 | 2006 | 2 | 野生资源 |
| 1643 | 060211022 | 木蓝属 | 硬毛木蓝 | *Indigofera hirsuta* L. | | | 海南洋浦 | 2006 | 2 | 野生资源 |
| 1644 | 060211023 | 木蓝属 | 硬毛木蓝 | *Indigofera hirsuta* L. | | | 海南洋浦 | 2006 | 2 | 野生资源 |
| 1645 | 060218013 | 木蓝属 | 硬毛木蓝 | *Indigofera hirsuta* L. | | | 海南白沙邦溪镇 | 2006 | 2 | 野生资源 |

（续）

| 序号 | 送种单位编号 | 属名 | 种名 | 学名 | 品种名（原文名） | 材料来源 | 材料原产地 | 收种时间（年份） | 保存地点 | 类型 |
|---|---|---|---|---|---|---|---|---|---|---|
| 1646 | 060220010 | 木蓝属 | 硬毛木蓝 | *Indigofera hirsuta* L. | | | 海南昌江海尾镇 | 2006 | 2 | 野生资源 |
| 1647 | 060228021 | 木蓝属 | 硬毛木蓝 | *Indigofera hirsuta* L. | | | 海南广坝江边 | 2006 | 2 | 野生资源 |
| 1648 | 060302012 | 木蓝属 | 硬毛木蓝 | *Indigofera hirsuta* L. | | | 海南陵水黎安乡 | 2006 | 2 | 野生资源 |
| 1649 | 060310014 | 木蓝属 | 硬毛木蓝 | *Indigofera hirsuta* L. | | | 海南东方唐麻园 | 2006 | 2 | 野生资源 |
| 1650 | 061115007 | 木蓝属 | 硬毛木蓝 | *Indigofera hirsuta* L. | | | 海南儋州市王五镇 | 2006 | 2 | 野生资源 |
| 1651 | 061118007 | 木蓝属 | 硬毛木蓝 | *Indigofera hirsuta* L. | | | 海南儋州雅星镇 | 2006 | 2 | 野生资源 |
| 1652 | 061118024 | 木蓝属 | 硬毛木蓝 | *Indigofera hirsuta* L. | | | 海南儋州海头镇 | 2006 | 2 | 野生资源 |
| 1653 | 061127018 | 木蓝属 | 硬毛木蓝 | *Indigofera hirsuta* L. | | | 海南昌江保平乡 | 2006 | 2 | 野生资源 |
| 1654 | 061129028 | 木蓝属 | 硬毛木蓝 | *Indigofera hirsuta* L. | | | 海南乐东保显农场 | 2006 | 2 | 野生资源 |
| 1655 | 061130020 | 木蓝属 | 硬毛木蓝 | *Indigofera hirsuta* L. | | | 海南陵水黎安 | 2006 | 2 | 野生资源 |
| 1656 | 061220008 | 木蓝属 | 硬毛木蓝 | *Indigofera hirsuta* L. | | | 海南乐东千家响水 | 2006 | 2 | 野生资源 |
| 1657 | 061221054 | 木蓝属 | 硬毛木蓝 | *Indigofera hirsuta* L. | | | 海南陵水英州 | 2006 | 2 | 野生资源 |
| 1658 | 061222079 | 木蓝属 | 硬毛木蓝 | *Indigofera hirsuta* L. | | | 海南陵水黎安 | 2006 | 2 | 野生资源 |
| 1659 | 070103007 | 木蓝属 | 硬毛木蓝 | *Indigofera hirsuta* L. | | | 广东湛江龙头 | 2007 | 2 | 野生资源 |
| 1660 | 070103027 | 木蓝属 | 硬毛木蓝 | *Indigofera hirsuta* L. | | | 广东茂名电白 | 2007 | 2 | 野生资源 |
| 1661 | 070108008 | 木蓝属 | 硬毛木蓝 | *Indigofera hirsuta* L. | | | 广东深圳皇岗 | 2007 | 2 | 野生资源 |
| 1662 | 070110008 | 木蓝属 | 硬毛木蓝 | *Indigofera hirsuta* L. | | | 广东汕尾 | 2007 | 2 | 野生资源 |
| 1663 | 070111009 | 木蓝属 | 硬毛木蓝 | *Indigofera hirsuta* L. | | | 广东潮安金石 | 2007 | 2 | 野生资源 |
| 1664 | 070111027 | 木蓝属 | 硬毛木蓝 | *Indigofera hirsuta* L. | | | 福建漳州诏安 | 2007 | 2 | 野生资源 |
| 1665 | 070111042 | 木蓝属 | 硬毛木蓝 | *Indigofera hirsuta* L. | | | 福建漳州诏安 | 2007 | 2 | 野生资源 |
| 1666 | 070112008 | 木蓝属 | 硬毛木蓝 | *Indigofera hirsuta* L. | | | 广东汕尾 | 2007 | 2 | 野生资源 |
| 1667 | 070113009 | 木蓝属 | 硬毛木蓝 | *Indigofera hirsuta* L. | | | 福建厦门 | 2007 | 2 | 野生资源 |
| 1668 | 070319002 | 木蓝属 | 硬毛木蓝 | *Indigofera hirsuta* L. | | | 广西梧州苍梧 | 2007 | 2 | 野生资源 |
| 1669 | 140401077 | 木蓝属 | 硬毛木蓝 | *Indigofera hirsuta* L. | | | 福建永安青水 | 2014 | 2 | 野生资源 |
| 1670 | 061118028 | 木蓝属 | 硬毛木蓝 | *Indigofera hirsuta* L. | | | 海南五指山 | 2006 | 2 | 野生资源 |

（续）

| 序号 | 送种单位编号 | 属 名 | 种 名 | 学 名 | 品种名（原文名） | 材料来源 | 材料原产地 | 收种时间（年份） | 保存地点 | 类型 |
|---|---|---|---|---|---|---|---|---|---|---|
| 1671 | 110110010 | 木蓝属 | 硬毛木蓝 | *Indigofera hirsuta* L. | | | 福建漳浦 | 2011 | 2 | 野生资源 |
| 1672 | 110114008 | 木蓝属 | 硬毛木蓝 | *Indigofera hirsuta* L. | | | 福建同安 | 2011 | 2 | 野生资源 |
| 1673 | 050218093 | 木蓝属 | 硬毛木蓝 | *Indigofera hirsuta* L. | | | 云南腾冲清水 | 2005 | 2 | 野生资源 |
| 1674 | 050306468 | 木蓝属 | 硬毛木蓝 | *Indigofera hirsuta* L. | | | 云南昆明 | 2005 | 2 | 野生资源 |
| 1675 | 060310013-2 | 木蓝属 | 硬毛木蓝 | *Indigofera hirsuta* L. | | | 海南东方江边 | 2006 | 2 | 野生资源 |
| 1676 | 060402030 | 木蓝属 | 硬毛木蓝 | *Indigofera hirsuta* L. | | | 云南普洱磨黑镇 | 2006 | 2 | 野生资源 |
| 1677 | 060127017 | 木蓝属 | 硬毛木蓝 | *Indigofera hirsuta* L. | | | 海南东方鸵鸟基地 | 2006 | 2 | 野生资源 |
| 1678 | 050218091 | 木蓝属 | 硬毛木蓝 | *Indigofera hirsuta* L. | | | 云南腾冲清水乡热海 | 2005 | 2 | 野生资源 |
| 1679 | 050217062 | 木蓝属 | 硬毛木蓝 | *Indigofera hirsuta* L. | | | 云南保山潞江坝 | 2005 | 2 | 野生资源 |
| 1680 | 050125002 | 木蓝属 | 硬毛木蓝 | *Indigofera hirsuta* L. | | | 海南乐东千家镇 | 2005 | 2 | 野生资源 |
| 1681 | 050217025 | 木蓝属 | 硬毛木蓝 | *Indigofera hirsuta* L. | | | 云南保山怒江坝 | 2005 | 2 | 野生资源 |
| 1682 | 091001008 | 木蓝属 | 硬毛木蓝 | *Indigofera hirsuta* L. | | | 海南屯昌 | 2009 | 2 | 野生资源 |
| 1683 | 071209006 | 木蓝属 | 硬毛木蓝 | *Indigofera hirsuta* L. | | | 海南海口 | 2007 | 2 | 野生资源 |
| 1684 | 071214011 | 木蓝属 | 硬毛木蓝 | *Indigofera hirsuta* L. | | | 广东饶平 | 2007 | 2 | 野生资源 |
| 1685 | 071216049 | 木蓝属 | 硬毛木蓝 | *Indigofera hirsuta* L. | | | 福建东山岛 | 2007 | 2 | 野生资源 |
| 1686 | 071216026 | 木蓝属 | 硬毛木蓝 | *Indigofera hirsuta* L. | | | 福建诏安 | 2007 | 2 | 野生资源 |
| 1687 | 081216012 | 木蓝属 | 硬毛木蓝 | *Indigofera hirsuta* L. | | | 江西南昌 | 2008 | 2 | 野生资源 |
| 1688 | 081212015 | 木蓝属 | 硬毛木蓝 | *Indigofera hirsuta* L. | | | 广东惠州博罗 | 2008 | 2 | 野生资源 |
| 1689 | 121123003 | 木蓝属 | 硬毛木蓝 | *Indigofera hirsuta* L. | | | 福建漳州漳浦 | 2012 | 2 | 野生资源 |
| 1690 | 140401075 | 木蓝属 | 硬毛木蓝 | *Indigofera hirsuta* L. | | | 广东惠州惠东 | 2014 | 2 | 野生资源 |
| 1691 | 121007008 | 木蓝属 | 硬毛木蓝 | *Indigofera hirsuta* L. | | | 海南海口城西 | 2012 | 2 | 野生资源 |
| 1692 | 151020013 | 木蓝属 | 硬毛木蓝 | *Indigofera hirsuta* L. | | | 广西百色田阳 | 2015 | 2 | 野生资源 |
| 1693 | 151021003 | 木蓝属 | 硬毛木蓝 | *Indigofera hirsuta* L. | | | 广东吴川 | 2015 | 2 | 野生资源 |
| 1694 | 151024006 | 木蓝属 | 硬毛木蓝 | *Indigofera hirsuta* L. | | | 广东廉江木黄山 | 2015 | 2 | 野生资源 |
| 1695 | 151017020 | 木蓝属 | 硬毛木蓝 | *Indigofera hirsuta* L. | | | 广东雷州 | 2015 | 2 | 野生资源 |

（续）

| 序号 | 送种单位编号 | 属 名 | 种 名 | 学 名 | 品种名（原文名） | 材料来源 | 材料原产地 | 收种时间（年份） | 保存地点 | 类型 |
|---|---|---|---|---|---|---|---|---|---|---|
| 1696 | 151014021 | 木蓝属 | 硬毛木蓝 | *Indigofera hirsuta* L. | | | 广东徐闻龙塘镇 | 2015 | 2 | 野生资源 |
| 1697 | 071218037 | 木蓝属 | 硬毛木蓝 | *Indigofera hirsuta* L. | | | 福建龙海紫云公园 | 2007 | 2 | 野生资源 |
| 1698 | 071217057 | 木蓝属 | 硬毛木蓝 | *Indigofera hirsuta* L. | | | 福建漳浦盘陀镇 | 2007 | 2 | 野生资源 |
| 1699 | 041130348 | 木蓝属 | 硬毛木蓝 | *Indigofera hirsuta* L. | | | 海南白莲镇 | 2004 | 2 | 野生资源 |
| 1700 | 2010FJ010 | 木蓝属 | 硬毛木蓝 | *Indigofera hirsuta* L. | | 福建农科院甘蔗所 | | 2010 | 2 | 野生资源 |
| 1701 | 041130236 | 木蓝属 | 硬毛木蓝 | *Indigofera hirsuta* L. | | | 海南宝安龙门镇 | 2004 | 2 | 野生资源 |
| 1702 | 041130344 | 木蓝属 | 硬毛木蓝 | *Indigofera hirsuta* L. | | | 海南白莲镇 | 2004 | 2 | 野生资源 |
| 1703 | 041130215 | 木蓝属 | 硬毛木蓝 | *Indigofera hirsuta* L. | | | 海南琼山灵山镇 | 2004 | 2 | 野生资源 |
| 1704 | 广西畜574 | 木蓝属 | 硬毛木蓝 | *Indigofera hirsuta* L. | | 广西畜牧所 | 广东 | 1992 | 1 | 野生资源 |
| 1705 | 贵65 | 木蓝属 | 宜昌木蓝 | *Indigofera decora* Lindl. var *ichangensis* (Craib) Y. Y. Fang et C. Z. Zheng | | 贵州省草业所 | 贵州惠水 | 2003 | 1 | 野生资源 |
| 1706 | hn2622 | 木蓝属 | 花木蓝 | *Indigofera kirilowii* Maxim. ex Palib. | | | 海南儋州两院 | 2007 | 3 | 野生资源 |
| 1707 | hn2623 | 木蓝属 | 花木蓝 | *Indigofera kirilowii* Maxim. ex Palib. | | | 海南东方 | 2006 | 3 | 野生资源 |
| 1708 | 050312609 | 木蓝属 | 花木蓝 | *Indigofera kirilowii* Maxim. ex Palib. | | | 广东廉江 | 2005 | 2 | 野生资源 |
| 1709 | 071103008 | 木蓝属 | 花木蓝 | *Indigofera kirilowii* Maxim. ex Palib. | | | 海南儋州两院 | 2007 | 2 | 野生资源 |
| 1710 | 060425001 | 木蓝属 | 花木蓝 | *Indigofera kirilowii* Maxim. ex Palib. | | | 海南东方市新街镇 | 2006 | 2 | 野生资源 |
| 1711 | 060425002 | 木蓝属 | 花木蓝 | *Indigofera kirilowii* Maxim. ex Palib. | | | 海南琼中 | 2006 | 2 | 野生资源 |
| 1712 | 061021026-2 | 木蓝属 | 九叶木蓝 | *Indigofera linnaei* Ali | | | 海南儋州峨蔓镇 | 2006 | 2 | 野生资源 |
| 1713 | 061113017 | 木蓝属 | 九叶木蓝 | *Indigofera linnaei* Ali | | | 海南儋州干中镇 | 2006 | 2 | 野生资源 |
| 1714 | HN1116 | 木蓝属 | 马棘 | *Indigofera pseudotinctoria* Matsum. | | 热带牧草中心 | | 2014 | 3 | 野生资源 |
| 1715 | hn2874 | 木蓝属 | 马棘 | *Indigofera pseudotinctoria* Matsum. | | | 云南西畴 | 2007 | 3 | 野生资源 |
| 1716 | hn2875 | 木蓝属 | 马棘 | *Indigofera pseudotinctoria* Matsum. | | | 福建上杭 | 2007 | 3 | 引进资源 |
| 1717 | hn2898 | 木蓝属 | 马棘 | *Indigofera pseudotinctoria* Matsum. | | 热带牧草中心 | | 2014 | 3 | 野生资源 |
| 1718 | hn2922 | 木蓝属 | 马棘 | *Indigofera pseudotinctoria* Matsum. | | 热带牧草中心 | | 2014 | 3 | 野生资源 |

（续）

| 序号 | 送种单位编号 | 属 名 | 种 名 | 学 名 | 品种名（原文名） | 材料来源 | 材料原产地 | 收种时间（年份） | 保存地点 | 类型 |
|---|---|---|---|---|---|---|---|---|---|---|
| 1719 | 050217054 | 木蓝属 | 马棘 | *Indigofera pseudotinctoria* Matsum. | | | 云南农科院 | 2005 | 2 | 野生资源 |
| 1720 | 南 01231 | 木蓝属 | 马棘 | *Indigofera pseudotinctoria* Matsum. | | 海南南繁基地 | | 2001 | 2 | 野生资源 |
| 1721 | 湖北所木蓝 91-02 | 木蓝属 | 马棘 | *Indigofera pseudotinctoria* Matsum. | | 湖北畜牧所 | 湖北秭归 | 1992 | 1 | 野生资源 |
| 1722 | 湖北所木蓝 91-01 | 木蓝属 | 马棘 | *Indigofera pseudotinctoria* Matsum. | | 湖北畜牧所 | 湖北秭归 | 1993 | 1 | 野生资源 |
| 1723 | 110201001 | 木蓝属 | 多枝木蓝 | *Indigofera ramulosissima* Hosokawa | | | 海南儋州林场 | 2011 | 2 | 野生资源 |
| 1724 | 071103006 | 木蓝属 | 多枝木蓝 | *Indigofera ramulosissima* Hosokawa | | | 海南儋州两院 | 2007 | 2 | 野生资源 |
| 1725 | HN1374 | 木蓝属 | 穗序木蓝 | *Indigofera spicata* Forsk. | | 热带牧草中心 | 云南思茅 | 2010 | 3 | 野生资源 |
| 1726 | HN1438 | 木蓝属 | 穗序木蓝 | *Indigofera spicata* Forsk. | | | 云南思茅 | 2016 | 3 | 野生资源 |
| 1727 | hn2878 | 木蓝属 | 穗序木蓝 | *Indigofera spicata* Forsk. | | 热带牧草中心 | | 2013 | 3 | 野生资源 |
| 1728 | 060428015 | 木蓝属 | 穗序木蓝 | *Indigofera spicata* Forsk. | | | 云南德宏潞西 | 2006 | 2 | 野生资源 |
| 1729 | | 木蓝属 | 穗序木蓝 | *Indigofera spicata* Forsk. | | | | 2006 | 1 | 野生资源 |
| 1730 | HN1176 | 木蓝属 | 野青树 | *Indigofera suffruticosa* Mill. | | | 海南琼中 | 2006 | 3 | 野生资源 |
| 1731 | hn2650 | 木蓝属 | 野青树 | *Indigofera suffruticosa* Mill. | | | 福建云霄将军山 | 2007 | 3 | 野生资源 |
| 1732 | HN2011-2016 | 木蓝属 | 野青树 | *Indigofera suffruticosa* Mill. | | | 海南陵水英州 | 2007 | 3 | 野生资源 |
| 1733 | 041130289 | 木蓝属 | 野青树 | *Indigofera suffruticosa* Mill. | | | 海南文昌东阁镇 | 2004 | 2 | 野生资源 |
| 1734 | HN1065 | 木蓝属 | 木蓝 | *Indigofera tinctoria* L. | | | 海南乐东保国农场 | 2008 | 3 | 野生资源 |
| 1735 | HN1228 | 木蓝属 | 木蓝 | *Indigofera tinctoria* L. | | | 海南海口长流镇 | 2009 | 3 | 野生资源 |
| 1736 | HN1241 | 木蓝属 | 木蓝 | *Indigofera tinctoria* L. | | | 海南三亚 | 2009 | 3 | 野生资源 |
| 1737 | HN1252 | 木蓝属 | 木蓝 | *Indigofera tinctoria* L. | | | 海南乐东 | 2009 | 3 | 野生资源 |
| 1738 | HN1270 | 木蓝属 | 木蓝 | *Indigofera tinctoria* L. | | | 海南陵水提蒙 | 2009 | 3 | 野生资源 |
| 1739 | HN2011-1756 | 木蓝属 | 木蓝 | *Indigofera tinctoria* L. | | | 海南陵水英州 | 2007 | 3 | 野生资源 |
| 1740 | HN2011-1757 | 木蓝属 | 木蓝 | *Indigofera tinctoria* L. | | | 海南鹦歌岭 | 2006 | 3 | 野生资源 |
| 1741 | HN2011-1759 | 木蓝属 | 木蓝 | *Indigofera tinctoria* L. | | | 海南乐东尖峰岭 | 2007 | 3 | 野生资源 |
| 1742 | HN2011-1760 | 木蓝属 | 木蓝 | *Indigofera tinctoria* L. | | | 海南乐东响水 | 2004 | 3 | 野生资源 |
| 1743 | HN2011-1762 | 木蓝属 | 木蓝 | *Indigofera tinctoria* L. | | | 海南三亚 | 2004 | 3 | 野生资源 |

（续）

| 序号 | 送种单位编号 | 属 名 | 种 名 | 学 名 | 品种名（原文名） | 材料来源 | 材料原产地 | 收种时间（年份） | 保存地点 | 类型 |
|------|------------|-------|-------|------|------|--------|----------|---------|------|------|
| 1744 | HN2011-1934 | 木蓝属 | 木蓝 | *Indigofera tinctoria* L. | | | 广西崇左龙州 | 2010 | 3 | 野生资源 |
| 1745 | HN245 | 木蓝属 | 木蓝 | *Indigofera tinctoria* L. | | | 海南三亚红沙 | 2003 | 3 | 野生资源 |
| 1746 | hn2993 | 木蓝属 | 木蓝 | *Indigofera tinctoria* L. | | | 海南海口石山镇 | 2004 | 3 | 野生资源 |
| 1747 | HN452 | 木蓝属 | 木蓝 | *Indigofera tinctoria* L. | | | 海南白沙细水 | 2004 | 3 | 野生资源 |
| 1748 | HN472 | 木蓝属 | 木蓝 | *Indigofera tinctoria* L. | | | 海南陵水提蒙 | 2004 | 3 | 野生资源 |
| 1749 | HN598 | 木蓝属 | 木蓝 | *Indigofera tinctoria* L. | | | 海南海口长流镇 | 2004 | 3 | 野生资源 |
| 1750 | JS2015-46 | 木蓝属 | 木蓝 | *Indigofera tinctoria* L. | | | 江苏茅山西阳 | 2015 | 3 | 野生资源 |
| 1751 | JS2015-47 | 木蓝属 | 木蓝 | *Indigofera tinctoria* L. | | | 江苏茅山 | 2015 | 3 | 野生资源 |
| 1752 | JS2015-48 | 木蓝属 | 木蓝 | *Indigofera tinctoria* L. | | | 安徽天堂寨 | 2015 | 3 | 野生资源 |
| 1753 | JS2015-49 | 木蓝属 | 木蓝 | *Indigofera tinctoria* L. | | | 安徽六安 | 2015 | 3 | 野生资源 |
| 1754 | JS2015-50 | 木蓝属 | 木蓝 | *Indigofera tinctoria* L. | | | 安徽胡家山 | 2015 | 3 | 野生资源 |
| 1755 | JS2015-51 | 木蓝属 | 木蓝 | *Indigofera tinctoria* L. | | | 江苏溧阳 | 2015 | 3 | 野生资源 |
| 1756 | JS2015-52 | 木蓝属 | 木蓝 | *Indigofera tinctoria* L. | | | 江苏宜兴 | 2015 | 3 | 野生资源 |
| 1757 | JS2015-53 | 木蓝属 | 木蓝 | *Indigofera tinctoria* L. | | | 江苏麻城 | 2015 | 3 | 野生资源 |
| 1758 | JS2016-54 | 木蓝属 | 木蓝 | *Indigofera tinctoria* L. | | | 江苏常州金坛 | 2016 | 3 | 野生资源 |
| 1759 | JS2015-54 | 木蓝属 | 木蓝 | *Indigofera tinctoria* L. | | | 江苏金坛 | 2015 | 3 | 野生资源 |
| 1760 | 中畜-1110 | 木蓝属 | 木蓝 | *Indigofera tinctoria* L. | | 中国农科院畜牧所 | | 2010 | 3 | 野生资源 |
| 1761 | 中畜-1111 | 木蓝属 | 木蓝 | *Indigofera tinctoria* L. | | 中国农科院畜牧所 | | 2010 | 3 | 野生资源 |
| 1762 | 080426031 | 木蓝属 | 木蓝 | *Indigofera tinctoria* L. | | | 广西百色田林 | 2008 | 2 | 野生资源 |
| 1763 | GX11120809 | 木蓝属 | 木蓝 | *Indigofera tinctoria* L. | | 广西牧草站 | | 2011 | 2 | 野生资源 |
| 1764 | 061220010 | 木蓝属 | 木蓝 | *Indigofera tinctoria* L. | | | 海南乐东千家响水镇 | 2006 | 2 | 野生资源 |
| 1765 | 051211085 | 木蓝属 | 木蓝 | *Indigofera tinctoria* L. | | | 海南乐东梅山镇 | 2005 | 2 | 野生资源 |
| 1766 | 080113030 | 木蓝属 | 木蓝 | *Indigofera tinctoria* L. | | | 云南保山怒江坝 | 2008 | 2 | 野生资源 |

（续）

| 序号 | 送种单位编号 | 属名 | 种名 | 学名 | 品种名（原文名） | 材料来源 | 材料原产地 | 收种时间（年份） | 保存地点 | 类型 |
|---|---|---|---|---|---|---|---|---|---|---|
| 1767 | 080112005 | 木蓝属 | 木蓝 | *Indigofera tinctoria* L. | | | 云南保山 | 2008 | 2 | 野生资源 |
| 1768 | hn2426 | 木蓝属 | 三叶木蓝 | *Indigofera trifoliata* L. | | | 广西扶绥县那圩镇大唐村 | 2012 | 3 | 野生资源 |
| 1769 | 060211030 | 木蓝属 | 三叶木蓝 | *Indigofera trifoliata* L. | | | 海南洋浦 | 2006 | 2 | 野生资源 |
| 1770 | 83-169 | 鸡眼草属 | 长萼鸡眼草 | *Kummerowia stipulacea*（Maxim.）Makino | | 中国农科院畜牧所 | | 2016 | 3 | 引进资源 |
| 1771 | 83-170 | 鸡眼草属 | 长萼鸡眼草 | *Kummerowia stipulacea*（Maxim.）Makino | | 中国农科院畜牧所 | | 2016 | 3 | 引进资源 |
| 1772 | HB2011-218 | 鸡眼草属 | 长萼鸡眼草 | *Kummerowia stipulacea*（Maxim.）Makino | | 湖北农科院畜牧所 | | 2011 | 3 | 野生资源 |
| 1773 | HB2014-261 | 鸡眼草属 | 长萼鸡眼草 | *Kummerowia stipulacea*（Maxim.）Makino | | | 河南信阳罗山 | 2014 | 3 | 野生资源 |
| 1774 | HB2014-268 | 鸡眼草属 | 长萼鸡眼草 | *Kummerowia stipulacea*（Maxim.）Makino | | | 河南信阳羊山 | 2014 | 3 | 野生资源 |
| 1775 | HB2014-281 | 鸡眼草属 | 长萼鸡眼草 | *Kummerowia stipulacea*（Maxim.）Makino | | | 河南信阳浉河 | 2014 | 3 | 野生资源 |
| 1776 | HB2015187 | 鸡眼草属 | 长萼鸡眼草 | *Kummerowia stipulacea*（Maxim.）Makino | | | 河南信阳新县 | 2015 | 3 | 野生资源 |
| 1777 | HB2015190 | 鸡眼草属 | 长萼鸡眼草 | *Kummerowia stipulacea*（Maxim.）Makino | | | 河南信阳浉河 | 2015 | 3 | 野生资源 |
| 1778 | HB2015193 | 鸡眼草属 | 长萼鸡眼草 | *Kummerowia stipulacea*（Maxim.）Makino | | | 河南信阳平桥 | 2015 | 3 | 野生资源 |
| 1779 | HB2015196 | 鸡眼草属 | 长萼鸡眼草 | *Kummerowia stipulacea*（Maxim.）Makino | | | 河南驻马店确山 | 2015 | 3 | 野生资源 |
| 1780 | HB2015198 | 鸡眼草属 | 长萼鸡眼草 | *Kummerowia stipulacea*（Maxim.）Makino | | | 河南许昌襄城 | 2015 | 3 | 野生资源 |
| 1781 | JL10-038 | 鸡眼草属 | 长萼鸡眼草 | *Kummerowia stipulacea*（Maxim.）Makino | | | 吉林吉林旺起松花湖 | 2009 | 3 | 栽培资源 |
| 1782 | 140919008 | 鸡眼草属 | 长萼鸡眼草 | *Kummerowia stipulacea*（Maxim.）Makino | | | 广东四会地豆镇 | 2014 | 2 | 野生资源 |
| 1783 | 121016018 | 鸡眼草属 | 长萼鸡眼草 | *Kummerowia stipulacea*（Maxim.）Makino | | | 贵州兴义盘县 | 2012 | 2 | 野生资源 |
| 1784 | GX12111201 | 鸡眼草属 | 长萼鸡眼草 | *Kummerowia stipulacea*（Maxim.）Makino | | 广西牧草站 | | 2012 | 2 | 野生资源 |
| 1785 | 83-168 | 鸡眼草属 | 鸡眼草 | *Kummerowia striata*（Thunb.）Schindl. | | 中国农科院畜牧所 | | 2016 | 3 | 引进资源 |
| 1786 | HB2011-238 | 鸡眼草属 | 鸡眼草 | *Kummerowia striata*（Thunb.）Schindl. | | 湖北农科院畜牧所 | | 2015 | 3 | 野生资源 |

(续)

| 序号 | 送种单位编号 | 属 名 | 种 名 | 学 名 | 品种名（原文名） | 材料来源 | 材料原产地 | 收种时间（年份） | 保存地点 | 类型 |
|---|---|---|---|---|---|---|---|---|---|---|
| 1787 | HB2014-105 | 鸡眼草属 | 鸡眼草 | *Kummerowia striata*（Thunb.）Schindl. | | | 河南信阳浉河 | 2013 | 3 | 野生资源 |
| 1788 | HB2014-269 | 鸡眼草属 | 鸡眼草 | *Kummerowia striata*（Thunb.）Schindl. | | | 河南信阳羊山 | 2014 | 3 | 野生资源 |
| 1789 | HB2014-271 | 鸡眼草属 | 鸡眼草 | *Kummerowia striata*（Thunb.）Schindl. | | | 河南信阳罗山 | 2014 | 3 | 野生资源 |
| 1790 | HB2014-276 | 鸡眼草属 | 鸡眼草 | *Kummerowia striata*（Thunb.）Schindl. | | | 河南信阳罗山 | 2014 | 3 | 野生资源 |
| 1791 | HB2014-285 | 鸡眼草属 | 鸡眼草 | *Kummerowia striata*（Thunb.）Schindl. | | | 河南信阳浉河 | 2014 | 3 | 野生资源 |
| 1792 | HB2015188 | 鸡眼草属 | 鸡眼草 | *Kummerowia striata*（Thunb.）Schindl. | | | 河南信阳新县 | 2015 | 3 | 野生资源 |
| 1793 | HB2015191 | 鸡眼草属 | 鸡眼草 | *Kummerowia striata*（Thunb.）Schindl. | | | 河南信阳浉河 | 2015 | 3 | 野生资源 |
| 1794 | HB2015192 | 鸡眼草属 | 鸡眼草 | *Kummerowia striata*（Thunb.）Schindl. | | | 河南信阳平桥 | 2015 | 3 | 野生资源 |
| 1795 | HB2015194 | 鸡眼草属 | 鸡眼草 | *Kummerowia striata*（Thunb.）Schindl. | | | 河南信阳羊山 | 2015 | 3 | 野生资源 |
| 1796 | HB2015201 | 鸡眼草属 | 鸡眼草 | *Kummerowia striata*（Thunb.）Schindl. | | | 河南信阳浉河 | 2015 | 3 | 野生资源 |
| 1797 | JL09111 | 鸡眼草属 | 鸡眼草 | *Kummerowia striata*（Thunb.）Schindl. | | 吉林白山 | | 2009 | 3 | 引进资源 |
| 1798 | JL10-118 | 鸡眼草属 | 鸡眼草 | *Kummerowia striata*（Thunb.）Schindl. | | 白山市草原站 | | 2010 | 3 | 野生资源 |
| 1799 | JL10-119 | 鸡眼草属 | 鸡眼草 | *Kummerowia striata*（Thunb.）Schindl. | | 白山市草原站 | | 2010 | 3 | 野生资源 |
| 1800 | JL14-120 | 鸡眼草属 | 鸡眼草 | *Kummerowia striata*（Thunb.）Schindl. | | | 辽宁丹东东汤镇 | 2013 | 3 | 野生资源 |
| 1801 | JL15-094 | 鸡眼草属 | 鸡眼草 | *Kummerowia striata*（Thunb.）Schindl. | | | 吉林浑江 | 2015 | 3 | 野生资源 |
| 1802 | JL15-095 | 鸡眼草属 | 鸡眼草 | *Kummerowia striata*（Thunb.）Schindl. | | | 黑龙江林口 | 2015 | 3 | 野生资源 |
| 1803 | JL16-039 | 鸡眼草属 | 鸡眼草 | *Kummerowia striata*（Thunb.）Schindl. | | | 黑龙江黑河龙镇 | 2015 | 3 | 野生资源 |
| 1804 | JL16-041 | 鸡眼草属 | 鸡眼草 | *Kummerowia striata*（Thunb.）Schindl. | | | 黑龙江大兴安岭呼玛 | 2015 | 3 | 野生资源 |
| 1805 | JL16-085 | 鸡眼草属 | 鸡眼草 | *Kummerowia striata*（Thunb.）Schindl. | | | 吉林浑江 | 2016 | 3 | 野生资源 |
| 1806 | JL16-086 | 鸡眼草属 | 鸡眼草 | *Kummerowia striata*（Thunb.）Schindl. | | | 吉林抚松 | 2016 | 3 | 野生资源 |
| 1807 | JL2013-080 | 鸡眼草属 | 鸡眼草 | *Kummerowia striata*（Thunb.）Schindl. | | | 黑龙江牡丹江 | 2013 | 3 | 野生资源 |
| 1808 | JS2014-140 | 鸡眼草属 | 鸡眼草 | *Kummerowia striata*（Thunb.）Schindl. | | | 江苏盐城盐都 | 2014 | 3 | 野生资源 |
| 1809 | 中畜-1163 | 鸡眼草属 | 鸡眼草 | *Kummerowia striata*（Thunb.）Schindl. | | 中国农科院畜牧所 | | 2010 | 3 | 野生资源 |
| 1810 | 中畜-1411 | 鸡眼草属 | 鸡眼草 | *Kummerowia striata*（Thunb.）Schindl. | | | 北京昌平 | 2010 | 3 | 野生资源 |

（续）

| 序号 | 送种单位编号 | 属 名 | 种 名 | 学 名 | 品种名（原文名） | 材料来源 | 材料原产地 | 收种时间（年份） | 保存地点 | 类型 |
|---|---|---|---|---|---|---|---|---|---|---|
| 1811 | 中畜-1633 | 鸡眼草属 | 鸡眼草 | *Kummerowia striata*（Thunb.）Schindl. | | | 北京昌平 | 2010 | 3 | 野生资源 |
| 1812 | 中畜-1634 | 鸡眼草属 | 鸡眼草 | *Kummerowia striata*（Thunb.）Schindl. | | | 北京房山 | 2010 | 3 | 野生资源 |
| 1813 | 中畜-2199 | 鸡眼草属 | 鸡眼草 | *Kummerowia striata*（Thunb.）Schindl. | | | 山西忻州五台 | 2013 | 3 | 野生资源 |
| 1814 | 中畜-2200 | 鸡眼草属 | 鸡眼草 | *Kummerowia striata*（Thunb.）Schindl. | | | 河北石家庄赞皇 | 2013 | 3 | 野生资源 |
| 1815 | 中畜-2201 | 鸡眼草属 | 鸡眼草 | *Kummerowia striata*（Thunb.）Schindl. | | | 河北石家庄井陉 | 2013 | 3 | 野生资源 |
| 1816 | 中畜-2202 | 鸡眼草属 | 鸡眼草 | *Kummerowia striata*（Thunb.）Schindl. | | | 山西晋中昔阳 | 2013 | 3 | 野生资源 |
| 1817 | 中畜-2299 | 鸡眼草属 | 鸡眼草 | *Kummerowia striata*（Thunb.）Schindl. | | | 河北承德围场 | 2012 | 3 | 野生资源 |
| 1818 | 中畜-2300 | 鸡眼草属 | 鸡眼草 | *Kummerowia striata*（Thunb.）Schindl. | | | 河北承德围场 | 2012 | 3 | 野生资源 |
| 1819 | 中畜-2301 | 鸡眼草属 | 鸡眼草 | *Kummerowia striata*（Thunb.）Schindl. | | | 河北承德围场 | 2012 | 3 | 野生资源 |
| 1820 | 中畜-2392 | 鸡眼草属 | 鸡眼草 | *Kummerowia striata*（Thunb.）Schindl. | | | 山西阳泉盂县 | 2013 | 3 | 野生资源 |
| 1821 | 中畜-2544 | 鸡眼草属 | 鸡眼草 | *Kummerowia striata*（Thunb.）Schindl. | | | 山西运城绛县 | 2014 | 3 | 野生资源 |
| 1822 | 中畜-2545 | 鸡眼草属 | 鸡眼草 | *Kummerowia striata*（Thunb.）Schindl. | | | 山西晋城阳城 | 2014 | 3 | 野生资源 |
| 1823 | 中畜-2546 | 鸡眼草属 | 鸡眼草 | *Kummerowia striata*（Thunb.）Schindl. | | | 山西晋城阳城 | 2014 | 3 | 野生资源 |
| 1824 | 中畜-2547 | 鸡眼草属 | 鸡眼草 | *Kummerowia striata*（Thunb.）Schindl. | | | 山东莱州 | 2014 | 3 | 野生资源 |
| 1825 | 中畜-2548 | 鸡眼草属 | 鸡眼草 | *Kummerowia striata*（Thunb.）Schindl. | | | 山东烟台莱州 | 2014 | 3 | 野生资源 |
| 1826 | 中畜-2549 | 鸡眼草属 | 鸡眼草 | *Kummerowia striata*（Thunb.）Schindl. | | | 山东烟台招远 | 2014 | 3 | 野生资源 |
| 1827 | 中畜-2550 | 鸡眼草属 | 鸡眼草 | *Kummerowia striata*（Thunb.）Schindl. | | | 山东烟台龙口 | 2014 | 3 | 野生资源 |
| 1828 | 中畜-2551 | 鸡眼草属 | 鸡眼草 | *Kummerowia striata*（Thunb.）Schindl. | | | 山东烟台龙口 | 2014 | 3 | 野生资源 |
| 1829 | 中畜-2552 | 鸡眼草属 | 鸡眼草 | *Kummerowia striata*（Thunb.）Schindl. | | | 山东烟台栖霞 | 2014 | 3 | 野生资源 |
| 1830 | 中畜-2767 | 鸡眼草属 | 鸡眼草 | *Kummerowia striata*（Thunb.）Schindl. | | | 山东潍坊临朐 | 2015 | 3 | 野生资源 |
| 1831 | 中畜-2768 | 鸡眼草属 | 鸡眼草 | *Kummerowia striata*（Thunb.）Schindl. | | | 北京顺义 | 2015 | 3 | 野生资源 |
| 1832 | 中畜-2769 | 鸡眼草属 | 鸡眼草 | *Kummerowia striata*（Thunb.）Schindl. | | | 山东潍坊临朐 | 2015 | 3 | 野生资源 |
| 1833 | 中畜-2770 | 鸡眼草属 | 鸡眼草 | *Kummerowia striata*（Thunb.）Schindl. | | | 山西运城绛县 | 2014 | 3 | 野生资源 |
| 1834 | 中畜-2771 | 鸡眼草属 | 鸡眼草 | *Kummerowia striata*（Thunb.）Schindl. | | | 山东栖霞大柳 | 2014 | 3 | 野生资源 |
| 1835 | 中畜-2772 | 鸡眼草属 | 鸡眼草 | *Kummerowia striata*（Thunb.）Schindl. | | | 山东烟台龙口 | 2014 | 3 | 野生资源 |

（续）

| 序号 | 送种单位编号 | 属 名 | 种 名 | 学 名 | 品种名（原文名） | 材料来源 | 材料原产地 | 收种时间（年份） | 保存地点 | 类型 |
|---|---|---|---|---|---|---|---|---|---|---|
| 1836 | 中畜-2773 | 鸡眼草属 | 鸡眼草 | *Kummerowia striata*（Thunb.）Schindl. | | | 山西晋城左权 | 2014 | 3 | 野生资源 |
| 1837 | 中畜-962 | 鸡眼草属 | 鸡眼草 | *Kummerowia striata*（Thunb.）Schindl. | | | 山东昆仑山 | 2008 | 3 | 野生资源 |
| 1838 | 中畜-969 | 鸡眼草属 | 鸡眼草 | *Kummerowia striata*（Thunb.）Schindl. | | | 山东昆仑山 | 2008 | 3 | 野生资源 |
| 1839 | 中畜-973 | 鸡眼草属 | 鸡眼草 | *Kummerowia striata*（Thunb.）Schindl. | | | 北京双峪路 | 2008 | 3 | 野生资源 |
| 1840 | GX13120201 | 鸡眼草属 | 鸡眼草 | *Kummerowia striata*（Thunb.）Schindl. | | 广西牧草站 | | 2013 | 2 | 野生资源 |
| 1841 | | 鸡眼草属 | 鸡眼草 | *Kummerowia striata*（Thunb.）Schindl. | | 江西畜牧站 | | 2003 | 1 | 野生资源 |
| 1842 | GS0256 | 扁豆属 | 扁豆 | *Lablab purpureus*（L.）Sweet | Erhry1 | 甘肃武威 | 印度 | 2001 | 3 | 引进资源 |
| 1843 | hn2435 | 扁豆属 | 扁豆 | *Lablab purpureus*（L.）Sweet | | | 广西百色隆林 | 2011 | 3 | 野生资源 |
| 1844 | hn2484 | 扁豆属 | 扁豆 | *Lablab purpureus*（L.）Sweet | | | 广西来宾 | 2009 | 3 | 野生资源 |
| 1845 | hn2581 | 扁豆属 | 扁豆 | *Lablab purpureus*（L.）Sweet | | | 广西百色田林 | 2012 | 3 | 野生资源 |
| 1846 | YN2014-151 | 扁豆属 | 扁豆 | *Lablab purpureus*（L.）Sweet | | | 云南景洪 | 2014 | 3 | 栽培资源 |
| 1847 | 南01088 | 扁豆属 | 扁豆 | *Lablab purpureus*（L.）Sweet | | 海南南繁基地 | | 2001 | 2 | 栽培资源 |
| 1848 | 071227037 | 扁豆属 | 扁豆 | *Lablab purpureus*（L.）Sweet | | | 广东英德青塘镇 | 2007 | 2 | 栽培资源 |
| 1849 | 070313005 | 扁豆属 | 扁豆 | *Lablab purpureus*（L.）Sweet | | | 广西田林城郊 | 2007 | 2 | 野生资源 |
| 1850 | 110109003 | 扁豆属 | 扁豆 | *Lablab purpureus*（L.）Sweet | | | 福建诏安 | 2011 | 2 | 野生资源 |
| 1851 | 扁豆 | 扁豆属 | 扁豆 | *Lablab purpureus*（L.）Sweet | | | 福建漳州漳浦 | 2006 | 2 | 野生资源 |
| 1852 | GX111221001 | 扁豆属 | 扁豆 | *Lablab purpureus*（L.）Sweet | | 广西牧草站 | | 2011 | 2 | 野生资源 |
| 1853 | GX12112204 | 扁豆属 | 扁豆 | *Lablab purpureus*（L.）Sweet | | | 广西百色田林汪甸 | 2012 | 2 | 野生资源 |
| 1854 | 091208004 | 扁豆属 | 扁豆 | *Lablab purpureus*（L.）Sweet | | | 广西北海合蒲 | 2009 | 2 | 野生资源 |
| 1855 | GX11121401 | 扁豆属 | 扁豆 | *Lablab purpureus*（L.）Sweet | | 广西牧草站 | | 2011 | 2 | 野生资源 |
| 1856 | | 扁豆属 | 扁豆 | *Lablab purpureus*（L.）Sweet | Highworth | 广西畜牧所 | 澳大利亚 | 1991 | 1 | 引进资源 |
| 1857 | JL10-144 | 山藜豆属 | 大山藜豆 | *Lathyrus davidii* Hance | | | 吉林白山草原站 | 2010 | 3 | 野生资源 |
| 1858 | XJ05-040 | 山藜豆属 | 香豌豆 | *Lathyrus odoratus* L. | | | 新疆新源巩乃斯 | 2005 | 3 | 野生资源 |
| 1859 | JL10-042 | 山藜豆属 | 欧山藜豆 | *Lathyrus palustris* L. | | | 吉林吉林旺起 | 2009 | 3 | 野生资源 |

（续）

| 序号 | 送种单位编号 | 属 名 | 种 名 | 学 名 | 品种名（原文名） | 材料来源 | 材料原产地 | 收种时间（年份） | 保存地点 | 类型 |
|---|---|---|---|---|---|---|---|---|---|---|
| 1860 | JL11-120 | 山黧豆属 | 欧山黧豆 | *Lathyrus palustris* L. | | | 沈阳世博园 | 2010 | 3 | 野生资源 |
| 1861 | JL2013-008 | 山黧豆属 | 欧山黧豆 | *Lathyrus palustris* L. | | | 内蒙古通辽珠日河 | 2012 | 3 | 野生资源 |
| 1862 | GS4342 | 山黧豆属 | 山黧豆 | *Lathyrus quinquenervius*（Miq.）Litv. | | | 甘肃肃南 | 2013 | 3 | 野生资源 |
| 1863 | IA18x | 山黧豆属 | 家山黧豆 | *Lathyrus sativus* L. | | 中国农科院草原所 | | 1987 | 1 | 栽培资源 |
| 1864 | IA182 | 山黧豆属 | 家山黧豆 | *Lathyrus sativus* L. | | 中国农科院草原所 | | 1987 | 1 | 栽培资源 |
| 1865 | | 山黧豆属 | 家山黧豆 | *Lathyrus sativus* L. | | 陕西畜牧所 | | 1991 | 1 | 栽培资源 |
| 1866 | 兰323 | 山黧豆属 | 家山黧豆 | *Lathyrus sativus* L. | | 中国农科院兰州畜牧所 | 陕西 | 1994 | 1 | 栽培资源 |
| 1867 | 兰321 | 山黧豆属 | 家山黧豆 | *Lathyrus sativus* L. | | 中国农科院兰州畜牧所 | | 1994 | 1 | 栽培资源 |
| 1868 | 兰320 | 山黧豆属 | 家山黧豆 | *Lathyrus sativus* L. | | 中国农科院兰州畜牧所 | | 1994 | 1 | 栽培资源 |
| 1869 | xj2014-037 | 山黧豆属 | 玫红山黧豆 | *Lathyrus tuberosus* L. | | | 新疆裕民塔斯提 | 2013 | 3 | 野生资源 |
| 1870 | 84-76 | 山黧豆属 | 玫红山黧豆 | *Lathyrus tuberosus* L. | | 新疆 | | 1987 | 1 | 引进资源 |
| 1871 | JL11-121 | 山黧豆属 | 东北山黧豆 | *Lathyrus vaniotii* Levill. | | | 沈阳世博园 | 2010 | 3 | 野生资源 |
| 1872 | GS4394 | 兵豆属 | 兵豆 | *Lens culinaris* Medic. | | | 甘肃会宁 | 2013 | 3 | 野生资源 |
| 1873 | GS4919 | 兵豆属 | 兵豆 | *Lens culinaris* Medic. | | | 甘肃古浪西靖 | 2015 | 3 | 野生资源 |
| 1874 | SC2013-116 | 兵豆属 | 兵豆 | *Lens culinaris* Medic. | | | 四川广元利州 | 2012 | 3 | 栽培资源 |
| 1875 | 乌93-43 | 兵豆属 | 兵豆 | *Lens culinaris* Medic. | | 新疆八一农学院 | | 1993 | 1 | 栽培资源 |
| 1876 | 254 | 胡枝子属 | 二色胡枝子 | *Lespedeza bicolor* Turcz | | 中国农科院畜牧所 | | 2016 | 3 | 野生资源 |
| 1877 | 2587 | 胡枝子属 | 二色胡枝子 | *Lespedeza bicolor* Turcz | | 中国农科院畜牧所 | 吉林 | 1991 | 3 | 引进资源 |

（续）

| 序号 | 送种单位编号 | 属 名 | 种 名 | 学 名 | 品种名（原文名） | 材料来源 | 材料原产地 | 收种时间（年份） | 保存地点 | 类型 |
|---|---|---|---|---|---|---|---|---|---|---|
| 1878 | 2594 | 胡枝子属 | 二色胡枝子 | *Lespedeza bicolor* Turcz | | 中国农科院畜牧所 | 河北赤城 | 1991 | 3 | 引进资源 |
| 1879 | 2728 | 胡枝子属 | 二色胡枝子 | *Lespedeza bicolor* Turcz | | 中国农科院畜牧所 | 河北赤城 | 1996 | 3 | 引进资源 |
| 1880 | B4046 | 胡枝子属 | 二色胡枝子 | *Lespedeza bicolor* Turcz | | 中国农科院草原所 | | 2014 | 3 | 野生资源 |
| 1881 | B4047 | 胡枝子属 | 二色胡枝子 | *Lespedeza bicolor* Turcz | | 中国农科院草原所 | | 2014 | 3 | 野生资源 |
| 1882 | B4049 | 胡枝子属 | 二色胡枝子 | *Lespedeza bicolor* Turcz | | 中国农科院草原所 | | 2014 | 3 | 野生资源 |
| 1883 | B4050 | 胡枝子属 | 二色胡枝子 | *Lespedeza bicolor* Turcz | | 中国农科院草原所 | | 2014 | 3 | 野生资源 |
| 1884 | B4051 | 胡枝子属 | 二色胡枝子 | *Lespedeza bicolor* Turcz | | 中国农科院草原所 | | 2014 | 3 | 野生资源 |
| 1885 | B4109 | 胡枝子属 | 二色胡枝子 | *Lespedeza bicolor* Turcz | | 中国农科院草原所 | | 2014 | 3 | 野生资源 |
| 1886 | B4113 | 胡枝子属 | 二色胡枝子 | *Lespedeza bicolor* Turcz | | 中国农科院草原所 | | 2014 | 3 | 野生资源 |
| 1887 | B4124 | 胡枝子属 | 二色胡枝子 | *Lespedeza bicolor* Turcz | | 中国农科院草原所 | | 2014 | 3 | 野生资源 |
| 1888 | B4126 | 胡枝子属 | 二色胡枝子 | *Lespedeza bicolor* Turcz | | 中国农科院草原所 | | 2014 | 3 | 野生资源 |
| 1889 | B4129 | 胡枝子属 | 二色胡枝子 | *Lespedeza bicolor* Turcz | | 中国农科院草原所 | | 2016 | 3 | 野生资源 |
| 1890 | B4130 | 胡枝子属 | 二色胡枝子 | *Lespedeza bicolor* Turcz | | 中国农科院草原所 | | 2016 | 3 | 野生资源 |

（续）

| 序号 | 送种单位编号 | 属 名 | 种 名 | 学 名 | 品种名（原文名） | 材料来源 | 材料原产地 | 收种时间（年份） | 保存地点 | 类型 |
|---|---|---|---|---|---|---|---|---|---|---|
| 1891 | B5119 | 胡枝子属 | 二色胡枝子 | *Lespedeza bicolor* Turcz | | 中国农科院草原所 | 河北 | 2008 | 3 | 野生资源 |
| 1892 | B5120 | 胡枝子属 | 二色胡枝子 | *Lespedeza bicolor* Turcz | | 中国农科院草原所 | 河北 | 2008 | 3 | 野生资源 |
| 1893 | B5121 | 胡枝子属 | 二色胡枝子 | *Lespedeza bicolor* Turcz | | 中国农科院草原所 | 河北 | 2008 | 3 | 野生资源 |
| 1894 | B5410 | 胡枝子属 | 二色胡枝子 | *Lespedeza bicolor* Turcz | | 中国农科院草原所 | | 2016 | 3 | 野生资源 |
| 1895 | B5412 | 胡枝子属 | 二色胡枝子 | *Lespedeza bicolor* Turcz | | 中国农科院草原所 | | 2014 | 3 | 野生资源 |
| 1896 | GS4852 | 胡枝子属 | 二色胡枝子 | *Lespedeza bicolor* Turcz | | | 陕西太白 | 2015 | 3 | 野生资源 |
| 1897 | GS4869 | 胡枝子属 | 二色胡枝子 | *Lespedeza bicolor* Turcz | | | 陕西太白 | 2015 | 3 | 野生资源 |
| 1898 | JL14-151 | 胡枝子属 | 二色胡枝子 | *Lespedeza bicolor* Turcz | | | 辽宁新宾木奇镇 | 2013 | 3 | 野生资源 |
| 1899 | JL15-062 | 胡枝子属 | 二色胡枝子 | *Lespedeza bicolor* Turcz | | | 辽宁抚顺郊区 | 2014 | 3 | 野生资源 |
| 1900 | JL10-134 | 胡枝子属 | 二色胡枝子 | *Lespedeza bicolor* Turcz | | 吉林白山草原站 | | 2016 | 3 | 野生资源 |
| 1901 | JL10-135 | 胡枝子属 | 二色胡枝子 | *Lespedeza bicolor* Turcz | | 吉林白山草原站 | | 2016 | 3 | 野生资源 |
| 1902 | JL14-019 | 胡枝子属 | 二色胡枝子 | *Lespedeza bicolor* Turcz | | | 吉林靖宇 | 2016 | 3 | 野生资源 |
| 1903 | JL14-020 | 胡枝子属 | 二色胡枝子 | *Lespedeza bicolor* Turcz | | | 辽宁锦州 | 2016 | 3 | 野生资源 |
| 1904 | JL14-123 | 胡枝子属 | 二色胡枝子 | *Lespedeza bicolor* Turcz | | | 辽宁新宾木奇镇 | 2013 | 3 | 野生资源 |
| 1905 | JL14-126 | 胡枝子属 | 二色胡枝子 | *Lespedeza bicolor* Turcz | | | 辽宁鲅鱼圈郊区 | 2013 | 3 | 野生资源 |
| 1906 | JL15-074 | 胡枝子属 | 二色胡枝子 | *Lespedeza bicolor* Turcz | | | 吉林抚松 | 2016 | 3 | 野生资源 |
| 1907 | JL16-065 | 胡枝子属 | 二色胡枝子 | *Lespedeza bicolor* Turcz | | | 吉林江源 | 2016 | 3 | 野生资源 |
| 1908 | JL16-066 | 胡枝子属 | 二色胡枝子 | *Lespedeza bicolor* Turcz | | | 吉林临江 | 2016 | 3 | 野生资源 |
| 1909 | NM09-085 | 胡枝子属 | 二色胡枝子 | *Lespedeza bicolor* Turcz | | 内蒙古草原工作站 | | 2014 | 3 | 野生资源 |

（续）

| 序号 | 送种单位编号 | 属名 | 种名 | 学名 | 品种名（原文名） | 材料来源 | 材料原产地 | 收种时间（年份） | 保存地点 | 类型 |
|---|---|---|---|---|---|---|---|---|---|---|
| 1910 | B5412 | 胡枝子属 | 二色胡枝子 | *Lespedeza bicolor* Turcz | | | 山西平鲁东南 | 2016 | 3 | 野生资源 |
| 1911 | 中畜-1097 | 胡枝子属 | 二色胡枝子 | *Lespedeza bicolor* Turcz | | 中国农科院畜牧所 | | 2010 | 3 | 野生资源 |
| 1912 | 中畜-1098 | 胡枝子属 | 二色胡枝子 | *Lespedeza bicolor* Turcz | | 中国农科院畜牧所 | | 2010 | 3 | 野生资源 |
| 1913 | 中畜-1099 | 胡枝子属 | 二色胡枝子 | *Lespedeza bicolor* Turcz | | 中国农科院畜牧所 | | 2010 | 3 | 野生资源 |
| 1914 | 中畜-1100 | 胡枝子属 | 二色胡枝子 | *Lespedeza bicolor* Turcz | | 中国农科院畜牧所 | | 2010 | 3 | 野生资源 |
| 1915 | 中畜-1101 | 胡枝子属 | 二色胡枝子 | *Lespedeza bicolor* Turcz | | 中国农科院畜牧所 | | 2010 | 3 | 野生资源 |
| 1916 | 中畜-1102 | 胡枝子属 | 二色胡枝子 | *Lespedeza bicolor* Turcz | | 中国农科院畜牧所 | | 2010 | 3 | 野生资源 |
| 1917 | 中畜-1129 | 胡枝子属 | 二色胡枝子 | *Lespedeza bicolor* Turcz | | 中国农科院畜牧所 | | 2010 | 3 | 野生资源 |
| 1918 | 中畜-1130 | 胡枝子属 | 二色胡枝子 | *Lespedeza bicolor* Turcz | | 中国农科院畜牧所 | | 2010 | 3 | 野生资源 |
| 1919 | 中畜-2264 | 胡枝子属 | 二色胡枝子 | *Lespedeza bicolor* Turcz | | | 河北张家口涿鹿 | 2011 | 3 | 野生资源 |
| 1920 | 中畜-2265 | 胡枝子属 | 二色胡枝子 | *Lespedeza bicolor* Turcz | | | 北京门头沟 | 2011 | 3 | 野生资源 |
| 1921 | 中畜-2266 | 胡枝子属 | 二色胡枝子 | *Lespedeza bicolor* Turcz | | | 北京门头沟妙峰山 | 2011 | 3 | 野生资源 |
| 1922 | 中畜-2314 | 胡枝子属 | 二色胡枝子 | *Lespedeza bicolor* Turcz | | | 北京门头沟佛子庄 | 2010 | 3 | 野生资源 |
| 1923 | 中畜-2487 | 胡枝子属 | 二色胡枝子 | *Lespedeza bicolor* Turcz | | | 山东济南长清 | 2014 | 3 | 野生资源 |
| 1924 | 中畜-2500 | 胡枝子属 | 二色胡枝子 | *Lespedeza bicolor* Turcz | | | 山西运城绛县 | 2014 | 3 | 野生资源 |
| 1925 | 中畜-2553 | 胡枝子属 | 二色胡枝子 | *Lespedeza bicolor* Turcz | | | 河北承德围场 | 2012 | 3 | 野生资源 |
| 1926 | 中畜-2554 | 胡枝子属 | 二色胡枝子 | *Lespedeza bicolor* Turcz | | | 河北承德围场 | 2012 | 3 | 野生资源 |

（续）

| 序号 | 送种单位编号 | 属名 | 种名 | 学名 | 品种名（原文名） | 材料来源 | 材料原产地 | 收种时间（年份） | 保存地点 | 类型 |
|---|---|---|---|---|---|---|---|---|---|---|
| 1927 | 中畜-2555 | 胡枝子属 | 二色胡枝子 | *Lespedeza bicolor* Turcz | | | 河北保定阜平 | 2012 | 3 | 野生资源 |
| 1928 | 中畜-2556 | 胡枝子属 | 二色胡枝子 | *Lespedeza bicolor* Turcz | | | 北京房山 | 2011 | 3 | 野生资源 |
| 1929 | 中畜-2558 | 胡枝子属 | 二色胡枝子 | *Lespedeza bicolor* Turcz | | | 日本北海道飞机场 | 2012 | 3 | 引进资源 |
| 1930 | 中畜-2804 | 胡枝子属 | 二色胡枝子 | *Lespedeza bicolor* Turcz | | | 北京门头沟 | 2007 | 3 | 野生资源 |
| 1931 | 中畜-2805 | 胡枝子属 | 二色胡枝子 | *Lespedeza bicolor* Turcz | | | 北京怀柔 | 2007 | 3 | 野生资源 |
| 1932 | 中畜-2807 | 胡枝子属 | 二色胡枝子 | *Lespedeza bicolor* Turcz | | | 北京海淀苏家坨 | 2007 | 3 | 野生资源 |
| 1933 | 中畜-2808 | 胡枝子属 | 二色胡枝子 | *Lespedeza bicolor* Turcz | | | 北京海淀苏家坨 | 2007 | 3 | 野生资源 |
| 1934 | 中畜-2809 | 胡枝子属 | 二色胡枝子 | *Lespedeza bicolor* Turcz | | | 北京海淀苏家坨 | 2007 | 3 | 野生资源 |
| 1935 | 中畜-770 | 胡枝子属 | 二色胡枝子 | *Lespedeza bicolor* Turcz | | | 北京阳台山 | 2007 | 3 | 野生资源 |
| 1936 | 080112034 | 胡枝子属 | 二色胡枝子 | *Lespedeza bicolor* Turcz | | | 云南保山 | 2008 | 2 | 野生资源 |
| 1937 | 081118027 | 胡枝子属 | 二色胡枝子 | *Lespedeza bicolor* Turcz | | | 福建福州永泰青云山 | 2008 | 2 | 野生资源 |
| 1938 | 081118038 | 胡枝子属 | 二色胡枝子 | *Lespedeza bicolor* Turcz | | | 福建南平武夷山 | 2008 | 2 | 野生资源 |
| 1939 | 060410034 | 胡枝子属 | 二色胡枝子 | *Lespedeza bicolor* Turcz | | | 云南思茅 | 2006 | 2 | 野生资源 |
| 1940 | 050227334 | 胡枝子属 | 二色胡枝子 | *Lespedeza bicolor* Turcz | | | 云南勐海 | 2005 | 2 | 野生资源 |
| 1941 | 050302425 | 胡枝子属 | 二色胡枝子 | *Lespedeza bicolor* Turcz | | | 云南思茅 | 2005 | 2 | 野生资源 |
| 1942 | 131203004 | 胡枝子属 | 二色胡枝子 | *Lespedeza bicolor* Turcz | | | 福建闽清 | 2013 | 2 | 野生资源 |
| 1943 | 131102017 | 胡枝子属 | 二色胡枝子 | *Lespedeza bicolor* Turcz | | | 江西永修庐山西海 | 2013 | 2 | 野生资源 |
| 1944 | IA09a | 胡枝子属 | 二色胡枝子 | *Lespedeza bicolor* Turcz | | 中国农科院草原所 | | 1990 | 1 | 野生资源 |
| 1945 | 胡2 | 胡枝子属 | 二色胡枝子 | *Lespedeza bicolor* Turcz | | 中国农科院草原所 | | 1989 | 1 | 野生资源 |
| 1946 | 08097 | 胡枝子属 | 二色胡枝子 | *Lespedeza bicolor* Turcz | | | 河北围场 | 2012 | 1 | 野生资源 |
| 1947 | 08140 | 胡枝子属 | 二色胡枝子 | *Lespedeza bicolor* Turcz | | | 北京密云大城子 | 2012 | 1 | 野生资源 |
| 1948 | HB2014-107 | 胡枝子属 | 绿叶胡枝子 | *Lespedeza buergeri* Miq. | | | 河南信阳浉河 | 2013 | 3 | 野生资源 |
| 1949 | SC2007-003 | 胡枝子属 | 绿叶胡枝子 | *Lespedeza buergeri* Miq. | | 四川广元 | | 2007 | 3 | 野生资源 |

（续）

| 序号 | 送种单位编号 | 属 名 | 种 名 | 学 名 | 品种名（原文名） | 材料来源 | 材料原产地 | 收种时间（年份） | 保存地点 | 类型 |
|---|---|---|---|---|---|---|---|---|---|---|
| 1950 | SC2013-136 | 胡枝子属 | 绿叶胡枝子 | *Lespedeza buergeri* Miq. | | | 四川广元朝天 | 2012 | 3 | 野生资源 |
| 1951 | 中畜-1862 | 胡枝子属 | 长叶胡枝子 | *Lespedeza caraganae* Bunge | | | 河北张家口蔚县 | 2011 | 3 | 野生资源 |
| 1952 | 中畜-2215 | 胡枝子属 | 长叶胡枝子 | *Lespedeza caraganae* Bunge | | | 辽宁朝阳建平 | 2013 | 3 | 野生资源 |
| 1953 | 中畜-2216 | 胡枝子属 | 长叶胡枝子 | *Lespedeza caraganae* Bunge | | | 山西忻州定襄 | 2013 | 3 | 野生资源 |
| 1954 | 中畜-2217 | 胡枝子属 | 长叶胡枝子 | *Lespedeza caraganae* Bunge | | | 山西泉盂 | 2013 | 3 | 野生资源 |
| 1955 | 中畜-2218 | 胡枝子属 | 长叶胡枝子 | *Lespedeza caraganae* Bunge | | | 河北石家庄赞皇 | 2013 | 3 | 野生资源 |
| 1956 | 中畜-2219 | 胡枝子属 | 长叶胡枝子 | *Lespedeza caraganae* Bunge | | | 北京昌平 | 2013 | 3 | 野生资源 |
| 1957 | 中畜-2220 | 胡枝子属 | 长叶胡枝子 | *Lespedeza caraganae* Bunge | | | 山西晋中昔阳 | 2013 | 3 | 野生资源 |
| 1958 | 中畜-2310 | 胡枝子属 | 长叶胡枝子 | *Lespedeza caraganae* Bunge | | | 河南平顶山汝州温泉 | 2011 | 3 | 野生资源 |
| 1959 | 中畜-2746 | 胡枝子属 | 长叶胡枝子 | *Lespedeza caraganae* Bunge | | | 山东栖霞西城镇 | 2014 | 3 | 野生资源 |
| 1960 | 中畜-2750 | 胡枝子属 | 长叶胡枝子 | *Lespedeza caraganae* Bunge | | | 山西晋城城区 | 2014 | 3 | 野生资源 |
| 1961 | 中畜-2751 | 胡枝子属 | 长叶胡枝子 | *Lespedeza caraganae* Bunge | | | 山西运城绛县 | 2014 | 3 | 野生资源 |
| 1962 | 中畜-2752 | 胡枝子属 | 长叶胡枝子 | *Lespedeza caraganae* Bunge | | | 山东烟台招远 | 2014 | 3 | 野生资源 |
| 1963 | 中畜-2753 | 胡枝子属 | 长叶胡枝子 | *Lespedeza caraganae* Bunge | | | 山西晋城沁水 | 2014 | 3 | 野生资源 |
| 1964 | 中畜-2754 | 胡枝子属 | 长叶胡枝子 | *Lespedeza caraganae* Bunge | | | 山西长治黎城 | 2014 | 3 | 野生资源 |
| 1965 | 中畜-2755 | 胡枝子属 | 长叶胡枝子 | *Lespedeza caraganae* Bunge | | | 山东烟台龙口 | 2014 | 3 | 野生资源 |
| 1966 | 中畜-2789 | 胡枝子属 | 长叶胡枝子 | *Lespedeza caraganae* Bunge | | | 内蒙古阿鲁科沁 | 2015 | 3 | 野生资源 |
| 1967 | 中畜-2790 | 胡枝子属 | 长叶胡枝子 | *Lespedeza caraganae* Bunge | | | 山西晋中昔阳 | 2014 | 3 | 野生资源 |
| 1968 | 中畜-2141 | 胡枝子属 | 长叶胡枝子 | *Lespedeza caraganae* Bunge | | | 河北承德丰宁 | 2012 | 3 | 野生资源 |
| 1969 | 中畜-2142 | 胡枝子属 | 长叶胡枝子 | *Lespedeza caraganae* Bunge | | | 北京延庆 | 2010 | 3 | 野生资源 |
| 1970 | 中畜-2143 | 胡枝子属 | 长叶胡枝子 | *Lespedeza caraganae* Bunge | | | 河北阜北 | 2012 | 3 | 野生资源 |
| 1971 | 中畜-2144 | 胡枝子属 | 长叶胡枝子 | *Lespedeza caraganae* Bunge | | | 河北承德围场 | 2012 | 3 | 野生资源 |
| 1972 | 中畜-2145 | 胡枝子属 | 长叶胡枝子 | *Lespedeza caraganae* Bunge | | | 内蒙古赤峰巴林左旗 | 2012 | 3 | 野生资源 |
| 1973 | 中畜-2146 | 胡枝子属 | 长叶胡枝子 | *Lespedeza caraganae* Bunge | | | 山西沂州五台 | 2012 | 3 | 野生资源 |
| 1974 | 中畜-2147 | 胡枝子属 | 长叶胡枝子 | *Lespedeza caraganae* Bunge | | | 北京怀柔汤河口镇 | 2012 | 3 | 野生资源 |

（续）

| 序号 | 送种单位编号 | 属 名 | 种 名 | 学 名 | 品种名（原文名） | 材料来源 | 材料原产地 | 收种时间（年份） | 保存地点 | 类型 |
|---|---|---|---|---|---|---|---|---|---|---|
| 1975 | 中畜-2148 | 胡枝子属 | 长叶胡枝子 | *Lespedeza caraganae* Bunge | | | 河北承德丰宁 | 2012 | 3 | 野生资源 |
| 1976 | 中畜-2149 | 胡枝子属 | 长叶胡枝子 | *Lespedeza caraganae* Bunge | | | 内蒙古赤峰林西 | 2012 | 3 | 野生资源 |
| 1977 | 中畜-2150 | 胡枝子属 | 长叶胡枝子 | *Lespedeza caraganae* Bunge | | | 内蒙古赤峰松山 | 2012 | 3 | 野生资源 |
| 1978 | 中畜-1076 | 胡枝子属 | 长叶胡枝子 | *Lespedeza caraganae* Bunge | | 中国农科院畜牧所 | | 2010 | 3 | 野生资源 |
| 1979 | 中畜-1077 | 胡枝子属 | 长叶胡枝子 | *Lespedeza caraganae* Bunge | | 中国农科院畜牧所 | | 2010 | 3 | 野生资源 |
| 1980 | 中畜-1078 | 胡枝子属 | 长叶胡枝子 | *Lespedeza caraganae* Bunge | | 中国农科院畜牧所 | | 2010 | 3 | 野生资源 |
| 1981 | 中畜-1079 | 胡枝子属 | 长叶胡枝子 | *Lespedeza caraganae* Bunge | | 中国农科院畜牧所 | | 2010 | 3 | 野生资源 |
| 1982 | 中畜-1080 | 胡枝子属 | 长叶胡枝子 | *Lespedeza caraganae* Bunge | | 中国农科院畜牧所 | | 2010 | 3 | 野生资源 |
| 1983 | 中畜-1081 | 胡枝子属 | 长叶胡枝子 | *Lespedeza caraganae* Bunge | | 中国农科院畜牧所 | | 2010 | 3 | 野生资源 |
| 1984 | 中畜-1082 | 胡枝子属 | 长叶胡枝子 | *Lespedeza caraganae* Bunge | | 中国农科院畜牧所 | | 2010 | 3 | 野生资源 |
| 1985 | 中畜-1174 | 胡枝子属 | 长叶胡枝子 | *Lespedeza caraganae* Bunge | | 中国农科院畜牧所 | | 2010 | 3 | 野生资源 |
| 1986 | 中畜-1175 | 胡枝子属 | 长叶胡枝子 | *Lespedeza caraganae* Bunge | | 中国农科院畜牧所 | | 2010 | 3 | 野生资源 |
| 1987 | 中畜-1176 | 胡枝子属 | 长叶胡枝子 | *Lespedeza caraganae* Bunge | | 中国农科院畜牧所 | | 2010 | 3 | 野生资源 |
| 1988 | 中畜-1177 | 胡枝子属 | 长叶胡枝子 | *Lespedeza caraganae* Bunge | | 中国农科院畜牧所 | | 2010 | 3 | 野生资源 |

（续）

| 序号 | 送种单位编号 | 属名 | 种名 | 学名 | 品种名（原文名） | 材料来源 | 材料原产地 | 收种时间（年份） | 保存地点 | 类型 |
|---|---|---|---|---|---|---|---|---|---|---|
| 1989 | 中畜-1178 | 胡枝子属 | 长叶胡枝子 | *Lespedeza caraganae* Bunge | | 中国农科院畜牧所 | | 2010 | 3 | 野生资源 |
| 1990 | 中畜-1179 | 胡枝子属 | 长叶胡枝子 | *Lespedeza caraganae* Bunge | | 中国农科院畜牧所 | | 2010 | 3 | 野生资源 |
| 1991 | 中畜-1180 | 胡枝子属 | 长叶胡枝子 | *Lespedeza caraganae* Bunge | | 中国农科院畜牧所 | | 2010 | 3 | 野生资源 |
| 1992 | 中畜-1253 | 胡枝子属 | 长叶胡枝子 | *Lespedeza caraganae* Bunge | | | 北京延庆 | 2009 | 3 | 野生资源 |
| 1993 | 中畜-1255 | 胡枝子属 | 长叶胡枝子 | *Lespedeza caraganae* Bunge | | | 北京昌平 | 2009 | 3 | 野生资源 |
| 1994 | 中畜-1257 | 胡枝子属 | 长叶胡枝子 | *Lespedeza caraganae* Bunge | | | 北京延庆 | 2009 | 3 | 野生资源 |
| 1995 | 中畜-1258 | 胡枝子属 | 长叶胡枝子 | *Lespedeza caraganae* Bunge | | | 北京海淀香山 | 2009 | 3 | 野生资源 |
| 1996 | 中畜-1260 | 胡枝子属 | 长叶胡枝子 | *Lespedeza caraganae* Bunge | | | 北京密云 | 2009 | 3 | 野生资源 |
| 1997 | 中畜-1261 | 胡枝子属 | 长叶胡枝子 | *Lespedeza caraganae* Bunge | | | 河北承德巴克代营 | 2009 | 3 | 野生资源 |
| 1998 | 中畜-1273 | 胡枝子属 | 长叶胡枝子 | *Lespedeza caraganae* Bunge | | | 河北承德 | 2009 | 3 | 野生资源 |
| 1999 | 中畜-1274 | 胡枝子属 | 长叶胡枝子 | *Lespedeza caraganae* Bunge | | | 河北承德 | 2009 | 3 | 野生资源 |
| 2000 | 中畜-1275 | 胡枝子属 | 长叶胡枝子 | *Lespedeza caraganae* Bunge | | | 河北承德 | 2009 | 3 | 野生资源 |
| 2001 | 中畜-1276 | 胡枝子属 | 长叶胡枝子 | *Lespedeza caraganae* Bunge | | | 北京延庆 | 2009 | 3 | 野生资源 |
| 2002 | 中畜-1385 | 胡枝子属 | 长叶胡枝子 | *Lespedeza caraganae* Bunge | | | 北京门头沟雁翅镇 | 2010 | 3 | 野生资源 |
| 2003 | 中畜-1386 | 胡枝子属 | 长叶胡枝子 | *Lespedeza caraganae* Bunge | | | 北京昌平 | 2010 | 3 | 野生资源 |
| 2004 | 中畜-1388 | 胡枝子属 | 长叶胡枝子 | *Lespedeza caraganae* Bunge | | | 北京延庆 | 2010 | 3 | 野生资源 |
| 2005 | 中畜-1389 | 胡枝子属 | 长叶胡枝子 | *Lespedeza caraganae* Bunge | | | 河北保定易县 | 2010 | 3 | 野生资源 |
| 2006 | 中畜-1390 | 胡枝子属 | 长叶胡枝子 | *Lespedeza caraganae* Bunge | | | 河北张家口怀来 | 2010 | 3 | 野生资源 |
| 2007 | 中畜-1391 | 胡枝子属 | 长叶胡枝子 | *Lespedeza caraganae* Bunge | | | 河北保定涞源 | 2010 | 3 | 野生资源 |
| 2008 | 中畜-1552 | 胡枝子属 | 长叶胡枝子 | *Lespedeza caraganae* Bunge | | | 河北张家口涿鹿 | 2011 | 3 | 野生资源 |
| 2009 | 中畜-1582 | 胡枝子属 | 长叶胡枝子 | *Lespedeza caraganae* Bunge | | | 河北张家口赤城 | 2011 | 3 | 野生资源 |
| 2010 | 中畜-1583 | 胡枝子属 | 长叶胡枝子 | *Lespedeza caraganae* Bunge | | | 河北张家口赤城 | 2011 | 3 | 野生资源 |

（续）

| 序号 | 送种单位编号 | 属　名 | 种　名 | 学　名 | 品种名（原文名） | 材料来源 | 材料原产地 | 收种时间（年份） | 保存地点 | 类型 |
|---|---|---|---|---|---|---|---|---|---|---|
| 2011 | 中畜-1623 | 胡枝子属 | 长叶胡枝子 | *Lespedeza caraganae* Bunge | | | 北京延庆 | 2010 | 3 | 野生资源 |
| 2012 | 中畜-1716 | 胡枝子属 | 长叶胡枝子 | *Lespedeza caraganae* Bunge | | | 北京门头沟 | 2010 | 3 | 野生资源 |
| 2013 | 中畜-1717 | 胡枝子属 | 长叶胡枝子 | *Lespedeza caraganae* Bunge | | | 北京海淀 | 2010 | 3 | 野生资源 |
| 2014 | 中畜-1718 | 胡枝子属 | 长叶胡枝子 | *Lespedeza caraganae* Bunge | | | 北京门头沟 | 2010 | 3 | 野生资源 |
| 2015 | 中畜-1719 | 胡枝子属 | 长叶胡枝子 | *Lespedeza caraganae* Bunge | | | 北京门头沟 | 2010 | 3 | 野生资源 |
| 2016 | 中畜-1720 | 胡枝子属 | 长叶胡枝子 | *Lespedeza caraganae* Bunge | | | 北京门头沟 | 2010 | 3 | 野生资源 |
| 2017 | 中畜-1723 | 胡枝子属 | 长叶胡枝子 | *Lespedeza caraganae* Bunge | | | 北京延庆 | 2010 | 3 | 野生资源 |
| 2018 | 中畜-184 | 胡枝子属 | 长叶胡枝子 | *Lespedeza caraganae* Bunge | | | 北京阳台山 | 2008 | 3 | 野生资源 |
| 2019 | 中畜-1860 | 胡枝子属 | 长叶胡枝子 | *Lespedeza caraganae* Bunge | | | 河北张家口赤城 | 2011 | 3 | 野生资源 |
| 2020 | 中畜-1863 | 胡枝子属 | 长叶胡枝子 | *Lespedeza caraganae* Bunge | | | 河北张家口蔚县 | 2011 | 3 | 野生资源 |
| 2021 | 中畜-1999 | 胡枝子属 | 长叶胡枝子 | *Lespedeza caraganae* Bunge | | | 北京延庆下栅子 | 2012 | 3 | 野生资源 |
| 2022 | 中畜-2000 | 胡枝子属 | 长叶胡枝子 | *Lespedeza caraganae* Bunge | | | 北京延庆宝山堡 | 2012 | 3 | 野生资源 |
| 2023 | 中畜-2002 | 胡枝子属 | 长叶胡枝子 | *Lespedeza caraganae* Bunge | | | 内蒙古赤峰巴林左旗 | 2012 | 3 | 野生资源 |
| 2024 | 中畜-2003 | 胡枝子属 | 长叶胡枝子 | *Lespedeza caraganae* Bunge | | | 河北承德隆化 | 2012 | 3 | 野生资源 |
| 2025 | 中畜-2004 | 胡枝子属 | 长叶胡枝子 | *Lespedeza caraganae* Bunge | | | 河北承德围场 | 2012 | 3 | 野生资源 |
| 2026 | 中畜-2135 | 胡枝子属 | 长叶胡枝子 | *Lespedeza caraganae* Bunge | | | 河北张家口怀来 | 2010 | 3 | 野生资源 |
| 2027 | 中畜-2136 | 胡枝子属 | 长叶胡枝子 | *Lespedeza caraganae* Bunge | | | 北京延庆 | 2010 | 3 | 野生资源 |
| 2028 | 中畜-2137 | 胡枝子属 | 长叶胡枝子 | *Lespedeza caraganae* Bunge | | | 北京海淀香山 | 2010 | 3 | 野生资源 |
| 2029 | 中畜-2138 | 胡枝子属 | 长叶胡枝子 | *Lespedeza caraganae* Bunge | | | 北京门头沟 | 2010 | 3 | 野生资源 |
| 2030 | 中畜-2139 | 胡枝子属 | 长叶胡枝子 | *Lespedeza caraganae* Bunge | | | 山西沂州五台 | 2012 | 3 | 野生资源 |
| 2031 | 中畜-2140 | 胡枝子属 | 长叶胡枝子 | *Lespedeza caraganae* Bunge | | | 河北承德承德 | 2012 | 3 | 野生资源 |
| 2032 | 中畜-2214 | 胡枝子属 | 长叶胡枝子 | *Lespedeza caraganae* Bunge | | | 河北张家口万全 | 2013 | 3 | 野生资源 |
| 2033 | 中畜-2316 | 胡枝子属 | 长叶胡枝子 | *Lespedeza caraganae* Bunge | | | 河北张家口蔚县 | 2011 | 3 | 野生资源 |
| 2034 | 中畜-2521 | 胡枝子属 | 长叶胡枝子 | *Lespedeza caraganae* Bunge | | | 山东烟台栖霞 | 2014 | 3 | 野生资源 |
| 2035 | 中畜-2563 | 胡枝子属 | 长叶胡枝子 | *Lespedeza caraganae* Bunge | | | 河北石家庄赞皇 | 2013 | 3 | 野生资源 |

（续）

| 序号 | 送种单位编号 | 属 名 | 种 名 | 学 名 | 品种名（原文名） | 材料来源 | 材料原产地 | 收种时间（年份） | 保存地点 | 类型 |
|---|---|---|---|---|---|---|---|---|---|---|
| 2036 | 中畜-789 | 胡枝子属 | 长叶胡枝子 | *Lespedeza caraganae* Bunge | | | 山西昔阳 | 2006 | 3 | 野生资源 |
| 2037 | 中畜-811 | 胡枝子属 | 长叶胡枝子 | *Lespedeza caraganae* Bunge | | | 山西平定冠山 | 2006 | 3 | 野生资源 |
| 2038 | 中畜-855 | 胡枝子属 | 长叶胡枝子 | *Lespedeza caraganae* Bunge | | | 北京西大庄科 | 2007 | 3 | 野生资源 |
| 2039 | 中畜-858 | 胡枝子属 | 长叶胡枝子 | *Lespedeza caraganae* Bunge | | 北京 | 山西 | 2007 | 3 | 野生资源 |
| 2040 | 中畜-949 | 胡枝子属 | 长叶胡枝子 | *Lespedeza caraganae* Bunge | | | 北京小龙门 | 2008 | 3 | 野生资源 |
| 2041 | | 胡枝子属 | 长叶胡枝子 | *Lespedeza caraganae* Bunge | | | 北京 | 2013 | 1 | 野生资源 |
| 2042 | | 胡枝子属 | 长叶胡枝子 | *Lespedeza caraganae* Bunge | | | 北京 | 2013 | 1 | 野生资源 |
| 2043 | E1274 | 胡枝子属 | 中华胡枝子 | *Lespedeza chinensis* G. Don | | | 湖北神农架松柏镇 | 2008 | 3 | 野生资源 |
| 2044 | SC2015-061 | 胡枝子属 | 中华胡枝子 | *Lespedeza chinensis* G. Don | | | 四川广元利州 | 2013 | 3 | 野生资源 |
| 2045 | SC2015-064 | 胡枝子属 | 中华胡枝子 | *Lespedeza chinensis* G. Don | | | 四川广元朝天区 | 2013 | 3 | 野生资源 |
| 2046 | 2510 | 胡枝子属 | 截叶铁扫帚 | *Lespedeza cuneata*（Dum. de Cours）G. Don | | 中国农科院畜牧所 | | 2016 | 3 | 野生资源 |
| 2047 | 87-21 | 胡枝子属 | 截叶铁扫帚 | *Lespedeza cuneata*（Dum. de Cours）G. Don | 州际（Interstate） | | 美国 | 1999 | 3 | 引进资源 |
| 2048 | 87-23 | 胡枝子属 | 截叶铁扫帚 | *Lespedeza cuneata*（Dum. de Cours）G. Don | 奥罗坦（Au-lotan） | | 美国 | 1999 | 3 | 引进资源 |
| 2049 | E1296 | 胡枝子属 | 截叶铁扫帚 | *Lespedeza cuneata*（Dum. de Cours）G. Don | | | 湖北神农架松柏镇 | 2008 | 3 | 野生资源 |
| 2050 | E308 | 胡枝子属 | 截叶铁扫帚 | *Lespedeza cuneata*（Dum. de Cours）G. Don | | | 湖北武汉 | 2003 | 3 | 野生资源 |
| 2051 | GS4836 | 胡枝子属 | 截叶铁扫帚 | *Lespedeza cuneata*（Dum. de Cours）G. Don | | | 陕西太白 | 2015 | 3 | 野生资源 |
| 2052 | GS4888 | 胡枝子属 | 截叶铁扫帚 | *Lespedeza cuneata*（Dum. de Cours）G. Don | | | 陕西太白 | 2015 | 3 | 野生资源 |
| 2053 | HB2009-267 | 胡枝子属 | 截叶铁扫帚 | *Lespedeza cuneata*（Dum. de Cours）G. Don | | | 河南罗山五一劳动场 | 2009 | 3 | 野生资源 |

（续）

| 序号 | 送种单位编号 | 属名 | 种名 | 学名 | 品种名（原文名） | 材料来源 | 材料原产地 | 收种时间（年份） | 保存地点 | 类型 |
|------|------|------|------|------|------|------|------|------|------|------|
| 2054 | HB2010-114 | 胡枝子属 | 截叶铁扫帚 | *Lespedeza cuneata*（Dum. de Cours）G. Don | | | 河南信阳浉河 | 2010 | 3 | 野生资源 |
| 2055 | HB2011-004 | 胡枝子属 | 截叶铁扫帚 | *Lespedeza cuneata*（Dum. de Cours）G. Don | | 湖北农科院畜牧所 | | 2011 | 3 | 野生资源 |
| 2056 | HB2011-222 | 胡枝子属 | 截叶铁扫帚 | *Lespedeza cuneata*（Dum. de Cours）G. Don | | 湖北农科院畜牧所 | | 2011 | 3 | 野生资源 |
| 2057 | HB2012-515 | 胡枝子属 | 截叶铁扫帚 | *Lespedeza cuneata*（Dum. de Cours）G. Don | | | 湖北松柏镇 | 2012 | 3 | 野生资源 |
| 2058 | HB2012-532 | 胡枝子属 | 截叶铁扫帚 | *Lespedeza cuneata*（Dum. de Cours）G. Don | | | 湖北松柏镇 | 2015 | 3 | 野生资源 |
| 2059 | HB2014-265 | 胡枝子属 | 截叶铁扫帚 | *Lespedeza cuneata*（Dum. de Cours）G. Don | | | 河南信阳浉河 | 2014 | 3 | 野生资源 |
| 2060 | HB2014-267 | 胡枝子属 | 截叶铁扫帚 | *Lespedeza cuneata*（Dum. de Cours）G. Don | | | 河南信阳羊山 | 2014 | 3 | 野生资源 |
| 2061 | HB2014-270 | 胡枝子属 | 截叶铁扫帚 | *Lespedeza cuneata*（Dum. de Cours）G. Don | | | 河南信阳浉河 | 2014 | 3 | 野生资源 |
| 2062 | HB2014-280 | 胡枝子属 | 截叶铁扫帚 | *Lespedeza cuneata*（Dum. de Cours）G. Don | | | 河南信阳浉河 | 2014 | 3 | 野生资源 |
| 2063 | HB2014-282 | 胡枝子属 | 截叶铁扫帚 | *Lespedeza cuneata*（Dum. de Cours）G. Don | | | 河南信阳光山 | 2014 | 3 | 野生资源 |
| 2064 | HB2014-283 | 胡枝子属 | 截叶铁扫帚 | *Lespedeza cuneata*（Dum. de Cours）G. Don | | | 河南信阳浉河 | 2014 | 3 | 野生资源 |
| 2065 | HB2014-284 | 胡枝子属 | 截叶铁扫帚 | *Lespedeza cuneata*（Dum. de Cours）G. Don | | | 河南信阳浉河 | 2014 | 3 | 野生资源 |
| 2066 | HB2015006 | 胡枝子属 | 截叶铁扫帚 | *Lespedeza cuneata*（Dum. de Cours）G. Don | | | 湖北红安华家河镇 | 2014 | 3 | 野生资源 |

（续）

| 序号 | 送种单位编号 | 属名 | 种名 | 学名 | 品种名（原文名） | 材料来源 | 材料原产地 | 收种时间（年份） | 保存地点 | 类型 |
|---|---|---|---|---|---|---|---|---|---|---|
| 2067 | HB2015189 | 胡枝子属 | 截叶铁扫帚 | *Lespedeza cuneata*（Dum. de Cours）G. Don | | | 河南信阳新县 | 2015 | 3 | 野生资源 |
| 2068 | HB2015216 | 胡枝子属 | 截叶铁扫帚 | *Lespedeza cuneata*（Dum. de Cours）G. Don | | | 湖北神农架松柏镇 | 2015 | 3 | 野生资源 |
| 2069 | SC11-298 | 胡枝子属 | 截叶铁扫帚 | *Lespedeza cuneata*（Dum. de Cours）G. Don | | | 云南昆明 | 2010 | 3 | 野生资源 |
| 2070 | SC2009-012 | 胡枝子属 | 截叶铁扫帚 | *Lespedeza cuneata*（Dum. de Cours）G. Don | | 四川绵阳 | | 2008 | 3 | 野生资源 |
| 2071 | SC2009-217 | 胡枝子属 | 截叶铁扫帚 | *Lespedeza cuneata*（Dum. de Cours）G. Don | | 四川遂宁 | | 2009 | 3 | 野生资源 |
| 2072 | SC2009-231 | 胡枝子属 | 截叶铁扫帚 | *Lespedeza cuneata*（Dum. de Cours）G. Don | | 四川达县 | | 2009 | 3 | 野生资源 |
| 2073 | SC2013-123 | 胡枝子属 | 截叶铁扫帚 | *Lespedeza cuneata*（Dum. de Cours）G. Don | | | 四川广元利州 | 2012 | 3 | 野生资源 |
| 2074 | SC2013-141 | 胡枝子属 | 截叶铁扫帚 | *Lespedeza cuneata*（Dum. de Cours）G. Don | | | 四川广元朝天 | 2012 | 3 | 野生资源 |
| 2075 | SC2015-060 | 胡枝子属 | 截叶铁扫帚 | *Lespedeza cuneata*（Dum. de Cours）G. Don | | | 四川广元青川 | 2013 | 3 | 野生资源 |
| 2076 | 中畜-1118 | 胡枝子属 | 截叶铁扫帚 | *Lespedeza cuneata*（Dum. de Cours）G. Don | | 中国农科院畜牧所 | | 2009 | 3 | 野生资源 |
| 2077 | 中畜-1278 | 胡枝子属 | 截叶铁扫帚 | *Lespedeza cuneata*（Dum. de Cours）G. Don | | | 青海昆仑山 | 2008 | 3 | 野生资源 |
| 2078 | 中畜-1738 | 胡枝子属 | 截叶铁扫帚 | *Lespedeza cuneata*（Dum. de Cours）G. Don | | | 北京门头沟 | 2010 | 3 | 野生资源 |
| 2079 | 中畜-1855 | 胡枝子属 | 截叶铁扫帚 | *Lespedeza cuneata*（Dum. de Cours）G. Don | | | 河南平顶山 | 2011 | 3 | 野生资源 |

（续）

| 序号 | 送种单位编号 | 属 名 | 种 名 | 学 名 | 品种名（原文名） | 材料来源 | 材料原产地 | 收种时间（年份） | 保存地点 | 类型 |
|---|---|---|---|---|---|---|---|---|---|---|
| 2080 | 中畜-1857 | 胡枝子属 | 截叶铁扫帚 | *Lespedeza cuneata*（Dum. de Cours）G. Don | | | 北京房山 | 2010 | 3 | 野生资源 |
| 2081 | 中畜-2130 | 胡枝子属 | 截叶铁扫帚 | *Lespedeza cuneata*（Dum. de Cours）G. Don | | | 河北承德 | 2012 | 3 | 野生资源 |
| 2082 | 中畜-2131 | 胡枝子属 | 截叶铁扫帚 | *Lespedeza cuneata*（Dum. de Cours）G. Don | | | 河北保定涞源 | 2010 | 3 | 野生资源 |
| 2083 | 中畜-2132 | 胡枝子属 | 截叶铁扫帚 | *Lespedeza cuneata*（Dum. de Cours）G. Don | | | 北京延庆 | 2010 | 3 | 野生资源 |
| 2084 | 中畜-2133 | 胡枝子属 | 截叶铁扫帚 | *Lespedeza cuneata*（Dum. de Cours）G. Don | | | 河北保定易县 | 2010 | 3 | 野生资源 |
| 2085 | 中畜-2134 | 胡枝子属 | 截叶铁扫帚 | *Lespedeza cuneata*（Dum. de Cours）G. Don | | | 河北承德丰宁 | 2012 | 3 | 野生资源 |
| 2086 | 中畜-2747 | 胡枝子属 | 截叶铁扫帚 | *Lespedeza cuneata*（Dum. de Cours）G. Don | | | 山东栖霞 | 2014 | 3 | 野生资源 |
| 2087 | 中畜-2748 | 胡枝子属 | 截叶铁扫帚 | *Lespedeza cuneata*（Dum. de Cours）G. Don | | | 山西长治黎城 | 2014 | 3 | 野生资源 |
| 2088 | GX13112302 | 胡枝子属 | 截叶铁扫帚 | *Lespedeza cuneata*（Dum. de Cours）G. Don | | 广西牧草站 | | 2013 | 2 | 野生资源 |
| 2089 | GX13121103 | 胡枝子属 | 截叶铁扫帚 | *Lespedeza cuneata*（Dum. de Cours）G. Don | | 广西牧草站 | | 2013 | 2 | 野生资源 |
| 2090 | 101116005 | 胡枝子属 | 截叶铁扫帚 | *Lespedeza cuneata*（Dum. de Cours）G. Don | | | 广西大新 | 2010 | 2 | 野生资源 |
| 2091 | 080111038 | 胡枝子属 | 截叶铁扫帚 | *Lespedeza cuneata*（Dum. de Cours）G. Don | | | 云南保山 | 2008 | 2 | 野生资源 |
| 2092 | 090127001 | 胡枝子属 | 截叶铁扫帚 | *Lespedeza cuneata*（Dum. de Cours）G. Don | | | 云南保山腾冲界 | 2009 | 2 | 野生资源 |

（续）

| 序号 | 送种单位编号 | 属名 | 种名 | 学名 | 品种名（原文名） | 材料来源 | 材料原产地 | 收种时间（年份） | 保存地点 | 类型 |
|---|---|---|---|---|---|---|---|---|---|---|
| 2093 | 080113068 | 胡枝子属 | 截叶铁扫帚 | *Lespedeza cuneata*（Dum. de Cours）G. Don | | | 云南怒江州泸水 | 2008 | 2 | 野生资源 |
| 2094 | 131202009 | 胡枝子属 | 截叶铁扫帚 | *Lespedeza cuneata*（Dum. de Cours）G. Don | | | 福建闽清金沙镇 | 2013 | 2 | 野生资源 |
| 2095 | 131203008 | 胡枝子属 | 截叶铁扫帚 | *Lespedeza cuneata*（Dum. de Cours）G. Don | | | 福建闽清 | 2013 | 2 | 野生资源 |
| 2096 | 2509 | 胡枝子属 | 截叶铁扫帚 | *Lespedeza cuneata*（Dum. de Cours）G. Don | 湖北 | | 湖北 | 1992 | 1 | 栽培资源 |
| 2097 | 中畜-1120 | 胡枝子属 | 短梗胡枝子 | *Lespedeza cyrtobotrya* Miq. | | 中国农科院畜牧所 | | 2010 | 3 | 野生资源 |
| 2098 | 中畜-2564 | 胡枝子属 | 短梗胡枝子 | *Lespedeza cyrtobotrya* Miq. | | | 河北石家庄赞皇 | 2013 | 3 | 野生资源 |
| 2099 | 110111017 | 胡枝子属 | 短梗胡枝子 | *Lespedeza cyrtobotrya* Miq. | | | 福建漳浦 | 2011 | 2 | 野生资源 |
| 2100 | 2568 | 胡枝子属 | 达乌里胡枝子 | *Lespedeza daurica*（Laxm.）Schindl. | | 中国农科院畜牧所 | 内蒙古 | 2016 | 3 | 栽培资源 |
| 2101 | 2593 | 胡枝子属 | 达乌里胡枝子 | *Lespedeza daurica*（Laxm.）Schindl. | | 中国农科院畜牧所 | 内蒙古 | 2016 | 3 | 栽培资源 |
| 2102 | 2597 | 胡枝子属 | 达乌里胡枝子 | *Lespedeza daurica*（Laxm.）Schindl. | | 中国农科院畜牧所 | | 2016 | 3 | 野生资源 |
| 2103 | B4093 | 胡枝子属 | 达乌里胡枝子 | *Lespedeza daurica*（Laxm.）Schindl. | | 中国农科院草原所 | | 2014 | 3 | 野生资源 |
| 2104 | B4097 | 胡枝子属 | 达乌里胡枝子 | *Lespedeza daurica*（Laxm.）Schindl. | | 中国农科院草原所 | | 2014 | 3 | 野生资源 |
| 2105 | B4098 | 胡枝子属 | 达乌里胡枝子 | *Lespedeza daurica*（Laxm.）Schindl. | | 中国农科院草原所 | | 2014 | 3 | 野生资源 |
| 2106 | B4099 | 胡枝子属 | 达乌里胡枝子 | *Lespedeza daurica*（Laxm.）Schindl. | | 中国农科院草原所 | | 2014 | 3 | 野生资源 |

（续）

| 序号 | 送种单位编号 | 属　名 | 种　名 | 学　名 | 品种名（原文名） | 材料来源 | 材料原产地 | 收种时间（年份） | 保存地点 | 类型 |
|---|---|---|---|---|---|---|---|---|---|---|
| 2107 | B4101 | 胡枝子属 | 达乌里胡枝子 | *Lespedeza daurica*（Laxm.）Schindl. | | 中国农科院草原所 | | 2014 | 3 | 野生资源 |
| 2108 | B4102 | 胡枝子属 | 达乌里胡枝子 | *Lespedeza daurica*（Laxm.）Schindl. | | 中国农科院草原所 | | 2014 | 3 | 野生资源 |
| 2109 | B4103 | 胡枝子属 | 达乌里胡枝子 | *Lespedeza daurica*（Laxm.）Schindl. | | 中国农科院草原所 | | 2014 | 3 | 野生资源 |
| 2110 | B4104 | 胡枝子属 | 达乌里胡枝子 | *Lespedeza daurica*（Laxm.）Schindl. | | 中国农科院草原所 | | 2014 | 3 | 野生资源 |
| 2111 | B4116 | 胡枝子属 | 达乌里胡枝子 | *Lespedeza daurica*（Laxm.）Schindl. | | 中国农科院草原所 | | 2014 | 3 | 野生资源 |
| 2112 | B4118 | 胡枝子属 | 达乌里胡枝子 | *Lespedeza daurica*（Laxm.）Schindl. | | 中国农科院草原所 | | 2014 | 3 | 野生资源 |
| 2113 | B4119 | 胡枝子属 | 达乌里胡枝子 | *Lespedeza daurica*（Laxm.）Schindl. | | 中国农科院草原所 | | 2016 | 3 | 野生资源 |
| 2114 | B4997 | 胡枝子属 | 达乌里胡枝子 | *Lespedeza daurica*（Laxm.）Schindl. | | 中国农科院草原所 | 内蒙古 | 2010 | 3 | 野生资源 |
| 2115 | B5142 | 胡枝子属 | 达乌里胡枝子 | *Lespedeza daurica*（Laxm.）Schindl. | | 中国农科院草原所 | 内蒙古 | 2010 | 3 | 野生资源 |
| 2116 | B5459 | 胡枝子属 | 达乌里胡枝子 | *Lespedeza daurica*（Laxm.）Schindl. | | 中国农科院草原所 | | 2010 | 3 | 野生资源 |
| 2117 | GS4822 | 胡枝子属 | 达乌里胡枝子 | *Lespedeza daurica*（Laxm.）Schindl. | | | 陕西太白 | 2015 | 3 | 野生资源 |
| 2118 | GS4864 | 胡枝子属 | 达乌里胡枝子 | *Lespedeza daurica*（Laxm.）Schindl. | | | 陕西太白 | 2015 | 3 | 野生资源 |
| 2119 | GS5068 | 胡枝子属 | 达乌里胡枝子 | *Lespedeza daurica*（Laxm.）Schindl. | | | 甘肃陇西 | 2015 | 3 | 野生资源 |
| 2120 | GS945 | 胡枝子属 | 达乌里胡枝子 | *Lespedeza daurica*（Laxm.）Schindl. | | 宁夏固原彭阳 | | 2005 | 3 | 野生资源 |
| 2121 | HB2015195 | 胡枝子属 | 达乌里胡枝子 | *Lespedeza daurica*（Laxm.）Schindl. | | | 河南驻马店确山 | 2015 | 3 | 野生资源 |

（续）

| 序号 | 送种单位编号 | 属名 | 种名 | 学名 | 品种名（原文名） | 材料来源 | 材料原产地 | 收种时间（年份） | 保存地点 | 类型 |
|---|---|---|---|---|---|---|---|---|---|---|
| 2122 | HB2015197 | 胡枝子属 | 达乌里胡枝子 | *Lespedeza daurica*（Laxm.）Schindl. | | | 河南许昌襄城 | 2015 | 3 | 野生资源 |
| 2123 | hlj-2015007 | 胡枝子属 | 达乌里胡枝子 | *Lespedeza daurica*（Laxm.）Schindl. | | | 黑龙江兰西 | 2009 | 3 | 野生资源 |
| 2124 | JL04-67 | 胡枝子属 | 达乌里胡枝子 | *Lespedeza daurica*（Laxm.）Schindl. | | 吉林农科院畜牧分院 | | 2004 | 3 | 野生资源 |
| 2125 | B5579 | 胡枝子属 | 达乌里胡枝子 | *Lespedeza daurica*（Laxm.）Schindl. | | 中国农科院草原所 | | 2016 | 3 | 野生资源 |
| 2126 | NM08-004 | 胡枝子属 | 达乌里胡枝子 | *Lespedeza daurica*（Laxm.）Schindl. | | 内蒙古草原站 | | 2008 | 3 | 野生资源 |
| 2127 | NM09-091 | 胡枝子属 | 达乌里胡枝子 | *Lespedeza daurica*（Laxm.）Schindl. | | 内蒙古草原站 | | 2014 | 3 | 野生资源 |
| 2128 | 中畜-011 | 胡枝子属 | 达乌里胡枝子 | *Lespedeza daurica*（Laxm.）Schindl. | | | 甘肃灵台 | 2002 | 3 | 野生资源 |
| 2129 | 中畜-1084 | 胡枝子属 | 达乌里胡枝子 | *Lespedeza daurica*（Laxm.）Schindl. | | 中国农科院畜牧所 | | 2010 | 3 | 野生资源 |
| 2130 | 中畜-1085 | 胡枝子属 | 达乌里胡枝子 | *Lespedeza daurica*（Laxm.）Schindl. | | 中国农科院畜牧所 | | 2010 | 3 | 野生资源 |
| 2131 | 中畜-1086 | 胡枝子属 | 达乌里胡枝子 | *Lespedeza daurica*（Laxm.）Schindl. | | 中国农科院畜牧所 | | 2010 | 3 | 野生资源 |
| 2132 | 中畜-1087 | 胡枝子属 | 达乌里胡枝子 | *Lespedeza daurica*（Laxm.）Schindl. | | 中国农科院畜牧所 | | 2010 | 3 | 野生资源 |
| 2133 | 中畜-1088 | 胡枝子属 | 达乌里胡枝子 | *Lespedeza daurica*（Laxm.）Schindl. | | 中国农科院畜牧所 | | 2010 | 3 | 野生资源 |
| 2134 | 中畜-1089 | 胡枝子属 | 达乌里胡枝子 | *Lespedeza daurica*（Laxm.）Schindl. | | 中国农科院畜牧所 | | 2010 | 3 | 野生资源 |
| 2135 | 中畜-1090 | 胡枝子属 | 达乌里胡枝子 | *Lespedeza daurica*（Laxm.）Schindl. | | 中国农科院畜牧所 | | 2010 | 3 | 野生资源 |
| 2136 | 中畜-1091 | 胡枝子属 | 达乌里胡枝子 | *Lespedeza daurica*（Laxm.）Schindl. | | 中国农科院畜牧所 | | 2010 | 3 | 野生资源 |

（续）

| 序号 | 送种单位编号 | 属 名 | 种 名 | 学 名 | 品种名（原文名） | 材料来源 | 材料原产地 | 收种时间（年份） | 保存地点 | 类型 |
|---|---|---|---|---|---|---|---|---|---|---|
| 2137 | 中畜-1092 | 胡枝子属 | 达乌里胡枝子 | *Lespedeza daurica*（Laxm.）Schindl. | | 中国农科院畜牧所 | | 2010 | 3 | 野生资源 |
| 2138 | 中畜-1093 | 胡枝子属 | 达乌里胡枝子 | *Lespedeza daurica*（Laxm.）Schindl. | | 中国农科院畜牧所 | | 2010 | 3 | 野生资源 |
| 2139 | 中畜-1094 | 胡枝子属 | 达乌里胡枝子 | *Lespedeza daurica*（Laxm.）Schindl. | | 中国农科院畜牧所 | | 2010 | 3 | 野生资源 |
| 2140 | 中畜-1095 | 胡枝子属 | 达乌里胡枝子 | *Lespedeza daurica*（Laxm.）Schindl. | | 中国农科院畜牧所 | | 2010 | 3 | 野生资源 |
| 2141 | 中畜-1096 | 胡枝子属 | 达乌里胡枝子 | *Lespedeza daurica*（Laxm.）Schindl. | | 中国农科院畜牧所 | | 2010 | 3 | 野生资源 |
| 2142 | 中畜-1166 | 胡枝子属 | 达乌里胡枝子 | *Lespedeza daurica*（Laxm.）Schindl. | | 中国农科院畜牧所 | | 2010 | 3 | 野生资源 |
| 2143 | 中畜-1167 | 胡枝子属 | 达乌里胡枝子 | *Lespedeza daurica*（Laxm.）Schindl. | | 中国农科院畜牧所 | | 2010 | 3 | 野生资源 |
| 2144 | 中畜-1168 | 胡枝子属 | 达乌里胡枝子 | *Lespedeza daurica*（Laxm.）Schindl. | | 中国农科院畜牧所 | | 2010 | 3 | 野生资源 |
| 2145 | 中畜-1169 | 胡枝子属 | 达乌里胡枝子 | *Lespedeza daurica*（Laxm.）Schindl. | | 中国农科院畜牧所 | | 2010 | 3 | 野生资源 |
| 2146 | 中畜-1170 | 胡枝子属 | 达乌里胡枝子 | *Lespedeza daurica*（Laxm.）Schindl. | | 中国农科院畜牧所 | | 2010 | 3 | 野生资源 |
| 2147 | 中畜-1171 | 胡枝子属 | 达乌里胡枝子 | *Lespedeza daurica*（Laxm.）Schindl. | | 中国农科院畜牧所 | | 2010 | 3 | 野生资源 |
| 2148 | 中畜-1172 | 胡枝子属 | 达乌里胡枝子 | *Lespedeza daurica*（Laxm.）Schindl. | | 中国农科院畜牧所 | | 2010 | 3 | 野生资源 |
| 2149 | 中畜-1173 | 胡枝子属 | 达乌里胡枝子 | *Lespedeza daurica*（Laxm.）Schindl. | | 中国农科院畜牧所 | | 2010 | 3 | 野生资源 |

（续）

| 序号 | 送种单位编号 | 属 名 | 种 名 | 学 名 | 品种名（原文名） | 材料来源 | 材料原产地 | 收种时间（年份） | 保存地点 | 类型 |
|---|---|---|---|---|---|---|---|---|---|---|
| 2150 | 中畜-1297 | 胡枝子属 | 达乌里胡枝子 | *Lespedeza daurica*（Laxm.）Schindl. | | | 河北承德 | 2009 | 3 | 野生资源 |
| 2151 | 中畜-1298 | 胡枝子属 | 达乌里胡枝子 | *Lespedeza daurica*（Laxm.）Schindl. | | | 北京延庆 | 2009 | 3 | 野生资源 |
| 2152 | 中畜-1299 | 胡枝子属 | 达乌里胡枝子 | *Lespedeza daurica*（Laxm.）Schindl. | | | 河北承德巴克代营 | 2009 | 3 | 野生资源 |
| 2153 | 中畜-1308 | 胡枝子属 | 达乌里胡枝子 | *Lespedeza daurica*（Laxm.）Schindl. | | | 北京延庆 | 2009 | 3 | 野生资源 |
| 2154 | 中畜-1309 | 胡枝子属 | 达乌里胡枝子 | *Lespedeza daurica*（Laxm.）Schindl. | | | 北京延庆 | 2009 | 3 | 野生资源 |
| 2155 | 中畜-1311 | 胡枝子属 | 达乌里胡枝子 | *Lespedeza daurica*（Laxm.）Schindl. | | | 北京延庆玉渡山 | 2009 | 3 | 野生资源 |
| 2156 | 中畜-1313 | 胡枝子属 | 达乌里胡枝子 | *Lespedeza daurica*（Laxm.）Schindl. | | | 河北承德 | 2009 | 3 | 野生资源 |
| 2157 | 中畜-1314 | 胡枝子属 | 达乌里胡枝子 | *Lespedeza daurica*（Laxm.）Schindl. | | | 北京延庆 | 2009 | 3 | 野生资源 |
| 2158 | 中畜-1315 | 胡枝子属 | 达乌里胡枝子 | *Lespedeza daurica*（Laxm.）Schindl. | | | 河北廊坊 | 2009 | 3 | 野生资源 |
| 2159 | 中畜-1316 | 胡枝子属 | 达乌里胡枝子 | *Lespedeza daurica*（Laxm.）Schindl. | | | 北京昌平 | 2009 | 3 | 野生资源 |
| 2160 | 中畜-1435 | 胡枝子属 | 达乌里胡枝子 | *Lespedeza daurica*（Laxm.）Schindl. | | | 河北张家口怀来 | 2010 | 3 | 野生资源 |
| 2161 | 中畜-1436 | 胡枝子属 | 达乌里胡枝子 | *Lespedeza daurica*（Laxm.）Schindl. | | | 北京昌平 | 2010 | 3 | 野生资源 |
| 2162 | 中畜-1437 | 胡枝子属 | 达乌里胡枝子 | *Lespedeza daurica*（Laxm.）Schindl. | | | 河北张家口怀来 | 2010 | 3 | 野生资源 |
| 2163 | 中畜-1439 | 胡枝子属 | 达乌里胡枝子 | *Lespedeza daurica*（Laxm.）Schindl. | | | 北京昌平 | 2010 | 3 | 野生资源 |
| 2164 | 中畜-1440 | 胡枝子属 | 达乌里胡枝子 | *Lespedeza daurica*（Laxm.）Schindl. | | | 北京门头沟 | 2010 | 3 | 野生资源 |
| 2165 | 中畜-1441 | 胡枝子属 | 达乌里胡枝子 | *Lespedeza daurica*（Laxm.）Schindl. | | | 北京昌平 | 2010 | 3 | 野生资源 |
| 2166 | 中畜-1528 | 胡枝子属 | 达乌里胡枝子 | *Lespedeza daurica*（Laxm.）Schindl. | | | 北京房山 | 2011 | 3 | 野生资源 |
| 2167 | 中畜-1529 | 胡枝子属 | 达乌里胡枝子 | *Lespedeza daurica*（Laxm.）Schindl. | | | 北京房山 | 2011 | 3 | 野生资源 |
| 2168 | 中畜-1530 | 胡枝子属 | 达乌里胡枝子 | *Lespedeza daurica*（Laxm.）Schindl. | | | 北京房山 | 2011 | 3 | 野生资源 |
| 2169 | 中畜-1682 | 胡枝子属 | 达乌里胡枝子 | *Lespedeza daurica*（Laxm.）Schindl. | | | 北京延庆 | 2010 | 3 | 野生资源 |
| 2170 | 中畜-1683 | 胡枝子属 | 达乌里胡枝子 | *Lespedeza daurica*（Laxm.）Schindl. | | | 北京昌平 | 2010 | 3 | 野生资源 |
| 2171 | 中畜-1684 | 胡枝子属 | 达乌里胡枝子 | *Lespedeza daurica*（Laxm.）Schindl. | | | 河北保定涞源 | 2010 | 3 | 野生资源 |
| 2172 | 中畜-1685 | 胡枝子属 | 达乌里胡枝子 | *Lespedeza daurica*（Laxm.）Schindl. | | | 河北张家口怀来 | 2010 | 3 | 野生资源 |
| 2173 | 中畜-1690 | 胡枝子属 | 达乌里胡枝子 | *Lespedeza daurica*（Laxm.）Schindl. | | | 北京昌平 | 2010 | 3 | 野生资源 |
| 2174 | 中畜-1691 | 胡枝子属 | 达乌里胡枝子 | *Lespedeza daurica*（Laxm.）Schindl. | | | 北京延庆 | 2010 | 3 | 野生资源 |

（续）

| 序号 | 送种单位编号 | 属名 | 种名 | 学名 | 品种名（原文名） | 材料来源 | 材料原产地 | 收种时间（年份） | 保存地点 | 类型 |
|---|---|---|---|---|---|---|---|---|---|---|
| 2175 | 中畜-1693 | 胡枝子属 | 达乌里胡枝子 | *Lespedeza daurica*（Laxm.）Schindl. | | | 北京昌平 | 2010 | 3 | 野生资源 |
| 2176 | 中畜-1695 | 胡枝子属 | 达乌里胡枝子 | *Lespedeza daurica*（Laxm.）Schindl. | | | 北京延庆 | 2010 | 3 | 野生资源 |
| 2177 | 中畜-1696 | 胡枝子属 | 达乌里胡枝子 | *Lespedeza daurica*（Laxm.）Schindl. | | | 北京昌平 | 2010 | 3 | 野生资源 |
| 2178 | 中畜-1697 | 胡枝子属 | 达乌里胡枝子 | *Lespedeza daurica*（Laxm.）Schindl. | | | 北京昌平 | 2010 | 3 | 野生资源 |
| 2179 | 中畜-1704 | 胡枝子属 | 达乌里胡枝子 | *Lespedeza daurica*（Laxm.）Schindl. | | | 北京门头沟 | 2010 | 3 | 野生资源 |
| 2180 | 中畜-1706 | 胡枝子属 | 达乌里胡枝子 | *Lespedeza daurica*（Laxm.）Schindl. | | | 北京门头沟 | 2010 | 3 | 野生资源 |
| 2181 | 中畜-1896 | 胡枝子属 | 达乌里胡枝子 | *Lespedeza daurica*（Laxm.）Schindl. | | | 北京房山 | 2011 | 3 | 野生资源 |
| 2182 | 中畜-1899 | 胡枝子属 | 达乌里胡枝子 | *Lespedeza daurica*（Laxm.）Schindl. | | | 河北保定涞水 | 2011 | 3 | 野生资源 |
| 2183 | 中畜-1903 | 胡枝子属 | 达乌里胡枝子 | *Lespedeza daurica*（Laxm.）Schindl. | | | 河北张家口赤城 | 2011 | 3 | 野生资源 |
| 2184 | 中畜-1904 | 胡枝子属 | 达乌里胡枝子 | *Lespedeza daurica*（Laxm.）Schindl. | | | 河北张家口赤城 | 2011 | 3 | 野生资源 |
| 2185 | 中畜-1973 | 胡枝子属 | 达乌里胡枝子 | *Lespedeza daurica*（Laxm.）Schindl. | | | 北京延庆 | 2012 | 3 | 野生资源 |
| 2186 | 中畜-1978 | 胡枝子属 | 达乌里胡枝子 | *Lespedeza daurica*（Laxm.）Schindl. | | | 内蒙古赤峰翁牛特旗 | 2012 | 3 | 野生资源 |
| 2187 | 中畜-1979 | 胡枝子属 | 达乌里胡枝子 | *Lespedeza daurica*（Laxm.）Schindl. | | | 内蒙古赤峰巴林左旗 | 2012 | 3 | 野生资源 |
| 2188 | 中畜-1901 | 胡枝子属 | 达乌里胡枝子 | *Lespedeza daurica*（Laxm.）Schindl. | | | 河北张家口怀来鸡鸣驿 | 2011 | 3 | 野生资源 |
| 2189 | 中畜-2221 | 胡枝子属 | 达乌里胡枝子 | *Lespedeza daurica*（Laxm.）Schindl. | | | 山西晋中昔阳 | 2013 | 3 | 野生资源 |
| 2190 | 中畜-2222 | 胡枝子属 | 达乌里胡枝子 | *Lespedeza daurica*（Laxm.）Schindl. | | | 山西阳泉盂县 | 2013 | 3 | 野生资源 |
| 2191 | 中畜-2223 | 胡枝子属 | 达乌里胡枝子 | *Lespedeza daurica*（Laxm.）Schindl. | | | 河北石家庄赞皇 | 2013 | 3 | 野生资源 |
| 2192 | 中畜-2224 | 胡枝子属 | 达乌里胡枝子 | *Lespedeza daurica*（Laxm.）Schindl. | | | 河北张家口张北 | 2013 | 3 | 野生资源 |
| 2193 | 中畜-2225 | 胡枝子属 | 达乌里胡枝子 | *Lespedeza daurica*（Laxm.）Schindl. | | | 山西忻州定襄 | 2013 | 3 | 野生资源 |
| 2194 | 中畜-2226 | 胡枝子属 | 达乌里胡枝子 | *Lespedeza daurica*（Laxm.）Schindl. | | | 河北张家口万全 | 2013 | 3 | 野生资源 |
| 2195 | 中畜-2227 | 胡枝子属 | 达乌里胡枝子 | *Lespedeza daurica*（Laxm.）Schindl. | | | 山西阳泉盂县 | 2013 | 3 | 野生资源 |
| 2196 | 中畜-2228 | 胡枝子属 | 达乌里胡枝子 | *Lespedeza daurica*（Laxm.）Schindl. | | | 山西阳泉盂县 | 2013 | 3 | 野生资源 |
| 2197 | 中畜-2229 | 胡枝子属 | 达乌里胡枝子 | *Lespedeza daurica*（Laxm.）Schindl. | | | 山西忻州五台 | 2013 | 3 | 野生资源 |
| 2198 | 中畜-2230 | 胡枝子属 | 达乌里胡枝子 | *Lespedeza daurica*（Laxm.）Schindl. | | | 河北张家口阳原 | 2013 | 3 | 野生资源 |

（续）

| 序号 | 送种单位编号 | 属 名 | 种 名 | 学 名 | 品种名（原文名） | 材料来源 | 材料原产地 | 收种时间（年份） | 保存地点 | 类型 |
|---|---|---|---|---|---|---|---|---|---|---|
| 2199 | 中畜-2231 | 胡枝子属 | 达乌里胡枝子 | *Lespedeza daurica*（Laxm.）Schindl. | | | 山西忻州五台 | 2013 | 3 | 野生资源 |
| 2200 | 中畜-2268 | 胡枝子属 | 达乌里胡枝子 | *Lespedeza daurica*（Laxm.）Schindl. | | | 河北承德丰宁 | 2012 | 3 | 野生资源 |
| 2201 | 中畜-2269 | 胡枝子属 | 达乌里胡枝子 | *Lespedeza daurica*（Laxm.）Schindl. | | | 山西沂州五台 | 2012 | 3 | 野生资源 |
| 2202 | 中畜-2270 | 胡枝子属 | 达乌里胡枝子 | *Lespedeza daurica*（Laxm.）Schindl. | | | 河北保定易县 | 2012 | 3 | 野生资源 |
| 2203 | 中畜-2271 | 胡枝子属 | 达乌里胡枝子 | *Lespedeza daurica*（Laxm.）Schindl. | | | 河北承德丰宁 | 2012 | 3 | 野生资源 |
| 2204 | 中畜-2272 | 胡枝子属 | 达乌里胡枝子 | *Lespedeza daurica*（Laxm.）Schindl. | | | 山西沂州五台 | 2012 | 3 | 野生资源 |
| 2205 | 中畜-2273 | 胡枝子属 | 达乌里胡枝子 | *Lespedeza daurica*（Laxm.）Schindl. | | | 内蒙古赤峰松山 | 2012 | 3 | 野生资源 |
| 2206 | 中畜-2274 | 胡枝子属 | 达乌里胡枝子 | *Lespedeza daurica*（Laxm.）Schindl. | | | 内蒙古赤峰翁牛特 | 2012 | 3 | 野生资源 |
| 2207 | 中畜-2275 | 胡枝子属 | 达乌里胡枝子 | *Lespedeza daurica*（Laxm.）Schindl. | | | 内蒙古赤峰松山 | 2012 | 3 | 野生资源 |
| 2208 | 中畜-2276 | 胡枝子属 | 达乌里胡枝子 | *Lespedeza daurica*（Laxm.）Schindl. | | | 内蒙古赤峰翁牛特 | 2012 | 3 | 野生资源 |
| 2209 | 中畜-2277 | 胡枝子属 | 达乌里胡枝子 | *Lespedeza daurica*（Laxm.）Schindl. | | | 北京怀柔汤河口镇 | 2012 | 3 | 野生资源 |
| 2210 | 中畜-2278 | 胡枝子属 | 达乌里胡枝子 | *Lespedeza daurica*（Laxm.）Schindl. | | | 河北保定阜平 | 2012 | 3 | 野生资源 |
| 2211 | 中畜-2279 | 胡枝子属 | 达乌里胡枝子 | *Lespedeza daurica*（Laxm.）Schindl. | | | 河北承德王家沟 | 2012 | 3 | 野生资源 |
| 2212 | 中畜-2280 | 胡枝子属 | 达乌里胡枝子 | *Lespedeza daurica*（Laxm.）Schindl. | | | 河北保定阜平 | 2012 | 3 | 野生资源 |
| 2213 | 中畜-2281 | 胡枝子属 | 达乌里胡枝子 | *Lespedeza daurica*（Laxm.）Schindl. | | | 辽宁朝阳凌源 | 2012 | 3 | 野生资源 |
| 2214 | 中畜-2282 | 胡枝子属 | 达乌里胡枝子 | *Lespedeza daurica*（Laxm.）Schindl. | | | 内蒙古赤峰巴林右旗 | 2012 | 3 | 野生资源 |
| 2215 | 中畜-2283 | 胡枝子属 | 达乌里胡枝子 | *Lespedeza daurica*（Laxm.）Schindl. | | | 河北承德丰宁 | 2012 | 3 | 野生资源 |
| 2216 | 中畜-2284 | 胡枝子属 | 达乌里胡枝子 | *Lespedeza daurica*（Laxm.）Schindl. | | | 河北承德丰宁 | 2012 | 3 | 野生资源 |
| 2217 | 中畜-2285 | 胡枝子属 | 达乌里胡枝子 | *Lespedeza daurica*（Laxm.）Schindl. | | | 河北承德丰宁 | 2012 | 3 | 野生资源 |
| 2218 | 中畜-2286 | 胡枝子属 | 达乌里胡枝子 | *Lespedeza daurica*（Laxm.）Schindl. | | | 河北承德丰宁 | 2012 | 3 | 野生资源 |
| 2219 | 中畜-2287 | 胡枝子属 | 达乌里胡枝子 | *Lespedeza daurica*（Laxm.）Schindl. | | | 河北承德丰宁 | 2012 | 3 | 野生资源 |
| 2220 | 中畜-2288 | 胡枝子属 | 达乌里胡枝子 | *Lespedeza daurica*（Laxm.）Schindl. | | | 河北承德丰宁 | 2012 | 3 | 野生资源 |
| 2221 | 中畜-2289 | 胡枝子属 | 达乌里胡枝子 | *Lespedeza daurica*（Laxm.）Schindl. | | | 河北承德丰宁 | 2012 | 3 | 野生资源 |
| 2222 | 中畜-2290 | 胡枝子属 | 达乌里胡枝子 | *Lespedeza daurica*（Laxm.）Schindl. | | | 河北承德隆化 | 2012 | 3 | 野生资源 |
| 2223 | 中畜-2291 | 胡枝子属 | 达乌里胡枝子 | *Lespedeza daurica*（Laxm.）Schindl. | | | 河北承德隆化 | 2012 | 3 | 野生资源 |

（续）

| 序号 | 送种单位编号 | 属 名 | 种 名 | 学 名 | 品种名（原文名） | 材料来源 | 材料原产地 | 收种时间（年份） | 保存地点 | 类型 |
|------|------------|-------|-------|-------|----------------|---------|-----------|----------------|---------|------|
| 2224 | 中畜-2292 | 胡枝子属 | 达乌里胡枝子 | *Lespedeza daurica*（Laxm.）Schindl. | | | 河北承德隆化 | 2012 | 3 | 野生资源 |
| 2225 | 中畜-2293 | 胡枝子属 | 达乌里胡枝子 | *Lespedeza daurica*（Laxm.）Schindl. | | | 河北承德隆化 | 2012 | 3 | 野生资源 |
| 2226 | 中畜-2294 | 胡枝子属 | 达乌里胡枝子 | *Lespedeza daurica*（Laxm.）Schindl. | | | 河北承德隆化 | 2012 | 3 | 野生资源 |
| 2227 | 中畜-2295 | 胡枝子属 | 达乌里胡枝子 | *Lespedeza daurica*（Laxm.）Schindl. | | | 河北承德隆化 | 2012 | 3 | 野生资源 |
| 2228 | 中畜-2296 | 胡枝子属 | 达乌里胡枝子 | *Lespedeza daurica*（Laxm.）Schindl. | | | 河北承德围场 | 2012 | 3 | 野生资源 |
| 2229 | 中畜-2297 | 胡枝子属 | 达乌里胡枝子 | *Lespedeza daurica*（Laxm.）Schindl. | | | 河北承德围场 | 2012 | 3 | 野生资源 |
| 2230 | 中畜-2298 | 胡枝子属 | 达乌里胡枝子 | *Lespedeza daurica*（Laxm.）Schindl. | | | 河北承德围场 | 2012 | 3 | 野生资源 |
| 2231 | 中畜-2311 | 胡枝子属 | 达乌里胡枝子 | *Lespedeza daurica*（Laxm.）Schindl. | | | 山西沂州五台 | 2012 | 3 | 野生资源 |
| 2232 | 中畜-2313 | 胡枝子属 | 达乌里胡枝子 | *Lespedeza daurica*（Laxm.）Schindl. | | | 内蒙古赤峰林西 | 2011 | 3 | 野生资源 |
| 2233 | 中畜-2398 | 胡枝子属 | 达乌里胡枝子 | *Lespedeza daurica*（Laxm.）Schindl. | | | 山西晋中昔阳 | 2013 | 3 | 野生资源 |
| 2234 | 中畜-2399 | 胡枝子属 | 达乌里胡枝子 | *Lespedeza daurica*（Laxm.）Schindl. | | | 北京昌平 | 2013 | 3 | 野生资源 |
| 2235 | 中畜-2400 | 胡枝子属 | 达乌里胡枝子 | *Lespedeza daurica*（Laxm.）Schindl. | | | 山西忻州五台 | 2013 | 3 | 野生资源 |
| 2236 | 中畜-2401 | 胡枝子属 | 达乌里胡枝子 | *Lespedeza daurica*（Laxm.）Schindl. | | | 河北张家口万全 | 2013 | 3 | 野生资源 |
| 2237 | 中畜-2402 | 胡枝子属 | 达乌里胡枝子 | *Lespedeza daurica*（Laxm.）Schindl. | | | 北京昌平 | 2013 | 3 | 野生资源 |
| 2238 | 中畜-2403 | 胡枝子属 | 达乌里胡枝子 | *Lespedeza daurica*（Laxm.）Schindl. | | | 河北张家口万全 | 2013 | 3 | 野生资源 |
| 2239 | 中畜-2404 | 胡枝子属 | 达乌里胡枝子 | *Lespedeza daurica*（Laxm.）Schindl. | | | 山西忻州五台 | 2013 | 3 | 野生资源 |
| 2240 | 中畜-2405 | 胡枝子属 | 达乌里胡枝子 | *Lespedeza daurica*（Laxm.）Schindl. | | | 甘肃兰州 | 2013 | 3 | 野生资源 |
| 2241 | 中畜-2406 | 胡枝子属 | 达乌里胡枝子 | *Lespedeza daurica*（Laxm.）Schindl. | | | 河北石家庄赞皇 | 2013 | 3 | 野生资源 |
| 2242 | 中畜-2407 | 胡枝子属 | 达乌里胡枝子 | *Lespedeza daurica*（Laxm.）Schindl. | | | 山西忻州五台 | 2013 | 3 | 野生资源 |
| 2243 | 中畜-2408 | 胡枝子属 | 达乌里胡枝子 | *Lespedeza daurica*（Laxm.）Schindl. | | | 内蒙古赤峰阿鲁科尔沁旗 | 2013 | 3 | 野生资源 |
| 2244 | 中畜-2409 | 胡枝子属 | 达乌里胡枝子 | *Lespedeza daurica*（Laxm.）Schindl. | | | 河北石家庄赞皇 | 2013 | 3 | 野生资源 |
| 2245 | 中畜-2410 | 胡枝子属 | 达乌里胡枝子 | *Lespedeza daurica*（Laxm.）Schindl. | | | 山西阳泉盂县 | 2013 | 3 | 野生资源 |
| 2246 | 中畜-2411 | 胡枝子属 | 达乌里胡枝子 | *Lespedeza daurica*（Laxm.）Schindl. | | | 河北张家口宣化 | 2013 | 3 | 野生资源 |
| 2247 | 中畜-2412 | 胡枝子属 | 达乌里胡枝子 | *Lespedeza daurica*（Laxm.）Schindl. | | | 山西五台 | 2013 | 3 | 野生资源 |

（续）

| 序号 | 送种单位编号 | 属 名 | 种 名 | 学 名 | 品种名（原文名） | 材料来源 | 材料原产地 | 收种时间（年份） | 保存地点 | 类型 |
|---|---|---|---|---|---|---|---|---|---|---|
| 2248 | 中畜-2413 | 胡枝子属 | 达乌里胡枝子 | *Lespedeza daurica*（Laxm.）Schindl. | | | 内蒙古锡林浩特正蓝旗 | 2013 | 3 | 野生资源 |
| 2249 | 中畜-2414 | 胡枝子属 | 达乌里胡枝子 | *Lespedeza daurica*（Laxm.）Schindl. | | | 河北张家口张北 | 2013 | 3 | 野生资源 |
| 2250 | 中畜-2415 | 胡枝子属 | 达乌里胡枝子 | *Lespedeza daurica*（Laxm.）Schindl. | | | 内蒙古锡林浩特正蓝旗 | 2013 | 3 | 野生资源 |
| 2251 | 中畜-2416 | 胡枝子属 | 达乌里胡枝子 | *Lespedeza daurica*（Laxm.）Schindl. | | | 河北张家口宣化 | 2013 | 3 | 野生资源 |
| 2252 | 中畜-2417 | 胡枝子属 | 达乌里胡枝子 | *Lespedeza daurica*（Laxm.）Schindl. | | | 河北张家口宣化 | 2013 | 3 | 野生资源 |
| 2253 | 中畜-2501 | 胡枝子属 | 达乌里胡枝子 | *Lespedeza daurica*（Laxm.）Schindl. | | | 山西阳泉平定 | 2014 | 3 | 野生资源 |
| 2254 | 中畜-2502 | 胡枝子属 | 达乌里胡枝子 | *Lespedeza daurica*（Laxm.）Schindl. | | | 山西晋中昔阳 | 2014 | 3 | 野生资源 |
| 2255 | 中畜-2503 | 胡枝子属 | 达乌里胡枝子 | *Lespedeza daurica*（Laxm.）Schindl. | | | 山西晋城阳城 | 2014 | 3 | 野生资源 |
| 2256 | 中畜-2504 | 胡枝子属 | 达乌里胡枝子 | *Lespedeza daurica*（Laxm.）Schindl. | | | 山西晋城阳城 | 2014 | 3 | 野生资源 |
| 2257 | 中畜-2505 | 胡枝子属 | 达乌里胡枝子 | *Lespedeza daurica*（Laxm.）Schindl. | | | 山西晋城 | 2014 | 3 | 野生资源 |
| 2258 | 中畜-2506 | 胡枝子属 | 达乌里胡枝子 | *Lespedeza daurica*（Laxm.）Schindl. | | | 山西长治黎城 | 2014 | 3 | 野生资源 |
| 2259 | 中畜-2507 | 胡枝子属 | 达乌里胡枝子 | *Lespedeza daurica*（Laxm.）Schindl. | | | 山西长治黎城 | 2014 | 3 | 野生资源 |
| 2260 | 中畜-2508 | 胡枝子属 | 达乌里胡枝子 | *Lespedeza daurica*（Laxm.）Schindl. | | | 山西晋中左权 | 2014 | 3 | 野生资源 |
| 2261 | 中畜-2509 | 胡枝子属 | 达乌里胡枝子 | *Lespedeza daurica*（Laxm.）Schindl. | | | 山西阳泉平定 | 2014 | 3 | 野生资源 |
| 2262 | 中畜-2510 | 胡枝子属 | 达乌里胡枝子 | *Lespedeza daurica*（Laxm.）Schindl. | | | 山东莱州 | 2014 | 3 | 野生资源 |
| 2263 | 中畜-2511 | 胡枝子属 | 达乌里胡枝子 | *Lespedeza daurica*（Laxm.）Schindl. | | | 山东烟台招远 | 2014 | 3 | 野生资源 |
| 2264 | 中畜-2512 | 胡枝子属 | 达乌里胡枝子 | *Lespedeza daurica*（Laxm.）Schindl. | | | 山东烟台龙口 | 2014 | 3 | 野生资源 |
| 2265 | 中畜-2570 | 胡枝子属 | 达乌里胡枝子 | *Lespedeza daurica*（Laxm.）Schindl. | | | 山东烟台莱州 | 2014 | 3 | 野生资源 |
| 2266 | 中畜-2697 | 胡枝子属 | 达乌里胡枝子 | *Lespedeza daurica*（Laxm.）Schindl. | | | 山东烟台芝罘 | 2014 | 3 | 野生资源 |
| 2267 | 中畜-2698 | 胡枝子属 | 达乌里胡枝子 | *Lespedeza daurica*（Laxm.）Schindl. | | | 内蒙古赤峰阿鲁科沁 | 2015 | 3 | 野生资源 |
| 2268 | 中畜-2699 | 胡枝子属 | 达乌里胡枝子 | *Lespedeza daurica*（Laxm.）Schindl. | | | 北京顺义 | 2015 | 3 | 野生资源 |
| 2269 | 中畜-2700 | 胡枝子属 | 达乌里胡枝子 | *Lespedeza daurica*（Laxm.）Schindl. | | | 北京顺义 | 2015 | 3 | 野生资源 |
| 2270 | 中畜-2701 | 胡枝子属 | 达乌里胡枝子 | *Lespedeza daurica*（Laxm.）Schindl. | | | 山西运城绛县 | 2014 | 3 | 野生资源 |

（续）

| 序号 | 送种单位编号 | 属名 | 种名 | 学名 | 品种名（原文名） | 材料来源 | 材料原产地 | 收种时间（年份） | 保存地点 | 类型 |
|---|---|---|---|---|---|---|---|---|---|---|
| 2271 | 中畜-2702 | 胡枝子属 | 达乌里胡枝子 | *Lespedeza daurica*（Laxm.）Schindl. | | | 山西临汾霍州 | 2014 | 3 | 野生资源 |
| 2272 | 中畜-2703 | 胡枝子属 | 达乌里胡枝子 | *Lespedeza daurica*（Laxm.）Schindl. | | | 山西长治沁县 | 2006 | 3 | 野生资源 |
| 2273 | 中畜-2704 | 胡枝子属 | 达乌里胡枝子 | *Lespedeza daurica*（Laxm.）Schindl. | | | 山西长治市长治县 | 2014 | 3 | 野生资源 |
| 2274 | 中畜-2705 | 胡枝子属 | 达乌里胡枝子 | *Lespedeza daurica*（Laxm.）Schindl. | | | 山西晋城沁水 | 2014 | 3 | 野生资源 |
| 2275 | 中畜-2706 | 胡枝子属 | 达乌里胡枝子 | *Lespedeza daurica*（Laxm.）Schindl. | | | 山东烟台莱州 | 2014 | 3 | 野生资源 |
| 2276 | 中畜-2707 | 胡枝子属 | 达乌里胡枝子 | *Lespedeza daurica*（Laxm.）Schindl. | | | 山西晋中昔阳 | 2014 | 3 | 野生资源 |
| 2277 | 中畜-2708 | 胡枝子属 | 达乌里胡枝子 | *Lespedeza daurica*（Laxm.）Schindl. | | | 山东栖霞 | 2014 | 3 | 野生资源 |
| 2278 | 中畜-2709 | 胡枝子属 | 达乌里胡枝子 | *Lespedeza daurica*（Laxm.）Schindl. | | | 山西长治黎城 | 2014 | 3 | 野生资源 |
| 2279 | 中畜-2710 | 胡枝子属 | 达乌里胡枝子 | *Lespedeza daurica*（Laxm.）Schindl. | | | 山东烟台栖霞 | 2014 | 3 | 野生资源 |
| 2280 | 中畜-2711 | 胡枝子属 | 达乌里胡枝子 | *Lespedeza daurica*（Laxm.）Schindl. | | | 山西晋中昔阳 | 2014 | 3 | 野生资源 |
| 2281 | 中畜-2712 | 胡枝子属 | 达乌里胡枝子 | *Lespedeza daurica*（Laxm.）Schindl. | | | 山东烟台龙口 | 2014 | 3 | 野生资源 |
| 2282 | 中畜-2713 | 胡枝子属 | 达乌里胡枝子 | *Lespedeza daurica*（Laxm.）Schindl. | | | 北京门头沟 | 2015 | 3 | 野生资源 |
| 2283 | 中畜-2714 | 胡枝子属 | 达乌里胡枝子 | *Lespedeza daurica*（Laxm.）Schindl. | | | 内蒙古阿鲁科尔沁 | 2014 | 3 | 野生资源 |
| 2284 | 中畜-2715 | 胡枝子属 | 达乌里胡枝子 | *Lespedeza daurica*（Laxm.）Schindl. | | | 山西运城绛县 | 2014 | 3 | 野生资源 |
| 2285 | 中畜-2716 | 胡枝子属 | 达乌里胡枝子 | *Lespedeza daurica*（Laxm.）Schindl. | | | 山西运城绛县 | 2014 | 3 | 野生资源 |
| 2286 | 中畜-2717 | 胡枝子属 | 达乌里胡枝子 | *Lespedeza daurica*（Laxm.）Schindl. | | | 山西运城绛县 | 2014 | 3 | 野生资源 |
| 2287 | 中畜-2718 | 胡枝子属 | 达乌里胡枝子 | *Lespedeza daurica*（Laxm.）Schindl. | | | 山西运城绛县 | 2014 | 3 | 野生资源 |
| 2288 | 中畜-2719 | 胡枝子属 | 达乌里胡枝子 | *Lespedeza daurica*（Laxm.）Schindl. | | | 山西晋中祁县 | 2014 | 3 | 野生资源 |
| 2289 | 中畜-2720 | 胡枝子属 | 达乌里胡枝子 | *Lespedeza daurica*（Laxm.）Schindl. | | | 山西晋城沁水 | 2014 | 3 | 野生资源 |
| 2290 | 中畜-2721 | 胡枝子属 | 达乌里胡枝子 | *Lespedeza daurica*（Laxm.）Schindl. | | | 山西运城绛县 | 2014 | 3 | 野生资源 |
| 2291 | 中畜-558 | 胡枝子属 | 达乌里胡枝子 | *Lespedeza daurica*（Laxm.）Schindl. | | | 山西五路山 | 2004 | 3 | 野生资源 |
| 2292 | 中畜-566 | 胡枝子属 | 达乌里胡枝子 | *Lespedeza daurica*（Laxm.）Schindl. | | | 甘肃灵台 | 2004 | 3 | 野生资源 |
| 2293 | 中畜-791 | 胡枝子属 | 达乌里胡枝子 | *Lespedeza daurica*（Laxm.）Schindl. | | | 山西沁源 | 2007 | 3 | 野生资源 |
| 2294 | 中畜-797 | 胡枝子属 | 达乌里胡枝子 | *Lespedeza daurica*（Laxm.）Schindl. | | | 山西沁源 | 2007 | 3 | 野生资源 |
| 2295 | 中畜-810 | 胡枝子属 | 达乌里胡枝子 | *Lespedeza daurica*（Laxm.）Schindl. | | | 山西昔阳 | 2006 | 3 | 野生资源 |

（续）

| 序号 | 送种单位编号 | 属 名 | 种 名 | 学 名 | 品种名（原文名） | 材料来源 | 材料原产地 | 收种时间（年份） | 保存地点 | 类型 |
|------|------|------|------|------|------|------|------|------|------|------|
| 2296 | 中畜-839 | 胡枝子属 | 达乌里胡枝子 | *Lespedeza daurica*（Laxm.）Schindl. | | 北京 | 山西 | 2006 | 3 | 野生资源 |
| 2297 | 中畜-840 | 胡枝子属 | 达乌里胡枝子 | *Lespedeza daurica*（Laxm.）Schindl. | | 北京 | 山西 | 2006 | 3 | 野生资源 |
| 2298 | 中畜-847 | 胡枝子属 | 达乌里胡枝子 | *Lespedeza daurica*（Laxm.）Schindl. | | | 北京担礼村 | 2007 | 3 | 野生资源 |
| 2299 | 中畜-824 | 胡枝子属 | 达乌里胡枝子 | *Lespedeza daurica*（Laxm.）Schindl. | | | 山西平定 | 2006 | 3 | 野生资源 |
| 2300 | 14 | 胡枝子属 | 达乌里胡枝子 | *Lespedeza daurica*（Laxm.）Schindl. | | | | 2010 | 1 | 野生资源 |
| 2301 | | 胡枝子属 | 达乌里胡枝子 | *Lespedeza daurica*（Laxm.）Schindl. | | | 北京 | 2010 | 1 | 野生资源 |
| 2302 | 中畜-324 | 胡枝子属 | 达乌里胡枝子 | *Lespedeza daurica*（Laxm.）Schindl. | | 中国农科院畜牧所 | 北京凤凰岭 | 2000 | 1 | 野生资源 |
| 2303 | 中畜-326 | 胡枝子属 | 达乌里胡枝子 | *Lespedeza daurica*（Laxm.）Schindl. | | 中国农科院畜牧所 | 山西沁源 | 2000 | 1 | 野生资源 |
| 2304 | 中畜-335 | 胡枝子属 | 达乌里胡枝子 | *Lespedeza daurica*（Laxm.）Schindl. | | 中国农科院畜牧所 | 山西沁源 | 2000 | 1 | 野生资源 |
| 2305 | 2015036 | 胡枝子属 | 达乌里胡枝子 | *Lespedeza daurica*（Laxm.）Schindl. | | | 内蒙古锡林浩特西乌旗 | 2015 | 1 | 野生资源 |
| 2306 | | 胡枝子属 | 达乌里胡枝子 | *Lespedeza daurica*（Laxm.）Schindl. | | 中国农科院草原所 | | 1989 | 1 | 野生资源 |
| 2307 | | 胡枝子属 | 达乌里胡枝子 | *Lespedeza daurica*（Laxm.）Schindl. | | 赤峰林西草原站 | | 2013 | 1 | 野生资源 |
| 2308 | 2015036 | 胡枝子属 | 达乌里胡枝子 | *Lespedeza daurica*（Laxm.）Schindl. | | | 内蒙古锡林浩特西乌旗 | 2015 | 1 | 野生资源 |
| 2309 | 2015044 | 胡枝子属 | 达乌里胡枝子 | *Lespedeza daurica*（Laxm.）Schindl. | | | 内蒙古锡林浩特西乌旗 | 2015 | 1 | 野生资源 |
| 2310 | GS3913 | 胡枝子属 | 达乌里胡枝子 | *Lespedeza daurica*（Laxm.）Schindl. | | | 甘肃会宁会师镇 | 2012 | 3 | 野生资源 |
| 2311 | GS3962 | 胡枝子属 | 达乌里胡枝子 | *Lespedeza daurica*（Laxm.）Schindl. | | | 甘肃会宁会师镇 | 2012 | 3 | 野生资源 |
| 2312 | 中畜-560 | 胡枝子属 | 达乌里胡枝子 | *Lespedeza daurica*（Laxm.）Schindl. | | | 甘肃灵台 | 2005 | 1 | 野生资源 |
| 2313 | HB2011-057 | 胡枝子属 | 大叶胡枝子 | *Lespedeza davidii* Franch. | | 湖北农科院畜牧兽医所 | | 2011 | 3 | 野生资源 |

（续）

| 序号 | 送种单位编号 | 属 名 | 种 名 | 学 名 | 品种名（原文名） | 材料来源 | 材料原产地 | 收种时间（年份） | 保存地点 | 类型 |
|---|---|---|---|---|---|---|---|---|---|---|
| 2314 | 2511 | 胡枝子属 | 多花胡枝子 | *Lespedeza floribunda* Bunge | | 中国农科院畜牧所 | 安徽 | 2015 | 3 | 野生资源 |
| 2315 | B4122 | 胡枝子属 | 多花胡枝子 | *Lespedeza floribunda* Bunge | | 中国农科院草原所 | | 2014 | 3 | 野生资源 |
| 2316 | B5579 | 胡枝子属 | 多花胡枝子 | *Lespedeza floribunda* Bunge | | 中国农科院草原所 | | 2007 | 3 | 野生资源 |
| 2317 | E307 | 胡枝子属 | 多花胡枝子 | *Lespedeza floribunda* Bunge | | 湖北武汉 | 北京百望山 | 2003 | 3 | 野生资源 |
| 2318 | HB2011-230 | 胡枝子属 | 多花胡枝子 | *Lespedeza floribunda* Bunge | | 湖北农科院畜牧兽医所 | | 2011 | 3 | 野生资源 |
| 2319 | HB2014-277 | 胡枝子属 | 多花胡枝子 | *Lespedeza floribunda* Bunge | | | 河南信阳罗山 | 2014 | 3 | 野生资源 |
| 2320 | HB2014-287 | 胡枝子属 | 多花胡枝子 | *Lespedeza floribunda* Bunge | | | 河南信阳浉河 | 2014 | 3 | 野生资源 |
| 2321 | HB2015199 | 胡枝子属 | 多花胡枝子 | *Lespedeza floribunda* Bunge | | | 河南信阳浉河 | 2015 | 3 | 野生资源 |
| 2322 | HB2015202 | 胡枝子属 | 多花胡枝子 | *Lespedeza floribunda* Bunge | | | 河南信阳浉河 | 2015 | 3 | 野生资源 |
| 2323 | HB2015203 | 胡枝子属 | 多花胡枝子 | *Lespedeza floribunda* Bunge | | | 河南驻马店确山 | 2015 | 3 | 野生资源 |
| 2324 | HB2015206 | 胡枝子属 | 多花胡枝子 | *Lespedeza floribunda* Bunge | | | 河南信阳新县 | 2015 | 3 | 野生资源 |
| 2325 | 中畜-1108 | 胡枝子属 | 多花胡枝子 | *Lespedeza floribunda* Bunge | | 中国农科院畜牧所 | | 2010 | 3 | 野生资源 |
| 2326 | 中畜-1109 | 胡枝子属 | 多花胡枝子 | *Lespedeza floribunda* Bunge | | 中国农科院畜牧所 | | 2010 | 3 | 野生资源 |
| 2327 | 中畜-1283 | 胡枝子属 | 多花胡枝子 | *Lespedeza floribunda* Bunge | | | 北京延庆 | 2009 | 3 | 野生资源 |
| 2328 | 中畜-1286 | 胡枝子属 | 多花胡枝子 | *Lespedeza floribunda* Bunge | | | 北京延庆 | 2009 | 3 | 野生资源 |
| 2329 | 中畜-1287 | 胡枝子属 | 多花胡枝子 | *Lespedeza floribunda* Bunge | | | 北京延庆 | 2009 | 3 | 野生资源 |
| 2330 | 中畜-1288 | 胡枝子属 | 多花胡枝子 | *Lespedeza floribunda* Bunge | | | 北京平谷 | 2009 | 3 | 野生资源 |
| 2331 | 中畜-1289 | 胡枝子属 | 多花胡枝子 | *Lespedeza floribunda* Bunge | | | 北京昌平 | 2009 | 3 | 野生资源 |
| 2332 | 中畜-1290 | 胡枝子属 | 多花胡枝子 | *Lespedeza floribunda* Bunge | | | 北京延庆 | 2009 | 3 | 野生资源 |

（续）

| 序号 | 送种单位编号 | 属名 | 种名 | 学名 | 品种名（原文名） | 材料来源 | 材料原产地 | 收种时间（年份） | 保存地点 | 类型 |
|---|---|---|---|---|---|---|---|---|---|---|
| 2333 | 中畜-1291 | 胡枝子属 | 多花胡枝子 | *Lespedeza floribunda* Bunge | | | 河北廊坊 | 2009 | 3 | 野生资源 |
| 2334 | 中畜-1292 | 胡枝子属 | 多花胡枝子 | *Lespedeza floribunda* Bunge | | | 北京海淀香山 | 2009 | 3 | 野生资源 |
| 2335 | 中畜-1293 | 胡枝子属 | 多花胡枝子 | *Lespedeza floribunda* Bunge | | | 北京怀柔 | 2009 | 3 | 野生资源 |
| 2336 | 中畜-1294 | 胡枝子属 | 多花胡枝子 | *Lespedeza floribunda* Bunge | | | 北京怀柔 | 2009 | 3 | 野生资源 |
| 2337 | 中畜-1392 | 胡枝子属 | 多花胡枝子 | *Lespedeza floribunda* Bunge | | | 北京昌平 | 2010 | 3 | 野生资源 |
| 2338 | 中畜-1393 | 胡枝子属 | 多花胡枝子 | *Lespedeza floribunda* Bunge | | | 北京延庆 | 2010 | 3 | 野生资源 |
| 2339 | 中畜-1394 | 胡枝子属 | 多花胡枝子 | *Lespedeza floribunda* Bunge | | | 北京门头沟 | 2010 | 3 | 野生资源 |
| 2340 | 中畜-1395 | 胡枝子属 | 多花胡枝子 | *Lespedeza floribunda* Bunge | | | 北京延庆 | 2010 | 3 | 野生资源 |
| 2341 | 中畜-1396 | 胡枝子属 | 多花胡枝子 | *Lespedeza floribunda* Bunge | | | 北京昌平 | 2010 | 3 | 野生资源 |
| 2342 | 中畜-1397 | 胡枝子属 | 多花胡枝子 | *Lespedeza floribunda* Bunge | | | 北京门头沟 | 2010 | 3 | 野生资源 |
| 2343 | 中畜-1534 | 胡枝子属 | 多花胡枝子 | *Lespedeza floribunda* Bunge | | | 河北张家口怀来 | 2010 | 3 | 野生资源 |
| 2344 | 中畜-1536 | 胡枝子属 | 多花胡枝子 | *Lespedeza floribunda* Bunge | | | 北京昌平 | 2010 | 3 | 野生资源 |
| 2345 | 中畜-1537 | 胡枝子属 | 多花胡枝子 | *Lespedeza floribunda* Bunge | | | 北京昌平 | 2010 | 3 | 野生资源 |
| 2346 | 中畜-1538 | 胡枝子属 | 多花胡枝子 | *Lespedeza floribunda* Bunge | | | 北京门头沟 | 2010 | 3 | 野生资源 |
| 2347 | 中畜-1539 | 胡枝子属 | 多花胡枝子 | *Lespedeza floribunda* Bunge | | | 北京海淀 | 2010 | 3 | 野生资源 |
| 2348 | 中畜-1540 | 胡枝子属 | 多花胡枝子 | *Lespedeza floribunda* Bunge | | | 北京海淀 | 2010 | 3 | 野生资源 |
| 2349 | 中畜-1542 | 胡枝子属 | 多花胡枝子 | *Lespedeza floribunda* Bunge | | | 北京延庆 | 2010 | 3 | 野生资源 |
| 2350 | 中畜-1543 | 胡枝子属 | 多花胡枝子 | *Lespedeza floribunda* Bunge | | | 北京门头沟 | 2010 | 3 | 野生资源 |
| 2351 | 中畜-1544 | 胡枝子属 | 多花胡枝子 | *Lespedeza floribunda* Bunge | | 中国农科院畜牧所 | | 2010 | 3 | 野生资源 |
| 2352 | 中畜-1545 | 胡枝子属 | 多花胡枝子 | *Lespedeza floribunda* Bunge | | | 北京 | 2007 | 3 | 野生资源 |
| 2353 | 中畜-1546 | 胡枝子属 | 多花胡枝子 | *Lespedeza floribunda* Bunge | | | 北京 | 2008 | 3 | 野生资源 |
| 2354 | 中畜-1547 | 胡枝子属 | 多花胡枝子 | *Lespedeza floribunda* Bunge | | | 北京 | 2009 | 3 | 野生资源 |
| 2355 | 中畜-188 | 胡枝子属 | 多花胡枝子 | *Lespedeza floribunda* Bunge | | | 北京 | 2008 | 3 | 野生资源 |
| 2356 | 中畜-1925 | 胡枝子属 | 多花胡枝子 | *Lespedeza floribunda* Bunge | | | 北京房山 | 2011 | 3 | 野生资源 |

（续）

| 序号 | 送种单位编号 | 属 名 | 种 名 | 学 名 | 品种名（原文名） | 材料来源 | 材料原产地 | 收种时间（年份） | 保存地点 | 类型 |
|---|---|---|---|---|---|---|---|---|---|---|
| 2357 | 中畜-1926 | 胡枝子属 | 多花胡枝子 | *Lespedeza floribunda* Bunge | | | 北京房山 | 2011 | 3 | 野生资源 |
| 2358 | 中畜-1927 | 胡枝子属 | 多花胡枝子 | *Lespedeza floribunda* Bunge | | | 河北保定涞水 | 2011 | 3 | 野生资源 |
| 2359 | 中畜-1929 | 胡枝子属 | 多花胡枝子 | *Lespedeza floribunda* Bunge | | | 北京房山 | 2011 | 3 | 野生资源 |
| 2360 | 中畜-1930 | 胡枝子属 | 多花胡枝子 | *Lespedeza floribunda* Bunge | | | 北京房山 | 2010 | 3 | 野生资源 |
| 2361 | 中畜-1931 | 胡枝子属 | 多花胡枝子 | *Lespedeza floribunda* Bunge | | | 北京延庆 | 2010 | 3 | 野生资源 |
| 2362 | 中畜-1933 | 胡枝子属 | 多花胡枝子 | *Lespedeza floribunda* Bunge | | | 北京房山 | 2011 | 3 | 野生资源 |
| 2363 | 中畜-1934 | 胡枝子属 | 多花胡枝子 | *Lespedeza floribunda* Bunge | | | 河北保定涞水 | 2011 | 3 | 野生资源 |
| 2364 | 中畜-2020 | 胡枝子属 | 多花胡枝子 | *Lespedeza floribunda* Bunge | | | 北京延庆 | 2012 | 3 | 野生资源 |
| 2365 | 中畜-2118 | 胡枝子属 | 多花胡枝子 | *Lespedeza floribunda* Bunge | | | 北京延庆 | 2010 | 3 | 野生资源 |
| 2366 | 中畜-2119 | 胡枝子属 | 多花胡枝子 | *Lespedeza floribunda* Bunge | | | 北京门头沟 | 2010 | 3 | 野生资源 |
| 2367 | 中畜-2120 | 胡枝子属 | 多花胡枝子 | *Lespedeza floribunda* Bunge | | | 北京房山 | 2010 | 3 | 野生资源 |
| 2368 | 中畜-2121 | 胡枝子属 | 多花胡枝子 | *Lespedeza floribunda* Bunge | | | 北京延庆 | 2010 | 3 | 野生资源 |
| 2369 | 中畜-2122 | 胡枝子属 | 多花胡枝子 | *Lespedeza floribunda* Bunge | | | 北京门头沟 | 2010 | 3 | 野生资源 |
| 2370 | 中畜-2123 | 胡枝子属 | 多花胡枝子 | *Lespedeza floribunda* Bunge | | | 北京门头沟 | 2010 | 3 | 野生资源 |
| 2371 | 中畜-2124 | 胡枝子属 | 多花胡枝子 | *Lespedeza floribunda* Bunge | | | 北京昌平 | 2012 | 3 | 野生资源 |
| 2372 | 中畜-2125 | 胡枝子属 | 多花胡枝子 | *Lespedeza floribunda* Bunge | | | 北京怀柔 | 2016 | 3 | 野生资源 |
| 2373 | 中畜-2126 | 胡枝子属 | 多花胡枝子 | *Lespedeza floribunda* Bunge | | | 北京怀柔 | 2016 | 3 | 野生资源 |
| 2374 | 中畜-2197 | 胡枝子属 | 多花胡枝子 | *Lespedeza floribunda* Bunge | | | 山西阳泉盂县 | 2013 | 3 | 野生资源 |
| 2375 | 中畜-2198 | 胡枝子属 | 多花胡枝子 | *Lespedeza floribunda* Bunge | | | 山西忻州定襄 | 2013 | 3 | 野生资源 |
| 2376 | 中畜-2308 | 胡枝子属 | 多花胡枝子 | *Lespedeza floribunda* Bunge | | | 北京门头沟 | 2010 | 3 | 野生资源 |
| 2377 | 中畜-2393 | 胡枝子属 | 多花胡枝子 | *Lespedeza floribunda* Bunge | | | 山西忻州五台 | 2013 | 3 | 野生资源 |
| 2378 | 中畜-2395 | 胡枝子属 | 多花胡枝子 | *Lespedeza floribunda* Bunge | | | 山西晋中昔阳 | 2013 | 3 | 野生资源 |
| 2379 | 中畜-2396 | 胡枝子属 | 多花胡枝子 | *Lespedeza floribunda* Bunge | | | 河北石家庄赞皇 | 2013 | 3 | 野生资源 |
| 2380 | 中畜-2397 | 胡枝子属 | 多花胡枝子 | *Lespedeza floribunda* Bunge | | | 山西忻州五台 | 2013 | 3 | 野生资源 |
| 2381 | 中畜-2539 | 胡枝子属 | 多花胡枝子 | *Lespedeza floribunda* Bunge | | | 山西阳泉平定 | 2014 | 3 | 野生资源 |

（续）

| 序号 | 送种单位编号 | 属名 | 种名 | 学名 | 品种名（原文名） | 材料来源 | 材料原产地 | 收种时间（年份） | 保存地点 | 类型 |
|---|---|---|---|---|---|---|---|---|---|---|
| 2382 | 中畜-2540 | 胡枝子属 | 多花胡枝子 | *Lespedeza floribunda* Bunge | | | 山西临汾霍州 | 2014 | 3 | 野生资源 |
| 2383 | 中畜-2541 | 胡枝子属 | 多花胡枝子 | *Lespedeza floribunda* Bunge | | | 山西运城绛县 | 2014 | 3 | 野生资源 |
| 2384 | 中畜-2542 | 胡枝子属 | 多花胡枝子 | *Lespedeza floribunda* Bunge | | | 山西运城绛县 | 2014 | 3 | 野生资源 |
| 2385 | 中畜-2543 | 胡枝子属 | 多花胡枝子 | *Lespedeza floribunda* Bunge | | | 山西晋城阳城 | 2014 | 3 | 野生资源 |
| 2386 | 中畜-2730 | 胡枝子属 | 多花胡枝子 | *Lespedeza floribunda* Bunge | | | 山西晋中昔阳 | 2014 | 3 | 野生资源 |
| 2387 | 中畜-2731 | 胡枝子属 | 多花胡枝子 | *Lespedeza floribunda* Bunge | | | 山西晋城左权 | 2014 | 3 | 野生资源 |
| 2388 | 中畜-2732 | 胡枝子属 | 多花胡枝子 | *Lespedeza floribunda* Bunge | | | 山西运城绛县 | 2014 | 3 | 野生资源 |
| 2389 | 中畜-2733 | 胡枝子属 | 多花胡枝子 | *Lespedeza floribunda* Bunge | | | 山西运城绛县 | 2014 | 3 | 野生资源 |
| 2390 | 中畜-2734 | 胡枝子属 | 多花胡枝子 | *Lespedeza floribunda* Bunge | | | 山东烟台莱州 | 2014 | 3 | 野生资源 |
| 2391 | 中畜-2735 | 胡枝子属 | 多花胡枝子 | *Lespedeza floribunda* Bunge | | | 山东栖霞 | 2014 | 3 | 野生资源 |
| 2392 | 中畜-2736 | 胡枝子属 | 多花胡枝子 | *Lespedeza floribunda* Bunge | | | 山西晋城左权 | 2014 | 3 | 野生资源 |
| 2393 | 中畜-2737 | 胡枝子属 | 多花胡枝子 | *Lespedeza floribunda* Bunge | | | 山西长治黎城 | 2014 | 3 | 野生资源 |
| 2394 | 中畜-2738 | 胡枝子属 | 多花胡枝子 | *Lespedeza floribunda* Bunge | | | 山西运城绛县 | 2014 | 3 | 野生资源 |
| 2395 | 中畜-2739 | 胡枝子属 | 多花胡枝子 | *Lespedeza floribunda* Bunge | | | 山西临汾洪洞 | 2014 | 3 | 野生资源 |
| 2396 | 中畜-2740 | 胡枝子属 | 多花胡枝子 | *Lespedeza floribunda* Bunge | | | 山西晋城 | 2014 | 3 | 野生资源 |
| 2397 | 中畜-2741 | 胡枝子属 | 多花胡枝子 | *Lespedeza floribunda* Bunge | | | 山东青州 | 2015 | 3 | 野生资源 |
| 2398 | 中畜-853 | 胡枝子属 | 多花胡枝子 | *Lespedeza floribunda* Bunge | | | 北京涧沟村 | 2007 | 3 | 野生资源 |
| 2399 | 中畜-854 | 胡枝子属 | 多花胡枝子 | *Lespedeza floribunda* Bunge | | | 北京阳台山 | 2007 | 3 | 野生资源 |
| 2400 | 070315017 | 胡枝子属 | 多花胡枝子 | *Lespedeza floribunda* Bunge | | | 广西河池 | 2007 | 2 | 野生资源 |
| 2401 | 070315017 | 胡枝子属 | 多花胡枝子 | *Lespedeza floribunda* Bunge | | | 福建平和 | 2007 | 2 | 野生资源 |
| 2402 | 中畜-331 | 胡枝子属 | 多花胡枝子 | *Lespedeza floribunda* Bunge | | 中国农科院畜牧所 | 北京百望山 | 2000 | 1 | 野生资源 |
| 2403 | 中畜-333 | 胡枝子属 | 多花胡枝子 | *Lespedeza floribunda* Bunge | | 中国农科院畜牧所 | 北京八大处 | 2000 | 1 | 野生资源 |
| 2404 | 中畜-336 | 胡枝子属 | 多花胡枝子 | *Lespedeza floribunda* Bunge | | 中国农科院畜牧所 | 北京凤凰岭 | 2000 | 1 | 野生资源 |

（续）

| 序号 | 送种单位编号 | 属 名 | 种 名 | 学 名 | 品种名（原文名） | 材料来源 | 材料原产地 | 收种时间（年份） | 保存地点 | 类型 |
|---|---|---|---|---|---|---|---|---|---|---|
| 2405 | | 胡枝子属 | 多花胡枝子 | *Lespedeza floribunda* Bunge | | | 北京百望山 | 2005 | 1 | 野生资源 |
| 2406 | | 胡枝子属 | 多花胡枝子 | *Lespedeza floribunda* Bunge | | | 北京八达处 | 2005 | 1 | 野生资源 |
| 2407 | | 胡枝子属 | 多花胡枝子 | *Lespedeza floribunda* Bunge | | | 北京樱桃沟 | 2005 | 1 | 野生资源 |
| 2408 | E1303 | 胡枝子属 | 美丽胡枝子 | *Lespedeza formosa*（Vog.）Koehne | | | 湖北神农架松柏镇 | 2008 | 3 | 野生资源 |
| 2409 | E309 | 胡枝子属 | 美丽胡枝子 | *Lespedeza formosa*（Vog.）Koehne | | | 湖北武汉 | 2003 | 3 | 野生资源 |
| 2410 | HB2010-150 | 胡枝子属 | 美丽胡枝子 | *Lespedeza formosa*（Vog.）Koehne | | | 湖北神农架红坪镇 | 2014 | 3 | 野生资源 |
| 2411 | HB2014-108 | 胡枝子属 | 美丽胡枝子 | *Lespedeza formosa*（Vog.）Koehne | | | 河南信阳浉河 | 2013 | 3 | 野生资源 |
| 2412 | HB2015226 | 胡枝子属 | 美丽胡枝子 | *Lespedeza formosa*（Vog.）Koehne | | | 湖北神农架红坪镇 | 2015 | 3 | 野生资源 |
| 2413 | 110119013 | 胡枝子属 | 美丽胡枝子 | *Lespedeza formosa*（Vog.）Koehne | | | 福建长泰岩溪镇 | 2011 | 2 | 野生资源 |
| 2414 | HB2014-263 | 胡枝子属 | 阴山胡枝子 | *Lespedeza inschanica*（Maxim.）Schindl. | | | 河南信阳浉河 | 2014 | 3 | 野生资源 |
| 2415 | 中畜-1028 | 胡枝子属 | 阴山胡枝子 | *Lespedeza inschanica*（Maxim.）Schindl. | | | 北京阳台山 | 2008 | 3 | 野生资源 |
| 2416 | 中畜-1103 | 胡枝子属 | 阴山胡枝子 | *Lespedeza inschanica*（Maxim.）Schindl. | | 中国农科院畜牧所 | | 2010 | 3 | 野生资源 |
| 2417 | 中畜-1104 | 胡枝子属 | 阴山胡枝子 | *Lespedeza inschanica*（Maxim.）Schindl. | | 中国农科院畜牧所 | | 2010 | 3 | 野生资源 |
| 2418 | 中畜-1105 | 胡枝子属 | 阴山胡枝子 | *Lespedeza inschanica*（Maxim.）Schindl. | | 中国农科院畜牧所 | | 2010 | 3 | 野生资源 |
| 2419 | 中畜-1106 | 胡枝子属 | 阴山胡枝子 | *Lespedeza inschanica*（Maxim.）Schindl. | | 中国农科院畜牧所 | | 2010 | 3 | 野生资源 |
| 2420 | 中畜-1107 | 胡枝子属 | 阴山胡枝子 | *Lespedeza inschanica*（Maxim.）Schindl. | | 中国农科院畜牧所 | | 2010 | 3 | 野生资源 |
| 2421 | 中畜-1138 | 胡枝子属 | 阴山胡枝子 | *Lespedeza inschanica*（Maxim.）Schindl. | | 中国农科院畜牧所 | | 2010 | 3 | 野生资源 |
| 2422 | 中畜-1262 | 胡枝子属 | 阴山胡枝子 | *Lespedeza inschanica*（Maxim.）Schindl. | | | 北京昌平 | 2009 | 3 | 野生资源 |
| 2423 | 中畜-1868 | 胡枝子属 | 阴山胡枝子 | *Lespedeza inschanica*（Maxim.）Schindl. | | | 北京房山 | 2011 | 3 | 野生资源 |

（续）

| 序号 | 送种单位编号 | 属 名 | 种 名 | 学 名 | 品种名（原文名） | 材料来源 | 材料原产地 | 收种时间（年份） | 保存地点 | 类型 |
|---|---|---|---|---|---|---|---|---|---|---|
| 2424 | 中畜-1869 | 胡枝子属 | 阴山胡枝子 | *Lespedeza inschanica*（Maxim.）Schindl. | | | 北京房山 | 2011 | 3 | 野生资源 |
| 2425 | 中畜-1870 | 胡枝子属 | 阴山胡枝子 | *Lespedeza inschanica*（Maxim.）Schindl. | | | 北京房山 | 2011 | 3 | 野生资源 |
| 2426 | 中畜-1876 | 胡枝子属 | 阴山胡枝子 | *Lespedeza inschanica*（Maxim.）Schindl. | | | 北京昌平 | 2011 | 3 | 野生资源 |
| 2427 | 中畜-2262 | 胡枝子属 | 阴山胡枝子 | *Lespedeza inschanica*（Maxim.）Schindl. | | | 北京延庆 | 2010 | 3 | 野生资源 |
| 2428 | 中畜-2516 | 胡枝子属 | 阴山胡枝子 | *Lespedeza inschanica*（Maxim.）Schindl. | | | 山东栖霞 | 2014 | 3 | 野生资源 |
| 2429 | 中畜-2517 | 胡枝子属 | 阴山胡枝子 | *Lespedeza inschanica*（Maxim.）Schindl. | | | 山西晋城阳城 | 2014 | 3 | 野生资源 |
| 2430 | 中畜-2565 | 胡枝子属 | 阴山胡枝子 | *Lespedeza inschanica*（Maxim.）Schindl. | | | 河北石家庄赞皇 | 2013 | 3 | 野生资源 |
| 2431 | 中畜-2568 | 胡枝子属 | 阴山胡枝子 | *Lespedeza inschanica*（Maxim.）Schindl. | | | 北京昌平 | 2013 | 3 | 野生资源 |
| 2432 | 中畜-2722 | 胡枝子属 | 阴山胡枝子 | *Lespedeza inschanica*（Maxim.）Schindl. | | | 山东临沂蒙阴 | 2015 | 3 | 野生资源 |
| 2433 | 中畜-2723 | 胡枝子属 | 阴山胡枝子 | *Lespedeza inschanica*（Maxim.）Schindl. | | | 山东日照五莲 | 2015 | 3 | 野生资源 |
| 2434 | 中畜-2724 | 胡枝子属 | 阴山胡枝子 | *Lespedeza inschanica*（Maxim.）Schindl. | | | 山东临沂蒙阴 | 2015 | 3 | 野生资源 |
| 2435 | 中畜-2725 | 胡枝子属 | 阴山胡枝子 | *Lespedeza inschanica*（Maxim.）Schindl. | | | 山东烟台芝罘 | 2014 | 3 | 野生资源 |
| 2436 | 中畜-2726 | 胡枝子属 | 阴山胡枝子 | *Lespedeza inschanica*（Maxim.）Schindl. | | | 山东烟台龙口 | 2014 | 3 | 野生资源 |
| 2437 | 中畜-2727 | 胡枝子属 | 阴山胡枝子 | *Lespedeza inschanica*（Maxim.）Schindl. | | | 山西晋城沁水 | 2014 | 3 | 野生资源 |
| 2438 | 中畜-2728 | 胡枝子属 | 阴山胡枝子 | *Lespedeza inschanica*（Maxim.）Schindl. | | | 山西运城绛县 | 2014 | 3 | 野生资源 |
| 2439 | 中畜-2729 | 胡枝子属 | 阴山胡枝子 | *Lespedeza inschanica*（Maxim.）Schindl. | | | 山西运城绛县 | 2014 | 3 | 野生资源 |
| 2440 | B4092 | 胡枝子属 | 尖叶铁扫帚 | *Lespedeza juncea*（L. f.）Pers. | | 中国农科院草原所 | | 2014 | 3 | 野生资源 |
| 2441 | B4094 | 胡枝子属 | 尖叶铁扫帚 | *Lespedeza juncea*（L. f.）Pers. | | 中国农科院草原所 | | 2014 | 3 | 野生资源 |
| 2442 | B4096 | 胡枝子属 | 尖叶铁扫帚 | *Lespedeza juncea*（L. f.）Pers. | | 中国农科院草原所 | | 2014 | 3 | 野生资源 |
| 2443 | B4100 | 胡枝子属 | 尖叶铁扫帚 | *Lespedeza juncea*（L. f.）Pers. | | 中国农科院草原所 | | 2014 | 3 | 野生资源 |
| 2444 | B4107 | 胡枝子属 | 尖叶铁扫帚 | *Lespedeza juncea*（L. f.）Pers. | | 中国农科院草原所 | | 2014 | 3 | 野生资源 |

（续）

| 序号 | 送种单位编号 | 属 名 | 种 名 | 学 名 | 品种名（原文名） | 材料来源 | 材料原产地 | 收种时间（年份） | 保存地点 | 类型 |
|------|------|------|------|------|------|------|------|------|------|------|
| 2445 | B4115 | 胡枝子属 | 尖叶铁扫帚 | *Lespedeza juncea*（L. f.）Pers. | | 中国农科院草原所 | | 2014 | 3 | 野生资源 |
| 2446 | B4117 | 胡枝子属 | 尖叶铁扫帚 | *Lespedeza juncea*（L. f.）Pers. | | 中国农科院草原所 | | 2014 | 3 | 野生资源 |
| 2447 | B4120 | 胡枝子属 | 尖叶铁扫帚 | *Lespedeza juncea*（L. f.）Pers. | | 中国农科院草原所 | | 2014 | 3 | 野生资源 |
| 2448 | B4121 | 胡枝子属 | 尖叶铁扫帚 | *Lespedeza juncea*（L. f.）Pers. | | 中国农科院草原所 | | 2014 | 3 | 野生资源 |
| 2449 | JL06-051 | 胡枝子属 | 尖叶铁扫帚 | *Lespedeza juncea*（L. f.）Pers. | | 吉林长岭 | | 2006 | 3 | 野生资源 |
| 2450 | JL07-51 | 胡枝子属 | 尖叶铁扫帚 | *Lespedeza juncea*（L. f.）Pers. | courtyard | 吉林长岭 | | 2007 | 3 | 野生资源 |
| 2451 | JL10-029 | 胡枝子属 | 尖叶铁扫帚 | *Lespedeza juncea*（L. f.）Pers. | | 吉林旺起 | | 2009 | 3 | 野生资源 |
| 2452 | JL10-136 | 胡枝子属 | 尖叶铁扫帚 | *Lespedeza juncea*（L. f.）Pers. | | 白山草原站 | | 2014 | 3 | 野生资源 |
| 2453 | JL10-137 | 胡枝子属 | 尖叶铁扫帚 | *Lespedeza juncea*（L. f.）Pers. | | 白山草原站 | | 2014 | 3 | 野生资源 |
| 2454 | SD06-05 | 胡枝子属 | 尖叶铁扫帚 | *Lespedeza juncea*（L. f.）Pers. | 科尔沁 | | 内蒙古 | 2009 | 3 | 野生资源 |
| 2455 | 中畜-1119 | 胡枝子属 | 尖叶铁扫帚 | *Lespedeza juncea*（L. f.）Pers. | | 中国农科院畜牧所 | | 2010 | 3 | 野生资源 |
| 2456 | 中畜-1134 | 胡枝子属 | 尖叶铁扫帚 | *Lespedeza juncea*（L. f.）Pers. | | 中国农科院畜牧所 | | 2010 | 3 | 野生资源 |
| 2457 | 中畜-1249 | 胡枝子属 | 尖叶铁扫帚 | *Lespedeza juncea*（L. f.）Pers. | | 青海 | | 2008 | 3 | 野生资源 |
| 2458 | 中畜-1581 | 胡枝子属 | 尖叶铁扫帚 | *Lespedeza juncea*（L. f.）Pers. | | | 河北张家口赤城 | 2011 | 3 | 野生资源 |
| 2459 | 中畜-1726 | 胡枝子属 | 尖叶铁扫帚 | *Lespedeza juncea*（L. f.）Pers. | | | 北京延庆 | 2010 | 3 | 野生资源 |
| 2460 | 中畜-1727 | 胡枝子属 | 尖叶铁扫帚 | *Lespedeza juncea*（L. f.）Pers. | | | 北京延庆 | 2010 | 3 | 野生资源 |
| 2461 | 中畜-1735 | 胡枝子属 | 尖叶铁扫帚 | *Lespedeza juncea*（L. f.）Pers. | | | 北京延庆 | 2010 | 3 | 野生资源 |
| 2462 | 中畜-1736 | 胡枝子属 | 尖叶铁扫帚 | *Lespedeza juncea*（L. f.）Pers. | | | 北京昌平 | 2010 | 3 | 野生资源 |
| 2463 | 中畜-1877 | 胡枝子属 | 尖叶铁扫帚 | *Lespedeza juncea*（L. f.）Pers. | | | 北京房山 | 2011 | 3 | 野生资源 |

（续）

| 序号 | 送种单位编号 | 属 名 | 种 名 | 学 名 | 品种名（原文名） | 材料来源 | 材料原产地 | 收种时间（年份） | 保存地点 | 类型 |
|------|------------|-------|-------|-------|----------------|---------|-----------|----------------|---------|------|
| 2464 | 中畜-2127 | 胡枝子属 | 尖叶铁扫帚 | *Lespedeza juncea*（L. f.）Pers. | | | 河北承德丰宁 | 2012 | 3 | 野生资源 |
| 2465 | 中畜-2128 | 胡枝子属 | 尖叶铁扫帚 | *Lespedeza juncea*（L. f.）Pers. | | | 河北承德丰宁 | 2012 | 3 | 野生资源 |
| 2466 | 中畜-2129 | 胡枝子属 | 尖叶铁扫帚 | *Lespedeza juncea*（L. f.）Pers. | | | 河北承德丰宁 | 2012 | 3 | 野生资源 |
| 2467 | 中畜-892 | 胡枝子属 | 尖叶铁扫帚 | *Lespedeza juncea*（L. f.）Pers. | | | 北京延庆郊区 | 2008 | 3 | 野生资源 |
| 2468 | NM09-079 | 胡枝子属 | 尖叶铁扫帚 | *Lespedeza juncea*（L. f.）Pers. | | 内蒙古草原站 | | 2014 | 3 | 野生资源 |
| 2469 | 中畜-2526 | 胡枝子属 | 尖叶铁扫帚 | *Lespedeza juncea*（L. f.）Pers. | | | 山东莱州 | 2014 | 3 | 野生资源 |
| 2470 | 中畜-2569 | 胡枝子属 | 尖叶铁扫帚 | *Lespedeza juncea*（L. f.）Pers. | | | 山西晋城阳城 | 2014 | 3 | 野生资源 |
| 2471 | 中畜-2749 | 胡枝子属 | 尖叶铁扫帚 | *Lespedeza juncea*（L. f.）Pers. | | | 山西长治黎城 | 2014 | 3 | 野生资源 |
| 2472 | 育528 | 胡枝子属 | 尖叶铁扫帚 | *Lespedeza juncea*（L. f.）Pers. | | 中国农科院草原所 | 内蒙古清水河 | 1988 | 1 | 野生资源 |
| 2473 | 中畜-1878 | 胡枝子属 | 尖叶铁扫帚 | *Lespedeza juncea*（L. f.）Pers. | | | 河北张家口赤城 | 2011 | 3 | 野生资源 |
| 2474 | 中畜-1879 | 胡枝子属 | 尖叶铁扫帚 | *Lespedeza juncea*（L. f.）Pers. | | | 河北张家口怀来 | 2011 | 3 | 野生资源 |
| 2475 | 中畜-1880 | 胡枝子属 | 尖叶铁扫帚 | *Lespedeza juncea*（L. f.）Pers. | | | 河北承德丰宁 | 2011 | 3 | 野生资源 |
| 2476 | 中畜-1881 | 胡枝子属 | 尖叶铁扫帚 | *Lespedeza juncea*（L. f.）Pers. | | | 河北张家口赤城 | 2011 | 3 | 野生资源 |
| 2477 | 中畜-1882 | 胡枝子属 | 尖叶铁扫帚 | *Lespedeza juncea*（L. f.）Pers. | | | 北京怀柔 | 2011 | 3 | 野生资源 |
| 2478 | hlj-2015008 | 胡枝子属 | 尖叶铁扫帚 | *Lespedeza juncea*（L. f.）Pers. | | | 黑龙江兰西 | 2010 | 3 | 野生资源 |
| 2479 | hlj-2015009 | 胡枝子属 | 尖叶铁扫帚 | *Lespedeza juncea*（L. f.）Pers. | | | 黑龙江太阳岛 | 2008 | 3 | 野生资源 |
| 2480 | hlj-2015010 | 胡枝子属 | 尖叶铁扫帚 | *Lespedeza juncea*（L. f.）Pers. | | | 黑龙江黑河三姑家子农场 | 2008 | 3 | 野生资源 |
| 2481 | JL15-058 | 胡枝子属 | 尖叶铁扫帚 | *Lespedeza juncea*（L. f.）Pers. | | | 辽宁抚顺章党 | 2014 | 3 | 野生资源 |
| 2482 | JL14-122 | 胡枝子属 | 尖叶铁扫帚 | *Lespedeza juncea*（L. f.）Pers. | | | 辽宁丹东 | 2013 | 3 | 野生资源 |
| 2483 | JL16-003 | 胡枝子属 | 尖叶铁扫帚 | *Lespedeza juncea*（L. f.）Pers. | | | 内蒙古赤峰翁牛特旗 | 2015 | 3 | 野生资源 |
| 2484 | JL16-036 | 胡枝子属 | 尖叶铁扫帚 | *Lespedeza juncea*（L. f.）Pers. | | | 内蒙古锡林浩特克什克腾 | 2015 | 3 | 野生资源 |

（续）

| 序号 | 送种单位编号 | 属名 | 种名 | 学名 | 品种名（原文名） | 材料来源 | 材料原产地 | 收种时间（年份） | 保存地点 | 类型 |
|---|---|---|---|---|---|---|---|---|---|---|
| 2485 | JL16-045 | 胡枝子属 | 尖叶铁扫帚 | *Lespedeza juncea*（L. f.）Pers. | | | 内蒙古锡林浩特克什克腾 | 2015 | 3 | 野生资源 |
| 2486 | SC2010-078 | 胡枝子属 | 短叶胡枝子 | *Lespedeza mucronata* Rick. | | | 四川广元利州 | 2010 | 3 | 野生资源 |
| 2487 | HB2014-103 | 胡枝子属 | 铁马鞭 | *Lespedeza pilosa*（Thunb.）Sieb. et Zucc. | | | 河南信阳浉河 | 2013 | 3 | 野生资源 |
| 2488 | HB2014-275 | 胡枝子属 | 铁马鞭 | *Lespedeza pilosa*（Thunb.）Sieb. et Zucc. | | | 河南阳罗山 | 2014 | 3 | 野生资源 |
| 2489 | HB2015208 | 胡枝子属 | 铁马鞭 | *Lespedeza pilosa*（Thunb.）Sieb. et Zucc. | | | 河南信阳新县 | 2015 | 3 | 野生资源 |
| 2490 | B4095 | 胡枝子属 | 牛枝子 | *Lespedeza potaninii* Vass. | | 中国农科院草原所 | | 2014 | 3 | 野生资源 |
| 2491 | B4105 | 胡枝子属 | 牛枝子 | *Lespedeza potaninii* Vass. | | 中国农科院草原所 | | 2014 | 3 | 野生资源 |
| 2492 | B4108 | 胡枝子属 | 牛枝子 | *Lespedeza potaninii* Vass. | | 中国农科院草原所 | | 2010 | 3 | 野生资源 |
| 2493 | B4110 | 牛枝子属 | 牛枝子 | *Lespedeza potaninii* Vass. | | 中国农科院草原所 | | 2014 | 3 | 野生资源 |
| 2494 | B4111 | 牛枝子属 | 牛枝子 | *Lespedeza potaninii* Vass. | | 中国农科院草原所 | | 2006 | 3 | 野生资源 |
| 2495 | B4112 | 牛枝子属 | 牛枝子 | *Lespedeza potaninii* Vass. | | 中国农科院草原所 | | 2014 | 3 | 野生资源 |
| 2496 | B4123 | 牛枝子属 | 牛枝子 | *Lespedeza potaninii* Vass. | | 中国农科院草原所 | | 2006 | 3 | 野生资源 |
| 2497 | B4127 | 胡枝子属 | 牛枝子 | *Lespedeza potaninii* Vass. | | 中国农科院草原所 | | 2010 | 3 | 野生资源 |
| 2498 | B494 | 胡枝子属 | 牛枝子 | *Lespedeza potaninii* Vass. | | 中国农科院草原所 | | 2004 | 3 | 野生资源 |
| 2499 | IA09x | 胡枝子属 | 牛枝子 | *Lespedeza potaninii* Vass. | | 中国农科院草原所 | | 1990 | 1 | 野生资源 |

（续）

| 序号 | 送种单位编号 | 属名 | 种名 | 学名 | 品种名（原文名） | 材料来源 | 材料原产地 | 收种时间（年份） | 保存地点 | 类型 |
|---|---|---|---|---|---|---|---|---|---|---|
| 2500 | | 胡枝子属 | 牛枝子 | *Lespedeza potaninii* Vass. | | 内蒙农业大学 | | 1994 | 1 | 野生资源 |
| 2501 | 2010121 | 胡枝子属 | 牛枝子 | *Lespedeza potaninii* Vass. | | | 内蒙古凉城 | 2015 | 1 | 野生资源 |
| 2502 | B4128 | 胡枝子属 | 绒毛胡枝子 | *Lespedeza tomentosa*（Thunb.）Sieb. ex Maxim. | | 中国农科院草原所 | | 2016 | 3 | 野生资源 |
| 2503 | HB2014-278 | 胡枝子属 | 绒毛胡枝子 | *Lespedeza tomentosa*（Thunb.）Sieb. ex Maxim. | | | 河南信阳罗山 | 2014 | 3 | 野生资源 |
| 2504 | HB2014-286 | 胡枝子属 | 绒毛胡枝子 | *Lespedeza tomentosa*（Thunb.）Sieb. ex Maxim. | | | 河南信阳浉河 | 2014 | 3 | 野生资源 |
| 2505 | HB2015200 | 胡枝子属 | 绒毛胡枝子 | *Lespedeza tomentosa*（Thunb.）Sieb. ex Maxim. | | | 河南信阳浉河 | 2015 | 3 | 野生资源 |
| 2506 | HB2015205 | 胡枝子属 | 绒毛胡枝子 | *Lespedeza tomentosa*（Thunb.）Sieb. ex Maxim. | | | 河南信阳新县 | 2015 | 3 | 野生资源 |
| 2507 | JL16-035 | 胡枝子属 | 绒毛胡枝子 | *Lespedeza tomentosa*（Thunb.）Sieb. ex Maxim. | | | 内蒙古通辽 | 2015 | 3 | 野生资源 |
| 2508 | 中畜-1112 | 胡枝子属 | 绒毛胡枝子 | *Lespedeza tomentosa*（Thunb.）Sieb. ex Maxim. | | 中国农科院畜牧所 | | 2010 | 3 | 野生资源 |
| 2509 | 中畜-1113 | 胡枝子属 | 绒毛胡枝子 | *Lespedeza tomentosa*（Thunb.）Sieb. ex Maxim. | | 中国农科院畜牧所 | | 2010 | 3 | 野生资源 |
| 2510 | 中畜-1143 | 胡枝子属 | 绒毛胡枝子 | *Lespedeza tomentosa*（Thunb.）Sieb. ex Maxim. | | 中国农科院畜牧所 | | 2010 | 3 | 野生资源 |
| 2511 | 中畜-2522 | 胡枝子属 | 绒毛胡枝子 | *Lespedeza tomentosa*（Thunb.）Sieb. ex Maxim. | | | 山东烟台龙口 | 2014 | 3 | 野生资源 |
| 2512 | 中畜-2775 | 胡枝子属 | 绒毛胡枝子 | *Lespedeza tomentosa*（Thunb.）Sieb. ex Maxim. | | | 山东烟台招远 | 2014 | 3 | 野生资源 |
| 2513 | | 胡枝子属 | 绒毛胡枝子 | *Lespedeza tomentosa*（Thunb.）Sieb. ex Maxim. | | | 山西 | 2015 | 1 | 野生资源 |

（续）

| 序号 | 送种单位编号 | 属 名 | 种 名 | 学 名 | 品种名（原文名） | 材料来源 | 材料原产地 | 收种时间（年份） | 保存地点 | 类型 |
|---|---|---|---|---|---|---|---|---|---|---|
| 2514 | GS4375 | 胡枝子属 | 细梗胡枝子 | *Lespedeza virgata*（Thunb.）DC. | | | 甘肃会宁 | 2013 | 3 | 野生资源 |
| 2515 | HB2011-231 | 胡枝子属 | 细梗胡枝子 | *Lespedeza virgata*（Thunb.）DC. | | 湖北农科院畜牧所 | | 2015 | 3 | 野生资源 |
| 2516 | HB2014-279 | 胡枝子属 | 细梗胡枝子 | *Lespedeza virgata*（Thunb.）DC. | | | 河南信阳罗山 | 2014 | 3 | 野生资源 |
| 2517 | HB2015207 | 胡枝子属 | 细梗胡枝子 | *Lespedeza virgata*（Thunb.）DC. | | | 河南信阳新县 | 2015 | 3 | 野生资源 |
| 2518 | 中畜-1883 | 胡枝子属 | 细梗胡枝子 | *Lespedeza virgata*（Thunb.）DC. | | | 河北张家口三马坊 | 2011 | 3 | 野生资源 |
| 2519 | 中畜-2520 | 胡枝子属 | 细梗胡枝子 | *Lespedeza virgata*（Thunb.）DC. | | | 山东烟台栖霞 | 2014 | 3 | 野生资源 |
| 2520 | 中畜-2787 | 胡枝子属 | 细梗胡枝子 | *Lespedeza virgata*（Thunb.）DC. | | | 山东烟台招远 | 2014 | 3 | 野生资源 |
| 2521 | 中畜-2788 | 胡枝子属 | 细梗胡枝子 | *Lespedeza virgata*（Thunb.）DC. | | | 山东栖霞 | 2014 | 3 | 野生资源 |
| 2522 | hn3056 | 银合欢属 | 异叶银合欢 | *Leucaena diversifolia*（Schlecht.）Benth. | | 美国夏威夷大学 | | 2004 | 3 | 野生资源 |
| 2523 | 060301020 | 银合欢属 | 异叶银合欢 | *Leucaena diversifolia*（Schlecht.）Benth. | | | 海南崖城 | 2006 | 2 | 野生资源 |
| 2524 | 060301019 | 银合欢属 | 异叶银合欢 | *Leucaena diversifolia*（Schlecht.）Benth. | | | 海南三亚 | 2006 | 2 | 野生资源 |
| 2525 | 南 00991 | 银合欢属 | 异叶银合欢 | *Leucaena diversifolia*（Schlecht.）Benth. | | 海南南繁基地 | | 2001 | 2 | 野生资源 |
| 2526 | | 银合欢属 | 异叶银合欢 | *Leucaena diversifolia*（Schlecht.）Benth. | | 华南热作所 | | 2003 | 1 | 野生资源 |
| 2527 | K156 | 银合欢属 | 异叶银合欢 | *Leucaena diversifolia*（Schlecht.）Benth. | K156 | 美国夏威夷大学 | | 2002 | 2 | 引进资源 |
| 2528 | K157 | 银合欢属 | 异叶银合欢 | *Leucaena diversifolia*（Schlecht.）Benth. | K157 | 美国夏威夷大学 | | 2006 | 2 | 引进资源 |
| 2529 | K784（小粒） | 银合欢属 | 异叶银合欢 | *Leucaena diversifolia*（Schlecht.）Benth. | | 美国夏威夷大学 | | 2002 | 2 | 引进资源 |
| 2530 | K785（小粒） | 银合欢属 | 异叶银合欢 | *Leucaena diversifolia*（Schlecht.）Benth. | | 美国夏威夷大学 | | 2006 | 2 | 引进资源 |
| 2531 | CIAT17388 | 银合欢属 | 异叶银合欢 | *Leucaena diversifolia*（Schlecht.）Benth. | | 美国夏威夷大学 | | 2006 | 2 | 引进资源 |
| 2532 | HN988 | 银合欢属 | 异叶银合欢 | *Leucaena diversifolia*（Schlecht.）Benth. | | 美国夏威夷大学 | | 2008 | 3 | 引进资源 |
| 2533 | Ldiv4 | 银合欢属 | 异叶银合欢 | *Leucaena diversifolia*（Schlecht.）Benth. | Ldiv4 | 美国夏威夷大学 | | 2002 | 2 | 引进资源 |
| 2534 | Ldiv5 | 银合欢属 | 异叶银合欢 | *Leucaena diversifolia*（Schlecht.）Benth. | Ldiv5 | 美国夏威夷大学 | | 2006 | 2 | 引进资源 |
| 2535 | HN847 | 银合欢属 | 异叶银合欢 | *Leucaena diversifolia*（Schlecht.）Benth. | | | 海南崖城 | 2006 | 3 | 野生资源 |
| 2536 | HN852 | 银合欢属 | 异叶银合欢 | *Leucaena diversifolia*（Schlecht.）Benth. | | | 海南三亚 | 2016 | 3 | 野生资源 |
| 2537 | 101214008 | 银合欢属 | 银合欢 | *Leucaena leucocephala*（Lam.）de Wit | | | 刚果河边布拉柴 | 2010 | 2 | 引进资源 |

（续）

| 序号 | 送种单位编号 | 属名 | 种名 | 学名 | 品种名（原文名） | 材料来源 | 材料原产地 | 收种时间（年份） | 保存地点 | 类型 |
|---|---|---|---|---|---|---|---|---|---|---|
| 2538 | CIAT17217 | 银合欢属 | 银合欢 | *Leucaena leucocephala*（Lam.）de Wit | CIAT 17217 | 美国夏威夷大学 | | 2002 | 2 | 引进资源 |
| 2539 | CIAT17218 | 银合欢属 | 银合欢 | *Leucaena leucocephala*（Lam.）de Wit | CIAT 17218 | 美国夏威夷大学 | | 2002 | 2 | 引进资源 |
| 2540 | CIAT17221 | 银合欢属 | 银合欢 | *Leucaena leucocephala*（Lam.）de Wit | CIAT 17221 | 美国夏威夷大学 | | 2002 | 2 | 引进资源 |
| 2541 | CIAT17222 | 银合欢属 | 银合欢 | *Leucaena leucocephala*（Lam.）de Wit | CIAT 17222 | 美国夏威夷大学 | | 2002 | 2 | 引进资源 |
| 2542 | CIAT17263 | 银合欢属 | 银合欢 | *Leucaena leucocephala*（Lam.）de Wit | CIAT 17236 | 美国夏威夷大学 | | 2002 | 2 | 引进资源 |
| 2543 | CIAT17474 | 银合欢属 | 银合欢 | *Leucaena leucocephala*（Lam.）de Wit | CIAT 17474 | 美国夏威夷大学 | | 2002 | 2 | 引进资源 |
| 2544 | CIAT17475 | 银合欢属 | 银合欢 | *Leucaena leucocephala*（Lam.）de Wit | CIAT 17475 | 美国夏威夷大学 | | 2002 | 2 | 引进资源 |
| 2545 | CIAT17476 | 银合欢属 | 银合欢 | *Leucaena leucocephala*（Lam.）de Wit | CIAT 17476 | 美国夏威夷大学 | | 2002 | 2 | 引进资源 |
| 2546 | CIAT17477 | 银合欢属 | 银合欢 | *Leucaena leucocephala*（Lam.）de Wit | CIAT 17477 | 美国夏威夷大学 | | 2002 | 2 | 引进资源 |
| 2547 | 菲5 | 银合欢属 | 银合欢 | *Leucaena leucocephala*（Lam.）de Wit | 菲5 | 美国夏威夷大学 | | 2002 | 2 | 引进资源 |
| 2548 | 菲65 | 银合欢属 | 银合欢 | *Leucaena leucocephala*（Lam.）de Wit | 菲65 | 美国夏威夷大学 | | 2006 | 2 | 引进资源 |
| 2549 | 香港 | 银合欢属 | 银合欢 | *Leucaena leucocephala*（Lam.）de Wit | 香港 | 美国夏威夷大学 | | 2002 | 2 | 引进资源 |
| 2550 | 050302442 | 银合欢属 | 银合欢 | *Leucaena leucocephala*（Lam.）de Wit | | | 云南元江红河 | 2005 | 2 | 野生资源 |
| 2551 | 050307504 | 银合欢属 | 银合欢 | *Leucaena leucocephala*（Lam.）de Wit | | | 广西田林 | 2005 | 2 | 野生资源 |
| 2552 | 050308525 | 银合欢属 | 银合欢 | *Leucaena leucocephala*（Lam.）de Wit | | | 广西田林 | 2005 | 2 | 野生资源 |
| 2553 | 050312594 | 银合欢属 | 银合欢 | *Leucaena leucocephala*（Lam.）de Wit | | | 广西北海合浦 | 2005 | 2 | 野生资源 |
| 2554 | 050312606 | 银合欢属 | 银合欢 | *Leucaena leucocephala*（Lam.）de Wit | | | 广西北海合浦 | 2005 | 2 | 野生资源 |
| 2555 | 050312610 | 银合欢属 | 银合欢 | *Leucaena leucocephala*（Lam.）de Wit | | | 广东遂溪 | 2005 | 2 | 野生资源 |
| 2556 | 041130279 | 银合欢属 | 银合欢 | *Leucaena leucocephala*（Lam.）de Wit | | | 海南文昌 | 2004 | 2 | 野生资源 |
| 2557 | 050321059 | 银合欢属 | 银合欢 | *Leucaena leucocephala*（Lam.）de Wit | | | 海南儋州 | 2005 | 2 | 野生资源 |
| 2558 | 070116002 | 银合欢属 | 银合欢 | *Leucaena leucocephala*（Lam.）de Wit | | | 福建三明 | 2007 | 2 | 野生资源 |
| 2559 | 070114001 | 银合欢属 | 银合欢 | *Leucaena leucocephala*（Lam.）de Wit | | 福建江萍研究基地 | | 2007 | 2 | 野生资源 |
| 2560 | 040308010 | 银合欢属 | 银合欢 | *Leucaena leucocephala*（Lam.）de Wit | | | 云南保山龙陵 | 2004 | 2 | 野生资源 |
| 2561 | 040308012 | 银合欢属 | 银合欢 | *Leucaena leucocephala*（Lam.）de Wit | | | 云南元谋 | 2004 | 2 | 野生资源 |

（续）

| 序号 | 送种单位编号 | 属　名 | 种　名 | 学　名 | 品种名（原文名） | 材料来源 | 材料原产地 | 收种时间（年份） | 保存地点 | 类型 |
|---|---|---|---|---|---|---|---|---|---|---|
| 2562 | 040308015 | 银合欢属 | 银合欢 | *Leucaena leucocephala*（Lam.）de Wit | | 广西牧草站 | | 2004 | 2 | 野生资源 |
| 2563 | 070113046 | 银合欢属 | 银合欢 | *Leucaena leucocephala*（Lam.）de Wit | | | 福建莆田 | 2007 | 2 | 野生资源 |
| 2564 | 070116052 | 银合欢属 | 银合欢 | *Leucaena leucocephala*（Lam.）de Wit | | | 福建龙岩上杭 | 2007 | 2 | 野生资源 |
| 2565 | 070227028 | 银合欢属 | 银合欢 | *Leucaena leucocephala*（Lam.）de Wit | | | 云南元阳绿水河 | 2007 | 2 | 野生资源 |
| 2566 | 341 | 银合欢属 | 银合欢 | *Leucaena leucocephala*（Lam.）de Wit | 341 | 美国夏威夷大学 | | 2006 | 2 | 引进资源 |
| 2567 | 090107004 | 银合欢属 | 银合欢 | *Leucaena leucocephala*（Lam.）de Wit | | | 江西萍乡武功山 | 2009 | 2 | 野生资源 |
| 2568 | 边4 | 银合欢属 | 银合欢 | *Leucaena leucocephala*（Lam.）de Wit | 边4 | 美国夏威夷大学 | | 2006 | 2 | 引进资源 |
| 2569 | 041130103 | 银合欢属 | 银合欢 | *Leucaena leucocephala*（Lam.）de Wit | | | 海南乐东志仲 | 2004 | 2 | 野生资源 |
| 2570 | 160121001 | 银合欢属 | 银合欢 | *Leucaena leucocephala*（Lam.）de Wit | | | 卢旺达北六省 | 2016 | 2 | 引进资源 |
| 2571 | 161023001 | 银合欢属 | 银合欢 | *Leucaena leucocephala*（Lam.）de Wit | | | 汤加努库阿洛法 | 2016 | 2 | 引进资源 |
| 2572 | 101（杂交种质） | 银合欢属 | 银合欢 | *Leucaena leucocephala*（Lam.）de Wit | | 美国夏威夷大学 | | 2002 | 2 | 引进资源 |
| 2573 | 105（杂交种质） | 银合欢属 | 银合欢 | *Leucaena leucocephala*（Lam.）de Wit | | 美国夏威夷大学 | | 2006 | 2 | 引进资源 |
| 2574 | 106（杂交种质） | 银合欢属 | 银合欢 | *Leucaena leucocephala*（Lam.）de Wit | | 美国夏威夷大学 | | 2002 | 2 | 引进资源 |
| 2575 | 107（杂交种质） | 银合欢属 | 银合欢 | *Leucaena leucocephala*（Lam.）de Wit | | 美国夏威夷大学 | | 2006 | 2 | 引进资源 |
| 2576 | 108（杂交种质） | 银合欢属 | 银合欢 | *Leucaena leucocephala*（Lam.）de Wit | | 美国夏威夷大学 | | 2006 | 2 | 引进资源 |
| 2577 | 109（杂交种质） | 银合欢属 | 银合欢 | *Leucaena leucocephala*（Lam.）de Wit | | 美国夏威夷大学 | | 2006 | 2 | 引进资源 |
| 2578 | 113（杂交种质） | 银合欢属 | 银合欢 | *Leucaena leucocephala*（Lam.）de Wit | | 美国夏威夷大学 | | 2006 | 2 | 引进资源 |
| 2579 | 113（杂交种质） | 银合欢属 | 银合欢 | *Leucaena leucocephala*（Lam.）de Wit | | 美国夏威夷大学 | | 2006 | 2 | 引进资源 |
| 2580 | 114（杂交种质） | 银合欢属 | 银合欢 | *Leucaena leucocephala*（Lam.）de Wit | | 美国夏威夷大学 | | 2006 | 2 | 引进资源 |
| 2581 | 117（杂交种质） | 银合欢属 | 银合欢 | *Leucaena leucocephala*（Lam.）de Wit | | 美国夏威夷大学 | | 2004 | 2 | 引进资源 |
| 2582 | 122（杂交种质） | 银合欢属 | 银合欢 | *Leucaena leucocephala*（Lam.）de Wit | | 美国夏威夷大学 | | 2002 | 2 | 引进资源 |
| 2583 | 123（杂交种质） | 银合欢属 | 银合欢 | *Leucaena leucocephala*（Lam.）de Wit | | 美国夏威夷大学 | | 2002 | 2 | 引进资源 |
| 2584 | 124（杂交种质） | 银合欢属 | 银合欢 | *Leucaena leucocephala*（Lam.）de Wit | | 美国夏威夷大学 | | 2006 | 2 | 引进资源 |
| 2585 | 125（杂交种质） | 银合欢属 | 银合欢 | *Leucaena leucocephala*（Lam.）de Wit | | 美国夏威夷大学 | | 2002 | 2 | 引进资源 |
| 2586 | 160（杂交种质） | 银合欢属 | 银合欢 | *Leucaena leucocephala*（Lam.）de Wit | | 美国夏威夷大学 | | 2006 | 2 | 引进资源 |

（续）

| 序号 | 送种单位编号 | 属名 | 种名 | 学名 | 品种名（原文名） | 材料来源 | 材料原产地 | 收种时间（年份） | 保存地点 | 类型 |
|---|---|---|---|---|---|---|---|---|---|---|
| 2587 | 197（杂交种质） | 银合欢属 | 银合欢 | *Leucaena leucocephala*（Lam.）de Wit | | 美国夏威夷大学 | | 2006 | 2 | 引进资源 |
| 2588 | hybird 76（杂交种质） | 银合欢属 | 银合欢 | *Leucaena leucocephala*（Lam.）de Wit | | 美国夏威夷大学 | | 2002 | 2 | 引进资源 |
| 2589 | 77（杂交种质） | 银合欢属 | 银合欢 | *Leucaena leucocephala*（Lam.）de Wit | | 美国夏威夷大学 | | 2002 | 2 | 引进资源 |
| 2590 | 78（杂交种质） | 银合欢属 | 银合欢 | *Leucaena leucocephala*（Lam.）de Wit | | 美国夏威夷大学 | | 2002 | 2 | 引进资源 |
| 2591 | 80（杂交种质） | 银合欢属 | 银合欢 | *Leucaena leucocephala*（Lam.）de Wit | | 美国夏威夷大学 | | 2002 | 2 | 引进资源 |
| 2592 | 81（杂交种质） | 银合欢属 | 银合欢 | *Leucaena leucocephala*（Lam.）de Wit | | 美国夏威夷大学 | | 2006 | 2 | 引进资源 |
| 2593 | 83（杂交种质） | 银合欢属 | 银合欢 | *Leucaena leucocephala*（Lam.）de Wit | | 美国夏威夷大学 | | 2006 | 2 | 引进资源 |
| 2594 | 84（杂交种质） | 银合欢属 | 银合欢 | *Leucaena leucocephala*（Lam.）de Wit | | 美国夏威夷大学 | | 2006 | 2 | 引进资源 |
| 2595 | 85（杂交种质） | 银合欢属 | 银合欢 | *Leucaena leucocephala*（Lam.）de Wit | | 美国夏威夷大学 | | 2006 | 2 | 引进资源 |
| 2596 | 86（杂交种质） | 银合欢属 | 银合欢 | *Leucaena leucocephala*（Lam.）de Wit | | 美国夏威夷大学 | | 2002 | 2 | 引进资源 |
| 2597 | 161021003 | 银合欢属 | 银合欢 | *Leucaena leucocephala*（Lam.）de Wit | | | 萨摩亚 | 2016 | 2 | 引进资源 |
| 2598 | 88（杂交种质） | 银合欢属 | 银合欢 | *Leucaena leucocephala*（Lam.）de Wit | | 美国夏威夷大学 | | 2006 | 2 | 引进资源 |
| 2599 | 91（杂交种质） | 银合欢属 | 银合欢 | *Leucaena leucocephala*（Lam.）de Wit | | 美国夏威夷大学 | | 2006 | 2 | 引进资源 |
| 2600 | 96（杂交种质） | 银合欢属 | 银合欢 | *Leucaena leucocephala*（Lam.）de Wit | | 美国夏威夷大学 | | 2002 | 2 | 引进资源 |
| 2601 | 99（杂交种质） | 银合欢属 | 银合欢 | *Leucaena leucocephala*（Lam.）de Wit | | 美国夏威夷大学 | | 2006 | 2 | 引进资源 |
| 2602 | 104（杂交种质） | 银合欢属 | 银合欢 | *Leucaena leucocephala*（Lam.）de Wit | | 美国夏威夷大学 | | 2006 | 2 | 引进资源 |
| 2603 | 92（杂交种质） | 银合欢属 | 银合欢 | *Leucaena leucocephala*（Lam.）de Wit | | 美国夏威夷大学 | | 2006 | 2 | 引进资源 |
| 2604 | | 银合欢属 | 银合欢 | *Leucaena leucocephala*（Lam.）de Wit | | 华南热作所 | | 2004 | 1 | 野生资源 |
| 2605 | HB2010-101 | 银合欢属 | 银合欢 | *Leucaena leucocephala*（Lam.）de Wit | | | 云南元谋 | 2014 | 3 | 野生资源 |
| 2606 | HN1009 | 银合欢属 | 银合欢 | *Leucaena leucocephala*（Lam.）de Wit | | 美国夏威夷大学 | | 2008 | 3 | 引进资源 |
| 2607 | HN1010 | 银合欢属 | 银合欢 | *Leucaena leucocephala*（Lam.）de Wit | Hybrid-101 | 美国夏威夷大学 | | 2008 | 3 | 引进资源 |
| 2608 | HN1011 | 银合欢属 | 银合欢 | *Leucaena leucocephala*（Lam.）de Wit | Hybrid-122 | 美国夏威夷大学 | | 2008 | 3 | 引进资源 |
| 2609 | HN1014 | 银合欢属 | 银合欢 | *Leucaena leucocephala*（Lam.）de Wit | | | 福建泉州晋江 | 2008 | 3 | 野生资源 |
| 2610 | HN1018 | 银合欢属 | 银合欢 | *Leucaena leucocephala*（Lam.）de Wit | | | 广东惠州 | 2008 | 3 | 野生资源 |
| 2611 | HN1025 | 银合欢属 | 银合欢 | *Leucaena leucocephala*（Lam.）de Wit | CIAT9421 | 美国夏威夷大学 | | 2008 | 3 | 引进资源 |

（续）

| 序号 | 送种单位编号 | 属 名 | 种 名 | 学 名 | 品种名（原文名） | 材料来源 | 材料原产地 | 收种时间（年份） | 保存地点 | 类型 |
|---|---|---|---|---|---|---|---|---|---|---|
| 2612 | HN1026 | 银合欢属 | 银合欢 | *Leucaena leucocephala*（Lam.）de Wit | Hybrid-80 | 美国夏威夷大学 | | 2008 | 3 | 引进资源 |
| 2613 | HN1027 | 银合欢属 | 银合欢 | *Leucaena leucocephala*（Lam.）de Wit | CIAT17218 | 美国夏威夷大学 | | 2008 | 3 | 引进资源 |
| 2614 | HN1043 | 银合欢属 | 银合欢 | *Leucaena leucocephala*（Lam.）de Wit | 太空 2001-16 | 海南儋州 | | 2008 | 3 | 栽培资源 |
| 2615 | HN1047 | 银合欢属 | 银合欢 | *Leucaena leucocephala*（Lam.）de Wit | 太空 2001-28 | 海南儋州 | | 2008 | 3 | 栽培资源 |
| 2616 | HN1048 | 银合欢属 | 银合欢 | *Leucaena leucocephala*（Lam.）de Wit | 太空 2001-11 | 海南儋州 | | 2008 | 3 | 栽培资源 |
| 2617 | HN124 | 银合欢属 | 银合欢 | *Leucaena leucocephala*（Lam.）de Wit | CIAT7384 | CIAT | | 1999 | 3 | 引进资源 |
| 2618 | HN131 | 银合欢属 | 银合欢 | *Leucaena leucocephala*（Lam.）de Wit | 菲 19 | | 菲律宾 | 1999 | 3 | 引进资源 |
| 2619 | HN1370 | 银合欢属 | 银合欢 | *Leucaena leucocephala*（Lam.）de Wit | | | 福建东山岛 | 2010 | 3 | 野生资源 |
| 2620 | HN1371 | 银合欢属 | 银合欢 | *Leucaena leucocephala*（Lam.）de Wit | | | 福建南靖 | 2010 | 3 | 野生资源 |
| 2621 | HN1372 | 银合欢属 | 银合欢 | *Leucaena leucocephala*（Lam.）de Wit | | | 江西赣州五云镇 | 2010 | 3 | 野生资源 |
| 2622 | HN1373 | 银合欢属 | 银合欢 | *Leucaena leucocephala*（Lam.）de Wit | | | 湖南祁东 | 2010 | 3 | 野生资源 |
| 2623 | HN141 | 银合欢属 | 银合欢 | *Leucaena leucocephala*（Lam.）de Wit | Salvador | 中美洲 | 墨西哥 | 1999 | 3 | 引进资源 |
| 2624 | HN312 | 银合欢属 | 银合欢 | *Leucaena leucocephala*（Lam.）de Wit | 细享尼 | | 中、南美洲 | 2002 | 3 | 引进资源 |
| 2625 | HN313 | 银合欢属 | 银合欢 | *Leucaena leucocephala*（Lam.）de Wit | 香港 | 泰国 | 中、南美洲 | 2002 | 3 | 引进资源 |
| 2626 | HN326 | 银合欢属 | 银合欢 | *Leucaena leucocephala*（Lam.）de Wit | TPRC2001-5 | | 中、南美洲 | 2003 | 3 | 引进资源 |
| 2627 | HN719 | 银合欢属 | 银合欢 | *Leucaena leucocephala*（Lam.）de Wit | | | 云南潞西 | 2005 | 3 | 野生资源 |
| 2628 | HN720 | 银合欢属 | 银合欢 | *Leucaena leucocephala*（Lam.）de Wit | | | 云南龙陵 | 2005 | 3 | 野生资源 |
| 2629 | HN721 | 银合欢属 | 银合欢 | *Leucaena leucocephala*（Lam.）de Wit | | | 云南勐海 | 2005 | 3 | 野生资源 |
| 2630 | HN722 | 银合欢属 | 银合欢 | *Leucaena leucocephala*（Lam.）de Wit | | | 云南勐腊 | 2005 | 3 | 野生资源 |
| 2631 | HN726 | 银合欢属 | 银合欢 | *Leucaena leucocephala*（Lam.）de Wit | | | 广西隆林 | 2005 | 3 | 野生资源 |
| 2632 | HN728 | 银合欢属 | 银合欢 | *Leucaena leucocephala*（Lam.）de Wit | | | 广西田林 | 2005 | 3 | 野生资源 |
| 2633 | HN729 | 银合欢属 | 银合欢 | *Leucaena leucocephala*（Lam.）de Wit | | | 广西田林 | 2005 | 3 | 野生资源 |
| 2634 | HN734 | 银合欢属 | 银合欢 | *Leucaena leucocephala*（Lam.）de Wit | | | 广西北海 | 2005 | 3 | 野生资源 |
| 2635 | HN735 | 银合欢属 | 银合欢 | *Leucaena leucocephala*（Lam.）de Wit | | | 广西北海 | 2005 | 3 | 野生资源 |
| 2636 | HN736 | 银合欢属 | 银合欢 | *Leucaena leucocephala*（Lam.）de Wit | | | 广东遂溪 | 2005 | 3 | 野生资源 |

（续）

| 序号 | 送种单位编号 | 属 名 | 种 名 | 学 名 | 品种名（原文名） | 材料来源 | 材料原产地 | 收种时间（年份） | 保存地点 | 类型 |
|---|---|---|---|---|---|---|---|---|---|---|
| 2637 | HN839 | 银合欢属 | 银合欢 | *Leucaena leucocephala*（Lam.）de Wit | | | 海南昌江 | 2008 | 3 | 野生资源 |
| 2638 | HN840 | 银合欢属 | 银合欢 | *Leucaena leucocephala*（Lam.）de Wit | | | 海南昌江 | 2008 | 3 | 野生资源 |
| 2639 | HN841 | 银合欢属 | 银合欢 | *Leucaena leucocephala*（Lam.）de Wit | | | 海南三亚 | 2008 | 3 | 野生资源 |
| 2640 | HN851 | 银合欢属 | 银合欢 | *Leucaena leucocephala*（Lam.）de Wit | | | 海南昌江 | 2008 | 3 | 野生资源 |
| 2641 | HN998 | 银合欢属 | 银合欢 | *Leucaena leucocephala*（Lam.）de Wit | | | 海南三亚蜈支洲岛 | 2008 | 3 | 野生资源 |
| 2642 | SCH2004-139 | 银合欢属 | 银合欢 | *Leucaena leucocephala*（Lam.）de Wit | | | 四川米易 | 2003 | 3 | 野生资源 |
| 2643 | SC2016-116 | 银合欢属 | 银合欢 | *Leucaena leucocephala*（Lam.）de Wit | | | 四川姚坝 | 2014 | 3 | 野生资源 |
| 2644 | 140921019 | 银合欢属 | 银合欢 | *Leucaena leucocephala*（Lam.）de Wit | | | 广东连州西江镇 | 2014 | 2 | 野生资源 |
| 2645 | 041130013 | 银合欢属 | 银合欢 | *Leucaena leucocephala*（Lam.）de Wit | | | 海南白沙 | 2004 | 2 | 野生资源 |
| 2646 | 新银合欢 | 银合欢属 | 银合欢 | *Leucaena leucocephala*（Lam.）de Wit | | | 广西百色平果 | 2002 | 2 | 野生资源 |
| 2647 | CIAT7986 | 银合欢属 | 银合欢 | *Leucaena leucocephala*（Lam.）de Wit | CIAT7986 | 美国夏威夷大学 | | 2002 | 2 | 引进资源 |
| 2648 | CIAT9119 | 银合欢属 | 银合欢 | *Leucaena leucocephala*（Lam.）de Wit | CIAT9119 | 美国夏威夷大学 | | 2002 | 2 | 引进资源 |
| 2649 | 热研1号 | 银合欢属 | 银合欢 | *Leucaena leucocephala*（Lam.）de Wit | 热研1号 | 中国热作院选育 | | 2002 | 2 | 栽培资源 |
| 2650 | SES-1# | 银合欢属 | 银合欢 | *Leucaena leucocephala*（Lam.）de Wit | SES-1# | 中国热作院选育 | | 2002 | 2 | 栽培资源 |
| 2651 | SES-10# | 银合欢属 | 银合欢 | *Leucaena leucocephala*（Lam.）de Wit | SES-10# | 中国热作院选育 | | 2003 | 2 | 栽培资源 |
| 2652 | SES-11# | 银合欢属 | 银合欢 | *Leucaena leucocephala*（Lam.）de Wit | SES-11# | 中国热作院选育 | | 2003 | 2 | 栽培资源 |
| 2653 | SES-14# | 银合欢属 | 银合欢 | *Leucaena leucocephala*（Lam.）de Wit | SES-14# | 中国热作院选育 | | 2003 | 2 | 栽培资源 |
| 2654 | SES-21# | 银合欢属 | 银合欢 | *Leucaena leucocephala*（Lam.）de Wit | 新太空种21号 | 中国热作院选育 | | 2003 | 2 | 栽培资源 |
| 2655 | SES-15# | 银合欢属 | 银合欢 | *Leucaena leucocephala*（Lam.）de Wit | SES-15# | 中国热作院选育 | | 2002 | 2 | 栽培资源 |
| 2656 | SES-16# | 银合欢属 | 银合欢 | *Leucaena leucocephala*（Lam.）de Wit | SES-16 | 中国热作院选育 | | 2003 | 2 | 栽培资源 |
| 2657 | SES-17# | 银合欢属 | 银合欢 | *Leucaena leucocephala*（Lam.）de Wit | SES-17# | 中国热作院选育 | | 2004 | 2 | 栽培资源 |
| 2658 | SES-18# | 银合欢属 | 银合欢 | *Leucaena leucocephala*（Lam.）de Wit | 新太空种18号 | 中国热作院选育 | | 2003 | 2 | 栽培资源 |
| 2659 | SES-19# | 银合欢属 | 银合欢 | *Leucaena leucocephala*（Lam.）de Wit | 新太空种19号 | 中国热作院选育 | | 2003 | 2 | 栽培资源 |
| 2660 | SES-2# | 银合欢属 | 银合欢 | *Leucaena leucocephala*（Lam.）de Wit | 新太空种2号 | 中国热作院选育 | | 2002 | 2 | 栽培资源 |
| 2661 | SES-20# | 银合欢属 | 银合欢 | *Leucaena leucocephala*（Lam.）de Wit | 新太空种20号 | 中国热作院选育 | | 2003 | 2 | 栽培资源 |

（续）

| 序号 | 送种单位编号 | 属 名 | 种 名 | 学 名 | 品种名（原文名） | 材料来源 | 材料原产地 | 收种时间（年份） | 保存地点 | 类型 |
|------|------|------|------|------|------|------|------|------|------|------|
| 2662 | SES-22♯ | 银合欢属 | 银合欢 | *Leucaena leucocephala*（Lam.）de Wit | 新太空种 22 号 | 中国热作院选育 | | 2003 | 2 | 栽培资源 |
| 2663 | SES-23♯ | 银合欢属 | 银合欢 | *Leucaena leucocephala*（Lam.）de Wit | 新太空种 23 号 | 中国热作院选育 | | 2003 | 2 | 栽培资源 |
| 2664 | SES-24♯ | 银合欢属 | 银合欢 | *Leucaena leucocephala*（Lam.）de Wit | 新太空种 24 号 | 中国热作院选育 | | 2003 | 2 | 栽培资源 |
| 2665 | SES-25♯ | 银合欢属 | 银合欢 | *Leucaena leucocephala*（Lam.）de Wit | 新太空种 25 号 | 中国热作院选育 | | 2004 | 2 | 栽培资源 |
| 2666 | SES-26♯ | 银合欢属 | 银合欢 | *Leucaena leucocephala*（Lam.）de Wit | 新太空种 26 号 | 中国热作院选育 | | 2004 | 2 | 栽培资源 |
| 2667 | SES-27♯ | 银合欢属 | 银合欢 | *Leucaena leucocephala*（Lam.）de Wit | 新太空种 27 号 | 中国热作院选育 | | 2003 | 2 | 栽培资源 |
| 2668 | SES-28♯ | 银合欢属 | 银合欢 | *Leucaena leucocephala*（Lam.）de Wit | 新太空种 28 号 | 中国热作院选育 | | 2003 | 2 | 栽培资源 |
| 2669 | SES-29♯ | 银合欢属 | 银合欢 | *Leucaena leucocephala*（Lam.）de Wit | SES-29♯ | 中国热作院选育 | | 2003 | 2 | 栽培资源 |
| 2670 | SES-3♯ | 银合欢属 | 银合欢 | *Leucaena leucocephala*（Lam.）de Wit | 新太空种 3 号 | 中国热作院选育 | | 2003 | 2 | 栽培资源 |
| 2671 | SES-30♯ | 银合欢属 | 银合欢 | *Leucaena leucocephala*（Lam.）de Wit | SES-30♯ | 中国热作院选育 | | 2004 | 2 | 栽培资源 |
| 2672 | SES-31♯ | 银合欢属 | 银合欢 | *Leucaena leucocephala*（Lam.）de Wit | SES-31♯ | 中国热作院选育 | | 2003 | 2 | 栽培资源 |
| 2673 | SES-32♯ | 银合欢属 | 银合欢 | *Leucaena leucocephala*（Lam.）de Wit | SES-32♯ | 中国热作院选育 | | 2003 | 2 | 栽培资源 |
| 2674 | SES-4♯ | 银合欢属 | 银合欢 | *Leucaena leucocephala*（Lam.）de Wit | 新太空种 4 号 | 中国热作院选育 | | 2004 | 2 | 栽培资源 |
| 2675 | SES-5♯ | 银合欢属 | 银合欢 | *Leucaena leucocephala*（Lam.）de Wit | 新太空种 5 号 | 中国热作院选育 | | 2003 | 2 | 栽培资源 |
| 2676 | SES-6♯ | 银合欢属 | 银合欢 | *Leucaena leucocephala*（Lam.）de Wit | 新太空种 6 号 | 中国热作院选育 | | 2003 | 2 | 栽培资源 |
| 2677 | SES-8♯ | 银合欢属 | 银合欢 | *Leucaena leucocephala*（Lam.）de Wit | SES-8♯ | 中国热作院选育 | | 2002 | 2 | 栽培资源 |
| 2678 | SES-9♯ | 银合欢属 | 银合欢 | *Leucaena leucocephala*（Lam.）de Wit | 新太空种 9 号 | 中国热作院选育 | | 2003 | 2 | 栽培资源 |
| 2679 | 埃握否克斯 | 银合欢属 | 银合欢 | *Leucaena leucocephala*（Lam.）de Wit | 埃握否克斯 | 美国夏威夷大学 | | 2002 | 2 | 引进资源 |
| 2680 | 菲 0 | 银合欢属 | 银合欢 | *Leucaena leucocephala*（Lam.）de Wit | 菲 0 | 美国夏威夷大学 | | 2002 | 2 | 引进资源 |
| 2681 | 菲 1 | 银合欢属 | 银合欢 | *Leucaena leucocephala*（Lam.）de Wit | 菲 1 | 美国夏威夷大学 | | 2006 | 2 | 引进资源 |
| 2682 | 菲 19 | 银合欢属 | 银合欢 | *Leucaena leucocephala*（Lam.）de Wit | 菲 19 | 美国夏威夷大学 | | 2002 | 2 | 引进资源 |
| 2683 | 菲 2 | 银合欢属 | 银合欢 | *Leucaena leucocephala*（Lam.）de Wit | 菲 2 | 美国夏威夷大学 | | 2002 | 2 | 引进资源 |
| 2684 | 菲 30 | 银合欢属 | 银合欢 | *Leucaena leucocephala*（Lam.）de Wit | 菲 30 | 美国夏威夷大学 | | 2006 | 2 | 引进资源 |
| 2685 | 菲 42 | 银合欢属 | 银合欢 | *Leucaena leucocephala*（Lam.）de Wit | 菲 42 | 美国夏威夷大学 | | 2002 | 2 | 引进资源 |
| 2686 | 菲 43 | 银合欢属 | 银合欢 | *Leucaena leucocephala*（Lam.）de Wit | 菲 43 | 美国夏威夷大学 | | 2006 | 2 | 引进资源 |

（续）

| 序号 | 送种单位编号 | 属名 | 种名 | 学名 | 品种名（原文名） | 材料来源 | 材料原产地 | 收种时间（年份） | 保存地点 | 类型 |
|---|---|---|---|---|---|---|---|---|---|---|
| 2687 | 菲大 | 银合欢属 | 银合欢 | *Leucaena leucocephala*（Lam.）de Wit | 菲大 | 美国夏威夷大学 | | 2006 | 2 | 引进资源 |
| 2688 | 哥伦比亚 | 银合欢属 | 银合欢 | *Leucaena leucocephala*（Lam.）de Wit | 哥伦比亚 | 美国夏威夷大学 | | 2002 | 2 | 引进资源 |
| 2689 | 萨尔瓦多型 | 银合欢属 | 银合欢 | *Leucaena leucocephala*（Lam.）de Wit | 尖峰岭萨尔瓦多 | 美国夏威夷大学 | | 2006 | 2 | 引进资源 |
| 2690 | 肯宁 | 银合欢属 | 银合欢 | *Leucaena leucocephala*（Lam.）de Wit | 肯宁 | 美国夏威夷大学 | | 2002 | 2 | 引进资源 |
| 2691 | 拉迈 | 银合欢属 | 银合欢 | *Leucaena leucocephala*（Lam.）de Wit | 拉迈 | 美国夏威夷大学 | | 2006 | 2 | 引进资源 |
| 2692 | 071015005 | 银合欢属 | 银合欢 | *Leucaena leucocephala*（Lam.）de Wit | 马尔代夫 | | 马尔代夫 | 2007 | 2 | 引进资源 |
| 2693 | 藤4 | 银合欢属 | 银合欢 | *Leucaena leucocephala*（Lam.）de Wit | 藤④ | 美国夏威夷大学 | | 2004 | 2 | 引进资源 |
| 2694 | 细享尼 | 银合欢属 | 银合欢 | *Leucaena leucocephala*（Lam.）de Wit | 细享尼 | 美国夏威夷大学 | | 2002 | 2 | 引进资源 |
| 2695 | 细享尼 | 银合欢属 | 银合欢 | *Leucaena leucocephala*（Lam.）de Wit | 细享尼 | 美国夏威夷大学 | | 2006 | 2 | 引进资源 |
| 2696 | CIAT17490 | 银合欢属 | 银合欢 | *Leucaena leucocephala*（Lam.）de Wit | 粉叶 | 美国夏威夷大学 | | 2006 | 2 | 引进资源 |
| 2697 | 080111048 | 罗顿豆属 | 罗顿豆 | *Lotononis bainesii* Baker | | | 福建三明大田 | 2008 | 2 | 野生资源 |
| 2698 | | 罗顿豆属 | 罗顿豆 | *Lotononis bainesii* Baker | 迈尔斯 | | 澳大利亚 | 2007 | 1 | 引进资源 |
| 2699 | 2192 | 百脉根属 | 百脉根 | *Lotus corniculatus* L. | | 中国农科院畜牧所 | | 2016 | 3 | 栽培资源 |
| 2700 | 0653 | 百脉根属 | 百脉根 | *Lotus corniculatus* L. | | | 陕西 | 2016 | 3 | 引进资源 |
| 2701 | 10-95 | 百脉根属 | 百脉根 | *Lotus corniculatus* L. | | 中国农科院畜牧所 | | 2016 | 3 | 引进资源 |
| 2702 | 1802 | 百脉根属 | 百脉根 | *Lotus corniculatus* L. | | 中国农科院畜牧所 | | 2016 | 3 | 栽培资源 |
| 2703 | 81-9 | 百脉根属 | 百脉根 | *Lotus corniculatus* L. | | 中国农科院畜牧所 | | 2016 | 3 | 引进资源 |
| 2704 | 89-100 | 百脉根属 | 百脉根 | *Lotus corniculatus* L. | | 中国农科院畜牧所 | | 2016 | 3 | 引进资源 |
| 2705 | 89-123 | 百脉根属 | 百脉根 | *Lotus corniculatus* L. | | 中国农科院畜牧所 | | 2016 | 3 | 引进资源 |

（续）

| 序号 | 送种单位编号 | 属 名 | 种 名 | 学 名 | 品种名（原文名） | 材料来源 | 材料原产地 | 收种时间（年份） | 保存地点 | 类型 |
|---|---|---|---|---|---|---|---|---|---|---|
| 2706 | B4868 | 百脉根属 | 百脉根 | *Lotus corniculatus* L. | | 中国农科院草原所 | | 2012 | 3 | 引进资源 |
| 2707 | B4982 | 百脉根属 | 百脉根 | *Lotus corniculatus* L. | | 中国农科院草原所 | | 2012 | 3 | 引进资源 |
| 2708 | B5279 | 百脉根属 | 百脉根 | *Lotus corniculatus* L. | | 中国农科院草原所 | | 2012 | 3 | 引进资源 |
| 2709 | B5520 | 百脉根属 | 百脉根 | *Lotus corniculatus* L. | | 中国农科院草原所 | | 2016 | 3 | 引进资源 |
| 2710 | GS0300 | 百脉根属 | 百脉根 | *Lotus corniculatus* L. | 迈瑞伯 | 甘肃武威 | | 2001 | 3 | 引进资源 |
| 2711 | GS4633 | 百脉根属 | 百脉根 | *Lotus corniculatus* L. | | | 甘肃甘州 | 2014 | 3 | 栽培资源 |
| 2712 | JL-46 | 百脉根属 | 百脉根 | *Lotus corniculatus* L. | | | 四川梓潼 | 2005 | 3 | 野生资源 |
| 2713 | JS2011-86 | 百脉根属 | 百脉根 | *Lotus corniculatus* L. | | | 安徽合肥岗集 | 2011 | 3 | 野生资源 |
| 2714 | KLW049 | 百脉根属 | 百脉根 | *Lotus corniculatus* L. | | | 甘肃 | 2003 | 3 | 引进资源 |
| 2715 | KLWA19 | 百脉根属 | 百脉根 | *Lotus corniculatus* L. | 北方型 | | 美国 | 2003 | 3 | 野生资源 |
| 2716 | SC2015-086 | 百脉根属 | 百脉根 | *Lotus corniculatus* L. | | | 四川阿坝茂县 | 2014 | 3 | 野生资源 |
| 2717 | xj09-145 | 百脉根属 | 百脉根 | *Lotus corniculatus* L. | | 新疆草原总站 | | 2009 | 3 | 野生资源 |
| 2718 | YN2014-014 | 百脉根属 | 百脉根 | *Lotus corniculatus* L. | | | 云南香格里拉贡巴坡 | 2007 | 3 | 野生资源 |
| 2719 | ZXY04P-160 | 百脉根属 | 百脉根 | *Lotus corniculatus* L. | | 俄罗斯 | 俄罗斯克拉斯诺达尔 | 2004 | 3 | 引进资源 |
| 2720 | ZXY04P-179 | 百脉根属 | 百脉根 | *Lotus corniculatus* L. | | 俄罗斯 | 俄罗斯克拉斯诺达尔 | 2004 | 3 | 引进资源 |
| 2721 | ZXY04P-191 | 百脉根属 | 百脉根 | *Lotus corniculatus* L. | | 俄罗斯 | 俄罗斯克拉斯诺达尔 | 2004 | 3 | 引进资源 |
| 2722 | ZXY04P-405 | 百脉根属 | 百脉根 | *Lotus corniculatus* L. | | 俄罗斯 | 俄罗斯克拉斯诺达尔 | 2004 | 3 | 引进资源 |
| 2723 | ZXY08P-5314 | 百脉根属 | 百脉根 | *Lotus corniculatus* L. | | | 哈萨克斯坦 | 2008 | 3 | 引进资源 |
| 2724 | ZXY08P-5344 | 百脉根属 | 百脉根 | *Lotus corniculatus* L. | | | 哈萨克斯坦 | 2008 | 3 | 引进资源 |
| 2725 | ZXY08P-5354 | 百脉根属 | 百脉根 | *Lotus corniculatus* L. | | | 哈萨克斯坦 | 2008 | 3 | 引进资源 |
| 2726 | ZXY-1054 | 百脉根属 | 百脉根 | *Lotus corniculatus* L. | | | 智利 | 2005 | 3 | 引进资源 |

（续）

| 序号 | 送种单位编号 | 属名 | 种名 | 学名 | 品种名（原文名） | 材料来源 | 材料原产地 | 收种时间（年份） | 保存地点 | 类型 |
|---|---|---|---|---|---|---|---|---|---|---|
| 2727 | ZXY07P-4133 | 百脉根属 | 百脉根 | *Lotus corniculatus* L. | | 俄罗斯 | | 2010 | 3 | 引进资源 |
| 2728 | ZXY-130 | 百脉根属 | 百脉根 | *Lotus corniculatus* L. | | | 南斯拉夫 | 2005 | 3 | 引进资源 |
| 2729 | ZXY2005P-700 | 百脉根属 | 百脉根 | *Lotus corniculatus* L. | | 俄罗斯 | | 2005 | 3 | 引进资源 |
| 2730 | ZXY2005P-711 | 百脉根属 | 百脉根 | *Lotus corniculatus* L. | | 俄罗斯 | | 2005 | 3 | 引进资源 |
| 2731 | ZXY2005P-719 | 百脉根属 | 百脉根 | *Lotus corniculatus* L. | | 俄罗斯 | | 2005 | 3 | 引进资源 |
| 2732 | zxy2010-7305 | 百脉根属 | 百脉根 | *Lotus corniculatus* L. | | | 德国 | 2010 | 3 | 引进资源 |
| 2733 | zxy2010-7317 | 百脉根属 | 百脉根 | *Lotus corniculatus* L. | | | 德国 | 2010 | 3 | 引进资源 |
| 2734 | zxy2010-7474 | 百脉根属 | 百脉根 | *Lotus corniculatus* L. | | | 俄罗斯克拉斯诺达尔河 | 2010 | 3 | 引进资源 |
| 2735 | zxy2012p-10001 | 百脉根属 | 百脉根 | *Lotus corniculatus* L. | | | 哈萨克斯坦 | 2012 | 3 | 引进资源 |
| 2736 | zxy2012P-10042 | 百脉根属 | 百脉根 | *Lotus corniculatus* L. | | 俄罗斯 | | 2012 | 3 | 引进资源 |
| 2737 | zxy2012P-10064 | 百脉根属 | 百脉根 | *Lotus corniculatus* L. | | 俄罗斯 | | 2012 | 3 | 引进资源 |
| 2738 | zxy2012p-10159 | 百脉根属 | 百脉根 | *Lotus corniculatus* L. | | | 哈萨克斯坦 | 2012 | 3 | 引进资源 |
| 2739 | zxy2012P-10184 | 百脉根属 | 百脉根 | *Lotus corniculatus* L. | | 俄罗斯 | | 2012 | 3 | 引进资源 |
| 2740 | zxy2012p-9002 | 百脉根属 | 百脉根 | *Lotus corniculatus* L. | | | 阿塞拜疆 | 2012 | 3 | 引进资源 |
| 2741 | zxy2012p-9021 | 百脉根属 | 百脉根 | *Lotus corniculatus* L. | | | 阿塞拜疆 | 2012 | 3 | 引进资源 |
| 2742 | zxy2012p-9058 | 百脉根属 | 百脉根 | *Lotus corniculatus* L. | | | 阿塞拜疆 | 2012 | 3 | 引进资源 |
| 2743 | zxy2012p-9069 | 百脉根属 | 百脉根 | *Lotus corniculatus* L. | | | 阿塞拜疆 | 2012 | 3 | 引进资源 |
| 2744 | zxy2012p-9118 | 百脉根属 | 百脉根 | *Lotus corniculatus* L. | | | 希腊 | 2012 | 3 | 引进资源 |
| 2745 | zxy2012p-9167 | 百脉根属 | 百脉根 | *Lotus corniculatus* L. | | | 立陶宛 | 2012 | 3 | 引进资源 |
| 2746 | zxy2012p-9293 | 百脉根属 | 百脉根 | *Lotus corniculatus* L. | | | 哈萨克斯坦 | 2012 | 3 | 引进资源 |
| 2747 | zxy2012p-9316 | 百脉根属 | 百脉根 | *Lotus corniculatus* L. | | | 哈萨克斯坦 | 2012 | 3 | 引进资源 |
| 2748 | zxy2012p-9365 | 百脉根属 | 百脉根 | *Lotus corniculatus* L. | | | 哈萨克斯坦 | 2012 | 3 | 引进资源 |
| 2749 | zxy2012p-9442 | 百脉根属 | 百脉根 | *Lotus corniculatus* L. | | | 哈萨克斯坦 | 2012 | 3 | 引进资源 |
| 2750 | zxy2012p-9514 | 百脉根属 | 百脉根 | *Lotus corniculatus* L. | | | 哈萨克斯坦 | 2012 | 3 | 引进资源 |

（续）

| 序号 | 送种单位编号 | 属 名 | 种 名 | 学 名 | 品种名（原文名） | 材料来源 | 材料原产地 | 收种时间（年份） | 保存地点 | 类型 |
|---|---|---|---|---|---|---|---|---|---|---|
| 2751 | zxy2012P-9611 | 百脉根属 | 百脉根 | *Lotus corniculatus* L. | | 俄罗斯 | | 2012 | 3 | 引进资源 |
| 2752 | zxy2012p-9672 | 百脉根属 | 百脉根 | *Lotus corniculatus* L. | | | 哈萨克斯坦 | 2012 | 3 | 引进资源 |
| 2753 | zxy2012P-9685 | 百脉根属 | 百脉根 | *Lotus corniculatus* L. | | 俄罗斯 | | 2012 | 3 | 引进资源 |
| 2754 | zxy2012P-9687 | 百脉根属 | 百脉根 | *Lotus corniculatus* L. | | 俄罗斯 | | 2012 | 3 | 引进资源 |
| 2755 | zxy2012P-9706 | 百脉根属 | 百脉根 | *Lotus corniculatus* L. | | 俄罗斯 | | 2012 | 3 | 引进资源 |
| 2756 | zxy2012p-9727 | 百脉根属 | 百脉根 | *Lotus corniculatus* L. | | | 哈萨克斯坦 | 2012 | 3 | 引进资源 |
| 2757 | zxy2012P-9745 | 百脉根属 | 百脉根 | *Lotus corniculatus* L. | | 俄罗斯 | | 2012 | 3 | 引进资源 |
| 2758 | zxy2012p-9801 | 百脉根属 | 百脉根 | *Lotus corniculatus* L. | | | 哈萨克斯坦 | 2012 | 3 | 引进资源 |
| 2759 | zxy2012p-9824 | 百脉根属 | 百脉根 | *Lotus corniculatus* L. | | | 哈萨克斯坦 | 2012 | 3 | 引进资源 |
| 2760 | zxy2012p-9843 | 百脉根属 | 百脉根 | *Lotus corniculatus* L. | | | 哈萨克斯坦 | 2012 | 3 | 引进资源 |
| 2761 | zxy2012p-9849 | 百脉根属 | 百脉根 | *Lotus corniculatus* L. | | | 哈萨克斯坦 | 2012 | 3 | 引进资源 |
| 2762 | zxy2012p-9868 | 百脉根属 | 百脉根 | *Lotus corniculatus* L. | | | 哈萨克斯坦 | 2012 | 3 | 引进资源 |
| 2763 | zxy2012p-9910 | 百脉根属 | 百脉根 | *Lotus corniculatus* L. | | | 哈萨克斯坦 | 2012 | 3 | 引进资源 |
| 2764 | zxy2012p-9926 | 百脉根属 | 百脉根 | *Lotus corniculatus* L. | | | 哈萨克斯坦 | 2012 | 3 | 引进资源 |
| 2765 | zxy2012p-9950 | 百脉根属 | 百脉根 | *Lotus corniculatus* L. | | | 哈萨克斯坦 | 2012 | 3 | 引进资源 |
| 2766 | ZXY2013P-10540 | 百脉根属 | 百脉根 | *Lotus corniculatus* L. | | 俄罗斯 | | 2013 | 3 | 引进资源 |
| 2767 | ZXY2013P-10646 | 百脉根属 | 百脉根 | *Lotus corniculatus* L. | | 俄罗斯 | | 2013 | 3 | 引进资源 |
| 2768 | ZXY2013P-10672 | 百脉根属 | 百脉根 | *Lotus corniculatus* L. | | 俄罗斯 | | 2013 | 3 | 引进资源 |
| 2769 | ZXY2013P-10712 | 百脉根属 | 百脉根 | *Lotus corniculatus* L. | | 俄罗斯 | | 2013 | 3 | 引进资源 |
| 2770 | ZXY2013P-11115 | 百脉根属 | 百脉根 | *Lotus corniculatus* L. | 百脉根 | 俄罗斯 | | 2016 | 3 | 引进资源 |
| 2771 | ZXY2014P-12435 | 百脉根属 | 百脉根 | *Lotus corniculatus* L. | | | 俄罗斯 | 2013 | 3 | 引进资源 |
| 2772 | ZXY2014P-12552 | 百脉根属 | 百脉根 | *Lotus corniculatus* L. | | | 加拿大 | 2013 | 3 | 引进资源 |
| 2773 | ZXY2014P-12631 | 百脉根属 | 百脉根 | *Lotus corniculatus* L. | | | 美国 | 2013 | 3 | 引进资源 |
| 2774 | ZXY2014P-12662 | 百脉根属 | 百脉根 | *Lotus corniculatus* L. | | | 哈萨克斯坦 | 2013 | 3 | 引进资源 |
| 2775 | ZXY2014P-12729 | 百脉根属 | 百脉根 | *Lotus corniculatus* L. | | | 美国 | 2013 | 3 | 引进资源 |

（续）

| 序号 | 送种单位编号 | 属 名 | 种 名 | 学 名 | 品种名（原文名） | 材料来源 | 材料原产地 | 收种时间（年份） | 保存地点 | 类型 |
|------|--------------|-------|-------|-------|------------------|----------|------------|------------------|----------|------|
| 2776 | 72-14 | 百脉根属 | 百脉根 | *Lotus corniculatus* L. | 里奥 | 中国农科院北京畜牧所 | 加拿大 | 1993 | 1 | 引进资源 |
| 2777 | 80-20 | 百脉根属 | 百脉根 | *Lotus corniculatus* L. | 迈瑞伯 | 中国农科院北京畜牧所 | 加拿大 | 1993 | 1 | 引进资源 |
| 2778 | 百1 | 百脉根属 | 百脉根 | *Lotus corniculatus* L. | | 中国农科院草原所 | 日本 | 1990 | 1 | 引进资源 |
| 2779 | 1597 | 百脉根属 | 百脉根 | *Lotus corniculatus* L. | 里奥 | 中国农科院兰州畜牧所 | 加拿大 | 1990 | 1 | 引进资源 |
| 2780 | IA058 | 百脉根属 | 百脉根 | *Lotus corniculatus* L. | | 中国农科院草原所 | | 1990 | 1 | 野生资源 |
| 2781 | 85-41 | 百脉根属 | 百脉根 | *Lotus corniculatus* L. | 马库 | 中国农科院北京畜牧所 | 新西兰 | 1992 | 1 | 引进资源 |
| 2782 | 712003 | 百脉根属 | 百脉根 | *Lotus corniculatus* L. | | 陕西眉县 | 陕西眉县 | 2010 | 1 | 野生资源 |
| 2783 | 712004 | 百脉根属 | 百脉根 | *Lotus corniculatus* L. | | 陕西周至 | 陕西周至 | 2010 | 1 | 野生资源 |
| 2784 | | 百脉根属 | 百脉根 | *Lotus corniculatus* L. | | | | 2010 | 1 | 野生资源 |
| 2785 | 72-14 | 百脉根属 | 百脉根 | *Lotus corniculatus* L. | | 加拿大 | 加拿大 | 2010 | 1 | 引进资源 |
| 2786 | 80-20 | 百脉根属 | 百脉根 | *Lotus corniculatus* L. | | 加拿大 | 加拿大 | 2010 | 1 | 引进资源 |
| 2787 | zxy04p-375 | 百脉根属 | 百脉根 | *Lotus corniculatus* L. | | 俄罗斯 | | 2010 | 1 | 引进资源 |
| 2788 | 20050275 | 百脉根属 | 百脉根 | *Lotus corniculatus* L. | | 北京绿冠草业公司 | | 2010 | 1 | 野生资源 |
| 2789 | 7121113 | 百脉根属 | 百脉根 | *Lotus corniculatus* L. | | 陕西榆林 | 陕西榆林 | 2010 | 1 | 栽培资源 |
| 2790 | 中畜-023 | 百脉根属 | 百脉根 | *Lotus corniculatus* L. | | 中国农科院畜牧所 | 新疆塔城 | 2000 | 1 | 野生资源 |
| 2791 | 中畜-032 | 百脉根属 | 百脉根 | *Lotus corniculatus* L. | | 中国农科院畜牧所 | 新疆塔城 | 2000 | 1 | 野生资源 |

（续）

| 序号 | 送种单位编号 | 属名 | 种名 | 学名 | 品种名（原文名） | 材料来源 | 材料原产地 | 收种时间（年份） | 保存地点 | 类型 |
|------|------|------|------|------|------|------|------|------|------|------|
| 2792 | hn3059 | 大翼豆属 | 紫花大翼豆 | *Macroptilium atropurpureum* （DC.）Urban | | | 海南琼中 | 2014 | 3 | 野生资源 |
| 2793 | hn3109 | 大翼豆属 | 紫花大翼豆 | *Macroptilium atropurpureum* （DC.）Urban | | | 海南临高加来农场 | 2012 | 3 | 野生资源 |
| 2794 | 110906011 | 大翼豆属 | 紫花大翼豆 | *Macroptilium atropurpureum* （DC.）Urban | | | 福建和平 | 2011 | 2 | 野生资源 |
| 2795 | 121006005 | 大翼豆属 | 紫花大翼豆 | *Macroptilium atropurpureum* （DC.）Urban | | | 海南临高加来农场 | 2012 | 2 | 野生资源 |
| 2796 | 141028002 | 大翼豆属 | 紫花大翼豆 | *Macroptilium atropurpureum* （DC.）Urban | | | 海南琼中 | 2014 | 2 | 野生资源 |
| 2797 | 161023002 | 大翼豆属 | 紫花大翼豆 | *Macroptilium atropurpureum* （DC.）Urban | | | 汤加努库阿洛法 | 2016 | 2 | 野生资源 |
| 2798 | 161025003 | 大翼豆属 | 紫花大翼豆 | *Macroptilium atropurpureum* （DC.）Urban | | | 汤加 | 2016 | 2 | 野生资源 |
| 2799 | 161028001 | 大翼豆属 | 紫花大翼豆 | *Macroptilium atropurpureum* （DC.）Urban | | | 萨摩亚 | 2016 | 2 | 野生资源 |
| 2800 | 2838 | 大翼豆属 | 紫花大翼豆 | *Macroptilium atropurpureum* （DC.）Urban | 色拉特罗（Soratra） | 中国农科院畜牧所 | 澳大利亚 | 2002 | 3 | 引进资源 |
| 2801 | HN832 | 大翼豆属 | 紫花大翼豆 | *Macroptilium atropurpureum* （DC.）Urban | | | 江西 | 2002 | 3 | 野生资源 |
| 2802 | YN2003-365 | 大翼豆属 | 紫花大翼豆 | *Macroptilium atropurpureum* （DC.）Urban | 姿态阿利（Aztec Atro） | 云南昆明 | 澳大利亚 | 2002 | 3 | 引进资源 |
| 2803 | hn3051 | 大翼豆属 | 大翼豆 | *Macroptilium lathyroides* （L.）Urban | | | 海南乐东千家镇 | 2005 | 3 | 野生资源 |
| 2804 | hn3052 | 大翼豆属 | 大翼豆 | *Macroptilium lathyroides* （L.）Urban | | | 广西百色田林 | 2004 | 3 | 野生资源 |
| 2805 | hn3053 | 大翼豆属 | 大翼豆 | *Macroptilium lathyroides* （L.）Urban | | | 广西百色田林 | 2004 | 3 | 野生资源 |

（续）

| 序号 | 送种单位编号 | 属 名 | 种 名 | 学 名 | 品种名（原文名） | 材料来源 | 材料原产地 | 收种时间（年份） | 保存地点 | 类型 |
|---|---|---|---|---|---|---|---|---|---|---|
| 2806 | | 大翼豆属 | 大翼豆 | *Macroptilium lathyroides*（L.）Urban | 色拉特罗（Soratra） | | 澳大利亚 | 2010 | 1 | 引进资源 |
| 2807 | 74-68 | 大翼豆属 | 大翼豆 | *Macroptilium lathyroides*（L.）Urban | | 广西畜牧所 | 澳大利亚 | 2004 | 1 | 引进资源 |
| 2808 | | 大翼豆属 | 大翼豆 | *Macroptilium lathyroides*（L.）Urban | | 华南热作所 | | 2004 | 1 | 野生资源 |
| 2809 | 140401018 | 大翼豆属 | 大翼豆 | *Macroptilium lathyroides*（L.）Urban | | | 广西岑溪 | 2014 | 2 | 野生资源 |
| 2810 | 130702002 | 大翼豆属 | 大翼豆 | *Macroptilium lathyroides*（L.）Urban | | | 海南儋州 | 2013 | 2 | 野生资源 |
| 2811 | 040224003 | 大翼豆属 | 大翼豆 | *Macroptilium lathyroides*（L.）Urban | | | 福建福州晋安 | 2004 | 2 | 野生资源 |
| 2812 | 040224005 | 大翼豆属 | 大翼豆 | *Macroptilium lathyroides*（L.）Urban | | | 广西百色田林 | 2004 | 2 | 野生资源 |
| 2813 | 040225008 | 大翼豆属 | 大翼豆 | *Macroptilium lathyroides*（L.）Urban | | | 湖南衡阳 | 2004 | 2 | 野生资源 |
| 2814 | 040224004 | 大翼豆属 | 大翼豆 | *Macroptilium lathyroides*（L.）Urban | | | 广西容县 | 2004 | 2 | 野生资源 |
| 2815 | 040224001 | 大翼豆属 | 大翼豆 | *Macroptilium lathyroides*（L.）Urban | | | 福建尤溪 | 2004 | 2 | 野生资源 |
| 2816 | 南01420 | 大翼豆属 | 大翼豆 | *Macroptilium lathyroides*（L.）Urban | | 海南南繁基地 | | 2001 | 2 | 野生资源 |
| 2817 | 040224002 | 大翼豆属 | 大翼豆 | *Macroptilium lathyroides*（L.）Urban | | | 广西百色田林 | 2004 | 2 | 野生资源 |
| 2818 | 南00987 | 大翼豆属 | 大翼豆 | *Macroptilium lathyroides*（L.）Urban | | 海南南繁基地 | | 2001 | 2 | 野生资源 |
| 2819 | 050319018 | 大翼豆属 | 大翼豆 | *Macroptilium lathyroides*（L.）Urban | | | 海南乐东千家镇 | 2005 | 2 | 野生资源 |
| 2820 | 061023014 | 大翼豆属 | 大翼豆 | *Macroptilium lathyroides*（L.）Urban | | | 哥斯达黎加 | 2006 | 2 | 引进资源 |
| 2821 | 041104010 | 大翼豆属 | 大翼豆 | *Macroptilium lathyroides*（L.）Urban | | | 海南乐东 | 2004 | 2 | 野生资源 |
| 2822 | 130310002 | 大翼豆属 | 大翼豆 | *Macroptilium lathyroides*（L.）Urban | | | 广西田林 | 2013 | 2 | 野生资源 |
| 2823 | 161022001 | 大翼豆属 | 大翼豆 | *Macroptilium lathyroides*（L.）Urban | | | 汤加努库阿罗法 | 2016 | 2 | 引进资源 |
| 2824 | HN104 | 大翼豆属 | 大翼豆 | *Macroptilium lathyroides*（L.）Urban | | | 澳大利亚 | 1999 | 3 | 引进资源 |
| 2825 | HN836 | 大翼豆属 | 大翼豆 | *Macroptilium lathyroides*（L.）Urban | | | 海南儋州铺仔 | 2003 | 3 | 野生资源 |
| 2826 | IA554 | 大翼豆属 | 大翼豆 | *Macroptilium lathyroides*（L.）Urban | | 贵州畜牧所 | 贵州 | 2004 | 1 | 野生资源 |
| 2827 | 031019001 | 大翼豆属 | 大翼豆 | *Macroptilium lathyroides*（L.）Urban | | | 福建连城姑田镇 | 2003 | 2 | 野生资源 |
| 2828 | 040823001 | 大翼豆属 | 大翼豆 | *Macroptilium lathyroides*（L.）Urban | | | 海南东方 | 2004 | 2 | 野生资源 |
| 2829 | 120830016 | 大翼豆属 | 大翼豆 | *Macroptilium lathyroides*（L.）Urban | | | 海南五指山 | 2012 | 2 | 野生资源 |
| 2830 | 南00357 | 大翼豆属 | 大翼豆 | *Macroptilium lathyroides*（L.）Urban | | 海南南繁基地 | | 2001 | 2 | 野生资源 |

（续）

| 序号 | 送种单位编号 | 属 名 | 种 名 | 学 名 | 品种名（原文名） | 材料来源 | 材料原产地 | 收种时间（年份） | 保存地点 | 类型 |
|---|---|---|---|---|---|---|---|---|---|---|
| 2831 | 061127039 | 大翼豆属 | 大翼豆 | *Macroptilium lathyroides*（L.）Urban | | | 海南东风 | 2006 | 2 | 野生资源 |
| 2832 | 051210055 | 大翼豆属 | 大翼豆 | *Macroptilium lathyroides*（L.）Urban | | | 海南五指山 | 2005 | 2 | 野生资源 |
| 2833 | 071120012 | 大翼豆属 | 大翼豆 | *Macroptilium lathyroides*（L.）Urban | | | 福建慧安 | 2007 | 2 | 野生资源 |
| 2834 | 071216034 | 大翼豆属 | 大翼豆 | *Macroptilium lathyroides*（L.）Urban | | | 福建诏安 | 2007 | 2 | 野生资源 |
| 2835 | 070614002 | 大翼豆属 | 大翼豆 | *Macroptilium lathyroides*（L.）Urban | | | 四川攀枝花仁和 | 2007 | 2 | 野生资源 |
| 2836 | 161024003 | 硬皮豆属 | 大结豆 | *Macrotyloma axillaris*（E. Mey）Verdc | | | 汤加努库阿洛法 | 2016 | 2 | 引进资源 |
| 2837 | GX 大结豆 | 硬皮豆属 | 大结豆 | *Macrotyloma axillaris*（E. Mey）Verdc | | 广西牧草站 | | 2011 | 2 | 野生资源 |
| 2838 | 大结豆 | 硬皮豆属 | 大结豆 | *Macrotyloma axillaris*（E. Mey）Verdc | | CIAT | | 2005 | 2 | 引进资源 |
| 2839 | 广 91-10 | 硬皮豆属 | 大结豆 | *Macrotyloma axillaris*（E. Mey）Verdc | | 广西畜牧所 | | 1992 | 1 | 野生资源 |
| 2840 | ZXY07P-3062 | 苜蓿属 | | *Medicago carstiensis* Jacq. | | 俄罗斯 | | 2007 | 3 | 引进资源 |
| 2841 | ZXY06P-1069 | 苜蓿属 | 兰花苜蓿 | *Medicago coerulea* Less. | | 俄罗斯 | | 2006 | 3 | 引进资源 |
| 2842 | ZXY06P-1781 | 苜蓿属 | 兰花苜蓿 | *Medicago coerulea* Less. | | 俄罗斯 | | 2006 | 3 | 引进资源 |
| 2843 | ZXY06P-1801 | 苜蓿属 | 兰花苜蓿 | *Medicago coerulea* Less. | | 俄罗斯 | | 2006 | 3 | 引进资源 |
| 2844 | ZXY06P-1836 | 苜蓿属 | 兰花苜蓿 | *Medicago coerulea* Less. | | 俄罗斯 | | 2006 | 3 | 引进资源 |
| 2845 | ZXY06P-2008 | 苜蓿属 | 兰花苜蓿 | *Medicago coerulea* Less. | | 俄罗斯 | | 2006 | 3 | 引进资源 |
| 2846 | ZXY08P-4613 | 苜蓿属 | 兰花苜蓿 | *Medicago coerulea* Less. | | 俄罗斯 | | 2006 | 3 | 引进资源 |
| 2847 | ZXY08P-4622 | 苜蓿属 | 兰花苜蓿 | *Medicago coerulea* Less. | | 俄罗斯 | | 2006 | 3 | 引进资源 |
| 2848 | ZXY08P-4630 | 苜蓿属 | 兰花苜蓿 | *Medicago coerulea* Less. | | 俄罗斯 | | 2006 | 3 | 引进资源 |
| 2849 | ZXY08P-4634 | 苜蓿属 | 兰花苜蓿 | *Medicago coerulea* Less. | | 俄罗斯 | | 2006 | 3 | 引进资源 |
| 2850 | ZXY08P-4637 | 苜蓿属 | 兰花苜蓿 | *Medicago coerulea* Less. | | 俄罗斯 | | 2006 | 3 | 引进资源 |
| 2851 | ZXY08P-4644 | 苜蓿属 | 兰花苜蓿 | *Medicago coerulea* Less. | | 俄罗斯 | | 2006 | 3 | 引进资源 |
| 2852 | ZXY08P-4652 | 苜蓿属 | 兰花苜蓿 | *Medicago coerulea* Less. | | 俄罗斯 | | 2006 | 3 | 引进资源 |
| 2853 | ZXY08P-4658 | 苜蓿属 | 兰花苜蓿 | *Medicago coerulea* Less. | | 俄罗斯 | | 2006 | 3 | 引进资源 |
| 2854 | IA0113 | 苜蓿属 | 兰花苜蓿 | *Medicago coerulea* Less. | | 中国农科院草原所 | | 1990 | 1 | 引进资源 |

（续）

| 序号 | 送种单位编号 | 属名 | 种名 | 学名 | 品种名（原文名） | 材料来源 | 材料原产地 | 收种时间（年份） | 保存地点 | 类型 |
|---|---|---|---|---|---|---|---|---|---|---|
| 2855 | 0269 | 苜蓿属 | 兰花苜蓿 | *Medicago coerulea* Less. | 苏联 | 中国农科院北京畜牧所 | 苏联 | 1992 | 1 | 引进资源 |
| 2856 | IA0175 | 苜蓿属 | 兰花苜蓿 | *Medicago coerulea* Less. | | | | 2010 | 1 | 引进资源 |
| 2857 | ZXY07P-3385 | 苜蓿属 | 二倍体野苜蓿 | *Medicago difalcata* Sinskaya | | 俄罗斯 | | 2007 | 3 | 引进资源 |
| 2858 | ZXY07P-3253 | 苜蓿属 | 二倍体野苜蓿 | *Medicago difalcata* Sinskaya | | 俄罗斯 | | 2007 | 3 | 引进资源 |
| 2859 | B5446 | 苜蓿属 | 黄花苜蓿 | *Medicago falcata* L. | | 中国农科院草原所 | | 2015 | 3 | 野生资源 |
| 2860 | B5451 | 苜蓿属 | 黄花苜蓿 | *Medicago falcata* L. | | 中国农科院草原所 | | 2009 | 3 | 野生资源 |
| 2861 | B5453 | 苜蓿属 | 黄花苜蓿 | *Medicago falcata* L. | | 中国农科院草原所 | | 2009 | 3 | 野生资源 |
| 2862 | BSX-Z-1 | 苜蓿属 | 黄花苜蓿 | *Medicago falcata* L. | | | 新疆巴里坤德外里都如克 | 2009 | 3 | 野生资源 |
| 2863 | CHQ03-117 | 苜蓿属 | 黄花苜蓿 | *Medicago falcata* L. | | 四川酉阳 | | 2003 | 3 | 野生资源 |
| 2864 | JL16-043 | 苜蓿属 | 黄花苜蓿 | *Medicago falcata* L. | | | 内蒙古锡林浩特克什克腾 | 2015 | 3 | 野生资源 |
| 2865 | JS2014-133 | 苜蓿属 | 黄花苜蓿 | *Medicago falcata* L. | | | 江苏盐城盐都 | 2014 | 3 | 野生资源 |
| 2866 | Q-X1-7 | 苜蓿属 | 黄花苜蓿 | *Medicago falcata* L. | | 内蒙古草原站 | | 2009 | 3 | 野生资源 |
| 2867 | Q-X1-8 | 苜蓿属 | 黄花苜蓿 | *Medicago falcata* L. | | 内蒙古草原站 | | 2009 | 3 | 野生资源 |
| 2868 | SCH02-172 | 苜蓿属 | 黄花苜蓿 | *Medicago falcata* L. | | | 四川东坡 | 2002 | 3 | 野生资源 |
| 2869 | xj2013-47 | 苜蓿属 | 黄花苜蓿 | *Medicago falcata* L. | | | 新疆 | 2013 | 3 | 野生资源 |
| 2870 | xj2014-034 | 苜蓿属 | 黄花苜蓿 | *Medicago falcata* L. | | | 新疆裕民 | 2013 | 3 | 野生资源 |
| 2871 | xj2014-79 | 苜蓿属 | 黄花苜蓿 | *Medicago falcata* L. | | | 新疆裕民 | 2014 | 3 | 野生资源 |
| 2872 | xj2013-47 | 苜蓿属 | 黄花苜蓿 | *Medicago falcata* L. | | | 新疆阿克达拉 | 2015 | 3 | 野生资源 |
| 2873 | YN2015-144 | 苜蓿属 | 黄花苜蓿 | *Medicago falcata* L. | | | 云南昆明 | 2015 | 3 | 野生资源 |

（续）

| 序号 | 送种单位编号 | 属 名 | 种 名 | 学 名 | 品种名（原文名） | 材料来源 | 材料原产地 | 收种时间（年份） | 保存地点 | 类型 |
|---|---|---|---|---|---|---|---|---|---|---|
| 2874 | ZSK-1 | 苜蓿属 | 黄花苜蓿 | *Medicago falcata* L. | | | 新疆昭苏 | 2009 | 3 | 野生资源 |
| 2875 | ZSK-2 | 苜蓿属 | 黄花苜蓿 | *Medicago falcata* L. | | | 新疆昭苏马场 | 2009 | 3 | 野生资源 |
| 2876 | ZSK-3 | 苜蓿属 | 黄花苜蓿 | *Medicago falcata* L. | | | 新疆昭苏军马场 | 2009 | 3 | 野生资源 |
| 2877 | ZSK-4 | 苜蓿属 | 黄花苜蓿 | *Medicago falcata* L. | | | 新疆昭苏 | 2009 | 3 | 野生资源 |
| 2878 | ZSK-5 | 苜蓿属 | 黄花苜蓿 | *Medicago falcata* L. | | | 新疆昭苏马场 | 2009 | 3 | 野生资源 |
| 2879 | ZSK-6 | 苜蓿属 | 黄花苜蓿 | *Medicago falcata* L. | | | 新疆昭苏马场库都 | 2009 | 3 | 野生资源 |
| 2880 | ZXY2014P-12504 | 苜蓿属 | 黄花苜蓿 | *Medicago falcata* L. | | | 哈萨克斯坦 | 2014 | 3 | 引进资源 |
| 2881 | ZSK-7 | 苜蓿属 | 黄花苜蓿 | *Medicago falcata* L. | | | 新疆昭苏马场库都 | 2009 | 3 | 野生资源 |
| 2882 | ZXY07P-3542 | 苜蓿属 | 黄花苜蓿 | *Medicago falcata* L. | | 俄罗斯 | | 2007 | 3 | 引进资源 |
| 2883 | ZXY07P-3555a | 苜蓿属 | 黄花苜蓿 | *Medicago falcata* L. | | 俄罗斯 | | 2007 | 3 | 引进资源 |
| 2884 | ZXY07P-3633 | 苜蓿属 | 黄花苜蓿 | *Medicago falcata* L. | | 俄罗斯 | | 2007 | 3 | 引进资源 |
| 2885 | ZXY07P-3674 | 苜蓿属 | 黄花苜蓿 | *Medicago falcata* L. | | 俄罗斯 | | 2007 | 3 | 引进资源 |
| 2886 | ZXY07P-3745 | 苜蓿属 | 黄花苜蓿 | *Medicago falcata* L. | | 俄罗斯 | | 2007 | 3 | 引进资源 |
| 2887 | ZXY07P-3773 | 苜蓿属 | 黄花苜蓿 | *Medicago falcata* L. | | 俄罗斯 | | 2007 | 3 | 引进资源 |
| 2888 | ZXY07P-3779 | 苜蓿属 | 黄花苜蓿 | *Medicago falcata* L. | | 俄罗斯 | | 2007 | 3 | 引进资源 |
| 2889 | ZXY07P-3792 | 苜蓿属 | 黄花苜蓿 | *Medicago falcata* L. | | 俄罗斯 | | 2007 | 3 | 引进资源 |
| 2890 | ZXY07P-3962 | 苜蓿属 | 黄花苜蓿 | *Medicago falcata* L. | | 俄罗斯 | | 2007 | 3 | 引进资源 |
| 2891 | ZXY07P-3988 | 苜蓿属 | 黄花苜蓿 | *Medicago falcata* L. | | 俄罗斯 | | 2007 | 3 | 引进资源 |
| 2892 | ZXY07P-3996 | 苜蓿属 | 黄花苜蓿 | *Medicago falcata* L. | | 俄罗斯 | | 2007 | 3 | 引进资源 |
| 2893 | ZXY07P-4006 | 苜蓿属 | 黄花苜蓿 | *Medicago falcata* L. | | 俄罗斯 | | 2007 | 3 | 引进资源 |
| 2894 | ZXY07P-4015 | 苜蓿属 | 黄花苜蓿 | *Medicago falcata* L. | | 俄罗斯 | | 2007 | 3 | 引进资源 |
| 2895 | ZXY07P-4037 | 苜蓿属 | 黄花苜蓿 | *Medicago falcata* L. | | 俄罗斯 | | 2007 | 3 | 引进资源 |
| 2896 | ZXY07P-3681 | 苜蓿属 | 黄花苜蓿 | *Medicago falcata* L. | | 俄罗斯 | | 2007 | 3 | 引进资源 |
| 2897 | ZXY08P-5352 | 苜蓿属 | 黄花苜蓿 | *Medicago falcata* L. | | 俄罗斯 | | 2008 | 3 | 引进资源 |
| 2898 | ZXY2013P-11595 | 苜蓿属 | 黄花苜蓿 | *Medicago falcata* L. | | 俄罗斯 | | 2013 | 3 | 引进资源 |

（续）

| 序号 | 送种单位编号 | 属 名 | 种 名 | 学 名 | 品种名（原文名） | 材料来源 | 材料原产地 | 收种时间（年份） | 保存地点 | 类型 |
|------|------|------|------|------|------|------|------|------|------|------|
| 2899 | ZXY2013P-11611 | 苜蓿属 | 黄花苜蓿 | *Medicago falcata* L. | | 俄罗斯 | | 2013 | 3 | 引进资源 |
| 2900 | ZXY2014P-12523 | 苜蓿属 | 黄花苜蓿 | *Medicago falcata* L. | | | 哈萨克斯坦 | 2014 | 3 | 引进资源 |
| 2901 | ZXY2014P-12534 | 苜蓿属 | 黄花苜蓿 | *Medicago falcata* L. | | | 哈萨克斯坦 | 2014 | 3 | 引进资源 |
| 2902 | ZXY2014P-12540 | 苜蓿属 | 黄花苜蓿 | *Medicago falcata* L. | | | 哈萨克斯坦 | 2014 | 3 | 引进资源 |
| 2903 | ZXY2014P-12544 | 苜蓿属 | 黄花苜蓿 | *Medicago falcata* L. | | | 哈萨克斯坦 | 2014 | 3 | 引进资源 |
| 2904 | ZXY2014P-13035 | 苜蓿属 | 黄花苜蓿 | *Medicago falcata* L. | | | 乌克兰 | 2014 | 3 | 引进资源 |
| 2905 | ZXY2014P-13070 | 苜蓿属 | 黄花苜蓿 | *Medicago falcata* L. | | | 俄罗斯 | 2014 | 3 | 引进资源 |
| 2906 | ZXY2014P-13083 | 苜蓿属 | 黄花苜蓿 | *Medicago falcata* L. | | | 俄罗斯 | 2014 | 3 | 引进资源 |
| 2907 | 089 | 苜蓿属 | 黄花苜蓿 | *Medicago falcata* L. | | 中国农科院草原所 | 内蒙古赤峰 | 1989 | 1 | 野生资源 |
| 2908 | 兰078 | 苜蓿属 | 黄花苜蓿 | *Medicago falcata* L. | | 中国农科院兰州畜牧所 | 内蒙古 | 1991 | 1 | 野生资源 |
| 2909 | 苜262 | 苜蓿属 | 黄花苜蓿 | *Medicago falcata* L. | | 中国农科院兰州畜牧所 | | 1992 | 1 | 野生资源 |
| 2910 | T6-3(XJDK2007001) | 苜蓿属 | 黄花苜蓿 | *Medicago falcata* L. | | | | 2010 | 1 | 野生资源 |
| 2911 | | 苜蓿属 | 黄花苜蓿 | *Medicago falcata* L. | | | | 2010 | 1 | 野生资源 |
| 2912 | | 苜蓿属 | 黄花苜蓿 | *Medicago falcata* L. | | | | 2010 | 1 | 野生资源 |
| 2913 | | 苜蓿属 | 黄花苜蓿 | *Medicago falcata* L. | | | | 2010 | 1 | 野生资源 |
| 2914 | | 苜蓿属 | 黄花苜蓿 | *Medicago falcata* L. | | | | 2010 | 1 | 野生资源 |
| 2915 | | 苜蓿属 | 黄花苜蓿 | *Medicago falcata* L. | | | | 2010 | 1 | 野生资源 |
| 2916 | | 苜蓿属 | 黄花苜蓿 | *Medicago falcata* L. | | | | 2010 | 1 | 野生资源 |
| 2917 | | 苜蓿属 | 黄花苜蓿 | *Medicago falcata* L. | | | | 2010 | 1 | 野生资源 |
| 2918 | | 苜蓿属 | 黄花苜蓿 | *Medicago falcata* L. | | | | 2010 | 1 | 野生资源 |
| 2919 | | 苜蓿属 | 黄花苜蓿 | *Medicago falcata* L. | | | | 2010 | 1 | 野生资源 |
| 2920 | | 苜蓿属 | 黄花苜蓿 | *Medicago falcata* L. | | | | 2010 | 1 | 野生资源 |

（续）

| 序号 | 送种单位编号 | 属名 | 种名 | 学名 | 品种名（原文名） | 材料来源 | 材料原产地 | 收种时间（年份） | 保存地点 | 类型 |
|---|---|---|---|---|---|---|---|---|---|---|
| 2921 | | 苜蓿属 | 黄花苜蓿 | *Medicago falcata* L. | | | | 2010 | 1 | 野生资源 |
| 2922 | | 苜蓿属 | 黄花苜蓿 | *Medicago falcata* L. | | | | 2010 | 1 | 野生资源 |
| 2923 | | 苜蓿属 | 黄花苜蓿 | *Medicago falcata* L. | | | | 2010 | 1 | 野生资源 |
| 2924 | | 苜蓿属 | 黄花苜蓿 | *Medicago falcata* L. | | | | 2010 | 1 | 野生资源 |
| 2925 | | 苜蓿属 | 黄花苜蓿 | *Medicago falcata* L. | | | | 2010 | 1 | 野生资源 |
| 2926 | | 苜蓿属 | 黄花苜蓿 | *Medicago falcata* L. | | | | 2010 | 1 | 野生资源 |
| 2927 | | 苜蓿属 | 黄花苜蓿 | *Medicago falcata* L. | | | | 2010 | 1 | 野生资源 |
| 2928 | | 苜蓿属 | 黄花苜蓿 | *Medicago falcata* L. | | | | 2010 | 1 | 野生资源 |
| 2929 | | 苜蓿属 | 黄花苜蓿 | *Medicago falcata* L. | | | | 2010 | 1 | 野生资源 |
| 2930 | | 苜蓿属 | 黄花苜蓿 | *Medicago falcata* L. | | | | 2010 | 1 | 野生资源 |
| 2931 | ZXY06P-2575 | 苜蓿属 | 具腺苜蓿 | *Medicago glandulosa* David. | | 俄罗斯 | | 2006 | 3 | 引进资源 |
| 2932 | ZXY06P-2585 | 苜蓿属 | 具腺苜蓿 | *Medicago glandulosa* David. | | 俄罗斯 | | 2006 | 3 | 引进资源 |
| 2933 | ZXY06P-2605 | 苜蓿属 | 具腺苜蓿 | *Medicago glandulosa* David. | | 俄罗斯 | | 2006 | 3 | 引进资源 |
| 2934 | ZXY06P-2533 | 苜蓿属 | 胶质苜蓿 | *Medicago glutinosa* M. B. | | 俄罗斯 | | 2006 | 3 | 引进资源 |
| 2935 | ZXY06P-2612 | 苜蓿属 | 胶质苜蓿 | *Medicago glutinosa* M. B. | | 俄罗斯 | | 2006 | 3 | 引进资源 |
| 2936 | ZXY08P-4773 | 苜蓿属 | 胶质苜蓿 | *Medicago glutinosa* M. B. | | 俄罗斯 | | 2008 | 3 | 引进资源 |
| 2937 | ZXY08P-4793 | 苜蓿属 | 胶质苜蓿 | *Medicago glutinosa* M. B. | | 俄罗斯 | | 2008 | 3 | 引进资源 |
| 2938 | ZXY08P-4799 | 苜蓿属 | 胶质苜蓿 | *Medicago glutinosa* M. B. | | 俄罗斯 | | 2008 | 3 | 引进资源 |
| 2939 | ZXY08P-4805 | 苜蓿属 | 胶质苜蓿 | *Medicago glutinosa* M. B. | | 俄罗斯 | | 2008 | 3 | 引进资源 |
| 2940 | 2003-7 | 苜蓿属 | 海滨苜蓿 | *Medicago littorakis* Rohde ex Loisel. | 哈罗德（Hetald） | 中国农科院畜牧所 | 澳大利亚 | 2002 | 3 | 引进资源 |
| 2941 | | 苜蓿属 | 海滨苜蓿 | *Medicago littorakis* Rohde ex Loisel. | 哈罗德（Hetald） | | | 2010 | 1 | 引进资源 |
| 2942 | B5514 | 苜蓿属 | 天蓝苜蓿 | *Medicago lupulina* L. | | 中国农科院草原所 | | 2013 | 3 | 野生资源 |
| 2943 | GS1501 | 苜蓿属 | 天蓝苜蓿 | *Medicago lupulina* L. | | | 甘肃肃南 | 2009 | 3 | 野生资源 |

（续）

| 序号 | 送种单位编号 | 属名 | 种名 | 学名 | 品种名（原文名） | 材料来源 | 材料原产地 | 收种时间（年份） | 保存地点 | 类型 |
|---|---|---|---|---|---|---|---|---|---|---|
| 2944 | GS3017 | 苜蓿属 | 天蓝苜蓿 | *Medicago lupulina* L. | | | 陕西长武 | 2011 | 3 | 野生资源 |
| 2945 | GS3048 | 苜蓿属 | 天蓝苜蓿 | *Medicago lupulina* L. | | | 陕西彬县 | 2011 | 3 | 野生资源 |
| 2946 | GS3276 | 苜蓿属 | 天蓝苜蓿 | *Medicago lupulina* L. | | | 甘肃肃南 | 2011 | 3 | 野生资源 |
| 2947 | GS3682 | 苜蓿属 | 天蓝苜蓿 | *Medicago lupulina* L. | | | 陕西旬邑 | 2012 | 3 | 野生资源 |
| 2948 | GS4128 | 苜蓿属 | 天蓝苜蓿 | *Medicago lupulina* L. | | | 陕西洛川 | 2013 | 3 | 野生资源 |
| 2949 | GS4347 | 苜蓿属 | 天蓝苜蓿 | *Medicago lupulina* L. | | | 甘肃静宁 | 2013 | 3 | 野生资源 |
| 2950 | GS4543 | 苜蓿属 | 天蓝苜蓿 | *Medicago lupulina* L. | | | 陕西旬邑 | 2014 | 3 | 野生资源 |
| 2951 | GS4567 | 苜蓿属 | 天蓝苜蓿 | *Medicago lupulina* L. | | | 陕西旬邑 | 2014 | 3 | 野生资源 |
| 2952 | GS4586 | 苜蓿属 | 天蓝苜蓿 | *Medicago lupulina* L. | | | 宁夏盐池 | 2014 | 3 | 野生资源 |
| 2953 | GS4658 | 苜蓿属 | 天蓝苜蓿 | *Medicago lupulina* L. | | | 甘肃肃南 | 2014 | 3 | 野生资源 |
| 2954 | GS4812 | 苜蓿属 | 天蓝苜蓿 | *Medicago lupulina* L. | | | 陕西蒲城 | 2015 | 3 | 野生资源 |
| 2955 | GS4876 | 苜蓿属 | 天蓝苜蓿 | *Medicago lupulina* L. | | | 陕西黄陵 | 2015 | 3 | 野生资源 |
| 2956 | HB2015052 | 苜蓿属 | 天蓝苜蓿 | *Medicago lupulina* L. | | | 河南随县环谭镇 | 2015 | 3 | 野生资源 |
| 2957 | HB2016013 | 苜蓿属 | 天蓝苜蓿 | *Medicago lupulina* L. | | | 河南信阳浉河 | 2016 | 3 | 野生资源 |
| 2958 | HB2016027 | 苜蓿属 | 天蓝苜蓿 | *Medicago lupulina* L. | | | 河南信阳浉河 | 2016 | 3 | 野生资源 |
| 2959 | HB2016048 | 苜蓿属 | 天蓝苜蓿 | *Medicago lupulina* L. | | | 河南信阳息县 | 2015 | 3 | 野生资源 |
| 2960 | HB2016052 | 苜蓿属 | 天蓝苜蓿 | *Medicago lupulina* L. | | | 河南信阳潢川 | 2016 | 3 | 野生资源 |
| 2961 | HB2016056 | 苜蓿属 | 天蓝苜蓿 | *Medicago lupulina* L. | | | 河南信阳浉河 | 2016 | 3 | 野生资源 |
| 2962 | JL15-082 | 苜蓿属 | 天蓝苜蓿 | *Medicago lupulina* L. | | | 吉林浑江 | 2015 | 3 | 野生资源 |
| 2963 | JL15-083 | 苜蓿属 | 天蓝苜蓿 | *Medicago lupulina* L. | | | 吉林江源 | 2015 | 3 | 野生资源 |
| 2964 | JL16-074 | 苜蓿属 | 天蓝苜蓿 | *Medicago lupulina* L. | | | 吉林浑江 | 2011 | 3 | 野生资源 |
| 2965 | KLW033 | 苜蓿属 | 天蓝苜蓿 | *Medicago lupulina* L. | 普通 | 江苏南京 | | 2003 | 3 | 栽培资源 |
| 2966 | SC11-219 | 苜蓿属 | 天蓝苜蓿 | *Medicago lupulina* L. | | | 四川若尔盖 | 2010 | 3 | 野生资源 |
| 2967 | SC2008-228 | 苜蓿属 | 天蓝苜蓿 | *Medicago lupulina* L. | | 四川红原 | | 2008 | 3 | 野生资源 |
| 2968 | SC2013-120 | 苜蓿属 | 天蓝苜蓿 | *Medicago lupulina* L. | | | 四川广元利州 | 2012 | 3 | 野生资源 |

（续）

| 序号 | 送种单位编号 | 属 名 | 种 名 | 学 名 | 品种名（原文名） | 材料来源 | 材料原产地 | 收种时间（年份） | 保存地点 | 类型 |
|---|---|---|---|---|---|---|---|---|---|---|
| 2969 | SC2016-154 | 苜蓿属 | 天蓝苜蓿 | *Medicago lupulina* L. | | | 四川黄龙镇 | 2014 | 3 | 野生资源 |
| 2970 | xj2013-54 | 苜蓿属 | 天蓝苜蓿 | *Medicago lupulina* L. | | | 新疆南台子清水河 | 2013 | 3 | 野生资源 |
| 2971 | xj2014-030 | 苜蓿属 | 天蓝苜蓿 | *Medicago lupulina* L. | | | 新疆裕民 | 2013 | 3 | 野生资源 |
| 2972 | 中畜-1133 | 苜蓿属 | 天蓝苜蓿 | *Medicago lupulina* L. | | 中国农科院畜牧所 | | 2010 | 3 | 野生资源 |
| 2973 | 中畜-2188 | 苜蓿属 | 天蓝苜蓿 | *Medicago lupulina* L. | | | 山西忻州五台 | 2013 | 3 | 野生资源 |
| 2974 | 中畜-2525 | 苜蓿属 | 天蓝苜蓿 | *Medicago lupulina* L. | | | 山西晋中昔阳 | 2014 | 3 | 野生资源 |
| 2975 | 中畜-844 | 苜蓿属 | 天蓝苜蓿 | *Medicago lupulina* L. | | 北京 | 山西 | 2006 | 3 | 野生资源 |
| 2976 | Magna804 | 苜蓿属 | 天蓝苜蓿 | *Medicago lupulina* L. | | CIAT | | 2003 | 2 | 引进资源 |
| 2977 | Magna755 | 苜蓿属 | 天蓝苜蓿 | *Medicago lupulina* L. | | CIAT | | 2003 | 2 | 引进资源 |
| 2978 | 060405002 | 苜蓿属 | 天蓝苜蓿 | *Medicago lupulina* L. | | | 云南曲靖富源 | 2006 | 2 | 野生资源 |
| 2979 | 050306470 | 苜蓿属 | 天蓝苜蓿 | *Medicago lupulina* L. | | | 云南昆明石林 | 2005 | 2 | 野生资源 |
| 2980 | 兰241 | 苜蓿属 | 天蓝苜蓿 | *Medicago lupulina* L. | | 中国农科院兰州畜牧所 | | 1993 | 1 | 野生资源 |
| 2981 | | 苜蓿属 | 天蓝苜蓿 | *Medicago lupulina* L. | 陇东 | | 甘肃 | 2010 | 1 | 栽培资源 |
| 2982 | ZXY2009P-5617 | 苜蓿属 | 滨海苜蓿 | *Medicago marina* L. | | | 葡萄牙 | 2009 | 3 | 引进资源 |
| 2983 | HB2011-155 | 苜蓿属 | 小苜蓿 | *Medicago minima*（L.）Grufb. | | 湖北农科院畜牧所 | | 2011 | 3 | 野生资源 |
| 2984 | JS2011-75 | 苜蓿属 | 小苜蓿 | *Medicago minima*（L.）Grufb. | | | 江苏盐城南洋镇 | 2011 | 3 | 野生资源 |
| 2985 | 92-178 | 苜蓿属 | 糙薄荚苜蓿 | *Medicago muricoleptis* Tineo | | 中国农科院北京畜牧所 | | 1994 | 1 | 野生资源 |
| 2986 | HB2015071 | 苜蓿属 | 南苜蓿 | *Medicago polymorpha* L. | | | 湖北钟祥九里乡 | 2015 | 3 | 野生资源 |
| 2987 | 140510005 | 苜蓿属 | 南苜蓿 | *Medicago polymorpha* L. | | | 贵州兴义 | 2014 | 2 | 野生资源 |
| 2988 | 151119017 | 苜蓿属 | 南苜蓿 | *Medicago polymorpha* L. | | | 云南楚雄武定 | 2015 | 2 | 野生资源 |
| 2989 | 鄂畜苜86-02 | 苜蓿属 | 南苜蓿 | *Medicago polymorpha* L. | | 湖北畜牧所 | 湖北 | 1987 | 1 | 野生资源 |

（续）

| 序号 | 送种单位编号 | 属名 | 种名 | 学名 | 品种名（原文名） | 材料来源 | 材料原产地 | 收种时间（年份） | 保存地点 | 类型 |
|---|---|---|---|---|---|---|---|---|---|---|
| 2990 | 兰291 | 苜蓿属 | 南苜蓿 | *Medicago polymorpha* L. | | 中国农科院兰州畜牧所 | | 1992 | 1 | 野生资源 |
| 2991 | IA01194 | 苜蓿属 | 南苜蓿 | *Medicago polymorpha* L. | | 湖南畜牧所 | | 1988 | 1 | 野生资源 |
| 2992 | IA01194 | 苜蓿属 | 南苜蓿 | *Medicago polymorpha* L. | | 中国农科院草原所 | 湖南 | 1991 | 1 | 野生资源 |
| 2993 | IA01194 | 苜蓿属 | 南苜蓿 | *Medicago polymorpha* L. | | 中国农科院草原所 | 湖南 | 1993 | 1 | 野生资源 |
| 2994 | YMX-2 | 苜蓿属 | 南苜蓿 | *Medicago polymorpha* L. | 卡里非(Caliph) | | | 2010 | 1 | 引进资源 |
| 2995 | YMX-1 | 苜蓿属 | 南苜蓿 | *Medicago polymorpha* L. | 银子(Silver) | | | 2010 | 1 | 引进资源 |
| 2996 | | 苜蓿属 | 南苜蓿 | *Medicago polymorpha* L. | 圣地亚哥 | | | 2004 | 1 | 引进资源 |
| 2997 | 080109001 | 苜蓿属 | 南苜蓿 | *Medicago polymorpha* L. | 楚雄 | | 云南昆明小哨 | 2008 | 2 | 栽培资源 |
| 2998 | E139 | 苜蓿属 | 南苜蓿 | *Medicago polymorpha* L. | | | 湖北武汉 | 2003 | 3 | 野生资源 |
| 2999 | HB2009-129 | 苜蓿属 | 南苜蓿 | *Medicago polymorpha* L. | | 河南信阳 | | 2010 | 3 | 野生资源 |
| 3000 | HB2009-133 | 苜蓿属 | 南苜蓿 | *Medicago polymorpha* L. | | 河南信阳 | | 2010 | 3 | 野生资源 |
| 3001 | HB2009-139 | 苜蓿属 | 南苜蓿 | *Medicago polymorpha* L. | | 河南信阳 | | 2010 | 3 | 野生资源 |
| 3002 | JS2011-82 | 苜蓿属 | 南苜蓿 | *Medicago polymorpha* L. | | | 江苏南京六合 | 2011 | 3 | 野生资源 |
| 3003 | SC2008-102 | 苜蓿属 | 南苜蓿 | *Medicago polymorpha* L. | 楚雄 | 云南楚雄 | | 2008 | 3 | 栽培资源 |
| 3004 | SD07-08 | 苜蓿属 | 南苜蓿 | *Medicago polymorpha* L. | 楚雄 | 云南 | | 2007 | 3 | 栽培资源 |
| 3005 | Hesp-3 | 苜蓿属 | 南苜蓿 | *Medicago polymorpha* L. | | 上海 | 上海崇明 | 2010 | 1 | 野生资源 |
| 3006 | 中畜-1447 | 苜蓿属 | 南苜蓿 | *Medicago polymorpha* L. | | | 江苏句容 | 2007 | 3 | 野生资源 |
| 3007 | ZXY08P-5453 | 苜蓿属 | 南苜蓿 | *Medicago polymorpha* L. | | | 西班牙 | 2008 | 3 | 引进资源 |
| 3008 | ZXY08P-4969 | 苜蓿属 | 拟野苜蓿 | *Medicago quasifalcata* Sinsk. | | 俄罗斯 | | 2008 | 3 | 引进资源 |
| 3009 | ZXY08P-4981 | 苜蓿属 | 拟野苜蓿 | *Medicago quasifalcata* Sinsk. | | 俄罗斯 | | 2008 | 3 | 引进资源 |
| 3010 | ZXY08P-4988 | 苜蓿属 | 拟野苜蓿 | *Medicago quasifalcata* Sinsk. | | 俄罗斯 | | 2008 | 3 | 引进资源 |
| 3011 | ZXY08P-4999 | 苜蓿属 | 拟野苜蓿 | *Medicago quasifalcata* Sinsk. | | 俄罗斯 | | 2008 | 3 | 引进资源 |

（续）

| 序号 | 送种单位编号 | 属 名 | 种 名 | 学 名 | 品种名（原文名） | 材料来源 | 材料原产地 | 收种时间（年份） | 保存地点 | 类型 |
|------|------|------|------|------|------|------|------|------|------|------|
| 3012 | ZXY08P-5008 | 苜蓿属 | 拟野苜蓿 | *Medicago quasifalcata* Sinsk. | | 俄罗斯 | | 2008 | 3 | 引进资源 |
| 3013 | ZXY08P-5016 | 苜蓿属 | 拟野苜蓿 | *Medicago quasifalcata* Sinsk. | | 俄罗斯 | | 2008 | 3 | 引进资源 |
| 3014 | ZXY08P-5026 | 苜蓿属 | 拟野苜蓿 | *Medicago quasifalcata* Sinsk. | | 俄罗斯 | | 2008 | 3 | 引进资源 |
| 3015 | ZXY08P-5035 | 苜蓿属 | 拟野苜蓿 | *Medicago quasifalcata* Sinsk. | | 俄罗斯 | | 2008 | 3 | 引进资源 |
| 3016 | ZXY08P-5046 | 苜蓿属 | 拟野苜蓿 | *Medicago quasifalcata* Sinsk. | | 俄罗斯 | | 2008 | 3 | 引进资源 |
| 3017 | ZXY08P-5057 | 苜蓿属 | 拟野苜蓿 | *Medicago quasifalcata* Sinsk. | | 俄罗斯 | | 2008 | 3 | 引进资源 |
| 3018 | ZXY08P-5069 | 苜蓿属 | 拟野苜蓿 | *Medicago quasifalcata* Sinsk. | | 俄罗斯 | | 2008 | 3 | 引进资源 |
| 3019 | 19 | 苜蓿属 | 紫花苜蓿 | *Medicago sativa* L. | | 中国农科院畜牧所 | 黑龙江 | 2005 | 3 | 栽培资源 |
| 3020 | 454 | 苜蓿属 | 紫花苜蓿 | *Medicago sativa* L. | | 中国农科院畜牧所 | 山西定襄 | 2005 | 3 | 栽培资源 |
| 3021 | 468 | 苜蓿属 | 紫花苜蓿 | *Medicago sativa* L. | | 中国农科院畜牧所 | 山西介县 | 2005 | 3 | 栽培资源 |
| 3022 | 2061 | 苜蓿属 | 紫花苜蓿 | *Medicago sativa* L. | | 中国农科院畜牧所 | | 2010 | 3 | 引进资源 |
| 3023 | 2218 | 苜蓿属 | 紫花苜蓿 | *Medicago sativa* L. | | 中国农科院畜牧所 | 新疆和田 | 2007 | 3 | 栽培资源 |
| 3024 | 2319 | 苜蓿属 | 紫花苜蓿 | *Medicago sativa* L. | | 中国农科院畜牧所 | | 2010 | 3 | 栽培资源 |
| 3025 | 2329 | 苜蓿属 | 紫花苜蓿 | *Medicago sativa* L. | 39号苜蓿 | 中国农科院畜牧所 | 青海 | 2005 | 3 | 引进资源 |
| 3026 | 2569 | 苜蓿属 | 紫花苜蓿 | *Medicago sativa* L. | | 中国农科院畜牧所 | | 2010 | 3 | 栽培资源 |
| 3027 | 2607 | 苜蓿属 | 紫花苜蓿 | *Medicago sativa* L. | | 中国农科院畜牧所 | | 2010 | 3 | 栽培资源 |

（续）

| 序号 | 送种单位编号 | 属 名 | 种 名 | 学 名 | 品种名（原文名） | 材料来源 | 材料原产地 | 收种时间（年份） | 保存地点 | 类型 |
|------|------|------|------|------|------|------|------|------|------|------|
| 3028 | 2684 | 苜蓿属 | 紫花苜蓿 | *Medicago sativa* L. | | 中国农科院畜牧所 | | 2010 | 3 | 栽培资源 |
| 3029 | 2715 | 苜蓿属 | 紫花苜蓿 | *Medicago sativa* L. | 新牧 2 号 | 中国农科院畜牧所 | 新疆 | 1998 | 3 | 栽培资源 |
| 3030 | 2740 | 苜蓿属 | 紫花苜蓿 | *Medicago sativa* L. | | 中国农科院畜牧所 | | 2015 | 3 | 栽培资源 |
| 3031 | 2741 | 苜蓿属 | 紫花苜蓿 | *Medicago sativa* L. | | 中国农科院畜牧所 | | 2015 | 3 | 栽培资源 |
| 3032 | 2756 | 苜蓿属 | 紫花苜蓿 | *Medicago sativa* L. | | 中国农科院畜牧所 | | 2010 | 3 | 栽培资源 |
| 3033 | 2757 | 苜蓿属 | 紫花苜蓿 | *Medicago sativa* L. | 803 苜蓿 | 中国农科院畜牧所 | 黑龙江 | 2007 | 3 | 栽培资源 |
| 3034 | 2760 | 苜蓿属 | 紫花苜蓿 | *Medicago sativa* L. | 准格尔 | 中国农科院畜牧所 | 内蒙古 | 2005 | 3 | 栽培资源 |
| 3035 | 2761 | 苜蓿属 | 紫花苜蓿 | *Medicago sativa* L. | 敖汉 | 中国农科院畜牧所 | 内蒙古 | 2005 | 3 | 栽培资源 |
| 3036 | 2800 | 苜蓿属 | 紫花苜蓿 | *Medicago sativa* L. | | 中国农科院畜牧所 | | 2015 | 3 | 栽培资源 |
| 3037 | | 苜蓿属 | 紫花苜蓿 | *Medicago sativa* L. | | 中国农科院畜牧所 | 内蒙古宁城 | 1998 | 3 | 栽培资源 |
| 3038 | 0133 | 苜蓿属 | 紫花苜蓿 | *Medicago sativa* L. | | 中国农科院畜牧所 | 山西阳高 | 1998 | 3 | 栽培资源 |
| 3039 | 0183 | 苜蓿属 | 紫花苜蓿 | *Medicago sativa* L. | | 中国农科院畜牧所 | | 2015 | 3 | 引进资源 |
| 3040 | 0208 | 苜蓿属 | 紫花苜蓿 | *Medicago sativa* L. | | 中国农科院畜牧所 | 陕西长武 | 1998 | 3 | 栽培资源 |

（续）

| 序号 | 送种单位编号 | 属名 | 种名 | 学名 | 品种名（原文名） | 材料来源 | 材料原产地 | 收种时间（年份） | 保存地点 | 类型 |
|---|---|---|---|---|---|---|---|---|---|---|
| 3041 | 0216 | 苜蓿属 | 紫花苜蓿 | *Medicago sativa* L. | 大西洋（Atlantic） | 中国农科院畜牧所 | 美国 | 1998 | 3 | 引进资源 |
| 3042 | 0469 | 苜蓿属 | 紫花苜蓿 | *Medicago sativa* L. | | 中国农科院畜牧所 | 山西榆次 | 2002 | 3 | 栽培资源 |
| 3043 | 0583 | 苜蓿属 | 紫花苜蓿 | *Medicago sativa* L. | | 中国农科院畜牧所 | | 2014 | 3 | 栽培资源 |
| 3044 | 0583 | 苜蓿属 | 紫花苜蓿 | *Medicago sativa* L. | | 中国农科院畜牧所 | | 2015 | 3 | 栽培资源 |
| 3045 | 0711 | 苜蓿属 | 紫花苜蓿 | *Medicago sativa* L. | | 中国农科院畜牧所 | 陕西 | 2005 | 3 | 引进资源 |
| 3046 | 0782 | 苜蓿属 | 紫花苜蓿 | *Medicago sativa* L. | | 中国农科院畜牧所 | 甘肃西峰镇 | 2002 | 3 | 栽培资源 |
| 3047 | 09-14 | 苜蓿属 | 紫花苜蓿 | *Medicago sativa* L. | | 中国农科院畜牧所 | | 2015 | 3 | 引进资源 |
| 3048 | 10-2 | 苜蓿属 | 紫花苜蓿 | *Medicago sativa* L. | | 中国农科院畜牧所 | | 2015 | 3 | 引进资源 |
| 3049 | 10-4 | 苜蓿属 | 紫花苜蓿 | *Medicago sativa* L. | | 中国农科院畜牧所 | | 2015 | 3 | 引进资源 |
| 3050 | 10-5 | 苜蓿属 | 紫花苜蓿 | *Medicago sativa* L. | | 中国农科院畜牧所 | | 2014 | 3 | 栽培资源 |
| 3051 | 1482 | 苜蓿属 | 紫花苜蓿 | *Medicago sativa* L. | | 中国农科院畜牧所 | 保加利亚 | 1998 | 3 | 引进资源 |
| 3052 | 1620 | 苜蓿属 | 紫花苜蓿 | *Medicago sativa* L. | | 中国农科院畜牧所 | 瑞典 | 2002 | 3 | 引进资源 |
| 3053 | 2003-1 | 苜蓿属 | 紫花苜蓿 | *Medicago sativa* L. | 三得利 | 中国农科院畜牧所 | | 2002 | 3 | 引进资源 |

（续）

| 序号 | 送种单位编号 | 属名 | 种名 | 学名 | 品种名（原文名） | 材料来源 | 材料原产地 | 收种时间（年份） | 保存地点 | 类型 |
|---|---|---|---|---|---|---|---|---|---|---|
| 3054 | 2003-2 | 苜蓿属 | 紫花苜蓿 | *Medicago sativa* L. | 赛特 | 中国农科院畜牧所 | | 2002 | 3 | 引进资源 |
| 3055 | 2003-68 | 苜蓿属 | 紫花苜蓿 | *Medicago sativa* L. | | 中国农科院畜牧所 | | 2003 | 3 | 栽培资源 |
| 3056 | 2009-10 | 苜蓿属 | 紫花苜蓿 | *Medicago sativa* L. | | 中国农科院畜牧所 | | 2010 | 3 | 引进资源 |
| 3057 | 2009-13 | 苜蓿属 | 紫花苜蓿 | *Medicago sativa* L. | | 中国农科院畜牧所 | | 2010 | 3 | 引进资源 |
| 3058 | 2009-9 | 苜蓿属 | 紫花苜蓿 | *Medicago sativa* L. | | 中国农科院畜牧所 | | 2010 | 3 | 引进资源 |
| 3059 | 2103 | 苜蓿属 | 紫花苜蓿 | *Medicago sativa* L. | | 中国农科院畜牧所 | 阿尔巴尼亚 | 1998 | 3 | 引进资源 |
| 3060 | 2673 | 苜蓿属 | 紫花苜蓿 | *Medicago sativa* L. | | 中国农科院畜牧所 | | 1998 | 3 | 栽培资源 |
| 3061 | 2733 | 苜蓿属 | 紫花苜蓿 | *Medicago sativa* L. | 天水 | 中国农科院畜牧所 | 甘肃天水 | 1998 | 3 | 栽培资源 |
| 3062 | 2739 | 苜蓿属 | 紫花苜蓿 | *Medicago sativa* L. | 敖汉 | 中国农科院畜牧所 | 内蒙古 | 2002 | 3 | 栽培资源 |
| 3063 | 2776 | 苜蓿属 | 紫花苜蓿 | *Medicago sativa* L. | | 中国农科院畜牧所 | 新疆石河子 | 2002 | 3 | 栽培资源 |
| 3064 | 2788 | 苜蓿属 | 紫花苜蓿 | *Medicago sativa* L. | | 中国农科院畜牧所 | 新疆若羌 | 2002 | 3 | 栽培资源 |
| 3065 | 74-129 | 苜蓿属 | 紫花苜蓿 | *Medicago sativa* L. | | 中国农科院畜牧所 | | 2015 | 3 | 引进资源 |
| 3066 | 74-17 | 苜蓿属 | 紫花苜蓿 | *Medicago sativa* L. | 干地（Drylander） | 中国农科院畜牧所 | 加拿大 | 1998 | 3 | 引进资源 |

（续）

| 序号 | 送种单位编号 | 属 名 | 种 名 | 学 名 | 品种名（原文名） | 材料来源 | 材料原产地 | 收种时间（年份） | 保存地点 | 类型 |
|---|---|---|---|---|---|---|---|---|---|---|
| 3067 | 74-21 | 苜蓿属 | 紫花苜蓿 | *Medicago sativa* L. | | 中国农科院畜牧所 | | 2010 | 3 | 引进资源 |
| 3068 | 74-26 | 苜蓿属 | 紫花苜蓿 | *Medicago sativa* L. | 卡利维德65（Caliverde 65） | 中国农科院畜牧所 | 美国 | 1998 | 3 | 引进资源 |
| 3069 | 74-36 | 苜蓿属 | 紫花苜蓿 | *Medicago sativa* L. | 凯恩（Kane） | 中国农科院畜牧所 | 加拿大 | 1998 | 3 | 引进资源 |
| 3070 | 74-55 | 苜蓿属 | 紫花苜蓿 | *Medicago sativa* L. | | 中国农科院畜牧所 | | 2010 | 3 | 引进资源 |
| 3071 | 74-56 | 苜蓿属 | 紫花苜蓿 | *Medicago sativa* L. | | 中国农科院畜牧所 | | 2015 | 3 | 引进资源 |
| 3072 | 78-27 | 苜蓿属 | 紫花苜蓿 | *Medicago sativa* L. | | 中国农科院畜牧所 | | 2010 | 3 | 引进资源 |
| 3073 | 79-138 | 苜蓿属 | 紫花苜蓿 | *Medicago sativa* L. | 法金内（Falkiner） | 中国农科院畜牧所 | 澳大利亚 | 1998 | 3 | 引进资源 |
| 3074 | 79-8 | 苜蓿属 | 紫花苜蓿 | *Medicago sativa* L. | | 中国农科院畜牧所 | | 2015 | 3 | 引进资源 |
| 3075 | 79-8 | 苜蓿属 | 紫花苜蓿 | *Medicago sativa* L. | | 中国农科院畜牧所 | | 2015 | 3 | 引进资源 |
| 3076 | 79-87 | 苜蓿属 | 紫花苜蓿 | *Medicago sativa* L. | | 中国农科院畜牧所 | | 2015 | 3 | 引进资源 |
| 3077 | 79-93 | 苜蓿属 | 紫花苜蓿 | *Medicago sativa* L. | | 中国农科院畜牧所 | | 2015 | 3 | 引进资源 |
| 3078 | 79-95 | 苜蓿属 | 紫花苜蓿 | *Medicago sativa* L. | 伦内（Luna） | 中国农科院畜牧所 | 德国 | 1998 | 3 | 引进资源 |
| 3079 | 80-1 | 苜蓿属 | 紫花苜蓿 | *Medicago sativa* L. | | 中国农科院畜牧所 | | 2015 | 3 | 引进资源 |

（续）

| 序号 | 送种单位编号 | 属名 | 种名 | 学名 | 品种名（原文名） | 材料来源 | 材料原产地 | 收种时间（年份） | 保存地点 | 类型 |
|---|---|---|---|---|---|---|---|---|---|---|
| 3080 | 80-196 | 苜蓿属 | 紫花苜蓿 | *Medicago sativa* L. | 不休眠（non-dormant） | 中国农科院畜牧所 | 美国 | 2007 | 3 | 引进资源 |
| 3081 | 80-58 | 苜蓿属 | 紫花苜蓿 | *Medicago sativa* L. | | 中国农科院畜牧所 | | 2015 | 3 | 引进资源 |
| 3082 | 80-75 | 苜蓿属 | 紫花苜蓿 | *Medicago sativa* L. | 托尔（Tnor） | 中国农科院畜牧所 | 日本 | 1998 | 3 | 引进资源 |
| 3083 | 80-97 | 苜蓿属 | 紫花苜蓿 | *Medicago sativa* L. | 卡夫101（Cuf101） | 中国农科院畜牧所 | 美国 | 1998 | 3 | 引进资源 |
| 3084 | 80-98 | 苜蓿属 | 紫花苜蓿 | *Medicago sativa* L. | | 中国农科院畜牧所 | | 2015 | 3 | 引进资源 |
| 3085 | 81-36 | 苜蓿属 | 紫花苜蓿 | *Medicago sativa* L. | | 中国农科院畜牧所 | | 2010 | 3 | 引进资源 |
| 3086 | 81-40 | 苜蓿属 | 紫花苜蓿 | *Medicago sativa* L. | 伊鲁瑰斯 | 中国农科院畜牧所 | | 2015 | 3 | 引进资源 |
| 3087 | 81-86 | 苜蓿属 | 紫花苜蓿 | *Medicago sativa* L. | 韦拉（Vela） | 丹麦 | 美国 | 1998 | 3 | 引进资源 |
| 3088 | 82-179 | 苜蓿属 | 紫花苜蓿 | *Medicago sativa* L. | | 中国农科院畜牧所 | | 2015 | 3 | 引进资源 |
| 3089 | 83-25 | 苜蓿属 | 紫花苜蓿 | *Medicago sativa* L. | | 中国农科院畜牧所 | | 2015 | 3 | 引进资源 |
| 3090 | 83-256 | 苜蓿属 | 紫花苜蓿 | *Medicago sativa* L. | 先锋（Pioneer） | 中国农科院畜牧所 | 加拿大 | 2002 | 3 | 引进资源 |
| 3091 | 84-784 | 苜蓿属 | 紫花苜蓿 | *Medicago sativa* L. | 先锋454（Pioneer454） | 中国农科院畜牧所 | 澳大利亚 | 1998 | 3 | 引进资源 |
| 3092 | 84-792 | 苜蓿属 | 紫花苜蓿 | *Medicago sativa* L. | | 中国农科院畜牧所 | | 2010 | 3 | 引进资源 |

（续）

| 序号 | 送种单位编号 | 属 名 | 种 名 | 学 名 | 品种名（原文名） | 材料来源 | 材料原产地 | 收种时间（年份） | 保存地点 | 类型 |
|------|------------|------|------|------|----------------|---------|-----------|--------------|---------|------|
| 3093 | 84-801 | 苜蓿属 | 紫花苜蓿 | *Medicago sativa* L. | | 中国农科院畜牧所 | | 2015 | 3 | 引进资源 |
| 3094 | 84-861 | 苜蓿属 | 紫花苜蓿 | *Medicago sativa* L. | | 中国农科院畜牧所 | | 2015 | 3 | 引进资源 |
| 3095 | 85-12 | 苜蓿属 | 紫花苜蓿 | *Medicago sativa* L. | | 中国农科院畜牧所 | | 2015 | 3 | 引进资源 |
| 3096 | 86-54 | 苜蓿属 | 紫花苜蓿 | *Medicago sativa* L. | | 中国农科院畜牧所 | | 2015 | 3 | 引进资源 |
| 3097 | 87-52 | 苜蓿属 | 紫花苜蓿 | *Medicago sativa* L. | 先锋555（Pioneer555） | 中国农科院畜牧所 | 美国 | 1998 | 3 | 引进资源 |
| 3098 | 87-52 | 苜蓿属 | 紫花苜蓿 | *Medicago sativa* L. | 先锋55（Pioneer5） | 中国农科院畜牧所 | 美国 | 2002 | 3 | 引进资源 |
| 3099 | 88-1 | 苜蓿属 | 紫花苜蓿 | *Medicago sativa* L. | | 中国农科院畜牧所 | | 2015 | 3 | 引进资源 |
| 3100 | 88-11 | 苜蓿属 | 紫花苜蓿 | *Medicago sativa* L. | | 中国农科院畜牧所 | | 2015 | 3 | 引进资源 |
| 3101 | 88-13 | 苜蓿属 | 紫花苜蓿 | *Medicago sativa* L. | | 中国农科院畜牧所 | | 2015 | 3 | 引进资源 |
| 3102 | 88-16 | 苜蓿属 | 紫花苜蓿 | *Medicago sativa* L. | | 中国农科院畜牧所 | | 2015 | 3 | 引进资源 |
| 3103 | 88-17 | 苜蓿属 | 紫花苜蓿 | *Medicago sativa* L. | | 中国农科院畜牧所 | | 2015 | 3 | 引进资源 |
| 3104 | 88-3 | 苜蓿属 | 紫花苜蓿 | *Medicago sativa* L. | | 中国农科院畜牧所 | | 2015 | 3 | 引进资源 |
| 3105 | 88-4 | 苜蓿属 | 紫花苜蓿 | *Medicago sativa* L. | | 中国农科院畜牧所 | | 2015 | 3 | 引进资源 |

（续）

| 序号 | 送种单位编号 | 属 名 | 种 名 | 学 名 | 品种名（原文名） | 材料来源 | 材料原产地 | 收种时间（年份） | 保存地点 | 类型 |
|---|---|---|---|---|---|---|---|---|---|---|
| 3106 | 88-44 | 苜蓿属 | 紫花苜蓿 | *Medicago sativa* L. | PG 赛特（PGSutter） | 中国农科院畜牧所 | 美国 | 1998 | 3 | 引进资源 |
| 3107 | 88-5 | 苜蓿属 | 紫花苜蓿 | *Medicago sativa* L. | | 中国农科院畜牧所 | | 2015 | 3 | 引进资源 |
| 3108 | 88-7 | 苜蓿属 | 紫花苜蓿 | *Medicago sativa* L. | | 中国农科院畜牧所 | | 2015 | 3 | 引进资源 |
| 3109 | 88-9 | 苜蓿属 | 紫花苜蓿 | *Medicago sativa* L. | | 中国农科院畜牧所 | | 2015 | 3 | 引进资源 |
| 3110 | 89-11 | 苜蓿属 | 紫花苜蓿 | *Medicago sativa* L. | 先锋 532（Pioneer532） | 中国农科院畜牧所 | 澳大利亚 | 2007 | 3 | 引进资源 |
| 3111 | 89-58 | 苜蓿属 | 紫花苜蓿 | *Medicago sativa* L. | | 中国农科院畜牧所 | | 2015 | 3 | 引进资源 |
| 3112 | 89-61 | 苜蓿属 | 紫花苜蓿 | *Medicago sativa* L. | | 中国农科院畜牧所 | | 2010 | 3 | 引进资源 |
| 3113 | 90-17 | 苜蓿属 | 紫花苜蓿 | *Medicago sativa* L. | | 中国农科院畜牧所 | 美国 | 2006 | 3 | 引进资源 |
| 3114 | 92-181 | 苜蓿属 | 紫花苜蓿 | *Medicago sativa* L. | 拉卡（Laghka） | 中国农科院畜牧所 | 印度 | 2007 | 3 | 引进资源 |
| 3115 | 92-195 | 苜蓿属 | 紫花苜蓿 | *Medicago sativa* L. | 谢委拉（Sevela） | 中国农科院畜牧所 | 美国 | 1998 | 3 | 引进资源 |
| 3116 | 92-223 | 苜蓿属 | 紫花苜蓿 | *Medicago sativa* L. | 库也蒂（Ouargati） | 中国农科院畜牧所 | 美国 | 1998 | 3 | 引进资源 |
| 3117 | 93-16 | 苜蓿属 | 紫花苜蓿 | *Medicago sativa* L. | 韦拉马（VERAEMA） | 中国农科院畜牧所 | 美国 | 2007 | 3 | 引进资源 |
| 3118 | 93-20 | 苜蓿属 | 紫花苜蓿 | *Medicago sativa* L. | 利詹特（Legend） | 中国农科院畜牧所 | 美国 | 1998 | 3 | 引进资源 |

（续）

| 序号 | 送种单位编号 | 属 名 | 种 名 | 学 名 | 品种名（原文名） | 材料来源 | 材料原产地 | 收种时间（年份） | 保存地点 | 类型 |
|---|---|---|---|---|---|---|---|---|---|---|
| 3119 | 95-3 | 苜蓿属 | 紫花苜蓿 | *Medicago sativa* L. | | 中国农科院畜牧所 | | 2015 | 3 | 引进资源 |
| 3120 | 96-12 | 苜蓿属 | 紫花苜蓿 | *Medicago sativa* L. | 斯克瑞委若 | 中国农科院畜牧所 | 美国 | 2015 | 3 | 引进资源 |
| 3121 | 96-16 | 苜蓿属 | 紫花苜蓿 | *Medicago sativa* L. | 格林(Grimm) | 中国农科院畜牧所 | 美国 | 2007 | 3 | 引进资源 |
| 3122 | 96-20 | 苜蓿属 | 紫花苜蓿 | *Medicago sativa* L. | 多毛密鲁 | 中国农科院畜牧所 | 以色列 | 2005 | 3 | 引进资源 |
| 3123 | 96-22 | 苜蓿属 | 紫花苜蓿 | *Medicago sativa* L. | 多毛秘鲁 | 中国农科院畜牧所 | 肯尼亚 | 2015 | 3 | 引进资源 |
| 3124 | 96-23 | 苜蓿属 | 紫花苜蓿 | *Medicago sativa* L. | | 中国农科院畜牧所 | 土耳其 | 2015 | 3 | 引进资源 |
| 3125 | 96-25 | 苜蓿属 | 紫花苜蓿 | *Medicago sativa* L. | 格林 | 中国农科院畜牧所 | | 2015 | 3 | 引进资源 |
| 3126 | 96-26 | 苜蓿属 | 紫花苜蓿 | *Medicago sativa* L. | | 中国农科院畜牧所 | | 2010 | 3 | 引进资源 |
| 3127 | 96-27 | 苜蓿属 | 紫花苜蓿 | *Medicago sativa* L. | | 中国农科院畜牧所 | 美国 | 2012 | 3 | 引进资源 |
| 3128 | 98-2 | 苜蓿属 | 紫花苜蓿 | *Medicago sativa* L. | FD4 | 中国农科院畜牧所 | 加拿大 | 1999 | 3 | 引进资源 |
| 3129 | B4651 | 苜蓿属 | 紫花苜蓿 | *Medicago sativa* L. | 兰及尔 | 中国农科院草原所 | | 2015 | 3 | 引进资源 |
| 3130 | B4652 | 苜蓿属 | 紫花苜蓿 | *Medicago sativa* L. | 弗林利亚 | 中国农科院草原所 | | 2015 | 3 | 引进资源 |
| 3131 | B4653 | 苜蓿属 | 紫花苜蓿 | *Medicago sativa* L. | GT 塞特 | 中国农科院草原所 | | 2015 | 3 | 引进资源 |

（续）

| 序号 | 送种单位编号 | 属 名 | 种 名 | 学 名 | 品种名（原文名） | 材料来源 | 材料原产地 | 收种时间（年份） | 保存地点 | 类型 |
|---|---|---|---|---|---|---|---|---|---|---|
| 3132 | B4667 | 苜蓿属 | 紫花苜蓿 | *Medicago sativa* L. | | 中国农科院草原所 | | 2015 | 3 | 引进资源 |
| 3133 | B4973 | 苜蓿属 | 紫花苜蓿 | *Medicago sativa* L. | | 中国农科院草原所 | | 2012 | 3 | 栽培资源 |
| 3134 | B4977 | 苜蓿属 | 紫花苜蓿 | *Medicago sativa* L. | | 中国农科院草原所 | | 2012 | 3 | 栽培资源 |
| 3135 | B4979 | 苜蓿属 | 紫花苜蓿 | *Medicago sativa* L. | | 中国农科院草原所 | | 2012 | 3 | 栽培资源 |
| 3136 | B4987 | 苜蓿属 | 紫花苜蓿 | *Medicago sativa* L. | | 中国农科院草原所 | | 2012 | 3 | 栽培资源 |
| 3137 | B5248 | 苜蓿属 | 紫花苜蓿 | *Medicago sativa* L. | | 中国农科院草原所 | | 2012 | 3 | 栽培资源 |
| 3138 | B5362 | 苜蓿属 | 紫花苜蓿 | *Medicago sativa* L. | | 中国农科院草原所 | | 2015 | 3 | 栽培资源 |
| 3139 | B5407 | 苜蓿属 | 紫花苜蓿 | *Medicago sativa* L. | | 中国农科院草原所 | | 2012 | 3 | 栽培资源 |
| 3140 | B5408 | 苜蓿属 | 紫花苜蓿 | *Medicago sativa* L. | | 中国农科院草原所 | | 2012 | 3 | 栽培资源 |
| 3141 | B5409 | 苜蓿属 | 紫花苜蓿 | *Medicago sativa* L. | | 中国农科院草原所 | | 2014 | 3 | 引进资源 |
| 3142 | B5411 | 苜蓿属 | 紫花苜蓿 | *Medicago sativa* L. | | 中国农科院草原所 | | 2012 | 3 | 栽培资源 |
| 3143 | B5450 | 苜蓿属 | 紫花苜蓿 | *Medicago sativa* L. | | 中国农科院草原所 | | 2012 | 3 | 栽培资源 |
| 3144 | B5457 | 苜蓿属 | 紫花苜蓿 | *Medicago sativa* L. | | 中国农科院草原所 | | 2012 | 3 | 栽培资源 |

（续）

| 序号 | 送种单位编号 | 属 名 | 种 名 | 学 名 | 品种名（原文名） | 材料来源 | 材料原产地 | 收种时间（年份） | 保存地点 | 类型 |
|---|---|---|---|---|---|---|---|---|---|---|
| 3145 | B5468 | 苜蓿属 | 紫花苜蓿 | *Medicago sativa* L. | | 中国农科院草原所 | | 2012 | 3 | 栽培资源 |
| 3146 | B5517 | 苜蓿属 | 紫花苜蓿 | *Medicago sativa* L. | | 中国农科院草原所 | | 2013 | 3 | 栽培资源 |
| 3147 | B5534 | 苜蓿属 | 紫花苜蓿 | *Medicago sativa* L. | | 中国农科院草原所 | | 2012 | 3 | 栽培资源 |
| 3148 | BJCY-MX007 | 苜蓿属 | 紫花苜蓿 | *Medicago sativa* L. | 陇东 | | 甘肃兰州 | 2009 | 3 | 栽培资源 |
| 3149 | BJCY-MX010 | 苜蓿属 | 紫花苜蓿 | *Medicago sativa* L. | 肇东 | | 黑龙江齐齐哈尔 | 2009 | 3 | 栽培资源 |
| 3150 | BJCY-MX013 | 苜蓿属 | 紫花苜蓿 | *Medicago sativa* L. | 迪卡140 | 北京草业与环境研究发展中心 | | 2010 | 3 | 引进资源 |
| 3151 | BJCY-MX014 | 苜蓿属 | 紫花苜蓿 | *Medicago sativa* L. | 迪卡141 | 北京草业与环境研究发展中心 | | 2010 | 3 | 引进资源 |
| 3152 | BSX-H | 苜蓿属 | 紫花苜蓿 | *Medicago sativa* L. | 迪卡124 | | | 2010 | 3 | 引进资源 |
| 3153 | BSX-Z-2 | 苜蓿属 | 紫花苜蓿 | *Medicago sativa* L. | | | 新疆巴里坤 | 2009 | 3 | 栽培资源 |
| 3154 | BSX-Z-3 | 苜蓿属 | 紫花苜蓿 | *Medicago sativa* L. | | | 新疆巴里坤 | 2009 | 3 | 栽培资源 |
| 3155 | BSX-Z-4 | 苜蓿属 | 紫花苜蓿 | *Medicago sativa* L. | | | 新疆巴里坤 | 2009 | 3 | 栽培资源 |
| 3156 | CHQ03-158 | 苜蓿属 | 紫花苜蓿 | *Medicago sativa* L. | 游客 | 四川巫溪 | | 2003 | 3 | 引进资源 |
| 3157 | CHQ03-247 | 苜蓿属 | 紫花苜蓿 | *Medicago sativa* L. | 阿尔岗金 | 四川丰都 | | 2003 | 3 | 引进资源 |
| 3158 | CHQ03-251 | 苜蓿属 | 紫花苜蓿 | *Medicago sativa* L. | 皇后 | 四川奉节 | 美国 | 2003 | 3 | 引进资源 |
| 3159 | CHQ2005-258 | 苜蓿属 | 紫花苜蓿 | *Medicago sativa* L. | | 四川洪雅 | | 2009 | 3 | 栽培资源 |
| 3160 | FZ047 | 苜蓿属 | 紫花苜蓿 | *Medicago sativa* L. | Alfagraze Ⅰ HQ | 内蒙古草原站 | | 2016 | 3 | 引进资源 |
| 3161 | FZ048 | 苜蓿属 | 紫花苜蓿 | *Medicago sativa* L. | Acgraze-land BRⅡ | 内蒙古草原站 | | 2016 | 3 | 引进资源 |
| 3162 | FZ052 | 苜蓿属 | 紫花苜蓿 | *Medicago sativa* L. | CW301 | 内蒙古草原站 | | 2016 | 3 | 引进资源 |
| 3163 | FZ053 | 苜蓿属 | 紫花苜蓿 | *Medicago sativa* L. | CW306 | 内蒙古草原站 | | 2016 | 3 | 引进资源 |
| 3164 | FZ054 | 苜蓿属 | 紫花苜蓿 | *Medicago sativa* L. | CW321 | 内蒙古草原站 | | 2016 | 3 | 引进资源 |

（续）

| 序号 | 送种单位编号 | 属 名 | 种 名 | 学 名 | 品种名（原文名） | 材料来源 | 材料原产地 | 收种时间（年份） | 保存地点 | 类型 |
|---|---|---|---|---|---|---|---|---|---|---|
| 3165 | FZ055 | 苜蓿属 | 紫花苜蓿 | *Medicago sativa* L. | 甘农3号 | 内蒙古草原站 | | 2016 | 3 | 栽培资源 |
| 3166 | FZ138 | 苜蓿属 | 紫花苜蓿 | *Medicago sativa* L. | 准格尔 | 内蒙古草原站 | | 2016 | 3 | 栽培资源 |
| 3167 | FZ139 | 苜蓿属 | 紫花苜蓿 | *Medicago sativa* L. | Beaver | 内蒙古草原站 | | 2016 | 3 | 引进资源 |
| 3168 | FZ140 | 苜蓿属 | 紫花苜蓿 | *Medicago sativa* L. | Nomad | 内蒙古草原站 | | 2016 | 3 | 引进资源 |
| 3169 | FZ141 | 苜蓿属 | 紫花苜蓿 | *Medicago sativa* L. | Forager | 内蒙古草原站 | | 2016 | 3 | 引进资源 |
| 3170 | FZ142 | 苜蓿属 | 紫花苜蓿 | *Medicago sativa* L. | Travois new | 内蒙古草原站 | | 2016 | 3 | 引进资源 |
| 3171 | FZ143 | 苜蓿属 | 紫花苜蓿 | *Medicago sativa* L. | Baker HQ | 内蒙古草原站 | | 2016 | 3 | 引进资源 |
| 3172 | GS0027 | 苜蓿属 | 紫花苜蓿 | *Medicago sativa* L. | 拉达克(Ladak) | 甘肃兰州 | 美国 | 1999 | 3 | 引进资源 |
| 3173 | GS0028 | 苜蓿属 | 紫花苜蓿 | *Medicago sativa* L. | 天水 | 甘肃兰州 | 甘肃天水 | 1999 | 3 | 栽培资源 |
| 3174 | GS0029 | 苜蓿属 | 紫花苜蓿 | *Medicago sativa* L. | 陇东 | 甘肃镇原 | 甘肃陇东 | 1999 | 3 | 栽培资源 |
| 3175 | GS0030 | 苜蓿属 | 紫花苜蓿 | *Medicago sativa* L. | 河西 | 甘肃兰州 | | 1999 | 3 | 栽培资源 |
| 3176 | GS0033 | 苜蓿属 | 紫花苜蓿 | *Medicago sativa* L. | 晋南 | 甘肃景泰 | 甘肃晋南 | 1999 | 3 | 栽培资源 |
| 3177 | GS0035 | 苜蓿属 | 紫花苜蓿 | *Medicago sativa* L. | 公农2号 | 甘肃景泰 | 吉林公主岭 | 1999 | 3 | 栽培资源 |
| 3178 | GS02-030 | 苜蓿属 | 紫花苜蓿 | *Medicago sativa* L. | 三得利(Sanditi) | 甘肃兰州 | 美国 | 2002 | 3 | 引进资源 |
| 3179 | GS02-035 | 苜蓿属 | 紫花苜蓿 | *Medicago sativa* L. | 德福 | 甘肃兰州 | 美国 | 2002 | 3 | 引进资源 |
| 3180 | GS02-036 | 苜蓿属 | 紫花苜蓿 | *Medicago sativa* L. | 德宝 | 甘肃兰州 | 美国 | 2002 | 3 | 引进资源 |
| 3181 | GS0304 | 苜蓿属 | 紫花苜蓿 | *Medicago sativa* L. | 陇中 | 甘肃定西 | | 2001 | 3 | 栽培资源 |
| 3182 | GS0409 | 苜蓿属 | 紫花苜蓿 | *Medicago sativa* L. | 德宝(Derby) | 甘肃农业大学草业学院 | | 2002 | 3 | 引进资源 |
| 3183 | GS0413 | 苜蓿属 | 紫花苜蓿 | *Medicago sativa* L. | 公农1号 | 甘肃景泰 | 吉林公主岭 | 2002 | 3 | 栽培资源 |
| 3184 | GS0507 | 苜蓿属 | 紫花苜蓿 | *Medicago sativa* L. | 亚利桑那(Arizana) | 甘肃景泰 | 美国 | 2004 | 3 | 引进资源 |
| 3185 | GS0509 | 苜蓿属 | 紫花苜蓿 | *Medicago sativa* L. | 凯恩(Kane) | 甘肃景泰 | 加拿大 | 2005 | 3 | 引进资源 |
| 3186 | GS0510 | 苜蓿属 | 紫花苜蓿 | *Medicago sativa* L. | 183 | 甘肃景泰 | 陕西 | 2004 | 3 | 引进资源 |
| 3187 | GS0512 | 苜蓿属 | 紫花苜蓿 | *Medicago sativa* L. | 巴拉瓦(Palava) | 甘肃景泰 | 捷克 | 2004 | 3 | 引进资源 |
| 3188 | GS0519 | 苜蓿属 | 紫花苜蓿 | *Medicago sativa* L. | 安达瓦(Ondaka) | 甘肃景泰 | 捷克 | 2005 | 3 | 引进资源 |

（续）

| 序号 | 送种单位编号 | 属 名 | 种 名 | 学 名 | 品种名（原文名） | 材料来源 | 材料原产地 | 收种时间（年份） | 保存地点 | 类型 |
|---|---|---|---|---|---|---|---|---|---|---|
| 3189 | GS0522 | 苜蓿属 | 紫花苜蓿 | *Medicago sativa* L. | 尼特拉卡(Nitranka) | 甘肃景泰 | 捷克 | 2005 | 3 | 引进资源 |
| 3190 | GS0529 | 苜蓿属 | 紫花苜蓿 | *Medicago sativa* L. | 普列洛夫卡(Prerovaka) | 甘肃景泰 | 捷克 | 2005 | 3 | 引进资源 |
| 3191 | GS0531 | 苜蓿属 | 紫花苜蓿 | *Medicago sativa* L. | Pulana | 甘肃景泰 | | 2005 | 3 | 引进资源 |
| 3192 | GS0532 | 苜蓿属 | 紫花苜蓿 | *Medicago sativa* L. | 爱开夏(Acacia) | 甘肃景泰 | 美国 | 2005 | 3 | 引进资源 |
| 3193 | GS0537 | 苜蓿属 | 紫花苜蓿 | *Medicago sativa* L. | 公农 2 号 | 甘肃景泰 | 吉林公主岭 | 2004 | 3 | 栽培资源 |
| 3194 | GS0542 | 苜蓿属 | 紫花苜蓿 | *Medicago sativa* L. | 肇东 | 甘肃景泰 | 黑龙江 | 2004 | 3 | 栽培资源 |
| 3195 | GS0560 | 苜蓿属 | 紫花苜蓿 | *Medicago sativa* L. | 晋南 | 甘肃景泰 | 山西 | 2004 | 3 | 栽培资源 |
| 3196 | GS0565 | 苜蓿属 | 紫花苜蓿 | *Medicago sativa* L. | 辛夫(Synf) | 甘肃景泰 | 罗马尼亚 | 2005 | 3 | 引进资源 |
| 3197 | GS0570 | 苜蓿属 | 紫花苜蓿 | *Medicago sativa* L. | 兰热来恩德(Rangerlander) | 甘肃景泰 | 加拿大 | 2005 | 3 | 引进资源 |
| 3198 | GS0575 | 苜蓿属 | 紫花苜蓿 | *Medicago sativa* L. | 公农 1 号 | 甘肃景泰 | 吉林 | 2005 | 3 | 栽培资源 |
| 3199 | GS0581 | 苜蓿属 | 紫花苜蓿 | *Medicago sativa* L. | 卡夫 101(Cuf101) | 甘肃景泰 | 美国 | 2005 | 3 | 引进资源 |
| 3200 | GS0588 | 苜蓿属 | 紫花苜蓿 | *Medicago sativa* L. | 高蛋白 | 甘肃景泰 | 美国 | 2004 | 3 | 引进资源 |
| 3201 | GS0597 | 苜蓿属 | 紫花苜蓿 | *Medicago sativa* L. | 安古斯(Angus) | 甘肃景泰 | 加拿大 | 2005 | 3 | 引进资源 |
| 3202 | GS0601 | 苜蓿属 | 紫花苜蓿 | *Medicago sativa* L. | 萨兰纳斯(Saranac) | 甘肃景泰 | 美国 | 2004 | 3 | 引进资源 |
| 3203 | GS0609 | 苜蓿属 | 紫花苜蓿 | *Medicago sativa* L. | Acaccia | 甘肃景泰 | 美国 | 2005 | 3 | 引进资源 |
| 3204 | GS0616 | 苜蓿属 | 紫花苜蓿 | *Medicago sativa* L. | 猎人河(Hunter River) | 甘肃景泰 | 澳大利亚 | 2005 | 3 | 引进资源 |
| 3205 | GS0626 | 苜蓿属 | 紫花苜蓿 | *Medicago sativa* L. | 卡利维德 65(Caliverde 65) | 甘肃景泰 | 美国 | 2005 | 3 | 引进资源 |
| 3206 | GS0633 | 苜蓿属 | 紫花苜蓿 | *Medicago sativa* L. | 阿尔冈金 | 甘肃景泰 | | 2005 | 3 | 引进资源 |
| 3207 | GS0636 | 苜蓿属 | 紫花苜蓿 | *Medicago sativa* L. | 牧歌 | 甘肃景泰 | | 2004 | 3 | 引进资源 |
| 3208 | GS0664 | 苜蓿属 | 紫花苜蓿 | *Medicago sativa* L. | 罗默(Roamer) | 甘肃景泰 | 加拿大 | 2005 | 3 | 引进资源 |
| 3209 | GS0670 | 苜蓿属 | 紫花苜蓿 | *Medicago sativa* L. | 兴平 | 甘肃景泰 | 陕西 | 2004 | 3 | 引进资源 |

（续）

| 序号 | 送种单位编号 | 属名 | 种名 | 学名 | 品种名（原文名） | 材料来源 | 材料原产地 | 收种时间（年份） | 保存地点 | 类型 |
|---|---|---|---|---|---|---|---|---|---|---|
| 3210 | GS0671 | 苜蓿属 | 紫花苜蓿 | *Medicago sativa* L. | 格林(Grimm) | 甘肃景泰 | 美国 | 2005 | 3 | 引进资源 |
| 3211 | GS0675 | 苜蓿属 | 紫花苜蓿 | *Medicago sativa* L. | 渭南 | 甘肃景泰 | 陕西 | 2005 | 3 | 栽培资源 |
| 3212 | GS0682 | 苜蓿属 | 紫花苜蓿 | *Medicago sativa* L. | 游客(Eureka) | | 美国 | 2003 | 3 | 引进资源 |
| 3213 | GS0685 | 苜蓿属 | 紫花苜蓿 | *Medicago sativa* L. | 甘农4号 | 甘肃古浪 | 阿根廷 | 2005 | 3 | 栽培资源 |
| 3214 | GS1435 | 苜蓿属 | 紫花苜蓿 | *Medicago sativa* L. | 中苜1号 | 宁夏固原原州 | | 1998 | 3 | 栽培资源 |
| 3215 | GS20001 | 苜蓿属 | 紫花苜蓿 | *Medicago sativa* L. | 陇东 | 甘肃兰州馒头山 | 甘肃庆阳平凉 | 2000 | 3 | 栽培资源 |
| 3216 | GS-329 | 苜蓿属 | 紫花苜蓿 | *Medicago sativa* L. | 爱乐高 | 甘肃武威 | | 2003 | 3 | 引进资源 |
| 3217 | GS-331 | 苜蓿属 | 紫花苜蓿 | *Medicago sativa* L. | 润布勒 | 甘肃武威 | | 2003 | 3 | 引进资源 |
| 3218 | GS-334 | 苜蓿属 | 紫花苜蓿 | *Medicago sativa* L. | 皇后 | 甘肃武威 | | 2003 | 3 | 引进资源 |
| 3219 | GS-336 | 苜蓿属 | 紫花苜蓿 | *Medicago sativa* L. | 牧歌 | 甘肃武威 | | 2003 | 3 | 引进资源 |
| 3220 | GS4122 | 苜蓿属 | 紫花苜蓿 | *Medicago sativa* L. | | | 陕西眉县 | 2013 | 3 | 栽培资源 |
| 3221 | GS4545 | 苜蓿属 | 紫花苜蓿 | *Medicago sativa* L. | | | 陕西长武 | 2014 | 3 | 栽培资源 |
| 3222 | GS4570 | 苜蓿属 | 紫花苜蓿 | *Medicago sativa* L. | | | 陕西周至 | 2014 | 3 | 栽培资源 |
| 3223 | GS4659 | 苜蓿属 | 紫花苜蓿 | *Medicago sativa* L. | 驯鹿 | 甘肃肃南 | | 2014 | 3 | 引进资源 |
| 3224 | GS466 | 苜蓿属 | 紫花苜蓿 | *Medicago sativa* L. | 陇中 | 甘肃肃南喇嘛湾 | | 2004 | 3 | 引进资源 |
| 3225 | GS4660 | 苜蓿属 | 紫花苜蓿 | *Medicago sativa* L. | 飞马 | 甘肃肃南 | | 2014 | 3 | 引进资源 |
| 3226 | GS4661 | 苜蓿属 | 紫花苜蓿 | *Medicago sativa* L. | WL168HQ | 甘肃肃南 | | 2014 | 3 | 引进资源 |
| 3227 | GS4662 | 苜蓿属 | 紫花苜蓿 | *Medicago sativa* L. | WL354HQ | 甘肃肃南 | | 2014 | 3 | 引进资源 |
| 3228 | GS4674 | 苜蓿属 | 紫花苜蓿 | *Medicago sativa* L. | WL319HQ | 甘肃通渭 | | 2014 | 3 | 引进资源 |
| 3229 | GS468 | 苜蓿属 | 紫花苜蓿 | *Medicago sativa* L. | 阿尔冈金 | 甘肃肃南 | | 2004 | 3 | 引进资源 |
| 3230 | GS4781 | 苜蓿属 | 紫花苜蓿 | *Medicago sativa* L. | | | 陕西定边 | 2015 | 3 | 栽培资源 |
| 3231 | GS4789 | 苜蓿属 | 紫花苜蓿 | *Medicago sativa* L. | | | 甘肃武威黄羊镇 | 2015 | 3 | 栽培资源 |
| 3232 | GS4810 | 苜蓿属 | 紫花苜蓿 | *Medicago sativa* L. | | | 甘肃武威黄羊镇 | 2015 | 3 | 栽培资源 |
| 3233 | GS4929 | 苜蓿属 | 紫花苜蓿 | *Medicago sativa* L. | | | 甘肃古浪西靖乡 | 2015 | 3 | 栽培资源 |
| 3234 | GS496 | 苜蓿属 | 紫花苜蓿 | *Medicago sativa* L. | 金皇后 | 甘肃肃南喇嘛湾 | | 2004 | 3 | 引进资源 |

（续）

| 序号 | 送种单位编号 | 属　名 | 种　名 | 学　名 | 品种名（原文名） | 材料来源 | 材料原产地 | 收种时间（年份） | 保存地点 | 类型 |
|---|---|---|---|---|---|---|---|---|---|---|
| 3235 | GS5047 | 苜蓿属 | 紫花苜蓿 | *Medicago sativa* L. | 甘农 5 号 | | 甘肃武威黄羊镇 | 2015 | 3 | 栽培资源 |
| 3236 | GS5048 | 苜蓿属 | 紫花苜蓿 | *Medicago sativa* L. | 甘农 9 号 | | 甘肃武威黄羊镇 | 2015 | 3 | 栽培资源 |
| 3237 | GS5049 | 苜蓿属 | 紫花苜蓿 | *Medicago sativa* L. | | | 甘肃武威黄羊镇 | 2015 | 3 | 栽培资源 |
| 3238 | GS5050 | 苜蓿属 | 紫花苜蓿 | *Medicago sativa* L. | | | 甘肃武威黄羊镇 | 2015 | 3 | 栽培资源 |
| 3239 | GS5051 | 苜蓿属 | 紫花苜蓿 | *Medicago sativa* L. | | | 甘肃武威黄羊镇 | 2015 | 3 | 栽培资源 |
| 3240 | GS5052 | 苜蓿属 | 紫花苜蓿 | *Medicago sativa* L. | | | 甘肃武威黄羊镇 | 2015 | 3 | 栽培资源 |
| 3241 | GS5053 | 苜蓿属 | 紫花苜蓿 | *Medicago sativa* L. | | | 甘肃武威黄羊镇 | 2015 | 3 | 栽培资源 |
| 3242 | GS5055 | 苜蓿属 | 紫花苜蓿 | *Medicago sativa* L. | | | 甘肃武威黄羊镇 | 2015 | 3 | 栽培资源 |
| 3243 | GS5057 | 苜蓿属 | 紫花苜蓿 | *Medicago sativa* L. | | | 甘肃武威黄羊镇 | 2015 | 3 | 栽培资源 |
| 3244 | GS5058 | 苜蓿属 | 紫花苜蓿 | *Medicago sativa* L. | | | 甘肃武威黄羊镇 | 2015 | 3 | 栽培资源 |
| 3245 | GS5059 | 苜蓿属 | 紫花苜蓿 | *Medicago sativa* L. | KHC | | 甘肃武威黄羊镇 | 2015 | 3 | 栽培资源 |
| 3246 | GS5060 | 苜蓿属 | 紫花苜蓿 | *Medicago sativa* L. | KHA | | 甘肃武威黄羊镇 | 2015 | 3 | 栽培资源 |
| 3247 | GS5061 | 苜蓿属 | 紫花苜蓿 | *Medicago sativa* L. | KHB | | 甘肃武威黄羊镇 | 2015 | 3 | 栽培资源 |
| 3248 | GS5062 | 苜蓿属 | 紫花苜蓿 | *Medicago sativa* L. | KHD | | 甘肃武威黄羊镇 | 2015 | 3 | 栽培资源 |
| 3249 | GS5063 | 苜蓿属 | 紫花苜蓿 | *Medicago sativa* L. | KHE | | 甘肃武威黄羊镇 | 2015 | 3 | 栽培资源 |
| 3250 | GS507 | 苜蓿属 | 紫花苜蓿 | *Medicago sativa* L. | 德福 | 甘肃肃南喇嘛湾 | | 2004 | 3 | 引进资源 |
| 3251 | GS591 | 苜蓿属 | 紫花苜蓿 | *Medicago sativa* L. | 德国大叶 | 宁夏吴忠 | | 2004 | 3 | 引进资源 |
| 3252 | GS734 | 苜蓿属 | 紫花苜蓿 | *Medicago sativa* L. | 固原 | 宁夏固原 | | 2004 | 3 | 栽培资源 |
| 3253 | GS736 | 苜蓿属 | 紫花苜蓿 | *Medicago sativa* L. | 柏拉图 | 宁夏固原 | 德国 | 2004 | 3 | 引进资源 |
| 3254 | Q-X1-2 | 苜蓿属 | 紫花苜蓿 | *Medicago sativa* L. | | | 新疆奇台 | 2009 | 3 | 栽培资源 |
| 3255 | JL04-1 | 苜蓿属 | 紫花苜蓿 | *Medicago sativa* L. | cw200 | 吉林农科院畜牧分院 | | 2004 | 3 | 引进资源 |
| 3256 | JL04-13 | 苜蓿属 | 紫花苜蓿 | *Medicago sativa* L. | WL-232HQ | 吉林农科院畜牧分院 | | 2004 | 3 | 引进资源 |
| 3257 | JL04-14 | 苜蓿属 | 紫花苜蓿 | *Medicago sativa* L. | WL-323ML | 吉林农科院畜牧分院 | | 2004 | 3 | 引进资源 |

（续）

| 序号 | 送种单位编号 | 属 名 | 种 名 | 学 名 | 品种名（原文名） | 材料来源 | 材料原产地 | 收种时间（年份） | 保存地点 | 类型 |
|------|-----------|------|------|------|--------------|---------|-----------|---------------|---------|------|
| 3258 | JL04-15 | 苜蓿属 | 紫花苜蓿 | *Medicago sativa* L. | WL-323 接种 | 吉林农科院畜牧分院 | | 2004 | 3 | 引进资源 |
| 3259 | JL04-16 | 苜蓿属 | 紫花苜蓿 | *Medicago sativa* L. | cw340 | 吉林农科院畜牧分院 | | 2004 | 3 | 引进资源 |
| 3260 | JL04-17 | 苜蓿属 | 紫花苜蓿 | *Medicago sativa* L. | WL-525 | 吉林农科院畜牧分院 | | 2004 | 3 | 引进资源 |
| 3261 | JL04-23 | 苜蓿属 | 紫花苜蓿 | *Medicago sativa* L. | 大叶 | 吉林农科院畜牧分院 | | 2003 | 3 | 栽培资源 |
| 3262 | JL04-24 | 苜蓿属 | 紫花苜蓿 | *Medicago sativa* L. | 苜蓿王 | 吉林农科院畜牧分院 | | 2003 | 3 | 引进资源 |
| 3263 | JL04-25 | 苜蓿属 | 紫花苜蓿 | *Medicago sativa* L. | 诺瓦（Norva） | 吉林农科院畜牧分院 | | 2004 | 3 | 引进资源 |
| 3264 | JL04-26 | 苜蓿属 | 紫花苜蓿 | *Medicago sativa* L. | 菲尔兹（Fields） | 吉林农科院畜牧分院 | | 2004 | 3 | 引进资源 |
| 3265 | JL04-30 | 苜蓿属 | 紫花苜蓿 | *Medicago sativa* L. | 兼用型（Hay-grazer） | 吉林农科院畜牧分院 | | 2004 | 3 | 引进资源 |
| 3266 | JL04-31 | 苜蓿属 | 紫花苜蓿 | *Medicago sativa* L. | 胜利者（vector） | 吉林农科院畜牧分院 | | 2004 | 3 | 引进资源 |
| 3267 | JL04-32 | 苜蓿属 | 紫花苜蓿 | *Medicago sativa* L. | 竞争者 | 吉林农科院畜牧分院 | | 2004 | 3 | 引进资源 |
| 3268 | JL04-33 | 苜蓿属 | 紫花苜蓿 | *Medicago sativa* L. | 美国杂交熊1号 | 吉林农科院畜牧分院 | | 2004 | 3 | 引进资源 |
| 3269 | JL04-36 | 苜蓿属 | 紫花苜蓿 | *Medicago sativa* L. | 肇东 | 吉林农科院畜牧分院 | | 2005 | 3 | 栽培资源 |
| 3270 | JL04-37 | 苜蓿属 | 紫花苜蓿 | *Medicago sativa* L. | 公农1号 | 吉林公主岭 | | 2004 | 3 | 栽培资源 |

（续）

| 序号 | 送种单位编号 | 属 名 | 种 名 | 学 名 | 品种名（原文名） | 材料来源 | 材料原产地 | 收种时间（年份） | 保存地点 | 类型 |
|---|---|---|---|---|---|---|---|---|---|---|
| 3271 | JL04-38 | 苜蓿属 | 紫花苜蓿 | *Medicago sativa* L. | 公农 2 号 | 吉林公主岭 | | 2003 | 3 | 栽培资源 |
| 3272 | JL04-4 | 苜蓿属 | 紫花苜蓿 | *Medicago sativa* L. | Magna 601 | 吉林农科院畜牧分院 | | 2004 | 3 | 引进资源 |
| 3273 | JL04-42 | 苜蓿属 | 紫花苜蓿 | *Medicago sativa* L. | | 吉林农科院畜牧分院 | | 2004 | 3 | 引进资源 |
| 3274 | JL04-44 | 苜蓿属 | 紫花苜蓿 | *Medicago sativa* L. | 敖汉 | 吉林农科院畜牧分院 | | 2004 | 3 | 栽培资源 |
| 3275 | JL04-7 | 苜蓿属 | 紫花苜蓿 | *Medicago sativa* L. | 农宝 | 吉林农科院畜牧分院 | | 2005 | 3 | 引进资源 |
| 3276 | JL06-195 | 苜蓿属 | 紫花苜蓿 | *Medicago sativa* L. | 公农 1 号 | | 吉林公主岭 | 2004 | 3 | 栽培资源 |
| 3277 | JL07-142 | 苜蓿属 | 紫花苜蓿 | *Medicago sativa* L. | 胜利者 | 吉林长岭 | | 2007 | 3 | 引进资源 |
| 3278 | JL07-149 | 苜蓿属 | 紫花苜蓿 | *Medicago sativa* L. | 肇东 | 吉林长岭 | | 2007 | 3 | 栽培资源 |
| 3279 | JL07-53 | 苜蓿属 | 紫花苜蓿 | *Medicago sativa* L. | 三得利 | | 美国 | 2007 | 3 | 引进资源 |
| 3280 | JL07-55 | 苜蓿属 | 紫花苜蓿 | *Medicago sativa* L. | 皇后 | | 美国 | 2007 | 3 | 引进资源 |
| 3281 | JL07-58 | 苜蓿属 | 紫花苜蓿 | *Medicago sativa* L. | 德宝 | | 美国 | 2007 | 3 | 引进资源 |
| 3282 | JL07-59 | 苜蓿属 | 紫花苜蓿 | *Medicago sativa* L. | 中苜 1 号 | | 中国 | 2007 | 3 | 栽培资源 |
| 3283 | JL07-62（A） | 苜蓿属 | 紫花苜蓿 | *Medicago sativa* L. | 赛特 | | 美国 | 2007 | 3 | 引进资源 |
| 3284 | JL07-62（B） | 苜蓿属 | 紫花苜蓿 | *Medicago sativa* L. | 游客 | | 美国 | 2007 | 3 | 引进资源 |
| 3285 | JL07-63（B） | 苜蓿属 | 紫花苜蓿 | *Medicago sativa* L. | millennium | | 美国 | 2007 | 3 | 引进资源 |
| 3286 | JL10-132 | 苜蓿属 | 紫花苜蓿 | *Medicago sativa* L. | | 白山市草原站 | | 2010 | 3 | 栽培资源 |
| 3287 | JL10-133 | 苜蓿属 | 紫花苜蓿 | *Medicago sativa* L. | | 白山市草原站 | | 2010 | 3 | 栽培资源 |
| 3288 | JL14-016 | 苜蓿属 | 紫花苜蓿 | *Medicago sativa* L. | | | 吉林靖宇 | 2014 | 3 | 栽培资源 |
| 3289 | JL14-017 | 苜蓿属 | 紫花苜蓿 | *Medicago sativa* L. | | | 吉林洮南 | 2014 | 3 | 栽培资源 |
| 3290 | JL15-080 | 苜蓿属 | 紫花苜蓿 | *Medicago sativa* L. | | | 吉林浑江 | 2015 | 3 | 栽培资源 |
| 3291 | JL15-081 | 苜蓿属 | 紫花苜蓿 | *Medicago sativa* L. | | | 黑龙江林口 | 2015 | 3 | 栽培资源 |

（续）

| 序号 | 送种单位编号 | 属名 | 种名 | 学名 | 品种名（原文名） | 材料来源 | 材料原产地 | 收种时间（年份） | 保存地点 | 类型 |
|------|------|------|------|------|------|------|------|------|------|------|
| 3292 | JL16-072 | 苜蓿属 | 紫花苜蓿 | *Medicago sativa* L. | | | 吉林浑江 | 2016 | 3 | 栽培资源 |
| 3293 | JL16-073 | 苜蓿属 | 紫花苜蓿 | *Medicago sativa* L. | | | 吉林江源 | 2016 | 3 | 栽培资源 |
| 3294 | JS0380 | 苜蓿属 | 紫花苜蓿 | *Medicago sativa* L. | 维多利亚（Victoria） | 克劳沃 | | 2002 | 3 | 引进资源 |
| 3295 | JS0381 | 苜蓿属 | 紫花苜蓿 | *Medicago sativa* L. | 赛特 | 百绿集团 | | 2002 | 3 | 引进资源 |
| 3296 | JS0382 | 苜蓿属 | 紫花苜蓿 | *Medicago sativa* L. | 游客 | 百绿集团 | | 2002 | 3 | 引进资源 |
| 3297 | JS0383 | 苜蓿属 | 紫花苜蓿 | *Medicago sativa* L. | 三得利 | 百绿集团 | | 2002 | 3 | 引进资源 |
| 3298 | JS0388 | 苜蓿属 | 紫花苜蓿 | *Medicago sativa* L. | 王冠 | 百绿集团 | | 2002 | 3 | 引进资源 |
| 3299 | KLW014 | 苜蓿属 | 紫花苜蓿 | *Medicago sativa* L. | 猎人河 | 江苏南京 | | 2003 | 3 | 引进资源 |
| 3300 | KLW024 | 苜蓿属 | 紫花苜蓿 | *Medicago sativa* L. | 德福 | | 美国 | 2003 | 3 | 引进资源 |
| 3301 | KLW026 | 苜蓿属 | 紫花苜蓿 | *Medicago sativa* L. | 三得利 | | 美国 | 2003 | 3 | 引进资源 |
| 3302 | KLW028 | 苜蓿属 | 紫花苜蓿 | *Medicago sativa* L. | 柏拉图 | | 美国 | 2003 | 3 | 引进资源 |
| 3303 | KLW041 | 苜蓿属 | 紫花苜蓿 | *Medicago sativa* L. | 陇中 | | 甘肃陇中 | 2003 | 3 | 栽培资源 |
| 3304 | KLW043 | 苜蓿属 | 紫花苜蓿 | *Medicago sativa* L. | 敖汉 | | 甘肃敖汉 | 2003 | 3 | 栽培资源 |
| 3305 | KLW044 | 苜蓿属 | 紫花苜蓿 | *Medicago sativa* L. | 新疆大叶 | | 新疆 | 2003 | 3 | 栽培资源 |
| 3306 | KLWA2 | 苜蓿属 | 紫花苜蓿 | *Medicago sativa* L. | 丰叶721 | | 美国 | 2003 | 3 | 引进资源 |
| 3307 | KLWA5 | 苜蓿属 | 紫花苜蓿 | *Medicago sativa* L. | 费纳儿 | | 加拿大 | 2003 | 3 | 引进资源 |
| 3308 | MS-1 | 苜蓿属 | 紫花苜蓿 | *Medicago sativa* L. | | | 新疆木垒 | 2009 | 3 | 栽培资源 |
| 3309 | MX001 | 苜蓿属 | 紫花苜蓿 | *Medicago sativa* L. | 巴基斯坦苜蓿 | 内蒙古草原站 | | 2016 | 3 | 引进资源 |
| 3310 | MX002 | 苜蓿属 | 紫花苜蓿 | *Medicago sativa* L. | WL-232 | 内蒙古草原站 | | 2016 | 3 | 引进资源 |
| 3311 | MX003 | 苜蓿属 | 紫花苜蓿 | *Medicago sativa* L. | WL-252 | 内蒙古草原站 | | 2016 | 3 | 引进资源 |
| 3312 | MX004 | 苜蓿属 | 紫花苜蓿 | *Medicago sativa* L. | 德宝（Derby） | 内蒙古草原站 | | 2016 | 3 | 引进资源 |
| 3313 | MX005 | 苜蓿属 | 紫花苜蓿 | *Medicago sativa* L. | 德福（Defi） | 内蒙古草原站 | | 2016 | 3 | 引进资源 |
| 3314 | MX007 | 苜蓿属 | 紫花苜蓿 | *Medicago sativa* L. | 德国苜蓿（Verko） | 内蒙古草原站 | | 2016 | 3 | 引进资源 |
| 3315 | MX009 | 苜蓿属 | 紫花苜蓿 | *Medicago sativa* L. | 公农2号 | 内蒙古草原站 | | 2016 | 3 | 栽培资源 |
| 3316 | MX010 | 苜蓿属 | 紫花苜蓿 | *Medicago sativa* L. | 公农1号 | 内蒙古草原站 | | 2016 | 3 | 栽培资源 |

（续）

| 序号 | 送种单位编号 | 属名 | 种名 | 学名 | 品种名（原文名） | 材料来源 | 材料原产地 | 收种时间（年份） | 保存地点 | 类型 |
|------|------|------|------|------|------|------|------|------|------|------|
| 3317 | MX011 | 苜蓿属 | 紫花苜蓿 | *Medicago sativa* L. | 呼盟 | 内蒙古草原站 | | 2016 | 3 | 栽培资源 |
| 3318 | MX012 | 苜蓿属 | 紫花苜蓿 | *Medicago sativa* L. | 金黄后 | 内蒙古草原站 | | 2016 | 3 | 引进资源 |
| 3319 | MX013 | 苜蓿属 | 紫花苜蓿 | *Medicago sativa* L. | 牧歌401＋Z(Ameri-Graze401＋Z) | 内蒙古草原站 | | 2016 | 3 | 引进资源 |
| 3320 | MX015 | 苜蓿属 | 紫花苜蓿 | *Medicago sativa* L. | 苜蓿皇后 | 内蒙古草原站 | | 2016 | 3 | 引进资源 |
| 3321 | MX016 | 苜蓿属 | 紫花苜蓿 | *Medicago sativa* L. | 耐寒苜蓿 | 内蒙古草原站 | | 2016 | 3 | 引进资源 |
| 3322 | MX017 | 苜蓿属 | 紫花苜蓿 | *Medicago sativa* L. | 农宝 | 内蒙古草原站 | | 2016 | 3 | 引进资源 |
| 3323 | MX019 | 苜蓿属 | 紫花苜蓿 | *Medicago sativa* L. | 赛特(Sitel) | 内蒙古草原站 | | 2016 | 3 | 引进资源 |
| 3324 | MX020 | 苜蓿属 | 紫花苜蓿 | *Medicago sativa* L. | 三得利(Sandti) | 内蒙古草原站 | | 2016 | 3 | 引进资源 |
| 3325 | MX021 | 苜蓿属 | 紫花苜蓿 | *Medicago sativa* L. | 苏联0134 | 内蒙古草原站 | | 2016 | 3 | 引进资源 |
| 3326 | MX022 | 苜蓿属 | 紫花苜蓿 | *Medicago sativa* L. | 苏联1号 | 内蒙古草原站 | | 2016 | 3 | 引进资源 |
| 3327 | MX023 | 苜蓿属 | 紫花苜蓿 | *Medicago sativa* L. | 苏联36号 | 内蒙古草原站 | | 2016 | 3 | 栽培资源 |
| 3328 | MX025 | 苜蓿属 | 紫花苜蓿 | *Medicago sativa* L. | 新疆大叶 | 内蒙古草原站 | | 2016 | 3 | 栽培资源 |
| 3329 | MX027 | 苜蓿属 | 紫花苜蓿 | *Medicago sativa* L. | 新牧2号 | 内蒙古草原站 | | 2016 | 3 | 栽培资源 |
| 3330 | MX028 | 苜蓿属 | 紫花苜蓿 | *Medicago sativa* L. | 中苜1号 | 内蒙古草原站 | | 2016 | 3 | 栽培资源 |
| 3331 | MX029 | 苜蓿属 | 紫花苜蓿 | *Medicago sativa* L. | WL252HQ | 内蒙古草原站 | | 2016 | 3 | 引进资源 |
| 3332 | MX030 | 苜蓿属 | 紫花苜蓿 | *Medicago sativa* L. | WL323 | 内蒙古草原站 | | 2016 | 3 | 引进资源 |
| 3333 | MX031 | 苜蓿属 | 紫花苜蓿 | *Medicago sativa* L. | endure alfalfa | 内蒙古草原站 | | 2016 | 3 | 引进资源 |
| 3334 | MX032 | 苜蓿属 | 紫花苜蓿 | *Medicago sativa* L. | AmeriGuard302＋Z | 内蒙古草原站 | | 2016 | 3 | 引进资源 |
| 3335 | MX033 | 苜蓿属 | 紫花苜蓿 | *Medicago sativa* L. | CW200 | 内蒙古草原站 | | 2016 | 3 | 引进资源 |
| 3336 | MX034 | 苜蓿属 | 紫花苜蓿 | *Medicago sativa* L. | CW201 | 内蒙古草原站 | | 2016 | 3 | 引进资源 |
| 3337 | MX035 | 苜蓿属 | 紫花苜蓿 | *Medicago sativa* L. | CW272 | 内蒙古草原站 | | 2016 | 3 | 引进资源 |
| 3338 | MX037 | 苜蓿属 | 紫花苜蓿 | *Medicago sativa* L. | CW301 | 内蒙古草原站 | | 2016 | 3 | 引进资源 |
| 3339 | MX038 | 苜蓿属 | 紫花苜蓿 | *Medicago sativa* L. | CW400 | 内蒙古草原站 | | 2016 | 3 | 引进资源 |
| 3340 | MX039 | 苜蓿属 | 紫花苜蓿 | *Medicago sativa* L. | CW401 | 内蒙古草原站 | | 2016 | 3 | 引进资源 |

（续）

| 序号 | 送种单位编号 | 属名 | 种名 | 学名 | 品种名（原文名） | 材料来源 | 材料原产地 | 收种时间（年份） | 保存地点 | 类型 |
|------|------|------|------|------|------|------|------|------|------|------|
| 3341 | MX041 | 苜蓿属 | 紫花苜蓿 | *Medicago sativa* L. | WL-323HQ | 内蒙古草原站 | | 2016 | 3 | 引进资源 |
| 3342 | MX042 | 苜蓿属 | 紫花苜蓿 | *Medicago sativa* L. | WL-324HQ | 内蒙古草原站 | | 2016 | 3 | 引进资源 |
| 3343 | MX043 | 苜蓿属 | 紫花苜蓿 | *Medicago sativa* L. | 8920 | 内蒙古草原站 | | 2016 | 3 | 引进资源 |
| 3344 | MX044 | 苜蓿属 | 紫花苜蓿 | *Medicago sativa* L. | 8925MF | 内蒙古草原站 | | 2016 | 3 | 引进资源 |
| 3345 | MX045 | 苜蓿属 | 紫花苜蓿 | *Medicago sativa* L. | 准格尔 | 内蒙古草原站 | | 2016 | 3 | 栽培资源 |
| 3346 | MX047 | 苜蓿属 | 紫花苜蓿 | *Medicago sativa* L. | 放牧Ⅰ型（AlfagrazeⅠ） | 内蒙古草原站 | | 2016 | 3 | 引进资源 |
| 3347 | MX048 | 苜蓿属 | 紫花苜蓿 | *Medicago sativa* L. | Acgraze-land BR | 内蒙古草原站 | | 2016 | 3 | 引进资源 |
| 3348 | MX049 | 苜蓿属 | 紫花苜蓿 | *Medicago sativa* L. | 巨人201＋Z(Amer-istand201＋Z) | 内蒙古草原站 | | 2016 | 3 | 引进资源 |
| 3349 | MX051 | 苜蓿属 | 紫花苜蓿 | *Medicago sativa* L. | Ranger | 内蒙古草原站 | | 2016 | 3 | 引进资源 |
| 3350 | MX052 | 苜蓿属 | 紫花苜蓿 | *Medicago sativa* L. | Baker | 内蒙古草原站 | | 2016 | 3 | 引进资源 |
| 3351 | MX055 | 苜蓿属 | 紫花苜蓿 | *Medicago sativa* L. | 大富豪（Millionaire） | 内蒙古草原站 | | 2016 | 3 | 引进资源 |
| 3352 | MX063 | 苜蓿属 | 紫花苜蓿 | *Medicago sativa* L. | 苜蓿王（Alfaking） | 内蒙古草原站 | | 2016 | 3 | 引进资源 |
| 3353 | MX064 | 苜蓿属 | 紫花苜蓿 | *Medicago sativa* L. | DF20A | 内蒙古草原站 | | 2016 | 3 | 引进资源 |
| 3354 | MX065 | 苜蓿属 | 紫花苜蓿 | *Medicago sativa* L. | DF40R | 内蒙古草原站 | | 2016 | 3 | 引进资源 |
| 3355 | MX066 | 苜蓿属 | 紫花苜蓿 | *Medicago sativa* L. | DF20W | 内蒙古草原站 | | 2016 | 3 | 引进资源 |
| 3356 | MS-2 | 苜蓿属 | 紫花苜蓿 | *Medicago sativa* L. | | 新疆木垒 | | 2009 | 3 | 栽培资源 |
| 3357 | NM05-097 | 苜蓿属 | 紫花苜蓿 | *Medicago sativa* L. | 敖汉 | 内蒙古锡林浩特林西 | | 2005 | 3 | 栽培资源 |
| 3358 | NM05-157 | 苜蓿属 | 紫花苜蓿 | *Medicago sativa* L. | 敖汉 | 内蒙古锡林浩特东乌旗 | | 2005 | 3 | 栽培资源 |
| 3359 | NM05-198 | 苜蓿属 | 紫花苜蓿 | *Medicago sativa* L. | 中苜1号 | 内蒙古巴音哈太 | | 2005 | 3 | 栽培资源 |
| 3360 | MZS | 苜蓿属 | 紫花苜蓿 | *Medicago sativa* L. | | 新疆昭苏 | | 2009 | 3 | 栽培资源 |

（续）

| 序号 | 送种单位编号 | 属 名 | 种 名 | 学 名 | 品种名（原文名） | 材料来源 | 材料原产地 | 收种时间（年份） | 保存地点 | 类型 |
|---|---|---|---|---|---|---|---|---|---|---|
| 3361 | NM05-468 | 苜蓿属 | 紫花苜蓿 | *Medicago sativa* L. | | 内蒙古草原站 | | 2005 | 3 | 栽培资源 |
| 3362 | NM07-023 | 苜蓿属 | 紫花苜蓿 | *Medicago sativa* L. | 中苜 1 号 | 内蒙古草原站 | | 2007 | 3 | 栽培资源 |
| 3363 | NM07-077 | 苜蓿属 | 紫花苜蓿 | *Medicago sativa* L. | 敖汉 | 内蒙古草原站 | | 2007 | 3 | 栽培资源 |
| 3364 | NM09-056 | 苜蓿属 | 紫花苜蓿 | *Medicago sativa* L. | 肇东 | 内蒙古草原站 | | 2009 | 3 | 栽培资源 |
| 3365 | NM09-076 | 苜蓿属 | 紫花苜蓿 | *Medicago sativa* L. | | 内蒙古草原站 | | 2009 | 3 | 栽培资源 |
| 3366 | NM09-081 | 苜蓿属 | 紫花苜蓿 | *Medicago sativa* L. | | 内蒙古草原站 | | 2009 | 3 | 栽培资源 |
| 3367 | NM09-083 | 苜蓿属 | 紫花苜蓿 | *Medicago sativa* L. | | 内蒙古草原站 | | 2009 | 3 | 栽培资源 |
| 3368 | NM09-086 | 苜蓿属 | 紫花苜蓿 | *Medicago sativa* L. | | 内蒙古草原站 | | 2009 | 3 | 栽培资源 |
| 3369 | NM09-087 | 苜蓿属 | 紫花苜蓿 | *Medicago sativa* L. | | 内蒙古草原站 | | 2009 | 3 | 栽培资源 |
| 3370 | NM09-095 | 苜蓿属 | 紫花苜蓿 | *Medicago sativa* L. | | 内蒙古草原站 | | 2009 | 3 | 栽培资源 |
| 3371 | Q-X1-1 | 苜蓿属 | 紫花苜蓿 | *Medicago sativa* L. | | 内蒙古草原站 | | 2009 | 3 | 栽培资源 |
| 3372 | Q-X1-3 | 苜蓿属 | 紫花苜蓿 | *Medicago sativa* L. | | 内蒙古草原站 | | 2009 | 3 | 栽培资源 |
| 3373 | Q-X1-4 | 苜蓿属 | 紫花苜蓿 | *Medicago sativa* L. | | 内蒙古草原站 | | 2009 | 3 | 栽培资源 |
| 3374 | Q-X1-5 | 苜蓿属 | 紫花苜蓿 | *Medicago sativa* L. | | 内蒙古草原站 | | 2009 | 3 | 栽培资源 |
| 3375 | Q-X1-6 | 苜蓿属 | 紫花苜蓿 | *Medicago sativa* L. | | 内蒙古草原站 | | 2009 | 3 | 栽培资源 |
| 3376 | Q-X2-1 | 苜蓿属 | 紫花苜蓿 | *Medicago sativa* L. | | 内蒙古草原站 | | 2009 | 3 | 栽培资源 |
| 3377 | Q-X2-2 | 苜蓿属 | 紫花苜蓿 | *Medicago sativa* L. | | 内蒙古草原站 | | 2009 | 3 | 栽培资源 |
| 3378 | Q-X2-3 | 苜蓿属 | 紫花苜蓿 | *Medicago sativa* L. | | 内蒙古草原站 | | 2009 | 3 | 栽培资源 |
| 3379 | Q-X2-4 | 苜蓿属 | 紫花苜蓿 | *Medicago sativa* L. | | 内蒙古草原站 | | 2009 | 3 | 栽培资源 |
| 3380 | Q-X2-5 | 苜蓿属 | 紫花苜蓿 | *Medicago sativa* L. | | 内蒙古草原站 | | 2009 | 3 | 栽培资源 |
| 3381 | Q-X2-6 | 苜蓿属 | 紫花苜蓿 | *Medicago sativa* L. | | 内蒙古草原站 | | 2009 | 3 | 栽培资源 |
| 3382 | SC2009-257 | 苜蓿属 | 紫花苜蓿 | *Medicago sativa* L. | | 四川汶川 | 四川汶川 | 2008 | 3 | 栽培资源 |
| 3383 | SC2010-041 | 苜蓿属 | 紫花苜蓿 | *Medicago sativa* L. | PLATO ZS | 四川洪雅 | 德国 | 2009 | 3 | 引进资源 |
| 3384 | SC2010-046 | 苜蓿属 | 紫花苜蓿 | *Medicago sativa* L. | PLATO MS | 四川洪雅 | 德国 | 2009 | 3 | 引进资源 |
| 3385 | Q-X2-7 | 苜蓿属 | 紫花苜蓿 | *Medicago sativa* L. | | 新疆奇台 | | 2009 | 3 | 栽培资源 |

（续）

| 序号 | 送种单位编号 | 属 名 | 种 名 | 学 名 | 品种名（原文名） | 材料来源 | 材料原产地 | 收种时间（年份） | 保存地点 | 类型 |
|------|------|------|------|------|------|------|------|------|------|------|
| 3386 | SCH03-73 | 苜蓿属 | 紫花苜蓿 | *Medicago sativa* L. | 陇东 | 四川梓潼 | | 2002 | 3 | 栽培资源 |
| 3387 | SD06-02 | 苜蓿属 | 紫花苜蓿 | *Medicago sativa* L. | 中苜 3 号 | 中国农科院畜牧所 | | 2006 | 3 | 栽培资源 |
| 3388 | SD06-03 | 苜蓿属 | 紫花苜蓿 | *Medicago sativa* L. | 游客 | 澳大利亚 | | 2008 | 3 | 引进资源 |
| 3389 | X02-043 | 苜蓿属 | 紫花苜蓿 | *Medicago sativa* L. | | 新疆乌鲁木齐 | | 2002 | 3 | 栽培资源 |
| 3390 | xj09-142 | 苜蓿属 | 紫花苜蓿 | *Medicago sativa* L. | 金皇后 | 新疆草原总站 | | 2009 | 3 | 引进资源 |
| 3391 | YN2007-017 | 苜蓿属 | 紫花苜蓿 | *Medicago sativa* L. | 敖汉 | 云南昆明 | 内蒙古 | 2007 | 3 | 栽培资源 |
| 3392 | YN2007-134 | 苜蓿属 | 紫花苜蓿 | *Medicago sativa* L. | 皇后 | 云南昆明 | | 2007 | 3 | 引进资源 |
| 3393 | YN2007-136 | 苜蓿属 | 紫花苜蓿 | *Medicago sativa* L. | 皇后 | 云南昆明 | | 2007 | 3 | 引进资源 |
| 3394 | YN2015-148 | 苜蓿属 | 紫花苜蓿 | *Medicago sativa* L. | T-8 | | 美国俄勒冈 | 2015 | 3 | 引进资源 |
| 3395 | YN2015-149 | 苜蓿属 | 紫花苜蓿 | *Medicago sativa* L. | 6010 | | 美国俄勒冈 | 2015 | 3 | 引进资源 |
| 3396 | ZXY03P-21 | 苜蓿属 | 紫花苜蓿 | *Medicago sativa* L. | | 中国农科院北京畜牧所 | | 2009 | 3 | 引进资源 |
| 3397 | ZXY03P-244 | 苜蓿属 | 紫花苜蓿 | *Medicago sativa* L. | | | 土耳其 | 2003 | 3 | 引进资源 |
| 3398 | ZXY04P--433 | 苜蓿属 | 紫花苜蓿 | *Medicago sativa* L. | | 俄罗斯 | 苏丹 | 2004 | 3 | 引进资源 |
| 3399 | ZXY04P--450 | 苜蓿属 | 紫花苜蓿 | *Medicago sativa* L. | | 俄罗斯 | 坦桑尼亚 | 2004 | 3 | 引进资源 |
| 3400 | ZXY04P--495 | 苜蓿属 | 紫花苜蓿 | *Medicago sativa* L. | | 俄罗斯 | 土库曼 | 2004 | 3 | 引进资源 |
| 3401 | ZXY04P--512 | 苜蓿属 | 紫花苜蓿 | *Medicago sativa* L. | | 俄罗斯 | 土库曼 | 2004 | 3 | 引进资源 |
| 3402 | ZXY04P--517 | 苜蓿属 | 紫花苜蓿 | *Medicago sativa* L. | | 俄罗斯 | 土库曼 | 2004 | 3 | 引进资源 |
| 3403 | ZXY04P--532 | 苜蓿属 | 紫花苜蓿 | *Medicago sativa* L. | | 俄罗斯 | 叙利亚 | 2004 | 3 | 引进资源 |
| 3404 | ZXY04P--550 | 苜蓿属 | 紫花苜蓿 | *Medicago sativa* L. | | 俄罗斯 | 叙利亚 | 2004 | 3 | 引进资源 |
| 3405 | ZXY04P-556- | 苜蓿属 | 紫花苜蓿 | *Medicago sativa* L. | | 俄罗斯 | 叙利亚 | 2004 | 3 | 引进资源 |
| 3406 | ZXY05P-1140 | 苜蓿属 | 紫花苜蓿 | *Medicago sativa* L. | | 俄罗斯 | | 2005 | 3 | 引进资源 |
| 3407 | ZXY05P-1435 | 苜蓿属 | 紫花苜蓿 | *Medicago sativa* L. | | 俄罗斯 | | 2005 | 3 | 引进资源 |
| 3408 | ZXY05P-1519 | 苜蓿属 | 紫花苜蓿 | *Medicago sativa* L. | | 俄罗斯 | | 2005 | 3 | 引进资源 |

（续）

| 序号 | 送种单位编号 | 属 名 | 种 名 | 学 名 | 品种名（原文名） | 材料来源 | 材料原产地 | 收种时间（年份） | 保存地点 | 类型 |
|------|-----------|-------|-------|-------|-----------------|---------|-----------|----------------|---------|------|
| 3409 | ZXY06P-1069 | 苜蓿属 | 紫花苜蓿 | *Medicago sativa* L. | | 俄罗斯 | | 2006 | 3 | 引进资源 |
| 3410 | zxy2011-8536 | 苜蓿属 | 紫花苜蓿 | *Medicago sativa* L. | | 俄罗斯 | | 2011 | 3 | 引进资源 |
| 3411 | zxy2011-8540 | 苜蓿属 | 紫花苜蓿 | *Medicago sativa* L. | | 俄罗斯 | | 2011 | 3 | 引进资源 |
| 3412 | zxy2011-8553 | 苜蓿属 | 紫花苜蓿 | *Medicago sativa* L. | | 俄罗斯 | | 2011 | 3 | 引进资源 |
| 3413 | zxy2011-8561 | 苜蓿属 | 紫花苜蓿 | *Medicago sativa* L. | | 俄罗斯 | | 2011 | 3 | 引进资源 |
| 3414 | zxy2011-8572 | 苜蓿属 | 紫花苜蓿 | *Medicago sativa* L. | | 俄罗斯 | | 2011 | 3 | 引进资源 |
| 3415 | zxy2011-8577 | 苜蓿属 | 紫花苜蓿 | *Medicago sativa* L. | | 俄罗斯 | | 2011 | 3 | 引进资源 |
| 3416 | zxy2011-8590 | 苜蓿属 | 紫花苜蓿 | *Medicago sativa* L. | | 俄罗斯 | | 2011 | 3 | 引进资源 |
| 3417 | zxy2011-8597 | 苜蓿属 | 紫花苜蓿 | *Medicago sativa* L. | | 俄罗斯 | | 2011 | 3 | 引进资源 |
| 3418 | zxy2011-8602 | 苜蓿属 | 紫花苜蓿 | *Medicago sativa* L. | | 俄罗斯 | | 2011 | 3 | 引进资源 |
| 3419 | zxy2011-8607 | 苜蓿属 | 紫花苜蓿 | *Medicago sativa* L. | | 俄罗斯 | | 2011 | 3 | 引进资源 |
| 3420 | zxy2011-8611 | 苜蓿属 | 紫花苜蓿 | *Medicago sativa* L. | | 俄罗斯 | | 2011 | 3 | 引进资源 |
| 3421 | zxy2011-8618 | 苜蓿属 | 紫花苜蓿 | *Medicago sativa* L. | | 俄罗斯 | | 2011 | 3 | 引进资源 |
| 3422 | zxy2011-8622 | 苜蓿属 | 紫花苜蓿 | *Medicago sativa* L. | | 俄罗斯 | | 2011 | 3 | 引进资源 |
| 3423 | zxy2011-8635 | 苜蓿属 | 紫花苜蓿 | *Medicago sativa* L. | | 俄罗斯 | | 2011 | 3 | 引进资源 |
| 3424 | zxy2011-8641 | 苜蓿属 | 紫花苜蓿 | *Medicago sativa* L. | | 俄罗斯 | | 2011 | 3 | 引进资源 |
| 3425 | zxy2011-8643 | 苜蓿属 | 紫花苜蓿 | *Medicago sativa* L. | | 俄罗斯 | | 2011 | 3 | 引进资源 |
| 3426 | zxy2011-8650 | 苜蓿属 | 紫花苜蓿 | *Medicago sativa* L. | | 俄罗斯 | | 2011 | 3 | 引进资源 |
| 3427 | zxy2011-8659 | 苜蓿属 | 紫花苜蓿 | *Medicago sativa* L. | | 俄罗斯 | | 2011 | 3 | 引进资源 |
| 3428 | zxy2011-8669 | 苜蓿属 | 紫花苜蓿 | *Medicago sativa* L. | | 俄罗斯 | | 2011 | 3 | 引进资源 |
| 3429 | zxy2011-8677 | 苜蓿属 | 紫花苜蓿 | *Medicago sativa* L. | | 俄罗斯 | | 2011 | 3 | 引进资源 |
| 3430 | zxy2011-8683 | 苜蓿属 | 紫花苜蓿 | *Medicago sativa* L. | | 俄罗斯 | | 2011 | 3 | 引进资源 |
| 3431 | zxy2011-8691 | 苜蓿属 | 紫花苜蓿 | *Medicago sativa* L. | | 俄罗斯 | | 2011 | 3 | 引进资源 |
| 3432 | zxy2011-8697 | 苜蓿属 | 紫花苜蓿 | *Medicago sativa* L. | | 俄罗斯 | | 2011 | 3 | 引进资源 |
| 3433 | zxy2011-8702 | 苜蓿属 | 紫花苜蓿 | *Medicago sativa* L. | | 俄罗斯 | | 2011 | 3 | 引进资源 |

（续）

| 序号 | 送种单位编号 | 属 名 | 种 名 | 学 名 | 品种名（原文名） | 材料来源 | 材料原产地 | 收种时间（年份） | 保存地点 | 类型 |
|---|---|---|---|---|---|---|---|---|---|---|
| 3434 | zxy2011-8708 | 苜蓿属 | 紫花苜蓿 | *Medicago sativa* L. | | 俄罗斯 | | 2011 | 3 | 引进资源 |
| 3435 | zxy2011-8713 | 苜蓿属 | 紫花苜蓿 | *Medicago sativa* L. | | 俄罗斯 | | 2011 | 3 | 引进资源 |
| 3436 | zxy2011-8716 | 苜蓿属 | 紫花苜蓿 | *Medicago sativa* L. | | 俄罗斯 | | 2011 | 3 | 引进资源 |
| 3437 | zxy2011-8722 | 苜蓿属 | 紫花苜蓿 | *Medicago sativa* L. | | 俄罗斯 | | 2011 | 3 | 引进资源 |
| 3438 | zxy2011-8733 | 苜蓿属 | 紫花苜蓿 | *Medicago sativa* L. | | 俄罗斯 | | 2011 | 3 | 引进资源 |
| 3439 | zxy2011-8741 | 苜蓿属 | 紫花苜蓿 | *Medicago sativa* L. | | 俄罗斯 | | 2011 | 3 | 引进资源 |
| 3440 | zxy2011-8750 | 苜蓿属 | 紫花苜蓿 | *Medicago sativa* L. | | 俄罗斯 | | 2011 | 3 | 引进资源 |
| 3441 | zxy2012p-10006 | 苜蓿属 | 紫花苜蓿 | *Medicago sativa* L. | | | 吉尔吉斯斯坦 | 2012 | 3 | 引进资源 |
| 3442 | zxy2012p-10014 | 苜蓿属 | 紫花苜蓿 | *Medicago sativa* L. | | | 吉尔吉斯斯坦 | 2012 | 3 | 引进资源 |
| 3443 | zxy2012p-10036 | 苜蓿属 | 紫花苜蓿 | *Medicago sativa* L. | | | 吉尔吉斯斯坦 | 2012 | 3 | 引进资源 |
| 3444 | zxy2012p-10045 | 苜蓿属 | 紫花苜蓿 | *Medicago sativa* L. | | | 吉尔吉斯斯坦 | 2012 | 3 | 引进资源 |
| 3445 | zxy2012p-10059 | 苜蓿属 | 紫花苜蓿 | *Medicago sativa* L. | | | 吉尔吉斯斯坦 | 2012 | 3 | 引进资源 |
| 3446 | zxy2012p-10078 | 苜蓿属 | 紫花苜蓿 | *Medicago sativa* L. | | | 吉尔吉斯斯坦 | 2012 | 3 | 引进资源 |
| 3447 | zxy2012p-10079 | 苜蓿属 | 紫花苜蓿 | *Medicago sativa* L. | | | 吉尔吉斯斯坦 | 2012 | 3 | 引进资源 |
| 3448 | zxy2012P-10079 | 苜蓿属 | 紫花苜蓿 | *Medicago sativa* L. | | 俄罗斯 | | 2012 | 3 | 引进资源 |
| 3449 | zxy2012p-10088 | 苜蓿属 | 紫花苜蓿 | *Medicago sativa* L. | | | 吉尔吉斯斯坦 | 2012 | 3 | 引进资源 |
| 3450 | zxy2012P-10098 | 苜蓿属 | 紫花苜蓿 | *Medicago sativa* L. | | | 俄罗斯 | 2012 | 3 | 引进资源 |
| 3451 | zxy2012p-10105 | 苜蓿属 | 紫花苜蓿 | *Medicago sativa* L. | | | 吉尔吉斯斯坦 | 2012 | 3 | 引进资源 |
| 3452 | zxy2012p-10131 | 苜蓿属 | 紫花苜蓿 | *Medicago sativa* L. | | | 哈萨克斯坦 | 2012 | 3 | 引进资源 |
| 3453 | zxy2012p-10203 | 苜蓿属 | 紫花苜蓿 | *Medicago sativa* L. | | | 哈萨克斯坦 | 2012 | 3 | 引进资源 |
| 3454 | zxy2012p-10216 | 苜蓿属 | 紫花苜蓿 | *Medicago sativa* L. | | | 哈萨克斯坦 | 2012 | 3 | 引进资源 |
| 3455 | zxy2012p-10223 | 苜蓿属 | 紫花苜蓿 | *Medicago sativa* L. | | | 哈萨克斯坦 | 2012 | 3 | 引进资源 |
| 3456 | zxy2012p-10231 | 苜蓿属 | 紫花苜蓿 | *Medicago sativa* L. | | | 哈萨克斯坦 | 2012 | 3 | 引进资源 |
| 3457 | zxy2012P-10236 | 苜蓿属 | 紫花苜蓿 | *Medicago sativa* L. | | 俄罗斯 | | 2012 | 3 | 引进资源 |
| 3458 | zxy2012P-10243 | 苜蓿属 | 紫花苜蓿 | *Medicago sativa* L. | | 俄罗斯 | | 2012 | 3 | 引进资源 |

(续)

| 序号 | 送种单位编号 | 属 名 | 种 名 | 学 名 | 品种名（原文名） | 材料来源 | 材料原产地 | 收种时间（年份） | 保存地点 | 类型 |
|------|------|------|------|------|------|------|------|------|------|------|
| 3459 | zxy2012p-10244 | 苜蓿属 | 紫花苜蓿 | *Medicago sativa* L. | | | 哈萨克斯坦 | 2012 | 3 | 引进资源 |
| 3460 | zxy2012p-10254 | 苜蓿属 | 紫花苜蓿 | *Medicago sativa* L. | | | 哈萨克斯坦 | 2012 | 3 | 引进资源 |
| 3461 | zxy2012p-10271 | 苜蓿属 | 紫花苜蓿 | *Medicago sativa* L. | | | 哈萨克斯坦 | 2012 | 3 | 引进资源 |
| 3462 | zxy2012p-10281 | 苜蓿属 | 紫花苜蓿 | *Medicago sativa* L. | | | 哈萨克斯坦 | 2012 | 3 | 引进资源 |
| 3463 | zxy2012p-10284 | 苜蓿属 | 紫花苜蓿 | *Medicago sativa* L. | | | 哈萨克斯坦 | 2012 | 3 | 引进资源 |
| 3464 | zxy2012p-10293 | 苜蓿属 | 紫花苜蓿 | *Medicago sativa* L. | | | 哈萨克斯坦 | 2012 | 3 | 引进资源 |
| 3465 | zxy2012p-10299 | 苜蓿属 | 紫花苜蓿 | *Medicago sativa* L. | | | 哈萨克斯坦 | 2012 | 3 | 引进资源 |
| 3466 | zxy2012p-10307 | 苜蓿属 | 紫花苜蓿 | *Medicago sativa* L. | | | 哈萨克斯坦 | 2012 | 3 | 引进资源 |
| 3467 | zxy2012p-10317 | 苜蓿属 | 紫花苜蓿 | *Medicago sativa* L. | | | 哈萨克斯坦 | 2012 | 3 | 引进资源 |
| 3468 | zxy2012P-9004 | 苜蓿属 | 紫花苜蓿 | *Medicago sativa* L. | | 俄罗斯 | | 2012 | 3 | 引进资源 |
| 3469 | zxy2012p-9031 | 苜蓿属 | 紫花苜蓿 | *Medicago sativa* L. | | | 哈萨克斯坦 | 2012 | 3 | 引进资源 |
| 3470 | zxy2012P-9041 | 苜蓿属 | 紫花苜蓿 | *Medicago sativa* L. | | 俄罗斯 | | 2012 | 3 | 引进资源 |
| 3471 | zxy2012p-9076 | 苜蓿属 | 紫花苜蓿 | *Medicago sativa* L. | | | 哈萨克斯坦 | 2012 | 3 | 引进资源 |
| 3472 | zxy2012p-9080 | 苜蓿属 | 紫花苜蓿 | *Medicago sativa* L. | | | 哈萨克斯坦 | 2012 | 3 | 引进资源 |
| 3473 | zxy2012p-9083 | 苜蓿属 | 紫花苜蓿 | *Medicago sativa* L. | | | 哈萨克斯坦 | 2012 | 3 | 引进资源 |
| 3474 | zxy2012p-9087 | 苜蓿属 | 紫花苜蓿 | *Medicago sativa* L. | | | 哈萨克斯坦 | 2012 | 3 | 引进资源 |
| 3475 | zxy2012P-9089 | 苜蓿属 | 紫花苜蓿 | *Medicago sativa* L. | | 俄罗斯 | | 2012 | 3 | 引进资源 |
| 3476 | zxy2012p-9145 | 苜蓿属 | 紫花苜蓿 | *Medicago sativa* L. | | | 阿根廷 | 2012 | 3 | 引进资源 |
| 3477 | zxy2012p-9156 | 苜蓿属 | 紫花苜蓿 | *Medicago sativa* L. | | | 阿根廷 | 2012 | 3 | 引进资源 |
| 3478 | zxy2012p-9174 | 苜蓿属 | 紫花苜蓿 | *Medicago sativa* L. | | | 阿根廷 | 2012 | 3 | 引进资源 |
| 3479 | zxy2012p-9186 | 苜蓿属 | 紫花苜蓿 | *Medicago sativa* L. | | | 阿根廷 | 2012 | 3 | 引进资源 |
| 3480 | zxy2012p-9190 | 苜蓿属 | 紫花苜蓿 | *Medicago sativa* L. | | | 阿根廷 | 2012 | 3 | 引进资源 |
| 3481 | zxy2012p-9210 | 苜蓿属 | 紫花苜蓿 | *Medicago sativa* L. | | | 阿根廷 | 2012 | 3 | 引进资源 |
| 3482 | zxy2012p-9222 | 苜蓿属 | 紫花苜蓿 | *Medicago sativa* L. | | | 阿根廷 | 2012 | 3 | 引进资源 |
| 3483 | zxy2012p-9225 | 苜蓿属 | 紫花苜蓿 | *Medicago sativa* L. | | | 阿根廷 | 2012 | 3 | 引进资源 |

（续）

| 序号 | 送种单位编号 | 属 名 | 种 名 | 学 名 | 品种名（原文名） | 材料来源 | 材料原产地 | 收种时间（年份） | 保存地点 | 类型 |
|------|------|------|------|------|------|------|------|------|------|------|
| 3484 | zxy2012p-9235 | 苜蓿属 | 紫花苜蓿 | *Medicago sativa* L. | | | 哈萨克斯坦 | 2012 | 3 | 引进资源 |
| 3485 | zxy2012p-9261 | 苜蓿属 | 紫花苜蓿 | *Medicago sativa* L. | | | 哈萨克斯坦 | 2012 | 3 | 引进资源 |
| 3486 | zxy2012p-9267 | 苜蓿属 | 紫花苜蓿 | *Medicago sativa* L. | | | 哈萨克斯坦 | 2012 | 3 | 引进资源 |
| 3487 | zxy2012p-9285 | 苜蓿属 | 紫花苜蓿 | *Medicago sativa* L. | | | 阿富汗 | 2012 | 3 | 引进资源 |
| 3488 | zxy2012P-9291 | 苜蓿属 | 紫花苜蓿 | *Medicago sativa* L. | | 俄罗斯 | | 2012 | 3 | 引进资源 |
| 3489 | zxy2012p-9298 | 苜蓿属 | 紫花苜蓿 | *Medicago sativa* L. | | | 阿富汗 | 2012 | 3 | 引进资源 |
| 3490 | zxy2012p-9305 | 苜蓿属 | 紫花苜蓿 | *Medicago sativa* L. | | | 阿富汗 | 2012 | 3 | 引进资源 |
| 3491 | zxy2012p-9313 | 苜蓿属 | 紫花苜蓿 | *Medicago sativa* L. | | | 阿富汗 | 2012 | 3 | 引进资源 |
| 3492 | zxy2012p-9319 | 苜蓿属 | 紫花苜蓿 | *Medicago sativa* L. | | | 阿富汗 | 2012 | 3 | 引进资源 |
| 3493 | zxy2012P-9319 | 苜蓿属 | 紫花苜蓿 | *Medicago sativa* L. | | 俄罗斯 | | 2012 | 3 | 引进资源 |
| 3494 | zxy2012p-9324 | 苜蓿属 | 紫花苜蓿 | *Medicago sativa* L. | | | 阿富汗 | 2012 | 3 | 引进资源 |
| 3495 | zxy2012p-9338 | 苜蓿属 | 紫花苜蓿 | *Medicago sativa* L. | | | 阿富汗 | 2012 | 3 | 引进资源 |
| 3496 | zxy2012p-9349 | 苜蓿属 | 紫花苜蓿 | *Medicago sativa* L. | | | 阿富汗 | 2012 | 3 | 引进资源 |
| 3497 | zxy2012p-9354 | 苜蓿属 | 紫花苜蓿 | *Medicago sativa* L. | | | 阿富汗 | 2012 | 3 | 引进资源 |
| 3498 | zxy2012p-9363 | 苜蓿属 | 紫花苜蓿 | *Medicago sativa* L. | | | 阿富汗 | 2012 | 3 | 引进资源 |
| 3499 | zxy2012p-9374 | 苜蓿属 | 紫花苜蓿 | *Medicago sativa* L. | | | 阿富汗 | 2012 | 3 | 引进资源 |
| 3500 | zxy2012p-9378 | 苜蓿属 | 紫花苜蓿 | *Medicago sativa* L. | | | 阿富汗 | 2012 | 3 | 引进资源 |
| 3501 | zxy2012p-9387 | 苜蓿属 | 紫花苜蓿 | *Medicago sativa* L. | | | 阿富汗 | 2012 | 3 | 引进资源 |
| 3502 | zxy2012p-9388 | 苜蓿属 | 紫花苜蓿 | *Medicago sativa* L. | | | 阿富汗 | 2012 | 3 | 引进资源 |
| 3503 | zxy2012p-9427 | 苜蓿属 | 紫花苜蓿 | *Medicago sativa* L. | | | 阿富汗 | 2012 | 3 | 引进资源 |
| 3504 | zxy2012p-9439 | 苜蓿属 | 紫花苜蓿 | *Medicago sativa* L. | | | 阿富汗 | 2012 | 3 | 引进资源 |
| 3505 | zxy2012p-9444 | 苜蓿属 | 紫花苜蓿 | *Medicago sativa* L. | | | 阿富汗 | 2012 | 3 | 引进资源 |
| 3506 | zxy2012p-9457 | 苜蓿属 | 紫花苜蓿 | *Medicago sativa* L. | | | 阿富汗 | 2012 | 3 | 引进资源 |
| 3507 | zxy2012p-9466 | 苜蓿属 | 紫花苜蓿 | *Medicago sativa* L. | | | 阿富汗 | 2012 | 3 | 引进资源 |
| 3508 | zxy2012P-9486 | 苜蓿属 | 紫花苜蓿 | *Medicago sativa* L. | | 俄罗斯 | | 2012 | 3 | 引进资源 |

（续）

| 序号 | 送种单位编号 | 属 名 | 种 名 | 学 名 | 品种名（原文名） | 材料来源 | 材料原产地 | 收种时间（年份） | 保存地点 | 类型 |
|------|------|------|------|------|------|------|------|------|------|------|
| 3509 | zxy2012p-9498 | 苜蓿属 | 紫花苜蓿 | *Medicago sativa* L. | | | 巴西 | 2012 | 3 | 引进资源 |
| 3510 | zxy2012p-9508 | 苜蓿属 | 紫花苜蓿 | *Medicago sativa* L. | | | 巴西 | 2012 | 3 | 引进资源 |
| 3511 | zxy2012P-9520 | 苜蓿属 | 紫花苜蓿 | *Medicago sativa* L. | | 俄罗斯 | | 2012 | 3 | 引进资源 |
| 3512 | zxy2012p-9531 | 苜蓿属 | 紫花苜蓿 | *Medicago sativa* L. | | | 巴西 | 2012 | 3 | 引进资源 |
| 3513 | zxy2012P-9531 | 苜蓿属 | 紫花苜蓿 | *Medicago sativa* L. | | 俄罗斯 | | 2012 | 3 | 引进资源 |
| 3514 | zxy2012p-9539 | 苜蓿属 | 紫花苜蓿 | *Medicago sativa* L. | | | 巴西 | 2012 | 3 | 引进资源 |
| 3515 | zxy2012p-9540 | 苜蓿属 | 紫花苜蓿 | *Medicago sativa* L. | | | 匈牙利 | 2012 | 3 | 引进资源 |
| 3516 | zxy2012p-9579 | 苜蓿属 | 紫花苜蓿 | *Medicago sativa* L. | | | 匈牙利 | 2012 | 3 | 引进资源 |
| 3517 | zxy2012p-9586 | 苜蓿属 | 紫花苜蓿 | *Medicago sativa* L. | | | 匈牙利 | 2012 | 3 | 引进资源 |
| 3518 | zxy2012p-9587 | 苜蓿属 | 紫花苜蓿 | *Medicago sativa* L. | | | 西班牙 | 2012 | 3 | 引进资源 |
| 3519 | zxy2012p-9599 | 苜蓿属 | 紫花苜蓿 | *Medicago sativa* L. | | | 西班牙 | 2012 | 3 | 引进资源 |
| 3520 | zxy2012P-9599 | 苜蓿属 | 紫花苜蓿 | *Medicago sativa* L. | | 俄罗斯 | | 2012 | 3 | 引进资源 |
| 3521 | zxy2012P-9609 | 苜蓿属 | 紫花苜蓿 | *Medicago sativa* L. | | 俄罗斯 | | 2012 | 3 | 引进资源 |
| 3522 | zxy2012p-9617 | 苜蓿属 | 紫花苜蓿 | *Medicago sativa* L. | | | 西班牙 | 2012 | 3 | 引进资源 |
| 3523 | zxy2012P-9626 | 苜蓿属 | 紫花苜蓿 | *Medicago sativa* L. | | 俄罗斯 | | 2012 | 3 | 引进资源 |
| 3524 | zxy2012p-9636 | 苜蓿属 | 紫花苜蓿 | *Medicago sativa* L. | | | 哈萨克斯坦 | 2012 | 3 | 引进资源 |
| 3525 | zxy2012p-9649 | 苜蓿属 | 紫花苜蓿 | *Medicago sativa* L. | | | 哈萨克斯坦 | 2012 | 3 | 引进资源 |
| 3526 | zxy2012p-9658 | 苜蓿属 | 紫花苜蓿 | *Medicago sativa* L. | | | 哈萨克斯坦 | 2012 | 3 | 引进资源 |
| 3527 | zxy2012p-9668 | 苜蓿属 | 紫花苜蓿 | *Medicago sativa* L. | | | 哈萨克斯坦 | 2012 | 3 | 引进资源 |
| 3528 | zxy2012p-9673 | 苜蓿属 | 紫花苜蓿 | *Medicago sativa* L. | | | 哈萨克斯坦 | 2012 | 3 | 引进资源 |
| 3529 | zxy2012p-9680 | 苜蓿属 | 紫花苜蓿 | *Medicago sativa* L. | | | 哈萨克斯坦 | 2012 | 3 | 引进资源 |
| 3530 | zxy2012p-9688 | 苜蓿属 | 紫花苜蓿 | *Medicago sativa* L. | | | 哈萨克斯坦 | 2012 | 3 | 引进资源 |
| 3531 | zxy2012p-9697 | 苜蓿属 | 紫花苜蓿 | *Medicago sativa* L. | | | 哈萨克斯坦 | 2012 | 3 | 引进资源 |
| 3532 | zxy2012p-9707 | 苜蓿属 | 紫花苜蓿 | *Medicago sativa* L. | | | 哈萨克斯坦 | 2012 | 3 | 引进资源 |
| 3533 | zxy2012p-9720 | 苜蓿属 | 紫花苜蓿 | *Medicago sativa* L. | | | 哈萨克斯坦 | 2012 | 3 | 引进资源 |

（续）

| 序号 | 送种单位编号 | 属名 | 种名 | 学名 | 品种名（原文名） | 材料来源 | 材料原产地 | 收种时间（年份） | 保存地点 | 类型 |
|---|---|---|---|---|---|---|---|---|---|---|
| 3534 | zxy2012p-9809 | 苜蓿属 | 紫花苜蓿 | *Medicago sativa* L. | | | 吉尔吉斯斯坦 | 2012 | 3 | 引进资源 |
| 3535 | zxy2012p-9825 | 苜蓿属 | 紫花苜蓿 | *Medicago sativa* L. | | | 吉尔吉斯斯坦 | 2012 | 3 | 引进资源 |
| 3536 | zxy2012p-9837 | 苜蓿属 | 紫花苜蓿 | *Medicago sativa* L. | | | 吉尔吉斯斯坦 | 2012 | 3 | 引进资源 |
| 3537 | ZXY2013P-10542 | 苜蓿属 | 紫花苜蓿 | *Medicago sativa* L. | | 俄罗斯 | | 2013 | 3 | 引进资源 |
| 3538 | ZXY2013P-10550 | 苜蓿属 | 紫花苜蓿 | *Medicago sativa* L. | | 俄罗斯 | | 2013 | 3 | 引进资源 |
| 3539 | ZXY2013P-10556 | 苜蓿属 | 紫花苜蓿 | *Medicago sativa* L. | | 俄罗斯 | | 2013 | 3 | 引进资源 |
| 3540 | ZXY2013P-10560 | 苜蓿属 | 紫花苜蓿 | *Medicago sativa* L. | | 俄罗斯 | | 2013 | 3 | 引进资源 |
| 3541 | ZXY2013P-10564 | 苜蓿属 | 紫花苜蓿 | *Medicago sativa* L. | | 俄罗斯 | | 2013 | 3 | 引进资源 |
| 3542 | ZXY2013P-10570 | 苜蓿属 | 紫花苜蓿 | *Medicago sativa* L. | | 俄罗斯 | | 2013 | 3 | 引进资源 |
| 3543 | ZXY2013P-10576 | 苜蓿属 | 紫花苜蓿 | *Medicago sativa* L. | | 俄罗斯 | | 2013 | 3 | 引进资源 |
| 3544 | ZXY2013P-10581 | 苜蓿属 | 紫花苜蓿 | *Medicago sativa* L. | | 俄罗斯 | | 2013 | 3 | 引进资源 |
| 3545 | ZXY2013P-10589 | 苜蓿属 | 紫花苜蓿 | *Medicago sativa* L. | | 俄罗斯 | | 2013 | 3 | 引进资源 |
| 3546 | ZXY2013P-10596 | 苜蓿属 | 紫花苜蓿 | *Medicago sativa* L. | | 俄罗斯 | | 2013 | 3 | 引进资源 |
| 3547 | ZXY2013P-10605 | 苜蓿属 | 紫花苜蓿 | *Medicago sativa* L. | | 俄罗斯 | | 2013 | 3 | 引进资源 |
| 3548 | ZXY2013P-10611 | 苜蓿属 | 紫花苜蓿 | *Medicago sativa* L. | | 俄罗斯 | | 2013 | 3 | 引进资源 |
| 3549 | ZXY2013P-10619 | 苜蓿属 | 紫花苜蓿 | *Medicago sativa* L. | | 俄罗斯 | | 2013 | 3 | 引进资源 |
| 3550 | ZXY2013P-10628 | 苜蓿属 | 紫花苜蓿 | *Medicago sativa* L. | | 俄罗斯 | | 2013 | 3 | 引进资源 |
| 3551 | ZXY2013P-10634 | 苜蓿属 | 紫花苜蓿 | *Medicago sativa* L. | | 俄罗斯 | | 2013 | 3 | 引进资源 |
| 3552 | ZXY2013P-10647 | 苜蓿属 | 紫花苜蓿 | *Medicago sativa* L. | | 俄罗斯 | | 2013 | 3 | 引进资源 |
| 3553 | ZXY2013P-10649 | 苜蓿属 | 紫花苜蓿 | *Medicago sativa* L. | | 俄罗斯 | | 2013 | 3 | 引进资源 |
| 3554 | ZXY2013P-10658 | 苜蓿属 | 紫花苜蓿 | *Medicago sativa* L. | | 俄罗斯 | | 2013 | 3 | 引进资源 |
| 3555 | ZXY2013P-10664 | 苜蓿属 | 紫花苜蓿 | *Medicago sativa* L. | | 俄罗斯 | | 2013 | 3 | 引进资源 |
| 3556 | ZXY2013P-10668 | 苜蓿属 | 紫花苜蓿 | *Medicago sativa* L. | | 俄罗斯 | | 2013 | 3 | 引进资源 |
| 3557 | ZXY2013P-10678 | 苜蓿属 | 紫花苜蓿 | *Medicago sativa* L. | | 俄罗斯 | | 2013 | 3 | 引进资源 |
| 3558 | ZXY2013P-10701 | 苜蓿属 | 紫花苜蓿 | *Medicago sativa* L. | | 俄罗斯 | | 2013 | 3 | 引进资源 |

（续）

| 序号 | 送种单位编号 | 属 名 | 种 名 | 学 名 | 品种名（原文名） | 材料来源 | 材料原产地 | 收种时间（年份） | 保存地点 | 类型 |
|---|---|---|---|---|---|---|---|---|---|---|
| 3559 | ZXY2013P-10708 | 苜蓿属 | 紫花苜蓿 | *Medicago sativa* L. | | 俄罗斯 | | 2013 | 3 | 引进资源 |
| 3560 | ZXY2013P-10716 | 苜蓿属 | 紫花苜蓿 | *Medicago sativa* L. | | 俄罗斯 | | 2013 | 3 | 引进资源 |
| 3561 | ZXY2013P-10726 | 苜蓿属 | 紫花苜蓿 | *Medicago sativa* L. | | 俄罗斯 | | 2013 | 3 | 引进资源 |
| 3562 | ZXY2013P-10732 | 苜蓿属 | 紫花苜蓿 | *Medicago sativa* L. | | 俄罗斯 | | 2013 | 3 | 引进资源 |
| 3563 | ZXY2013P-10743 | 苜蓿属 | 紫花苜蓿 | *Medicago sativa* L. | | 俄罗斯 | | 2013 | 3 | 引进资源 |
| 3564 | ZXY2013P-10753 | 苜蓿属 | 紫花苜蓿 | *Medicago sativa* L. | | 俄罗斯 | | 2013 | 3 | 引进资源 |
| 3565 | ZXY2013P-10761 | 苜蓿属 | 紫花苜蓿 | *Medicago sativa* L. | | 俄罗斯 | | 2013 | 3 | 引进资源 |
| 3566 | ZXY2013P-10763 | 苜蓿属 | 紫花苜蓿 | *Medicago sativa* L. | | 俄罗斯 | | 2013 | 3 | 引进资源 |
| 3567 | ZXY2013P-10772 | 苜蓿属 | 紫花苜蓿 | *Medicago sativa* L. | | 俄罗斯 | | 2013 | 3 | 引进资源 |
| 3568 | ZXY2013P-10784 | 苜蓿属 | 紫花苜蓿 | *Medicago sativa* L. | | 俄罗斯 | | 2013 | 3 | 引进资源 |
| 3569 | ZXY2013P-10791 | 苜蓿属 | 紫花苜蓿 | *Medicago sativa* L. | | 俄罗斯 | | 2013 | 3 | 引进资源 |
| 3570 | ZXY2013P-10799 | 苜蓿属 | 紫花苜蓿 | *Medicago sativa* L. | | 俄罗斯 | | 2013 | 3 | 引进资源 |
| 3571 | ZXY2013P-10803 | 苜蓿属 | 紫花苜蓿 | *Medicago sativa* L. | | 俄罗斯 | | 2013 | 3 | 引进资源 |
| 3572 | ZXY2013P-10814 | 苜蓿属 | 紫花苜蓿 | *Medicago sativa* L. | | 俄罗斯 | | 2013 | 3 | 引进资源 |
| 3573 | ZXY2013P-10823 | 苜蓿属 | 紫花苜蓿 | *Medicago sativa* L. | | 俄罗斯 | | 2013 | 3 | 引进资源 |
| 3574 | ZXY2013P-10834 | 苜蓿属 | 紫花苜蓿 | *Medicago sativa* L. | | 俄罗斯 | | 2013 | 3 | 引进资源 |
| 3575 | ZXY2013P-10840 | 苜蓿属 | 紫花苜蓿 | *Medicago sativa* L. | | 俄罗斯 | | 2013 | 3 | 引进资源 |
| 3576 | ZXY2013P-10846 | 苜蓿属 | 紫花苜蓿 | *Medicago sativa* L. | | 俄罗斯 | | 2013 | 3 | 引进资源 |
| 3577 | ZXY2013P-10851 | 苜蓿属 | 紫花苜蓿 | *Medicago sativa* L. | | 俄罗斯 | | 2013 | 3 | 引进资源 |
| 3578 | ZXY2013P-10862 | 苜蓿属 | 紫花苜蓿 | *Medicago sativa* L. | | 俄罗斯 | | 2013 | 3 | 引进资源 |
| 3579 | ZXY2013P-10872 | 苜蓿属 | 紫花苜蓿 | *Medicago sativa* L. | | 俄罗斯 | | 2013 | 3 | 引进资源 |
| 3580 | ZXY2013P-10874 | 苜蓿属 | 紫花苜蓿 | *Medicago sativa* L. | | 俄罗斯 | | 2013 | 3 | 引进资源 |
| 3581 | ZXY2013P-10881 | 苜蓿属 | 紫花苜蓿 | *Medicago sativa* L. | | 俄罗斯 | | 2013 | 3 | 引进资源 |
| 3582 | ZXY2013P-10890 | 苜蓿属 | 紫花苜蓿 | *Medicago sativa* L. | | 俄罗斯 | | 2013 | 3 | 引进资源 |
| 3583 | ZXY2013P-10894 | 苜蓿属 | 紫花苜蓿 | *Medicago sativa* L. | | 俄罗斯 | | 2013 | 3 | 引进资源 |

（续）

| 序号 | 送种单位编号 | 属 名 | 种 名 | 学 名 | 品种名（原文名） | 材料来源 | 材料原产地 | 收种时间（年份） | 保存地点 | 类型 |
|---|---|---|---|---|---|---|---|---|---|---|
| 3584 | ZXY2013P-10934 | 苜蓿属 | 紫花苜蓿 | *Medicago sativa* L. | | 俄罗斯 | | 2013 | 3 | 引进资源 |
| 3585 | ZXY2013P-10942 | 苜蓿属 | 紫花苜蓿 | *Medicago sativa* L. | | 俄罗斯 | | 2013 | 3 | 引进资源 |
| 3586 | ZXY2013P-10950 | 苜蓿属 | 紫花苜蓿 | *Medicago sativa* L. | | 俄罗斯 | | 2013 | 3 | 引进资源 |
| 3587 | ZXY2013P-10964 | 苜蓿属 | 紫花苜蓿 | *Medicago sativa* L. | | 俄罗斯 | | 2013 | 3 | 引进资源 |
| 3588 | ZXY2013P-10968 | 苜蓿属 | 紫花苜蓿 | *Medicago sativa* L. | | 俄罗斯 | | 2013 | 3 | 引进资源 |
| 3589 | ZXY2013P-10991 | 苜蓿属 | 紫花苜蓿 | *Medicago sativa* L. | | 俄罗斯 | | 2013 | 3 | 引进资源 |
| 3590 | ZXY2013P-11006 | 苜蓿属 | 紫花苜蓿 | *Medicago sativa* L. | | 俄罗斯 | | 2013 | 3 | 引进资源 |
| 3591 | ZXY2013P-11013 | 苜蓿属 | 紫花苜蓿 | *Medicago sativa* L. | | 俄罗斯 | | 2013 | 3 | 引进资源 |
| 3592 | ZXY2013P-11031 | 苜蓿属 | 紫花苜蓿 | *Medicago sativa* L. | | 俄罗斯 | | 2013 | 3 | 引进资源 |
| 3593 | ZXY2013P-11041 | 苜蓿属 | 紫花苜蓿 | *Medicago sativa* L. | | 俄罗斯 | | 2013 | 3 | 引进资源 |
| 3594 | ZXY2013P-11058 | 苜蓿属 | 紫花苜蓿 | *Medicago sativa* L. | | 俄罗斯 | | 2013 | 3 | 引进资源 |
| 3595 | ZXY2013P-11066 | 苜蓿属 | 紫花苜蓿 | *Medicago sativa* L. | | 俄罗斯 | | 2013 | 3 | 引进资源 |
| 3596 | ZXY2013P-11068 | 苜蓿属 | 紫花苜蓿 | *Medicago sativa* L. | | 俄罗斯 | | 2013 | 3 | 引进资源 |
| 3597 | ZXY2013P-11074 | 苜蓿属 | 紫花苜蓿 | *Medicago sativa* L. | | 俄罗斯 | | 2013 | 3 | 引进资源 |
| 3598 | ZXY2013P-11084 | 苜蓿属 | 紫花苜蓿 | *Medicago sativa* L. | | 俄罗斯 | | 2013 | 3 | 引进资源 |
| 3599 | ZXY2013P-11094 | 苜蓿属 | 紫花苜蓿 | *Medicago sativa* L. | | 俄罗斯 | | 2013 | 3 | 引进资源 |
| 3600 | ZXY2013P-11105 | 苜蓿属 | 紫花苜蓿 | *Medicago sativa* L. | | 俄罗斯 | | 2013 | 3 | 引进资源 |
| 3601 | ZXY2013P-11106 | 苜蓿属 | 紫花苜蓿 | *Medicago sativa* L. | | 俄罗斯 | | 2013 | 3 | 引进资源 |
| 3602 | ZXY2013P-11120 | 苜蓿属 | 紫花苜蓿 | *Medicago sativa* L. | | 俄罗斯 | | 2013 | 3 | 引进资源 |
| 3603 | ZXY2013P-11130 | 苜蓿属 | 紫花苜蓿 | *Medicago sativa* L. | | 俄罗斯 | | 2013 | 3 | 引进资源 |
| 3604 | ZXY2013P-11139 | 苜蓿属 | 紫花苜蓿 | *Medicago sativa* L. | | 俄罗斯 | | 2013 | 3 | 引进资源 |
| 3605 | ZXY2013P-11140 | 苜蓿属 | 紫花苜蓿 | *Medicago sativa* L. | | 俄罗斯 | | 2013 | 3 | 引进资源 |
| 3606 | ZXY2013P-11152 | 苜蓿属 | 紫花苜蓿 | *Medicago sativa* L. | | 俄罗斯 | | 2013 | 3 | 引进资源 |
| 3607 | ZXY2013P-11162 | 苜蓿属 | 紫花苜蓿 | *Medicago sativa* L. | | 俄罗斯 | | 2013 | 3 | 引进资源 |
| 3608 | ZXY2013P-11169 | 苜蓿属 | 紫花苜蓿 | *Medicago sativa* L. | | 俄罗斯 | | 2013 | 3 | 引进资源 |

| 序号 | 送种单位编号 | 属名 | 种名 | 学名 | 品种名（原文名） | 材料来源 | 材料原产地 | 收种时间（年份） | 保存地点 | 类型 |
|---|---|---|---|---|---|---|---|---|---|---|
| 3609 | ZXY2013P-11175 | 苜蓿属 | 紫花苜蓿 | *Medicago sativa* L. | | 俄罗斯 | | 2013 | 3 | 引进资源 |
| 3610 | ZXY2013P-11179 | 苜蓿属 | 紫花苜蓿 | *Medicago sativa* L. | | 俄罗斯 | | 2013 | 3 | 引进资源 |
| 3611 | ZXY2013P-11189 | 苜蓿属 | 紫花苜蓿 | *Medicago sativa* L. | | 俄罗斯 | | 2013 | 3 | 引进资源 |
| 3612 | ZXY2013P-11200 | 苜蓿属 | 紫花苜蓿 | *Medicago sativa* L. | | 俄罗斯 | | 2013 | 3 | 引进资源 |
| 3613 | ZXY2013P-11208 | 苜蓿属 | 紫花苜蓿 | *Medicago sativa* L. | | 俄罗斯 | | 2013 | 3 | 引进资源 |
| 3614 | ZXY2013P-11210 | 苜蓿属 | 紫花苜蓿 | *Medicago sativa* L. | | 俄罗斯 | | 2013 | 3 | 引进资源 |
| 3615 | ZXY2013P-11214 | 苜蓿属 | 紫花苜蓿 | *Medicago sativa* L. | | 俄罗斯 | | 2013 | 3 | 引进资源 |
| 3616 | ZXY2013P-11229 | 苜蓿属 | 紫花苜蓿 | *Medicago sativa* L. | | 俄罗斯 | | 2013 | 3 | 引进资源 |
| 3617 | ZXY2013P-11243 | 苜蓿属 | 紫花苜蓿 | *Medicago sativa* L. | | 俄罗斯 | | 2013 | 3 | 引进资源 |
| 3618 | ZXY2013P-11245 | 苜蓿属 | 紫花苜蓿 | *Medicago sativa* L. | | 俄罗斯 | | 2013 | 3 | 引进资源 |
| 3619 | ZXY2013P-11250 | 苜蓿属 | 紫花苜蓿 | *Medicago sativa* L. | | 俄罗斯 | | 2013 | 3 | 引进资源 |
| 3620 | ZXY2013P-11260 | 苜蓿属 | 紫花苜蓿 | *Medicago sativa* L. | | 俄罗斯 | | 2013 | 3 | 引进资源 |
| 3621 | ZXY2013P-11265 | 苜蓿属 | 紫花苜蓿 | *Medicago sativa* L. | | 俄罗斯 | | 2013 | 3 | 引进资源 |
| 3622 | ZXY2013P-11273 | 苜蓿属 | 紫花苜蓿 | *Medicago sativa* L. | | 俄罗斯 | | 2013 | 3 | 引进资源 |
| 3623 | ZXY2013P-11279 | 苜蓿属 | 紫花苜蓿 | *Medicago sativa* L. | | 俄罗斯 | | 2013 | 3 | 引进资源 |
| 3624 | ZXY2013P-11284 | 苜蓿属 | 紫花苜蓿 | *Medicago sativa* L. | | 俄罗斯 | | 2013 | 3 | 引进资源 |
| 3625 | ZXY2013P-11293 | 苜蓿属 | 紫花苜蓿 | *Medicago sativa* L. | | 俄罗斯 | | 2013 | 3 | 引进资源 |
| 3626 | ZXY2013P-11303 | 苜蓿属 | 紫花苜蓿 | *Medicago sativa* L. | | 俄罗斯 | | 2013 | 3 | 引进资源 |
| 3627 | ZXY2013P-11307 | 苜蓿属 | 紫花苜蓿 | *Medicago sativa* L. | | 俄罗斯 | | 2013 | 3 | 引进资源 |
| 3628 | ZXY2013P-11314 | 苜蓿属 | 紫花苜蓿 | *Medicago sativa* L. | | 俄罗斯 | | 2013 | 3 | 引进资源 |
| 3629 | ZXY2013P-11320 | 苜蓿属 | 紫花苜蓿 | *Medicago sativa* L. | | 俄罗斯 | | 2013 | 3 | 引进资源 |
| 3630 | ZXY2013P-11324 | 苜蓿属 | 紫花苜蓿 | *Medicago sativa* L. | | 俄罗斯 | | 2013 | 3 | 引进资源 |
| 3631 | ZXY2013P-11337 | 苜蓿属 | 紫花苜蓿 | *Medicago sativa* L. | | 俄罗斯 | | 2013 | 3 | 引进资源 |
| 3632 | ZXY2013P-11351 | 苜蓿属 | 紫花苜蓿 | *Medicago sativa* L. | | 俄罗斯 | | 2013 | 3 | 引进资源 |
| 3633 | ZXY2013P-11358 | 苜蓿属 | 紫花苜蓿 | *Medicago sativa* L. | | 俄罗斯 | | 2013 | 3 | 引进资源 |

（续）

| 序号 | 送种单位编号 | 属 名 | 种 名 | 学 名 | 品种名（原文名） | 材料来源 | 材料原产地 | 收种时间（年份） | 保存地点 | 类型 |
|---|---|---|---|---|---|---|---|---|---|---|
| 3634 | ZXY2013P-11360 | 苜蓿属 | 紫花苜蓿 | *Medicago sativa* L. | | 俄罗斯 | | 2013 | 3 | 引进资源 |
| 3635 | ZXY2013P-11370 | 苜蓿属 | 紫花苜蓿 | *Medicago sativa* L. | | 俄罗斯 | | 2013 | 3 | 引进资源 |
| 3636 | ZXY2013P-11379 | 苜蓿属 | 紫花苜蓿 | *Medicago sativa* L. | | 俄罗斯 | | 2013 | 3 | 引进资源 |
| 3637 | ZXY2013P-11386 | 苜蓿属 | 紫花苜蓿 | *Medicago sativa* L. | | 俄罗斯 | | 2013 | 3 | 引进资源 |
| 3638 | ZXY2013P-11394 | 苜蓿属 | 紫花苜蓿 | *Medicago sativa* L. | | 俄罗斯 | | 2013 | 3 | 引进资源 |
| 3639 | ZXY2013P-11404 | 苜蓿属 | 紫花苜蓿 | *Medicago sativa* L. | | 俄罗斯 | | 2013 | 3 | 引进资源 |
| 3640 | ZXY2013P-11413 | 苜蓿属 | 紫花苜蓿 | *Medicago sativa* L. | | 俄罗斯 | | 2013 | 3 | 引进资源 |
| 3641 | ZXY2013P-11420 | 苜蓿属 | 紫花苜蓿 | *Medicago sativa* L. | | 俄罗斯 | | 2013 | 3 | 引进资源 |
| 3642 | ZXY2013P-11431 | 苜蓿属 | 紫花苜蓿 | *Medicago sativa* L. | | 俄罗斯 | | 2013 | 3 | 引进资源 |
| 3643 | ZXY2013P-11438 | 苜蓿属 | 紫花苜蓿 | *Medicago sativa* L. | | 俄罗斯 | | 2013 | 3 | 引进资源 |
| 3644 | ZXY2013P-11451 | 苜蓿属 | 紫花苜蓿 | *Medicago sativa* L. | | 俄罗斯 | | 2013 | 3 | 引进资源 |
| 3645 | ZXY2013P-11458 | 苜蓿属 | 紫花苜蓿 | *Medicago sativa* L. | | 俄罗斯 | | 2013 | 3 | 引进资源 |
| 3646 | ZXY2013P-11463 | 苜蓿属 | 紫花苜蓿 | *Medicago sativa* L. | | 俄罗斯 | | 2013 | 3 | 引进资源 |
| 3647 | ZXY2013P-11468 | 苜蓿属 | 紫花苜蓿 | *Medicago sativa* L. | | 俄罗斯 | | 2013 | 3 | 引进资源 |
| 3648 | ZXY2013P-11476 | 苜蓿属 | 紫花苜蓿 | *Medicago sativa* L. | | 俄罗斯 | | 2013 | 3 | 引进资源 |
| 3649 | ZXY2013P-11486 | 苜蓿属 | 紫花苜蓿 | *Medicago sativa* L. | | 俄罗斯 | | 2013 | 3 | 引进资源 |
| 3650 | ZXY2013P-11495 | 苜蓿属 | 紫花苜蓿 | *Medicago sativa* L. | | 俄罗斯 | | 2013 | 3 | 引进资源 |
| 3651 | ZXY2013P-11502 | 苜蓿属 | 紫花苜蓿 | *Medicago sativa* L. | | 俄罗斯 | | 2013 | 3 | 引进资源 |
| 3652 | ZXY2013P-11505 | 苜蓿属 | 紫花苜蓿 | *Medicago sativa* L. | | 俄罗斯 | | 2013 | 3 | 引进资源 |
| 3653 | ZXY2013P-11519 | 苜蓿属 | 紫花苜蓿 | *Medicago sativa* L. | | 俄罗斯 | | 2013 | 3 | 引进资源 |
| 3654 | ZXY2013P-11523 | 苜蓿属 | 紫花苜蓿 | *Medicago sativa* L. | | 俄罗斯 | | 2013 | 3 | 引进资源 |
| 3655 | ZXY2013P-11529 | 苜蓿属 | 紫花苜蓿 | *Medicago sativa* L. | | 俄罗斯 | | 2013 | 3 | 引进资源 |
| 3656 | ZXY2013P-11541 | 苜蓿属 | 紫花苜蓿 | *Medicago sativa* L. | | 俄罗斯 | | 2013 | 3 | 引进资源 |
| 3657 | ZXY2014P-12624 | 苜蓿属 | 紫花苜蓿 | *Medicago sativa* L. | | | 保加利亚 | 2014 | 3 | 引进资源 |
| 3658 | ZXY2014P-12634 | 苜蓿属 | 紫花苜蓿 | *Medicago sativa* L. | | | 保加利亚 | 2014 | 3 | 引进资源 |

（续）

| 序号 | 送种单位编号 | 属 名 | 种 名 | 学 名 | 品种名（原文名） | 材料来源 | 材料原产地 | 收种时间（年份） | 保存地点 | 类型 |
|---|---|---|---|---|---|---|---|---|---|---|
| 3659 | ZXY2014P-12648 | 苜蓿属 | 紫花苜蓿 | *Medicago sativa* L. | | | 保加利亚 | 2014 | 3 | 引进资源 |
| 3660 | ZXY2014P-12654 | 苜蓿属 | 紫花苜蓿 | *Medicago sativa* L. | | | 保加利亚 | 2014 | 3 | 引进资源 |
| 3661 | ZXY2014P-12655 | 苜蓿属 | 紫花苜蓿 | *Medicago sativa* L. | | | 俄罗斯 | 2014 | 3 | 引进资源 |
| 3662 | ZXY2014P-12664 | 苜蓿属 | 紫花苜蓿 | *Medicago sativa* L. | | | 俄罗斯 | 2014 | 3 | 引进资源 |
| 3663 | ZXY2014P-12679 | 苜蓿属 | 紫花苜蓿 | *Medicago sativa* L. | | | 俄罗斯 | 2014 | 3 | 引进资源 |
| 3664 | ZXY2014P-12685 | 苜蓿属 | 紫花苜蓿 | *Medicago sativa* L. | | | 俄罗斯 | 2014 | 3 | 引进资源 |
| 3665 | ZXY2014P-12745 | 苜蓿属 | 紫花苜蓿 | *Medicago sativa* L. | | | 塔吉克斯坦 | 2014 | 3 | 引进资源 |
| 3666 | ZXY2014P-12816 | 苜蓿属 | 紫花苜蓿 | *Medicago sativa* L. | | | 俄罗斯 | 2014 | 3 | 引进资源 |
| 3667 | ZXY2014P-12820 | 苜蓿属 | 紫花苜蓿 | *Medicago sativa* L. | | | 俄罗斯 | 2014 | 3 | 引进资源 |
| 3668 | 中畜-1083 | 苜蓿属 | 紫花苜蓿 | *Medicago sativa* L. | | 中国农科院畜牧所 | | 2010 | 3 | 栽培资源 |
| 3669 | 中畜-1909 | 苜蓿属 | 紫花苜蓿 | *Medicago sativa* L. | | 中国农科院畜牧所 | | 2015 | 3 | 栽培资源 |
| 3670 | 中畜-1910 | 苜蓿属 | 紫花苜蓿 | *Medicago sativa* L. | | | 北京延庆玉渡山 | 2009 | 3 | 野生资源 |
| 3671 | 中畜-2209 | 苜蓿属 | 紫花苜蓿 | *Medicago sativa* L. | | | 内蒙古锡林浩特阿巴嘎旗 | 2013 | 3 | 引进资源 |
| 3672 | 中畜-2210 | 苜蓿属 | 紫花苜蓿 | *Medicago sativa* L. | | | 河北张家口张北 | 2013 | 3 | 引进资源 |
| 3673 | 中畜-2211 | 苜蓿属 | 紫花苜蓿 | *Medicago sativa* L. | | | 内蒙古锡林浩特正蓝旗 | 2013 | 3 | 引进资源 |
| 3674 | 中畜-2212 | 苜蓿属 | 紫花苜蓿 | *Medicago sativa* L. | | | 内蒙古锡林浩特太仆寺旗 | 2013 | 3 | 引进资源 |
| 3675 | 中畜-2213 | 苜蓿属 | 紫花苜蓿 | *Medicago sativa* L. | | | 内蒙古锡林浩特阿巴嘎旗 | 2013 | 3 | 引进资源 |
| 3676 | 中畜-2471 | 苜蓿属 | 紫花苜蓿 | *Medicago sativa* L. | | | 河北张家口蔚县 | 2011 | 3 | 引进资源 |
| 3677 | 中畜-2472 | 苜蓿属 | 紫花苜蓿 | *Medicago sativa* L. | | | 河北张家口赤城 | 2011 | 3 | 引进资源 |

（续）

| 序号 | 送种单位编号 | 属 名 | 种 名 | 学 名 | 品种名（原文名） | 材料来源 | 材料原产地 | 收种时间（年份） | 保存地点 | 类型 |
|---|---|---|---|---|---|---|---|---|---|---|
| 3678 | 中畜-2473 | 苜蓿属 | 紫花苜蓿 | *Medicago sativa* L. | | | 河北张家口赤城 | 2011 | 3 | 引进资源 |
| 3679 | 中畜-2474 | 苜蓿属 | 紫花苜蓿 | *Medicago sativa* L. | | | 内蒙古赤峰松山 | 2012 | 3 | 引进资源 |
| 3680 | 中畜-2475 | 苜蓿属 | 紫花苜蓿 | *Medicago sativa* L. | | | 内蒙古赤峰松山 | 2012 | 3 | 引进资源 |
| 3681 | 中畜-2476 | 苜蓿属 | 紫花苜蓿 | *Medicago sativa* L. | | | 内蒙古赤峰翁牛特旗 | 2012 | 3 | 引进资源 |
| 3682 | 中畜-2489 | 苜蓿属 | 紫花苜蓿 | *Medicago sativa* L. | | | 河北张家口沽源 | 2011 | 3 | 引进资源 |
| 3683 | 中畜-2581 | 苜蓿属 | 紫花苜蓿 | *Medicago sativa* L. | | | 河北张家口赤城 | 2011 | 3 | 引进资源 |
| 3684 | 中畜-2583 | 苜蓿属 | 紫花苜蓿 | *Medicago sativa* L. | | | 内蒙古赤峰巴林右旗 | 2012 | 3 | 引进资源 |
| 3685 | 中畜-2584 | 苜蓿属 | 紫花苜蓿 | *Medicago sativa* L. | | | 河北阜北 | 2012 | 3 | 引进资源 |
| 3686 | B5452 | 苜蓿属 | 紫花苜蓿 | *Medicago sativa* L. | | | 黑龙江青冈 | 2012 | 3 | 栽培资源 |
| 3687 | 中畜-2582 | 苜蓿属 | 紫花苜蓿 | *Medicago sativa* L. | | | 内蒙古赤峰翁牛特旗 | 2012 | 3 | 野生资源 |
| 3688 | 中畜-2791 | 苜蓿属 | 紫花苜蓿 | *Medicago sativa* L. | | | 内蒙古阿鲁科沁旗 | 2014 | 3 | 野生资源 |
| 3689 | 中畜-2793 | 苜蓿属 | 紫花苜蓿 | *Medicago sativa* L. | | 中国农科院畜牧所 | | 2015 | 3 | 栽培资源 |
| 3690 | 中畜-2585 | 苜蓿属 | 紫花苜蓿 | *Medicago sativa* L. | | | 山西大同 | 2009 | 3 | 引进资源 |
| 3691 | 74-121 | 苜蓿属 | 紫花苜蓿 | *Medicago sativa* L. | 索伊尔施格（Soialsgh） | | 罗马尼亚 | 1998 | 3 | 引进资源 |
| 3692 | | 苜蓿属 | 紫花苜蓿 | *Medicago sativa* L. | Totel＋z | | 美国 | 1995 | 1 | 引进资源 |
| 3693 | | 苜蓿属 | 紫花苜蓿 | *Medicago sativa* L. | Ali | | 美国 | 1995 | 1 | 引进资源 |
| 3694 | | 苜蓿属 | 紫花苜蓿 | *Medicago sativa* L. | Able | | 美国 | 1995 | 1 | 引进资源 |
| 3695 | | 苜蓿属 | 紫花苜蓿 | *Medicago sativa* L. | Ameri stand403T | | 美国 | 1995 | 1 | 引进资源 |
| 3696 | | 苜蓿属 | 紫花苜蓿 | *Medicago sativa* L. | Ameri Guard302＋z | | 美国 | 1995 | 1 | 引进资源 |
| 3697 | | 苜蓿属 | 紫花苜蓿 | *Medicago sativa* L. | Apollo Supreme | | 美国 | 1995 | 1 | 引进资源 |
| 3698 | | 苜蓿属 | 紫花苜蓿 | *Medicago sativa* L. | Aggresser | | 美国 | 1995 | 1 | 引进资源 |
| 3699 | | 苜蓿属 | 紫花苜蓿 | *Medicago sativa* L. | Archerllz | | 美国 | 1995 | 1 | 引进资源 |
| 3700 | | 苜蓿属 | 紫花苜蓿 | *Medicago sativa* L. | Ameristand201＋z | | 美国 | 1995 | 1 | 引进资源 |

（续）

| 序号 | 送种单位编号 | 属名 | 种名 | 学名 | 品种名（原文名） | 材料来源 | 材料原产地 | 收种时间（年份） | 保存地点 | 类型 |
|---|---|---|---|---|---|---|---|---|---|---|
| 3701 | | 苜蓿属 | 紫花苜蓿 | *Medicago sativa* L. | Avalanche＋z | | 美国 | 1995 | 1 | 引进资源 |
| 3702 | | 苜蓿属 | 紫花苜蓿 | *Medicago sativa* L. | Archer | | 美国 | 1995 | 1 | 引进资源 |
| 3703 | | 苜蓿属 | 紫花苜蓿 | *Medicago sativa* L. | Innovator＋z | | 美国 | 1995 | 1 | 引进资源 |
| 3704 | | 苜蓿属 | 紫花苜蓿 | *Medicago sativa* L. | 艾丽丝 | | 美国 | 1995 | 1 | 引进资源 |
| 3705 | | 苜蓿属 | 紫花苜蓿 | *Medicago sativa* L. | FG 2T106 | | 美国 | 1995 | 1 | 引进资源 |
| 3706 | | 苜蓿属 | 紫花苜蓿 | *Medicago sativa* L. | DF 20W | | 美国 | 1995 | 1 | 引进资源 |
| 3707 | | 苜蓿属 | 紫花苜蓿 | *Medicago sativa* L. | 艾格 | | 美国 | 1995 | 1 | 引进资源 |
| 3708 | | 苜蓿属 | 紫花苜蓿 | *Medicago sativa* L. | 协合 | | 美国 | 1995 | 1 | 引进资源 |
| 3709 | | 苜蓿属 | 紫花苜蓿 | *Medicago sativa* L. | 普拉帝尼 | | 美国 | 1995 | 1 | 引进资源 |
| 3710 | | 苜蓿属 | 紫花苜蓿 | *Medicago sativa* L. | 金达 | | 美国 | 1995 | 1 | 引进资源 |
| 3711 | | 苜蓿属 | 紫花苜蓿 | *Medicago sativa* L. | West Blond | | 美国 | 1995 | 1 | 引进资源 |
| 3712 | | 苜蓿属 | 紫花苜蓿 | *Medicago sativa* L. | Alfagraze | | 美国 | 1995 | 1 | 引进资源 |
| 3713 | | 苜蓿属 | 紫花苜蓿 | *Medicago sativa* L. | 维多利亚 | | 美国 | 1995 | 1 | 引进资源 |
| 3714 | 2198 | 苜蓿属 | 紫花苜蓿 | *Medicago sativa* L. | | | | 2010 | 1 | 栽培资源 |
| 3715 | 1159 | 苜蓿属 | 紫花苜蓿 | *Medicago sativa* L. | | | | 2010 | 1 | 栽培资源 |
| 3716 | 1292 | 苜蓿属 | 紫花苜蓿 | *Medicago sativa* L. | | | | 2010 | 1 | 栽培资源 |
| 3717 | 0813 | 苜蓿属 | 紫花苜蓿 | *Medicago sativa* L. | | | | 2010 | 1 | 栽培资源 |
| 3718 | IA0132 | 苜蓿属 | 紫花苜蓿 | *Medicago sativa* L. | 狼山 | 中国农科院草原所 | | 1990 | 1 | 栽培资源 |
| 3719 | 0710 | 苜蓿属 | 紫花苜蓿 | *Medicago sativa* L. | | | | 2010 | 1 | 栽培资源 |
| 3720 | IA01148 | 苜蓿属 | 紫花苜蓿 | *Medicago sativa* L. | | | 内蒙古准格尔 | 1990 | 1 | 栽培资源 |
| 3721 | IA01217 | 苜蓿属 | 紫花苜蓿 | *Medicago sativa* L. | | 中国农科院草原所 | | 1990 | 1 | 栽培资源 |
| 3722 | IA01220 | 苜蓿属 | 紫花苜蓿 | *Medicago sativa* L. | | 中国农科院草原所 | | 1990 | 1 | 栽培资源 |

（续）

| 序号 | 送种单位编号 | 属 名 | 种 名 | 学 名 | 品种名（原文名） | 材料来源 | 材料原产地 | 收种时间（年份） | 保存地点 | 类型 |
|------|------|------|------|------|------|------|------|------|------|------|
| 3723 | IA0142 | 苜蓿属 | 紫花苜蓿 | *Medicago sativa* L. | | 中国农科院草原所 | | 1990 | 1 | 栽培资源 |
| 3724 | IA01228 | 苜蓿属 | 紫花苜蓿 | *Medicago sativa* L. | | | 内蒙古赤峰 | 1990 | 1 | 栽培资源 |
| 3725 | IA01266 | 苜蓿属 | 紫花苜蓿 | *Medicago sativa* L. | | 中国农科院草原所 | | 1990 | 1 | 栽培资源 |
| 3726 | IA0115 | 苜蓿属 | 紫花苜蓿 | *Medicago sativa* L. | | 中国农科院草原所 | | 1990 | 1 | 栽培资源 |
| 3727 | 002 | 苜蓿属 | 紫花苜蓿 | *Medicago sativa* L. | | | 内蒙古鄂尔多斯 | 1988 | 1 | 栽培资源 |
| 3728 | 育029 | 苜蓿属 | 紫花苜蓿 | *Medicago sativa* L. | | 中国农科院草原所 | | 1989 | 1 | 栽培资源 |
| 3729 | 育032 | 苜蓿属 | 紫花苜蓿 | *Medicago sativa* L. | | | 新西兰 | 1989 | 1 | 栽培资源 |
| 3730 | 111 | 苜蓿属 | 紫花苜蓿 | *Medicago sativa* L. | | 中国农科院草原所 | | 1989 | 1 | 栽培资源 |
| 3731 | 256 | 苜蓿属 | 紫花苜蓿 | *Medicago sativa* L. | | | 内蒙古鄂尔多斯 | 1988 | 1 | 栽培资源 |
| 3732 | IA0112 | 苜蓿属 | 紫花苜蓿 | *Medicago sativa* L. | | 中国农科院草原所 | | 1990 | 1 | 栽培资源 |
| 3733 | IA0139 | 苜蓿属 | 紫花苜蓿 | *Medicago sativa* L. | | 中国农科院草原所 | | 1990 | 1 | 栽培资源 |
| 3734 | 0711 | 苜蓿属 | 紫花苜蓿 | *Medicago sativa* L. | | | | 2010 | 1 | 栽培资源 |
| 3735 | 0627 | 苜蓿属 | 紫花苜蓿 | *Medicago sativa* L. | | 中国农科院草原所 | | 1988 | 1 | 栽培资源 |
| 3736 | | 苜蓿属 | 紫花苜蓿 | *Medicago sativa* L. | | 内蒙古清水河 | 内蒙古乌拉特前旗 | 2006 | 1 | 栽培资源 |
| 3737 | IA01281 | 苜蓿属 | 紫花苜蓿 | *Medicago sativa* L. | | 中国农科院草原所 | | 1990 | 1 | 栽培资源 |
| 3738 | 新85-27 | 苜蓿属 | 紫花苜蓿 | *Medicago sativa* L. | | 新疆八一农学院 | | 1990 | 1 | 栽培资源 |

（续）

| 序号 | 送种单位编号 | 属 名 | 种 名 | 学 名 | 品种名（原文名） | 材料来源 | 材料原产地 | 收种时间（年份） | 保存地点 | 类型 |
|---|---|---|---|---|---|---|---|---|---|---|
| 3739 | 0809 | 苜蓿属 | 紫花苜蓿 | *Medicago sativa* L. | | | | 2010 | 1 | 栽培资源 |
| 3740 | | 苜蓿属 | 紫花苜蓿 | *Medicago sativa* L. | | 中国农科院草原所 | | 2006 | 1 | 栽培资源 |
| 3741 | 中畜-036 | 苜蓿属 | 紫花苜蓿 | *Medicago sativa* L. | | | | 2010 | 1 | 栽培资源 |
| 3742 | 中畜-322 | 苜蓿属 | 紫花苜蓿 | *Medicago sativa* L. | | | | 2010 | 1 | 栽培资源 |
| 3743 | L60 | 苜蓿属 | 紫花苜蓿 | *Medicago sativa* L. | 拉达克 | 内蒙古农大 | 美国 | 2000 | 1 | 引进资源 |
| 3744 | L64 | 苜蓿属 | 紫花苜蓿 | *Medicago sativa* L. | 公农1号 | 内蒙古集宁 | 吉林公主岭 | 1999 | 1 | 栽培资源 |
| 3745 | L67 | 苜蓿属 | 紫花苜蓿 | *Medicago sativa* L. | | 内蒙古农大 | | 1999 | 1 | 栽培资源 |
| 3746 | L71 | 苜蓿属 | 紫花苜蓿 | *Medicago sativa* L. | | 中国农科院草原所 | | 1999 | 1 | 栽培资源 |
| 3747 | L112 | 苜蓿属 | 紫花苜蓿 | *Medicago sativa* L. | 公农1号 | 中国农科院草原所 | | 1999 | 1 | 引进资源 |
| 3748 | L161 | 苜蓿属 | 紫花苜蓿 | *Medicago sativa* L. | 兰茇尔 | | | 2002 | 1 | 引进资源 |
| 3749 | L117 | 苜蓿属 | 紫花苜蓿 | *Medicago sativa* L. | 肇东 | 内蒙古农大 | | 1999 | 1 | 栽培资源 |
| 3750 | L120 | 苜蓿属 | 紫花苜蓿 | *Medicago sativa* L. | | | | 1999 | 1 | 栽培资源 |
| 3751 | L128 | 苜蓿属 | 紫花苜蓿 | *Medicago sativa* L. | 拉达克（Ladak） | 内蒙古农大 | 美国 | 1999 | 1 | 引进资源 |
| 3752 | L132 | 苜蓿属 | 紫花苜蓿 | *Medicago sativa* L. | 公农1号 | 内蒙古锡盟 | 吉林 | 1999 | 1 | 栽培资源 |
| 3753 | L167 | 苜蓿属 | 紫花苜蓿 | *Medicago sativa* L. | | 中国农科院草原所 | | 1999 | 1 | 栽培资源 |
| 3754 | L169 | 苜蓿属 | 紫花苜蓿 | *Medicago sativa* L. | | 中国农科院畜牧所 | | 1999 | 1 | 栽培资源 |
| 3755 | L180 | 苜蓿属 | 紫花苜蓿 | *Medicago sativa* L. | 公农2号 | | 吉林 | 1999 | 1 | 栽培资源 |
| 3756 | L182 | 苜蓿属 | 紫花苜蓿 | *Medicago sativa* L. | | 内蒙古农大 | | 1999 | 1 | 栽培资源 |
| 3757 | L184 | 苜蓿属 | 紫花苜蓿 | *Medicago sativa* L. | | 内蒙古农大 | | 1999 | 1 | 引进资源 |
| 3758 | L185 | 苜蓿属 | 紫花苜蓿 | *Medicago sativa* L. | Ranger | 内蒙古杭锦旗 | | 1999 | 1 | 栽培资源 |

（续）

| 序号 | 送种单位编号 | 属 名 | 种 名 | 学 名 | 品种名（原文名） | 材料来源 | 材料原产地 | 收种时间（年份） | 保存地点 | 类型 |
|---|---|---|---|---|---|---|---|---|---|---|
| 3759 | L186 | 苜蓿属 | 紫花苜蓿 | *Medicago sativa* L. | | 内蒙草原站 | | 1999 | 1 | 栽培资源 |
| 3760 | L198 | 苜蓿属 | 紫花苜蓿 | *Medicago sativa* L. | | 内蒙古赤峰草原站 | | 1999 | 1 | 栽培资源 |
| 3761 | L208 | 苜蓿属 | 紫花苜蓿 | *Medicago sativa* L. | 公农1号 | | | 1999 | 1 | 栽培资源 |
| 3762 | L212 | 苜蓿属 | 紫花苜蓿 | *Medicago sativa* L. | 公农1号 | 中国农科院畜牧所 | | 1999 | 1 | 栽培资源 |
| 3763 | 中畜-604 | 苜蓿属 | 紫花苜蓿 | *Medicago sativa* L. | | | | 2009 | 1 | 栽培资源 |
| 3764 | 2759 | 苜蓿属 | 紫花苜蓿 | *Medicago sativa* L. | | | | 2009 | 1 | 栽培资源 |
| 3765 | 2003 | 苜蓿属 | 紫花苜蓿 | *Medicago sativa* L. | | | | 2009 | 1 | 栽培资源 |
| 3766 | 90-16 | 苜蓿属 | 紫花苜蓿 | *Medicago sativa* L. | | | | 2009 | 1 | 引进资源 |
| 3767 | 90-17 | 苜蓿属 | 紫花苜蓿 | *Medicago sativa* L. | | | | 2009 | 1 | 引进资源 |
| 3768 | 2761 | 苜蓿属 | 紫花苜蓿 | *Medicago sativa* L. | | | | 2009 | 1 | 栽培资源 |
| 3769 | 2775 | 苜蓿属 | 紫花苜蓿 | *Medicago sativa* L. | | | | 2009 | 1 | 栽培资源 |
| 3770 | 2317 | 苜蓿属 | 紫花苜蓿 | *Medicago sativa* L. | | | | 2009 | 1 | 栽培资源 |
| 3771 | 0137 | 苜蓿属 | 紫花苜蓿 | *Medicago sativa* L. | | | | 2009 | 1 | 栽培资源 |
| 3772 | 98-3 | 苜蓿属 | 紫花苜蓿 | *Medicago sativa* L. | | | | 2009 | 1 | 栽培资源 |
| 3773 | 0725 | 苜蓿属 | 紫花苜蓿 | *Medicago sativa* L. | | | | 2009 | 1 | 栽培资源 |
| 3774 | 2222 | 苜蓿属 | 紫花苜蓿 | *Medicago sativa* L. | | | | 2009 | 1 | 栽培资源 |
| 3775 | LzuMeSa0092 | 苜蓿属 | 紫花苜蓿 | *Medicago sativa* L. | 敖汉 | 甘肃 | | 2009 | 1 | 栽培资源 |
| 3776 | LzuMeSa0101 | 苜蓿属 | 紫花苜蓿 | *Medicago sativa* L. | 公农1号 | 美国 | | 2009 | 1 | 栽培资源 |
| 3777 | LzuMeSa0103 | 苜蓿属 | 紫花苜蓿 | *Medicago sativa* L. | 公农1号 | 美国 | | 2009 | 1 | 栽培资源 |
| 3778 | LzuMeSa0104 | 苜蓿属 | 紫花苜蓿 | *Medicago sativa* L. | 公农2号 | 中国 | | 2009 | 1 | 栽培资源 |
| 3779 | LzuMeSa0112 | 苜蓿属 | 紫花苜蓿 | *Medicago sativa* L. | 陕北 | 陕西 | | 2009 | 1 | 栽培资源 |
| 3780 | LzuMeSa0119 | 苜蓿属 | 紫花苜蓿 | *Medicago sativa* L. | 天水 | | 甘肃天水 | 2009 | 1 | 栽培资源 |
| 3781 | LzuMeSa0124 | 苜蓿属 | 紫花苜蓿 | *Medicago sativa* L. | 蔚县 | 河北 | | 2009 | 1 | 栽培资源 |

（续）

| 序号 | 送种单位编号 | 属 名 | 种 名 | 学 名 | 品种名（原文名） | 材料来源 | 材料原产地 | 收种时间（年份） | 保存地点 | 类型 |
|---|---|---|---|---|---|---|---|---|---|---|
| 3782 | LzuMeSa0129 | 苜蓿属 | 紫花苜蓿 | *Medicago sativa* L. | 无棣 | 山东无棣 | 山东无棣 | 2009 | 1 | 栽培资源 |
| 3783 | LzuMeSa0131 | 苜蓿属 | 紫花苜蓿 | *Medicago sativa* L. | 武功 | 陕西武功 | 陕西武功 | 2009 | 1 | 栽培资源 |
| 3784 | LzuMeSa0133 | 苜蓿属 | 紫花苜蓿 | *Medicago sativa* L. | 新疆大叶 | 新疆南疆 | 新疆南疆 | 2009 | 1 | 栽培资源 |
| 3785 | LzuMeSa0134 | 苜蓿属 | 紫花苜蓿 | *Medicago sativa* L. | 新疆大叶 | 新疆南疆 | 新疆南疆 | 2009 | 1 | 栽培资源 |
| 3786 | LzuMeSa0140 | 苜蓿属 | 紫花苜蓿 | *Medicago sativa* L. | 准格尔 | 陕北 | 陕北 | 2009 | 1 | 栽培资源 |
| 3787 | MX006 | 苜蓿属 | 紫花苜蓿 | *Medicago sativa* L. | DK120 | MONSANTO co. Ltd | | 2009 | 1 | 引进资源 |
| 3788 | T10-1(XJDK2007002) | 苜蓿属 | 紫花苜蓿 | *Medicago sativa* L. | | | | 2009 | 1 | 栽培资源 |
| 3789 | GSS152 | 苜蓿属 | 紫花苜蓿 | *Medicago sativa* L. | 公农1号 | 甘肃农业大学 | | 2009 | 1 | 栽培资源 |
| 3790 | GSS166 | 苜蓿属 | 紫花苜蓿 | *Medicago sativa* L. | 三得利（Sanditi） | 甘肃农业大学 | | 2009 | 1 | 引进资源 |
| 3791 | GSS158 | 苜蓿属 | 紫花苜蓿 | *Medicago sativa* L. | 拉达克（Ladak） | 甘肃农业大学 | | 2009 | 1 | 引进资源 |
| 3792 | 712044 | 苜蓿属 | 紫花苜蓿 | *Medicago sativa* L. | | 纽约 | | 2009 | 1 | 栽培资源 |
| 3793 | 712045 | 苜蓿属 | 紫花苜蓿 | *Medicago sativa* L. | | 纽约 | | 2009 | 1 | 栽培资源 |
| 3794 | 712046 | 苜蓿属 | 紫花苜蓿 | *Medicago sativa* L. | | 纽约 | | 2009 | 1 | 栽培资源 |
| 3795 | 712047 | 苜蓿属 | 紫花苜蓿 | *Medicago sativa* L. | | 纽约 | | 2009 | 1 | 栽培资源 |
| 3796 | 712048 | 苜蓿属 | 紫花苜蓿 | *Medicago sativa* L. | | Virginia | | 2009 | 1 | 栽培资源 |
| 3797 | 712049 | 苜蓿属 | 紫花苜蓿 | *Medicago sativa* L. | | 纽约 | | 2009 | 1 | 栽培资源 |
| 3798 | 712050 | 苜蓿属 | 紫花苜蓿 | *Medicago sativa* L. | | 纽约 | | 2009 | 1 | 栽培资源 |
| 3799 | 712051 | 苜蓿属 | 紫花苜蓿 | *Medicago sativa* L. | | 纽约 | | 2009 | 1 | 栽培资源 |
| 3800 | 712052 | 苜蓿属 | 紫花苜蓿 | *Medicago sativa* L. | | 纽约 | | 2009 | 1 | 栽培资源 |
| 3801 | 721053 | 苜蓿属 | 紫花苜蓿 | *Medicago sativa* L. | | 纽约 | | 2009 | 1 | 栽培资源 |
| 3802 | 712054 | 苜蓿属 | 紫花苜蓿 | *Medicago sativa* L. | | 纽约 | | 2009 | 1 | 栽培资源 |
| 3803 | 712055 | 苜蓿属 | 紫花苜蓿 | *Medicago sativa* L. | | 纽约 | | 2009 | 1 | 栽培资源 |
| 3804 | LzuMeSa0010 | 苜蓿属 | 紫花苜蓿 | *Medicago sativa* L. | 敖汉 | 甘肃草原生态所 | | 2009 | 1 | 栽培资源 |

（续）

| 序号 | 送种单位编号 | 属名 | 种名 | 学名 | 品种名（原文名） | 材料来源 | 材料原产地 | 收种时间（年份） | 保存地点 | 类型 |
|---|---|---|---|---|---|---|---|---|---|---|
| 3805 | LzuMeSa0037 | 苜蓿属 | 紫花苜蓿 | *Medicago sativa* L. | 金皇后 | 山东农业科学院土肥所 | | 2009 | 1 | 引进资源 |
| 3806 | LzuMeSa0062 | 苜蓿属 | 紫花苜蓿 | *Medicago sativa* L. | QS-1 | 中国农业科学院草原所 | | 2009 | 1 | 引进资源 |
| 3807 | LzuMeSa0063 | 苜蓿属 | 紫花苜蓿 | *Medicago sativa* L. | QS-2 | 中国农业科学院草原所 | | 2009 | 1 | 引进资源 |
| 3808 | LzuMeSa0064 | 苜蓿属 | 紫花苜蓿 | *Medicago sativa* L. | QS-3 | 中国农业科学院草原所 | | 2009 | 1 | 引进资源 |
| 3809 | LzuMeSa0090 | 苜蓿属 | 紫花苜蓿 | *Medicago sativa* L. | 三得利 | 甘肃草原生态所 | | 2009 | 1 | 引进资源 |
| 3810 | 92-228 | 苜蓿属 | 紫花苜蓿 | *Medicago sativa* L. | Noneiaoye | 美国 | | 2009 | 1 | 引进资源 |
| 3811 | 2001-02-01-0009 | 苜蓿属 | 紫花苜蓿 | *Medicago sativa* L. | 德宝(Derby) | 北京 | | 2009 | 1 | 引进资源 |
| 3812 | 2001-02-01-00037 | 苜蓿属 | 紫花苜蓿 | *Medicago sativa* L. | 阿尔冈金（Algonquin） | 纽约 | | 2009 | 1 | 引进资源 |
| 3813 | 2001-02-01-00096 | 苜蓿属 | 紫花苜蓿 | *Medicago sativa* L. | 关中 | 陕西杨凌 | 陕西杨凌 | 2009 | 1 | 栽培资源 |
| 3814 | 92-194 | 苜蓿属 | 紫花苜蓿 | *Medicago sativa* L. | | 美国 | | 2009 | 1 | 引进资源 |
| 3815 | 84-852 | 苜蓿属 | 紫花苜蓿 | *Medicago sativa* L. | 美西种 | | | 2009 | 1 | 引进资源 |
| 3816 | 84-853 | 苜蓿属 | 紫花苜蓿 | *Medicago sativa* L. | | | | 2009 | 1 | 引进资源 |
| 3817 | 84-854 | 苜蓿属 | 紫花苜蓿 | *Medicago sativa* L. | 串状 | | | 2009 | 1 | 引进资源 |
| 3818 | 84-855 | 苜蓿属 | 紫花苜蓿 | *Medicago sativa* L. | 美西种 | | | 2009 | 1 | 引进资源 |
| 3819 | 84-859 | 苜蓿属 | 紫花苜蓿 | *Medicago sativa* L. | 盘状 | | | 2009 | 1 | 引进资源 |
| 3820 | 88-41 | 苜蓿属 | 紫花苜蓿 | *Medicago sativa* L. | | | | 2009 | 1 | 引进资源 |
| 3821 | 93-10 | 苜蓿属 | 紫花苜蓿 | *Medicago sativa* L. | 日本1号 | | | 2009 | 1 | 引进资源 |
| 3822 | 93-12 | 苜蓿属 | 紫花苜蓿 | *Medicago sativa* L. | 日本2号 | | | 2009 | 1 | 引进资源 |
| 3823 | 93-13 | 苜蓿属 | 紫花苜蓿 | *Medicago sativa* L. | | | | 2009 | 1 | 引进资源 |
| 3824 | 0217 | 苜蓿属 | 紫花苜蓿 | *Medicago sativa* L. | | | | 2009 | 1 | 引进资源 |

（续）

| 序号 | 送种单位编号 | 属 名 | 种 名 | 学 名 | 品种名（原文名） | 材料来源 | 材料原产地 | 收种时间（年份） | 保存地点 | 类型 |
|------|------|------|------|------|------|------|------|------|------|------|
| 3825 | 1894 | 苜蓿属 | 紫花苜蓿 | *Medicago sativa* L. | | | | 2009 | 1 | 引进资源 |
| 3826 | 2061 | 苜蓿属 | 紫花苜蓿 | *Medicago sativa* L. | | | | 2009 | 1 | 引进资源 |
| 3827 | 2569 | 苜蓿属 | 紫花苜蓿 | *Medicago sativa* L. | | | | 2009 | 1 | 引进资源 |
| 3828 | 2684 | 苜蓿属 | 紫花苜蓿 | *Medicago sativa* L. | | | | 2009 | 1 | 引进资源 |
| 3829 | 2757 | 苜蓿属 | 紫花苜蓿 | *Medicago sativa* L. | 803 | | | 2009 | 1 | 栽培资源 |
| 3830 | | 苜蓿属 | 紫花苜蓿 | *Medicago sativa* L. | WL612 | | | 2009 | 1 | 引进资源 |
| 3831 | BL0038 | 苜蓿属 | 紫花苜蓿 | *Medicago sativa* L. | 德宝（Derby） | | | 2009 | 1 | 引进资源 |
| 3832 | | 苜蓿属 | 紫花苜蓿 | *Medicago sativa* L. | 黄旗综合种 | | | 2009 | 1 | 栽培资源 |
| 3833 | 1028 | 苜蓿属 | 紫花苜蓿 | *Medicago sativa* L. | 准格尔 | 甘肃农业大学 | 内蒙古 | 2009 | 1 | 栽培资源 |
| 3834 | 2002-B-21 | 苜蓿属 | 紫花苜蓿 | *Medicago sativa* L. | 巨人801 | | | 2009 | 1 | 引进资源 |
| 3835 | 2002-B-33 | 苜蓿属 | 紫花苜蓿 | *Medicago sativa* L. | 苜蓿王 | | | 2009 | 1 | 引进资源 |
| 3836 | 2002-B-37 | 苜蓿属 | 紫花苜蓿 | *Medicago sativa* L. | CW323 | | | 2009 | 1 | 引进资源 |
| 3837 | 2002-B-35 | 苜蓿属 | 紫花苜蓿 | *Medicago sativa* L. | 阿尔冈金 | | | 2009 | 1 | 引进资源 |
| 3838 | 2002-B-30 | 苜蓿属 | 紫花苜蓿 | *Medicago sativa* L. | 青睐 | | | 2009 | 1 | 引进资源 |
| 3839 | 2002-B-47 | 苜蓿属 | 紫花苜蓿 | *Medicago sativa* L. | DEFI | | | 2009 | 1 | 引进资源 |
| 3840 | 2002-B-3 | 苜蓿属 | 紫花苜蓿 | *Medicago sativa* L. | 爱维兰 | | | 2009 | 1 | 引进资源 |
| 3841 | 2002-B-23 | 苜蓿属 | 紫花苜蓿 | *Medicago sativa* L. | 牧歌702 | | | 2009 | 1 | 引进资源 |
| 3842 | 2002-B-16 | 苜蓿属 | 紫花苜蓿 | *Medicago sativa* L. | GTBR | | | 2009 | 1 | 引进资源 |
| 3843 | 2002-B-8 | 苜蓿属 | 紫花苜蓿 | *Medicago sativa* L. | 巨人201 | | | 2009 | 1 | 引进资源 |
| 3844 | 2002-B-41 | 苜蓿属 | 紫花苜蓿 | *Medicago sativa* L. | CW400 | | | 2009 | 1 | 引进资源 |
| 3845 | 2002-B-26 | 苜蓿属 | 紫花苜蓿 | *Medicago sativa* L. | Queen | | | 2009 | 1 | 引进资源 |
| 3846 | 2002-B-43 | 苜蓿属 | 紫花苜蓿 | *Medicago sativa* L. | 肇东 | | | 2009 | 1 | 栽培资源 |
| 3847 | 2002-B-20 | 苜蓿属 | 紫花苜蓿 | *Medicago sativa* L. | 爱博 | | | 2009 | 1 | 引进资源 |
| 3848 | 2002-B-25 | 苜蓿属 | 紫花苜蓿 | *Medicago sativa* L. | 中苜2号 | | | 2009 | 1 | 引进资源 |
| 3849 | 2002-B-19 | 苜蓿属 | 紫花苜蓿 | *Medicago sativa* L. | 牧野 | | | 2009 | 1 | 引进资源 |

（续）

| 序号 | 送种单位编号 | 属 名 | 种 名 | 学 名 | 品种名（原文名） | 材料来源 | 材料原产地 | 收种时间（年份） | 保存地点 | 类型 |
|---|---|---|---|---|---|---|---|---|---|---|
| 3850 | 2002-B-29 | 苜蓿属 | 紫花苜蓿 | *Medicago sativa* L. | 维多利亚 | | | 2009 | 1 | 引进资源 |
| 3851 | 2002-B-7 | 苜蓿属 | 紫花苜蓿 | *Medicago sativa* L. | 爱菲尼特 | | | 2009 | 1 | 引进资源 |
| 3852 | 2002-B-28 | 苜蓿属 | 紫花苜蓿 | *Medicago sativa* L. | 劳博 | | | 2009 | 1 | 引进资源 |
| 3853 | 2002-B-17 | 苜蓿属 | 紫花苜蓿 | *Medicago sativa* L. | 卫士 302 | | | 2009 | 1 | 引进资源 |
| 3854 | 2002-B-14 | 苜蓿属 | 紫花苜蓿 | *Medicago sativa* L. | 射手 | | | 2009 | 1 | 引进资源 |
| 3855 | 2002-B-18 | 苜蓿属 | 紫花苜蓿 | *Medicago sativa* L. | 萨兰多 | | | 2009 | 1 | 引进资源 |
| 3856 | 2002-B-22 | 苜蓿属 | 紫花苜蓿 | *Medicago sativa* L. | 巨人 802 | | | 2009 | 1 | 引进资源 |
| 3857 | 2002-B-6 | 苜蓿属 | 紫花苜蓿 | *Medicago sativa* L. | 费纳尔 | | | 2009 | 1 | 引进资源 |
| 3858 | 2002-B-32 | 苜蓿属 | 紫花苜蓿 | *Medicago sativa* L. | 保定 | | | 2009 | 1 | 栽培资源 |
| 3859 | 2002-B-44 | 苜蓿属 | 紫花苜蓿 | *Medicago sativa* L. | 公农 1 号 | | | 2009 | 1 | 栽培资源 |
| 3860 | 2002-B-45 | 苜蓿属 | 紫花苜蓿 | *Medicago sativa* L. | WL232HQ | | | 2009 | 1 | 引进资源 |
| 3861 | 2002-B-11 | 苜蓿属 | 紫花苜蓿 | *Medicago sativa* L. | 爱林 | | | 2009 | 1 | 引进资源 |
| 3862 | 2002-B-24 | 苜蓿属 | 紫花苜蓿 | *Medicago sativa* L. | 秘鲁 | | | 2009 | 1 | 引进资源 |
| 3863 | 2002-B-15 | 苜蓿属 | 紫花苜蓿 | *Medicago sativa* L. | 射手 2 号 | | | 2009 | 1 | 引进资源 |
| 3864 | 2002-B-50 | 苜蓿属 | 紫花苜蓿 | *Medicago sativa* L. | 德国 | | | 2009 | 1 | 引进资源 |
| 3865 | 2002-B-12 | 苜蓿属 | 紫花苜蓿 | *Medicago sativa* L. | 路宝 | | | 2009 | 1 | 引进资源 |
| 3866 | 2002-B-34 | 苜蓿属 | 紫花苜蓿 | *Medicago sativa* L. | 中苜 1 号 | | | 2009 | 1 | 引进资源 |
| 3867 | 2002-B-49 | 苜蓿属 | 紫花苜蓿 | *Medicago sativa* L. | Gold Empress | | | 2009 | 1 | 引进资源 |
| 3868 | 2002-B-38 | 苜蓿属 | 紫花苜蓿 | *Medicago sativa* L. | CW300 | | | 2009 | 1 | 引进资源 |
| 3869 | 2002-B-9 | 苜蓿属 | 紫花苜蓿 | *Medicago sativa* L. | 阿波罗 | | | 2009 | 1 | 引进资源 |
| 3870 | 2002-B-5 | 苜蓿属 | 紫花苜蓿 | *Medicago sativa* L. | 胜利者 | | | 2009 | 1 | 引进资源 |
| 3871 | 2002-B-4 | 苜蓿属 | 紫花苜蓿 | *Medicago sativa* L. | 全能 | | | 2009 | 1 | 引进资源 |
| 3872 | 2002-B-2 | 苜蓿属 | 紫花苜蓿 | *Medicago sativa* L. | 改革者 | | | 2009 | 1 | 引进资源 |
| 3873 | 2002-B-27 | 苜蓿属 | 紫花苜蓿 | *Medicago sativa* L. | WL320 | | | 2009 | 1 | 引进资源 |
| 3874 | 2002-B-13 | 苜蓿属 | 紫花苜蓿 | *Medicago sativa* L. | 超级 13R | | | 2009 | 1 | 引进资源 |

（续）

| 序号 | 送种单位编号 | 属名 | 种名 | 学名 | 品种名（原文名） | 材料来源 | 材料原产地 | 收种时间（年份） | 保存地点 | 类型 |
|---|---|---|---|---|---|---|---|---|---|---|
| 3875 | 2002-B-48 | 苜蓿属 | 紫花苜蓿 | *Medicago sativa* L. | 牧歌401 | | | 2009 | 1 | 引进资源 |
| 3876 | 2002-B-46 | 苜蓿属 | 紫花苜蓿 | *Medicago sativa* L. | SITEL | | | 2009 | 1 | 引进资源 |
| 3877 | 2002-B-39 | 苜蓿属 | 紫花苜蓿 | *Medicago sativa* L. | CW1351 | | | 2009 | 1 | 引进资源 |
| 3878 | 2002-B-10 | 苜蓿属 | 紫花苜蓿 | *Medicago sativa* L. | 牧歌701 | | | 2009 | 1 | 引进资源 |
| 3879 | 2002-B-31 | 苜蓿属 | 紫花苜蓿 | *Medicago sativa* L. | WL323 | | | 2009 | 1 | 引进资源 |
| 3880 | 2002-B-36 | 苜蓿属 | 紫花苜蓿 | *Medicago sativa* L. | 准格尔 | | | 2009 | 1 | 栽培资源 |
| 3881 | 2002-B-40 | 苜蓿属 | 紫花苜蓿 | *Medicago sativa* L. | 4RR | | | 2009 | 1 | 引进资源 |
| 3882 | 2002-B-1 | 苜蓿属 | 紫花苜蓿 | *Medicago sativa* L. | 美标403 | | | 2009 | 1 | 引进资源 |
| 3883 | 01003002-MGLDKMX | 苜蓿属 | 紫花苜蓿 | *Medicago sativa* L. | 拉达克（Ladak） | 美国 | | 2009 | 1 | 引进资源 |
| 3884 | 01003002-HLMX | 苜蓿属 | 紫花苜蓿 | *Medicago sativa* L. | | | | 2009 | 1 | 引进资源 |
| 3885 | 01003002-AJMX | 苜蓿属 | 紫花苜蓿 | *Medicago sativa* L. | | | | 2009 | 1 | 引进资源 |
| 3886 | | 苜蓿属 | 紫花苜蓿 | *Medicago sativa* L. | 中苜1号 | | 北京 | 2009 | 1 | 栽培资源 |
| 3887 | | 苜蓿属 | 紫花苜蓿 | *Medicago sativa* L. | 盛世 | | | 2009 | 1 | 引进资源 |
| 3888 | | 苜蓿属 | 紫花苜蓿 | *Medicago sativa* L. | 猎人河 | | 普罗旺斯 | 2009 | 1 | 栽培资源 |
| 3889 | 200402159 | 苜蓿属 | 紫花苜蓿 | *Medicago sativa* L. | 西宁 | 青海大学 | 青海西宁 | 2009 | 1 | 栽培资源 |
| 3890 | 200402172 | 苜蓿属 | 紫花苜蓿 | *Medicago sativa* L. | 镇原 | 甘肃农业大学 | 甘肃镇原 | 2009 | 1 | 引进资源 |
| 3891 | 200502188 | 苜蓿属 | 紫花苜蓿 | *Medicago sativa* L. | 三得利 | 百绿集团 | 新西兰芒哲雷 | 2009 | 1 | 引进资源 |
| 3892 | | 苜蓿属 | 紫花苜蓿 | *Medicago sativa* L. | 龙牧803 | 中国 | 黑龙江齐齐哈尔 | 2009 | 1 | 栽培资源 |
| 3893 | | 苜蓿属 | 紫花苜蓿 | *Medicago sativa* L. | 辛普劳2000（Simplot 2000） | | 美国 | 2009 | 1 | 引进资源 |
| 3894 | | 苜蓿属 | 紫花苜蓿 | *Medicago sativa* L. | WL-323 | | 美国 | 2009 | 1 | 引进资源 |
| 3895 | | 苜蓿属 | 紫花苜蓿 | *Medicago sativa* L. | WL-252HQ | | 美国 | 2009 | 1 | 引进资源 |
| 3896 | | 苜蓿属 | 紫花苜蓿 | *Medicago sativa* L. | WL-525 | | 美国 | 2009 | 1 | 引进资源 |
| 3897 | | 苜蓿属 | 紫花苜蓿 | *Medicago sativa* L. | 公农1号 | 美国 | 吉林公主岭 | 2009 | 1 | 栽培资源 |
| 3898 | | 苜蓿属 | 紫花苜蓿 | *Medicago sativa* L. | Magna601 | | 美国 | 2009 | 1 | 引进资源 |

（续）

| 序号 | 送种单位编号 | 属 名 | 种 名 | 学 名 | 品种名（原文名） | 材料来源 | 材料原产地 | 收种时间（年份） | 保存地点 | 类型 |
|---|---|---|---|---|---|---|---|---|---|---|
| 3899 | | 苜蓿属 | 紫花苜蓿 | *Medicago sativa* L. | 阿尔冈金（Algonquin） | | 美国 | 2009 | 1 | 引进资源 |
| 3900 | | 苜蓿属 | 紫花苜蓿 | *Medicago sativa* L. | 菲尔兹（Fuekds） | | 美国 | 2009 | 1 | 引进资源 |
| 3901 | | 苜蓿属 | 紫花苜蓿 | *Medicago sativa* L. | MagnumV-wet | | 美国 | 2009 | 1 | 引进资源 |
| 3902 | | 苜蓿属 | 紫花苜蓿 | *Medicago sativa* L. | 公农3号 | 中国 | 吉林公主岭 | 2009 | 1 | 栽培资源 |
| 3903 | | 苜蓿属 | 紫花苜蓿 | *Medicago sativa* L. | Ladak＋ | | 美国 | 2009 | 1 | 引进资源 |
| 3904 | | 苜蓿属 | 紫花苜蓿 | *Medicago sativa* L. | 诺瓦（Nirva） | | 美国 | 2009 | 1 | 引进资源 |
| 3905 | | 苜蓿属 | 紫花苜蓿 | *Medicago sativa* L. | 金字塔（Pyramids） | | 美国 | 2009 | 1 | 引进资源 |
| 3906 | | 苜蓿属 | 紫花苜蓿 | *Medicago sativa* L. | 农宝（Farmer's Treasure） | | 加拿大 | 2009 | 1 | 引进资源 |
| 3907 | | 苜蓿属 | 紫花苜蓿 | *Medicago sativa* L. | 得龙（Durango） | | 加拿大 | 2009 | 1 | 引进资源 |
| 3908 | | 苜蓿属 | 紫花苜蓿 | *Medicago sativa* L. | 霍普兰德（Hopeland） | | 美国 | 2009 | 1 | 引进资源 |
| 3909 | | 苜蓿属 | 紫花苜蓿 | *Medicago sativa* L. | 金钥匙（Key） | | 加拿大 | 2009 | 1 | 引进资源 |
| 3910 | | 苜蓿属 | 紫花苜蓿 | *Medicago sativa* L. | 大叶（leafking） | | 美国 | 2009 | 1 | 引进资源 |
| 3911 | | 苜蓿属 | 紫花苜蓿 | *Medicago sativa* L. | 公农2号 | 中国 | 吉林公主岭 | 2009 | 1 | 引进资源 |
| 3912 | | 苜蓿属 | 紫花苜蓿 | *Medicago sativa* L. | 朝阳（Jacklin） | | 美国 | 2009 | 1 | 引进资源 |
| 3913 | | 苜蓿属 | 紫花苜蓿 | *Medicago sativa* L. | 胜利者 | | 加拿大 | 2009 | 1 | 引进资源 |
| 3914 | MM001 | 苜蓿属 | 紫花苜蓿 | *Medicago sativa* L. | | 黑龙江 | | 2009 | 1 | 栽培资源 |
| 3915 | MM002 | 苜蓿属 | 紫花苜蓿 | *Medicago sativa* L. | | 黑龙江 | | 2009 | 1 | 栽培资源 |
| 3916 | MM003 | 苜蓿属 | 紫花苜蓿 | *Medicago sativa* L. | | 黑龙江 | | 2009 | 1 | 栽培资源 |
| 3917 | MM004 | 苜蓿属 | 紫花苜蓿 | *Medicago sativa* L. | | 黑龙江 | | 2009 | 1 | 栽培资源 |
| 3918 | MM005 | 苜蓿属 | 紫花苜蓿 | *Medicago sativa* L. | | 黑龙江 | | 2009 | 1 | 栽培资源 |
| 3919 | MM006 | 苜蓿属 | 紫花苜蓿 | *Medicago sativa* L. | | 黑龙江 | | 2009 | 1 | 栽培资源 |
| 3920 | MM007 | 苜蓿属 | 紫花苜蓿 | *Medicago sativa* L. | | 黑龙江 | | 2009 | 1 | 栽培资源 |

（续）

| 序号 | 送种单位编号 | 属 名 | 种 名 | 学 名 | 品种名（原文名） | 材料来源 | 材料原产地 | 收种时间（年份） | 保存地点 | 类型 |
|---|---|---|---|---|---|---|---|---|---|---|
| 3921 | MM008 | 苜蓿属 | 紫花苜蓿 | *Medicago sativa* L. | | 黑龙江 | | 2009 | 1 | 栽培资源 |
| 3922 | MM009 | 苜蓿属 | 紫花苜蓿 | *Medicago sativa* L. | | 黑龙江 | | 2009 | 1 | 栽培资源 |
| 3923 | MM010 | 苜蓿属 | 紫花苜蓿 | *Medicago sativa* L. | | 黑龙江 | | 2009 | 1 | 栽培资源 |
| 3924 | MM011 | 苜蓿属 | 紫花苜蓿 | *Medicago sativa* L. | | 黑龙江 | | 2009 | 1 | 栽培资源 |
| 3925 | MM012 | 苜蓿属 | 紫花苜蓿 | *Medicago sativa* L. | | 黑龙江 | | 2009 | 1 | 栽培资源 |
| 3926 | MM013 | 苜蓿属 | 紫花苜蓿 | *Medicago sativa* L. | | 黑龙江 | | 2009 | 1 | 栽培资源 |
| 3927 | MM014 | 苜蓿属 | 紫花苜蓿 | *Medicago sativa* L. | | 黑龙江 | | 2009 | 1 | 栽培资源 |
| 3928 | MM015 | 苜蓿属 | 紫花苜蓿 | *Medicago sativa* L. | | 黑龙江 | | 2009 | 1 | 栽培资源 |
| 3929 | MM016 | 苜蓿属 | 紫花苜蓿 | *Medicago sativa* L. | | 黑龙江 | | 2009 | 1 | 栽培资源 |
| 3930 | MM017 | 苜蓿属 | 紫花苜蓿 | *Medicago sativa* L. | | 黑龙江 | | 2009 | 1 | 栽培资源 |
| 3931 | MM018 | 苜蓿属 | 紫花苜蓿 | *Medicago sativa* L. | | 黑龙江 | | 2009 | 1 | 栽培资源 |
| 3932 | MM019 | 苜蓿属 | 紫花苜蓿 | *Medicago sativa* L. | | 黑龙江 | | 2009 | 1 | 栽培资源 |
| 3933 | MM020 | 苜蓿属 | 紫花苜蓿 | *Medicago sativa* L. | | 黑龙江 | | 2009 | 1 | 栽培资源 |
| 3934 | MM021 | 苜蓿属 | 紫花苜蓿 | *Medicago sativa* L. | | 黑龙江 | | 2009 | 1 | 栽培资源 |
| 3935 | MM022 | 苜蓿属 | 紫花苜蓿 | *Medicago sativa* L. | | 黑龙江 | | 2009 | 1 | 栽培资源 |
| 3936 | MM023 | 苜蓿属 | 紫花苜蓿 | *Medicago sativa* L. | | 黑龙江 | | 2009 | 1 | 栽培资源 |
| 3937 | MM024 | 苜蓿属 | 紫花苜蓿 | *Medicago sativa* L. | | 黑龙江 | | 2009 | 1 | 栽培资源 |
| 3938 | MM025 | 苜蓿属 | 紫花苜蓿 | *Medicago sativa* L. | | 黑龙江 | | 2009 | 1 | 栽培资源 |
| 3939 | MM026 | 苜蓿属 | 紫花苜蓿 | *Medicago sativa* L. | | 黑龙江 | | 2009 | 1 | 栽培资源 |
| 3940 | MM027 | 苜蓿属 | 紫花苜蓿 | *Medicago sativa* L. | | 黑龙江 | | 2009 | 1 | 栽培资源 |
| 3941 | MM028 | 苜蓿属 | 紫花苜蓿 | *Medicago sativa* L. | | 黑龙江 | | 2009 | 1 | 栽培资源 |
| 3942 | MM029 | 苜蓿属 | 紫花苜蓿 | *Medicago sativa* L. | | 黑龙江 | | 2009 | 1 | 栽培资源 |
| 3943 | MM030 | 苜蓿属 | 紫花苜蓿 | *Medicago sativa* L. | | 黑龙江 | | 2009 | 1 | 栽培资源 |
| 3944 | MM031 | 苜蓿属 | 紫花苜蓿 | *Medicago sativa* L. | | 黑龙江 | | 2009 | 1 | 栽培资源 |
| 3945 | MM032 | 苜蓿属 | 紫花苜蓿 | *Medicago sativa* L. | | 黑龙江 | | 2009 | 1 | 栽培资源 |

（续）

| 序号 | 送种单位编号 | 属名 | 种名 | 学名 | 品种名（原文名） | 材料来源 | 材料原产地 | 收种时间（年份） | 保存地点 | 类型 |
|------|--------------|------|------|------|------------------|----------|------------|------------------|----------|------|
| 3946 | MM033 | 苜蓿属 | 紫花苜蓿 | *Medicago sativa* L. | | 黑龙江 | | 2009 | 1 | 栽培资源 |
| 3947 | MM034 | 苜蓿属 | 紫花苜蓿 | *Medicago sativa* L. | | 黑龙江 | | 2009 | 1 | 栽培资源 |
| 3948 | MM035 | 苜蓿属 | 紫花苜蓿 | *Medicago sativa* L. | | 黑龙江 | | 2009 | 1 | 栽培资源 |
| 3949 | MM036 | 苜蓿属 | 紫花苜蓿 | *Medicago sativa* L. | | 黑龙江 | | 2009 | 1 | 栽培资源 |
| 3950 | MM037 | 苜蓿属 | 紫花苜蓿 | *Medicago sativa* L. | | 黑龙江 | | 2009 | 1 | 栽培资源 |
| 3951 | MM038 | 苜蓿属 | 紫花苜蓿 | *Medicago sativa* L. | | 黑龙江 | | 2009 | 1 | 栽培资源 |
| 3952 | MM039 | 苜蓿属 | 紫花苜蓿 | *Medicago sativa* L. | | 黑龙江 | | 2009 | 1 | 栽培资源 |
| 3953 | MM040 | 苜蓿属 | 紫花苜蓿 | *Medicago sativa* L. | | 黑龙江 | | 2009 | 1 | 栽培资源 |
| 3954 | MM041 | 苜蓿属 | 紫花苜蓿 | *Medicago sativa* L. | | 黑龙江 | | 2009 | 1 | 栽培资源 |
| 3955 | MM042 | 苜蓿属 | 紫花苜蓿 | *Medicago sativa* L. | | 黑龙江 | | 2009 | 1 | 栽培资源 |
| 3956 | MM043 | 苜蓿属 | 紫花苜蓿 | *Medicago sativa* L. | | 黑龙江 | | 2009 | 1 | 栽培资源 |
| 3957 | MM044 | 苜蓿属 | 紫花苜蓿 | *Medicago sativa* L. | | 黑龙江 | | 2009 | 1 | 栽培资源 |
| 3958 | MM045 | 苜蓿属 | 紫花苜蓿 | *Medicago sativa* L. | | 黑龙江 | | 2009 | 1 | 栽培资源 |
| 3959 | MM046 | 苜蓿属 | 紫花苜蓿 | *Medicago sativa* L. | | 黑龙江 | | 2009 | 1 | 栽培资源 |
| 3960 | MM047 | 苜蓿属 | 紫花苜蓿 | *Medicago sativa* L. | | 黑龙江 | | 2009 | 1 | 栽培资源 |
| 3961 | MM048 | 苜蓿属 | 紫花苜蓿 | *Medicago sativa* L. | | 黑龙江 | | 2009 | 1 | 栽培资源 |
| 3962 | MM049 | 苜蓿属 | 紫花苜蓿 | *Medicago sativa* L. | | 黑龙江 | | 2009 | 1 | 栽培资源 |
| 3963 | MM050 | 苜蓿属 | 紫花苜蓿 | *Medicago sativa* L. | | 黑龙江 | | 2009 | 1 | 栽培资源 |
| 3964 | MM051 | 苜蓿属 | 紫花苜蓿 | *Medicago sativa* L. | | 黑龙江 | | 2009 | 1 | 栽培资源 |
| 3965 | MM052 | 苜蓿属 | 紫花苜蓿 | *Medicago sativa* L. | | 黑龙江 | | 2009 | 1 | 栽培资源 |
| 3966 | MM053 | 苜蓿属 | 紫花苜蓿 | *Medicago sativa* L. | | 黑龙江 | | 2009 | 1 | 栽培资源 |
| 3967 | MM054 | 苜蓿属 | 紫花苜蓿 | *Medicago sativa* L. | | 黑龙江 | | 2009 | 1 | 栽培资源 |
| 3968 | MM055 | 苜蓿属 | 紫花苜蓿 | *Medicago sativa* L. | | 黑龙江 | | 2009 | 1 | 栽培资源 |
| 3969 | MM056 | 苜蓿属 | 紫花苜蓿 | *Medicago sativa* L. | | 黑龙江 | | 2009 | 1 | 栽培资源 |
| 3970 | MM057 | 苜蓿属 | 紫花苜蓿 | *Medicago sativa* L. | | 黑龙江 | | 2009 | 1 | 栽培资源 |

（续）

| 序号 | 送种单位编号 | 属 名 | 种 名 | 学 名 | 品种名（原文名） | 材料来源 | 材料原产地 | 收种时间（年份） | 保存地点 | 类型 |
|------|------------|------|------|------|------|------|------|------|------|------|
| 3971 | MM058 | 苜蓿属 | 紫花苜蓿 | *Medicago sativa* L. | | 黑龙江 | | 2009 | 1 | 栽培资源 |
| 3972 | MM059 | 苜蓿属 | 紫花苜蓿 | *Medicago sativa* L. | | 黑龙江 | | 2009 | 1 | 栽培资源 |
| 3973 | MM060 | 苜蓿属 | 紫花苜蓿 | *Medicago sativa* L. | | 黑龙江 | | 2009 | 1 | 栽培资源 |
| 3974 | MM061 | 苜蓿属 | 紫花苜蓿 | *Medicago sativa* L. | | 黑龙江 | | 2009 | 1 | 栽培资源 |
| 3975 | MM062 | 苜蓿属 | 紫花苜蓿 | *Medicago sativa* L. | | 黑龙江 | | 2009 | 1 | 栽培资源 |
| 3976 | MM063 | 苜蓿属 | 紫花苜蓿 | *Medicago sativa* L. | | 黑龙江 | | 2009 | 1 | 栽培资源 |
| 3977 | MM064 | 苜蓿属 | 紫花苜蓿 | *Medicago sativa* L. | | 黑龙江 | | 2009 | 1 | 栽培资源 |
| 3978 | MM065 | 苜蓿属 | 紫花苜蓿 | *Medicago sativa* L. | | 黑龙江 | | 2009 | 1 | 栽培资源 |
| 3979 | MM066 | 苜蓿属 | 紫花苜蓿 | *Medicago sativa* L. | | 黑龙江 | | 2009 | 1 | 栽培资源 |
| 3980 | MM067 | 苜蓿属 | 紫花苜蓿 | *Medicago sativa* L. | | 黑龙江 | | 2009 | 1 | 栽培资源 |
| 3981 | MM068 | 苜蓿属 | 紫花苜蓿 | *Medicago sativa* L. | | 黑龙江 | | 2009 | 1 | 栽培资源 |
| 3982 | MM069 | 苜蓿属 | 紫花苜蓿 | *Medicago sativa* L. | | 黑龙江 | | 2009 | 1 | 栽培资源 |
| 3983 | MM070 | 苜蓿属 | 紫花苜蓿 | *Medicago sativa* L. | | 黑龙江 | | 2009 | 1 | 栽培资源 |
| 3984 | MM071 | 苜蓿属 | 紫花苜蓿 | *Medicago sativa* L. | | 黑龙江 | | 2009 | 1 | 栽培资源 |
| 3985 | MM072 | 苜蓿属 | 紫花苜蓿 | *Medicago sativa* L. | | 黑龙江 | | 2009 | 1 | 栽培资源 |
| 3986 | MM073 | 苜蓿属 | 紫花苜蓿 | *Medicago sativa* L. | | 黑龙江 | | 2009 | 1 | 栽培资源 |
| 3987 | MM074 | 苜蓿属 | 紫花苜蓿 | *Medicago sativa* L. | | 黑龙江 | | 2009 | 1 | 栽培资源 |
| 3988 | MM075 | 苜蓿属 | 紫花苜蓿 | *Medicago sativa* L. | | 黑龙江 | | 2009 | 1 | 栽培资源 |
| 3989 | MM076 | 苜蓿属 | 紫花苜蓿 | *Medicago sativa* L. | | 黑龙江 | | 2009 | 1 | 栽培资源 |
| 3990 | MM077 | 苜蓿属 | 紫花苜蓿 | *Medicago sativa* L. | | 黑龙江 | | 2009 | 1 | 栽培资源 |
| 3991 | MM078 | 苜蓿属 | 紫花苜蓿 | *Medicago sativa* L. | | 黑龙江 | | 2009 | 1 | 栽培资源 |
| 3992 | MM079 | 苜蓿属 | 紫花苜蓿 | *Medicago sativa* L. | | 黑龙江 | | 2009 | 1 | 栽培资源 |
| 3993 | MM080 | 苜蓿属 | 紫花苜蓿 | *Medicago sativa* L. | | 黑龙江 | | 2009 | 1 | 栽培资源 |
| 3994 | MM081 | 苜蓿属 | 紫花苜蓿 | *Medicago sativa* L. | | 黑龙江 | | 2009 | 1 | 栽培资源 |
| 3995 | MM082 | 苜蓿属 | 紫花苜蓿 | *Medicago sativa* L. | | 黑龙江 | | 2009 | 1 | 栽培资源 |

（续）

| 序号 | 送种单位编号 | 属 名 | 种 名 | 学 名 | 品种名（原文名） | 材料来源 | 材料原产地 | 收种时间（年份） | 保存地点 | 类型 |
|---|---|---|---|---|---|---|---|---|---|---|
| 3996 | MM083 | 苜蓿属 | 紫花苜蓿 | *Medicago sativa* L. | | 黑龙江 | | 2009 | 1 | 栽培资源 |
| 3997 | MM084 | 苜蓿属 | 紫花苜蓿 | *Medicago sativa* L. | | 黑龙江 | | 2009 | 1 | 栽培资源 |
| 3998 | MM085 | 苜蓿属 | 紫花苜蓿 | *Medicago sativa* L. | | 黑龙江 | | 2009 | 1 | 栽培资源 |
| 3999 | MM087 | 苜蓿属 | 紫花苜蓿 | *Medicago sativa* L. | 敖汉 | 黑龙江 | | 2009 | 1 | 栽培资源 |
| 4000 | MM088 | 苜蓿属 | 紫花苜蓿 | *Medicago sativa* L. | 肇东 | 黑龙江 | | 2009 | 1 | 栽培资源 |
| 4001 | MM103 | 苜蓿属 | 紫花苜蓿 | *Medicago sativa* L. | | 黑龙江 | | 2009 | 1 | 栽培资源 |
| 4002 | MM104 | 苜蓿属 | 紫花苜蓿 | *Medicago sativa* L. | | 黑龙江 | | 2009 | 1 | 栽培资源 |
| 4003 | MM105 | 苜蓿属 | 紫花苜蓿 | *Medicago sativa* L. | | 黑龙江 | | 2009 | 1 | 栽培资源 |
| 4004 | MM106 | 苜蓿属 | 紫花苜蓿 | *Medicago sativa* L. | | 黑龙江 | | 2009 | 1 | 栽培资源 |
| 4005 | MM107 | 苜蓿属 | 紫花苜蓿 | *Medicago sativa* L. | | 黑龙江 | | 2009 | 1 | 栽培资源 |
| 4006 | MM108 | 苜蓿属 | 紫花苜蓿 | *Medicago sativa* L. | | 黑龙江 | | 2009 | 1 | 栽培资源 |
| 4007 | MM109 | 苜蓿属 | 紫花苜蓿 | *Medicago sativa* L. | | 黑龙江 | | 2009 | 1 | 栽培资源 |
| 4008 | MM110 | 苜蓿属 | 紫花苜蓿 | *Medicago sativa* L. | | 黑龙江 | | 2009 | 1 | 栽培资源 |
| 4009 | MM111 | 苜蓿属 | 紫花苜蓿 | *Medicago sativa* L. | | 黑龙江 | | 2009 | 1 | 栽培资源 |
| 4010 | MM112 | 苜蓿属 | 紫花苜蓿 | *Medicago sativa* L. | | 黑龙江 | | 2009 | 1 | 栽培资源 |
| 4011 | MM113 | 苜蓿属 | 紫花苜蓿 | *Medicago sativa* L. | | 黑龙江 | | 2009 | 1 | 栽培资源 |
| 4012 | MM114 | 苜蓿属 | 紫花苜蓿 | *Medicago sativa* L. | | 黑龙江 | | 2009 | 1 | 栽培资源 |
| 4013 | MM115 | 苜蓿属 | 紫花苜蓿 | *Medicago sativa* L. | | 黑龙江 | | 2009 | 1 | 栽培资源 |
| 4014 | MM116 | 苜蓿属 | 紫花苜蓿 | *Medicago sativa* L. | | 黑龙江 | | 2009 | 1 | 栽培资源 |
| 4015 | MM117 | 苜蓿属 | 紫花苜蓿 | *Medicago sativa* L. | | 黑龙江 | | 2009 | 1 | 栽培资源 |
| 4016 | MM118 | 苜蓿属 | 紫花苜蓿 | *Medicago sativa* L. | | 黑龙江 | | 2009 | 1 | 栽培资源 |
| 4017 | MM119 | 苜蓿属 | 紫花苜蓿 | *Medicago sativa* L. | | 黑龙江 | | 2009 | 1 | 栽培资源 |
| 4018 | MM120 | 苜蓿属 | 紫花苜蓿 | *Medicago sativa* L. | | 黑龙江 | | 2009 | 1 | 栽培资源 |
| 4019 | MM121 | 苜蓿属 | 紫花苜蓿 | *Medicago sativa* L. | | 黑龙江 | | 2009 | 1 | 栽培资源 |
| 4020 | MM122 | 苜蓿属 | 紫花苜蓿 | *Medicago sativa* L. | | 黑龙江 | | 2009 | 1 | 栽培资源 |

（续）

| 序号 | 送种单位编号 | 属 名 | 种 名 | 学 名 | 品种名（原文名） | 材料来源 | 材料原产地 | 收种时间（年份） | 保存地点 | 类型 |
|---|---|---|---|---|---|---|---|---|---|---|
| 4021 | MM123 | 苜蓿属 | 紫花苜蓿 | *Medicago sativa* L. | | 黑龙江 | | 2009 | 1 | 栽培资源 |
| 4022 | MM124 | 苜蓿属 | 紫花苜蓿 | *Medicago sativa* L. | | 黑龙江 | | 2009 | 1 | 栽培资源 |
| 4023 | MM125 | 苜蓿属 | 紫花苜蓿 | *Medicago sativa* L. | | 黑龙江 | | 2009 | 1 | 栽培资源 |
| 4024 | MM126 | 苜蓿属 | 紫花苜蓿 | *Medicago sativa* L. | | 黑龙江 | | 2009 | 1 | 栽培资源 |
| 4025 | MM127 | 苜蓿属 | 紫花苜蓿 | *Medicago sativa* L. | | 黑龙江 | | 2009 | 1 | 栽培资源 |
| 4026 | MM128 | 苜蓿属 | 紫花苜蓿 | *Medicago sativa* L. | | 黑龙江 | | 2009 | 1 | 栽培资源 |
| 4027 | MM129 | 苜蓿属 | 紫花苜蓿 | *Medicago sativa* L. | | 黑龙江 | | 2009 | 1 | 栽培资源 |
| 4028 | MM130 | 苜蓿属 | 紫花苜蓿 | *Medicago sativa* L. | | 黑龙江 | | 2009 | 1 | 栽培资源 |
| 4029 | MM131 | 苜蓿属 | 紫花苜蓿 | *Medicago sativa* L. | | 黑龙江 | | 2009 | 1 | 栽培资源 |
| 4030 | MM132 | 苜蓿属 | 紫花苜蓿 | *Medicago sativa* L. | | 黑龙江 | | 2009 | 1 | 栽培资源 |
| 4031 | MM133 | 苜蓿属 | 紫花苜蓿 | *Medicago sativa* L. | | 黑龙江 | | 2009 | 1 | 栽培资源 |
| 4032 | MM134 | 苜蓿属 | 紫花苜蓿 | *Medicago sativa* L. | | 黑龙江 | | 2009 | 1 | 栽培资源 |
| 4033 | MM135 | 苜蓿属 | 紫花苜蓿 | *Medicago sativa* L. | | 黑龙江 | | 2009 | 1 | 栽培资源 |
| 4034 | MM136 | 苜蓿属 | 紫花苜蓿 | *Medicago sativa* L. | | 黑龙江 | | 2009 | 1 | 栽培资源 |
| 4035 | MM137 | 苜蓿属 | 紫花苜蓿 | *Medicago sativa* L. | | 黑龙江 | | 2009 | 1 | 栽培资源 |
| 4036 | MM138 | 苜蓿属 | 紫花苜蓿 | *Medicago sativa* L. | | 黑龙江 | | 2009 | 1 | 栽培资源 |
| 4037 | MM139 | 苜蓿属 | 紫花苜蓿 | *Medicago sativa* L. | | 黑龙江 | | 2009 | 1 | 栽培资源 |
| 4038 | MM140 | 苜蓿属 | 紫花苜蓿 | *Medicago sativa* L. | | 黑龙江 | | 2009 | 1 | 栽培资源 |
| 4039 | MM141 | 苜蓿属 | 紫花苜蓿 | *Medicago sativa* L. | | 黑龙江 | | 2009 | 1 | 栽培资源 |
| 4040 | MM142 | 苜蓿属 | 紫花苜蓿 | *Medicago sativa* L. | | 黑龙江 | | 2009 | 1 | 栽培资源 |
| 4041 | MM143 | 苜蓿属 | 紫花苜蓿 | *Medicago sativa* L. | | 黑龙江 | | 2009 | 1 | 栽培资源 |
| 4042 | MM144 | 苜蓿属 | 紫花苜蓿 | *Medicago sativa* L. | | 黑龙江 | | 2009 | 1 | 栽培资源 |
| 4043 | MM145 | 苜蓿属 | 紫花苜蓿 | *Medicago sativa* L. | | 黑龙江 | | 2009 | 1 | 栽培资源 |
| 4044 | MM146 | 苜蓿属 | 紫花苜蓿 | *Medicago sativa* L. | | 黑龙江 | | 2009 | 1 | 栽培资源 |
| 4045 | MM147 | 苜蓿属 | 紫花苜蓿 | *Medicago sativa* L. | | 黑龙江 | | 2009 | 1 | 栽培资源 |

(续)

| 序号 | 送种单位编号 | 属 名 | 种 名 | 学 名 | 品种名（原文名） | 材料来源 | 材料原产地 | 收种时间（年份） | 保存地点 | 类型 |
|---|---|---|---|---|---|---|---|---|---|---|
| 4046 | MM148 | 苜蓿属 | 紫花苜蓿 | *Medicago sativa* L. | | 黑龙江 | | 2009 | 1 | 栽培资源 |
| 4047 | MM149 | 苜蓿属 | 紫花苜蓿 | *Medicago sativa* L. | | 黑龙江 | | 2009 | 1 | 栽培资源 |
| 4048 | MM150 | 苜蓿属 | 紫花苜蓿 | *Medicago sativa* L. | | 黑龙江 | | 2009 | 1 | 栽培资源 |
| 4049 | | 苜蓿属 | 紫花苜蓿 | *Medicago sativa* L. | 敖汉苜蓿 | | | 2009 | 1 | 栽培资源 |
| 4050 | GX093 | 苜蓿属 | 紫花苜蓿 | *Medicago sativa* L. | 阿尔冈金 | 宁夏 | | 2009 | 1 | 引进资源 |
| 4051 | 28 | 苜蓿属 | 紫花苜蓿 | *Medicago sativa* L. | Rangelander | 赤峰林西草原站 | 加拿大 | 2013 | 1 | 引进资源 |
| 4052 | 2001-02-01-00019 | 苜蓿属 | 紫花苜蓿 | *Medicago sativa* L. | | 西北农林科技大学 | | 2014 | 1 | 栽培资源 |
| 4053 | 2001-02-01-00089 | 苜蓿属 | 紫花苜蓿 | *Medicago sativa* L. | | 北京 | | 2014 | 1 | 栽培资源 |
| 4054 | 120057 | 苜蓿属 | 紫花苜蓿 | *Medicago sativa* L. | | 中国农科院草原所 | 内蒙古四子王旗 | 2014 | 1 | 栽培资源 |
| 4055 | | 苜蓿属 | 紫花苜蓿 | *Medicago sativa* L. | | 中国农科院草原所 | 美国 | 1989 | 1 | 栽培资源 |
| 4056 | | 苜蓿属 | 紫花苜蓿 | *Medicago sativa* L. | 直立型 | 内蒙古农大 | 内蒙古锡林浩特东苏旗 | 2006 | 1 | 栽培资源 |
| 4057 | | 苜蓿属 | 紫花苜蓿 | *Medicago sativa* L. | | | 内蒙古清水河 | 2009 | 1 | 栽培资源 |
| 4058 | 2783 | 苜蓿属 | 紫花苜蓿 | *Medicago sativa* L. | | | | 2009 | 1 | 引进资源 |
| 4059 | 中畜-621 | 苜蓿属 | 紫花苜蓿 | *Medicago sativa* L. | | | | 2009 | 1 | 引进资源 |
| 4060 | 90-14 | 苜蓿属 | 紫花苜蓿 | *Medicago sativa* L. | | | | 2009 | 1 | 引进资源 |
| 4061 | 2782 | 苜蓿属 | 紫花苜蓿 | *Medicago sativa* L. | | | | 2009 | 1 | 栽培资源 |
| 4062 | 96-5 | 苜蓿属 | 紫花苜蓿 | *Medicago sativa* L. | | 美国 | | 2009 | 1 | 引进资源 |
| 4063 | 97-45 | 苜蓿属 | 紫花苜蓿 | *Medicago sativa* L. | | | | 2009 | 1 | 引进资源 |
| 4064 | 2760 | 苜蓿属 | 紫花苜蓿 | *Medicago sativa* L. | 准格尔 | | | 2009 | 1 | 栽培资源 |
| 4065 | 73-17 | 苜蓿属 | 紫花苜蓿 | *Medicago sativa* L. | 罗默 | 中国农科院北京畜牧所 | 加拿大 | 1993 | 1 | 引进资源 |

（续）

| 序号 | 送种单位编号 | 属名 | 种名 | 学名 | 品种名（原文名） | 材料来源 | 材料原产地 | 收种时间（年份） | 保存地点 | 类型 |
|---|---|---|---|---|---|---|---|---|---|---|
| 4066 | 80-23 | 苜蓿属 | 紫花苜蓿 | *Medicago sativa* L. | 霍纳伊 | 中国农科院北京畜牧所 | 美国 | 1992 | 1 | 引进资源 |
| 4067 | 80-69 | 苜蓿属 | 紫花苜蓿 | *Medicago sativa* L. | C/W3 | 中国农科院北京畜牧所 | 美国 | 1994 | 1 | 引进资源 |
| 4068 | 80-70 | 苜蓿属 | 紫花苜蓿 | *Medicago sativa* L. | C/W5 | 中国农科院兰州畜牧所 | 美国 | 1991 | 1 | 引进资源 |
| 4069 | 80-71 | 苜蓿属 | 紫花苜蓿 | *Medicago sativa* L. | C/W69 | 中国农科院兰州畜牧所 | 美国 | 1991 | 1 | 引进资源 |
| 4070 | 80-99 | 苜蓿属 | 紫花苜蓿 | *Medicago sativa* L. | 拉洪坦 | 中国农科院北京畜牧所 | 美国 | 1994 | 1 | 引进资源 |
| 4071 | 80-98 | 苜蓿属 | 紫花苜蓿 | *Medicago sativa* L. | Kanza | | | 2009 | 1 | 引进资源 |
| 4072 | | 苜蓿属 | 紫花苜蓿 | *Medicago sativa* L. | 天水 | 湖北畜牧所 | 甘肃天水 | 1988 | 1 | 栽培资源 |
| 4073 | 79-76 | 苜蓿属 | 紫花苜蓿 | *Medicago sativa* L. | 辛夫 | 中国农科院北京畜牧所 | 罗马尼亚 | 1992 | 1 | 引进资源 |
| 4074 | 74-28 | 苜蓿属 | 紫花苜蓿 | *Medicago sativa* L. | 杜普梯 | 中国农科院北京畜牧所 | 法国 | 1992 | 1 | 引进资源 |
| 4075 | 0953 | 苜蓿属 | 紫花苜蓿 | *Medicago sativa* L. | 公农1号 | 中国农科院兰州畜牧所 | 公主岭 | 1990 | 1 | 栽培资源 |
| 4076 | 83-380 | 苜蓿属 | 紫花苜蓿 | *Medicago sativa* L. | BC-79 | 中国农科院北京畜牧所 | 美国 | 1993 | 1 | 引进资源 |
| 4077 | 84-784 | 苜蓿属 | 紫花苜蓿 | *Medicago sativa* L. | 先锋545 | 中国农科院北京畜牧所 | 澳大利亚 | 1994 | 1 | 引进资源 |
| 4078 | 85-12 | 苜蓿属 | 紫花苜蓿 | *Medicago sativa* L. | 雷里 | 中国农科院北京畜牧所 | 新西兰 | 1993 | 1 | 引进资源 |
| 4079 | IA0146 | 苜蓿属 | 紫花苜蓿 | *Medicago sativa* L. | | 中国农科院草原所 | | 1990 | 1 | 引进资源 |

（续）

| 序号 | 送种单位编号 | 属名 | 种名 | 学名 | 品种名（原文名） | 材料来源 | 材料原产地 | 收种时间（年份） | 保存地点 | 类型 |
|---|---|---|---|---|---|---|---|---|---|---|
| 4080 | IA0150 | 苜蓿属 | 紫花苜蓿 | *Medicago sativa* L. |  | 中国农科院草原所 |  | 1990 | 1 | 引进资源 |
| 4081 | IA0187 | 苜蓿属 | 紫花苜蓿 | *Medicago sativa* L. | 公农2号 | 中国农科院草原所 |  | 1990 | 1 | 栽培资源 |
| 4082 | IA01116 | 苜蓿属 | 紫花苜蓿 | *Medicago sativa* L. | 新洋 | 中国农科院草原所 | 江苏盐城 | 1993 | 1 | 引进资源 |
| 4083 | IA01264 | 苜蓿属 | 紫花苜蓿 | *Medicago sativa* L. |  | 中国农科院草原所 |  | 1990 | 1 | 引进资源 |
| 4084 | 497 | 苜蓿属 | 紫花苜蓿 | *Medicago sativa* L. |  | 中国农科院草原所 |  | 1989 | 1 | 引进资源 |
| 4085 | 兰089 | 苜蓿属 | 紫花苜蓿 | *Medicago sativa* L. | 中牧32号 | 中国农科院兰州畜牧所 |  | 1990 | 1 | 栽培资源 |
| 4086 | IA0118 | 苜蓿属 | 紫花苜蓿 | *Medicago sativa* L. | 183 | 中国农科院草原所 |  | 1990 | 1 | 引进资源 |
| 4087 | IA0130 | 苜蓿属 | 紫花苜蓿 | *Medicago sativa* L. | B0467 | 中国农科院草原所 |  | 1993 | 1 | 引进资源 |
| 4088 | 80-75 | 苜蓿属 | 紫花苜蓿 | *Medicago sativa* L. | 托尔 | 中国农科院北京畜牧所 |  | 1994 | 1 | 引进资源 |
| 4089 | 80-75 | 苜蓿属 | 紫花苜蓿 | *Medicago sativa* L. | 托尔 | 中国农科院北京畜牧所 |  | 1994 | 1 | 引进资源 |
| 4090 | 85-47 | 苜蓿属 | 紫花苜蓿 | *Medicago sativa* L. | GT49R | 中国农科院北京畜牧所 | 日本 | 1994 | 1 | 引进资源 |
| 4091 | 88-20 | 苜蓿属 | 紫花苜蓿 | *Medicago sativa* L. | 兰及尔 | 中国农科院北京畜牧所 |  | 1993 | 1 | 引进资源 |
| 4092 | 88-20 | 苜蓿属 | 紫花苜蓿 | *Medicago sativa* L. | 兰及尔 | 中国农科院北京畜牧所 |  | 1994 | 1 | 引进资源 |

（续）

| 序号 | 送种单位编号 | 属 名 | 种 名 | 学 名 | 品种名（原文名） | 材料来源 | 材料原产地 | 收种时间（年份） | 保存地点 | 类型 |
|---|---|---|---|---|---|---|---|---|---|---|
| 4093 | 88-44 | 苜蓿属 | 紫花苜蓿 | *Medicago sativa* L. | DG 塞特 | 中国农科院北京畜牧所 | | 1994 | 1 | 引进资源 |
| 4094 | | 苜蓿属 | 紫花苜蓿 | *Medicago sativa* L. | 公农 1 号 | 吉林畜牧所 | | 1991 | 1 | 栽培资源 |
| 4095 | | 苜蓿属 | 紫花苜蓿 | *Medicago sativa* L. | | | | 2006 | 1 | 引进资源 |
| 4096 | 92-205 | 苜蓿属 | 紫花苜蓿 | *Medicago sativa* L. | 库曼多 | 中国农科院北京畜牧所 | 美国 | 1994 | 1 | 引进资源 |
| 4097 | 95-5 | 苜蓿属 | 紫花苜蓿 | *Medicago sativa* L. | 532 | 中国农科院北京畜牧所 | | 1994 | 1 | 引进资源 |
| 4098 | 87-55 | 苜蓿属 | 紫花苜蓿 | *Medicago sativa* L. | | 中国农科院北京畜牧所 | | 1994 | 1 | 引进资源 |
| 4099 | 中畜 0138 | 苜蓿属 | 紫花苜蓿 | *Medicago sativa* L. | | 中国农科院北京畜牧所 | | 1988 | 1 | 引进资源 |
| 4100 | 苜 3 | 苜蓿属 | 紫花苜蓿 | *Medicago sativa* L. | 拉达克 | 中国农科院草原所 | 俄罗斯 | 1990 | 1 | 引进资源 |
| 4101 | 兰 208 | 苜蓿属 | 紫花苜蓿 | *Medicago sativa* L. | | 中国农科院兰州畜牧所 | | 1990 | 1 | 引进资源 |
| 4102 | | 苜蓿属 | 紫花苜蓿 | *Medicago sativa* L. | 淮阴 | 南京农学院 | | 1991 | 1 | 栽培资源 |
| 4103 | | 苜蓿属 | 紫花苜蓿 | *Medicago sativa* L. | 关中 | 陕西畜牧所 | | 1991 | 1 | 栽培资源 |
| 4104 | | 苜蓿属 | 紫花苜蓿 | *Medicago sativa* L. | | 榆林草原站 | | 1991 | 1 | 引进资源 |
| 4105 | 62-107 | 苜蓿属 | 紫花苜蓿 | *Medicago sativa* L. | | 中国农科院兰州畜牧所 | | 1991 | 1 | 引进资源 |
| 4106 | 62-1032 | 苜蓿属 | 紫花苜蓿 | *Medicago sativa* L. | | 中国农科院兰州畜牧所 | | 1991 | 1 | 引进资源 |
| 4107 | IA0141 | 苜蓿属 | 紫花苜蓿 | *Medicago sativa* L. | | 中国农科院草原所 | | 1993 | 1 | 引进资源 |

（续）

| 序号 | 送种单位编号 | 属名 | 种名 | 学名 | 品种名（原文名） | 材料来源 | 材料原产地 | 收种时间（年份） | 保存地点 | 类型 |
|---|---|---|---|---|---|---|---|---|---|---|
| 4108 | IA01167 | 苜蓿属 | 紫花苜蓿 | *Medicago sativa* L. | 呼壁图 | 中国农科院草原所 | 新疆呼壁图 | 1993 | 1 | 栽培资源 |
| 4109 | IA01185 | 苜蓿属 | 紫花苜蓿 | *Medicago sativa* L. | 猎人河 | 中国农科院草原所 | 澳大利亚 | 1993 | 1 | 引进资源 |
| 4110 | IA01233 | 苜蓿属 | 紫花苜蓿 | *Medicago sativa* L. | Ms7 | 中国农科院草原所 | 荷兰 | 1993 | 1 | 引进资源 |
| 4111 | | 苜蓿属 | 紫花苜蓿 | *Medicago sativa* L. | Dona Ana | 中国农科院草原所 | 美国新墨西哥州 | 1993 | 1 | 引进资源 |
| 4112 | 233vahsskaja | 苜蓿属 | 紫花苜蓿 | *Medicago sativa* L. | WIR-35389 | 中国农科院草原所 | 苏联 | 1993 | 1 | 引进资源 |
| 4113 | | 苜蓿属 | 紫花苜蓿 | *Medicago sativa* L. | WIR-19983 | 中国农科院草原所 | 苏联 | 1993 | 1 | 引进资源 |
| 4114 | | 苜蓿属 | 紫花苜蓿 | *Medicago sativa* L. | 富平 | | 陕西 | | 1 | 栽培资源 |
| 4115 | | 苜蓿属 | 紫花苜蓿 | *Medicago sativa* L. | 哈尔滨 | | 黑龙江 | | 1 | 栽培资源 |
| 4116 | | 苜蓿属 | 紫花苜蓿 | *Medicago sativa* L. | 日本 | | 日本 | | 1 | 引进资源 |
| 4117 | | 苜蓿属 | 紫花苜蓿 | *Medicago sativa* L. | 日本 | | 日本 | | 1 | 引进资源 |
| 4118 | | 苜蓿属 | 紫花苜蓿 | *Medicago sativa* L. | 日本 | | 日本 | | 1 | 引进资源 |
| 4119 | | 苜蓿属 | 紫花苜蓿 | *Medicago sativa* L. | 乌市东风 | | 新疆 | | 1 | 栽培资源 |
| 4120 | | 苜蓿属 | 紫花苜蓿 | *Medicago sativa* L. | 哈密 | | 新疆 | | 1 | 栽培资源 |
| 4121 | | 苜蓿属 | 紫花苜蓿 | *Medicago sativa* L. | 博乐 | | 新疆 | | 1 | 栽培资源 |
| 4122 | | 苜蓿属 | 紫花苜蓿 | *Medicago sativa* L. | 伊犁 | | 新疆 | | 1 | 栽培资源 |
| 4123 | | 苜蓿属 | 紫花苜蓿 | *Medicago sativa* L. | 淮阴 | | 江苏 | | 1 | 栽培资源 |
| 4124 | | 苜蓿属 | 紫花苜蓿 | *Medicago sativa* L. | 石河子 | | 新疆 | | 1 | 栽培资源 |
| 4125 | | 苜蓿属 | 紫花苜蓿 | *Medicago sativa* L. | 于田 | | 新疆 | | 1 | 栽培资源 |
| 4126 | | 苜蓿属 | 紫花苜蓿 | *Medicago sativa* L. | 阜康 | | 新疆 | | 1 | 栽培资源 |

（续）

| 序号 | 送种单位编号 | 属名 | 种名 | 学名 | 品种名（原文名） | 材料来源 | 材料原产地 | 收种时间（年份） | 保存地点 | 类型 |
|---|---|---|---|---|---|---|---|---|---|---|
| 4127 | | 苜蓿属 | 紫花苜蓿 | *Medicago sativa* L. | 吐鲁番 | | 新疆 | | 1 | 栽培资源 |
| 4128 | | 苜蓿属 | 紫花苜蓿 | *Medicago sativa* L. | 尉犁 | | 新疆 | | 1 | 栽培资源 |
| 4129 | | 苜蓿属 | 紫花苜蓿 | *Medicago sativa* L. | 莎车 | | 新疆 | | 1 | 栽培资源 |
| 4130 | | 苜蓿属 | 紫花苜蓿 | *Medicago sativa* L. | 玛纳斯 | | 新疆 | | 1 | 栽培资源 |
| 4131 | | 苜蓿属 | 紫花苜蓿 | *Medicago sativa* L. | 头屯河 | | 新疆 | | 1 | 栽培资源 |
| 4132 | | 苜蓿属 | 紫花苜蓿 | *Medicago sativa* L. | 奎屯 | | 新疆 | | 1 | 栽培资源 |
| 4133 | | 苜蓿属 | 紫花苜蓿 | *Medicago sativa* L. | 布尔津 | | 新疆 | | 1 | 栽培资源 |
| 4134 | | 苜蓿属 | 紫花苜蓿 | *Medicago sativa* L. | 昌吉 | | 新疆 | | 1 | 栽培资源 |
| 4135 | | 苜蓿属 | 紫花苜蓿 | *Medicago sativa* L. | 民丰大叶 | | 新疆 | | 1 | 栽培资源 |
| 4136 | | 苜蓿属 | 紫花苜蓿 | *Medicago sativa* L. | 若羌 | | 新疆 | | 1 | 栽培资源 |
| 4137 | | 苜蓿属 | 紫花苜蓿 | *Medicago sativa* L. | 阿克苏 | | 新疆 | | 1 | 栽培资源 |
| 4138 | | 苜蓿属 | 紫花苜蓿 | *Medicago sativa* L. | 焉耆大叶 | | 新疆 | | 1 | 栽培资源 |
| 4139 | | 苜蓿属 | 紫花苜蓿 | *Medicago sativa* L. | 麦格纳姆（MagnumPGR7775） | | | | 1 | 引进资源 |
| 4140 | | 苜蓿属 | 紫花苜蓿 | *Medicago sativa* L. | 先锋（Pioneer） | | | | 1 | 引进资源 |
| 4141 | | 苜蓿属 | 紫花苜蓿 | *Medicago sativa* L. | 苏诺拉（Sonora） | | | | 1 | 引进资源 |
| 4142 | | 苜蓿属 | 紫花苜蓿 | *Medicago sativa* L. | K4 | | | | 1 | 引进资源 |
| 4143 | | 苜蓿属 | 紫花苜蓿 | *Medicago sativa* L. | 劳拉（Lauta） | | | | 1 | 引进资源 |
| 4144 | | 苜蓿属 | 紫花苜蓿 | *Medicago sativa* L. | 马亚（Maya） | | | | 1 | 引进资源 |
| 4145 | | 苜蓿属 | 紫花苜蓿 | *Medicago sativa* L. | 卡普瑞（Copri） | | | | 1 | 引进资源 |
| 4146 | | 苜蓿属 | 紫花苜蓿 | *Medicago sativa* L. | 阿波罗Ⅱ（Apollo Ⅱ） | | | | 1 | 引进资源 |
| 4147 | | 苜蓿属 | 紫花苜蓿 | *Medicago sativa* L. | WL225 | | | | 1 | 引进资源 |
| 4148 | | 苜蓿属 | 紫花苜蓿 | *Medicago sativa* L. | 5262 | | | | 1 | 引进资源 |
| 4149 | | 苜蓿属 | 紫花苜蓿 | *Medicago sativa* L. | 萨帕斯（Surpass） | | | | 1 | 引进资源 |
| 4150 | | 苜蓿属 | 紫花苜蓿 | *Medicago sativa* L. | 斯克瑞维若（Skri-weru） | | | | 1 | 引进资源 |

（续）

| 序号 | 送种单位编号 | 属 名 | 种 名 | 学 名 | 品种名（原文名） | 材料来源 | 材料原产地 | 收种时间（年份） | 保存地点 | 类型 |
|---|---|---|---|---|---|---|---|---|---|---|
| 4151 | | 苜蓿属 | 紫花苜蓿 | *Medicago sativa* L. | 阿罗特（Aloultte） | | | | 1 | 引进资源 |
| 4152 | | 苜蓿属 | 紫花苜蓿 | *Medicago sativa* L. | 苜蓿王 | | 加拿大 | | 1 | 引进资源 |
| 4153 | | 苜蓿属 | 紫花苜蓿 | *Medicago sativa* L. | 朝阳 | | 加拿大 | | 1 | 引进资源 |
| 4154 | | 苜蓿属 | 紫花苜蓿 | *Medicago sativa* L. | 三得利（Sandili） | | 荷兰 | | 1 | 引进资源 |
| 4155 | | 苜蓿属 | 紫花苜蓿 | *Medicago sativa* L. | 赛特 | | 法国 | | 1 | 引进资源 |
| 4156 | | 苜蓿属 | 紫花苜蓿 | *Medicago sativa* L. | 金达（Jindera） | | | | 1 | 引进资源 |
| 4157 | | 苜蓿属 | 紫花苜蓿 | *Medicago sativa* L. | 游客 | | 澳大利亚 | | 1 | 引进资源 |
| 4158 | | 苜蓿属 | 紫花苜蓿 | *Medicago sativa* L. | 协和 | | | | 1 | 引进资源 |
| 4159 | | 苜蓿属 | 紫花苜蓿 | *Medicago sativa* L. | 瑞德 | | | | 1 | 引进资源 |
| 4160 | 2223 | 苜蓿属 | 紫花苜蓿 | *Medicago sativa* L. | 会宁 | | | 2009 | 1 | 栽培资源 |
| 4161 | | 苜蓿属 | 紫花苜蓿 | *Medicago sativa* L. | 中苜 3 号 | 内蒙古鄂托克旗 | | 2010 | 1 | 引进资源 |
| 4162 | | 苜蓿属 | 紫花苜蓿 | *Medicago sativa* L. | 巨人（Ameristand） | | | 2010 | 1 | 引进资源 |
| 4163 | IA0126 | 苜蓿属 | 紫花苜蓿 | *Medicago sativa* L. | 察北 | 中国农科院草原所 | | 1991 | 1 | 栽培资源 |
| 4164 | | 苜蓿属 | 紫花苜蓿 | *Medicago sativa* L. | 公农 2 号 | 吉林畜牧所 | | 1991 | 1 | 引进资源 |
| 4165 | 2456 | 苜蓿属 | 紫花苜蓿 | *Medicago sativa* L. | 图牧 2 号 | 中国农科院北京畜牧所 | 内蒙古 | 1993 | 1 | 引进资源 |
| 4166 | IA0116 | 苜蓿属 | 紫花苜蓿 | *Medicago sativa* L. | 格林 | 中国农科院草原所 | | 1993 | 1 | 引进资源 |
| 4167 | IA01255 | 苜蓿属 | 紫花苜蓿 | *Medicago sativa* L. | 武功 | 中国农科院草原所 | 陕西武功 | 1993 | 1 | 引进资源 |
| 4168 | 86-252 | 苜蓿属 | 紫花苜蓿 | *Medicago sativa* L. | | | | 2009 | 1 | 引进资源 |
| 4169 | 93-3 | 苜蓿属 | 紫花苜蓿 | *Medicago sativa* L. | | | | 2009 | 1 | 引进资源 |
| 4170 | | 苜蓿属 | 紫花苜蓿 | *Medicago sativa* L. | 兼用型 | | 加拿大 | 2009 | 1 | 引进资源 |
| 4171 | | 苜蓿属 | 紫花苜蓿 | *Medicago sativa* L. | 竞争者（Vector） | | 加拿大 | 2009 | 1 | 引进资源 |
| 4172 | | 苜蓿属 | 紫花苜蓿 | *Medicago sativa* L. | 美国杂交熊 1 号 | 宁夏 | | 2009 | 1 | 引进资源 |

（续）

| 序号 | 送种单位编号 | 属 名 | 种 名 | 学 名 | 品种名（原文名） | 材料来源 | 材料原产地 | 收种时间（年份） | 保存地点 | 类型 |
|---|---|---|---|---|---|---|---|---|---|---|
| 4173 | | 苜蓿属 | 紫花苜蓿 | *Medicago sativa* L. | 标杆（lcon） | | 澳大利亚 | 2012 | 1 | 引进资源 |
| 4174 | XJL01-3-2 | 苜蓿属 | 紫花苜蓿 | *Medicago sativa* L. | | 新疆农业大学 | 新疆新湖农场 | 2003 | 1 | 栽培资源 |
| 4175 | 7121180 | 苜蓿属 | 紫花苜蓿 | *Medicago sativa* L. | 阿尔岗金（Algonquin） | 纽约 | | 2009 | 1 | 引进资源 |
| 4176 | L394 | 苜蓿属 | 紫花苜蓿 | *Medicago sativa* L. | 润布勒 | 北京 | | 2002 | 1 | 引进资源 |
| 4177 | 15 | 苜蓿属 | 紫花苜蓿 | *Medicago sativa* L. | 日本苜蓿 | 中国农科院草原所 | | 2013 | 1 | 引进资源 |
| 4178 | 33 | 苜蓿属 | 紫花苜蓿 | *Medicago sativa* L. | 日本苜蓿 | 中国农科院草原所 | | 2013 | 1 | 引进资源 |
| 4179 | 35 | 苜蓿属 | 紫花苜蓿 | *Medicago sativa* L. | 甘农 3 号 | 赤峰林西草原工作站 | | 2013 | 1 | 引进资源 |
| 4180 | 16 | 苜蓿属 | 紫花苜蓿 | *Medicago sativa* L. | 日本苜蓿 | 中国农科院草原所 | | 2013 | 1 | 引进资源 |
| 4181 | | 苜蓿属 | 紫花苜蓿 | *Medicago sativa* L. | 工农 1 号 | 赤峰林西草原工作站 | | 2013 | 1 | 引进资源 |
| 4182 | 18 | 苜蓿属 | 紫花苜蓿 | *Medicago sativa* L. | 日本苜蓿 | 中国农科院草原所 | | 2013 | 1 | 引进资源 |
| 4183 | 19 | 苜蓿属 | 紫花苜蓿 | *Medicago sativa* L. | 日本苜蓿 | 中国农科院草原所 | | 2013 | 1 | 引进资源 |
| 4184 | 34-52 | 苜蓿属 | 紫花苜蓿 | *Medicago sativa* L. | 金皇后 | 赤峰林西草原工作站 | 美国 | 2013 | 1 | 引进资源 |
| 4185 | 2802 | 苜蓿属 | 苜蓿 | *Medicago sativa* L. ×*M. ruthenica* (L.) Sojak | 龙牧 803 | 中国农科院畜牧所 | 黑龙江 | 1999 | 3 | 栽培资源 |
| 4186 | JL04-34 | 苜蓿属 | 苜蓿 | *Medicago sativa* L. ×*M. ruthenica* (L.) Sojak | 龙牧 801 | 吉林农科院畜牧分院 | | 2004 | 3 | 栽培资源 |

（续）

| 序号 | 送种单位编号 | 属 名 | 种 名 | 学 名 | 品种名（原文名） | 材料来源 | 材料原产地 | 收种时间（年份） | 保存地点 | 类型 |
|---|---|---|---|---|---|---|---|---|---|---|
| 4187 | JL04-35 | 苜蓿属 | 苜蓿 | *Medicago sativa* L. ×*M. ruthenica*（L.）Sojak | 龙牧803 | 吉林农科院畜牧分院 | | 2004 | 3 | 栽培资源 |
| 4188 | MM090 | 苜蓿属 | 苜蓿 | *Medicago sativa* L. ×*M. ruthenica*（L.）Sojak | 龙牧801 | 黑龙江 | | 2009 | 1 | 栽培资源 |
| 4189 | 25 | 苜蓿属 | 苜蓿 | *Medicago sativa* L. ×*M. ruthenica*（L.）Sojak | 龙牧801 | 赤峰林西草原工作站 | | 2013 | 1 | 栽培资源 |
| 4190 | | 苜蓿属 | 苜蓿 | *Medicago sativa* L. ×*M. ruthenica*（L.）Sojak | 龙牧801 | 中国 | 黑龙江齐齐哈尔 | 2009 | 1 | 栽培资源 |
| 4191 | 200402153 | 苜蓿属 | 苜蓿 | *Medicago sativa* L. ×*M. ruthenica*（L.）Sojak | 龙牧801 | 黑龙江省畜牧研究所 | 黑龙江齐齐哈尔 | 2004 | 1 | 栽培资源 |
| 4192 | MM089 | 苜蓿属 | 苜蓿 | *Medicago sativa* L. ×*M. ruthenica*（L.）Sojak | 龙牧803 | 黑龙江 | | 2009 | 1 | 栽培资源 |
| 4193 | | 苜蓿属 | 苜蓿 | *Medicago sativa* L. ×*M. ruthenica*（L.）Sojak | 龙牧806 | | 黑龙江 | 2005 | 1 | 栽培资源 |
| 4194 | SC2015-050 | 苜蓿属 | 蜗牛苜蓿 | *Medicago scutellata* All. | | | 四川广元旺苍 | 2013 | 3 | 野生资源 |
| 4195 | ZXY2011A-86 | 苜蓿属 | 蜗牛苜蓿 | *Medicago scutellata* All. | | 俄罗斯 | | 2011 | 3 | 引进资源 |
| 4196 | | 苜蓿属 | 蜗牛苜蓿 | *Medicago scutellata* All. | 银子 | | 澳大利亚 | 2006 | 1 | 引进资源 |
| 4197 | L95 | 苜蓿属 | 托那菲尔德苜蓿 | *Medicago tornata* Mill. | 托那菲尔德（Tonafield） | 中国农科院畜牧所 | 澳大利亚 | 1998 | 1 | 引进资源 |
| 4198 | ZXY06P-2138 | 苜蓿属 | 大花苜蓿 | *Medicago trautvetteri* Sumn. | | 俄罗斯 | | 2006 | 3 | 引进资源 |
| 4199 | ZXY06P-2163 | 苜蓿属 | 大花苜蓿 | *Medicago trautvetteri* Sumn. | | 俄罗斯 | | 2006 | 3 | 引进资源 |
| 4200 | ZXY06P-2279 | 苜蓿属 | 大花苜蓿 | *Medicago trautvetteri* Sumn. | | 俄罗斯 | | 2006 | 3 | 引进资源 |
| 4201 | ZXY06P-2288 | 苜蓿属 | 大花苜蓿 | *Medicago trautvetteri* Sumn. | | | | 2006 | 3 | 引进资源 |
| 4202 | | 苜蓿属 | 蒺藜苜蓿 | *Medicago tribuloides* Desr. | 卡里菲 | | | 2009 | 1 | 引进资源 |
| 4203 | | 苜蓿属 | 蒺藜苜蓿 | *Medicago tribuloides* Desr. | 芒果 | | | 2009 | 1 | 引进资源 |

（续）

| 序号 | 送种单位编号 | 属　名 | 种　名 | 学　名 | 品种名（原文名） | 材料来源 | 材料原产地 | 收种时间（年份） | 保存地点 | 类型 |
|---|---|---|---|---|---|---|---|---|---|---|
| 4204 | 2110 | 苜蓿属 | 蒺藜苜蓿 | *Medicago tribuloides* Desr. | | | | 2009 | 1 | 引进资源 |
| 4205 | 2111 | 苜蓿属 | 蒺藜苜蓿 | *Medicago tribuloides* Desr. | | | | 2009 | 1 | 引进资源 |
| 4206 | 2112 | 苜蓿属 | 蒺藜苜蓿 | *Medicago tribuloides* Desr. | | | | 2009 | 1 | 引进资源 |
| 4207 | 2455 | 苜蓿属 | 杂花苜蓿 | *Medicago varia* Martin | 图牧 1 号 | 中国农科院畜牧所 | 内蒙古 | 1998 | 3 | 栽培资源 |
| 4208 | 2718 | 苜蓿属 | 杂花苜蓿 | *Medicago varia* Martin | 甘农 2 号 | 甘肃农大 | | 1999 | 3 | 栽培资源 |
| 4209 | 2222 | 苜蓿属 | 杂花苜蓿 | *Medicago varia* Martin | | 中国农科院畜牧所 | | 1998 | 3 | 栽培资源 |
| 4210 | 74-32 | 苜蓿属 | 杂花苜蓿 | *Medicago varia* Martin | | 中国农科院畜牧所 | | 2009 | 3 | 引进资源 |
| 4211 | 74-85 | 苜蓿属 | 杂花苜蓿 | *Medicago varia* Martin | 堪利浦（Concreep） | 中国农科院畜牧所 | 澳大利亚 | 1998 | 3 | 引进资源 |
| 4212 | 83-117 | 苜蓿属 | 杂花苜蓿 | *Medicago varia* Martin | | 中国农科院畜牧所 | | 2009 | 3 | 引进资源 |
| 4213 | 83-383 | 苜蓿属 | 杂花苜蓿 | *Medicago varia* Martin | | 中国农科院畜牧所 | | 2009 | 3 | 引进资源 |
| 4214 | 96-28 | 苜蓿属 | 杂花苜蓿 | *Medicago varia* Martin | WISFAL | 中国农科院畜牧所 | 波兰 | 1998 | 3 | 引进资源 |
| 4215 | B496 | 苜蓿属 | 杂花苜蓿 | *Medicago varia* Martin | | 中国农科院草原所 | | 2004 | 3 | 栽培资源 |
| 4216 | B497 | 苜蓿属 | 杂花苜蓿 | *Medicago varia* Martin | | 中国农科院草原所 | | 2004 | 3 | 栽培资源 |
| 4217 | BJCY-MX001 | 苜蓿属 | 杂花苜蓿 | *Medicago varia* Martin | 草原 3 号 | 北京草业与环境研究发展中心 | 内蒙呼和浩特 | 2009 | 3 | 栽培资源 |
| 4218 | BJCY-MX003 | 苜蓿属 | 杂花苜蓿 | *Medicago varia* Martin | 甘农 2 号 | 北京草业与环境研究发展中心 | 甘肃兰州 | 2009 | 3 | 栽培资源 |

（续）

| 序号 | 送种单位编号 | 属 名 | 种 名 | 学 名 | 品种名（原文名） | 材料来源 | 材料原产地 | 收种时间（年份） | 保存地点 | 类型 |
|------|------------|-------|-------|-------|----------------|---------|-----------|----------------|---------|------|
| 4219 | BJCY-MX008 | 苜蓿属 | 杂交苜蓿 | *Medicago varia* Martin | 润布勒（Rambler） | 北京草业与环境研究发展中心 | | 2015 | 3 | 引进资源 |
| 4220 | GS0031 | 苜蓿属 | 杂花苜蓿 | *Medicago varia* Martin | 草原1号 | 甘肃景泰 | | 1999 | 3 | 栽培资源 |
| 4221 | GS0042 | 苜蓿属 | 杂花苜蓿 | *Medicago varia* Martin | 甘农1号 | 甘肃武威 | 甘肃武威 | 1999 | 3 | 栽培资源 |
| 4222 | GS0407 | 苜蓿属 | 杂花苜蓿 | *Medicago varia* Martin | 甘农2号 | 甘肃武威 | 甘肃武威 | 2001 | 3 | 栽培资源 |
| 4223 | GS0585 | 苜蓿属 | 杂花苜蓿 | *Medicago varia* Martin | 草原2号 | 甘肃景泰 | 内蒙古 | 2009 | 3 | 栽培资源 |
| 4224 | GS-332 | 苜蓿属 | 杂花苜蓿 | *Medicago varia* Martin | 甘农1号 | 甘肃武威 | | 2003 | 3 | 栽培资源 |
| 4225 | NM07-020 | 苜蓿属 | 杂花苜蓿 | *Medicago varia* Martin | 草原2号 | 内蒙古草原站 | | 2007 | 3 | 栽培资源 |
| 4226 | NM07-021 | 苜蓿属 | 杂花苜蓿 | *Medicago varia* Martin | 草原3号 | 内蒙古草原站 | | 2007 | 3 | 栽培资源 |
| 4227 | NM07-024 | 苜蓿属 | 杂花苜蓿 | *Medicago varia* Martin | 草原2号 | 内蒙古草原站 | | 2007 | 3 | 栽培资源 |
| 4228 | nm-2014-176 | 苜蓿属 | 杂花苜蓿 | *Medicago varia* Martin | 牧科1号 | 内蒙古草原站 | | 2014 | 3 | 栽培资源 |
| 4229 | SD06-01 | 苜蓿属 | 杂交苜蓿 | *Medicago varia* Martin | 赤草1号 | 内蒙古赤峰 | | 2006 | 3 | 栽培资源 |
| 4230 | ZXY2010P-7012 | 苜蓿属 | 杂花苜蓿 | *Medicago varia* Martin | | 俄罗斯 | | 2014 | 3 | 引进资源 |
| 4231 | ZXY2013P-10502 | 苜蓿属 | 杂花苜蓿 | *Medicago varia* Martin | | 俄罗斯 | | 2014 | 3 | 引进资源 |
| 4232 | ZXY2013P-10508 | 苜蓿属 | 杂花苜蓿 | *Medicago varia* Martin | | 俄罗斯 | | 2014 | 3 | 引进资源 |
| 4233 | ZXY2013P-10517 | 苜蓿属 | 杂花苜蓿 | *Medicago varia* Martin | | 俄罗斯 | | 2014 | 3 | 引进资源 |
| 4234 | ZXY2013P-10536 | 苜蓿属 | 杂花苜蓿 | *Medicago varia* Martin | | 俄罗斯 | | 2014 | 3 | 引进资源 |
| 4235 | ZXY2013P-10694 | 苜蓿属 | 杂花苜蓿 | *Medicago varia* Martin | | 俄罗斯 | | 2013 | 3 | 引进资源 |
| 4236 | ZXY2013P-11224 | 苜蓿属 | 杂花苜蓿 | *Medicago varia* Martin | | 俄罗斯 | | 2014 | 3 | 引进资源 |
| 4237 | ZXY2013P-11233 | 苜蓿属 | 杂花苜蓿 | *Medicago varia* Martin | | 俄罗斯 | | 2014 | 3 | 引进资源 |
| 4238 | ZXY2013P-11546 | 苜蓿属 | 杂花苜蓿 | *Medicago varia* Martin | | 俄罗斯 | | 2014 | 3 | 引进资源 |
| 4239 | ZXY2013P-11550 | 苜蓿属 | 杂花苜蓿 | *Medicago varia* Martin | | 俄罗斯 | | 2014 | 3 | 引进资源 |
| 4240 | ZXY2013P-11558 | 苜蓿属 | 杂花苜蓿 | *Medicago varia* Martin | | 俄罗斯 | | 2014 | 3 | 引进资源 |
| 4241 | ZXY2013P-11561 | 苜蓿属 | 杂花苜蓿 | *Medicago varia* Martin | | 俄罗斯 | | 2014 | 3 | 引进资源 |
| 4242 | ZXY2013P-11566 | 苜蓿属 | 杂花苜蓿 | *Medicago varia* Martin | | 俄罗斯 | | 2014 | 3 | 引进资源 |

（续）

| 序号 | 送种单位编号 | 属 名 | 种 名 | 学 名 | 品种名（原文名） | 材料来源 | 材料原产地 | 收种时间（年份） | 保存地点 | 类型 |
|---|---|---|---|---|---|---|---|---|---|---|
| 4243 | ZXY2014P-12271 | 苜蓿属 | 杂花苜蓿 | *Medicago varia* Martin | | 俄罗斯 | | 2014 | 3 | 引进资源 |
| 4244 | ZXY2014P-12299 | 苜蓿属 | 杂花苜蓿 | *Medicago varia* Martin | | | 立陶宛 | 2014 | 3 | 引进资源 |
| 4245 | ZXY2014P-12306 | 苜蓿属 | 杂花苜蓿 | *Medicago varia* Martin | | | 立陶宛 | 2014 | 3 | 引进资源 |
| 4246 | ZXY2014P-12465 | 苜蓿属 | 杂花苜蓿 | *Medicago varia* Martin | | | 哈萨克斯坦 | 2014 | 3 | 引进资源 |
| 4247 | ZXY2014P-12477 | 苜蓿属 | 杂花苜蓿 | *Medicago varia* Martin | | | 哈萨克斯坦 | 2014 | 3 | 引进资源 |
| 4248 | ZXY2014P-12494 | 苜蓿属 | 杂花苜蓿 | *Medicago varia* Martin | | | 哈萨克斯坦 | 2014 | 3 | 引进资源 |
| 4249 | ZXY2014P-12503 | 苜蓿属 | 杂花苜蓿 | *Medicago varia* Martin | | | 哈萨克斯坦 | 2014 | 3 | 引进资源 |
| 4250 | ZXY2014P-12711 | 苜蓿属 | 杂花苜蓿 | *Medicago varia* Martin | | | 俄罗斯 | 2014 | 3 | 引进资源 |
| 4251 | ZXY2014P-12717 | 苜蓿属 | 杂花苜蓿 | *Medicago varia* Martin | | | 俄罗斯 | 2014 | 3 | 引进资源 |
| 4252 | ZXY2014P-12963 | 苜蓿属 | 杂花苜蓿 | *Medicago varia* Martin | | | 乌克兰 | 2014 | 3 | 引进资源 |
| 4253 | ZXY2014P-12983 | 苜蓿属 | 杂花苜蓿 | *Medicago varia* Martin | | | 乌克兰 | 2014 | 3 | 引进资源 |
| 4254 | ZXY2014P-12994 | 苜蓿属 | 杂花苜蓿 | *Medicago varia* Martin | | | 乌克兰 | 2014 | 3 | 引进资源 |
| 4255 | ZXY2013P-11570 | 苜蓿属 | 杂花苜蓿 | *Medicago varia* Martin | | 俄罗斯 | | 2014 | 3 | 引进资源 |
| 4256 | | 苜蓿属 | 杂花苜蓿 | *Medicago varia* Martin | 草原3号 | | | 2011 | 1 | 栽培资源 |
| 4257 | 2002-B-42 | 苜蓿属 | 杂花苜蓿 | *Medicago varia* Martin | 草原2号 | | | 2009 | 1 | 栽培资源 |
| 4258 | IA01198 | 苜蓿属 | 杂花苜蓿 | *Medicago varia* Martin | 草原1号 | 中国农科院草原所 | | 1990 | 1 | 栽培资源 |
| 4259 | zxy2012P-9100 | 苜蓿属 | 杂花苜蓿 | *Medicago varia* Martin. | | 俄罗斯 | | 2012 | 3 | 引进资源 |
| 4260 | zxy2012p-9128 | 苜蓿属 | 杂花苜蓿 | *Medicago varia* Martin. | | | 哈萨克斯坦 | 2012 | 3 | 引进资源 |
| 4261 | zxy2012P-9141 | 苜蓿属 | 杂花苜蓿 | *Medicago varia* Martin. | | 俄罗斯 | | 2012 | 3 | 引进资源 |
| 4262 | zxy2012p-9724 | 苜蓿属 | 杂花苜蓿 | *Medicago varia* Martin. | | | 乌克兰 | 2012 | 3 | 引进资源 |
| 4263 | zxy2012p-9741 | 苜蓿属 | 杂花苜蓿 | *Medicago varia* Martin. | | | 乌克兰 | 2012 | 3 | 引进资源 |
| 4264 | zxy2012p-9750 | 苜蓿属 | 杂花苜蓿 | *Medicago varia* Martin. | | | 乌克兰 | 2012 | 3 | 引进资源 |
| 4265 | zxy2012p-9758 | 苜蓿属 | 杂花苜蓿 | *Medicago varia* Martin. | | | 乌克兰 | 2012 | 3 | 引进资源 |
| 4266 | zxy2012p-9767 | 苜蓿属 | 杂花苜蓿 | *Medicago varia* Martin. | | | 乌克兰 | 2012 | 3 | 引进资源 |

（续）

| 序号 | 送种单位编号 | 属名 | 种名 | 学名 | 品种名（原文名） | 材料来源 | 材料原产地 | 收种时间（年份） | 保存地点 | 类型 |
|---|---|---|---|---|---|---|---|---|---|---|
| 4267 | zxy2012p-9768 | 苜蓿属 | 杂花苜蓿 | *Medicago varia* Martin. | | | 乌克兰 | 2012 | 3 | 引进资源 |
| 4268 | zxy2012p-9776 | 苜蓿属 | 杂花苜蓿 | *Medicago varia* Martin. | | | 乌克兰 | 2012 | 3 | 引进资源 |
| 4269 | zxy2012p-9785 | 苜蓿属 | 杂花苜蓿 | *Medicago varia* Martin. | | | 乌克兰 | 2012 | 3 | 引进资源 |
| 4270 | zxy2012p-9792 | 苜蓿属 | 杂花苜蓿 | *Medicago varia* Martin. | | | 乌克兰 | 2012 | 3 | 引进资源 |
| 4271 | zxy2012p-9806 | 苜蓿属 | 杂花苜蓿 | *Medicago varia* Martin. | | | 乌克兰 | 2012 | 3 | 引进资源 |
| 4272 | zxy2012p-9850 | 苜蓿属 | 杂花苜蓿 | *Medicago varia* Martin. | | | 乌克兰 | 2012 | 3 | 引进资源 |
| 4273 | zxy2012p-9869 | 苜蓿属 | 杂花苜蓿 | *Medicago varia* Martin. | | | 乌克兰 | 2012 | 3 | 引进资源 |
| 4274 | zxy2012p-9882 | 苜蓿属 | 杂花苜蓿 | *Medicago varia* Martin. | | 俄罗斯 | | 2012 | 3 | 引进资源 |
| 4275 | zxy2012p-9894 | 苜蓿属 | 杂花苜蓿 | *Medicago varia* Martin. | | | 乌克兰 | 2012 | 3 | 引进资源 |
| 4276 | zxy2012p-9902 | 苜蓿属 | 杂花苜蓿 | *Medicago varia* Martin. | | | 乌克兰 | 2012 | 3 | 引进资源 |
| 4277 | zxy2012p-9909 | 苜蓿属 | 杂花苜蓿 | *Medicago varia* Martin. | | | 乌克兰 | 2012 | 3 | 引进资源 |
| 4278 | zxy2012p-9920 | 苜蓿属 | 杂花苜蓿 | *Medicago varia* Martin. | | | 乌克兰 | 2012 | 3 | 引进资源 |
| 4279 | zxy2012p-9928 | 苜蓿属 | 杂花苜蓿 | *Medicago varia* Martin. | | | 乌克兰 | 2012 | 3 | 引进资源 |
| 4280 | zxy2012p-9930 | 苜蓿属 | 杂花苜蓿 | *Medicago varia* Martin. | | | 乌克兰 | 2012 | 3 | 引进资源 |
| 4281 | zxy2012p-9947 | 苜蓿属 | 杂花苜蓿 | *Medicago varia* Martin. | | | 乌克兰 | 2012 | 3 | 引进资源 |
| 4282 | zxy2012p-9958 | 苜蓿属 | 杂花苜蓿 | *Medicago varia* Martin. | | | 乌克兰 | 2012 | 3 | 引进资源 |
| 4283 | zxy2012P-9958 | 苜蓿属 | 杂花苜蓿 | *Medicago varia* Martin. | | 俄罗斯 | | 2012 | 3 | 引进资源 |
| 4284 | zxy2012p-9967 | 苜蓿属 | 杂花苜蓿 | *Medicago varia* Martin. | | | 乌克兰 | 2012 | 3 | 引进资源 |
| 4285 | zxy2012p-9975 | 苜蓿属 | 杂花苜蓿 | *Medicago varia* Martin. | | | 乌克兰 | 2012 | 3 | 引进资源 |
| 4286 | zxy2012p-9993 | 苜蓿属 | 杂花苜蓿 | *Medicago varia* Martin. | | | 俄罗斯 | 2012 | 3 | 引进资源 |
| 4287 | zxy2012p-9996 | 苜蓿属 | 杂花苜蓿 | *Medicago varia* Martin. | | | 乌克兰 | 2012 | 3 | 引进资源 |
| 4288 | L80 | 苜蓿属 | 杂花苜蓿 | *Medicago varia* Martin. | 润布勒 | 青海畜牧所 | | 1999 | 1 | 引进资源 |
| 4289 | L104 | 苜蓿属 | 杂花苜蓿 | *Medicago varia* Martin. | 润布勒 | 内蒙古赤峰 | 加拿大 | 2000 | 1 | 引进资源 |
| 4290 | 11 | 苜蓿属 | 杂花苜蓿 | *Medicago varia* Martin. | 润布勒 | 赤峰林西草原工作站 | 加拿大 | 2013 | 1 | 引进资源 |

（续）

| 序号 | 送种单位编号 | 属 名 | 种 名 | 学 名 | 品种名（原文名） | 材料来源 | 材料原产地 | 收种时间（年份） | 保存地点 | 类型 |
|---|---|---|---|---|---|---|---|---|---|---|
| 4291 | L42 | 苜蓿属 | 杂花苜蓿 | *Medicago varia* Martin. | | 中国农科院草原所 | | 1998 | 1 | 栽培资源 |
| 4292 | L116 | 苜蓿属 | 杂花苜蓿 | *Medicago varia* Martin. | | 内蒙古农大 | | 1999 | 1 | 栽培资源 |
| 4293 | L139 | 苜蓿属 | 杂花苜蓿 | *Medicago varia* Martin. | | 内蒙古农大 | | 1999 | 1 | 栽培资源 |
| 4294 | L183 | 苜蓿属 | 杂花苜蓿 | *Medicago varia* Martin. | 草原2号 | 黑龙江齐齐哈尔 | | 1999 | 1 | 栽培资源 |
| 4295 | L227 | 苜蓿属 | 杂花苜蓿 | *Medicago varia* Martin. | 草原2号 | 中国农科院畜牧所 | | 2002 | 1 | 栽培资源 |
| 4296 | 7 | 苜蓿属 | 杂花苜蓿 | *Medicago varia* Martin. | 草原2号 | 内蒙古赤峰林西草原工作站 | | 2013 | 1 | 栽培资源 |
| 4297 | ZM0002 | 苜蓿属 | 杂花苜蓿 | *Medicago varia* Martin. | 草原2号 | 内蒙古农大 | 内蒙古 | 2009 | 1 | 栽培资源 |
| 4298 | LzuMeSa0096 | 苜蓿属 | 杂花苜蓿 | *Medicago varia* Martin. | 草原2号 | 内蒙古锡林浩特 | 内蒙古锡林浩特 | 2009 | 1 | 栽培资源 |
| 4299 | LzuMeSa0015 | 苜蓿属 | 杂花苜蓿 | *Medicago varia* Martin. | 草原2号 | 甘肃草原生态所 | | 2009 | 1 | 栽培资源 |
| 4300 | 29-54 | 苜蓿属 | 杂花苜蓿 | *Medicago varia* Martin. | 阿尔冈金 | 内蒙古赤峰林西草原工作站 | 加拿大 | 2013 | 1 | 栽培资源 |
| 4301 | 4 | 苜蓿属 | 杂花苜蓿 | *Medicago varia* Martin. | 赤草1号 | 内蒙古赤峰林西草原工作站 | | 2013 | 1 | 栽培资源 |
| 4302 | 中畜-018 | 苜蓿属 | 杂花苜蓿 | *Medicago varia* Martin. | | 中国农科院畜牧所 | 新疆吉阜康 | 2000 | 1 | 栽培资源 |
| 4303 | LzuMeSa0014 | 苜蓿属 | 杂花苜蓿 | *Medicago varia* Martin. | 草原1号 | 甘肃草原生态所 | | 2009 | 1 | 栽培资源 |
| 4304 | LzuMeSa0098 | 苜蓿属 | 杂花苜蓿 | *Medicago varia* Martin. | 甘农1号 | 内蒙古呼伦贝尔 | 内蒙古呼伦贝尔 | 2009 | 1 | 栽培资源 |
| 4305 | LzuMeSa0034 | 苜蓿属 | 杂花苜蓿 | *Medicago varia* Martin. | 甘农1号 | 甘肃草原生态所 | | 2009 | 1 | 栽培资源 |
| 4306 | LzuMeSa0038 | 苜蓿属 | 杂花苜蓿 | *Medicago varia* Martin. | 甘农1号 | 中国农科院草原所 | | 2009 | 1 | 栽培资源 |
| 4307 | LzuMeSa0035 | 苜蓿属 | 杂花苜蓿 | *Medicago varia* Martin. | 甘农2号 | 甘肃草原生态所 | | 2008 | 1 | 栽培资源 |

（续）

| 序号 | 送种单位编号 | 属名 | 种名 | 学名 | 品种名（原文名） | 材料来源 | 材料原产地 | 收种时间（年份） | 保存地点 | 类型 |
|---|---|---|---|---|---|---|---|---|---|---|
| 4308 | LzuMeSa0039 | 苜蓿属 | 杂花苜蓿 | *Medicago varia* Martin. | 甘农2号 | 中国农科院草原所 | | 2008 | 1 | 栽培资源 |
| 4309 | 01003002-MGZZHMX | 苜蓿属 | 杂花苜蓿 | *Medicago varia* Martin. | | 美国 | | 2008 | 1 | 引进资源 |
| 4310 | MM091 | 苜蓿属 | 杂花苜蓿 | *Medicago varia* Martin. | 龙引（BeZa87） | 黑龙江 | | 2008 | 1 | 栽培资源 |
| 4311 | MM093 | 苜蓿属 | 杂花苜蓿 | *Medicago varia* Martin. | 白花苜蓿-1 | 黑龙江 | | 2008 | 1 | 栽培资源 |
| 4312 | MM094 | 苜蓿属 | 杂花苜蓿 | *Medicago varia* Martin. | 白花苜蓿-2 | 黑龙江 | | 2008 | 1 | 栽培资源 |
| 4313 | MM095 | 苜蓿属 | 杂花苜蓿 | *Medicago varia* Martin. | 白花苜蓿-3 | 黑龙江 | | 2008 | 1 | 栽培资源 |
| 4314 | MM102 | 苜蓿属 | 杂花苜蓿 | *Medicago varia* Martin. | 乌克兰苜蓿 | 黑龙江 | | 2008 | 1 | 栽培资源 |
| 4315 | B4674 | 苜蓿属 | 杂花苜蓿 | *Medicago varia* Martyn | 草原2号 | 中国农科院草原所 | 内蒙古 | 1997 | 3 | 栽培资源 |
| 4316 | JL14-018 | 苜蓿属 | 杂花苜蓿 | *Medicago varia* Martyn | | | 辽宁锦州 | 2014 | 3 | 栽培资源 |
| 4317 | JL15-084 | 苜蓿属 | 杂花苜蓿 | *Medicago varia* Martyn | | | 吉林江源 | 2015 | 3 | 栽培资源 |
| 4318 | JL15-085 | 苜蓿属 | 杂花苜蓿 | *Medicago varia* Martyn | | | 吉林抚松 | 2015 | 3 | 栽培资源 |
| 4319 | JL16-075 | 苜蓿属 | 杂花苜蓿 | *Medicago varia* Martyn | | | 吉林通榆 | 2016 | 3 | 栽培资源 |
| 4320 | 72-10 | 苜蓿属 | 杂种苜蓿 | *Medicago varia* Martyn | 润布勒 | 中国农科院北京畜牧所 | 加拿大 | 1993 | 1 | 引进资源 |
| 4321 | IA0166 | 苜蓿属 | 杂花苜蓿 | *Medicago varia* Martyn | 润布勒 | 中国农科院草原所 | 加拿大 | 1990 | 1 | 引进资源 |
| 4322 | 兰099 | 苜蓿属 | 杂花苜蓿 | *Medicago varia* Martyn | | 中国农科院兰州畜牧所 | | 1990 | 1 | 栽培资源 |
| 4323 | IA01150 | 苜蓿属 | 杂花苜蓿 | *Medicago varia* Martyn | 杂交2号 | 中国农科院草原所 | | 1990 | 1 | 栽培资源 |
| 4324 | 39-82-03 | 苜蓿属 | 杂花苜蓿 | *Medicago varia* Martyn | 图牧1号 | 兴安盟图牧所 | | 1991 | 1 | 栽培资源 |
| 4325 | IA011 | 苜蓿属 | 杂花苜蓿 | *Medicago varia* Martyn | | 中国农科院草原所 | | 1993 | 1 | 栽培资源 |

（续）

| 序号 | 送种单位编号 | 属 名 | 种 名 | 学 名 | 品种名（原文名） | 材料来源 | 材料原产地 | 收种时间（年份） | 保存地点 | 类型 |
|---|---|---|---|---|---|---|---|---|---|---|
| 4326 | 72-10 | 苜蓿属 | 杂花苜蓿 | *Medicago varia* Martyn | | 中国农科院兰州畜牧所 | 加拿大 | 1991 | 1 | 引进资源 |
| 4327 | 74-85 | 苜蓿属 | 杂花苜蓿 | *Medicago varia* Martyn | | 中国农科院兰州畜牧所 | 澳大利亚 | 1991 | 1 | 引进资源 |
| 4328 | 74-85 | 苜蓿属 | 杂花苜蓿 | *Medicago varia* Martyn | | 湖北畜牧所 | 澳大利亚 | 1992 | 1 | 引进资源 |
| 4329 | IA01101 | 苜蓿属 | 杂花苜蓿 | *Medicago varia* Martyn | 堪利普 | 中国农科院草原所 | 澳大利亚 | 1993 | 1 | 引进资源 |
| 4330 | B5516 | 扁蓿豆属 | 扁蓿豆 | *Melilotoides ruthenica*（L.）Sojak. | | 中国农科院草原所 | | 2013 | 3 | 野生资源 |
| 4331 | GS4241 | 扁蓿豆属 | 扁蓿豆 | *Melilotoides ruthenica*（L.）Sojak. | | | 甘肃合作勒秀 | 2013 | 3 | 野生资源 |
| 4332 | GS4350 | 扁蓿豆属 | 扁蓿豆 | *Melilotoides ruthenica*（L.）Sojak. | | | 甘肃静宁 | 2013 | 3 | 野生资源 |
| 4333 | NM09-089 | 扁蓿豆属 | 扁蓿豆 | *Melilotoides ruthenica*（L.）Sojak. | | 内蒙古草原站 | | 2009 | 3 | 野生资源 |
| 4334 | 4-1B | 扁蓿豆属 | 扁蓿豆 | *Melilotoides ruthenica*（L.）Sojak. | | | | 2006 | 1 | 野生资源 |
| 4335 | 1-2A | 扁蓿豆属 | 扁蓿豆 | *Melilotoides ruthenica*（L.）Sojak. | | | 内蒙古锡林浩特 | 2006 | 1 | 野生资源 |
| 4336 | 1-2B | 扁蓿豆属 | 扁蓿豆 | *Melilotoides ruthenica*（L.）Sojak. | | | 内蒙古锡林浩特 | 2006 | 1 | 野生资源 |
| 4337 | 1-3A | 扁蓿豆属 | 扁蓿豆 | *Melilotoides ruthenica*（L.）Sojak. | | | 内蒙古锡林浩特 | 2006 | 1 | 野生资源 |
| 4338 | 1-5A | 扁蓿豆属 | 扁蓿豆 | *Melilotoides ruthenica*（L.）Sojak. | | | 内蒙古锡林浩特 | 2006 | 1 | 野生资源 |
| 4339 | 1-5B | 扁蓿豆属 | 扁蓿豆 | *Melilotoides ruthenica*（L.）Sojak. | | | 内蒙古锡林浩特白音锡勒 | 2006 | 1 | 野生资源 |
| 4340 | 1-7A | 扁蓿豆属 | 扁蓿豆 | *Melilotoides ruthenica*（L.）Sojak. | | | 内蒙古锡林浩特白音锡勒 | 2006 | 1 | 野生资源 |
| 4341 | 1-8B | 扁蓿豆属 | 扁蓿豆 | *Melilotoides ruthenica*（L.）Sojak. | | | 内蒙古锡林浩特白音锡勒 | 2006 | 1 | 野生资源 |
| 4342 | 1-9A | 扁蓿豆属 | 扁蓿豆 | *Melilotoides ruthenica*（L.）Sojak. | | | 内蒙古锡林浩特白音锡勒 | 2006 | 1 | 野生资源 |

（续）

| 序号 | 送种单位编号 | 属 名 | 种 名 | 学 名 | 品种名（原文名） | 材料来源 | 材料原产地 | 收种时间（年份） | 保存地点 | 类型 |
|------|------------|-------|-------|------|----------------|---------|-----------|----------------|---------|------|
| 4343 | 1-9B | 扁蓿豆属 | 扁蓿豆 | *Melilotoides ruthenica*（L.）Sojak. | | | 内蒙古锡林浩特白音锡勒 | 2006 | 1 | 野生资源 |
| 4344 | 1-10A | 扁蓿豆属 | 扁蓿豆 | *Melilotoides ruthenica*（L.）Sojak. | | | 内蒙古锡林浩特白音锡勒 | 2006 | 1 | 野生资源 |
| 4345 | 1-10B | 扁蓿豆属 | 扁蓿豆 | *Melilotoides ruthenica*（L.）Sojak. | | | 内蒙古锡林浩特白音锡勒 | 2006 | 1 | 野生资源 |
| 4346 | 1-12A | 扁蓿豆属 | 扁蓿豆 | *Melilotoides ruthenica*（L.）Sojak. | | | 内蒙古锡林浩特白音锡勒 | 2006 | 1 | 野生资源 |
| 4347 | 1-17A | 扁蓿豆属 | 扁蓿豆 | *Melilotoides ruthenica*（L.）Sojak. | | | 内蒙古赤峰 | 2006 | 1 | 野生资源 |
| 4348 | 1-17B | 扁蓿豆属 | 扁蓿豆 | *Melilotoides ruthenica*（L.）Sojak. | | | 内蒙古赤峰 | 2006 | 1 | 野生资源 |
| 4349 | 1-19A | 扁蓿豆属 | 扁蓿豆 | *Melilotoides ruthenica*（L.）Sojak. | | | 内蒙古锡林浩特 | 2006 | 1 | 野生资源 |
| 4350 | 2-2A | 扁蓿豆属 | 扁蓿豆 | *Melilotoides ruthenica*（L.）Sojak. | | | 内蒙古锡林浩特 | 2006 | 1 | 野生资源 |
| 4351 | 2-2B | 扁蓿豆属 | 扁蓿豆 | *Melilotoides ruthenica*（L.）Sojak. | | | 内蒙古锡林浩特 | 2006 | 1 | 野生资源 |
| 4352 | 2-3B | 扁蓿豆属 | 扁蓿豆 | *Melilotoides ruthenica*（L.）Sojak. | | | 内蒙古锡林浩特 | 2006 | 1 | 野生资源 |
| 4353 | 2-8A | 扁蓿豆属 | 扁蓿豆 | *Melilotoides ruthenica*（L.）Sojak. | | | 内蒙古锡林浩特 | 2006 | 1 | 野生资源 |
| 4354 | 2-8B | 扁蓿豆属 | 扁蓿豆 | *Melilotoides ruthenica*（L.）Sojak. | | | 内蒙古锡林浩特 | 2006 | 1 | 野生资源 |
| 4355 | 2-9B | 扁蓿豆属 | 扁蓿豆 | *Melilotoides ruthenica*（L.）Sojak. | | | 内蒙古锡林浩特 | 2006 | 1 | 野生资源 |
| 4356 | 2-10A | 扁蓿豆属 | 扁蓿豆 | *Melilotoides ruthenica*（L.）Sojak. | | | 内蒙古锡林浩特 | 2006 | 1 | 野生资源 |
| 4357 | 2-11A | 扁蓿豆属 | 扁蓿豆 | *Melilotoides ruthenica*（L.）Sojak. | | | 内蒙古锡林浩特 | 2006 | 1 | 野生资源 |
| 4358 | 2-11B | 扁蓿豆属 | 扁蓿豆 | *Melilotoides ruthenica*（L.）Sojak. | | | 内蒙古锡林浩特 | 2006 | 1 | 野生资源 |
| 4359 | 2-12A | 扁蓿豆属 | 扁蓿豆 | *Melilotoides ruthenica*（L.）Sojak. | | | 内蒙古锡林浩特 | 2006 | 1 | 野生资源 |
| 4360 | 2-12B | 扁蓿豆属 | 扁蓿豆 | *Melilotoides ruthenica*（L.）Sojak. | | | 内蒙古锡林浩特白音锡勒 | 2006 | 1 | 野生资源 |
| 4361 | | 扁蓿豆属 | 扁蓿豆 | *Melilotoides ruthenica*（L.）Sojak. | | | 内蒙古土左旗贡布板 | 2006 | 1 | 野生资源 |
| 4362 | 170 | 扁蓿豆属 | 扁蓿豆 | *Melilotoides ruthenica*（L.）Sojak. | | | | 2011 | 1 | 野生资源 |

（续）

| 序号 | 送种单位编号 | 属 名 | 种 名 | 学 名 | 品种名（原文名） | 材料来源 | 材料原产地 | 收种时间（年份） | 保存地点 | 类型 |
|---|---|---|---|---|---|---|---|---|---|---|
| 4363 | | 扁蓿豆属 | 扁蓿豆 | *Melilotoides ruthenica*（L.）Sojak. | 土默特 | | | 2012 | 1 | 野生资源 |
| 4364 | 143 | 扁蓿豆属 | 扁蓿豆 | *Melilotoides ruthenica*（L.）Sojak. | | | | 2011 | 1 | 野生资源 |
| 4365 | 160 | 扁蓿豆属 | 扁蓿豆 | *Melilotoides ruthenica*（L.）Sojak. | | | | 2011 | 1 | 野生资源 |
| 4366 | 187 | 扁蓿豆属 | 扁蓿豆 | *Melilotoides ruthenica*（L.）Sojak. | | | 内蒙古锡林浩特东乌旗 | 2011 | 1 | 野生资源 |
| 4367 | 171 | 扁蓿豆属 | 扁蓿豆 | *Melilotoides ruthenica*（L.）Sojak. | | | | 2011 | 1 | 野生资源 |
| 4368 | GS5054 | 扁蓄豆属 | 扁蓿豆 | *Melilotoides ruthenica*（L.）Sojak. | | | 甘肃武威黄羊镇 | 2015 | 3 | 栽培资源 |
| 4369 | GS5056 | 扁蓄豆属 | 扁蓿豆 | *Melilotoides ruthenica*（L.）Sojak. | | | 甘肃武威黄羊镇 | 2015 | 3 | 栽培资源 |
| 4370 | GS5076 | 扁蓿豆属 | 扁蓿豆 | *Medicago ruthenica*（L.）Trautv. | | | 甘肃榆中 | 2015 | 3 | 野生资源 |
| 4371 | GS5077 | 扁蓿豆属 | 扁蓿豆 | *Medicago ruthenica*（L.）Trautv. | | | 甘肃永昌 | 2015 | 3 | 野生资源 |
| 4372 | GS5078 | 扁蓿豆属 | 扁蓿豆 | *Medicago ruthenica*（L.）Trautv. | | | 甘肃永昌 | 2015 | 3 | 野生资源 |
| 4373 | GS5079 | 扁蓿豆属 | 扁蓿豆 | *Medicago ruthenica*（L.）Trautv. | | | 甘肃永昌 | 2015 | 3 | 野生资源 |
| 4374 | GS5080 | 扁蓿豆属 | 扁蓿豆 | *Medicago ruthenica*（L.）Trautv. | | | 甘肃临夏 | 2015 | 3 | 野生资源 |
| 4375 | GS5081 | 扁蓿豆属 | 扁蓿豆 | *Medicago ruthenica*（L.）Trautv. | | | 甘肃夏河 | 2015 | 3 | 野生资源 |
| 4376 | GS5082 | 扁蓿豆属 | 扁蓿豆 | *Medicago ruthenica*（L.）Trautv. | | | 甘肃临洮 | 2015 | 3 | 野生资源 |
| 4377 | GS5083 | 扁蓿豆属 | 扁蓿豆 | *Medicago ruthenica*（L.）Trautv. | | | 甘肃渭源 | 2015 | 3 | 野生资源 |
| 4378 | GS5084 | 扁蓿豆属 | 扁蓿豆 | *Medicago ruthenica*（L.）Trautv. | | | 甘肃天祝 | 2015 | 3 | 野生资源 |
| 4379 | GS5085 | 扁蓿豆属 | 扁蓿豆 | *Medicago ruthenica*（L.）Trautv. | | | 甘肃天祝 | 2015 | 3 | 野生资源 |
| 4380 | GS5086 | 扁蓿豆属 | 扁蓿豆 | *Medicago ruthenica*（L.）Trautv. | | | 甘肃陇西 | 2015 | 3 | 野生资源 |
| 4381 | GS5087 | 扁蓿豆属 | 扁蓿豆 | *Medicago ruthenica*（L.）Trautv. | | | 甘肃陇西 | 2015 | 3 | 野生资源 |
| 4382 | B508 | 扁蓿豆属 | 扁蓿豆 | *Medicago ruthenica*（L.）Trautv. | | 中国农科院草原所 | | 2004 | 3 | 野生资源 |
| 4383 | B5448 | 扁蓿豆属 | 扁蓿豆 | *Medicago ruthenica*（L.）Trautv. | | 中国农科院草原所 | | 2015 | 3 | 野生资源 |
| 4384 | B5449 | 扁蓿豆属 | 扁蓿豆 | *Medicago ruthenica*（L.）Trautv. | | 中国农科院草原所 | | 2015 | 3 | 野生资源 |

（续）

| 序号 | 送种单位编号 | 属 名 | 种 名 | 学 名 | 品种名（原文名） | 材料来源 | 材料原产地 | 收种时间（年份） | 保存地点 | 类型 |
|---|---|---|---|---|---|---|---|---|---|---|
| 4385 | B5452 | 扁蓿豆属 | 扁蓿豆 | *Medicago ruthenica*（L.）Trautv. | | 中国农科院草原所 | | 2015 | 3 | 野生资源 |
| 4386 | FZ033 | 扁蓿豆属 | 扁蓿豆 | *Medicago ruthenica*（L.）Trautv. | | 内蒙古草原站 | | 2009 | 3 | 野生资源 |
| 4387 | GS5075 | 扁蓿豆属 | 扁蓿豆 | *Medicago ruthenica*（L.）Trautv. | | | 甘肃榆中 | 2015 | 3 | 野生资源 |
| 4388 | hlj-2015001 | 扁蓿豆属 | 扁蓿豆 | *Medicago ruthenica*（L.）Trautv. | | | 黑龙江兰西 | 2009 | 3 | 野生资源 |
| 4389 | 中畜-1131 | 扁蓿豆属 | 扁蓿豆 | *Medicago ruthenica*（L.）Trautv. | | 中国农科院畜牧所 | | 2009 | 3 | 野生资源 |
| 4390 | 中畜-1132 | 扁蓿豆属 | 扁蓿豆 | *Medicago ruthenica*（L.）Trautv. | | 中国农科院畜牧所 | | 2009 | 3 | 野生资源 |
| 4391 | 中畜-2157 | 扁蓿豆属 | 扁蓿豆 | *Medicago ruthenica*（L.）Trautv. | | | 北京延庆玉渡山 | 2009 | 3 | 野生资源 |
| 4392 | 中畜-2205 | 扁蓿豆属 | 扁蓿豆 | *Medicago ruthenica*（L.）Trautv. | | | 内蒙古锡林浩特阿巴嘎旗 | 2013 | 3 | 野生资源 |
| 4393 | 中畜-2206 | 扁蓿豆属 | 扁蓿豆 | *Medicago ruthenica*（L.）Trautv. | | | 山西忻州五台 | 2013 | 3 | 野生资源 |
| 4394 | 中畜-2207 | 扁蓿豆属 | 扁蓿豆 | *Medicago ruthenica*（L.）Trautv. | | | 山西忻州五台 | 2013 | 3 | 野生资源 |
| 4395 | 中畜-2208 | 扁蓿豆属 | 扁蓿豆 | *Medicago ruthenica*（L.）Trautv. | | | 河北张家口张北 | 2013 | 3 | 野生资源 |
| 4396 | 中畜-2523 | 扁蓿豆属 | 扁蓿豆 | *Medicago ruthenica*（L.）Trautv. | | | 山西运城绛县 | 2014 | 3 | 野生资源 |
| 4397 | 01003002-JLBXD | 扁蓿豆属 | 扁蓿豆 | *Medicago ruthenica*（L.）Trautv. | | 中国 | | 2013 | 1 | 野生资源 |
| 4398 | IA06y | 扁蓿豆属 | 扁蓿豆 | *Medicago ruthenica*（L.）Trautv. | | 中国农科院草原所 | | 1990 | 1 | 野生资源 |
| 4399 | IA061 | 扁蓿豆属 | 扁蓿豆 | *Medicago ruthenica*（L.）Trautv. | | 中国农科院草原所 | | 1990 | 1 | 野生资源 |
| 4400 | | 扁蓿豆属 | 扁蓿豆 | *Medicago ruthenica*（L.）Trautv. | | 中国农科院草原所 | | 1989 | 1 | 野生资源 |
| 4401 | 5-6-10 | 扁蓿豆属 | 扁蓿豆 | *Medicago ruthenica*（L.）Trautv. | | 中国农科院草原所 | | 1989 | 1 | 野生资源 |

（续）

| 序号 | 送种单位编号 | 属 名 | 种 名 | 学 名 | 品种名（原文名） | 材料来源 | 材料原产地 | 收种时间（年份） | 保存地点 | 类型 |
|---|---|---|---|---|---|---|---|---|---|---|
| 4402 | | 扁蓿豆属 | 扁蓿豆 | *Medicago ruthenica*（L.）Trautv. | | 中国农科院草原所 | | 1989 | 1 | 野生资源 |
| 4403 | | 扁蓿豆属 | 扁蓿豆 | *Medicago ruthenica*（L.）Trautv. | | 中国农科院草原所 | | 1989 | 1 | 野生资源 |
| 4404 | IA06a | 扁蓿豆属 | 扁蓿豆 | *Medicago ruthenica*（L.）Trautv. | | 中国农科院草原所 | | 1990 | 1 | 野生资源 |
| 4405 | | 扁蓿豆属 | 扁蓿豆 | *Medicago ruthenica*（L.）Trautv. | | 中国农科院草原所 | | 1992 | 1 | 野生资源 |
| 4406 | | 扁蓿豆属 | 扁蓿豆 | *Medicago ruthenica*（L.）Trautv. | | 中国农科院草原所 | | 1992 | 1 | 野生资源 |
| 4407 | 2-16B | 扁蓿豆属 | 扁蓿豆 | *Medicago ruthenica*（L.）Trautv. | | | 内蒙古锡林浩特 | 2006 | 1 | 野生资源 |
| 4408 | 2-20A | 扁蓿豆属 | 扁蓿豆 | *Medicago ruthenica*（L.）Trautv. | | | 内蒙古赤峰 | 2006 | 1 | 野生资源 |
| 4409 | 2-19B | 扁蓿豆属 | 扁蓿豆 | *Medicago ruthenica*（L.）Trautv. | | | 内蒙古赤峰 | 2006 | 1 | 野生资源 |
| 4410 | 3-3A | 扁蓿豆属 | 扁蓿豆 | *Medicago ruthenica*（L.）Trautv. | | | 内蒙古通辽大青沟 | 2006 | 1 | 野生资源 |
| 4411 | 253 | 扁蓿豆属 | 细叶扁蓿豆 | *Melilotoides ruthenica*（L.）Sojak. var. *liaosiensis*（P. Y. Fu et Y. A. Chen）H. C. Fu et Y. Q. Jiang | 辽西 | 中国农科院草原所 | 辽宁 | 1989 | 1 | 栽培资源 |
| 4412 | | 扁蓿豆属 | 细叶扁蓿豆 | *Melilotoides ruthenica*（L.）Sojak. var. *liaosiensis*（P. Y. Fu et Y. A. Chen）H. C. Fu et Y. Q. Jiang | | 中国农科院草原所 | | 1990 | 1 | 野生资源 |
| 4413 | 0666 | 扁蓿豆属 | 细叶扁蓿豆 | *Melilotoides ruthenica*（L.）Sojak. var. *liaosiensis*（P. Y. Fu et Y. A. Chen）H. C. Fu et Y. Q. Jiang | | 中国农科院草原所 | 内蒙古满洲里 | 1992 | 1 | 野生资源 |
| 4414 | B4677 | 草木樨属 | 白花草木樨 | *Melilotus albus* Medic. ex Desr. | | 中国农科院草原所 | | 2005 | 3 | 野生资源 |

| 序号 | 送种单位编号 | 属名 | 种名 | 学名 | 品种名（原文名） | 材料来源 | 材料原产地 | 收种时间（年份） | 保存地点 | 类型 |
|---|---|---|---|---|---|---|---|---|---|---|
| 4415 | B4678 | 草木樨属 | 白花草木樨 | *Melilotus albus* Medic. ex Desr. | | 中国农科院草原所 | | 2006 | 3 | 野生资源 |
| 4416 | B4695 | 草木樨属 | 白花草木樨 | *Melilotus albus* Medic. ex Desr. | | 中国农科院草原所 | | 2015 | 3 | 野生资源 |
| 4417 | B4696 | 草木樨属 | 白花草木樨 | *Melilotus albus* Medic. ex Desr. | | 中国农科院草原所 | | 2015 | 3 | 野生资源 |
| 4418 | B4697 | 草木樨属 | 白花草木樨 | *Melilotus albus* Medic. ex Desr. | | 中国农科院草原所 | | 2015 | 3 | 野生资源 |
| 4419 | B498 | 草木樨属 | 白花草木樨 | *Melilotus albus* Medic. ex Desr. | | 中国农科院草原所 | | 2004 | 3 | 野生资源 |
| 4420 | CHQ03-288 | 草木樨属 | 白花草木樨 | *Melilotus albus* Medic. ex Desr. | | 四川奉节县 | | 2003 | 3 | 野生资源 |
| 4421 | E1284 | 草木樨属 | 白花草木樨 | *Melilotus albus* Medic. ex Desr. | | | 湖北神农架红坪镇 | 2008 | 3 | 野生资源 |
| 4422 | GS0318 | 草木樨属 | 白花草木樨 | *Melilotus albus* Medic. ex Desr. | | 甘肃农大草业学院 | | 2001 | 3 | 野生资源 |
| 4423 | GS4468 | 草木樨属 | 白香草木樨 | *Melilotus albus* Medic. ex Desr. | | | 宁夏盐池大水坑镇 | 2013 | 3 | 野生资源 |
| 4424 | GS4782 | 草木樨属 | 白香草木樨 | *Melilotus albus* Medic. ex Desr. | | | 陕西志丹 | 2015 | 3 | 野生资源 |
| 4425 | GS4809 | 草木樨属 | 白香草木樨 | *Melilotus albus* Medic. ex Desr. | | | 陕西定边 | 2015 | 3 | 野生资源 |
| 4426 | GS4829 | 草木樨属 | 白香草木樨 | *Melilotus albus* Medic. ex Desr. | | | 陕西定边 | 2015 | 3 | 野生资源 |
| 4427 | GS4883 | 草木樨属 | 白香草木樨 | *Melilotus albus* Medic. ex Desr. | | | 陕西洛川 | 2015 | 3 | 野生资源 |
| 4428 | HB2015223 | 木樨属 | 白香草木樨 | *Melilotus albus* Medic. ex Desr. | | | 湖北神农架红坪镇 | 2015 | 3 | 野生资源 |
| 4429 | JL10-124 | 草木樨属 | 白花草木犀 | *Melilotus albus* Medic. ex Desr. | | 白山市草原站 | | 2010 | 3 | 野生资源 |
| 4430 | JL10-125 | 草木樨属 | 白花草木犀 | *Melilotus albus* Medic. ex Desr. | | 白山市草原站 | | 2010 | 3 | 野生资源 |
| 4431 | JL14-003 | 草木犀属 | 白花草木樨 | *Melilotus albus* Medic. ex Desr. | | | 吉林靖宇 | 2014 | 3 | 野生资源 |
| 4432 | JL14-004 | 草木犀属 | 白花草木樨 | *Melilotus albus* Medic. ex Desr. | | | 吉林洮南 | 2014 | 3 | 野生资源 |
| 4433 | JL15-068 | 草木犀属 | 白花草木樨 | *Melilotus albus* Medic. ex Desr. | | | 吉林浑江 | 2015 | 3 | 野生资源 |

（续）

| 序号 | 送种单位编号 | 属名 | 种名 | 学名 | 品种名（原文名） | 材料来源 | 材料原产地 | 收种时间（年份） | 保存地点 | 类型 |
|---|---|---|---|---|---|---|---|---|---|---|
| 4434 | JL15-069 | 草木樨属 | 白花草木樨 | *Melilotus albus* Medic. ex Desr. | | | 黑龙江林口 | 2015 | 3 | 野生资源 |
| 4435 | JL16-056 | 草木樨属 | 白花草木樨 | *Melilotus albus* Medic. ex Desr. | | | 吉林长白 | 2016 | 3 | 野生资源 |
| 4436 | JL16-057 | 草木樨属 | 白花草木樨 | *Melilotus albus* Medic. ex Desr. | | | 吉林通榆 | 2016 | 3 | 野生资源 |
| 4437 | JL16-058 | 草木樨属 | 白花草木樨 | *Melilotus albus* Medic. ex Desr. | | | 吉林安图 | 2016 | 3 | 野生资源 |
| 4438 | SC2010-105 | 草木樨属 | 白花草木樨 | *Melilotus albus* Medic. ex Desr. | 四川西昌 | | | 2010 | 3 | 野生资源 |
| 4439 | SC2014-003 | 草木樨属 | 白花草木樨 | *Melilotus albus* Medic. ex Desr. | | | 四川西昌西郊 | 2011 | 3 | 野生资源 |
| 4440 | SC2014-031 | 草木樨属 | 白花草木樨 | *Melilotus albus* Medic. ex Desr. | | | 四川广元利州 | 2013 | 3 | 野生资源 |
| 4441 | ZXY03P-146 | 草木樨属 | 白花草木樨 | *Melilotus albus* Medic. ex Desr. | | | 爱沙尼亚 | 2003 | 3 | 引进资源 |
| 4442 | ZXY03P-316 | 草木樨属 | 白花草木樨 | *Melilotus albus* Medic. ex Desr. | | | 加拿大 | 2003 | 3 | 引进资源 |
| 4443 | ZXY03P-77 | 草木樨属 | 白花草木樨 | *Melilotus albus* Medic. ex Desr. | | | 乌克兰 | 2003 | 3 | 引进资源 |
| 4444 | ZXY06P-1922 | 草木樨属 | 白花草木樨 | *Melilotus albus* Medic. ex Desr. | | 俄罗斯 | 俄罗斯伏尔加格勒 | 2006 | 3 | 引进资源 |
| 4445 | ZXY06P-1986 | 草木樨属 | 白花草木樨 | *Melilotus albus* Medic. ex Desr. | | 俄罗斯 | 立陶宛 | 2006 | 3 | 引进资源 |
| 4446 | ZXY06P-2157 | 草木樨属 | 白花草木樨 | *Melilotus albus* Medic. ex Desr. | | 俄罗斯 | 蒙古 | 2006 | 3 | 引进资源 |
| 4447 | zxy2010-7476 | 草木樨属 | 白花草木樨 | *Melilotus albus* Medic. ex Desr. | | | 匈牙利 | 2010 | 3 | 引进资源 |
| 4448 | zxy2012p-9012 | 草木樨属 | 白花草木樨 | *Melilotus albus* Medic. ex Desr. | | | 俄罗斯 | 2012 | 3 | 引进资源 |
| 4449 | zxy2012p-9116 | 草木樨属 | 白花草木樨 | *Melilotus albus* Medic. ex Desr. | | | 俄罗斯 | 2012 | 3 | 引进资源 |
| 4450 | zxy2012p-9275 | 草木樨属 | 白花草木樨 | *Melilotus albus* Medic. ex Desr. | | | 哈萨克斯坦 | 2012 | 3 | 引进资源 |
| 4451 | zxy2012p-9311 | 草木樨属 | 白花草木樨 | *Melilotus albus* Medic. ex Desr. | | | 乌克兰 | 2012 | 3 | 引进资源 |
| 4452 | zxy2012p-9372 | 草木樨属 | 白花草木樨 | *Melilotus albus* Medic. ex Desr. | | | 波兰 | 2012 | 3 | 引进资源 |
| 4453 | zxy2012p-9383 | 草木樨属 | 白花草木樨 | *Melilotus albus* Medic. ex Desr. | | | 波兰 | 2012 | 3 | 引进资源 |
| 4454 | ZXY2013P-10519 | 草木樨属 | 白花草木樨 | *Melilotus albus* Medic. ex Desr. | | 俄罗斯 | | 2013 | 3 | 野生资源 |
| 4455 | ZXY2013P-10571 | 草木樨属 | 白花草木樨 | *Melilotus albus* Medic. ex Desr. | | 俄罗斯 | | 2013 | 3 | 野生资源 |
| 4456 | ZXY2013P-10586 | 草木樨属 | 白花草木樨 | *Melilotus albus* Medic. ex Desr. | | 俄罗斯 | | 2013 | 3 | 野生资源 |
| 4457 | ZXY2013P-10635 | 草木樨属 | 白花草木樨 | *Melilotus albus* Medic. ex Desr. | | 俄罗斯 | | 2013 | 3 | 野生资源 |
| 4458 | ZXY2013P-10663 | 草木樨属 | 白花草木樨 | *Melilotus albus* Medic. ex Desr. | | 俄罗斯 | | 2013 | 3 | 野生资源 |

（续）

| 序号 | 送种单位编号 | 属 名 | 种 名 | 学 名 | 品种名（原文名） | 材料来源 | 材料原产地 | 收种时间（年份） | 保存地点 | 类型 |
|---|---|---|---|---|---|---|---|---|---|---|
| 4459 | ZXY2013P-10773 | 草木樨属 | 白花草木樨 | *Melilotus albus* Medic. ex Desr. | | 俄罗斯 | | 2013 | 3 | 野生资源 |
| 4460 | ZXY2013P-10797 | 草木樨属 | 白花草木樨 | *Melilotus albus* Medic. ex Desr. | | 俄罗斯 | | 2013 | 3 | 野生资源 |
| 4461 | ZXY2013P-10815 | 草木樨属 | 白花草木樨 | *Melilotus albus* Medic. ex Desr. | | 俄罗斯 | | 2013 | 3 | 野生资源 |
| 4462 | ZXY2013P-10883 | 草木樨属 | 白花草木樨 | *Melilotus albus* Medic. ex Desr. | | 俄罗斯 | | 2013 | 3 | 野生资源 |
| 4463 | ZXY2013P-10918 | 草木樨属 | 白花草木樨 | *Melilotus albus* Medic. ex Desr. | | 俄罗斯 | | 2013 | 3 | 野生资源 |
| 4464 | ZXY2013P-10960 | 草木樨属 | 白花草木樨 | *Melilotus albus* Medic. ex Desr. | | 俄罗斯 | | 2013 | 3 | 野生资源 |
| 4465 | ZXY2013P-11008 | 草木樨属 | 白花草木樨 | *Melilotus albus* Medic. ex Desr. | | 俄罗斯 | | 2013 | 3 | 野生资源 |
| 4466 | ZXY2013P-11088 | 草木樨属 | 白花草木樨 | *Melilotus albus* Medic. ex Desr. | | 俄罗斯 | | 2013 | 3 | 野生资源 |
| 4467 | ZXY2014P-12244 | 草木樨属 | 白花草木犀 | *Melilotus albus* Medic. ex Desr. | | 俄罗斯 | | 2014 | 3 | 引进资源 |
| 4468 | ZXY2014P-12287 | 草木樨属 | 白花草木犀 | *Melilotus albus* Medic. ex Desr. | | 俄罗斯 | | 2014 | 3 | 引进资源 |
| 4469 | ZXY-335 | 草木樨属 | 白花草木樨 | *Melilotus albus* Medic. ex Desr. | | | 加拿大 | 2005 | 3 | 引进资源 |
| 4470 | ZXY-348 | 草木樨属 | 白花草木樨 | *Melilotus albus* Medic. ex Desr. | | | 加拿大 | 2005 | 3 | 引进资源 |
| 4471 | ZXY-58 | 草木樨属 | 白花草木樨 | *Melilotus albus* Medic. ex Desr. | | | 乌克兰 | 2005 | 3 | 引进资源 |
| 4472 | 中畜-1224 | 草木樨属 | 白花草木樨 | *Melilotus albus* Medic. ex Desr. | | 中国农科院畜牧所 | | 2008 | 3 | 野生资源 |
| 4473 | 中畜-1225 | 草木樨属 | 白花草木樨 | *Melilotus albus* Medic. ex Desr. | | 中国农科院畜牧所 | | 2008 | 3 | 野生资源 |
| 4474 | 中畜-1226 | 草木樨属 | 白花草木樨 | *Melilotus albus* Medic. ex Desr. | | 中国农科院畜牧所 | | 2008 | 3 | 野生资源 |
| 4475 | 中畜-1223 | 草木樨属 | 白花草木樨 | *Melilotus albus* Medic. ex Desr. | | 北京昌平畜牧所基地 | | 2013 | 3 | 野生资源 |
| 4476 | 中畜-2234 | 草木樨属 | 白花草木樨 | *Melilotus albus* Medic. ex Desr. | | | 河北张家口张北 | 2013 | 3 | 野生资源 |
| 4477 | 中畜-2235 | 草木樨属 | 白花草木樨 | *Melilotus albus* Medic. ex Desr. | | | 内蒙古锡林浩特正蓝旗 | 2013 | 3 | 野生资源 |
| 4478 | 中畜-2236 | 草木樨属 | 白花草木樨 | *Melilotus albus* Medic. ex Desr. | | | 河北张家口万全 | 2013 | 3 | 野生资源 |

（续）

| 序号 | 送种单位编号 | 属 名 | 种 名 | 学 名 | 品种名（原文名） | 材料来源 | 材料原产地 | 收种时间（年份） | 保存地点 | 类型 |
|---|---|---|---|---|---|---|---|---|---|---|
| 4479 | 中畜-2237 | 草木樨属 | 白花草木樨 | *Melilotus albus* Medic. ex Desr. | | | 河北张家口张北 | 2013 | 3 | 野生资源 |
| 4480 | 中畜-2238 | 草木樨属 | 白花草木樨 | *Melilotus albus* Medic. ex Desr. | | | 辽宁朝阳建平 | 2013 | 3 | 野生资源 |
| 4481 | 中畜-2239 | 草木樨属 | 白花草木樨 | *Melilotus albus* Medic. ex Desr. | | | 内蒙古锡林浩特正蓝旗 | 2013 | 3 | 野生资源 |
| 4482 | 中畜-2240 | 草木樨属 | 白花草木樨 | *Melilotus albus* Medic. ex Desr. | | | 内蒙古锡林浩特阿巴嘎旗 | 2013 | 3 | 野生资源 |
| 4483 | 中畜-2241 | 草木樨属 | 白花草木樨 | *Melilotus albus* Medic. ex Desr. | | | 山西忻州五台 | 2013 | 3 | 野生资源 |
| 4484 | 中畜-2242 | 草木樨属 | 白花草木樨 | *Melilotus albus* Medic. ex Desr. | | | 内蒙古锡林浩特太仆寺旗 | 2013 | 3 | 野生资源 |
| 4485 | 中畜-2260 | 草木樨属 | 白花草木樨 | *Melilotus albus* Medic. ex Desr. | | | 河北张家口赤城 | 2011 | 3 | 野生资源 |
| 4486 | 中畜-2261 | 草木樨属 | 白花草木樨 | *Melilotus albus* Medic. ex Desr. | | | 河北张家口赤城半壁店 | 2011 | 3 | 野生资源 |
| 4487 | 中畜-2485 | 草木樨属 | 白花草木樨 | *Melilotus albus* Medic. ex Desr. | | | 辽宁朝阳凌源 | 2012 | 3 | 野生资源 |
| 4488 | 中畜-2486 | 草木樨属 | 白花草木樨 | *Melilotus albus* Medic. ex Desr. | | | 山西忻州五台 | 2012 | 3 | 野生资源 |
| 4489 | 中畜-2784 | 草木樨属 | 白花草木樨 | *Melilotus albus* Medic. ex Desr. | | | 内蒙古赤峰阿鲁科尔沁 | 2013 | 3 | 野生资源 |
| 4490 | 中畜-912 | 草木樨属 | 白花草木樨 | *Melilotus albus* Medic. ex Desr. | | | 中国 | 2007 | 3 | 野生资源 |
| 4491 | 中畜-913 | 草木樨属 | 白花草木樨 | *Melilotus albus* Medic. ex Desr. | | | 中国 | 2007 | 3 | 野生资源 |
| 4492 | | 草木樨属 | 白花草木樨 | *Melilotus albus* Medic. ex Desr. | | 俄罗斯 | 俄罗斯 | 2005 | 1 | 引进资源 |
| 4493 | IA0210 | 草木樨属 | 白花草木樨 | *Melilotus albus* Medic. ex Desr. | | 中国农科院草原所 | | 1988 | 1 | 野生资源 |
| 4494 | IA0210 | 草木樨属 | 白花草木樨 | *Melilotus albus* Medic. ex Desr. | | 中国农科院草原所 | | 1988 | 1 | 野生资源 |
| 4495 | IA0215 | 草木樨属 | 白花草木樨 | *Melilotus albus* Medic. ex Desr. | | 中国农科院草原所 | | 1990 | 1 | 野生资源 |

（续）

| 序号 | 送种单位编号 | 属 名 | 种 名 | 学 名 | 品种名（原文名） | 材料来源 | 材料原产地 | 收种时间（年份） | 保存地点 | 类型 |
|------|------|------|------|------|------|------|------|------|------|------|
| 4496 | IA0216 | 草木樨属 | 白花草木樨 | *Melilotus albus* Medic. ex Desr. | | 中国农科院草原所 | | 1990 | 1 | 野生资源 |
| 4497 | IA022 | 草木樨属 | 白花草木樨 | *Melilotus albus* Medic. ex Desr. | | 中国农科院草原所 | | 1990 | 1 | 野生资源 |
| 4498 | IA025 | 草木樨属 | 白花草木樨 | *Melilotus albus* Medic. ex Desr. | | 中国农科院草原所 | | 1991 | 1 | 野生资源 |
| 4499 | IA0237 | 草木樨属 | 白花草木樨 | *Melilotus albus* Medic. ex Desr. | 白牧 1 号 | 中国农科院草原所 | | 1991 | 1 | 栽培资源 |
| 4500 | IA026 | 草木樨属 | 白花草木樨 | *Melilotus albus* Medic. ex Desr. | 浙 12 | 中国农科院草原所 | | 1991 | 1 | 栽培资源 |
| 4501 | IA0217 | 草木樨属 | 白花草木樨 | *Melilotus albus* Medic. ex Desr. | | 中国农科院草原所 | | 1990 | 1 | 野生资源 |
| 4502 | IA0223 | 草木樨属 | 白花草木樨 | *Melilotus albus* Medic. ex Desr. | 白牧 2 号 | 中国农科院草原所 | | 1990 | 1 | 栽培资源 |
| 4503 | 育 221 | 草木樨属 | 白花草木樨 | *Melilotus albus* Medic. ex Desr. | 白牧 2 号 | 中国农科院草原所 | | 2003 | 1 | 栽培资源 |
| 4504 | 66 | 草木樨属 | 白花草木樨 | *Melilotus albus* Medic. ex Desr. | | 中国农科院兰州畜牧所 | | 1993 | 1 | 野生资源 |
| 4505 | 1432 | 草木樨属 | 白花草木樨 | *Melilotus albus* Medic. ex Desr. | | 中国农科院兰州畜牧所 | | 1993 | 1 | 野生资源 |
| 4506 | 2181 | 草木樨属 | 白花草木樨 | *Melilotus albus* Medic. ex Desr. | 无味 | 中国农科院兰州畜牧所 | | 1993 | 1 | 栽培资源 |
| 4507 | z0165 | 草木樨属 | 白花草木樨 | *Melilotus albus* Medic. ex Desr. | 宁夏 | 宁夏 | | 2008 | 1 | 野生资源 |
| 4508 | 2181 | 草木樨属 | 细齿草木樨 | *Melilotus dentatus*（Waldst. et Kit.）Pers. | 无味 | 中国农科院北京畜牧所 | | 1992 | 1 | 栽培资源 |

（续）

| 序号 | 送种单位编号 | 属 名 | 种 名 | 学 名 | 品种名（原文名） | 材料来源 | 材料原产地 | 收种时间（年份） | 保存地点 | 类型 |
|---|---|---|---|---|---|---|---|---|---|---|
| 4509 | 2181 | 草木樨属 | 细齿草木樨 | *Melilotus dentatus*（Waldst. et Kit.）Pers. | | 中国农科院畜牧所 | | 1999 | 3 | 栽培资源 |
| 4510 | 81-45 | 草木樨属 | 细齿草木樨 | *Melilotus dentatus*（Waldst. et Kit.）Pers. | | 中国农科院畜牧所 | 加拿大 | 1999 | 3 | 引进资源 |
| 4511 | B5371 | 草木樨属 | 细齿草木樨 | *Melilotus dentatus*（Waldst. et Kit.）Pers. | | 中国农科院草原所 | | 2012 | 3 | 引进资源 |
| 4512 | zxy2012p-10093 | 草木樨属 | 细齿草木樨 | *Melilotus dentatus*（Waldst. et Kit.）Pers. | | | 俄罗斯 | 2012 | 3 | 引进资源 |
| 4513 | zxy2012P-10180 | 草木樨属 | 细齿草木樨 | *Melilotus dentatus*（Waldst. et Kit.）Pers. | | 俄罗斯 | | 2012 | 3 | 引进资源 |
| 4514 | ZXY2014P-13061 | 草木樨属 | 细齿草木樨 | *Melilotus dentatus*（Waldst. et Kit.）Pers. | | | 俄罗斯 | 2014 | 3 | 引进资源 |
| 4515 | ZXY2014P-13074 | 草木樨属 | 细齿草木樨 | *Melilotus dentatus*（Waldst. et Kit.）Pers. | | | 哈萨克斯坦 | 2014 | 3 | 引进资源 |
| 4516 | ZXY2011A-83 | 草木樨属 | 印度草木樨 | *Melilotus indicus*（L.）All. | | 俄罗斯 | | 2011 | 3 | 引进资源 |
| 4517 | ZXY2011A-91 | 草木樨属 | 印度草木樨 | *Melilotus indicus*（L.）All. | | 俄罗斯 | | 2011 | 3 | 引进资源 |
| 4518 | 中畜-187 | 草木樨属 | 印度草木樨 | *Melilotus indicus*（L.）All. | | | 甘肃林洮东山 | 2008 | 3 | 野生资源 |
| 4519 | 中畜-543 | 草木樨属 | 印度草木樨 | *Melilotus indicus*（L.）All. | | | 山西立石村 | 2004 | 3 | 野生资源 |
| 4520 | 中畜-656 | 草木樨属 | 印度草木樨 | *Melilotus indicus*（L.）All. | | 中国农科院畜牧所 | 北京稻香湖 | 2005 | 3 | 野生资源 |
| 4521 | 广西640 | 草木樨属 | 印度草木樨 | *Melilotus indicus*（L.）All. | | 广西畜牧所 | 广西 | 1991 | 1 | 野生资源 |
| 4522 | GS348 | 草木樨属 | 黄花草木樨 | *Melilotus officinalis*（L.）Pall. | | | 甘肃临潭范家咀 | 2004 | 3 | 野生资源 |
| 4523 | GS5064 | 草木樨属 | 黄花草木樨 | *Melilotus officinalis*（L.）Pall. | | | 甘肃陇西 | 2015 | 3 | 野生资源 |
| 4524 | JL09031 | 草木樨属 | 黄花草木樨 | *Melilotus officinalis*（L.）Pall. | | 吉林草原站 | | 2009 | 3 | 野生资源 |
| 4525 | NM08-029 | 草木樨属 | 黄花草木樨 | *Melilotus officinalis*（L.）Pall. | | 内蒙古草原站 | | 2009 | 3 | 野生资源 |
| 4526 | ZXY05P--1066 | 草木樨属 | 黄花草木樨 | *Melilotus officinalis*（L.）Pall. | | 俄罗斯 | 俄罗斯阿尔泰 | 2005 | 3 | 引进资源 |
| 4527 | ZXY05P-1228 | 草木樨属 | 黄花草木樨 | *Melilotus officinalis*（L.）Pall. | | 俄罗斯 | 塔吉克斯坦 | 2005 | 3 | 引进资源 |
| 4528 | ZXY05P--1249 | 草木樨属 | 黄花草木樨 | *Melilotus officinalis*（L.）Pall. | | 俄罗斯 | 塔吉克斯坦 | 2005 | 3 | 引进资源 |
| 4529 | ZXY05P--1275 | 草木樨属 | 黄花草木樨 | *Melilotus officinalis*（L.）Pall. | | 俄罗斯 | 乌兹别克斯坦 | 2005 | 3 | 引进资源 |

（续）

| 序号 | 送种单位编号 | 属名 | 种名 | 学名 | 品种名（原文名） | 材料来源 | 材料原产地 | 收种时间（年份） | 保存地点 | 类型 |
|---|---|---|---|---|---|---|---|---|---|---|
| 4530 | ZXY05P-1286 | 草木樨属 | 黄花草木樨 | *Melilotus officinalis*（L.）Pall. | | 俄罗斯 | 乌兹别克斯坦 | 2005 | 3 | 引进资源 |
| 4531 | ZXY05P-1310 | 草木樨属 | 黄花草木樨 | *Melilotus officinalis*（L.）Pall. | | 俄罗斯 | 亚美尼亚 | 2005 | 3 | 引进资源 |
| 4532 | ZXY05P-1333 | 草木樨属 | 黄花草木樨 | *Melilotus officinalis*（L.）Pall. | | 俄罗斯 | 亚美尼亚 | 2005 | 3 | 引进资源 |
| 4533 | ZXY05P-1419 | 草木樨属 | 黄花草木樨 | *Melilotus officinalis*（L.）Pall. | | 俄罗斯 | 克鲁吉亚 | 2005 | 3 | 引进资源 |
| 4534 | ZXY05P-1428 | 草木樨属 | 黄花草木樨 | *Melilotus officinalis*（L.）Pall. | | 俄罗斯 | 格鲁吉亚 | 2005 | 3 | 引进资源 |
| 4535 | ZXY05P-1449 | 草木樨属 | 黄花草木樨 | *Melilotus officinalis*（L.）Pall. | | 俄罗斯 | 阿布哈兹 | 2005 | 3 | 引进资源 |
| 4536 | ZXY05P-1461 | 草木樨属 | 黄花草木樨 | *Melilotus officinalis*（L.）Pall. | | 俄罗斯 | 阿布哈兹 | 2005 | 3 | 引进资源 |
| 4537 | ZXY05P-1495 | 草木樨属 | 黄花草木樨 | *Melilotus officinalis*（L.）Pall. | | 俄罗斯 | 俄罗斯彼尔姆 | 2005 | 3 | 引进资源 |
| 4538 | ZXY06P-2276 | 草木樨属 | 黄花草木樨 | *Melilotus officinalis*（L.）Pall. | | 俄罗斯 | 俄罗斯诺夫哥罗德州 | 2006 | 3 | 引进资源 |
| 4539 | ZXY06P-2297 | 草木樨属 | 黄花草木樨 | *Melilotus officinalis*（L.）Pall. | | 俄罗斯 | 俄罗斯诺夫哥罗德州 | 2006 | 3 | 引进资源 |
| 4540 | ZXY06P-2302 | 草木樨属 | 黄花草木樨 | *Melilotus officinalis*（L.）Pall. | | 俄罗斯 | 俄罗斯普斯科夫 | 2006 | 3 | 引进资源 |
| 4541 | ZXY06P-2342 | 草木樨属 | 黄花草木樨 | *Melilotus officinalis*（L.）Pall. | | 俄罗斯 | 俄罗斯萨拉托夫 | 2006 | 3 | 引进资源 |
| 4542 | ZXY06P-2357 | 草木樨属 | 黄花草木樨 | *Melilotus officinalis*（L.）Pall. | | 俄罗斯 | 俄罗斯萨拉托夫 | 2006 | 3 | 引进资源 |
| 4543 | ZXY07P-3624 | 草木樨属 | 黄花草木樨 | *Melilotus officinalis*（L.）Pall. | | 俄罗斯 | | 2007 | 3 | 引进资源 |
| 4544 | ZXY-1001 | 草木樨属 | 黄花草木樨 | *Melilotus officinalis*（L.）Pall. | | 俄罗斯 | | 2005 | 3 | 引进资源 |
| 4545 | zxy2010-7684 | 草木樨属 | 黄花草木樨 | *Melilotus officinalis*（L.）Pall. | | | 哈萨克斯坦 | 2010 | 3 | 野生资源 |
| 4546 | zxy2010-7945 | 草木樨属 | 黄花草木樨 | *Melilotus officinalis*（L.）Pall. | | 俄罗斯 | | 2010 | 3 | 野生资源 |
| 4547 | 中畜-1227 | 草木樨属 | 黄花草木樨 | *Melilotus officinalis*（L.）Pall. | | 中国农科院畜牧所 | | 2010 | 3 | 野生资源 |
| 4548 | 中畜-1228 | 草木樨属 | 黄花草木樨 | *Melilotus officinalis*（L.）Pall. | | 中国农科院畜牧所 | | 2010 | 3 | 野生资源 |
| 4549 | 中畜-1229 | 草木樨属 | 黄花草木樨 | *Melilotus officinalis*（L.）Pall. | | 中国农科院畜牧所 | | 2010 | 3 | 野生资源 |
| 4550 | 中畜-1230 | 草木樨属 | 黄花草木樨 | *Melilotus officinalis*（L.）Pall. | | 中国农科院畜牧所 | | 2010 | 3 | 野生资源 |

（续）

| 序号 | 送种单位编号 | 属名 | 种名 | 学名 | 品种名（原文名） | 材料来源 | 材料原产地 | 收种时间（年份） | 保存地点 | 类型 |
|---|---|---|---|---|---|---|---|---|---|---|
| 4551 | 中畜-1231 | 草木樨属 | 黄花草木樨 | *Melilotus officinalis*（L.）Pall. | | 中国农科院畜牧所 | | 2010 | 3 | 野生资源 |
| 4552 | 中畜-1232 | 草木樨属 | 黄花草木樨 | *Melilotus officinalis*（L.）Pall. | | 中国农科院畜牧所 | | 2010 | 3 | 野生资源 |
| 4553 | 中畜-1233 | 草木樨属 | 黄花草木樨 | *Melilotus officinalis*（L.）Pall. | | 中国农科院畜牧所 | | 2010 | 3 | 野生资源 |
| 4554 | 中畜-1234 | 草木樨属 | 黄花草木樨 | *Melilotus officinalis*（L.）Pall. | | 中国农科院畜牧所 | | 2010 | 3 | 野生资源 |
| 4555 | 中畜-1235 | 草木樨属 | 黄花草木樨 | *Melilotus officinalis*（L.）Pall. | | 中国农科院畜牧所 | | 2010 | 3 | 野生资源 |
| 4556 | 中畜-1236 | 草木樨属 | 黄花草木樨 | *Melilotus officinalis*（L.）Pall. | | 中国农科院畜牧所 | | 2010 | 3 | 野生资源 |
| 4557 | 中畜-1237 | 草木樨属 | 黄花草木樨 | *Melilotus officinalis*（L.）Pall. | | 中国农科院畜牧所 | | 2010 | 3 | 野生资源 |
| 4558 | 中畜-1238 | 草木樨属 | 黄花草木樨 | *Melilotus officinalis*（L.）Pall. | | 中国农科院畜牧所 | | 2010 | 3 | 野生资源 |
| 4559 | 中畜-1330 | 草木樨属 | 黄花草木樨 | *Melilotus officinalis*（L.）Pall. | | 中国农科院畜牧所 | | 2010 | 3 | 野生资源 |
| 4560 | 中畜-1479 | 草木樨属 | 黄花草木樨 | *Melilotus officinalis*（L.）Pall. | | | 河北保定涞水 | 2011 | 3 | 野生资源 |
| 4561 | 中畜-1480 | 草木樨属 | 黄花草木樨 | *Melilotus officinalis*（L.）Pall. | | | 河北张家口赤城 | 2011 | 3 | 野生资源 |
| 4562 | 中畜-1481 | 草木樨属 | 黄花草木樨 | *Melilotus officinalis*（L.）Pall. | | | 河北张家口赤城 | 2011 | 3 | 野生资源 |
| 4563 | 中畜-1482 | 草木樨属 | 黄花草木樨 | *Melilotus officinalis*（L.）Pall. | | | 河北张家口赤城 | 2011 | 3 | 野生资源 |
| 4564 | 中畜-1483 | 草木樨属 | 黄花草木樨 | *Melilotus officinalis*（L.）Pall. | | | 河北张家口赤城 | 2011 | 3 | 野生资源 |
| 4565 | 中畜-1484 | 草木樨属 | 黄花草木樨 | *Melilotus officinalis*（L.）Pall. | | | 河北张家口赤城 | 2011 | 3 | 野生资源 |
| 4566 | 中畜-1485 | 草木樨属 | 黄花草木樨 | *Melilotus officinalis*（L.）Pall. | | | 河北张家口赤城 | 2011 | 3 | 野生资源 |

(续)

| 序号 | 送种单位编号 | 属 名 | 种 名 | 学 名 | 品种名（原文名） | 材料来源 | 材料原产地 | 收种时间（年份） | 保存地点 | 类型 |
|------|------|------|------|------|------|------|------|------|------|------|
| 4567 | 中畜-2232 | 草木樨属 | 黄花草木樨 | *Melilotus officinalis*（L.）Pall. | | | 山西忻州五台 | 2013 | 3 | 野生资源 |
| 4568 | 中畜-2233 | 草木樨属 | 黄花草木樨 | *Melilotus officinalis*（L.）Pall. | | | 山西忻州五台 | 2013 | 3 | 野生资源 |
| 4569 | 中畜-2527 | 草木樨属 | 黄花草木樨 | *Melilotus officinalis*（L.）Pall. | | | 山西运城绛县 | 2014 | 3 | 野生资源 |
| 4570 | 中畜-2528 | 草木樨属 | 黄花草木樨 | *Melilotus officinalis*（L.）Pall. | | | 山西晋中左权 | 2014 | 3 | 野生资源 |
| 4571 | 中畜-2529 | 草木樨属 | 黄花草木樨 | *Melilotus officinalis*（L.）Pall. | | | 山西晋中昔阳 | 2014 | 3 | 野生资源 |
| 4572 | 中畜-462 | 草木樨属 | 黄花草木樨 | *Melilotus officinalis*（L.）Pall. | | | 北京灵山 | 2003 | 3 | 野生资源 |
| 4573 | GX090 | 草木樨属 | 黄花草木樨 | *Melilotus officinalis*（L.）Pall. | | 宁夏 | | 2009 | 1 | 野生资源 |
| 4574 | | 草木樨属 | 黄花草木樨 | *Melilotus officinalis*（L.）Pall. | | | | 2009 | 1 | 栽培资源 |
| 4575 | 18 | 草木樨属 | 黄花草木樨 | *Melilotus officinalis*（L.）Pall. | | | | 2009 | 1 | 野生资源 |
| 4576 | GS4141 | 草木樨属 | 黄花草木樨 | *Melilotus officinalis*（L.）Pall. | | | 陕西眉县 | 2013 | 3 | 野生资源 |
| 4577 | GS4258 | 草木樨属 | 黄花草木樨 | *Melilotus officinalis*（L.）Pall. | | | 甘肃合作勒秀 | 2013 | 3 | 野生资源 |
| 4578 | GS4783 | 草木樨属 | 黄花草木樨 | *Melilotus officinalis*（L.）Pall. | | | 陕西志丹 | 2015 | 3 | 野生资源 |
| 4579 | GS4814 | 草木樨属 | 黄花草木樨 | *Melilotus officinalis*（L.）Pall. | | | 陕西宜川 | 2015 | 3 | 野生资源 |
| 4580 | GS4821 | 草木樨属 | 黄花草木樨 | *Melilotus officinalis*（L.）Pall. | | | 陕西洛川 | 2015 | 3 | 野生资源 |
| 4581 | GS4827 | 草木樨属 | 黄花草木樨 | *Melilotus officinalis*（L.）Pall. | | | 陕西洛川 | 2015 | 3 | 野生资源 |
| 4582 | GS4844 | 草木樨属 | 黄花草木樨 | *Melilotus officinalis*（L.）Pall. | | | 陕西洛川 | 2015 | 3 | 野生资源 |
| 4583 | GS4848 | 草木樨属 | 黄花草木樨 | *Melilotus officinalis*（L.）Pall. | | | 陕西黄龙 | 2015 | 3 | 野生资源 |
| 4584 | GS4879 | 草木樨属 | 黄花草木樨 | *Melilotus officinalis*（L.）Pall. | | | 陕西太白 | 2015 | 3 | 野生资源 |
| 4585 | GS4890 | 草木樨属 | 黄花草木樨 | *Melilotus officinalis*（L.）Pall. | | | 陕西洛川 | 2015 | 3 | 野生资源 |
| 4586 | GS4892 | 草木樨属 | 黄花草木樨 | *Melilotus officinalis*（L.）Pall. | | | 陕西宜君 | 2015 | 3 | 野生资源 |
| 4587 | HB2016012 | 草木樨属 | 黄花草木樨 | *Melilotus officinalis*（L.）Pall. | | | 河南信阳浉河 | 2016 | 3 | 野生资源 |
| 4588 | JL10-122 | 草木樨属 | 黄花草木樨 | *Melilotus officinalis*（L.）Pall. | | 白山草原站 | | 2010 | 3 | 野生资源 |
| 4589 | JL10-123 | 草木樨属 | 黄花草木樨 | *Melilotus officinalis*（L.）Pall. | | 白山草原站 | | 2010 | 3 | 野生资源 |
| 4590 | SC2016-012 | 草木樨属 | 黄花草木樨 | *Melilotus officinalis*（L.）Pall. | | | 四川炉霍新都 | 2016 | 3 | 野生资源 |
| 4591 | SC2016-134 | 草木樨属 | 黄花草木樨 | *Melilotus officinalis*（L.）Pall. | | | 四川理县米亚罗村 | 2014 | 3 | 野生资源 |

（续）

| 序号 | 送种单位编号 | 属名 | 种名 | 学名 | 品种名（原文名） | 材料来源 | 材料原产地 | 收种时间（年份） | 保存地点 | 类型 |
|---|---|---|---|---|---|---|---|---|---|---|
| 4592 | SC2016-155 | 草木樨属 | 黄花草木樨 | *Melilotus officinalis*（L.）Pall. | | | 四川黄龙镇 | 2014 | 3 | 野生资源 |
| 4593 | ZXY2009P-5609 | 草木樨属 | 黄花草木樨 | *Melilotus officinalis*（L.）Pall. | | 俄罗斯 | | 2009 | 3 | 引进资源 |
| 4594 | zxy2012p-10021 | 草木樨属 | 黄花草木樨 | *Melilotus officinalis*（L.）Pall. | | | 加拿大 | 2012 | 3 | 引进资源 |
| 4595 | zxy2012p-10039 | 草木樨属 | 黄花草木樨 | *Melilotus officinalis*（L.）Pall. | | | 加拿大 | 2012 | 3 | 引进资源 |
| 4596 | zxy2012p-9610 | 草木樨属 | 黄花草木樨 | *Melilotus officinalis*（L.）Pall. | | | 俄罗斯 | 2012 | 3 | 引进资源 |
| 4597 | zxy2012p-9612 | 草木樨属 | 黄花草木樨 | *Melilotus officinalis*（L.）Pall. | | | 俄罗斯 | 2012 | 3 | 引进资源 |
| 4598 | zxy2012p-9648 | 草木樨属 | 黄花草木樨 | *Melilotus officinalis*（L.）Pall. | | | 俄罗斯 | 2012 | 3 | 引进资源 |
| 4599 | zxy2012p-9683 | 草木樨属 | 黄花草木樨 | *Melilotus officinalis*（L.）Pall. | | | 俄罗斯 | 2012 | 3 | 引进资源 |
| 4600 | zxy2012p-9700 | 草木樨属 | 黄花草木樨 | *Melilotus officinalis*（L.）Pall. | | | 俄罗斯 | 2012 | 3 | 引进资源 |
| 4601 | zxy2012p-9742 | 草木樨属 | 黄花草木樨 | *Melilotus officinalis*（L.）Pall. | | | 乌克兰 | 2012 | 3 | 引进资源 |
| 4602 | zxy2012p-9802 | 草木樨属 | 黄花草木樨 | *Melilotus officinalis*（L.）Pall. | | | 塔吉克斯坦 | 2012 | 3 | 引进资源 |
| 4603 | zxy2012p-9820 | 草木樨属 | 黄花草木樨 | *Melilotus officinalis*（L.）Pall. | | | 摩尔多瓦 | 2012 | 3 | 引进资源 |
| 4604 | zxy2012p-9863 | 草木樨属 | 黄花草木樨 | *Melilotus officinalis*（L.）Pall. | | | 吉尔吉斯斯坦 | 2012 | 3 | 引进资源 |
| 4605 | zxy2012p-9904 | 草木樨属 | 黄花草木樨 | *Melilotus officinalis*（L.）Pall. | | | 哈萨克斯坦 | 2012 | 3 | 引进资源 |
| 4606 | zxy2012p-9916 | 草木樨属 | 黄花草木樨 | *Melilotus officinalis*（L.）Pall. | | | 哈萨克斯坦 | 2012 | 3 | 引进资源 |
| 4607 | zxy2012p-9923 | 草木樨属 | 黄花草木樨 | *Melilotus officinalis*（L.）Pall. | | | 哈萨克斯坦 | 2012 | 3 | 引进资源 |
| 4608 | zxy2012p-9944 | 草木樨属 | 黄花草木樨 | *Melilotus officinalis*（L.）Pall. | | | 德国 | 2012 | 3 | 引进资源 |
| 4609 | zxy2012p-9980 | 草木樨属 | 黄花草木樨 | *Melilotus officinalis*（L.）Pall. | | | 波兰 | 2012 | 3 | 引进资源 |
| 4610 | zxy2012p-9998 | 草木樨属 | 黄花草木樨 | *Melilotus officinalis*（L.）Pall. | | | 波兰 | 2013 | 3 | 引进资源 |
| 4611 | ZXY2013P-11151 | 草木樨属 | 黄花草木樨 | *Melilotus officinalis*（L.）Pall. | | 俄罗斯 | | 2014 | 3 | 引进资源 |
| 4612 | ZXY2013P-11185 | 草木樨属 | 黄花草木樨 | *Melilotus officinalis*（L.）Pall. | | 俄罗斯 | | 2013 | 3 | 引进资源 |
| 4613 | ZXY2013P-11237 | 草木樨属 | 黄花草木樨 | *Melilotus officinalis*（L.）Pall. | | 俄罗斯 | | 2014 | 3 | 引进资源 |
| 4614 | ZXY2013P-11322 | 草木樨属 | 黄花草木樨 | *Melilotus officinalis*（L.）Pall. | | 俄罗斯 | | 2014 | 3 | 引进资源 |
| 4615 | ZXY2013P-11331 | 草木樨属 | 黄花草木樨 | *Melilotus officinalis*（L.）Pall. | | 俄罗斯 | | 2014 | 3 | 引进资源 |
| 4616 | ZXY2013P-11348 | 草木樨属 | 黄花草木樨 | *Melilotus officinalis*（L.）Pall. | | 俄罗斯 | | 2014 | 3 | 引进资源 |

（续）

| 序号 | 送种单位编号 | 属名 | 种名 | 学名 | 品种名（原文名） | 材料来源 | 材料原产地 | 收种时间（年份） | 保存地点 | 类型 |
|---|---|---|---|---|---|---|---|---|---|---|
| 4617 | ZXY2013P-11352 | 草木樨属 | 黄花草木樨 | *Melilotus officinalis*（L.）Pall. | | 俄罗斯 | | 2014 | 3 | 引进资源 |
| 4618 | ZXY2013P-11357 | 草木樨属 | 黄花草木樨 | *Melilotus officinalis*（L.）Pall. | | 俄罗斯 | | 2014 | 3 | 引进资源 |
| 4619 | ZXY2013P-11395 | 草木樨属 | 黄花草木樨 | *Melilotus officinalis*（L.）Pall. | | 俄罗斯 | | 2014 | 3 | 引进资源 |
| 4620 | ZXY2013P-11400 | 草木樨属 | 黄花草木樨 | *Melilotus officinalis*（L.）Pall. | | 俄罗斯 | | 2014 | 3 | 引进资源 |
| 4621 | ZXY2013P-11425 | 草木樨属 | 黄花草木樨 | *Melilotus officinalis*（L.）Pall. | | 俄罗斯 | | 2014 | 3 | 引进资源 |
| 4622 | ZXY2013P-11494 | 草木樨属 | 黄花草木樨 | *Melilotus officinalis*（L.）Pall. | | 俄罗斯 | | 2014 | 3 | 引进资源 |
| 4623 | ZXY2014P-12484 | 草木樨属 | 黄花草木樨 | *Melilotus officinalis*（L.）Pall. | | | 俄罗斯 | 2014 | 3 | 引进资源 |
| 4624 | ZXY2014P-12497 | 草木樨属 | 黄花草木樨 | *Melilotus officinalis*（L.）Pall. | | | 俄罗斯 | 2014 | 3 | 引进资源 |
| 4625 | ZXY2014P-12522 | 草木樨属 | 黄花草木樨 | *Melilotus officinalis*（L.）Pall. | | | 俄罗斯 | 2014 | 3 | 引进资源 |
| 4626 | ZXY2014P-12558 | 草木樨属 | 黄花草木樨 | *Melilotus officinalis*（L.）Pall. | | | 俄罗斯 | 2014 | 3 | 引进资源 |
| 4627 | ZXY2014P-12565 | 草木樨属 | 黄花草木樨 | *Melilotus officinalis*（L.）Pall. | | | 俄罗斯 | 2014 | 3 | 引进资源 |
| 4628 | ZXY2014P-12572 | 草木樨属 | 黄花草木樨 | *Melilotus officinalis*（L.）Pall. | | | 俄罗斯 | 2014 | 3 | 引进资源 |
| 4629 | ZXY2014P-12638 | 草木樨属 | 黄花草木樨 | *Melilotus officinalis*（L.）Pall. | | | 俄罗斯 | 2014 | 3 | 引进资源 |
| 4630 | ZXY2014P-12668 | 草木樨属 | 黄花草木樨 | *Melilotus officinalis*（L.）Pall. | | | 俄罗斯 | 2014 | 3 | 引进资源 |
| 4631 | ZXY2014P-12681 | 草木樨属 | 黄花草木樨 | *Melilotus officinalis*（L.）Pall. | | | 俄罗斯 | 2014 | 3 | 引进资源 |
| 4632 | ZXY2014P-12703 | 草木樨属 | 黄花草木樨 | *Melilotus officinalis*（L.）Pall. | | | | 2014 | 3 | 引进资源 |
| 4633 | ZXY2014P-12735 | 草木樨属 | 黄花草木樨 | *Melilotus officinalis*（L.）Pall. | | | 俄罗斯 | 2014 | 3 | 引进资源 |
| 4634 | ZXY2014P-12885 | 草木樨属 | 黄花草木樨 | *Melilotus officinalis*（L.）Pall. | | | 俄罗斯 | 2014 | 3 | 引进资源 |
| 4635 | ZXY2014P-12898 | 草木樨属 | 黄花草木樨 | *Melilotus officinalis*（L.）Pall. | | | 俄罗斯 | 2014 | 3 | 引进资源 |
| 4636 | ZXY2014P-12989 | 草木樨属 | 黄花草木樨 | *Melilotus officinalis*（L.）Pall. | | | 美国 | 2014 | 3 | 引进资源 |
| 4637 | ZXY2014P-13003 | 草木樨属 | 黄花草木樨 | *Melilotus officinalis*（L.）Pall. | | | 美国 | 2014 | 3 | 引进资源 |
| 4638 | ZXY2014P-13026 | 草木樨属 | 黄花草木樨 | *Melilotus officinalis*（L.）Pall. | | | 加拿大 | 2014 | 3 | 引进资源 |
| 4639 | 中畜-2243 | 草木樨属 | 黄花草木樨 | *Melilotus officinalis*（L.）Pall. | | | 内蒙古锡林浩特正蓝旗 | 2013 | 3 | 野生资源 |

（续）

| 序号 | 送种单位编号 | 属 名 | 种 名 | 学 名 | 品种名（原文名） | 材料来源 | 材料原产地 | 收种时间（年份） | 保存地点 | 类型 |
|---|---|---|---|---|---|---|---|---|---|---|
| 4640 | 中畜-2244 | 草木樨属 | 黄花草木樨 | *Melilotus officinalis*（L.）Pall. | | | 内蒙古锡林浩特太仆寺旗 | 2013 | 3 | 野生资源 |
| 4641 | 中畜-2245 | 草木樨属 | 黄花草木樨 | *Melilotus officinalis*（L.）Pall. | | | 河北张家口张北 | 2013 | 3 | 野生资源 |
| 4642 | 中畜-2246 | 草木樨属 | 黄花草木樨 | *Melilotus officinalis*（L.）Pall. | | | 内蒙古锡林浩特阿巴嘎旗 | 2013 | 3 | 野生资源 |
| 4643 | 中畜-2247 | 草木樨属 | 黄花草木樨 | *Melilotus officinalis*（L.）Pall. | | | 河北张家口张北 | 2013 | 3 | 野生资源 |
| 4644 | 中畜-2248 | 草木樨属 | 黄花草木樨 | *Melilotus officinalis*（L.）Pall. | | | 内蒙古锡林浩特正蓝旗 | 2013 | 3 | 野生资源 |
| 4645 | 中畜-2249 | 草木樨属 | 黄花草木樨 | *Melilotus officinalis*（L.）Pall. | | | 河北张家口万全 | 2013 | 3 | 野生资源 |
| 4646 | 中畜-2259 | 草木樨属 | 黄花草木樨 | *Melilotus officinalis*（L.）Pall. | | | 河北张家口蔚县 | 2011 | 3 | 野生资源 |
| 4647 | 中畜-2477 | 草木樨属 | 黄花草木樨 | *Melilotus officinalis*（L.）Pall. | | | 内蒙古赤峰松山 | 2012 | 3 | 野生资源 |
| 4648 | 中畜-2478 | 草木樨属 | 黄花草木樨 | *Melilotus officinalis*（L.）Pall. | | | 内蒙古赤峰松山 | 2012 | 3 | 野生资源 |
| 4649 | 中畜-2479 | 草木樨属 | 黄花草木樨 | *Melilotus officinalis*（L.）Pall. | | | 内蒙古赤峰巴林左旗 | 2012 | 3 | 野生资源 |
| 4650 | 中畜-2480 | 草木樨属 | 黄花草木樨 | *Melilotus officinalis*（L.）Pall. | | | 山西沂州五台 | 2012 | 3 | 野生资源 |
| 4651 | 中畜-2481 | 草木樨属 | 黄花草木樨 | *Melilotus officinalis*（L.）Pall. | | | 山西沂州五台 | 2012 | 3 | 野生资源 |
| 4652 | 中畜-2482 | 草木樨属 | 黄花草木樨 | *Melilotus officinalis*（L.）Pall. | | 河北廊坊农科院基地 | | 2012 | 3 | 野生资源 |
| 4653 | 中畜-2483 | 草木樨属 | 黄花草木樨 | *Melilotus officinalis*（L.）Pall. | | | 河北承德围场 | 2012 | 3 | 野生资源 |
| 4654 | 中畜-2484 | 草木樨属 | 黄花草木樨 | *Melilotus officinalis*（L.）Pall. | | | 内蒙古赤峰林西 | 2012 | 3 | 野生资源 |
| 4655 | 中畜-2530 | 草木樨属 | 黄花草木樨 | *Melilotus officinalis*（L.）Pall. | | | 山西阳泉平定 | 2014 | 3 | 野生资源 |
| 4656 | 中畜-2531 | 草木樨属 | 黄花草木樨 | *Melilotus officinalis*（L.）Pall. | | | 山西晋中昔阳 | 2014 | 3 | 野生资源 |
| 4657 | 中畜-2532 | 草木樨属 | 黄花草木樨 | *Melilotus officinalis*（L.）Pall. | | | 山西临汾洪洞 | 2014 | 3 | 野生资源 |
| 4658 | 中畜-2533 | 草木樨属 | 黄花草木樨 | *Melilotus officinalis*（L.）Pall. | | | 山西运城绛县 | 2014 | 3 | 野生资源 |
| 4659 | 中畜-2785 | 草木樨属 | 黄花草木樨 | *Melilotus officinalis*（L.）Pall. | | | 北京门头沟 | 2007 | 3 | 野生资源 |
| 4660 | 中畜-2786 | 草木樨属 | 黄花草木樨 | *Melilotus officinalis*（L.）Pall. | | | 内蒙古阿鲁科沁旗 | 2015 | 3 | 野生资源 |

（续）

| 序号 | 送种单位编号 | 属名 | 种名 | 学名 | 品种名（原文名） | 材料来源 | 材料原产地 | 收种时间（年份） | 保存地点 | 类型 |
|---|---|---|---|---|---|---|---|---|---|---|
| 4661 | IA0214 | 草木樨属 | 黄花草木樨 | *Melilotus officinalis* (L.) Pall. | | 中国农科院草原所 | | 1989 | 1 | 野生资源 |
| 4662 | IA023 | 草木樨属 | 黄花草木樨 | *Melilotus officinalis* (L.) Pall. | | 中国农科院草原所 | | 1989 | 1 | 野生资源 |
| 4663 | 88-72 | 草木樨属 | 黄花草木樨 | *Melilotus officinalis* (L.) Pall. | | 中国农科院北京畜牧所 | | 1993 | 1 | 引进资源 |
| 4664 | 南逸-64 | 草木樨属 | 黄花草木樨 | *Melilotus officinalis* (L.) Pall. | | 新疆八一农学院 | | 1993 | 1 | 引进资源 |
| 4665 | IA0239 | 草木樨属 | 黄花草木樨 | *Melilotus officinalis* (L.) Pall. | | 中国农科院草原所 | | 1989 | 1 | 引进资源 |
| 4666 | 88-143 | 草木樨属 | 黄花草木樨 | *Melilotus officinalis* (L.) Pall. | | 新疆八一农学院 | | 1989 | 1 | 引进资源 |
| 4667 | 152 | 草木樨属 | 黄花草木樨 | *Melilotus officinalis* (L.) Pall. | | 甘肃天水 | 西班牙马德里 | 1991 | 1 | 引进资源 |
| 4668 | | 草木樨属 | 黄花草木樨 | *Melilotus officinalis* (L.) Pall. | | 榆林草原站 | | 1991 | 1 | 引进资源 |
| 4669 | 兰240 | 草木樨属 | 黄花草木樨 | *Melilotus officinalis* (L.) Pall. | | 中国农科院兰州畜牧所 | | 1993 | 1 | 引进资源 |
| 4670 | zxy-956 | 草木樨属 | 黄花草木樨 | *Melilotus officinalis* (L.) Pall. | | 俄罗斯 | | 2005 | 1 | 引进资源 |
| 4671 | zxy-973 | 草木樨属 | 黄花草木樨 | *Melilotus officinalis* (L.) Pall. | | 俄罗斯 | | 2005 | 1 | 引进资源 |
| 4672 | zxy-981 | 草木樨属 | 黄花草木樨 | *Melilotus officinalis* (L.) Pall. | | 俄罗斯 | | 2005 | 1 | 引进资源 |
| 4673 | nongda76 | 草木樨属 | 黄花草木樨 | *Melilotus officinalis* (L.) Pall. | | | 内蒙古呼伦贝尔新巴尔虎左旗 | 2008 | 1 | 野生资源 |
| 4674 | (XJDK2007005) | 草木樨属 | 黄花草木樨 | *Melilotus officinalis* (L.) Pall. | | | | 2007 | 1 | 引进资源 |
| 4675 | zxy06p-2494 | 草木樨属 | 黄花草木樨 | *Melilotus officinalis* (L.) Pall. | | 俄罗斯 | | 2006 | 1 | 引进资源 |
| 4676 | HB2015225 | 草木樨属 | 草木樨 | *Melilotus suaveolens* Ledeb. | | | 湖北神农架阳日镇 | 2015 | 3 | 野生资源 |
| 4677 | JL15-028 | 草木樨属 | 草木樨 | *Melilotus suaveolens* Ledeb. | | | 内蒙古满洲里扎赉诺尔 | 2014 | 3 | 野生资源 |
| 4678 | JL15-030 | 草木樨属 | 草木樨 | *Melilotus suaveolens* Ledeb. | | | 吉林白城 | 2014 | 3 | 野生资源 |

（续）

| 序号 | 送种单位编号 | 属名 | 种名 | 学名 | 品种名（原文名） | 材料来源 | 材料原产地 | 收种时间（年份） | 保存地点 | 类型 |
|---|---|---|---|---|---|---|---|---|---|---|
| 4679 | JL15-059 | 草木樨属 | 草木樨 | *Melilotus suaveolens* Ledeb. | | | 辽宁抚顺 | 2014 | 3 | 野生资源 |
| 4680 | JL14-099 | 草木樨属 | 草木樨 | *Melilotus suaveolens* Ledeb. | | | 黑龙江镜泊乡 | 2013 | 3 | 野生资源 |
| 4681 | JL14-121 | 草木樨属 | 草木樨 | *Melilotus suaveolens* Ledeb. | | | 辽宁庄河小孤山 | 2013 | 3 | 野生资源 |
| 4682 | JL16-042 | 草木樨属 | 草木樨 | *Melilotus suaveolens* Ledeb. | | | 黑龙江嫩江 | 2015 | 3 | 野生资源 |
| 4683 | NM07-003 | 草木樨属 | 草木樨 | *Melilotus suaveolens* Ledeb. | | 内蒙古草原站 | | 2007 | 3 | 野生资源 |
| 4684 | 中畜-1221 | 草木樨属 | 草木樨 | *Melilotus suaveolens* Ledeb. | | 中国农科院畜牧所 | | 2008 | 3 | 野生资源 |
| 4685 | 中畜-1222 | 草木樨属 | 草木樨 | *Melilotus suaveolens* Ledeb. | | 中国农科院畜牧所 | | 2008 | 3 | 野生资源 |
| 4686 | IA02a | 草木樨属 | 草木樨 | *Melilotus suaveolens* Ledeb. | | 中国农科院草原所 | | 1991 | 1 | 野生资源 |
| 4687 | 83-152 | 草木樨属 | 草木樨 | *Melilotus suaveolens* Ledeb. | | 中国农科院北京畜牧所 | | 1993 | 1 | 野生资源 |
| 4688 | IA028 | 草木樨属 | 草木樨 | *Melilotus suaveolens* Ledeb. | | 中国农科院草原所 | | 1989 | 1 | 野生资源 |
| 4689 | HB2015153 | 草木樨属 | 草木樨 | *Melilotus suaveolens* Ledeb. | | | 河南濮阳华龙 | 2015 | 3 | 野生资源 |
| 4690 | SC2014-060 | 草木樨属 | 草木樨 | *Melilotus suaveolens* Ledeb. | | | 四川西昌西郊 | 2013 | 3 | 野生资源 |
| 4691 | ZXY2011P-8623 | 草木樨属 | 伏尔加草木樨 | *Melilotus wolgicus* Poir. | | 俄罗斯 | | 2011 | 3 | 野生资源 |
| 4692 | zxy2012p-10220 | 草木樨属 | 伏尔加草木樨 | *Melilotus wolgicus* Poir. | | 瑞典 | | 2012 | 3 | 野生资源 |
| 4693 | ZXY2013P-11504 | 草木樨属 | 伏尔加草木犀 | *Melilotus wolgicus* Poir. | | 俄罗斯 | | 2013 | 3 | 野生资源 |
| 4694 | ZXY2013P-11534 | 草木樨属 | 伏尔加草木犀 | *Melilotus wolgicus* Poir. | | 俄罗斯 | | 2013 | 3 | 野生资源 |
| 4695 | ZXY2013P-11555 | 草木樨属 | 伏尔加草木犀 | *Melilotus wolgicus* Poir. | | 俄罗斯 | | 2013 | 3 | 野生资源 |
| 4696 | ZXY2014P-13098 | 草木樨属 | 伏尔加草木犀 | *Melilotus wolgicus* Poir. | | | 俄罗斯 | 2014 | 3 | 野生资源 |
| 4697 | 110112018 | 崖豆藤属 | 香花崖豆藤 | *Millettia dielsiana* Harms ex Diels | | | 福建漳州天柱山 | 2011 | 2 | 野生资源 |
| 4698 | 060313002 | 崖豆藤属 | 厚果崖豆藤 | *Millettia pachycarpa* Benth. | | | 海南昌江霸王岭 | 2006 | 2 | 野生资源 |

（续）

| 序号 | 送种单位编号 | 属名 | 种名 | 学名 | 品种名（原文名） | 材料来源 | 材料原产地 | 收种时间（年份） | 保存地点 | 类型 |
|---|---|---|---|---|---|---|---|---|---|---|
| 4699 | 071121051 | 崖豆藤属 | 厚果崖豆藤 | *Millettia pachycarpa* Benth. | | | 广西崇左天等 | 2007 | 2 | 野生资源 |
| 4700 | 071219049 | 崖豆藤属 | 厚果崖豆藤 | *Millettia pachycarpa* Benth. | | | 福建漳州南靖 | 2007 | 2 | 野生资源 |
| 4701 | 071222022 | 崖豆藤属 | 厚果崖豆藤 | *Millettia pachycarpa* Benth. | | | 福建永定 | 2007 | 2 | 野生资源 |
| 4702 | 061023036 | 含羞草属 | 含羞草 | *Mimosa pudica* L. | | | 哥斯达黎加 | 2006 | 2 | 引进资源 |
| 4703 | 150000001 | 含羞草属 | 含羞草 | *Mimosa pudica* L. | | | 厄瓜多尔 | 2015 | 2 | 引进资源 |
| 4704 | 120925005 | 含羞草属 | 含羞草 | *Mimosa pudica* L. | | | 广西崇左 | 2012 | 2 | 野生资源 |
| 4705 | HN1060 | 黧豆属 | 刺毛黧豆 | *Mucuna pruriens*（L.）DC. | | | 贵州兴义天生桥 | 39394 | 3 | 野生资源 |
| 4706 | 070228016 | 黎豆属 | 刺毛黎豆 | *Mucuna pruriens*（L.）DC. | | | 云南元阳至河口 | 2007 | 2 | 野生资源 |
| 4707 | 060331007 | 黎豆属 | 刺毛黎豆 | *Mucuna pruriens*（L.）DC. | | | 云南景洪 | 2006 | 2 | 野生资源 |
| 4708 | CIAT9349 | 黎豆属 | 刺毛黧豆 | *Mucuna pruriens*（L.）DC. | CIAT9349 | CIAT | | 2003 | 2 | 引进资源 |
| 4709 | 061220004 | 黎豆属 | 刺毛黧豆 | *Mucuna pruriens*（L.）DC. | | | 海南乐东千家镇 | 2006 | 2 | 野生资源 |
| 4710 | 071108003 | 黎豆属 | 狗爪豆 | *Mucuna pruriens*（L.）DC. var. *utilis*（Wall. ex Wight）Baker ex Burck. | | | 云南盈江 | 2007 | 2 | 野生资源 |
| 4711 | 120918011 | 黎豆属 | 狗爪豆 | *Mucuna pruriens*（L.）DC. var. *utilis*（Wall. ex Wight）Baker ex Burck. | | | 广西防城港 | 2012 | 2 | 野生资源 |
| 4712 | 071221004 | 黎豆属 | 狗爪豆 | *Mucuna pruriens*（L.）DC. var. *utilis*（Wall. ex Wight）Baker ex Burck. | | | 福建南靖 | 2007 | 2 | 野生资源 |
| 4713 | GX08121125 | 黎豆属 | 狗爪豆 | *Mucuna pruriens*（L.）DC. var. *utilis*（Wall. ex Wight）Baker ex Burck. | | 广西牧草站 | | 2008 | 2 | 野生资源 |
| 4714 | 151122006 | 黎豆属 | 狗爪豆 | *Mucuna pruriens*（L.）DC. var. *utilis*（Wall. ex Wight）Baker ex Burck. | | | 广东湛江东山镇 | 2015 | 2 | 野生资源 |
| 4715 | GX11120903 | 黎豆属 | 狗爪豆 | *Mucuna pruriens*（L.）DC. var. *utilis*（Wall. ex Wight）Baker ex Burck. | | 广西牧草站 | | 2011 | 2 | 野生资源 |
| 4716 | | 黎豆属 | 狗爪豆 | *Mucuna pruriens*（L.）DC. var. *utilis*（Wall. ex Wight）Baker ex Burck. | | 华南热作所 | | 2003 | 1 | 野生资源 |
| 4717 | E1229 | 黧豆属 | 常春油麻藤 | *Mucuna sempervirens* Hemsl. | | | 湖北神农架木鱼镇 | 2008 | 3 | 野生资源 |

（续）

| 序号 | 送种单位编号 | 属 名 | 种 名 | 学 名 | 品种名（原文名） | 材料来源 | 材料原产地 | 收种时间（年份） | 保存地点 | 类型 |
|---|---|---|---|---|---|---|---|---|---|---|
| 4718 | HB2009-370 | 黧豆属 | 常春油麻藤 | *Mucuna sempervirens* Hemsl. | | | 湖北神农架木鱼镇 | 2009 | 3 | 野生资源 |
| 4719 | HB2010-128 | 黧豆属 | 常春油麻藤 | *Mucuna sempervirens* Hemsl. | | | 湖北神农架木鱼镇 | 2010 | 3 | 野生资源 |
| 4720 | HB2011-001 | 黧豆属 | 常春油麻藤 | *Mucuna sempervirens* Hemsl. | | 湖北省农科院畜牧兽医研究所 | | 2010 | 3 | 野生资源 |
| 4721 | 061003003 | 黧豆属 | 常春油麻藤 | *Mucuna sempervirens* Hemsl. | | | 海南蜈支洲岛 | 2006 | 2 | 野生资源 |
| 4722 | 060401012 | 黧豆属 | 常春油麻藤 | *Mucuna sempervirens* Hemsl. | | | 云南景洪 | 2006 | 2 | 野生资源 |
| 4723 | BJCY-HDC003 | 驴食豆属 | 高红豆草 | *Onobrychis altissima* Grossh | | 北京草业与环境研究发展中心 | | 2013 | 3 | 引进资源 |
| 4724 | ZXY07P-3535 | 驴食豆属 | 高红豆草 | *Onobrychis altissima* Grossh | | | 格鲁吉亚 | 2007 | 3 | 引进资源 |
| 4725 | ZXY07P-3539 | 驴食豆属 | 高红豆草 | *Onobrychis altissima* Grossh | | | 俄罗斯 | 2007 | 3 | 引进资源 |
| 4726 | BJCY-HDC005 | 驴食豆属 | 沙生红豆草 | *Onobrychis arenaria*（Kit.）DC. | | 北京草业与环境研究发展中心 | | 2013 | 3 | 引进资源 |
| 4727 | BJCY-HDC006 | 驴食豆属 | 沙生红豆草 | *Onobrychis arenaria*（Kit.）DC. | | 北京草业与环境研究发展中心 | | 2013 | 3 | 引进资源 |
| 4728 | BJCY-HDC007 | 驴食豆属 | 沙生红豆草 | *Onobrychis arenaria*（Kit.）DC. | | 北京草业与环境研究发展中心 | | 2013 | 3 | 引进资源 |
| 4729 | BJCY-HDC008 | 驴食豆属 | 沙生红豆草 | *Onobrychis arenaria*（Kit.）DC. | | 北京草业与环境研究发展中心 | | 2013 | 3 | 引进资源 |
| 4730 | BJCY-HDC009 | 驴食豆属 | 沙生红豆草 | *Onobrychis arenaria*（Kit.）DC. | | 北京草业与环境研究发展中心 | | 2013 | 3 | 引进资源 |
| 4731 | BJCY-HDC010 | 驴食豆属 | 沙生红豆草 | *Onobrychis arenaria*（Kit.）DC. | | 北京草业与环境研究发展中心 | | 2013 | 3 | 引进资源 |
| 4732 | BJCY-HDC011 | 驴食豆属 | 沙生红豆草 | *Onobrychis arenaria*（Kit.）DC. | | 北京草业与环境研究发展中心 | | 2013 | 3 | 引进资源 |
| 4733 | zxy2005p-872 | 驴食豆属 | 沙生红豆草 | *Onobrychis arenaria*（Kit.）DC. | | 俄罗斯 | | 2013 | 3 | 引进资源 |

（续）

| 序号 | 送种单位编号 | 属 名 | 种 名 | 学 名 | 品种名（原文名） | 材料来源 | 材料原产地 | 收种时间（年份） | 保存地点 | 类型 |
|---|---|---|---|---|---|---|---|---|---|---|
| 4734 | zxy2012P-9737 | 驴食豆属 | 沙生红豆草 | *Onobrychis arenaria*（Kit.）DC. | | 俄罗斯 | | 2013 | 3 | 引进资源 |
| 4735 | zxy2012p-9818 | 驴食豆属 | 沙生红豆草 | *Onobrychis arenaria*（Kit.）DC. | | | 俄罗斯 | 2013 | 3 | 引进资源 |
| 4736 | zxy2012P-9860 | 驴食豆属 | 沙生红豆草 | *Onobrychis arenaria*（Kit.）DC. | | 俄罗斯 | | 2013 | 3 | 引进资源 |
| 4737 | zxy2012P-9899 | 驴食豆属 | 沙生红豆草 | *Onobrychis arenaria*（Kit.）DC. | | 俄罗斯 | | 2013 | 3 | 引进资源 |
| 4738 | 87-112 | 驴食豆属 | 沙生红豆草 | *Onobrychis arenaria*（Kit.）DC. | | 新疆 | | 1990 | 1 | 引进资源 |
| 4739 | IA04（1） | 驴食豆属 | 沙生红豆草 | *Onobrychis arenaria*（Kit.）DC. | | 中国农科院草原所 | | 1990 | 1 | 引进资源 |
| 4740 | BJCY-HDC013 | 驴食豆属 | 沙生红豆草 | *Onobrychis arenaria*（Kit.）DC. | | 北京草业与环境研究发展中心 | | 2013 | 3 | 引进资源 |
| 4741 | BJCY-HDC016 | 驴食豆属 | 沙生红豆草 | *Onobrychis arenaria*（Kit.）DC. | | 北京草业与环境研究发展中心 | | 2013 | 3 | 引进资源 |
| 4742 | ZXY06P-2323 | 驴食豆属 | | *Onobrychis biebersteinii* Sirj. | | 俄罗斯 | | 2013 | 3 | 引进资源 |
| 4743 | BJCY-HDC017 | 驴食豆属 | | *Onobrychis biebersteinii* Sirj. | | 北京草业与环境研究发展中心 | | 2013 | 3 | 引进资源 |
| 4744 | BJCY-MX011 | 驴食豆属 | | *Onobrychis biebersteinii* Sirj. | | 北京草业与环境研究发展中心 | | 2013 | 3 | 引进资源 |
| 4745 | zxy2011-8462 | 驴食豆属 | 纤细红豆草 | *Onobrychis gracilis* Bess. | | | 罗马尼亚 | 2013 | 3 | 引进资源 |
| 4746 | ZXY07P-3423 | 驴食豆属 | 无刺红豆草 | *Onobrychis inermis* Stev. | | 俄罗斯 | | 2013 | 3 | 引进资源 |
| 4747 | ZXY07P-3308 | 驴食豆属 | 无刺红豆草 | *Onobrychis inermis* Stev. | | 俄罗斯 | | 2013 | 3 | 引进资源 |
| 4748 | zxy2012P-10020 | 驴食豆属 | 无刺红豆草 | *Onobrychis inermis* Stev. | | 俄罗斯 | | 2013 | 3 | 引进资源 |
| 4749 | zxy2012P-9977 | 驴食豆属 | 无刺红豆草 | *Onobrychis inermis* Stev. | | 俄罗斯 | | 2013 | 3 | 引进资源 |
| 4750 | ZXY04P--83 | 驴食豆属 | 岩石状红豆草 | *Onobrychis petraea*（M. B.）Fisch. | | 俄罗斯 | 俄罗斯斯塔夫罗波尔 | 2004 | 3 | 引进资源 |
| 4751 | ZXY05P--1324 | 驴食豆属 | 岩石状红豆草 | *Onobrychis petraea*（M. B.）Fisch. | | 俄罗斯 | 俄罗斯斯塔夫罗波尔 | 2005 | 3 | 引进资源 |
| 4752 | ZXY-570 | 驴食豆属 | 岩石状红豆草 | *Onobrychis petraea*（M. B.）Fisch. | | | 俄罗斯 | 2005 | 3 | 引进资源 |
| 4753 | 南野-65 | 驴食豆属 | 美丽红豆草 | *Onobrychis pulchella* Schrenk. | | 新疆八一农学院 | 新疆南山 | 1993 | 1 | 野生资源 |

（续）

| 序号 | 送种单位编号 | 属名 | 种名 | 学名 | 品种名（原文名） | 材料来源 | 材料原产地 | 收种时间（年份） | 保存地点 | 类型 |
|---|---|---|---|---|---|---|---|---|---|---|
| 4754 | XJL02-1-1 | 驴食豆属 | 美丽红豆草 | *Onobrychis pulchella* Schrenk. | | 新疆农业大学 | 新疆富蕴 | 2003 | 1 | 野生资源 |
| 4755 | xj2014-029 | 驴食豆属 | 顿河红豆草 | *Onobrychis tanaitica* Fisch. ex Studel | | | 新疆裕民 | 2013 | 3 | 野生资源 |
| 4756 | xj2014-039 | 驴食豆属 | 顿河红豆草 | *Onobrychis tanaitica* Fisch. ex Studel | | | 新疆裕民 | 2013 | 3 | 野生资源 |
| 4757 | ZXY07P-3379 | 驴食豆属 | 顿河红豆草 | *Onobrychis tanaitica* Fisch. ex Studel | | 俄罗斯 | | 2007 | 3 | 引进资源 |
| 4758 | zxy2012P-10055 | 驴食豆属 | 顿河红豆草 | *Onobrychis tanaitica* Fisch. ex Studel | | 俄罗斯 | | 2012 | 3 | 野生资源 |
| 4759 | 88-147 | 驴食豆属 | 顿河红豆草 | *Onobrychis tanaitica* Fisch. ex Studel | | 新疆 | 甘肃 | 1989 | 1 | 野生资源 |
| 4760 | IB0416 | 驴食豆属 | 顿河红豆草 | *Onobrychis tanaitica* Fisch. ex Studel | | 中国农科院草原所 | 新疆 | 1989 | 1 | 野生资源 |
| 4761 | 91105 | 驴食豆属 | 顿河红豆草 | *Onobrychis tanaitica* Fisch. ex Studel | 新疆 | 新疆 | 新疆 | 1991 | 1 | 野生资源 |
| 4762 | 91-13 | 驴食豆属 | 顿河红豆草 | *Onobrychis tanaitica* Fisch. ex Studel | | 新疆 | 新疆阿勒泰 | 1991 | 1 | 野生资源 |
| 4763 | GS-532 | 驴食豆属 | 顿河红豆草 | *Onobrychis tanaitica* Fisch. ex Studel | | 天山 | 中国 | 2008 | 1 | 野生资源 |
| 4764 | ZXY05P-623 | 驴食豆属 | 外高加索红豆草 | *Onobrychis transaucasica* Grossh. | | 俄罗斯 | | 2005 | 3 | 引进资源 |
| 4765 | zxy2012p-9098 | 驴食豆属 | 外高加索红豆草 | *Onobrychis transaucasica* Grossh. | | | 白俄罗斯 | 2012 | 3 | 引进资源 |
| 4766 | zxy2012P-9155 | 驴食豆属 | 外高加索红豆草 | *Onobrychis transaucasica* Grossh. | | 俄罗斯 | | 2012 | 3 | 引进资源 |
| 4767 | zxy-818 | 驴食豆属 | 外高加索红豆草 | *Onobrychis transaucasica* Grossh. | | 俄罗斯 | | 2005 | 1 | 引进资源 |
| 4768 | IB0417 | 驴食豆属 | 外高加索红豆草 | *Onobrychis transaucasica* Grossh. | No-18 | | 苏联 | 1990 | 1 | 引进资源 |
| 4769 | IB01418 | 驴食豆属 | 外高加索红豆草 | *Onobrychis transaucasica* Grossh. | K-9696 | | 苏联 | 1990 | 1 | 引进资源 |
| 4770 | 兰0895 | 驴食豆属 | 外高加索红豆草 | *Onobrychis transaucasica* Grossh. | K-16616 | | 苏联 | 1990 | 1 | 引进资源 |
| 4771 | 兰0898 | 驴食豆属 | 外高加索红豆草 | *Onobrychis transaucasica* Grossh. | No-18 | | 苏联 | 1990 | 1 | 引进资源 |
| 4772 | 兰0893 | 驴食豆属 | 外高加索红豆草 | *Onobrychis transaucasica* Grossh. | K-9696 | | 苏联 | 1990 | 1 | 引进资源 |
| 4773 | ZXY-147 | 驴食豆属 | 外高加索红豆草 | *Onobrychis transaucasica* Grossh. | | | 阿塞拜疆 | 2005 | 1 | 引进资源 |
| 4774 | ZXY07P-3735 | 驴食豆属 | 鞘状红豆草 | *Onobrychis vaginalis* C. A. M. | | 俄罗斯 | | 2007 | 3 | 引进资源 |
| 4775 | 2552 | 驴食豆属 | 红豆草 | *Onobrychis viciifolia* Scop. | | | 河北 | 2012 | 3 | 栽培资源 |
| 4776 | 72-23 | 驴食豆属 | 红豆草 | *Onobrychis viciifolia* Scop. | 麦罗斯 | 中国农科院畜牧所 | | 1999 | 3 | 引进资源 |

（续）

| 序号 | 送种单位编号 | 属 名 | 种 名 | 学 名 | 品种名（原文名） | 材料来源 | 材料原产地 | 收种时间（年份） | 保存地点 | 类型 |
|------|------|------|------|------|------|------|------|------|------|------|
| 4777 | 79-84 | 驴食豆属 | 红豆草 | *Onobrychis viciifolia* Scop. | | 中国农科院畜牧所 | | 2015 | 3 | 引进资源 |
| 4778 | 81-102 | 驴食豆属 | 红豆草 | *Onobrychis viciifolia* Scop. | | 中国农科院畜牧所 | | 1999 | 3 | 引进资源 |
| 4779 | 81-173 | 驴食豆属 | 红豆草 | *Onobrychis viciifolia* Scop. | | | 加拿大 | 2012 | 3 | 引进资源 |
| 4780 | 83-172 | 驴食豆属 | 红豆草 | *Onobrychis viciifolia* Scop. | | | 俄罗斯克拉斯诺达尔 | 2012 | 3 | 引进资源 |
| 4781 | 83-174 | 驴食豆属 | 红豆草 | *Onobrychis viciifolia* Scop. | | | 加拿大 | 2012 | 3 | 引进资源 |
| 4782 | 83-417 | 驴食豆属 | 红豆草 | *Onobrychis viciifolia* Scop. | | | 德国 | 2012 | 3 | 引进资源 |
| 4783 | 83-428 | 驴食豆属 | 红豆草 | *Onobrychis viciifolia* Scop. | | 中国农科院畜牧所 | | 2015 | 3 | 引进资源 |
| 4784 | 94-38 | 驴食豆属 | 红豆草 | *Onobrychis viciifolia* Scop. | | 中国农大 | | 2012 | 3 | 引进资源 |
| 4785 | GS4344 | 驴食豆属 | 红豆草 | *Onobrychis viciifolia* Scop. | | | 甘肃静宁 | 2013 | 3 | 栽培资源 |
| 4786 | SD07-09 | 驴食豆属 | 红豆草 | *Onobrychis viciifolia* Scop. | 奇台 | 新疆 | | 2007 | 3 | 栽培资源 |
| 4787 | ZXY06P-1611 | 驴食豆属 | 红豆草 | *Onobrychis viciifolia* Scop. | | 俄罗斯 | | 2006 | 3 | 引进资源 |
| 4788 | ZXY06P-2027 | 驴食豆属 | 红豆草 | *Onobrychis viciifolia* Scop. | | 俄罗斯 | | 2006 | 3 | 引进资源 |
| 4789 | ZXY07P-3158 | 驴食豆属 | 红豆草 | *Onobrychis viciifolia* Scop. | | 俄罗斯 | | 2007 | 3 | 引进资源 |
| 4790 | ZXY07P-3982 | 驴食豆属 | 红豆草 | *Onobrychis viciifolia* Scop. | | 俄罗斯 | | 2007 | 3 | 引进资源 |
| 4791 | ZXY07P-4007 | 驴食豆属 | 红豆草 | *Onobrychis viciifolia* Scop. | | 俄罗斯 | | 2007 | 3 | 引进资源 |
| 4792 | ZXY07P-4053 | 驴食豆属 | 红豆草 | *Onobrychis viciifolia* Scop. | | 俄罗斯 | | 2007 | 3 | 引进资源 |
| 4793 | zxy2011P-8014 | 驴食豆属 | 红豆草 | *Onobrychis viciifolia* Scop. | | | 乌克兰 | 2011 | 3 | 引进资源 |
| 4794 | zxy2012p-9643 | 驴食豆属 | 红豆草 | *Onobrychis viciifolia* Scop. | | | 捷克 | 2011 | 3 | 引进资源 |
| 4795 | zxy2012P-9721 | 驴食豆属 | 红豆草 | *Onobrychis viciifolia* Scop. | | 俄罗斯 | | 2011 | 3 | 引进资源 |
| 4796 | ZXY2013P-10926 | 驴食豆属 | 红豆草 | *Onobrychis viciifolia* Scop. | | 俄罗斯 | | 2013 | 3 | 引进资源 |
| 4797 | 83-397 | 驴食豆属 | 红豆草 | *Onobrychis viciifolia* Scop. | | 中国农科院北京畜牧所 | 瑞士 | 1993 | 1 | 引进资源 |

（续）

| 序号 | 送种单位编号 | 属 名 | 种 名 | 学 名 | 品种名（原文名） | 材料来源 | 材料原产地 | 收种时间（年份） | 保存地点 | 类型 |
|------|------|------|------|------|------|------|------|------|------|------|
| 4798 | 83-401 | 驴食豆属 | 红豆草 | *Onobrychis viciifolia* Scop. | | 中国农科院北京畜牧所 | 波兰华沙 | 1993 | 1 | 引进资源 |
| 4799 | IA0413 | 驴食豆属 | 红豆草 | *Onobrychis viciifolia* Scop. | Common | 中国农科院草原所 | | 1990 | 1 | 引进资源 |
| 4800 | 红 2 | 驴食豆属 | 红豆草 | *Onobrychis viciifolia* Scop. | | 中国农科院草原所 | | 1990 | 1 | 栽培资源 |
| 4801 | 兰 0422 | 驴食豆属 | 红豆草 | *Onobrychis viciifolia* Scop. | | 中国农科院兰州畜牧所 | | 1990 | 1 | 栽培资源 |
| 4802 | 兰 0025 | 驴食豆属 | 红豆草 | *Onobrychis viciifolia* Scop. | | 中国农科院兰州畜牧所 | | 1990 | 1 | 栽培资源 |
| 4803 | 兰 0737 | 驴食豆属 | 红豆草 | *Onobrychis viciifolia* Scop. | | 中国农科院兰州畜牧所 | | 1990 | 1 | 栽培资源 |
| 4804 | IA0411 | 驴食豆属 | 红豆草 | *Onobrychis viciifolia* Scop. | 233 | 中国农科院草原所 | | 1990 | 1 | 栽培资源 |
| 4805 | 87-172 | 驴食豆属 | 红豆草 | *Onobrychis viciifolia* Scop. | | 中国农科院草原所 | 黄土高原 | 1990 | 1 | 栽培资源 |
| 4806 | 兰 233 | 驴食豆属 | 红豆草 | *Onobrychis viciifolia* Scop. | | 中国农科院兰州畜牧所 | | 1989 | 1 | 栽培资源 |
| 4807 | 7 | 驴食豆属 | 红豆草 | *Onobrychis viciifolia* Scop. | | 内蒙古草原站 | 内蒙古 | 1990 | 1 | 栽培资源 |
| 4808 | 兰 228 | 驴食豆属 | 红豆草 | *Onobrychis viciifolia* Scop. | | 中国农科院兰州畜牧所 | | 1993 | 1 | 栽培资源 |
| 4809 | 兰 231 | 驴食豆属 | 红豆草 | *Onobrychis viciifolia* Scop. | | 中国农科院兰州畜牧所 | | 1993 | 1 | 栽培资源 |
| 4810 | | 驴食豆属 | 红豆草 | *Onobrychis viciifolia* Scop. | | | | 2008 | 1 | 栽培资源 |

（续）

| 序号 | 送种单位编号 | 属 名 | 种 名 | 学 名 | 品种名（原文名） | 材料来源 | 材料原产地 | 收种时间（年份） | 保存地点 | 类型 |
|---|---|---|---|---|---|---|---|---|---|---|
| 4811 | zxy04P-426 | 驴食豆属 | 红豆草 | *Onobrychis viciifolia* Scop. | | 俄罗斯 | | 2004 | 1 | 引进资源 |
| 4812 | GX084 | 驴食豆属 | 红豆草 | *Onobrychis viciifolia* Scop. | | 宁夏 | | 2008 | 1 | 栽培资源 |
| 4813 | 060201003 | 拟大豆属 | 拟大豆 | *Ophrestia pinnata*（Merr.）H. M. L. Forbes | | | 海南陵水苯号 | 2006 | 2 | 野生资源 |
| 4814 | L363 | 棘豆属 | 猫头刺 | *Oxytropis aciphylla* Ledeb. | | | 内蒙古鄂尔多斯十二连城 | 2002 | 1 | 野生资源 |
| 4815 | 2015236 | 棘豆属 | 猫头刺 | *Oxytropis aciphylla* Ledeb. | | | 内蒙古狼山 | 2014 | 1 | 野生资源 |
| 4816 | 中畜-026 | 棘豆属 | 蓝花棘豆 | *Oxytropis caerulea*（Pallas）Candolle | | 中国农科院畜牧所 | 山西五台山 | 2000 | 1 | 野生资源 |
| 4817 | 中畜-2193 | 棘豆属 | 蓝花棘豆 | *Oxytropis caerulea*（Pallas）Candolle | | | 山西忻州五台 | 2013 | 3 | 野生资源 |
| 4818 | zxy2011-8588 | 棘豆属 | 疯草 | *Oxytropis campestris* L. | | | 德国 | 2011 | 3 | 引进资源 |
| 4819 | T8-3(XJDK2007009) | 棘豆属 | 小花棘豆 | *Oxytropis glabra*（Lam.）DC. | | | | 2007 | 1 | 野生资源 |
| 4820 | 2015029 | 棘豆属 | 硬毛棘豆 | *Oxytropis hirta* Bunge | | | 内蒙古西乌珠穆沁旗 | 2015 | 1 | 野生资源 |
| 4821 | NM08-037 | 棘豆属 | 薄叶棘豆 | *Oxytropis leptophylla*（Pall.）DC. | | 内蒙古草原站 | | 2008 | 3 | 野生资源 |
| 4822 | GS4867 | 棘豆属 | 黄花棘豆 | *Oxytropis ochrantha* Turcz. | | | 陕西洛川 | 2015 | 3 | 野生资源 |
| 4823 | GS4288 | 棘豆属 | 黄花棘豆 | *Oxytropis ochrocephala* Bunge | | | 甘肃合作勒秀 | 2013 | 3 | 野生资源 |
| 4824 | GS4588 | 棘豆属 | 黄花棘豆 | *Oxytropis ochrocephala* Bunge | | | 宁夏罗山保护区 | 2014 | 3 | 野生资源 |
| 4825 | xj2014-80 | 棘豆属 | 准噶尔棘豆 | *Oxytropis soongorica*（Pall.）DC. | | | 新疆托里 | 2014 | 3 | 野生资源 |
| 4826 | GS4472 | 棘豆属 | 鳞萼棘豆 | *Oxytropis squamulosa* DC. | | | 宁夏盐池 | 2013 | 3 | 野生资源 |
| 4827 | HN1059 | 豆薯属 | 豆薯 | *Pachyrhizus erosus*（L.）Urb. | | 热带牧草研究中心 | | 2007 | 3 | 野生资源 |
| 4828 | YN2014-159 | 豆薯属 | 豆薯 | *Pachyrhizus erosus*（L.）Urb. | | | 云南昆明 | 2014 | 3 | 栽培资源 |
| 4829 | 050228398 | 盾柱木属 | 盾柱木 | *Peltophorum pterocarpum*（DC.）Baker ex K. Heyne | | | 中科院西双版纳热带植物园 | 2005 | 2 | 栽培资源 |
| 4830 | YN02-101 | 菜豆属 | 荷苞豆 | *Phaseolus coccineus* L. | | | 云南昆明 | 2002 | 3 | 栽培资源 |

（续）

| 序号 | 送种单位编号 | 属 名 | 种 名 | 学 名 | 品种名（原文名） | 材料来源 | 材料原产地 | 收种时间（年份） | 保存地点 | 类型 |
|------|------------|-------|-------|-------|----------------|---------|-----------|-----------------|---------|------|
| 4831 | GS2478 | 菜豆属 | 荷苞豆 | *Phaseolus coccineus* L. | | | 宁夏中宁 | 2010 | 3 | 栽培资源 |
| 4832 | YN11-024 | 菜豆属 | 荷苞豆 | *Phaseolus coccineus* L. | | | 云南丽江 | 2010 | 3 | 栽培资源 |
| 4833 | 050217033 | 菜豆属 | 荷苞豆 | *Phaseolus coccineus* L. | | | 云南保山潞江坝 | 2005 | 2 | 野生资源 |
| 4834 | 070304022 | 菜豆属 | 荷包豆 | *Phaseolus coccineus* L. | | | 云南西畴 | 2007 | 2 | 野生资源 |
| 4835 | 070313006 | 菜豆属 | 荷包豆 | *Phaseolus coccineus* L. | | | 广西田林 | 2007 | 2 | 野生资源 |
| 4836 | 南01447 | 菜豆属 | 荷包豆 | *Phaseolus coccineus* L. | | 海南南繁基地 | | 2001 | 2 | 野生资源 |
| 4837 | 050219132 | 菜豆属 | 荷包豆 | *Phaseolus coccineus* L. | | | 云南盈江 | 2005 | 2 | 野生资源 |
| 4838 | 050227328 | 菜豆属 | 荷包豆 | *Phaseolus coccineus* L. | | | 云南勐海县城 | 2005 | 2 | 野生资源 |
| 4839 | 050227372 | 菜豆属 | 荷包豆 | *Phaseolus coccineus* L. | | | 云南景洪 | 2005 | 2 | 野生资源 |
| 4840 | 081213066 | 菜豆属 | 荷包豆 | *Phaseolus coccineus* L. | | | 江西小江镇 | 2008 | 2 | 野生资源 |
| 4841 | 080111032 | 菜豆属 | 棉豆 | *Phaseolus lunatus* L. | | | 云南保山 | 2008 | 2 | 野生资源 |
| 4842 | 150923012 | 菜豆属 | 棉豆 | *Phaseolus lunatus* L. | | | 福建建阳 | 2015 | 2 | 野生资源 |
| 4843 | 131201009 | 菜豆属 | 棉豆 | *Phaseolus lunatus* L. | | | 福建古田 | 2013 | 2 | 野生资源 |
| 4844 | SC11-230 | 菜豆属 | 棉豆 | *Phaseolus lunatus* L. | | | 云南勐腊 | 2008 | 3 | 野生资源 |
| 4845 | 071227049 | 菜豆属 | 棉豆 | *Phaseolus lunatus* L. | | | 广东清远高桥镇 | 2007 | 2 | 野生资源 |
| 4846 | 131201010 | 菜豆属 | 棉豆 | *Phaseolus lunatus* L. | | | 福建古田 | 2013 | 2 | 野生资源 |
| 4847 | 121119010 | 菜豆属 | 棉豆 | *Phaseolus lunatus* L. | | | 福建泉州永春牛姆岭 | 2012 | 2 | 野生资源 |
| 4848 | 070116040 | 菜豆属 | 棉豆 | *Phaseolus lunatus* L. | | | 福建连城 | 2007 | 2 | 野生资源 |
| 4849 | HB2014-230 | 菜豆属 | 山绿豆 | *Phaseolus minimus* Roxb. | | | 河南信阳光山 | 2014 | 3 | 野生资源 |
| 4850 | HB2014-239 | 菜豆属 | 山绿豆 | *Phaseolus minimus* Roxb. | | | 河南信阳光山 | 2014 | 3 | 野生资源 |
| 4851 | HB2014-244 | 菜豆属 | 山绿豆 | *Phaseolus minimus* Roxb. | | | 河南信阳罗山 | 2014 | 3 | 野生资源 |
| 4852 | HB2015131 | 菜豆属 | 山绿豆 | *Phaseolus minimus* Roxb. | | | 河南信阳浉河 | 2015 | 3 | 栽培资源 |
| 4853 | HB2015132 | 菜豆属 | 山绿豆 | *Phaseolus minimus* Roxb. | | | 河南信阳罗山 | 2015 | 3 | 栽培资源 |
| 4854 | HB2015133 | 菜豆属 | 山绿豆 | *Phaseolus minimus* Roxb. | | | 河南信阳羊山 | 2015 | 3 | 栽培资源 |
| 4855 | HB2015149 | 菜豆属 | 山绿豆 | *Phaseolus minimus* Roxb. | | | 河南信阳浉河 | 2015 | 3 | 栽培资源 |

（续）

| 序号 | 送种单位编号 | 属 名 | 种 名 | 学 名 | 品种名（原文名） | 材料来源 | 材料原产地 | 收种时间（年份） | 保存地点 | 类型 |
|---|---|---|---|---|---|---|---|---|---|---|
| 4856 | HB2015155 | 菜豆属 | 山绿豆 | *Phaseolus minimus* Roxb. | | | 河南信阳固始 | 2015 | 3 | 栽培资源 |
| 4857 | HB2015156 | 菜豆属 | 山绿豆 | *Phaseolus minimus* Roxb. | | | 河南信阳固始 | 2015 | 3 | 栽培资源 |
| 4858 | HB2015157 | 菜豆属 | 山绿豆 | *Phaseolus minimus* Roxb. | | | 河南驻马店确山 | 2015 | 3 | 栽培资源 |
| 4859 | HB2015163 | 菜豆属 | 山绿豆 | *Phaseolus minimus* Roxb. | | | 河南许昌襄城 | 2015 | 3 | 野生资源 |
| 4860 | HB2015164 | 菜豆属 | 山绿豆 | *Phaseolus minimus* Roxb. | | | 河南禹州 | 2015 | 3 | 野生资源 |
| 4861 | HB2015168 | 菜豆属 | 山绿豆 | *Phaseolus minimus* Roxb. | | | 河南信阳平桥 | 2015 | 3 | 野生资源 |
| 4862 | JL15-041 | 菜豆属 | 山绿豆 | *Phaseolus minimus* Roxb. | | | 辽宁抚顺 | 2014 | 3 | 野生资源 |
| 4863 | E1265 | 菜豆属 | 菜豆 | *Phaseolus vulgaris* L. | | | 湖北神农架大九湖 | 2008 | 3 | 栽培资源 |
| 4864 | E822 | 菜豆属 | 菜豆 | *Phaseolus vulgaris* L. | | | 湖北神农架 | 2006 | 3 | 栽培资源 |
| 4865 | GS0021 | 菜豆属 | 菜豆 | *Phaseolus vulgaris* L. | | 甘肃镇原 | 甘肃陇东 | 1999 | 3 | 栽培资源 |
| 4866 | GS1443 | 菜豆属 | 菜豆 | *Phaseolus vulgaris* L. | 大白芸豆 | 宁夏盐池 | | 2007 | 3 | 栽培资源 |
| 4867 | GS1444 | 菜豆属 | 菜豆 | *Phaseolus vulgaris* L. | 大花云豆 | 宁夏盐池 | | 2007 | 3 | 栽培资源 |
| 4868 | GS1448 | 菜豆属 | 菜豆 | *Phaseolus vulgaris* L. | 小白芸豆 | 宁夏盐池 | | 2007 | 3 | 栽培资源 |
| 4869 | GS1449 | 菜豆属 | 菜豆 | *Phaseolus vulgaris* L. | 大红芸豆 | 宁夏盐池 | | 2007 | 3 | 栽培资源 |
| 4870 | GS2014 | 菜豆属 | 菜豆 | *Phaseolus vulgaris* L. | | | 宁夏彭阳 | 2008 | 3 | 栽培资源 |
| 4871 | GS2699 | 菜豆属 | 菜豆 | *Phaseolus vulgaris* L. | | | 甘肃会宁太平店 | 2009 | 3 | 野生资源 |
| 4872 | GS614 | 菜豆属 | 菜豆 | *Phaseolus vulgaris* L. | | | 宁夏盐池 | 2004 | 3 | 野生资源 |
| 4873 | GS926 | 菜豆属 | 菜豆 | *Phaseolus vulgaris* L. | | | 宁夏固原彭阳 | 2005 | 3 | 栽培资源 |
| 4874 | HB2009-354 | 菜豆属 | 菜豆 | *Phaseolus vulgaris* L. | | | 湖北神农架红坪镇 | 2010 | 3 | 栽培资源 |
| 4875 | HB2009-366 | 菜豆属 | 菜豆 | *Phaseolus vulgaris* L. | | | 湖北神农架大九湖 | 2010 | 3 | 栽培资源 |
| 4876 | HB2010-129 | 菜豆属 | 菜豆 | *Phaseolus vulgaris* L. | | | 湖北神农架大九湖 | 2010 | 3 | 栽培资源 |
| 4877 | HB2011-038 | 菜豆属 | 菜豆 | *Phaseolus vulgaris* L. | | 湖北农科院 | | 2011 | 3 | 栽培资源 |
| 4878 | HB2011-039 | 菜豆属 | 菜豆 | *Phaseolus vulgaris* L. | | 湖北农科院 | | 2011 | 3 | 栽培资源 |
| 4879 | HB2012-524 | 菜豆属 | 菜豆 | *Phaseolus vulgaris* L. | | | 湖北神农架大九湖 | 2011 | 3 | 野生资源 |
| 4880 | YN2010-005 | 菜豆属 | 菜豆 | *Phaseolus vulgaris* L. | | | 云南宜良 | 2009 | 3 | 栽培资源 |

（续）

| 序号 | 送种单位编号 | 属 名 | 种 名 | 学 名 | 品种名（原文名） | 材料来源 | 材料原产地 | 收种时间（年份） | 保存地点 | 类型 |
|---|---|---|---|---|---|---|---|---|---|---|
| 4881 | YN2012-062 | 菜豆属 | 菜豆 | *Phaseolus vulgaris* L. | | 云南昆明 | 美国 | 2012 | 3 | 引进资源 |
| 4882 | YN2012-079 | 菜豆属 | 菜豆 | *Phaseolus vulgaris* L. | | 云南昆明 | 云南昆明 | 2012 | 3 | 栽培资源 |
| 4883 | FJ青仁黑豆 | 菜豆属 | 菜豆 | *Phaseolus vulgaris* L. | | 福建农科院 | | 2009 | 2 | 引进资源 |
| 4884 | 050420009 | 菜豆属 | 菜豆 | *Phaseolus vulgaris* L. | | | 云南西双版纳东风农场 | 2005 | 2 | 野生资源 |
| 4885 | 060303007 | 菜豆属 | 菜豆 | *Phaseolus vulgaris* L. | | | 海南琼中公路 | 2006 | 2 | 野生资源 |
| 4886 | 071226015 | 菜豆属 | 菜豆 | *Phaseolus vulgaris* L. | | | 江西赣州南康 | 2007 | 2 | 野生资源 |
| 4887 | 061129013 | 菜豆属 | 菜豆 | *Phaseolus vulgaris* L. | | | 海南乐东郊区 | 2006 | 2 | 野生资源 |
| 4888 | FJ四半豆 | 菜豆属 | 菜豆 | *Phaseolus vulgaris* L. | | 福建农科院 | | 2012 | 2 | 野生资源 |
| 4889 | 060331010 | 菜豆属 | 菜豆 | *Phaseolus vulgaris* L. | | | 云南景洪 | 2006 | 2 | 野生资源 |
| 4890 | 050220001 | 菜豆属 | 菜豆 | *Phaseolus vulgaris* L. | | | 云南景洪 | 2005 | 2 | 野生资源 |
| 4891 | 061002017 | 菜豆属 | 菜豆 | *Phaseolus vulgaris* L. | | | 海南保亭大本 | 2006 | 2 | 野生资源 |
| 4892 | 米汤豆 | 菜豆属 | 菜豆 | *Phaseolus vulgaris* L. | | | 海南文昌迈号 | 2012 | 2 | 野生资源 |
| 4893 | 130619006 | 菜豆属 | 菜豆 | *Phaseolus vulgaris* L. | | | 广西玉林兴业 | 2013 | 2 | 野生资源 |
| 4894 | 060331019 | 菜豆属 | 菜豆 | *Phaseolus vulgaris* L. | | | 云南景洪橄榄坝 | 2006 | 2 | 野生资源 |
| 4895 | 十月豆 | 菜豆属 | 菜豆 | *Phaseolus vulgaris* L. | | 福建农科院 | | 2010 | 2 | 野生资源 |
| 4896 | 101119007 | 菜豆属 | 菜豆 | *Phaseolus vulgaris* L. | | | 广西大新 | 2010 | 2 | 野生资源 |
| 4897 | 060919004 | 菜豆属 | 菜豆 | *Phaseolus vulgaris* L. | | | 江西红坪镇 | 2006 | 2 | 野生资源 |
| 4898 | 030303004 | 菜豆属 | 菜豆 | *Phaseolus vulgaris* L. | | | 云南景洪 | 2003 | 2 | 野生资源 |
| 4899 | 061004001 | 菜豆属 | 菜豆 | *Phaseolus vulgaris* L. | | | 海南三亚凤凰镇 | 2006 | 2 | 野生资源 |
| 4900 | 060918004 | 菜豆属 | 菜豆 | *Phaseolus vulgaris* L. | | | 江西红坪镇 | 2006 | 2 | 野生资源 |
| 4901 | 061023015 | 菜豆属 | 菜豆 | *Phaseolus vulgaris* L. | | | 哥斯达黎加 | 2006 | 2 | 引进资源 |
| 4902 | 061021035 | 菜豆属 | 菜豆 | *Phaseolus vulgaris* L. | | | 海南儋州三都 | 2006 | 2 | 野生资源 |
| 4903 | 060303004 | 菜豆属 | 菜豆 | *Phaseolus vulgaris* L. | | | 海南琼中 | 2006 | 2 | 野生资源 |
| 4904 | 061001003 | 菜豆属 | 菜豆 | *Phaseolus vulgaris* L. | | | 海南临高东英镇 | 2006 | 2 | 野生资源 |

（续）

| 序号 | 送种单位编号 | 属 名 | 种 名 | 学 名 | 品种名（原文名） | 材料来源 | 材料原产地 | 收种时间（年份） | 保存地点 | 类型 |
|---|---|---|---|---|---|---|---|---|---|---|
| 4905 | 061021035 | 菜豆属 | 菜豆 | *Phaseolus vulgaris* L. | | | 海南儋州三都 | 2006 | 2 | 野生资源 |
| 4906 | 060324003 | 菜豆属 | 菜豆 | *Phaseolus vulgaris* L. | | | 云南元江 | 2006 | 2 | 野生资源 |
| 4907 | 050227379 | 菜豆属 | 菜豆 | *Phaseolus vulgaris* L. | | | 云南景洪 | 2005 | 2 | 野生资源 |
| 4908 | 060324016 | 菜豆属 | 菜豆 | *Phaseolus vulgaris* L. | | | 云南普洱 | 2006 | 2 | 野生资源 |
| 4909 | 南00988 | 菜豆属 | 菜豆 | *Phaseolus vulgaris* L. | | 海南南繁基地 | | 2001 | 2 | 野生资源 |
| 4910 | 060401003 | 菜豆属 | 菜豆 | *Phaseolus vulgaris* L. | | | 云南景洪 | 2006 | 2 | 野生资源 |
| 4911 | 061228031 | 菜豆属 | 菜豆 | *Phaseolus vulgaris* L. | | | 广东汕尾 | 2006 | 2 | 野生资源 |
| 4912 | 060326015 | 菜豆属 | 菜豆 | *Phaseolus vulgaris* L. | | | 云南思茅 | 2006 | 2 | 野生资源 |
| 4913 | 061001002 | 菜豆属 | 菜豆 | *Phaseolus vulgaris* L. | | | 海南五指山 | 2006 | 2 | 野生资源 |
| 4914 | 070721004 | 菜豆属 | 菜豆 | *Phaseolus vulgaris* L. | | | 广西钦州 | 2007 | 2 | 野生资源 |
| 4915 | 南01413 | 菜豆属 | 菜豆 | *Phaseolus vulgaris* L. | | 海南南繁基地 | | 2001 | 2 | 野生资源 |
| 4916 | 150923011 | 菜豆属 | 菜豆 | *Phaseolus vulgaris* L. | | | 福建建阳 | 2015 | 2 | 野生资源 |
| 4917 | 150923009 | 菜豆属 | 菜豆 | *Phaseolus vulgaris* L. | | | 福建建阳 | 2015 | 2 | 野生资源 |
| 4918 | Sau2003091 | 菜豆属 | 菜豆 | *Phaseolus vulgaris* L. | | 四川农业大学 | 四川雅安 | 2003 | 1 | 野生资源 |
| 4919 | FJ同安黑珍珠四季豆 | 菜豆属 | 菜豆 | *Phaseolus vulgaris* L. | | 福建农科院 | | 2010 | 2 | 栽培资源 |
| 4920 | FJ四季豆 | 菜豆属 | 菜豆 | *Phaseolus vulgaris* L. | | 福建农科院 | | 2010 | 2 | 栽培资源 |
| 4921 | FJ矮生四季豆 | 菜豆属 | 菜豆 | *Phaseolus vulgaris* L. | | 福建农科院 | | 2010 | 2 | 栽培资源 |
| 4922 | FJ四季豆 | 菜豆属 | 菜豆 | *Phaseolus vulgaris* L. | | 福建农科院 | | 2010 | 2 | 栽培资源 |
| 4923 | 070721001 | 菜豆属 | 菜豆 | *Phaseolus vulgaris* L. | | 福建农科院 | | 2007 | 2 | 野生资源 |
| 4924 | 130619004 | 菜豆属 | 菜豆 | *Phaseolus vulgaris* L. | | | 江西赣州南康 | 2013 | 2 | 野生资源 |
| 4925 | 071226038 | 菜豆属 | 菜豆 | *Phaseolus vulgaris* L. | | | 江西大余 | 2007 | 2 | 野生资源 |
| 4926 | 041130126 | 菜豆属 | 菜豆 | *Phaseolus vulgaris* L. | | | 海南乐东 | 2004 | 2 | 野生资源 |
| 4927 | 060918009 | 菜豆属 | 菜豆 | *Phaseolus vulgaris* L. | | | 江西南昌乐化镇 | 2006 | 2 | 野生资源 |
| 4928 | 150923016 | 菜豆属 | 菜豆 | *Phaseolus vulgaris* L. | | | 贵州晴隆 | 2015 | 2 | 野生资源 |
| 4929 | 041130197 | 排钱树属 | 毛排钱草 | *Phyllodium elegans*（Lour.）Desv. | | | 海南万宁新中农场 | 2004 | 2 | 野生资源 |

（续）

| 序号 | 送种单位编号 | 属名 | 种名 | 学名 | 品种名（原文名） | 材料来源 | 材料原产地 | 收种时间（年份） | 保存地点 | 类型 |
|---|---|---|---|---|---|---|---|---|---|---|
| 4930 | 041130202 | 排钱树属 | 毛排钱草 | *Phyllodium elegans*（Lour.）Desv. | | | 海南万宁乐来镇 | 2004 | 2 | 野生资源 |
| 4931 | 041130296 | 排钱树属 | 毛排钱草 | *Phyllodium elegans*（Lour.）Desv. | | | 海南文昌昌洒镇 | 2004 | 2 | 野生资源 |
| 4932 | 050106034 | 排钱树属 | 毛排钱草 | *Phyllodium elegans*（Lour.）Desv. | | | 海南临高 | 2005 | 2 | 野生资源 |
| 4933 | 050311574 | 排钱树属 | 毛排钱草 | *Phyllodium elegans*（Lour.）Desv. | | | 广西钦州那丽镇 | 2005 | 2 | 野生资源 |
| 4934 | 050106058 | 排钱树属 | 毛排钱草 | *Phyllodium elegans*（Lour.）Desv. | | | 海南儋州东城 | 2005 | 2 | 野生资源 |
| 4935 | 041104071 | 排钱树属 | 毛排钱草 | *Phyllodium elegans*（Lour.）Desv. | | | 海南白沙细水 | 2004 | 2 | 野生资源 |
| 4936 | 041130151 | 排钱树属 | 毛排钱草 | *Phyllodium elegans*（Lour.）Desv. | | | 海南陵水文罗 | 2004 | 2 | 野生资源 |
| 4937 | 070320007 | 排钱树属 | 毛排钱草 | *Phyllodium elegans*（Lour.）Desv. | | | 广西博白 | 2007 | 2 | 野生资源 |
| 4938 | 041104121 | 排钱树属 | 毛排钱草 | *Phyllodium elegans*（Lour.）Desv. | | | 海南琼中加叉农场 | 2004 | 2 | 野生资源 |
| 4939 | 050404004 | 排钱树属 | 毛排钱草 | *Phyllodium elegans*（Lour.）Desv. | | | 海南儋州两院南药区 | 2005 | 2 | 野生资源 |
| 4940 | 050312600 | 排钱树属 | 毛排钱草 | *Phyllodium elegans*（Lour.）Desv. | | | 广西北海合浦 | 2005 | 2 | 野生资源 |
| 4941 | 050309544 | 排钱树属 | 毛排钱草 | *Phyllodium elegans*（Lour.）Desv. | | | 广西靖西湖润镇 | 2005 | 2 | 野生资源 |
| 4942 | 041104132 | 排钱树属 | 毛排钱草 | *Phyllodium elegans*（Lour.）Desv. | | | 海南阳江农场 | 2004 | 2 | 野生资源 |
| 4943 | 050224256-1 | 排钱树属 | 毛排钱草 | *Phyllodium elegans*（Lour.）Desv. | | | 云南永德勐永镇 | 2005 | 2 | 野生资源 |
| 4944 | 050311584 | 排钱树属 | 毛排钱草 | *Phyllodium elegans*（Lour.）Desv. | | | 广西北海合浦 | 2005 | 2 | 野生资源 |
| 4945 | 050312619 | 排钱树属 | 毛排钱草 | *Phyllodium elegans*（Lour.）Desv. | | | 广东雷州 | 2005 | 2 | 野生资源 |
| 4946 | 060116020 | 排钱树属 | 毛排钱草 | *Phyllodium elegans*（Lour.）Desv. | | | 海南儋州两院试验地 | 2006 | 2 | 野生资源 |
| 4947 | 060117047 | 排钱树属 | 毛排钱草 | *Phyllodium elegans*（Lour.）Desv. | | | 海南两院试验地 | 2006 | 2 | 野生资源 |
| 4948 | 060428028 | 排钱树属 | 毛排钱草 | *Phyllodium elegans*（Lour.）Desv. | | | 海南屯昌大同 | 2006 | 2 | 野生资源 |
| 4949 | 060428029 | 排钱树属 | 毛排钱草 | *Phyllodium elegans*（Lour.）Desv. | | | 海南屯昌大同 | 2006 | 2 | 野生资源 |
| 4950 | 061020005 | 排钱树属 | 毛排钱草 | *Phyllodium elegans*（Lour.）Desv. | | | 海南儋州黄泥沟 | 2006 | 2 | 野生资源 |
| 4951 | 061212006 | 排钱树属 | 毛排钱草 | *Phyllodium elegans*（Lour.）Desv. | | | 海南澄迈福山 | 2006 | 2 | 野生资源 |
| 4952 | 070104004 | 排钱树属 | 毛排钱草 | *Phyllodium elegans*（Lour.）Desv. | | | 广东阳江 | 2007 | 2 | 野生资源 |
| 4953 | 070104024 | 排钱树属 | 毛排钱草 | *Phyllodium elegans*（Lour.）Desv. | | | 广东阳江阳东 | 2007 | 2 | 野生资源 |
| 4954 | 070105015 | 排钱树属 | 毛排钱草 | *Phyllodium elegans*（Lour.）Desv. | | | 广东鹤山 | 2007 | 2 | 野生资源 |

（续）

| 序号 | 送种单位编号 | 属名 | 种名 | 学名 | 品种名（原文名） | 材料来源 | 材料原产地 | 收种时间（年份） | 保存地点 | 类型 |
|---|---|---|---|---|---|---|---|---|---|---|
| 4955 | 070106006 | 排钱树属 | 毛排钱草 | *Phyllodium elegans* (Lour.) Desv. | | | 广东广州增城 | 2007 | 2 | 野生资源 |
| 4956 | 070109010 | 排钱树属 | 毛排钱草 | *Phyllodium elegans* (Lour.) Desv. | | | 广东惠阳新圩镇 | 2007 | 2 | 野生资源 |
| 4957 | 070110039 | 排钱树属 | 毛排钱草 | *Phyllodium elegans* (Lour.) Desv. | | | 广东陆丰葵潭镇 | 2007 | 2 | 野生资源 |
| 4958 | 070120036 | 排钱树属 | 毛排钱草 | *Phyllodium elegans* (Lour.) Desv. | | | 广东信宜安茂镇 | 2007 | 2 | 野生资源 |
| 4959 | 070219001 | 排钱树属 | 毛排钱草 | *Phyllodium elegans* (Lour.) Desv. | | | 海南乐东尖峰岭 | 2007 | 2 | 野生资源 |
| 4960 | 070219001 | 排钱树属 | 毛排钱草 | *Phyllodium elegans* (Lour.) Desv. | | | 海南乐东尖峰岭 | 2007 | 2 | 野生资源 |
| 4961 | 070319035 | 排钱树属 | 毛排钱草 | *Phyllodium elegans* (Lour.) Desv. | | | 广西容县杨梅镇 | 2007 | 2 | 野生资源 |
| 4962 | 070320021 | 排钱树属 | 毛排钱草 | *Phyllodium elegans* (Lour.) Desv. | | | 广西博白东平镇 | 2007 | 2 | 野生资源 |
| 4963 | 071221036 | 排钱树属 | 毛排钱草 | *Phyllodium elegans* (Lour.) Desv. | | | 福建平和旧镇 | 2007 | 2 | 野生资源 |
| 4964 | 110120013 | 排钱树属 | 毛排钱草 | *Phyllodium elegans* (Lour.) Desv. | | | 福建平和芦溪镇 | 2011 | 2 | 野生资源 |
| 4965 | 020301067 | 排钱树属 | 毛排钱草 | *Phyllodium elegans* (Lour.) Desv. | | | 海南屯昌大同 | 2002 | 2 | 野生资源 |
| 4966 | 020301015 | 排钱树属 | 毛排钱草 | *Phyllodium elegans* (Lour.) Desv. | | | 海南万宁万城 | 2002 | 2 | 野生资源 |
| 4967 | 020401064 | 排钱树属 | 毛排钱草 | *Phyllodium elegans* (Lour.) Desv. | | | 海南屯昌大同 | 2002 | 2 | 野生资源 |
| 4968 | 040822063 | 排钱树属 | 毛排钱草 | *Phyllodium elegans* (Lour.) Desv. | | | 海南琼中种牛场 | 2004 | 2 | 野生资源 |
| 4969 | 071227068 | 排钱树属 | 毛排钱草 | *Phyllodium elegans* (Lour.) Desv. | | | 广东清远高桥镇 | 2007 | 2 | 野生资源 |
| 4970 | 070109050 | 排钱树属 | 毛排钱草 | *Phyllodium elegans* (Lour.) Desv. | | | 海南儋州西培农场 | 2007 | 2 | 野生资源 |
| 4971 | 101110015 | 排钱树属 | 毛排钱草 | *Phyllodium elegans* (Lour.) Desv. | | | 广西明江 | 2010 | 2 | 野生资源 |
| 4972 | 151016003 | 排钱树属 | 毛排钱草 | *Phyllodium elegans* (Lour.) Desv. | | | 广东曲界坡塘村 | 2015 | 2 | 野生资源 |
| 4973 | 151022020 | 排钱树属 | 毛排钱草 | *Phyllodium elegans* (Lour.) Desv. | | | 广东化州丽岗镇 | 2015 | 2 | 野生资源 |
| 4974 | 101111003 | 排钱树属 | 毛排钱草 | *Phyllodium elegans* (Lour.) Desv. | | | 广西宁明下店镇 | 2010 | 2 | 野生资源 |
| 4975 | 101119029 | 排钱树属 | 毛排钱草 | *Phyllodium elegans* (Lour.) Desv. | | | 广西崇左江州 | 2010 | 2 | 野生资源 |
| 4976 | 101109017 | 排钱树属 | 毛排钱草 | *Phyllodium elegans* (Lour.) Desv. | | | 广西扶绥东罗镇 | 2010 | 2 | 野生资源 |
| 4977 | 141028007 | 排钱树属 | 毛排钱草 | *Phyllodium elegans* (Lour.) Desv. | | | 海南长坡镇 | 2014 | 2 | 野生资源 |
| 4978 | 101111029 | 排钱树属 | 长柱排钱树 | *Phyllodium kurzianum* (Kuntze) Ohashi | | | 广西宁明 | 2010 | 2 | 野生资源 |
| 4979 | HN1067 | 排钱树属 | 排线草 | *Phyllodium pulchellum* (L.) Desv. | | | 海南叉河 | 2004 | 3 | 野生资源 |

（续）

| 序号 | 送种单位编号 | 属 名 | 种 名 | 学 名 | 品种名（原文名） | 材料来源 | 材料原产地 | 收种时间（年份） | 保存地点 | 类型 |
|------|------|------|------|------|------|------|------|------|------|------|
| 4980 | HN1080 | 排钱树属 | 排钱草 | *Phyllodium pulchellum*（L.）Desv. | | | 海南东方 | 2010 | 3 | 野生资源 |
| 4981 | hn2730 | 排钱树属 | 排钱草 | *Phyllodium pulchellum*（L.）Desv. | | | 广西河池区宜州 | 2013 | 3 | 野生资源 |
| 4982 | 050219019 | 排钱树属 | 排钱草 | *Phyllodium pulchellum*（L.）Desv. | | | 云南龙陵 | 2005 | 2 | 野生资源 |
| 4983 | 120926002 | 排钱树属 | 排钱草 | *Phyllodium pulchellum*（L.）Desv. | | | 贵州兴义盘县 | 2012 | 2 | 野生资源 |
| 4984 | GX131115002 | 排钱树属 | 排钱草 | *Phyllodium pulchellum*（L.）Desv. | | 广西牧草站 | | 2013 | 2 | 野生资源 |
| 4985 | 041104034 | 排钱树属 | 排钱草 | *Phyllodium pulchellum*（L.）Desv. | | | 海南叉河 | 2004 | 2 | 野生资源 |
| 4986 | 041130090 | 排钱树属 | 排钱草 | *Phyllodium pulchellum*（L.）Desv. | | | 海南乐东 | 2004 | 2 | 野生资源 |
| 4987 | 050228391 | 排钱树属 | 排钱草 | *Phyllodium pulchellum*（L.）Desv. | | | 中科院西双版纳热带植物园 | 2005 | 2 | 野生资源 |
| 4988 | 041130029 | 排钱树属 | 排钱草 | *Phyllodium pulchellum*（L.）Desv. | | | 海南昌江叉河镇 | 2004 | 2 | 野生资源 |
| 4989 | 041130154 | 排钱树属 | 排钱草 | *Phyllodium pulchellum*（L.）Desv. | | | 海南陵水 | 2004 | 2 | 野生资源 |
| 4990 | 050309545 | 排钱树属 | 排钱草 | *Phyllodium pulchellum*（L.）Desv. | | | 广西靖西湖润镇 | 2005 | 2 | 野生资源 |
| 4991 | 050311578 | 排钱树属 | 排钱草 | *Phyllodium pulchellum*（L.）Desv. | | | 广西钦州那丽镇 | 2005 | 2 | 野生资源 |
| 4992 | 050319010 | 排钱树属 | 排钱草 | *Phyllodium pulchellum*（L.）Desv. | | | 海南昌江大坡镇 | 2005 | 2 | 野生资源 |
| 4993 | 051203001 | 排钱树属 | 排钱草 | *Phyllodium pulchellum*（L.）Desv. | | | 海南儋州 | 2005 | 2 | 野生资源 |
| 4994 | 051210073 | 排钱树属 | 排钱草 | *Phyllodium pulchellum*（L.）Desv. | | | 海南三亚天涯海角 | 2005 | 2 | 野生资源 |
| 4995 | 060130005 | 排钱树属 | 排钱草 | *Phyllodium pulchellum*（L.）Desv. | | | 海南乐东尖峰岭 | 2006 | 2 | 野生资源 |
| 4996 | 060130039 | 排钱树属 | 排钱草 | *Phyllodium pulchellum*（L.）Desv. | | | 海南三亚红塘 | 2006 | 2 | 野生资源 |
| 4997 | 060329018 | 排钱树属 | 排钱草 | *Phyllodium pulchellum*（L.）Desv. | | | 云南江城 | 2006 | 2 | 野生资源 |
| 4998 | 060330001 | 排钱树属 | 排钱草 | *Phyllodium pulchellum*（L.）Desv. | | | 云南思茅江城 | 2006 | 2 | 野生资源 |
| 4999 | 060428009 | 排钱树属 | 排钱草 | *Phyllodium pulchellum*（L.）Desv. | | | 海南乐东响水 | 2006 | 2 | 野生资源 |
| 5000 | 060428012 | 排钱树属 | 排钱草 | *Phyllodium pulchellum*（L.）Desv. | | | 海南乐东响水 | 2006 | 2 | 野生资源 |
| 5001 | 061128025 | 排钱树属 | 排钱草 | *Phyllodium pulchellum*（L.）Desv. | | | 海南东方天安乡 | 2006 | 2 | 野生资源 |
| 5002 | 061128056 | 排钱树属 | 排钱草 | *Phyllodium pulchellum*（L.）Desv. | | | 海南乐东山荣乡 | 2006 | 2 | 野生资源 |
| 5003 | 061129005 | 排钱树属 | 排钱草 | *Phyllodium pulchellum*（L.）Desv. | | | 海南乐东郊区 | 2006 | 2 | 野生资源 |

（续）

| 序号 | 送种单位编号 | 属名 | 种名 | 学名 | 品种名（原文名） | 材料来源 | 材料原产地 | 收种时间（年份） | 保存地点 | 类型 |
|---|---|---|---|---|---|---|---|---|---|---|
| 5004 | 061212007 | 排钱树属 | 排钱草 | *Phyllodium pulchellum*（L.）Desv. | | | 海南澄迈福山 | 2006 | 2 | 野生资源 |
| 5005 | 061220029 | 排钱树属 | 排钱草 | *Phyllodium pulchellum*（L.）Desv. | | | 海南三亚天涯镇 | 2006 | 2 | 野生资源 |
| 5006 | 070105016 | 排钱树属 | 排钱草 | *Phyllodium pulchellum*（L.）Desv. | | | 广东鹤山 | 2007 | 2 | 野生资源 |
| 5007 | 070106007 | 排钱树属 | 排钱草 | *Phyllodium pulchellum*（L.）Desv. | | | 广东广州增城区 | 2007 | 2 | 野生资源 |
| 5008 | 070112017 | 排钱树属 | 排钱草 | *Phyllodium pulchellum*（L.）Desv. | | | 福建厦门 | 2007 | 2 | 野生资源 |
| 5009 | 070302012 | 排钱树属 | 排钱草 | *Phyllodium pulchellum*（L.）Desv. | | | 云南屏边 | 2007 | 2 | 野生资源 |
| 5010 | 070310030 | 排钱树属 | 排钱草 | *Phyllodium pulchellum*（L.）Desv. | | | 贵州册亨 | 2007 | 2 | 野生资源 |
| 5011 | 070318017 | 排钱树属 | 排钱草 | *Phyllodium pulchellum*（L.）Desv. | | | 贵州贺州 | 2007 | 2 | 野生资源 |
| 5012 | 070319021 | 排钱树属 | 排钱草 | *Phyllodium pulchellum*（L.）Desv. | | | 海南岑溪 | 2007 | 2 | 野生资源 |
| 5013 | 081229024 | 排钱树属 | 排钱草 | *Phyllodium pulchellum*（L.）Desv. | | | 广西岑溪 | 2008 | 2 | 野生资源 |
| 5014 | 120916013 | 排钱树属 | 排钱草 | *Phyllodium pulchellum*（L.）Desv. | | | 广西浦北大成镇 | 2012 | 2 | 野生资源 |
| 5015 | 101119031 | 排钱树属 | 排钱草 | *Phyllodium pulchellum*（L.）Desv. | | | 广西崇左江州 | 2010 | 2 | 野生资源 |
| 5016 | 101115009 | 排钱树属 | 排钱草 | *Phyllodium pulchellum*（L.）Desv. | | | 广西龙州 | 2010 | 2 | 野生资源 |
| 5017 | 101119014 | 排钱树属 | 排钱草 | *Phyllodium pulchellum*（L.）Desv. | | | 广西大新 | 2010 | 2 | 野生资源 |
| 5018 | 101114033 | 排钱树属 | 排钱草 | *Phyllodium pulchellum*（L.）Desv. | | | 广西龙州 | 2010 | 2 | 野生资源 |
| 5019 | 101110024 | 排钱树属 | 排钱草 | *Phyllodium pulchellum*（L.）Desv. | | | 广西宁明 | 2010 | 2 | 野生资源 |
| 5020 | 071221034 | 排钱树属 | 排钱草 | *Phyllodium pulchellum*（L.）Desv. | | | 福建平和 | 2007 | 2 | 野生资源 |
| 5021 | 071214006 | 排钱树属 | 排钱草 | *Phyllodium pulchellum*（L.）Desv. | | | 广东湛江 | 2007 | 2 | 野生资源 |
| 5022 | 071220005 | 排钱树属 | 排钱草 | *Phyllodium pulchellum*（L.）Desv. | | | 福建漳州南靖 | 2007 | 2 | 野生资源 |
| 5023 | 071227033 | 排钱树属 | 排钱草 | *Phyllodium pulchellum*（L.）Desv. | | | 广东英德青塘镇 | 2007 | 2 | 野生资源 |
| 5024 | 110113010 | 排钱树属 | 排钱草 | *Phyllodium pulchellum*（L.）Desv. | | | 福建厦门坂头水库 | 2011 | 2 | 野生资源 |
| 5025 | 110109012 | 排钱树属 | 排钱草 | *Phyllodium pulchellum*（L.）Desv. | | | 福建诏安 | 2011 | 2 | 野生资源 |
| 5026 | 110111016 | 排钱树属 | 排钱草 | *Phyllodium pulchellum*（L.）Desv. | | | 福建漳浦 | 2011 | 2 | 野生资源 |
| 5027 | 110111024 | 排钱树属 | 排钱草 | *Phyllodium pulchellum*（L.）Desv. | | | 福建漳浦 | 2011 | 2 | 野生资源 |
| 5028 | 081212009 | 排钱树属 | 排钱草 | *Phyllodium pulchellum*（L.）Desv. | | | 广东惠州博罗 | 2008 | 2 | 野生资源 |

（续）

| 序号 | 送种单位编号 | 属 名 | 种 名 | 学 名 | 品种名（原文名） | 材料来源 | 材料原产地 | 收种时间（年份） | 保存地点 | 类型 |
|---|---|---|---|---|---|---|---|---|---|---|
| 5029 | 110111010 | 排钱树属 | 排钱草 | *Phyllodium pulchellum*（L.）Desv. | | | 福建漳浦 | 2011 | 2 | 野生资源 |
| 5030 | 071224018A | 排钱树属 | 排钱草 | *Phyllodium pulchellum*（L.）Desv. | | | 福建上杭 | 2007 | 2 | 野生资源 |
| 5031 | GX10110719 | 排钱树属 | 排钱草 | *Phyllodium pulchellum*（L.）Desv. | | | 广西 | 2010 | 2 | 野生资源 |
| 5032 | 041104102 | 排钱树属 | 排钱草 | *Phyllodium pulchellum*（L.）Desv. | | | 海南莺哥岭 | 2004 | 2 | 野生资源 |
| 5033 | 041130015 | 排钱树属 | 排钱草 | *Phyllodium pulchellum*（L.）Desv. | | | 海南邦溪木薯基地 | 2004 | 2 | 野生资源 |
| 5034 | 020301027 | 排钱树属 | 排钱草 | *Phyllodium pulchellum*（L.）Desv. | | | 海南三亚红沙镇 | 2002 | 2 | 野生资源 |
| 5035 | 070314012 | 排钱树属 | 排钱草 | *Phyllodium pulchellum*（L.）Desv. | | | 广西田阳 | 2007 | 2 | 野生资源 |
| 5036 | 041117039 | 排钱树属 | 排钱草 | *Phyllodium pulchellum*（L.）Desv. | | | 海南保亭七仙岭 | 2004 | 2 | 野生资源 |
| 5037 | 041117010 | 排钱树属 | 排钱草 | *Phyllodium pulchellum*（L.）Desv. | | | 海南三亚 | 2004 | 2 | 野生资源 |
| 5038 | 041130106 | 排钱树属 | 排钱草 | *Phyllodium pulchellum*（L.）Desv. | | | 海南乐东志仲 | 2004 | 2 | 野生资源 |
| 5039 | 041130068 | 排钱树属 | 排钱草 | *Phyllodium pulchellum*（L.）Desv. | | | 海南大广坝 | 2004 | 2 | 野生资源 |
| 5040 | 041130051 | 排钱树属 | 排钱草 | *Phyllodium pulchellum*（L.）Desv. | | | 海南东方鸵鸟基地 | 2004 | 2 | 野生资源 |
| 5041 | 070319030 | 排钱树属 | 排钱草 | *Phyllodium pulchellum*（L.）Desv. | | | 广西容县杨梅镇 | 2007 | 2 | 野生资源 |
| 5042 | 071227020 | 排钱树属 | 排钱草 | *Phyllodium pulchellum*（L.）Desv. | | | 广东韶关新江镇 | 2007 | 2 | 野生资源 |
| 5043 | 071218042 | 排钱树属 | 排钱草 | *Phyllodium pulchellum*（L.）Desv. | | | 福建龙海紫云公园 | 2007 | 2 | 野生资源 |
| 5044 | 101113003 | 排钱树属 | 排钱草 | *Phyllodium pulchellum*（L.）Desv. | | | 广西龙州上降乡 | 2010 | 2 | 野生资源 |
| 5045 | 101114003 | 排钱树属 | 排钱草 | *Phyllodium pulchellum*（L.）Desv. | | | 广西龙州 | 2010 | 2 | 野生资源 |
| 5046 | 101109006 | 排钱树属 | 排钱草 | *Phyllodium pulchellum*（L.）Desv. | | | 广西扶绥东罗镇 | 2010 | 2 | 野生资源 |
| 5047 | 140922026 | 排钱树属 | 排钱草 | *Phyllodium pulchellum*（L.）Desv. | | | 广东英德镇 | 2014 | 2 | 野生资源 |
| 5048 | 131204015 | 排钱树属 | 排钱草 | *Phyllodium pulchellum*（L.）Desv. | | | 海南澄迈 | 2013 | 2 | 野生资源 |
| 5049 | 151024009 | 排钱树属 | 排钱草 | *Phyllodium pulchellum*（L.）Desv. | | | 广东廉江 | 2015 | 2 | 野生资源 |
| 5050 | 151016015 | 排钱树属 | 排钱草 | *Phyllodium pulchellum*（L.）Desv. | | | 广东徐闻锦和镇 | 2015 | 2 | 野生资源 |
| 5051 | 151021023 | 排钱树属 | 排钱草 | *Phyllodium pulchellum*（L.）Desv. | | | 广东茂名 | 2015 | 2 | 野生资源 |
| 5052 | 051211077 | 排钱树属 | 排钱草 | *Phyllodium pulchellum*（L.）Desv. | | | 海南乐东梅山镇 | 2005 | 2 | 野生资源 |
| 5053 | 041105008 | 排钱树属 | 排钱草 | *Phyllodium pulchellum*（L.）Desv. | | | 海南儋州雅星 | 2004 | 2 | 野生资源 |

（续）

| 序号 | 送种单位编号 | 属名 | 种名 | 学名 | 品种名（原文名） | 材料来源 | 材料原产地 | 收种时间（年份） | 保存地点 | 类型 |
|---|---|---|---|---|---|---|---|---|---|---|
| 5054 | xj2015-90 | 豌豆属 | 豌豆 | *Pisum sativum* L. | | | 新疆民丰叶亦克 | 2015 | 3 | 栽培资源 |
| 5055 | xj2015-91 | 豌豆属 | 豌豆 | *Pisum sativum* L. | | | 新疆民丰叶亦克 | 2015 | 3 | 栽培资源 |
| 5056 | GS2426 | 豌豆属 | 豌豆 | *Pisum sativum* L. | | | 甘肃静宁高界镇 | 2009 | 3 | 栽培资源 |
| 5057 | GS2475 | 豌豆属 | 豌豆 | *Pisum sativum* L. | | | 宁夏中宁 | 2010 | 3 | 栽培资源 |
| 5058 | SC2010-068 | 豌豆属 | 豌豆 | *Pisum sativum* L. | | | 四川美姑 | 2010 | 3 | 栽培资源 |
| 5059 | 00788 | 豌豆属 | 豌豆 | *Pisum sativum* L. | 张掖 | 新疆 | 甘肃 | 1987 | 1 | 栽培资源 |
| 5060 | 兰1974 | 豌豆属 | 豌豆 | *Pisum sativum* L. | 英国早熟 | 中国农科院兰州畜牧所 | 英国 | 1994 | 1 | 栽培资源 |
| 5061 | 兰308 | 豌豆属 | 豌豆 | *Pisum sativum* L. | | 中国农科院兰州畜牧所 | 甘肃 | 1993 | 1 | 栽培资源 |
| 5062 | SC11-123 | 豌豆属 | 豌豆 | *Pisum sativum* L. | | | 四川眉山 | 2007 | 3 | 栽培资源 |
| 5063 | SC11-124 | 豌豆属 | 豌豆 | *Pisum sativum* L. | | | 四川眉山 | 2007 | 3 | 栽培资源 |
| 5064 | YN2010-283 | 豌豆属 | 豌豆 | *Pisum sativum* L. | | | 四川阿坝马尔康 | 2010 | 3 | 栽培资源 |
| 5065 | 2865 | 豌豆属 | 豌豆 | *Pisum sativum* L. | 中豌1号 | 中国农科院畜牧所 | | 2014 | 3 | 栽培资源 |
| 5066 | 2866 | 豌豆属 | 豌豆 | *Pisum sativum* L. | 中豌2号 | 中国农科院畜牧所 | | 2014 | 3 | 栽培资源 |
| 5067 | 2867 | 豌豆属 | 豌豆 | *Pisum sativum* L. | 中豌3号 | 中国农科院畜牧所 | | 2014 | 3 | 栽培资源 |
| 5068 | 2868 | 豌豆属 | 豌豆 | *Pisum sativum* L. | 中豌4号 | 中国农科院畜牧所 | | 2014 | 3 | 栽培资源 |
| 5069 | 2869 | 豌豆属 | 豌豆 | *Pisum sativum* L. | 中豌5号 | 中国农科院畜牧所 | | 2014 | 3 | 栽培资源 |
| 5070 | 2870 | 豌豆属 | 豌豆 | *Pisum sativum* L. | 中豌6号 | 中国农科院畜牧所 | | 2014 | 3 | 栽培资源 |

（续）

| 序号 | 送种单位编号 | 属 名 | 种 名 | 学 名 | 品种名（原文名） | 材料来源 | 材料原产地 | 收种时间（年份） | 保存地点 | 类型 |
|---|---|---|---|---|---|---|---|---|---|---|
| 5071 | 2871 | 豌豆属 | 豌豆 | *Pisum sativum* L. | 中豌 7 号 | 中国农科院畜牧所 | | 2014 | 3 | 栽培资源 |
| 5072 | 2872 | 豌豆属 | 豌豆 | *Pisum sativum* L. | 中豌 8 号 | 中国农科院畜牧所 | | 2014 | 3 | 栽培资源 |
| 5073 | 2873 | 豌豆属 | 豌豆 | *Pisum sativum* L. | 中豌 9 号 | 中国农科院畜牧所 | | 2014 | 3 | 栽培资源 |
| 5074 | 2874 | 豌豆属 | 豌豆 | *Pisum sativum* L. | 中豌 10 号 | 中国农科院畜牧所 | | 2014 | 3 | 栽培资源 |
| 5075 | 2875 | 豌豆属 | 豌豆 | *Pisum sativum* L. | 中豌 11 号 | 中国农科院畜牧所 | | 2014 | 3 | 栽培资源 |
| 5076 | CHQ03-175 | 豌豆属 | 豌豆 | *Pisum sativum* L. | | 四川綦江 | | 2003 | 3 | 栽培资源 |
| 5077 | CHQ03-189 | 豌豆属 | 豌豆 | *Pisum sativum* L. | | 四川酉阳 | | 2003 | 3 | 栽培资源 |
| 5078 | CHQ03-267 | 豌豆属 | 豌豆 | *Pisum sativum* L. | | 四川黔江 | | 2003 | 3 | 栽培资源 |
| 5079 | E1267 | 豌豆属 | 豌豆 | *Pisum sativum* L. | | | 湖北神农架阳日镇 | 2008 | 3 | 栽培资源 |
| 5080 | E497 | 豌豆属 | 豌豆 | *Pisum sativum* L. | | 湖北武汉 | 湖北竹溪兵营 | 2004 | 3 | 栽培资源 |
| 5081 | E498 | 豌豆属 | 豌豆 | *Pisum sativum* L. | | 湖北武汉 | 湖北竹溪罗汉 | 2004 | 3 | 栽培资源 |
| 5082 | E499 | 豌豆属 | 豌豆 | *Pisum sativum* L. | | 湖北武汉 | 湖北竹溪兵营 | 2004 | 3 | 栽培资源 |
| 5083 | E500 | 豌豆属 | 豌豆 | *Pisum sativum* L. | | 湖北武汉 | 湖北竹溪罗汉 | 2004 | 3 | 栽培资源 |
| 5084 | E501 | 豌豆属 | 豌豆 | *Pisum sativum* L. | | 湖北武汉 | 湖北竹溪丰溪 | 2004 | 3 | 栽培资源 |
| 5085 | E502 | 豌豆属 | 豌豆 | *Pisum sativum* L. | | 湖北武汉 | 湖北竹溪白沙 | 2004 | 3 | 栽培资源 |
| 5086 | E503 | 豌豆属 | 豌豆 | *Pisum sativum* L. | | 湖北武汉 | 湖北竹溪桃源 | 2004 | 3 | 栽培资源 |
| 5087 | E504 | 豌豆属 | 豌豆 | *Pisum sativum* L. | | 湖北武汉 | 湖北兴山古夫 | 2004 | 3 | 栽培资源 |
| 5088 | E505 | 豌豆属 | 豌豆 | *Pisum sativum* L. | | 湖北武汉 | 湖北姊归泄滩 | 2004 | 3 | 栽培资源 |
| 5089 | E506 | 豌豆属 | 豌豆 | *Pisum sativum* L. | | 湖北武汉 | 湖北宜昌龙潭 | 2004 | 3 | 栽培资源 |
| 5090 | E507 | 豌豆属 | 豌豆 | *Pisum sativum* L. | | 湖北武汉 | 湖北长阳都镇湾 | 2004 | 3 | 栽培资源 |

（续）

| 序号 | 送种单位编号 | 属 名 | 种 名 | 学 名 | 品种名（原文名） | 材料来源 | 材料原产地 | 收种时间（年份） | 保存地点 | 类型 |
|---|---|---|---|---|---|---|---|---|---|---|
| 5091 | E509 | 豌豆属 | 豌豆 | *Pisum sativum* L. | | 湖北武汉 | 湖北恩施七里 | 2004 | 3 | 栽培资源 |
| 5092 | E510 | 豌豆属 | 豌豆 | *Pisum sativum* L. | | 湖北武汉 | 湖北建始景阳 | 2004 | 3 | 栽培资源 |
| 5093 | E511 | 豌豆属 | 豌豆 | *Pisum sativum* L. | | 湖北武汉 | 湖北建始猫坪 | 2004 | 3 | 栽培资源 |
| 5094 | E512 | 豌豆属 | 豌豆 | *Pisum sativum* L. | | 湖北武汉 | 湖北建始猫坪 | 2004 | 3 | 栽培资源 |
| 5095 | E513 | 豌豆属 | 豌豆 | *Pisum sativum* L. | | 湖北武汉 | 湖北咸丰甲马池 | 2004 | 3 | 栽培资源 |
| 5096 | E514 | 豌豆属 | 豌豆 | *Pisum sativum* L. | | 湖北武汉 | 湖北神农架新华 | 2004 | 3 | 栽培资源 |
| 5097 | E515 | 豌豆属 | 豌豆 | *Pisum sativum* L. | | 湖北武汉 | 湖北神农架青峰 | 2004 | 3 | 栽培资源 |
| 5098 | E516 | 豌豆属 | 豌豆 | *Pisum sativum* L. | | 湖北武汉 | 湖北神农架下谷 | 2004 | 3 | 栽培资源 |
| 5099 | E517 | 豌豆属 | 豌豆 | *Pisum sativum* L. | | 湖北武汉 | 湖北神农架东溪 | 2004 | 3 | 栽培资源 |
| 5100 | E518 | 豌豆属 | 豌豆 | *Pisum sativum* L. | | 湖北武汉 | 湖北神农架板桥 | 2004 | 3 | 栽培资源 |
| 5101 | E519 | 豌豆属 | 豌豆 | *Pisum sativum* L. | | 湖北武汉 | 湖北神农架田家山 | 2004 | 3 | 栽培资源 |
| 5102 | E520 | 豌豆属 | 豌豆 | *Pisum sativum* L. | | 湖北武汉 | 湖北神农架东溪 | 2004 | 3 | 栽培资源 |
| 5103 | E521 | 豌豆属 | 豌豆 | *Pisum sativum* L. | | 湖北武汉 | 湖北神农架阳日 | 2004 | 3 | 栽培资源 |
| 5104 | E522 | 豌豆属 | 豌豆 | *Pisum sativum* L. | | 湖北武汉 | 湖北房县 | 2004 | 3 | 栽培资源 |
| 5105 | E523 | 豌豆属 | 豌豆 | *Pisum sativum* L. | | 湖北武汉 | 湖北房县九道 | 2004 | 3 | 栽培资源 |
| 5106 | E524 | 豌豆属 | 豌豆 | *Pisum sativum* L. | | 湖北武汉 | 湖北竹山八道 | 2004 | 3 | 栽培资源 |
| 5107 | E525 | 豌豆属 | 豌豆 | *Pisum sativum* L. | | 湖北武汉 | 湖北竹山八道 | 2004 | 3 | 栽培资源 |
| 5108 | E526 | 豌豆属 | 豌豆 | *Pisum sativum* L. | | 湖北武汉 | 湖北竹山得胜 | 2004 | 3 | 栽培资源 |
| 5109 | E830 | 豌豆属 | 豌豆 | *Pisum sativum* L. | 天鹅蛋 | 湖北武汉江夏 | 湖北竹山 | 2006 | 3 | 栽培资源 |
| 5110 | E831 | 豌豆属 | 豌豆 | *Pisum sativum* L. | 白豌豆 | 湖北武汉江夏 | 湖北竹山 | 2006 | 3 | 栽培资源 |
| 5111 | E833 | 豌豆属 | 豌豆 | *Pisum sativum* L. | 麻豌豆 | 湖北武汉江夏 | 湖北黄梅 | 2006 | 3 | 栽培资源 |
| 5112 | E834 | 豌豆属 | 豌豆 | *Pisum sativum* L. | 乌麦豌 | 湖北武汉江夏 | 湖北长阳 | 2006 | 3 | 栽培资源 |
| 5113 | E835 | 豌豆属 | 豌豆 | *Pisum sativum* L. | 菜豌豆 | 湖北武汉江夏 | 湖北麻城 | 2006 | 3 | 栽培资源 |
| 5114 | E836 | 豌豆属 | 豌豆 | *Pisum sativum* L. | 麦豌豆 | 湖北武汉江夏 | 湖北建始 | 2006 | 3 | 栽培资源 |
| 5115 | E837 | 豌豆属 | 豌豆 | *Pisum sativum* L. | 麻豌豆 | 湖北武汉江夏 | 湖北房县 | 2006 | 3 | 栽培资源 |

（续）

| 序号 | 送种单位编号 | 属　名 | 种　名 | 学　名 | 品种名（原文名） | 材料来源 | 材料原产地 | 收种时间（年份） | 保存地点 | 类型 |
|---|---|---|---|---|---|---|---|---|---|---|
| 5116 | E838 | 豌豆属 | 豌豆 | *Pisum sativum* L. | 白豌豆 | 湖北武汉江夏 | 湖北宜昌 | 2006 | 3 | 栽培资源 |
| 5117 | E839 | 豌豆属 | 豌豆 | *Pisum sativum* L. | 白小豌豆 | 湖北武汉江夏 | 湖北远安 | 2006 | 3 | 栽培资源 |
| 5118 | E840 | 豌豆属 | 豌豆 | *Pisum sativum* L. | 马料豌 | 湖北武汉江夏 | 湖北宜城 | 2006 | 3 | 栽培资源 |
| 5119 | E841 | 豌豆属 | 豌豆 | *Pisum sativum* L. | 白皮豌 | 湖北武汉江夏 | 湖北通山 | 2006 | 3 | 栽培资源 |
| 5120 | E842 | 豌豆属 | 豌豆 | *Pisum sativum* L. | 大菜豌豆 | 湖北武汉江夏 | 湖北竹溪 | 2006 | 3 | 栽培资源 |
| 5121 | E843 | 豌豆属 | 豌豆 | *Pisum sativum* L. | 白饭豌豆 | 湖北武汉江夏 | 湖北秭归 | 2006 | 3 | 栽培资源 |
| 5122 | E844 | 豌豆属 | 豌豆 | *Pisum sativum* L. | 白豌豆 | 湖北武汉江夏 | 湖北竹山 | 2006 | 3 | 栽培资源 |
| 5123 | GS0193 | 豌豆属 | 豌豆 | *Pisum sativum* L. | | 甘肃靖远 | 甘肃 | 2001 | 3 | 栽培资源 |
| 5124 | GS0240 | 豌豆属 | 豌豆 | *Pisum sativum* L. | 无名 | 甘肃武威 | | 2002 | 3 | 栽培资源 |
| 5125 | GS0247 | 豌豆属 | 豌豆 | *Pisum sativum* L. | 无名 | 甘肃武威 | | 2001 | 3 | 栽培资源 |
| 5126 | GS0361 | 豌豆属 | 豌豆 | *Pisum sativum* L. | | 甘肃定西 | | 2002 | 3 | 栽培资源 |
| 5127 | GS0662 | 豌豆属 | 豌豆 | *Pisum sativum* L. | 白豌豆 | 甘肃景泰 | 英国 | 2005 | 3 | 引进资源 |
| 5128 | GS1322 | 豌豆属 | 豌豆 | *Pisum sativum* L. | | | 宁夏盐池 | 2006 | 3 | 栽培资源 |
| 5129 | GS1447 | 豌豆属 | 豌豆 | *Pisum sativum* L. | 白豌豆 | 宁夏盐池 | | 2007 | 3 | 栽培资源 |
| 5130 | GS1451 | 豌豆属 | 豌豆 | *Pisum sativum* L. | 麻豌豆 | 宁夏盐池 | | 2007 | 3 | 栽培资源 |
| 5131 | GS1467 | 豌豆属 | 豌豆 | *Pisum sativum* L. | 麻豌豆 | 宁夏盐池 | | 2007 | 3 | 栽培资源 |
| 5132 | GS1728 | 豌豆属 | 豌豆 | *Pisum sativum* L. | 草原276 | | 甘肃武威黄羊镇 | 2008 | 3 | 栽培资源 |
| 5133 | GS1743 | 豌豆属 | 豌豆 | *Pisum sativum* L. | 草原22 | | 甘肃武威黄羊镇 | 2008 | 3 | 栽培资源 |
| 5134 | GS1749 | 豌豆属 | 豌豆 | *Pisum sativum* L. | 草原20 | | 甘肃武威黄羊镇 | 2008 | 3 | 栽培资源 |
| 5135 | GS2016 | 豌豆属 | 豌豆 | *Pisum sativum* L. | | | 宁夏彭阳 | 2008 | 3 | 栽培资源 |
| 5136 | GS2029 | 豌豆属 | 豌豆 | *Pisum sativum* L. | 皮埃尔 | | 宁夏彭阳 | 2008 | 3 | 栽培资源 |
| 5137 | GS-203 | 豌豆属 | 豌豆 | *Pisum sativum* L. | | 宁夏盐池 | | 2003 | 3 | 栽培资源 |
| 5138 | GS-204 | 豌豆属 | 豌豆 | *Pisum sativum* L. | | 宁夏盐池 | | 2003 | 3 | 栽培资源 |
| 5139 | GS2476 | 豌豆属 | 豌豆 | *Pisum sativum* L. | | | 宁夏中宁 | 2010 | 3 | 栽培资源 |
| 5140 | GS2640 | 豌豆属 | 豌豆 | *Pisum sativum* L. | | | 甘肃静宁高界镇 | 2009 | 3 | 栽培资源 |

（续）

| 序号 | 送种单位编号 | 属　名 | 种　名 | 学　名 | 品种名（原文名） | 材料来源 | 材料原产地 | 收种时间（年份） | 保存地点 | 类型 |
|---|---|---|---|---|---|---|---|---|---|---|
| 5141 | GS2924 | 豌豆属 | 豌豆 | *Pisum sativum* L. | | | 陕西千阳 | 2011 | 3 | 栽培资源 |
| 5142 | GS3378 | 豌豆属 | 豌豆 | *Pisum sativum* L. | | | 宁夏盐池 | 2011 | 3 | 栽培资源 |
| 5143 | GS880 | 豌豆属 | 豌豆 | *Pisum sativum* L. | | | 甘肃肃南明花乡 | 2007 | 3 | 栽培资源 |
| 5144 | GZH02-82 | 豌豆属 | 豌豆 | *Pisum sativum* L. | | | 贵州贵阳 | 2002 | 3 | 栽培资源 |
| 5145 | HB2009-344 | 豌豆属 | 豌豆 | *Pisum sativum* L. | | | 湖北神农架松柏镇 | 2008 | 3 | 栽培资源 |
| 5146 | HB2010-122 | 豌豆属 | 豌豆 | *Pisum sativum* L. | | | 湖北神农架阳日镇 | 2010 | 3 | 栽培资源 |
| 5147 | HB2011-034 | 豌豆属 | 豌豆 | *Pisum sativum* L. | | 湖北农科院畜牧所 | | 2010 | 3 | 栽培资源 |
| 5148 | HB2012-506 | 豌豆属 | 豌豆 | *Pisum sativum* L. | | | 湖北神农架松柏镇 | 2011 | 3 | 野生资源 |
| 5149 | JS0360 | 豌豆属 | 豌豆 | *Pisum sativum* L. | | 江苏南京 | | 2002 | 3 | 栽培资源 |
| 5150 | JS0361 | 豌豆属 | 豌豆 | *Pisum sativum* L. | | 江苏南京 | | 2002 | 3 | 栽培资源 |
| 5151 | JS0363 | 豌豆属 | 豌豆 | *Pisum sativum* L. | | 安徽 | | 2002 | 3 | 栽培资源 |
| 5152 | JS2004-06 | 豌豆属 | 豌豆 | *Pisum sativum* L. | | 江苏盐城卞仓 | | 2003 | 3 | 栽培资源 |
| 5153 | JS2004-07 | 豌豆属 | 豌豆 | *Pisum sativum* L. | | 江苏射阳千秋 | | 2003 | 3 | 栽培资源 |
| 5154 | JS2004-08 | 豌豆属 | 豌豆 | *Pisum sativum* L. | | 江苏崇明 | | 2003 | 3 | 栽培资源 |
| 5155 | JS2004-163 | 豌豆属 | 豌豆 | *Pisum sativum* L. | | 江苏盐城 | | 2004 | 3 | 栽培资源 |
| 5156 | JS2004-164 | 豌豆属 | 豌豆 | *Pisum sativum* L. | | 江苏盐城 | | 2004 | 3 | 栽培资源 |
| 5157 | JS2004-165 | 豌豆属 | 豌豆 | *Pisum sativum* L. | | 江苏盐城 | | 2004 | 3 | 栽培资源 |
| 5158 | JS2004-166 | 豌豆属 | 豌豆 | *Pisum sativum* L. | | 江苏盐城 | | 2004 | 3 | 栽培资源 |
| 5159 | JS2004-168 | 豌豆属 | 豌豆 | *Pisum sativum* L. | | 江苏盐城 | | 2004 | 3 | 栽培资源 |
| 5160 | JS2004-169 | 豌豆属 | 豌豆 | *Pisum sativum* L. | | 江苏盐城 | | 2004 | 3 | 栽培资源 |
| 5161 | JS2004-170 | 豌豆属 | 豌豆 | *Pisum sativum* L. | | 江苏盐城 | | 2004 | 3 | 栽培资源 |
| 5162 | JS2004-171 | 豌豆属 | 豌豆 | *Pisum sativum* L. | | 江苏盐城 | | 2004 | 3 | 栽培资源 |
| 5163 | JS2004-172 | 豌豆属 | 豌豆 | *Pisum sativum* L. | | 江苏盐城 | | 2004 | 3 | 栽培资源 |
| 5164 | JS2005-16 | 豌豆属 | 豌豆 | *Pisum sativum* L. | 葛武红麻豌 | | 甘肃 | 2005 | 3 | 栽培资源 |

（续）

| 序号 | 送种单位编号 | 属 名 | 种 名 | 学 名 | 品种名（原文名） | 材料来源 | 材料原产地 | 收种时间（年份） | 保存地点 | 类型 |
|---|---|---|---|---|---|---|---|---|---|---|
| 5165 | JS2005-17 | 豌豆属 | 豌豆 | *Pisum sativum* L. | | 义丰 | | 2005 | 3 | 栽培资源 |
| 5166 | JS2005-18 | 豌豆属 | 豌豆 | *Pisum sativum* L. | | 南洋 | | 2005 | 3 | 栽培资源 |
| 5167 | JS2008-164 | 豌豆属 | 豌豆 | *Pisum sativum* L. | 安徽白豌豆 | | 安徽合肥 | 2008 | 3 | 栽培资源 |
| 5168 | JS2008-165 | 豌豆属 | 豌豆 | *Pisum sativum* L. | 安徽花豆 | | 安徽合肥 | 2008 | 3 | 栽培资源 |
| 5169 | JS2008-166 | 豌豆属 | 豌豆 | *Pisum sativum* L. | 苏豌1号 | 江苏南京 | | 2008 | 3 | 栽培资源 |
| 5170 | JS2008-167 | 豌豆属 | 豌豆 | *Pisum sativum* L. | 苏豌2号 | 江苏南京 | | 2008 | 3 | 栽培资源 |
| 5171 | JS2008-168 | 豌豆属 | 豌豆 | *Pisum sativum* L. | 苏豌3号 | 江苏南京 | | 2008 | 3 | 栽培资源 |
| 5172 | JS2008-169 | 豌豆属 | 豌豆 | *Pisum sativum* L. | 苏豌4号 | 江苏南京 | | 2008 | 3 | 栽培资源 |
| 5173 | JS2008-171 | 豌豆属 | 豌豆 | *Pisum sativum* L. | 苏豌6号 | 江苏南京 | | 2008 | 3 | 栽培资源 |
| 5174 | JS2008-172 | 豌豆属 | 豌豆 | *Pisum sativum* L. | 苏豌7号 | 江苏南京 | | 2008 | 3 | 栽培资源 |
| 5175 | JS2008-173 | 豌豆属 | 豌豆 | *Pisum sativum* L. | 苏豌8号 | 江苏南京 | | 2008 | 3 | 栽培资源 |
| 5176 | JS2008-174 | 豌豆属 | 豌豆 | *Pisum sativum* L. | 苏豌9号 | 江苏南京 | | 2008 | 3 | 栽培资源 |
| 5177 | JS2008-177 | 豌豆属 | 豌豆 | *Pisum sativum* L. | 江饲2号 | 江苏南京 | | 2008 | 3 | 栽培资源 |
| 5178 | JS2008-178 | 豌豆属 | 豌豆 | *Pisum sativum* L. | 江饲3号 | 江苏南京 | | 2008 | 3 | 栽培资源 |
| 5179 | JS2008-179 | 豌豆属 | 豌豆 | *Pisum sativum* L. | 宁豌2号 | 江苏南京 | | 2008 | 3 | 栽培资源 |
| 5180 | JS2008-180 | 豌豆属 | 豌豆 | *Pisum sativum* L. | 宁豌3号 | 江苏南京 | | 2008 | 3 | 栽培资源 |
| 5181 | JS2008-181 | 豌豆属 | 豌豆 | *Pisum sativum* L. | 宁豌4号 | 江苏南京 | | 2008 | 3 | 栽培资源 |
| 5182 | JS2008-182 | 豌豆属 | 豌豆 | *Pisum sativum* L. | 宁豌7号 | 江苏南京 | | 2008 | 3 | 栽培资源 |
| 5183 | JS2008-183 | 豌豆属 | 豌豆 | *Pisum sativum* L. | 宁豌9号 | 江苏南京 | | 2008 | 3 | 栽培资源 |
| 5184 | JS2008-186 | 豌豆属 | 豌豆 | *Pisum sativum* L. | 南京豌豆苗 | 江苏南京 | | 2008 | 3 | 栽培资源 |
| 5185 | JS2008-188 | 豌豆属 | 豌豆 | *Pisum sativum* L. | 永宁白豌豆 | 江苏南京 | | 2008 | 3 | 栽培资源 |
| 5186 | JS2008-189 | 豌豆属 | 豌豆 | *Pisum sativum* L. | 铜井淡花豆 | 江苏南京 | | 2008 | 3 | 栽培资源 |
| 5187 | JS2008-191 | 豌豆属 | 豌豆 | *Pisum sativum* L. | 江宁甜豌豆 | 江苏南京 | | 2008 | 3 | 栽培资源 |
| 5188 | JS2008-193 | 豌豆属 | 豌豆 | *Pisum sativum* L. | 句容大脆豌 | 江苏句容 | | 2008 | 3 | 栽培资源 |
| 5189 | JS2008-194 | 豌豆属 | 豌豆 | *Pisum sativum* L. | 扬州花豌豆 | 江苏扬州 | | 2008 | 3 | 栽培资源 |

（续）

| 序号 | 送种单位编号 | 属 名 | 种 名 | 学 名 | 品种名（原文名） | 材料来源 | 材料原产地 | 收种时间（年份） | 保存地点 | 类型 |
|---|---|---|---|---|---|---|---|---|---|---|
| 5190 | JS2008-195 | 豌豆属 | 豌豆 | *Pisum sativum* L. | 扬州五彩豆 | 江苏扬州 | | 2008 | 3 | 栽培资源 |
| 5191 | JS2008-196 | 豌豆属 | 豌豆 | *Pisum sativum* L. | 邗江花脸豆 | 江苏邗江 | | 2008 | 3 | 栽培资源 |
| 5192 | JS2008-198 | 豌豆属 | 豌豆 | *Pisum sativum* L. | 江都花脸豌豆 | 江苏江都 | | 2008 | 3 | 栽培资源 |
| 5193 | JS2008-200 | 豌豆属 | 豌豆 | *Pisum sativum* L. | 仪征白豌豆 | 江苏仪征 | | 2008 | 3 | 栽培资源 |
| 5194 | JS2008-201 | 豌豆属 | 豌豆 | *Pisum sativum* L. | 仪征花豌豆 | 江苏仪征 | | 2008 | 3 | 栽培资源 |
| 5195 | JS2008-204 | 豌豆属 | 豌豆 | *Pisum sativum* L. | 高邮麻雀蛋 | 江苏高邮 | | 2008 | 3 | 栽培资源 |
| 5196 | JS2008-206 | 豌豆属 | 豌豆 | *Pisum sativum* L. | 南通花纹豆 | 江苏南通 | | 2008 | 3 | 栽培资源 |
| 5197 | JS2008-207 | 豌豆属 | 豌豆 | *Pisum sativum* L. | 南通大粒豌 | 江苏南通 | | 2008 | 3 | 栽培资源 |
| 5198 | JS2008-209 | 豌豆属 | 豌豆 | *Pisum sativum* L. | 高淳麻雀蛋 | 江苏高淳 | | 2008 | 3 | 栽培资源 |
| 5199 | JS2008-211 | 豌豆属 | 豌豆 | *Pisum sativum* L. | 溧水花脸豌豆 | 江苏溧水 | | 2008 | 3 | 栽培资源 |
| 5200 | JS2008-212 | 豌豆属 | 豌豆 | *Pisum sativum* L. | 溧水花红豆 | 江苏溧水 | | 2008 | 3 | 栽培资源 |
| 5201 | JS2008-213 | 豌豆属 | 豌豆 | *Pisum sativum* L. | 溧水小白豆 | 江苏溧水 | | 2008 | 3 | 栽培资源 |
| 5202 | JS2008-214 | 豌豆属 | 豌豆 | *Pisum sativum* L. | 溧阳淡粉豆 | 江苏溧阳 | | 2008 | 3 | 栽培资源 |
| 5203 | JS2008-215 | 豌豆属 | 豌豆 | *Pisum sativum* L. | 溧阳中粒豆 | 江苏溧阳 | | 2008 | 3 | 栽培资源 |
| 5204 | JS2008-216 | 豌豆属 | 豌豆 | *Pisum sativum* L. | 金坛花脸豆 | 江苏金坛 | | 2008 | 3 | 栽培资源 |
| 5205 | JS2008-218 | 豌豆属 | 豌豆 | *Pisum sativum* L. | 苏州白豌豆 | 江苏苏州 | | 2008 | 3 | 栽培资源 |
| 5206 | JS2008-219 | 豌豆属 | 豌豆 | *Pisum sativum* L. | 吴县彩色豆 | 江苏苏州 | | 2008 | 3 | 栽培资源 |
| 5207 | JS2008-31 | 豌豆属 | 豌豆 | *Pisum sativum* L. | 启东大荚子 | 江苏启东 | | 2008 | 3 | 栽培资源 |
| 5208 | JS2008-32 | 豌豆属 | 豌豆 | *Pisum sativum* L. | 启豌 2 号 | 江苏启东 | | 2008 | 3 | 栽培资源 |
| 5209 | JS2008-34 | 豌豆属 | 豌豆 | *Pisum sativum* L. | 如东铁豌豆 | 江苏如东 | | 2008 | 3 | 栽培资源 |
| 5210 | JS2008-36 | 豌豆属 | 豌豆 | *Pisum sativum* L. | 兴化绿豌豆 | 江苏兴化 | | 2008 | 3 | 栽培资源 |
| 5211 | JS2008-37 | 豌豆属 | 豌豆 | *Pisum sativum* L. | 海门花豌豆 | 江苏海门 | | 2008 | 3 | 栽培资源 |
| 5212 | JS2008-38 | 豌豆属 | 豌豆 | *Pisum sativum* L. | 如东铁豌豆 2 | 江苏如东 | | 2008 | 3 | 栽培资源 |
| 5213 | JS2008-39 | 豌豆属 | 豌豆 | *Pisum sativum* L. | 如东青豌豆 | 江苏如东 | | 2008 | 3 | 栽培资源 |
| 5214 | JS2008-40 | 豌豆属 | 豌豆 | *Pisum sativum* L. | 泰兴白豌豆 | 江苏泰兴 | | 2008 | 3 | 栽培资源 |

（续）

| 序号 | 送种单位编号 | 属 名 | 种 名 | 学 名 | 品种名（原文名） | 材料来源 | 材料原产地 | 收种时间（年份） | 保存地点 | 类型 |
|---|---|---|---|---|---|---|---|---|---|---|
| 5215 | JS2008-41 | 豌豆属 | 豌豆 | *Pisum sativum* L. | 泰兴大黄荚 | 江苏泰兴 | | 2008 | 3 | 栽培资源 |
| 5216 | JS2008-42 | 豌豆属 | 豌豆 | *Pisum sativum* L. | 仪征小寒青 | 江苏仪征 | | 2008 | 3 | 栽培资源 |
| 5217 | JS2008-43 | 豌豆属 | 豌豆 | *Pisum sativum* L. | 仪征白豌豆 | 江苏仪征 | | 2008 | 3 | 栽培资源 |
| 5218 | JS2008-44 | 豌豆属 | 豌豆 | *Pisum sativum* L. | 六合铁豌豆 | 江苏六合 | | 2008 | 3 | 栽培资源 |
| 5219 | JS2008-45 | 豌豆属 | 豌豆 | *Pisum sativum* L. | 六合花皮豌豆 | 江苏六合 | | 2008 | 3 | 栽培资源 |
| 5220 | JS2008-48 | 豌豆属 | 豌豆 | *Pisum sativum* L. | 溧水白豌豆 | 江苏溧水 | | 2008 | 3 | 栽培资源 |
| 5221 | JS2008-49 | 豌豆属 | 豌豆 | *Pisum sativum* L. | 苏豌 3 号 | 江苏南京 | | 2008 | 3 | 栽培资源 |
| 5222 | JS2008-50 | 豌豆属 | 豌豆 | *Pisum sativum* L. | 大白花 | 江苏南京 | | 2008 | 3 | 栽培资源 |
| 5223 | JS2008-51 | 豌豆属 | 豌豆 | *Pisum sativum* L. | 大灰荚 | 江苏南京 | | 2008 | 3 | 栽培资源 |
| 5224 | JS2008-52 | 豌豆属 | 豌豆 | *Pisum sativum* L. | 盱眙黑豌豆 | 江苏盱眙 | | 2008 | 3 | 栽培资源 |
| 5225 | JS2008-53 | 豌豆属 | 豌豆 | *Pisum sativum* L. | 盱眙花纹豆 | 江苏盱眙 | | 2008 | 3 | 栽培资源 |
| 5226 | JS2008-55 | 豌豆属 | 豌豆 | *Pisum sativum* L. | 金湖花纹豆 | 江苏金湖 | | 2008 | 3 | 栽培资源 |
| 5227 | JS2008-56 | 豌豆属 | 豌豆 | *Pisum sativum* L. | 武进青豌豆 | 江苏武进 | | 2008 | 3 | 栽培资源 |
| 5228 | JS2008-57 | 豌豆属 | 豌豆 | *Pisum sativum* L. | 武进大灰荚子 | 江苏武进 | | 2008 | 3 | 栽培资源 |
| 5229 | JS2008-58 | 豌豆属 | 豌豆 | *Pisum sativum* L. | 镇江灰豌豆 | 江苏镇江 | | 2008 | 3 | 栽培资源 |
| 5230 | JS2008-59 | 豌豆属 | 豌豆 | *Pisum sativum* L. | 南京花纹豌豆 | 江苏南京 | | 2008 | 3 | 栽培资源 |
| 5231 | JS2008-60 | 豌豆属 | 豌豆 | *Pisum sativum* L. | 江宁白豌豆 | 江苏江宁 | | 2008 | 3 | 栽培资源 |
| 5232 | NM03-121 | 豌豆属 | 豌豆 | *Pisum sativum* L. | | 新疆南台子清水河 | | 2003 | 3 | 栽培资源 |
| 5233 | NM03-122 | 豌豆属 | 豌豆 | *Pisum sativum* L. | | 新疆南台子清水河 | | 2003 | 3 | 栽培资源 |
| 5234 | SC2006-084 | 豌豆属 | 豌豆 | *Pisum sativum* L. | | 四川九寨沟境内 | | 2006 | 3 | 栽培资源 |
| 5235 | SC2016-044 | 豌豆属 | 豌豆 | *Pisum sativum* L. | | | 四川康定宜代 | 2010 | 3 | 野生资源 |
| 5236 | SC2016-045 | 豌豆属 | 豌豆 | *Pisum sativum* L. | | | 四川康定宜代 | 2010 | 3 | 野生资源 |
| 5237 | SC2016-046 | 豌豆属 | 豌豆 | *Pisum sativum* L. | | | 四川康定宜代 | 2010 | 3 | 野生资源 |

（续）

| 序号 | 送种单位编号 | 属 名 | 种 名 | 学 名 | 品种名（原文名） | 材料来源 | 材料原产地 | 收种时间（年份） | 保存地点 | 类型 |
|---|---|---|---|---|---|---|---|---|---|---|
| 5238 | SC2016-047 | 豌豆属 | 豌豆 | *Pisum sativum* L. | | | 四川康定宜代 | 2010 | 3 | 野生资源 |
| 5239 | SC2016-048 | 豌豆属 | 豌豆 | *Pisum sativum* L. | | | 四川石渠洛须 | 2010 | 3 | 野生资源 |
| 5240 | SC2016-058 | 豌豆属 | 豌豆 | *Pisum sativum* L. | | | 四川甘孜拖坝 | 2010 | 3 | 野生资源 |
| 5241 | SC2016-059 | 豌豆属 | 豌豆 | *Pisum sativum* L. | | | 四川甘孜绒坝 | 2010 | 3 | 野生资源 |
| 5242 | SC2016-060 | 豌豆属 | 豌豆 | *Pisum sativum* L. | | | 四川甘孜绒坝 | 2010 | 3 | 野生资源 |
| 5243 | SC2016-061 | 豌豆属 | 豌豆 | *Pisum sativum* L. | | | 四川甘孜拖坝 | 2010 | 3 | 野生资源 |
| 5244 | SCH02-126 | 豌豆属 | 豌豆 | *Pisum sativum* L. | | 四川甘孜 | | 2002 | 3 | 栽培资源 |
| 5245 | SCH02-142 | 豌豆属 | 豌豆 | *Pisum sativum* L. | | 四川彭县 | 四川成都双流 | 2002 | 3 | 栽培资源 |
| 5246 | SCH02-171 | 豌豆属 | 豌豆 | *Pisum sativum* L. | | | 四川峨边 | 2002 | 3 | 栽培资源 |
| 5247 | SCH02-191 | 豌豆属 | 豌豆 | *Pisum sativum* L. | | 四川彭县 | 四川彭县 | 2002 | 3 | 栽培资源 |
| 5248 | SCH02-24 | 豌豆属 | 豌豆 | *Pisum sativum* L. | | 四川诺尔盖 | | 2002 | 3 | 栽培资源 |
| 5249 | SCH03-107 | 豌豆属 | 豌豆 | *Pisum sativum* L. | | 四川阿坝 | | 2003 | 3 | 栽培资源 |
| 5250 | SCH03-199 | 豌豆属 | 豌豆 | *Pisum sativum* L. | | 四川甘孜 | | 2003 | 3 | 栽培资源 |
| 5251 | SCH2003-407 | 豌豆属 | 豌豆 | *Pisum sativum* L. | | 四川梓潼 | | 2003 | 3 | 栽培资源 |
| 5252 | SCH2004-200 | 豌豆属 | 豌豆 | *Pisum sativum* L. | | 四川阿坝 | | 2004 | 3 | 栽培资源 |
| 5253 | SCH2005-065 | 豌豆属 | 豌豆 | *Pisum sativum* L. | | 四川松潘 | | 2004 | 3 | 栽培资源 |
| 5254 | XJ07-90 | 豌豆属 | 豌豆 | *Pisum sativum* L. | | 新疆奇台 | 新疆 | 2007 | 3 | 栽培资源 |
| 5255 | 蒙184 | 豌豆属 | 豌豆 | *Pisum sativum* L. | | 内蒙古呼和浩特武川 | | 2001 | 3 | 栽培资源 |
| 5256 | 蒙185 | 豌豆属 | 豌豆 | *Pisum sativum* L. | | 内蒙古呼和浩特 | | 2001 | 3 | 栽培资源 |
| 5257 | | 豌豆属 | 豌豆 | *Pisum sativum* L. | 阿拉斯加 | 中国农科院草原所 | | 1989 | 1 | 栽培资源 |
| 5258 | 00802 | 豌豆属 | 豌豆 | *Pisum sativum* L. | 白脐 | 新疆 | 西藏 | 1989 | 1 | 栽培资源 |
| 5259 | 86-44 | 豌豆属 | 豌豆 | *Pisum sativum* L. | 白花 | 新疆 | | 1989 | 1 | 栽培资源 |
| 5260 | 乌南92-33 | 豌豆属 | 豌豆 | *Pisum sativum* L. | 张掖 | 新疆八一农学院 | 甘肃 | 1992 | 1 | 栽培资源 |

（续）

| 序号 | 送种单位编号 | 属 名 | 种 名 | 学 名 | 品种名（原文名） | 材料来源 | 材料原产地 | 收种时间（年份） | 保存地点 | 类型 |
|---|---|---|---|---|---|---|---|---|---|---|
| 5261 | 乌南 92-34 | 豌豆属 | 豌豆 | *Pisum sativum* L. | 2019 | 新疆八一农学院 | 新疆 | 1992 | 1 | 栽培资源 |
| 5262 | 南 93-10 | 豌豆属 | 豌豆 | *Pisum sativum* L. | A404 | 新疆八一农学院 | | 1993 | 1 | 栽培资源 |
| 5263 | 南 93-11 | 豌豆属 | 豌豆 | *Pisum sativum* L. | 德一 | 新疆八一农学院 | | 1993 | 1 | 栽培资源 |
| 5264 | 南 93-12 | 豌豆属 | 豌豆 | *Pisum sativum* L. | 北京 1 号 | 新疆八一农学院 | | 1993 | 1 | 栽培资源 |
| 5265 | 广 90-22 | 豌豆属 | 豌豆 | *Pisum sativum* L. | 饲用 | 广西畜牧所 | 美国 | 1992 | 1 | 栽培资源 |
| 5266 | 中畜 89-4 | 豌豆属 | 豌豆 | *Pisum sativum* L. | 紫花 | 广西畜牧所 | 保加利亚 | 1992 | 1 | 栽培资源 |
| 5267 | xj2015-89 | 豌豆属 | 豌豆 | *Pisum sativum* L. | | | 新疆民丰 | 2015 | 3 | 栽培资源 |
| 5268 | GX044 | 豌豆属 | 豌豆 | *Pisum sativum* L. | 软壳荷兰豆 | 广西横县 | 广西横县 | 2008 | 1 | 栽培资源 |
| 5269 | GX045 | 豌豆属 | 豌豆 | *Pisum sativum* L. | 本地矮生大荚荷兰豆 | 广西南宁 | 广西南宁 | 2008 | 1 | 栽培资源 |
| 5270 | GX043 | 豌豆属 | 豌豆 | *Pisum sativum* L. | 中豌 6 号 | 北京 | | 2008 | 1 | 栽培资源 |
| 5271 | GS2349 | 豌豆属 | 豌豆 | *Pisum sativum* L. | 豌豆 | | 陕西杨凌 | 2009 | 3 | 栽培资源 |
| 5272 | JS2015-39 | 豌豆属 | 豌豆 | *Pisum sativum* L. | 豌豆 | 江苏 | | 2015 | 3 | 野生资源 |
| 5273 | GS4912 | 豌豆属 | 豌豆 | *Pisum sativum* L. | | | 甘肃古浪西靖乡 | 2015 | 3 | 栽培资源 |
| 5274 | GS4960 | 豌豆属 | 豌豆 | *Pisum sativum* L. | | | 甘肃天祝金强河 | 2015 | 3 | 栽培资源 |
| 5275 | GS4971 | 豌豆属 | 豌豆 | *Pisum sativum* L. | | | 甘肃天祝金强河 | 2015 | 3 | 野生资源 |
| 5276 | GS4914 | 豌豆属 | 豌豆 | *Pisum sativum* L. | | | 甘肃古浪石门山 | 2015 | 3 | 栽培资源 |
| 5277 | HN101 | 四棱豆属 | 四棱豆 | *Psophocarpus tetragonolobus*（L.）DC. | | | 甘肃 | 1999 | 3 | 野生资源 |
| 5278 | GX10102403 | 四棱豆属 | 四棱豆 | *Psophocarpus tetragonolobus*（L.）DC. | | 广西牧草站 | | 2010 | 2 | 野生资源 |
| 5279 | 071125012 | 紫檀属 | 紫檀 | *Pterocarpus indicus* Willd. | | | 海南文昌冯家湾 | 2007 | 2 | 野生资源 |
| 5280 | 121123008 | 檀属 | 青檀 | *Pteroceltis tatarinowii* Maxim. | | | 福建漳州漳浦 | 2012 | 2 | 野生资源 |
| 5281 | 071218136 | 檀属 | 青檀 | *Pteroceltis tatarinowii* Maxim. | | | 福建漳州云宵 | 2007 | 2 | 野生资源 |
| 5282 | 151113023 | 檀属 | 青檀 | *Pteroceltis tatarinowii* Maxim. | | | 四川攀枝花盐边 | 2015 | 2 | 野生资源 |
| 5283 | 070317011 | 老虎刺属 | 老虎刺 | *Pterolobium punctatum* Hemsl. | | | 广西桂林七里店 | 2007 | 2 | 野生资源 |
| 5284 | HB2015221 | 葛属 | 葛 | *Pueraria montana*（Loureiro）Merrill | | | 湖北神农架松柏镇 | 2015 | 3 | 野生资源 |

（续）

| 序号 | 送种单位编号 | 属名 | 种名 | 学名 | 品种名（原文名） | 材料来源 | 材料原产地 | 收种时间（年份） | 保存地点 | 类型 |
|---|---|---|---|---|---|---|---|---|---|---|
| 5285 | 150326001 | 葛属 | 葛 | *Pueraria montana* （Loureiro）Merrill | | | 坦桑尼亚 | 2015 | 2 | 引进资源 |
| 5286 | 110111008 | 葛属 | 葛 | *Pueraria montana* （Loureiro）Merrill | | | 福建安溪 | 2011 | 2 | 野生资源 |
| 5287 | 110117002 | 葛属 | 葛 | *Pueraria montana* （Loureiro）Merrill | | | 福建安溪 | 2011 | 2 | 野生资源 |
| 5288 | 070320015 | 葛属 | 葛 | *Pueraria montana* （Loureiro）Merrill | | | 广西博白 | 2007 | 2 | 野生资源 |
| 5289 | 070116003 | 葛属 | 葛 | *Pueraria montana* （Loureiro）Merrill | | | 广东江门新会 | 2007 | 2 | 野生资源 |
| 5290 | 101118002 | 葛属 | 葛 | *Pueraria montana* （Loureiro）Merrill | | | 广西天等 | 2010 | 2 | 野生资源 |
| 5291 | 070305020 | 葛属 | 葛 | *Pueraria montana* （Loureiro）Merrill | | | 云南西畴 | 2007 | 2 | 野生资源 |
| 5292 | 061221048 | 葛属 | 葛 | *Pueraria montana* （Loureiro）Merrill | | | 海南陵水英州 | 2006 | 2 | 野生资源 |
| 5293 | 070119010 | 葛属 | 葛 | *Pueraria montana* （Loureiro）Merrill | | | 广东肇庆大沙镇 | 2007 | 2 | 野生资源 |
| 5294 | 061126005 | 葛属 | 葛 | *Pueraria montana* （Loureiro）Merrill | | | 海南白沙县白沙镇 | 2006 | 2 | 野生资源 |
| 5295 | 110112025 | 葛属 | 葛 | *Pueraria montana* （Loureiro）Merrill | | | 福建漳州天柱山 | 2011 | 2 | 野生资源 |
| 5296 | 110112007 | 葛属 | 葛 | *Pueraria montana* （Loureiro）Merrill | | | 福建漳州天柱山 | 2011 | 2 | 野生资源 |
| 5297 | 091015001 | 葛属 | 葛 | *Pueraria montana* （Loureiro）Merrill | | | 广西百色田东 | 2009 | 2 | 野生资源 |
| 5298 | 050319005 | 葛属 | 葛 | *Pueraria montana* （Loureiro）Merrill | | | 海南儋州雅星 | 2005 | 2 | 野生资源 |
| 5299 | 100400001 | 葛属 | 葛 | *Pueraria montana* （Loureiro）Merrill | | CIAT | | 2010 | 2 | 引进资源 |
| 5300 | 050224246D | 葛属 | 葛 | *Pueraria montana* （Loureiro）Merrill | | | 云南永德 | 2005 | 2 | 野生资源 |
| 5301 | 070315016 | 葛属 | 葛 | *Pueraria montana* （Loureiro）Merrill | | | 广西宜山 | 2007 | 2 | 野生资源 |
| 5302 | 121021014 | 葛属 | 葛 | *Pueraria montana* （Loureiro）Merrill | | | 贵州贵阳东风 | 2012 | 2 | 野生资源 |
| 5303 | 140927018 | 葛属 | 葛 | *Pueraria montana* （Loureiro）Merrill | | | 广东台山广海镇 | 2014 | 2 | 野生资源 |
| 5304 | 140920009 | 葛属 | 葛 | *Pueraria montana* （Loureiro）Merrill | | | 广东怀集交塘镇 | 2014 | 2 | 野生资源 |
| 5305 | 151111006 | 葛属 | 葛 | *Pueraria montana* （Loureiro）Merrill | | | 四川攀枝花大龙潭 | 2015 | 2 | 野生资源 |
| 5306 | 151022021 | 葛属 | 葛 | *Pueraria montana* （Loureiro）Merrill | | | 广东化州丽岗镇 | 2015 | 2 | 野生资源 |
| 5307 | 061129006 | 葛属 | 葛 | *Pueraria montana* （Loureiro）Merrill | | | 海南乐东郊区抱由 | 2006 | 2 | 野生资源 |
| 5308 | 050223215 | 葛属 | 葛 | *Pueraria montana* （Loureiro）Merrill | | | 云南镇康怒江大桥 | 2005 | 2 | 野生资源 |
| 5309 | 031125023 | 葛属 | 葛 | *Pueraria montana* （Loureiro）Merrill | | | 广西桂林蒙山 | 2003 | 2 | 野生资源 |

（续）

| 序号 | 送种单位编号 | 属名 | 种名 | 学名 | 品种名（原文名） | 材料来源 | 材料原产地 | 收种时间（年份） | 保存地点 | 类型 |
|---|---|---|---|---|---|---|---|---|---|---|
| 5310 | 060207003 | 葛属 | 葛 | *Pueraria montana* （Loureiro） Merrill | | | 海南儋州两院 | 2006 | 2 | 野生资源 |
| 5311 | 070315016B | 葛属 | 葛 | *Pueraria montana* （Loureiro） Merrill | | | 广西宜山 | 2007 | 2 | 野生资源 |
| 5312 | 061118008 | 葛属 | 葛 | *Pueraria montana* （Loureiro） Merrill | | | 海南儋州雅星镇 | 2006 | 2 | 野生资源 |
| 5313 | 041130107 | 葛属 | 葛 | *Pueraria montana* （Loureiro） Merrill | | | 海南乐东志仲镇 | 2004 | 2 | 野生资源 |
| 5314 | 041229008 | 葛属 | 葛 | *Pueraria montana* （Loureiro） Merrill | | | 海南两院 | 2004 | 2 | 野生资源 |
| 5315 | 061222076 | 葛属 | 葛 | *Pueraria montana* （Loureiro） Merrill | | | 广东台山 | 2006 | 2 | 野生资源 |
| 5316 | 050223215 | 葛属 | 葛 | *Pueraria montana* （Loureiro） Merrill | | | 云南镇康怒江大桥 | 2005 | 2 | 野生资源 |
| 5317 | 041130107 | 葛属 | 葛 | *Pueraria montana* （Loureiro） Merrill | | | 海南乐东志仲镇 | 2004 | 2 | 野生资源 |
| 5318 | 041229008 | 葛属 | 葛 | *Pueraria montana* （Loureiro） Merrill | | | 海南儋州两院 | 2004 | 2 | 野生资源 |
| 5319 | 060330040 | 葛属 | 葛 | *Pueraria montana* （Loureiro） Merrill | | | 云南景洪勐腊 | 2006 | 2 | 野生资源 |
| 5320 | 060127005 | 葛属 | 葛 | *Pueraria montana* （Loureiro） Merrill | | | 海南白沙芙蓉 | 2006 | 2 | 野生资源 |
| 5321 | 071219036 | 葛属 | 葛 | *Pueraria montana* （Loureiro） Merrill | | | 福建漳州南靖 | 2007 | 2 | 野生资源 |
| 5322 | 071222043 | 葛属 | 葛 | *Pueraria montana* （Loureiro） Merrill | | | 福建龙岩坎 | 2007 | 2 | 野生资源 |
| 5323 | 071227001 | 葛属 | 葛 | *Pueraria montana* （Loureiro） Merrill | | | 广东曲江 | 2007 | 2 | 野生资源 |
| 5324 | 080112035 | 葛属 | 葛 | *Pueraria montana* （Loureiro） Merrill | | | 云南保山 | 2008 | 2 | 野生资源 |
| 5325 | 071222011 | 葛属 | 葛 | *Pueraria montana* （Loureiro） Merrill | | | 福建永定 | 2007 | 2 | 野生资源 |
| 5326 | 071220053 | 葛属 | 葛 | *Pueraria montana* （Loureiro） Merrill | | | 福建龙岩适中镇 | 2007 | 2 | 野生资源 |
| 5327 | 071125011 | 葛属 | 葛 | *Pueraria montana* （Loureiro） Merrill | | | 广西隆林沙梨岭 | 2007 | 2 | 野生资源 |
| 5328 | 060229014 | 葛属 | 葛 | *Pueraria montana* （Loureiro） Merrill | | | 海南乐东 | 2006 | 2 | 野生资源 |
| 5329 | 121114011 | 葛属 | 葛 | *Pueraria montana* （Loureiro） Merrill | | | 广西 | 2012 | 2 | 野生资源 |
| 5330 | 081216036 | 葛属 | 葛 | *Pueraria montana* （Loureiro） Merrill | | | 江西永修 | 2008 | 2 | 野生资源 |
| 5331 | 070115010 | 葛属 | 葛 | *Pueraria montana* （Loureiro） Merrill | | | 福建福州闽清 | 2007 | 2 | 野生资源 |
| 5332 | 031015001 | 葛属 | 葛 | *Pueraria montana* （Loureiro） Merrill | | | 广东台山三合镇 | 2003 | 2 | 野生资源 |
| 5333 | hn2645 | 葛属 | 葛 | *Pueraria montana* （Loureiro） Merrill | | | 海南儋州 | 2006 | 3 | 野生资源 |
| 5334 | 广91-24 | 葛属 | 葛 | *Pueraria montana* （Loureiro） Merrill | | 广西畜牧所 | 广西 | 2004 | 1 | 野生资源 |

（续）

| 序号 | 送种单位编号 | 属 名 | 种 名 | 学 名 | 品种名（原文名） | 材料来源 | 材料原产地 | 收种时间（年份） | 保存地点 | 类型 |
|---|---|---|---|---|---|---|---|---|---|---|
| 5335 | E1259 | 葛属 | 葛 | *Pueraria montana*（Loureiro）Merrill | | | 湖北神农架松柏镇 | 2008 | 3 | 野生资源 |
| 5336 | E442 | 葛属 | 葛 | *Pueraria montana*（Loureiro）Merrill | | | 湖北武汉 | 2003 | 3 | 野生资源 |
| 5337 | HN2010-1474 | 葛属 | 葛 | *Pueraria montana*（Loureiro）Merrill | | | 福州晋安宦溪镇 | 2008 | 3 | 栽培资源 |
| 5338 | 121014401 | 葛属 | 葛 | *Pueraria montana*（Loureiro）Merrill | | | 海南五指山 | 2012 | 2 | 野生资源 |
| 5339 | 南02144 | 葛属 | 葛 | *Pueraria montana*（Loureiro）Merrill | | 海南南繁基地 | | 2001 | 2 | 野生资源 |
| 5340 | 南02144 | 葛属 | 葛 | *Pueraria montana*（Loureiro）Merrill | | 海南南繁基地 | | 2001 | 2 | 野生资源 |
| 5341 | 070301002 | 葛属 | 葛 | *Pueraria montana*（Loureiro）Merrill | | | 广东四会罗源镇 | 2007 | 2 | 野生资源 |
| 5342 | 070301010 | 葛属 | 葛 | *Pueraria montana*（Loureiro）Merrill | | | 广西桂平社步镇 | 2007 | 2 | 野生资源 |
| 5343 | 070116018 | 葛属 | 葛 | *Pueraria montana*（Loureiro）Merrill | | | 福建三明永安 | 2007 | 2 | 野生资源 |
| 5344 | 070109005 | 葛属 | 葛 | *Pueraria montana*（Loureiro）Merrill | | | 广东惠阳新街镇 | 2007 | 2 | 野生资源 |
| 5345 | GX13121803 | 葛属 | 葛 | *Pueraria montana*（Loureiro）Merrill | | 广西牧草站 | | 2013 | 2 | 野生资源 |
| 5346 | 070115028 | 葛属 | 葛 | *Pueraria montana*（Loureiro）Merrill | | | 福建福州古田 | 2007 | 2 | 野生资源 |
| 5347 | 070115058 | 葛属 | 葛 | *Pueraria montana*（Loureiro）Merrill | | | 福建南平西滨镇 | 2007 | 2 | 野生资源 |
| 5348 | 070115047 | 葛属 | 葛 | *Pueraria montana*（Loureiro）Merrill | | | 福建南平樟湖 | 2007 | 2 | 野生资源 |
| 5349 | 070117035 | 葛属 | 葛 | *Pueraria montana*（Loureiro）Merrill | | | 广东梅县经口镇 | 2007 | 2 | 野生资源 |
| 5350 | 070109040 | 葛属 | 葛 | *Pueraria montana*（Loureiro）Merrill | | | 广东惠州惠东 | 2007 | 2 | 野生资源 |
| 5351 | 070205001 | 葛属 | 葛 | *Pueraria montana*（Loureiro）Merrill | | | 广东台山 | 2007 | 2 | 野生资源 |
| 5352 | 070302004 | 葛属 | 葛 | *Pueraria montana*（Loureiro）Merrill | | | 云南屏边白河 | 2007 | 2 | 野生资源 |
| 5353 | 080114031 | 葛属 | 葛 | *Pueraria montana*（Loureiro）Merrill | | | 广东英德镇 | 2008 | 2 | 野生资源 |
| 5354 | 070125001 | 葛属 | 葛 | *Pueraria montana*（Loureiro）Merrill | | | | 2007 | 2 | 野生资源 |
| 5355 | 071221017 | 葛属 | 葛 | *Pueraria montana*（Loureiro）Merrill | | | 福建南靖 | 2007 | 2 | 野生资源 |
| 5356 | 071217014 | 葛属 | 葛 | *Pueraria montana*（Loureiro）Merrill | | | 福建云霄将军山 | 2007 | 2 | 野生资源 |
| 5357 | 080112038 | 葛属 | 葛 | *Pueraria montana*（Loureiro）Merrill | | | 云南保山 | 2008 | 2 | 野生资源 |
| 5358 | 080112001 | 葛属 | 葛 | *Pueraria montana*（Loureiro）Merrill | | | 云南保山 | 2008 | 2 | 野生资源 |
| 5359 | 080113015 | 葛属 | 葛 | *Pueraria montana*（Loureiro）Merrill | | | 云南保山 | 2008 | 2 | 野生资源 |

（续）

| 序号 | 送种单位编号 | 属 名 | 种 名 | 学 名 | 品种名（原文名） | 材料来源 | 材料原产地 | 收种时间（年份） | 保存地点 | 类型 |
|---|---|---|---|---|---|---|---|---|---|---|
| 5360 | 071219051 | 葛属 | 葛 | *Pueraria montana*（Loureiro）Merrill | | | 福建漳州南靖 | 2007 | 2 | 野生资源 |
| 5361 | 越南葛藤 | 葛属 | 葛 | *Pueraria montana*（Loureiro）Merrill | | | 越南 | 2006 | 2 | 引进资源 |
| 5362 | 151023003 | 葛属 | 葛 | *Pueraria montana*（Loureiro）Merrill | | | 广东化州丽岗镇 | 2015 | 2 | 野生资源 |
| 5363 | 061113001 | 葛属 | 葛 | *Pueraria montana*（Loureiro）Merrill | | | 海南儋州 | 2006 | 2 | 野生资源 |
| 5364 | hn2514 | 葛属 | 三裂叶野葛 | *Pueraria phaseoloides*（Roxb.）Benth. | | | 广西百色隆林 | 2012 | 3 | 野生资源 |
| 5365 | SD06-06 | 葛属 | 三裂叶野葛 | *Pueraria phaseoloides*（Roxb.）Benth. | 热研17号 | 海南 | | 2009 | 3 | 栽培资源 |
| 5366 | 100329001 | 葛属 | 三裂叶野葛 | *Pueraria phaseoloides*（Roxb.）Benth. | | | 海南琼中大丰农场 | 2010 | 2 | 野生资源 |
| 5367 | 141202006 | 葛属 | 三裂叶野葛 | *Pueraria phaseoloides*（Roxb.）Benth. | | | 广西玉林博白 | 2014 | 2 | 野生资源 |
| 5368 | 070118002 | 葛属 | 三裂叶野葛 | *Pueraria phaseoloides*（Roxb.）Benth. | | | 广东惠州 | 2007 | 2 | 野生资源 |
| 5369 | 070109018 | 葛属 | 三裂叶野葛 | *Pueraria phaseoloides*（Roxb.）Benth. | | | 广东惠阳 | 2007 | 2 | 野生资源 |
| 5370 | 080226002 | 葛属 | 三裂叶野葛 | *Pueraria phaseoloides*（Roxb.）Benth. | | | 广东英德镇 | 2008 | 2 | 野生资源 |
| 5371 | 150000002 | 葛属 | 三裂叶野葛 | *Pueraria phaseoloides*（Roxb.）Benth. | | | 厄瓜多尔 | 2015 | 2 | 引进资源 |
| 5372 | 热研17号 | 葛属 | 三裂叶野葛 | *Pueraria phaseoloides*（Roxb.）Benth. | | 中国热作院培育 | | 2009 | 2 | 栽培资源 |
| 5373 | GX12113002 | 葛属 | 三裂叶野葛 | *Pueraria phaseoloides*（Roxb.）Benth. | | | 广西百色隆林 | 2012 | 2 | 野生资源 |
| 5374 | 091001009 | 葛属 | 三裂叶野葛 | *Pueraria phaseoloides*（Roxb.）Benth. | | CIAT | | 2009 | 2 | 引进资源 |
| 5375 | 151021029 | 葛属 | 三裂叶野葛 | *Pueraria phaseoloides*（Roxb.）Benth. | | | 广东高山 | 2015 | 2 | 野生资源 |
| 5376 | HN2011-1745 | 密子豆属 | 密子豆 | *Pycnospora lutescens*（Poir.）Schindl. | | | 海南保亭七仙岭 | 2004 | 3 | 野生资源 |
| 5377 | HN2011-1921 | 密子豆属 | 密子豆 | *Pycnospora lutescens*（Poir.）Schindl. | | | 海南乐东保国农场 | 2006 | 3 | 野生资源 |
| 5378 | hn2808 | 密子豆属 | 密子豆 | *Pycnospora lutescens*（Poir.）Schindl. | | | 福建龙海紫云公园 | 2007 | 3 | 野生资源 |
| 5379 | hn2810 | 密子豆属 | 密子豆 | *Pycnospora lutescens*（Poir.）Schindl. | | | 广东惠阳新圩镇 | 2007 | 3 | 栽培资源 |
| 5380 | hn3062 | 密子豆属 | 密子豆 | *Pycnospora lutescens*（Poir.）Schindl. | | | 云南怒江州泸水 | 2008 | 3 | 野生资源 |
| 5381 | 071218026 | 密子豆属 | 密子豆 | *Pycnospora lutescens*（Poir.）Schindl. | | | 福建漳浦 | 2007 | 2 | 野生资源 |
| 5382 | 101109018 | 密子豆属 | 密子豆 | *Pycnospora lutescens*（Poir.）Schindl. | | | 广西扶绥东罗镇 | 2010 | 2 | 野生资源 |
| 5383 | 071221028 | 密子豆属 | 密子豆 | *Pycnospora lutescens*（Poir.）Schindl. | | | 福建平和旧镇 | 2007 | 2 | 野生资源 |

（续）

| 序号 | 送种单位编号 | 属 名 | 种 名 | 学 名 | 品种名（原文名） | 材料来源 | 材料原产地 | 收种时间（年份） | 保存地点 | 类型 |
|---|---|---|---|---|---|---|---|---|---|---|
| 5384 | GX161107001 | 蜜子豆属 | 密子豆 | *Pycnospora lutescens*（Poir.）Schindl. | | 广西贺州八步 | 广西贺州八步 | 2016 | 2 | 野生资源 |
| 5385 | 060328017 | 密子豆属 | 密子豆 | *Pycnospora lutescens*（Poir.）Schindl. | | | 越南 | 2006 | 2 | 引进资源 |
| 5386 | 061210004 | 密子豆属 | 密子豆 | *Pycnospora lutescens*（Poir.）Schindl. | | | 海南万宁乐来镇 | 2006 | 2 | 野生资源 |
| 5387 | 060329021-1 | 密子豆属 | 密子豆 | *Pycnospora lutescens*（Poir.）Schindl. | | | 云南江城老挝边界 | 2006 | 2 | 野生资源 |
| 5388 | 041104099 | 密子豆属 | 密子豆 | *Pycnospora lutescens*（Poir.）Schindl. | | | 海南鹦哥岭 | 2004 | 2 | 野生资源 |
| 5389 | 051210044 | 密子豆属 | 密子豆 | *Pycnospora lutescens*（Poir.）Schindl. | | | 海南琼中毛阳镇 | 2005 | 2 | 野生资源 |
| 5390 | 050302433 | 密子豆属 | 密子豆 | *Pycnospora lutescens*（Poir.）Schindl. | | | 云南思茅普洱 | 2005 | 2 | 野生资源 |
| 5391 | 060820001 | 密子豆属 | 密子豆 | *Pycnospora lutescens*（Poir.）Schindl. | | | 海南儋州王五 | 2006 | 2 | 野生资源 |
| 5392 | 061222072 | 密子豆属 | 密子豆 | *Pycnospora lutescens*（Poir.）Schindl. | | | 海南陵水黎安镇 | 2006 | 2 | 野生资源 |
| 5393 | E1254 | 鹿藿属 | 菱叶鹿藿 | *Rhynchosia dielsii* Harms | | | 湖北神农架松柏镇 | 2008 | 3 | 野生资源 |
| 5394 | HB2009-353 | 鹿藿属 | 菱叶鹿藿 | *Rhynchosia dielsii* Harms | | | 湖北神农架松柏镇 | 2009 | 3 | 野生资源 |
| 5395 | HB2011-005 | 鹿藿属 | 菱叶鹿藿 | *Rhynchosia dielsii* Harms | | 湖北农科院畜牧所 | | 2011 | 3 | 野生资源 |
| 5396 | HB2015217 | 鹿藿属 | 菱叶鹿藿 | *Rhynchosia dielsii* Harms | | | 湖北神农架松柏镇 | 2015 | 3 | 野生资源 |
| 5397 | HN429 | 鹿藿属 | 鹿藿 | *Rhynchosia volubilis* Lour. | | | 海南昌江 | 2003 | 3 | 野生资源 |
| 5398 | 110113004 | 鹿藿属 | 鹿藿 | *Rhynchosia volubilis* Lour. | | | 福建厦门坂头水库 | 2011 | 2 | 野生资源 |
| 5399 | 120922002 | 鹿藿属 | 鹿藿 | *Rhynchosia volubilis* Lour. | | | 广西上思 | 2012 | 2 | 野生资源 |
| 5400 | 071120011 | 鹿藿属 | 鹿藿 | *Rhynchosia volubilis* Lour. | | | 云南红河元江 | 2007 | 2 | 野生资源 |
| 5401 | 071220038 | 鹿藿属 | 鹿藿 | *Rhynchosia volubilis* Lour. | | | 福建漳州南靖 | 2007 | 2 | 野生资源 |
| 5402 | 071226079 | 鹿藿属 | 鹿藿 | *Rhynchosia volubilis* Lour. | | | 广东南雄 | 2007 | 2 | 野生资源 |
| 5403 | B5519 | 刺槐属 | 刺槐 | *Robinia pseudoacacia* L. | | 中国农科院草原所 | | 2013 | 3 | 栽培资源 |
| 5404 | E1040 | 刺槐属 | 刺槐 | *Robinia pseudoacacia* L. | | 湖北神农架松柏镇 | | 2007 | 3 | 野生资源 |

（续）

| 序号 | 送种单位编号 | 属 名 | 种 名 | 学 名 | 品种名（原文名） | 材料来源 | 材料原产地 | 收种时间（年份） | 保存地点 | 类型 |
|---|---|---|---|---|---|---|---|---|---|---|
| 5405 | E629 | 刺槐属 | 刺槐 | *Robinia pseudoacacia* L. | | 湖北武汉江夏 | 湖北咸宁 | 2004 | 3 | 野生资源 |
| 5406 | GS0184 | 刺槐属 | 刺槐 | *Robinia pseudoacacia* L. | | 甘肃靖远 | | 2001 | 3 | 栽培资源 |
| 5407 | GS3061 | 刺槐属 | 刺槐 | *Robinia pseudoacacia* L. | | | 陕西长武 | 2011 | 3 | 野生资源 |
| 5408 | GS4811 | 刺槐属 | 刺槐 | *Robinia pseudoacacia* L. | | | 陕西太白 | 2015 | 3 | 野生资源 |
| 5409 | HB2011-013 | 刺槐属 | 刺槐 | *Robinia pseudoacacia* L. | | 湖北农科院畜牧所 | | 2011 | 3 | 野生资源 |
| 5410 | HB2011-181 | 刺槐属 | 刺槐 | *Robinia pseudoacacia* L. | | 湖北农科院畜牧所 | | | 3 | 野生资源 |
| 5411 | HB2015219 | 刺槐属 | 刺槐 | *Robinia pseudoacacia* L. | | | 湖北神农架木鱼镇 | 2015 | 3 | 野生资源 |
| 5412 | JL15-056 | 刺槐属 | 刺槐 | *Robinia pseudoacacia* L. | | | 辽宁抚顺章党 | 2014 | 3 | 野生资源 |
| 5413 | JL09027 | 刺槐属 | 刺槐 | *Robinia pseudoacacia* L. | | 吉林永吉旺起 | | 2009 | 3 | 野生资源 |
| 5414 | JL14-106 | 刺槐属 | 刺槐 | *Robinia pseudoacacia* L. | | | 吉林丰满水电站 | 2013 | 3 | 野生资源 |
| 5415 | JL14-143 | 刺槐属 | 刺槐 | *Robinia pseudoacacia* L. | | | 辽宁盖州 | 2013 | 3 | 野生资源 |
| 5416 | JL16-048 | 刺槐属 | 刺槐 | *Robinia pseudoacacia* L. | | | 辽宁朝阳双塔 | 2015 | 3 | 野生资源 |
| 5417 | NM05-180 | 刺槐属 | 刺槐 | *Robinia pseudoacacia* L. | | 内蒙古通辽扎鲁特旗 | | 2005 | 3 | 野生资源 |
| 5418 | SC2007-043 | 刺槐属 | 刺槐 | *Robinia pseudoacacia* L. | | 四川梓潼 | | 2007 | 3 | 野生资源 |
| 5419 | SCH2003-380 | 刺槐属 | 刺槐 | *Robinia pseudoacacia* L. | | 四川广元中区 | | 2003 | 3 | 野生资源 |
| 5420 | WPT-848 | 刺槐属 | 刺槐 | *Robinia pseudoacacia* L. | | | 宁夏中卫沙坡头 | 2015 | 3 | 野生资源 |
| 5421 | YN2010-277 | 刺槐属 | 刺槐 | *Robinia pseudoacacia* L. | | | 云南剑川 | 2009 | 3 | 野生资源 |
| 5422 | 020301035 | 落地豆属 | 落地豆 | *Rothia indica* (Linnaeus) Druce | | | 海南陵水英州 | 2002 | 2 | 野生资源 |
| 5423 | 020401065 | 落地豆属 | 落地豆 | *Rothia indica* (Linnaeus) Druce | | | 海南屯昌大同 | 2002 | 2 | 野生资源 |
| 5424 | 060131008 | 落地豆属 | 落地豆 | *Rothia indica* (Linnaeus) Druce | | | 海南陵水三才 | 2006 | 2 | 野生资源 |
| 5425 | 071210005 | 落地豆属 | 落地豆 | *Rothia indica* (Linnaeus) Druce | | | 福建泉州德化 | 2007 | 2 | 野生资源 |
| 5426 | 151017021 | 落地豆属 | 落地豆 | *Rothia indica* (Linnaeus) Druce | | | 广东雷州 | 2015 | 2 | 野生资源 |

（续）

| 序号 | 送种单位编号 | 属 名 | 种 名 | 学 名 | 品种名（原文名） | 材料来源 | 材料原产地 | 收种时间（年份） | 保存地点 | 类型 |
|---|---|---|---|---|---|---|---|---|---|---|
| 5427 | 071105003 | 落地豆属 | 落地豆 | *Rothia indica*（Linnaeus）Druce | | | 云南元谋 | 2007 | 2 | 野生资源 |
| 5428 | 120916022 | 田菁属 | 刺田菁 | *Sesbania bispinosa*（Jacq.）W. F. Wight | | | 广东钦州 | 2012 | 2 | 野生资源 |
| 5429 | 120921001 | 田菁属 | 刺田菁 | *Sesbania bispinosa*（Jacq.）W. F. Wight | | | 广西上思郊区 | 2012 | 2 | 野生资源 |
| 5430 | 141202001 | 田菁属 | 刺田菁 | *Sesbania bispinosa*（Jacq.）W. F. Wight | | | 广西百色田阳 | 2014 | 2 | 野生资源 |
| 5431 | 141202002 | 田菁属 | 刺田菁 | *Sesbania bispinosa*（Jacq.）W. F. Wight | | | 云南河口 | 2014 | 2 | 野生资源 |
| 5432 | 141202003 | 田菁属 | 刺田菁 | *Sesbania bispinosa*（Jacq.）W. F. Wight | | | 云南保山 | 2014 | 2 | 野生资源 |
| 5433 | 131010001 | 田菁属 | 刺田菁 | *Sesbania bispinosa*（Jacq.）W. F. Wight | | | 云南元江 | 2013 | 2 | 野生资源 |
| 5434 | 031203001 | 田菁属 | 刺田菁 | *Sesbania bispinosa*（Jacq.）W. F. Wight | | | 陕西西安临潼 | 2003 | 2 | 野生资源 |
| 5435 | 041015002 | 田菁属 | 刺田菁 | *Sesbania bispinosa*（Jacq.）W. F. Wight | | | 广西田阳燕洞镇 | 2004 | 2 | 野生资源 |
| 5436 | CIAT19171 | 田菁属 | 刺田菁 | *Sesbania bispinosa*（Jacq.）W. F. Wight | | ACIA | | 2003 | 2 | 引进资源 |
| 5437 | 130119001 | 田菁属 | 刺田菁 | *Sesbania bispinosa*（Jacq.）W. F. Wight | | | 云南怒江州贡山 | 2013 | 2 | 野生资源 |
| 5438 | 130930003 | 田菁属 | 刺田菁 | *Sesbania bispinosa*（Jacq.）W. F. Wight | | | 广东开平 | 2013 | 2 | 野生资源 |
| 5439 | 130930004 | 田菁属 | 刺田菁 | *Sesbania bispinosa*（Jacq.）W. F. Wight | | | 广东深圳皇岗区 | 2013 | 2 | 野生资源 |
| 5440 | 060331031 | 田菁属 | 田菁 | *Sesbania cannabina*（Retz.）Poir. | | | 云南景洪 | 2006 | 2 | 野生资源 |
| 5441 | JS2011-73 | 田菁属 | 田菁 | *Sesbania cannabina*（Retz.）Poir. | | | 江苏大丰金海农场 | 2011 | 3 | 野生资源 |
| 5442 | JS2013-114 | 田菁属 | 田菁 | *Sesbania cannabina*（Retz.）Poir. | | | 江苏盐城学府三永 | 2013 | 3 | 野生资源 |
| 5443 | JS2014-125 | 田菁属 | 田菁 | *Sesbania cannabina*（Retz.）Poir. | | | 江苏连云港 | 2014 | 3 | 野生资源 |
| 5444 | JS2016-44 | 田菁属 | 田菁 | *Sesbania cannabina*（Retz.）Poir. | | | 江苏盐城东台 | 2016 | 3 | 野生资源 |
| 5445 | JS2016-45 | 田菁属 | 田菁 | *Sesbania cannabina*（Retz.）Poir. | | | 江苏仪征刘集镇 | 2016 | 3 | 野生资源 |
| 5446 | 050222129 | 田菁属 | 田菁 | *Sesbania cannabina*（Retz.）Poir. | | | 云南德宏潞西 | 2005 | 2 | 野生资源 |
| 5447 | GX11120401 | 田菁属 | 田菁 | *Sesbania cannabina*（Retz.）Poir. | | 广西牧草站 | | 2011 | 2 | 野生资源 |
| 5448 | GX13121003 | 田菁属 | 田菁 | *Sesbania cannabina*（Retz.）Poir. | | 广西牧草站 | | 2013 | 2 | 野生资源 |
| 5449 | GX08121102 | 田菁属 | 田菁 | *Sesbania cannabina*（Retz.）Poir. | | 广西牧草站 | | 2008 | 2 | 野生资源 |
| 5450 | JS2013-115 | 田菁属 | 沼生田菁 | *Sesbania javanica* Miq. | | | 江苏盐城学府三永 | 2013 | 3 | 野生资源 |
| 5451 | 141202004 | 田菁属 | 大花田菁 | *Sesbania grandiflora*（L.）Pers. | | | 广西田阳 | 2014 | 2 | 野生资源 |

（续）

| 序号 | 送种单位编号 | 属名 | 种名 | 学名 | 品种名（原文名） | 材料来源 | 材料原产地 | 收种时间（年份） | 保存地点 | 类型 |
|---|---|---|---|---|---|---|---|---|---|---|
| 5452 | 141202005 | 田菁属 | 大花田菁 | *Sesbania grandiflora*（L.）Pers. | | | 海南白沙胶厂 | 2014 | 2 | 野生资源 |
| 5453 | 060325033 | 宿苞豆属 | 宿苞豆 | *Shuteria involucrata*（Wall.）Wight et Arn. | | | 云南思茅 | 2006 | 2 | 野生资源 |
| 5454 | 060326044 | 宿苞豆属 | 宿苞豆 | *Shuteria involucrata*（Wall.）Wight et Arn. | | | 云南思茅 | 2006 | 2 | 野生资源 |
| 5455 | 070305013 | 宿苞豆属 | 宿苞豆 | *Shuteria involucrata*（Wall.）Wight et Arn. | | | 云南西畴莲花滩镇 | 2007 | 2 | 野生资源 |
| 5456 | 050227322 | 宿苞豆属 | 毛宿苞豆 | *Shuteria pampaniniana* Hand.-Mazz. | | | 云南勐海勐板镇 | 2005 | 2 | 野生资源 |
| 5457 | 060327015 | 宿苞豆属 | 毛宿苞豆 | *Shuteria pampaniniana* Hand.-Mazz. | | | 云南思茅 | 2006 | 2 | 野生资源 |
| 5458 | 060401044 | 宿苞豆属 | 毛宿苞豆 | *Shuteria pampaniniana* Hand.-Mazz. | | | 云南思茅 | 2006 | 2 | 野生资源 |
| 5459 | 060327005 | 宿苞豆属 | 毛宿苞豆 | *Shuteria pampaniniana* Hand.-Mazz. | | | 云南头案 | 2006 | 2 | 野生资源 |
| 5460 | 060330023 | 宿苞豆属 | 毛宿苞豆 | *Shuteria pampaniniana* Hand.-Mazz. | | | 云南思茅江城 | 2006 | 2 | 野生资源 |
| 5461 | 060330025 | 宿苞豆属 | 毛宿苞豆 | *Shuteria pampaniniana* Hand.-Mazz. | | | 云南景洪勐腊镇 | 2006 | 2 | 野生资源 |
| 5462 | 060307022 | 宿苞豆属 | 毛宿苞豆 | *Shuteria pampaniniana* Hand.-Mazz. | | | 海南五指山南圣镇 | 2006 | 2 | 野生资源 |
| 5463 | 060319012 | 宿苞豆属 | 毛宿苞豆 | *Shuteria pampaniniana* Hand.-Mazz. | | | 海南临高高山岭 | 2006 | 2 | 野生资源 |
| 5464 | 021000001 | 宿苞豆属 | 西南宿苞豆 | *Shuteria vestita* Wight et Arn. | | | 广西百色田林 | 2002 | 2 | 野生资源 |
| 5465 | HN277 | 宿苞豆属 | 西南宿苞豆 | *Shuteria vestita* Wight et Arn. | | | 云南元谋 | 2002 | 3 | 野生资源 |
| 5466 | GS3683 | 槐属 | 白刺花 | *Sophora davidii*（Franch.）Skeels | | | 陕西旬邑 | 2012 | 3 | 野生资源 |
| 5467 | GS4136 | 槐属 | 白刺花 | *Sophora davidii*（Franch.）Skeels | | | 陕西洛川 | 2013 | 3 | 野生资源 |
| 5468 | GS4549 | 槐属 | 白刺花 | *Sophora davidii*（Franch.）Skeels | | | 陕西永寿 | 2014 | 3 | 野生资源 |
| 5469 | GS4557 | 槐属 | 白刺花 | *Sophora davidii*（Franch.）Skeels | | | 陕西彬县 | 2014 | 3 | 野生资源 |
| 5470 | GS4861 | 槐属 | 白刺花 | *Sophora davidii*（Franch.）Skeels | | | 陕西太白 | 2015 | 3 | 野生资源 |
| 5471 | HB2011-007 | 槐属 | 白刺花 | *Sophora davidii*（Franch.）Skeels | | 湖北农科院畜牧所 | | 2014 | 3 | 野生资源 |
| 5472 | 中畜-629 | 槐属 | 白刺花 | *Sophora davidii*（Franch.）Skeels | | 中国农科院畜牧所 | | 2005 | 3 | 野生资源 |
| 5473 | HB2014-219 | 槐属 | 苦参 | *Sophora flavescens* Alt. | | | 河南信阳浉河 | 2014 | 3 | 野生资源 |

（续）

| 序号 | 送种单位编号 | 属 名 | 种 名 | 学 名 | 品种名（原文名） | 材料来源 | 材料原产地 | 收种时间（年份） | 保存地点 | 类型 |
|---|---|---|---|---|---|---|---|---|---|---|
| 5474 | B4054 | 槐属 | 苦豆子 | *Sophora alopecuroides* L. | | 中国农科院草原所 | | 2014 | 3 | 野生资源 |
| 5475 | GS4467 | 槐属 | 苦豆子 | *Sophora alopecuroides* L. | | | 宁夏盐池大水坑镇 | 2013 | 3 | 野生资源 |
| 5476 | GS4925 | 槐属 | 苦豆子 | *Sophora alopecuroides* L. | | | 甘肃古浪西靖乡 | 2015 | 3 | 野生资源 |
| 5477 | nm-2014-182 | 槐属 | 苦豆子 | *Sophora alopecuroides* L. | | 内蒙古草原站 | | 2016 | 3 | 野生资源 |
| 5478 | xj2014-040 | 槐属 | 苦豆子 | *Sophora alopecuroides* L. | | | 新疆托里 | 2013 | 3 | 野生资源 |
| 5479 | T8-2(XJDK2007008) | 槐属 | 苦豆子 | *Sophora alopecuroides* L. | | | | 2007 | 1 | 野生资源 |
| 5480 | B4085 | 槐属 | 苦参 | *Sophora flavescens* Alt. | | 中国农科院草原所 | | 2011 | 3 | 野生资源 |
| 5481 | B5149 | 槐属 | 苦参 | *Sophora flavescens* Alt. | | 中国农科院草原所 | | 2005 | 3 | 野生资源 |
| 5482 | B5455 | 槐属 | 苦参 | *Sophora flavescens* Alt. | | 中国农科院草原所 | | 2014 | 3 | 野生资源 |
| 5483 | B5456 | 槐属 | 苦参 | *Sophora flavescens* Alt. | | 中国农科院草原所 | | 2014 | 3 | 野生资源 |
| 5484 | HB2011-187 | 槐属 | 苦参 | *Sophora flavescens* Alt. | | 湖北农科院畜牧所 | | 2014 | 3 | 野生资源 |
| 5485 | GS0187 | 槐属 | 槐 | *Sophora japonica* L. | | 甘肃兰州 | 甘肃 | 2001 | 3 | 野生资源 |
| 5486 | YN2010-286 | 槐属 | 槐 | *Sophora japonica* L. | | | 云南嵩明 | 2010 | 3 | 野生资源 |
| 5487 | 贵178 | 槐属 | 槐 | *Sophora japonica* L. | | 贵州草业所 | 贵州独山 | 2004 | 1 | 野生资源 |
| 5488 | 070305033 | 槐属 | 苦刺花 | *Sophora viciifolia* Hance | | | 云南文山砚山 | 2007 | 2 | 野生资源 |
| 5489 | 070226025 | 槐属 | 苦刺花 | *Sophora viciifolia* Hance | | | 云南昆明弥勒 | 2007 | 2 | 野生资源 |
| 5490 | 070310003 | 槐属 | 苦刺花 | *Sophora viciifolia* Hance | | | 贵州贞丰者相镇 | 2007 | 2 | 野生资源 |
| 5491 | B513 | 苦马豆属 | 苦马豆 | *Sphaerophysa salsula*（Pall.）DC. | | 中国农科院草原所 | 内蒙古呼和浩特 | 2004 | 3 | 野生资源 |

（续）

| 序号 | 送种单位编号 | 属 名 | 种 名 | 学 名 | 品种名（原文名） | 材料来源 | 材料原产地 | 收种时间（年份） | 保存地点 | 类型 |
|---|---|---|---|---|---|---|---|---|---|---|
| 5492 | GS3556 | 苦马豆属 | 苦马豆 | *Sphaerophysa salsula*（Pall.）DC. | | | 宁夏盐池大水坑镇 | 2012 | 3 | 野生资源 |
| 5493 | JL2013-020 | 苦马豆属 | 苦马豆 | *Sphaerophysa salsula*（Pall.）DC. | | | 内蒙古通辽珠日河 | 2012 | 3 | 野生资源 |
| 5494 | NM05-417 | 苦马豆属 | 苦马豆 | *Sphaerophysa salsula*（Pall.）DC. | | 内蒙古乌兰察布 | | 2005 | 3 | 野生资源 |
| 5495 | XJ05-275 | 苦马豆属 | 苦马豆 | *Sphaerophysa salsula*（Pall.）DC. | | | 新疆民丰 | 2005 | 3 | 野生资源 |
| 5496 | YN2009-033 | 苦马豆属 | 苦马豆 | *Sphaerophysa salsula*（Pall.）DC. | | 云南香格里拉 | | 2007 | 3 | 野生资源 |
| 5497 | 蒙19 | 苦马豆属 | 苦马豆 | *Sphaerophysa salsula*（Pall.）DC. | | | 内蒙古赤峰 | 2000 | 3 | 野生资源 |
| 5498 | 蒙78 | 苦马豆属 | 苦马豆 | *Sphaerophysa salsula*（Pall.）DC. | | | 内蒙古通辽科左后旗 | 2000 | 3 | 野生资源 |
| 5499 | 蒙99-6 | 苦马豆属 | 苦马豆 | *Sphaerophysa salsula*（Pall.）DC. | | | 内蒙古赤峰翁牛特旗 | 1998 | 3 | 野生资源 |
| 5500 | 中畜-035 | 苦马豆属 | 苦马豆 | *Sphaerophysa salsula*（Pall.）DC. | | 中国农科院畜牧所 | 新疆阿尔泰 | 2000 | 1 | 野生资源 |
| 5501 | T9-1(XJDK2007007) | 苦马豆属 | 苦马豆 | *Sphaerophysa salsula*（Pall.）DC. | | | | 2008 | 1 | 野生资源 |
| 5502 | 85 | 苦马豆属 | 苦马豆 | *Sphaerophysa salsula*（Pall.）DC. | | 宁夏草原站 | 宁夏盐池 | 2003 | 1 | 野生资源 |
| 5503 | CIAT2340 | 柱花草属 | 圭亚那柱花草 | *Stylosanthes guianensis*（Aubl.）Sw. | CIAT2340 | CIAT | | 2003 | 2 | 引进资源 |
| 5504 | HN1199 | 柱花草属 | 圭亚那柱花草 | *Stylosanthes guianensis*（Aubl.）Sw. | E10 | CIAT | | 1999 | 3 | 引进资源 |
| 5505 | HN1271 | 柱花草属 | 圭亚那柱花草 | *Stylosanthes guianensis*（Aubl.）Sw. | CIAT184 | CIAT | | 2008 | 3 | 引进资源 |
| 5506 | Multiline-6 | 柱花草属 | 圭亚那柱花草 | *Stylosanthes guianensis*（Aubl.）Sw. | Multiline-6 | CIAT | | 2003 | 2 | 引进资源 |
| 5507 | HN1106 | 柱花草属 | 圭亚那柱花草 | *Stylosanthes guianensis*（Aubl.）Sw. | CIAT2539 | CIAT | | 2000 | 3 | 引进资源 |
| 5508 | FM9405（品61） | 柱花草属 | 圭亚那柱花草 | *Stylosanthes guianensis*（Aubl.）Sw. | FM9405 | CIAT | | 2003 | 2 | 引进资源 |
| 5509 | CIAT2590 | 柱花草属 | 圭亚那柱花草 | *Stylosanthes guianensis*（Aubl.）Sw. | CIAT2590 | CIAT | | 2003 | 2 | 引进资源 |
| 5510 | CIAT1283 | 柱花草属 | 圭亚那柱花草 | *Stylosanthes guianensis*（Aubl.）Sw. | CIAT1283 | CIAT | | 2003 | 2 | 引进资源 |
| 5511 | CIAT1297 | 柱花草属 | 圭亚那柱花草 | *Stylosanthes guianensis*（Aubl.）Sw. | CIAT1297 | CIAT | | 2003 | 2 | 引进资源 |
| 5512 | CIAT13 | 柱花草属 | 圭亚那柱花草 | *Stylosanthes guianensis*（Aubl.）Sw. | CIAT13 | CIAT | | 2003 | 2 | 引进资源 |
| 5513 | CIAT15 | 柱花草属 | 圭亚那柱花草 | *Stylosanthes guianensis*（Aubl.）Sw. | CIAT15 | CIAT | | 2003 | 2 | 引进资源 |
| 5514 | CIAT1500 | 柱花草属 | 圭亚那柱花草 | *Stylosanthes guianensis*（Aubl.）Sw. | CIAT1500 | CIAT | | 2003 | 2 | 引进资源 |
| 5515 | CIAT1534 | 柱花草属 | 圭亚那柱花草 | *Stylosanthes guianensis*（Aubl.）Sw. | CIAT1534 | CIAT | | 2003 | 2 | 引进资源 |

（续）

| 序号 | 送种单位编号 | 属 名 | 种 名 | 学 名 | 品种名（原文名） | 材料来源 | 材料原产地 | 收种时间（年份） | 保存地点 | 类型 |
|---|---|---|---|---|---|---|---|---|---|---|
| 5516 | CIAT1850 | 柱花草属 | 圭亚那柱花草 | *Stylosanthes guianensis*（Aubl.）Sw. | CIAT1850 | CIAT | | 2003 | 2 | 引进资源 |
| 5517 | CIAT1890 | 柱花草属 | 圭亚那柱花草 | *Stylosanthes guianensis*（Aubl.）Sw. | CIAT1890 | CIAT | | 2003 | 2 | 引进资源 |
| 5518 | CIAT1959 | 柱花草属 | 圭亚那柱花草 | *Stylosanthes guianensis*（Aubl.）Sw. | CIAT1959 | CIAT | | 2003 | 2 | 引进资源 |
| 5519 | CIAT2031 | 柱花草属 | 圭亚那柱花草 | *Stylosanthes guianensis*（Aubl.）Sw. | CIAT2031 | CIAT | | 2003 | 2 | 引进资源 |
| 5520 | CIAT2160 | 柱花草属 | 圭亚那柱花草 | *Stylosanthes guianensis*（Aubl.）Sw. | CIAT2160 | CIAT | | 2003 | 2 | 引进资源 |
| 5521 | CIAT2222 | 柱花草属 | 圭亚那柱花草 | *Stylosanthes guianensis*（Aubl.）Sw. | CIAT2222 | CIAT | | 2003 | 2 | 引进资源 |
| 5522 | CIAT2950 | 柱花草属 | 圭亚那柱花草 | *Stylosanthes guianensis*（Aubl.）Sw. | CIAT2950 | CIAT | | 2003 | 2 | 引进资源 |
| 5523 | L14-84 | 柱花草属 | 圭亚那柱花草 | *Stylosanthes guianensis*（Aubl.）Sw. | Cook | CIAT | | 2003 | 2 | 引进资源 |
| 5524 | L32-84 | 柱花草属 | 圭亚那柱花草 | *Stylosanthes guianensis*（Aubl.）Sw. | Oxley | CIAT | | 2003 | 2 | 引进资源 |
| 5525 | 南02156 | 柱花草属 | 圭亚那柱花草 | *Stylosanthes guianensis*（Aubl.）Sw. | | | | 2001 | 2 | 引进资源 |
| 5526 | 90005（1） | 柱花草属 | 圭亚那柱花草 | *Stylosanthes guianensis*（Aubl.）Sw. | 90005（1）柱花草 | | | 2003 | 2 | 引进资源 |
| 5527 | TPRC90005(2)(品34) | 柱花草属 | 圭亚那柱花草 | *Stylosanthes guianensis*（Aubl.）Sw. | TPRC90005(2) | 中国热作院培育 | | 2003 | 2 | 栽培资源 |
| 5528 | 品102 | 柱花草属 | 圭亚那柱花草 | *Stylosanthes guianensis*（Aubl.）Sw. | 早花综合种（易） | 中国热作院培育 | | 2003 | 2 | 栽培资源 |
| 5529 | ATF3308（品104） | 柱花草属 | 圭亚那柱花草 | *Stylosanthes guianensis*（Aubl.）Sw. | ATF3308（易） | 澳大利亚南疆种子公司 | | 2003 | 2 | 引进资源 |
| 5530 | ATF3309（品103） | 柱花草属 | 圭亚那柱花草 | *Stylosanthes guianensis*（Aubl.）Sw. | ATF3309（易） | 澳大利亚南疆种子公司 | | 2003 | 2 | 引进资源 |
| 5531 | Mineirao（品105） | 柱花草属 | 圭亚那柱花草 | *Stylosanthes guianensis*（Aubl.）Sw. | Mineirao | ACIAR | | 2003 | 2 | 引进资源 |
| 5532 | 品100 | 柱花草属 | 圭亚那柱花草 | *Stylosanthes guianensis*（Aubl.）Sw. | 王廷标种（漆） | 中国热作院培育 | | 2003 | 2 | 引进资源 |
| 5533 | 品101 | 柱花草属 | 圭亚那柱花草 | *Stylosanthes guianensis*（Aubl.）Sw. | 王廷标种（何） | 中国热作院培育 | | 2003 | 2 | 引进资源 |
| 5534 | 品125 | 柱花草属 | 圭亚那柱花草 | *Stylosanthes guianensis*（Aubl.）Sw. | 907 | 广西畜牧所育成 | | 2003 | 2 | 栽培资源 |
| 5535 | Amiga | 柱花草属 | 圭亚那柱花草 | *Stylosanthes guianensis*（Aubl.）Sw. | Amiga | 中国热作院培育 | | 2003 | 2 | 引进资源 |
| 5536 | Siran（斯伦）（品123） | 柱花草属 | 圭亚那柱花草 | *Stylosanthes guianensis*（Aubl.）Sw. | 斯伦（Siran） | CIAT | | 2003 | 2 | 引进资源 |
| 5537 | GC1581（品106） | 柱花草属 | 圭亚那柱花草 | *Stylosanthes guianensis*（Aubl.）Sw. | GC1581 | ACIAR | | 2003 | 2 | 引进资源 |
| 5538 | Schofield（品110） | 柱花草属 | 圭亚那柱花草 | *Stylosanthes guianensis*（Aubl.）Sw. | 斯科非 | CIAT | | 2003 | 2 | 引进资源 |

（续）

| 序号 | 送种单位编号 | 属名 | 种名 | 学名 | 品种名（原文名） | 材料来源 | 材料原产地 | 收种时间（年份） | 保存地点 | 类型 |
|---|---|---|---|---|---|---|---|---|---|---|
| 5539 | 品 97 | 柱花草属 | 圭亚那柱花草 | *Stylosanthes guianensis*（Aubl.）Sw. | 260 有钩 | 中国热作院培育 | | 2003 | 2 | 引进资源 |
| 5540 | 2534(重复)(品 119) | 柱花草属 | 圭亚那柱花草 | *Stylosanthes guianensis*（Aubl.）Sw. | 2534 | CIAT | | 2003 | 2 | 引进资源 |
| 5541 | Endeavour(爱德华)(品 112) | 柱花草属 | 圭亚那柱花草 | *Stylosanthes guianensis*（Aubl.）Sw. | 爱德华 | CIAT | | 2003 | 2 | 引进资源 |
| 5542 | E3(品 73) | 柱花草属 | 圭亚那柱花草 | *Stylosanthes guianensis*（Aubl.）Sw. | E3(USF873017) | | 美国 | 2003 | 2 | 引进资源 |
| 5543 | 541(ATF3009) | 柱花草属 | 圭亚那柱花草 | *Stylosanthes guianensis*（Aubl.）Sw. | 541(ATF3009) | 澳大利亚南疆种子公司 | | 2003 | 2 | 引进资源 |
| 5544 | L7 | 柱花草属 | 圭亚那柱花草 | *Stylosanthes guianensis*（Aubl.）Sw. | L7 | 中国热作院培育 | | 2003 | 2 | 引进资源 |
| 5545 | Unica | 柱花草属 | 圭亚那柱花草 | *Stylosanthes guianensis*（Aubl.）Sw. | Unica | CIAT | | 2003 | 2 | 引进资源 |
| 5546 | Primar | 柱花草属 | 圭亚那柱花草 | *Stylosanthes guianensis*（Aubl.）Sw. | 灌木 | 澳大利亚南疆种子公司 | | 2003 | 2 | 引进资源 |
| 5547 | L3 | 柱花草属 | 圭亚那柱花草 | *Stylosanthes guianensis*（Aubl.）Sw. | L3 | 美国夏威夷大学 | | 2003 | 2 | 引进资源 |
| 5548 | FM9405-Parcele3(品 108) | 柱花草属 | 圭亚那柱花草 | *Stylosanthes guianensis*（Aubl.）Sw. | FM9405-Parcele3 | CIAT | | 2003 | 2 | 引进资源 |
| 5549 | 540(ATF3008) | 柱花草属 | 圭亚那柱花草 | *Stylosanthes guianensis*（Aubl.）Sw. | 540 | 澳大利亚南疆种子公司 | | 2003 | 2 | 引进资源 |
| 5550 | F | 柱花草属 | 圭亚那柱花草 | *Stylosanthes guianensis*（Aubl.）Sw. | F | CIAT | | 2003 | 2 | 引进资源 |
| 5551 | Graham/E10 | 柱花草属 | 圭亚那柱花草 | *Stylosanthes guianensis*（Aubl.）Sw. | | 中国热作院培育 | | 2003 | 2 | 引进资源 |
| 5552 | Temprano | 柱花草属 | 圭亚那柱花草 | *Stylosanthes guianensis*（Aubl.）Sw. | E10 | 澳大利亚南疆种子公司 | | 2003 | 2 | 引进资源 |
| 5553 | Nina | 柱花草属 | 圭亚那柱花草 | *Stylosanthes guianensis*（Aubl.）Sw. | Temprano(ATF3308) | 澳大利亚南疆种子公司 | | 2003 | 2 | 引进资源 |
| 5554 | 品 145 | 柱花草属 | 圭亚那柱花草 | *Stylosanthes guianensis*（Aubl.）Sw. | Nina | 中国热作院培育 | | 2003 | 2 | 引进资源 |
| 5555 | 品 98 CIATSK | 柱花草属 | 圭亚那柱花草 | *Stylosanthes guianensis*（Aubl.）Sw. | CIAT184,源于刘 6(旧种) | 中国热作院培育 | | 2004 | 2 | 引进资源 |

（续）

| 序号 | 送种单位编号 | 属名 | 种名 | 学名 | 品种名（原文名） | 材料来源 | 材料原产地 | 收种时间（年份） | 保存地点 | 类型 |
|---|---|---|---|---|---|---|---|---|---|---|
| 5556 | 矮柱花草（品130） | 柱花草属 | 圭亚那柱花草 | *Stylosanthes guianensis*（Aubl.）Sw. | CIATSK | CIAT | | 2003 | 2 | 引进资源 |
| 5557 | 品109 | 柱花草属 | 圭亚那柱花草 | *Stylosanthes guianensis*（Aubl.）Sw. | | 中国热作院培育 | | 2004 | 2 | 引进资源 |
| 5558 | Capitata（品64） | 柱花草属 | 圭亚那柱花草 | *Stylosanthes guianensis*（Aubl.）Sw. | 雄性低育种质 | CIAT | | 2003 | 2 | 引进资源 |
| 5559 | TPRC90005（4）（品49） | 柱花草属 | 圭亚那柱花草 | *Stylosanthes guianensis*（Aubl.）Sw. | 头状柱花草 | 中国热作院培育 | | 2004 | 2 | 引进资源 |
| 5560 | 品65 | 柱花草属 | 圭亚那柱花草 | *Stylosanthes guianensis*（Aubl.）Sw. | TPRC90005（4） | CIAT | | 2003 | 2 | 引进资源 |
| 5561 | 58719 | 柱花草属 | 圭亚那柱花草 | *Stylosanthes guianensis*（Aubl.）Sw. | FM05-1（FM05-2） | CIAT | | 2003 | 2 | 引进资源 |
| 5562 | CPI18750A（品3） | 柱花草属 | 圭亚那柱花草 | *Stylosanthes guianensis*（Aubl.）Sw. | 58719匍匐种 | 中国热作院培育 | | 2004 | 2 | 引进资源 |
| 5563 | 大头柱花草（品63） | 柱花草属 | 圭亚那柱花草 | *Stylosanthes guianensis*（Aubl.）Sw. | CPI18750A | CIAT | | 2003 | 2 | 引进资源 |
| 5564 | Nina | 柱花草属 | 圭亚那柱花草 | *Stylosanthes guianensis*（Aubl.）Sw. | 大头柱花草 | CIAT | | 2003 | 2 | 引进资源 |
| 5565 | 格拉姆 | 柱花草属 | 圭亚那柱花草 | *Stylosanthes guianensis*（Aubl.）Sw. | | 中国热作院培育 | | 2003 | 2 | 引进资源 |
| 5566 | CIAT1044 | 柱花草属 | 圭亚那柱花草 | *Stylosanthes guianensis*（Aubl.）Sw. | 格拉姆 | CIAT | | 2003 | 2 | 引进资源 |
| 5567 | Graham（格拉姆）L7-84 | 柱花草属 | 圭亚那柱花草 | *Stylosanthes guianensis*（Aubl.）Sw. | CIAT1044（旧） | CIAT | | 2003 | 2 | 引进资源 |
| 5568 | Graham（格拉姆） | 柱花草属 | 圭亚那柱花草 | *Stylosanthes guianensis*（Aubl.）Sw. | Graham L7-84 | CIAT | | 2003 | 2 | 引进资源 |
| 5569 | 160113003 | 柱花草属 | 圭亚那柱花草 | *Stylosanthes guianensis*（Aubl.）Sw. | Graham（old） | 两院五队 | 云南 | 2016 | 2 | 引进资源 |
| 5570 | TPRC9005 | 柱花草属 | 圭亚那柱花草 | *Stylosanthes guianensis*（Aubl.）Sw. | 柱花草 | 中国热作院培育 | | 2001 | 2 | 引进资源 |
| 5571 | Tadio | 柱花草属 | 圭亚那柱花草 | *Stylosanthes guianensis*（Aubl.）Sw. | 白花柱花草 | CIAT | | 2001 | 2 | 引进资源 |
| 5572 | C | 柱花草属 | 圭亚那柱花草 | *Stylosanthes guianensis*（Aubl.）Sw. | Tadio柱花草 | CIAT | | 2003 | 2 | 引进资源 |
| 5573 | FM05-1 | 柱花草属 | 圭亚那柱花草 | *Stylosanthes guianensis*（Aubl.）Sw. | FM05-1 | CIAT | | 2003 | 2 | 引进资源 |
| 5574 | FM05-2 | 柱花草属 | 圭亚那柱花草 | *Stylosanthes guianensis*（Aubl.）Sw. | FM05-2 | CIAT | | 2003 | 2 | 引进资源 |
| 5575 | L1 | 柱花草属 | 圭亚那柱花草 | *Stylosanthes guianensis*（Aubl.）Sw. | L1 | 中国热作院培育 | | 2003 | 2 | 引进资源 |
| 5576 | 刘13 | 柱花草属 | 圭亚那柱花草 | *Stylosanthes guianensis*（Aubl.）Sw. | 刘13 | CIAT | | 2003 | 2 | 引进资源 |
| 5577 | TPRC90085（品46） | 柱花草属 | 圭亚那柱花草 | *Stylosanthes guianensis*（Aubl.）Sw. | TPRC90085 | 中国热作院培育 | | 2003 | 2 | 引进资源 |
| 5578 | CIAT11362（品12） | 柱花草属 | 圭亚那柱花草 | *Stylosanthes guianensis*（Aubl.）Sw. | CIAT11362 | CIAT | | 2003 | 2 | 引进资源 |
| 5579 | 有毛L7（品60） | 柱花草属 | 圭亚那柱花草 | *Stylosanthes guianensis*（Aubl.）Sw. | 有毛L7 | 中国热作院培育 | | 2003 | 2 | 引进资源 |
| 5580 | FM05-3（品66） | 柱花草属 | 圭亚那柱花草 | *Stylosanthes guianensis*（Aubl.）Sw. | FM05-3 | CIAT | | 2003 | 2 | 引进资源 |

（续）

| 序号 | 送种单位编号 | 属 名 | 种 名 | 学 名 | 品种名（原文名） | 材料来源 | 材料原产地 | 收种时间（年份） | 保存地点 | 类型 |
|---|---|---|---|---|---|---|---|---|---|---|
| 5581 | E1（品78） | 柱花草属 | 圭亚那柱花草 | *Stylosanthes guianensis*（Aubl.）Sw. | E1（R101） | CIAT | | 2003 | 2 | 引进资源 |
| 5582 | CIAT11365（品8） | 柱花草属 | 圭亚那柱花草 | *Stylosanthes guianensis*（Aubl.）Sw. | CIAT11365 | CIAT | | 2003 | 2 | 引进资源 |
| 5583 | TPRCR292（品17） | 柱花草属 | 圭亚那柱花草 | *Stylosanthes guianensis*（Aubl.）Sw. | TPRCR292 | 中国热作院培育 | | 2003 | 2 | 引进资源 |
| 5584 | TPRC90144（品7） | 柱花草属 | 圭亚那柱花草 | *Stylosanthes guianensis*（Aubl.）Sw. | 格拉姆 | 中国热作院培育 | | 2003 | 2 | 引进资源 |
| 5585 | USF873015（品19） | 柱花草属 | 圭亚那柱花草 | *Stylosanthes guianensis*（Aubl.）Sw. | 黑种 USF873015 | | 美国 | 2003 | 2 | 引进资源 |
| 5586 | 90030-1（品15） | 柱花草属 | 圭亚那柱花草 | *Stylosanthes guianensis*（Aubl.）Sw. | 90030-1 | CIAT | | 2003 | 2 | 引进资源 |
| 5587 | 热研5号（品16、147） | 柱花草属 | 圭亚那柱花草 | *Stylosanthes guianensis*（Aubl.）Sw. | 热研5号 | 中国热作院培育 | | 2003 | 2 | 引进资源 |
| 5588 | 黑种 USF873016（品18） | 柱花草属 | 圭亚那柱花草 | *Stylosanthes guianensis*（Aubl.）Sw. | 黑种 USF873016 | | 美国 | 2003 | 2 | 引进资源 |
| 5589 | L2（品75） | 柱花草属 | 圭亚那柱花草 | *Stylosanthes guianensis*（Aubl.）Sw. | L2（R92） | CIAT | | 2003 | 2 | 引进资源 |
| 5590 | TPRCR273（品45） | 柱花草属 | 圭亚那柱花草 | *Stylosanthes guianensis*（Aubl.）Sw. | TPRCR273 | 中国热作院培育 | | 2003 | 2 | 引进资源 |
| 5591 | Tardio | 柱花草属 | 圭亚那柱花草 | *Stylosanthes guianensis*（Aubl.）Sw. | Tardio | CIAT | | 2003 | 2 | 引进资源 |
| 5592 | FM03-2（品67） | 柱花草属 | 圭亚那柱花草 | *Stylosanthes guianensis*（Aubl.）Sw. | FM03-2 | CIAT | | 2003 | 2 | 引进资源 |
| 5593 | 90089 | 柱花草属 | 圭亚那柱花草 | *Stylosanthes guianensis*（Aubl.）Sw. | TPRC90089 | 中国热作院培育 | | 2003 | 2 | 引进资源 |
| 5594 | 90015（有毛184）（品23） | 柱花草属 | 圭亚那柱花草 | *Stylosanthes guianensis*（Aubl.）Sw. | 90015（有毛184） | CIAT | | 2003 | 2 | 引进资源 |
| 5595 | CIAT11372（品22） | 柱花草属 | 圭亚那柱花草 | *Stylosanthes guianensis*（Aubl.）Sw. | CIAT11372 | CIAT | | 2003 | 2 | 引进资源 |
| 5596 | CIAT1044（品26、品139） | 柱花草属 | 圭亚那柱花草 | *Stylosanthes guianensis*（Aubl.）Sw. | CIAT1044（2） | CIAT | | 2003 | 2 | 引进资源 |
| 5597 | TPRC90105（品27） | 柱花草属 | 圭亚那柱花草 | *Stylosanthes guianensis*（Aubl.）Sw. | TPRC90105 | 中国热作院培育 | | 2003 | 2 | 引进资源 |
| 5598 | USF873004（品42） | 柱花草属 | 圭亚那柱花草 | *Stylosanthes guianensis*（Aubl.）Sw. | USF873004 | | 美国 | 2003 | 2 | 引进资源 |
| 5599 | 87830（品70） | 柱花草属 | 圭亚那柱花草 | *Stylosanthes guianensis*（Aubl.）Sw. | 87830 | CIAT | | 2003 | 2 | 引进资源 |
| 5600 | E7（90038）（品79） | 柱花草属 | 圭亚那柱花草 | *Stylosanthes guianensis*（Aubl.）Sw. | E7（90038） | 中国热作院培育 | | 2003 | 2 | 引进资源 |
| 5601 | TPRC90119 | 柱花草属 | 圭亚那柱花草 | *Stylosanthes guianensis*（Aubl.）Sw. | TPRC90119 | 中国热作院培育 | | 2003 | 2 | 引进资源 |
| 5602 | CIAT11371（品30） | 柱花草属 | 圭亚那柱花草 | *Stylosanthes guianensis*（Aubl.）Sw. | CIAT11371 | CIAT | | 2003 | 2 | 引进资源 |
| 5603 | CIAT11363（2）（品35） | 柱花草属 | 圭亚那柱花草 | *Stylosanthes guianensis*（Aubl.）Sw. | CIAT11363（2） | CIAT | | 2003 | 2 | 引进资源 |
| 5604 | CIAT136（品33） | 柱花草属 | 圭亚那柱花草 | *Stylosanthes guianensis*（Aubl.）Sw. | CIAT136（1） | CIAT | | 2003 | 2 | 引进资源 |
| 5605 | TPRC90033（品32） | 柱花草属 | 圭亚那柱花草 | *Stylosanthes guianensis*（Aubl.）Sw. | TPRC90033 | 中国热作院培育 | | 2003 | 2 | 引进资源 |

（续）

| 序号 | 送种单位编号 | 属 名 | 种 名 | 学 名 | 品种名（原文名） | 材料来源 | 材料原产地 | 收种时间（年份） | 保存地点 | 类型 |
|------|--------------|-------|-------|-------|------------------|----------|------------|------------------|----------|------|
| 5606 | TPRC90050（品 39） | 柱花草属 | 圭亚那柱花草 | *Stylosanthes guianensis*（Aubl.）Sw. | TPRC90050 | 中国热作院培育 | | 2003 | 2 | 引进资源 |
| 5607 | TPRC90006（品 31） | 柱花草属 | 圭亚那柱花草 | *Stylosanthes guianensis*（Aubl.）Sw. | TPRC90006 | 中国热作院培育 | | 2003 | 2 | 引进资源 |
| 5608 | CIAT1281（品 37） | 柱花草属 | 圭亚那柱花草 | *Stylosanthes guianensis*（Aubl.）Sw. | CIAT1281 | CIAT | | 2003 | 2 | 引进资源 |
| 5609 | TPRC90028（品 43） | 柱花草属 | 圭亚那柱花草 | *Stylosanthes guianensis*（Aubl.）Sw. | TPRC90028 | 中国热作院培育 | | 2003 | 2 | 引进资源 |
| 5610 | CIAT11363(1)（品 41） | 柱花草属 | 圭亚那柱花草 | *Stylosanthes guianensis*（Aubl.）Sw. | CIAT11363(1) | CIAT | | 2003 | 2 | 引进资源 |
| 5611 | CIAT11376（品 47） | 柱花草属 | 圭亚那柱花草 | *Stylosanthes guianensis*（Aubl.）Sw. | CIAT11376 | CIAT | | 2003 | 2 | 引进资源 |
| 5612 | TPRC90037(3)（品 44） | 柱花草属 | 圭亚那柱花草 | *Stylosanthes guianensis*（Aubl.）Sw. | TPRC90037 | 中国热作院培育 | | 2003 | 2 | 引进资源 |
| 5613 | TPRC90005（品 48） | 柱花草属 | 圭亚那柱花草 | *Stylosanthes guianensis*（Aubl.）Sw. | TPRC90005 | 中国热作院培育 | | 2003 | 2 | 引进资源 |
| 5614 | TPRC90058（品 40） | 柱花草属 | 圭亚那柱花草 | *Stylosanthes guianensis*（Aubl.）Sw. | TPRC90058 | 中国热作院培育 | | 2003 | 2 | 引进资源 |
| 5615 | CIAT11364（品 14） | 柱花草属 | 圭亚那柱花草 | *Stylosanthes guianensis*（Aubl.）Sw. | CIAT11364 | CIAT | | 2003 | 2 | 引进资源 |
| 5616 | 爱德华 90080-2（品 13） | 柱花草属 | 圭亚那柱花草 | *Stylosanthes guianensis*（Aubl.）Sw. | 爱德华 90080-2 | | 澳大利亚 | 2003 | 2 | 引进资源 |
| 5617 | 土黄 USF873015（品 11） | 柱花草属 | 圭亚那柱花草 | *Stylosanthes guianensis*（Aubl.）Sw. | 土黄 USF873015 | | 美国 | 2003 | 2 | 引进资源 |
| 5618 | USF873017（品 6） | 柱花草属 | 圭亚那柱花草 | *Stylosanthes guianensis*（Aubl.）Sw. | USF873017 | | 美国 | 2003 | 2 | 引进资源 |
| 5619 | Oxley（品 5） | 柱花草属 | 圭亚那柱花草 | *Stylosanthes guianensis*（Aubl.）Sw. | 澳克雷 | 中国热作院培育 | | 2003 | 2 | 引进资源 |
| 5620 | E4（CIAT11369） | 柱花草属 | 圭亚那柱花草 | *Stylosanthes guianensis*（Aubl.）Sw. | E4（CIAT11369） | CIAT | | 2003 | 2 | 引进资源 |
| 5621 | GC1578（品 62） | 柱花草属 | 圭亚那柱花草 | *Stylosanthes guianensis*（Aubl.）Sw. | GC1578 | CIAT | | 2003 | 2 | 引进资源 |
| 5622 | GC1579（品 89） | 柱花草属 | 圭亚那柱花草 | *Stylosanthes guianensis*（Aubl.）Sw. | GC1579（Embrapa） | CIAT | | 2003 | 2 | 引进资源 |
| 5623 | GC1576（品 83） | 柱花草属 | 圭亚那柱花草 | *Stylosanthes guianensis*（Aubl.）Sw. | GC1576（IRRI） | CIAT | | 2003 | 2 | 引进资源 |
| 5624 | FM07-3（品 88） | 柱花草属 | 圭亚那柱花草 | *Stylosanthes guianensis*（Aubl.）Sw. | FM07-3 | CIAT | | 2003 | 2 | 引进资源 |
| 5625 | GC1524（品 87） | 柱花草属 | 圭亚那柱花草 | *Stylosanthes guianensis*（Aubl.）Sw. | GC1524（IRRI） | CIAT | | 2003 | 2 | 引进资源 |
| 5626 | R93（品 81） | 柱花草属 | 圭亚那柱花草 | *Stylosanthes guianensis*（Aubl.）Sw. | R93 | 中国热作院培育 | | 2003 | 2 | 引进资源 |
| 5627 | GC1463（品 85） | 柱花草属 | 圭亚那柱花草 | *Stylosanthes guianensis*（Aubl.）Sw. | GC1463 | CIAT | | 2003 | 2 | 引进资源 |
| 5628 | GC1480（品 82） | 柱花草属 | 圭亚那柱花草 | *Stylosanthes guianensis*（Aubl.）Sw. | GC1480（IRRI） | CIAT | | 2003 | 2 | 引进资源 |
| 5629 | GC1528（品 84） | 柱花草属 | 圭亚那柱花草 | *Stylosanthes guianensis*（Aubl.）Sw. | GC1528 | CIAT | | 2003 | 2 | 引进资源 |
| 5630 | GC1576（品 86） | 柱花草属 | 圭亚那柱花草 | *Stylosanthes guianensis*（Aubl.）Sw. | GC1576（EMBRAPA） | CIAT | | 2003 | 2 | 引进资源 |

（续）

| 序号 | 送种单位编号 | 属 名 | 种 名 | 学 名 | 品种名（原文名） | 材料来源 | 材料原产地 | 收种时间（年份） | 保存地点 | 类型 |
|---|---|---|---|---|---|---|---|---|---|---|
| 5631 | GC348（品90） | 柱花草属 | 圭亚那柱花草 | *Stylosanthes guianensis*（Aubl.）Sw. | GC348 | CIAT | | 2003 | 2 | 引进资源 |
| 5632 | 热研2号（品96） | 柱花草属 | 圭亚那柱花草 | *Stylosanthes guianensis*（Aubl.）Sw. | 热研2号 | 中国热作院培育 | | 2003 | 2 | 引进资源 |
| 5633 | GC1517（品94） | 柱花草属 | 圭亚那柱花草 | *Stylosanthes guianensis*（Aubl.）Sw. | GC1517 | CIAT | | 2003 | 2 | 引进资源 |
| 5634 | GC1517（品93） | 柱花草属 | 圭亚那柱花草 | *Stylosanthes guianensis*（Aubl.）Sw. | GC1517EMBRAPA | CIAT | | 2003 | 2 | 引进资源 |
| 5635 | 67652 | 柱花草属 | 圭亚那柱花草 | *Stylosanthes guianensis*（Aubl.）Sw. | 67652 | CIAT | | 2003 | 2 | 引进资源 |
| 5636 | TPRC90095（2）（品54） | 柱花草属 | 圭亚那柱花草 | *Stylosanthes guianensis*（Aubl.）Sw. | TPRC90095（2） | 中国热作院培育 | | 2003 | 2 | 引进资源 |
| 5637 | 电白87（品59） | 柱花草属 | 圭亚那柱花草 | *Stylosanthes guianensis*（Aubl.）Sw. | 电白87 | 中国热作院培育 | | 2003 | 2 | 引进资源 |
| 5638 | TPRC90108（品56） | 柱花草属 | 圭亚那柱花草 | *Stylosanthes guianensis*（Aubl.）Sw. | TPRC90108 | 中国热作院培育 | | 2003 | 2 | 引进资源 |
| 5639 | TPRC90047（品51） | 柱花草属 | 圭亚那柱花草 | *Stylosanthes guianensis*（Aubl.）Sw. | TPRC90047 | 中国热作院培育 | | 2003 | 2 | 引进资源 |
| 5640 | 热研7号（品52） | 柱花草属 | 圭亚那柱花草 | *Stylosanthes guianensis*（Aubl.）Sw. | 热研7号 | 中国热作院培育 | | 2003 | 2 | 引进资源 |
| 5641 | TPRC90037（2）（品53） | 柱花草属 | 圭亚那柱花草 | *Stylosanthes guianensis*（Aubl.）Sw. | TPRC90037（2） | 中国热作院培育 | | 2003 | 2 | 引进资源 |
| 5642 | 电白98（品58） | 柱花草属 | 圭亚那柱花草 | *Stylosanthes guianensis*（Aubl.）Sw. | 电白98 | 中国热作院培育 | | 2003 | 2 | 引进资源 |
| 5643 | L1（90096）（品74） | 柱花草属 | 圭亚那柱花草 | *Stylosanthes guianensis*（Aubl.）Sw. | L1（90096） | 中国热作院培育 | | 2003 | 2 | 引进资源 |
| 5644 | 土黄USF873016（品28） | 柱花草属 | 圭亚那柱花草 | *Stylosanthes guianensis*（Aubl.）Sw. | 土黄USF873016 | | 美国 | 2003 | 2 | 引进资源 |
| 5645 | 热研10号（品29） | 柱花草属 | 圭亚那柱花草 | *Stylosanthes guianensis*（Aubl.）Sw. | 热研10号 | 中国热作院培育 | | 2003 | 2 | 引进资源 |
| 5646 | R291（品25） | 柱花草属 | 圭亚那柱花草 | *Stylosanthes guianensis*（Aubl.）Sw. | R291 | 中国热作院培育 | | 2003 | 2 | 引进资源 |
| 5647 | USF873014（品21） | 柱花草属 | 圭亚那柱花草 | *Stylosanthes guianensis*（Aubl.）Sw. | USF873014 | | 美国 | 2003 | 2 | 引进资源 |
| 5648 | FM07-2（品91） | 柱花草属 | 圭亚那柱花草 | *Stylosanthes guianensis*（Aubl.）Sw. | FM07-2 | CIAT | | 2003 | 2 | 引进资源 |
| 5649 | GC1524EMBRAPA（品95） | 柱花草属 | 圭亚那柱花草 | *Stylosanthes guianensis*（Aubl.）Sw. | GC1524EMBRAPA | CIAT | | 2003 | 2 | 引进资源 |
| 5650 | GC1557（品92） | 柱花草属 | 圭亚那柱花草 | *Stylosanthes guianensis*（Aubl.）Sw. | GC1557-IRRI | CIAT | | 2003 | 2 | 引进资源 |
| 5651 | 161123002 | 柱花草属 | 圭亚那柱花草 | *Stylosanthes guianensis*（Aubl.）Sw. | | | 柬埔寨吴哥窟 | 2016 | 2 | 引进资源 |
| 5652 | HN754 | 柱花草属 | 圭亚那柱花草 | *Stylosanthes guianensis*（Aubl.）Sw. | ATF3308 | 热带牧草研究中心 | | 1998 | 3 | 引进资源 |
| 5653 | HN755 | 柱花草属 | 圭亚那柱花草 | *Stylosanthes guianensis*（Aubl.）Sw. | ATF3309 | 热带牧草研究中心 | | 1998 | 3 | 引进资源 |

（续）

| 序号 | 送种单位编号 | 属名 | 种名 | 学名 | 品种名（原文名） | 材料来源 | 材料原产地 | 收种时间（年份） | 保存地点 | 类型 |
|---|---|---|---|---|---|---|---|---|---|---|
| 5654 | HN765 | 柱花草属 | 圭亚那柱花草 | *Stylosanthes guianensis*（Aubl.）Sw. | FM9405-P3 | 热带牧草研究中心 | | 1996 | 3 | 引进资源 |
| 5655 | HN766 | 柱花草属 | 圭亚那柱花草 | *Stylosanthes guianensis*（Aubl.）Sw. | GC1581 | 热带牧草研究中心 | | 1996 | 3 | 引进资源 |
| 5656 | HN767 | 柱花草属 | 圭亚那柱花草 | *Stylosanthes guianensis*（Aubl.）Sw. | 斯柯菲 | 热带牧草研究中心 | | 1981 | 3 | 引进资源 |
| 5657 | SD07-10 | 柱花草属 | 圭亚那柱花草 | *Stylosanthes guianensis*（Aubl.）Sw. | 热引18号 | 哥伦比亚 | | 2007 | 3 | 引进资源 |
| 5658 | 云农0688 | 柱花草属 | 圭亚那柱花草 | *Stylosanthes guianensis*（Aubl.）Sw. | 热研2号 | | | 2009 | 1 | 引进资源 |
| 5659 | CIAT58719（品69） | 柱花草属 | 圭亚那柱花草 | *Stylosanthes guianensis*（Aubl.）Sw. | CIAT58719 | CIAT | | 2003 | 2 | 引进资源 |
| 5660 | CIAT87830 | 柱花草属 | 圭亚那柱花草 | *Stylosanthes guianensis*（Aubl.）Sw. | CIAT87830 | CIAT | | 2003 | 2 | 引进资源 |
| 5661 | B | 柱花草属 | 圭亚那柱花草 | *Stylosanthes guianensis*（Aubl.）Sw. | B | CIAT | | 2003 | 2 | 引进资源 |
| 5662 | 南00984 | 柱花草属 | 圭亚那柱花草 | *Stylosanthes guianensis*（Aubl.）Sw. | 136 | CIAT | | 2003 | 2 | 引进资源 |
| 5663 | 南02145 | 柱花草属 | 圭亚那柱花草 | *Stylosanthes guianensis*（Aubl.）Sw. | CIAT184C种 | CIAT | | 2001 | 2 | 引进资源 |
| 5664 | 南02149 | 柱花草属 | 圭亚那柱花草 | *Stylosanthes guianensis*（Aubl.）Sw. | CIAT184黑种 | CIAT | | 2001 | 2 | 引进资源 |
| 5665 | CIAT11370 | 柱花草属 | 圭亚那柱花草 | *Stylosanthes guianensis*（Aubl.）Sw. | CIAT11370 | CIAT | | 2005 | 2 | 引进资源 |
| 5666 | CIAT136 | 柱花草属 | 圭亚那柱花草 | *Stylosanthes guianensis*（Aubl.）Sw. | CIAT136 | CIAT | | 2003 | 2 | 引进资源 |
| 5667 | CIAT184 | 柱花草属 | 圭亚那柱花草 | *Stylosanthes guianensis*（Aubl.）Sw. | CIAT184 | 美国夏威夷大学 | | 2003 | 2 | 引进资源 |
| 5668 | 南02146 | 柱花草属 | 圭亚那柱花草 | *Stylosanthes guianensis*（Aubl.）Sw. | CIAT184 | CIAT | | 2001 | 2 | 引进资源 |
| 5669 | CIAT184（黑种） | 柱花草属 | 圭亚那柱花草 | *Stylosanthes guianensis*（Aubl.）Sw. | CIAT184（黑种） | 中国热作院培育 | | 2003 | 2 | 引进资源 |
| 5670 | CIAT2323 | 柱花草属 | 圭亚那柱花草 | *Stylosanthes guianensis*（Aubl.）Sw. | CIAT2323 | CIAT | | 2003 | 2 | 引进资源 |
| 5671 | CIAT2523 | 柱花草属 | 圭亚那柱花草 | *Stylosanthes guianensis*（Aubl.）Sw. | CIAT2523 | CIAT | | 2003 | 2 | 引进资源 |
| 5672 | CIAT2534 | 柱花草属 | 圭亚那柱花草 | *Stylosanthes guianensis*（Aubl.）Sw. | CIAT2534 | CIAT | | 2003 | 2 | 引进资源 |
| 5673 | CIAT2539 | 柱花草属 | 圭亚那柱花草 | *Stylosanthes guianensis*（Aubl.）Sw. | CIAT2539 | CIAT | | 2003 | 2 | 引进资源 |
| 5674 | CIAT67652（品71） | 柱花草属 | 圭亚那柱花草 | *Stylosanthes guianensis*（Aubl.）Sw. | CIAT67652 | CIAT | | 2003 | 2 | 引进资源 |
| 5675 | CIAT7 | 柱花草属 | 圭亚那柱花草 | *Stylosanthes guianensis*（Aubl.）Sw. | 毛叶 | CIAT | | 2003 | 2 | 引进资源 |

（续）

| 序号 | 送种单位编号 | 属名 | 种名 | 学名 | 品种名（原文名） | 材料来源 | 材料原产地 | 收种时间（年份） | 保存地点 | 类型 |
|---|---|---|---|---|---|---|---|---|---|---|
| 5676 | 南02159 | 柱花草属 | 圭亚那柱花草 | *Stylosanthes guianensis*（Aubl.）Sw. | Cook | CIAT | | 2003 | 2 | 引进资源 |
| 5677 | Cook（old） | 柱花草属 | 圭亚那柱花草 | *Stylosanthes guianensis*（Aubl.）Sw. | Cook（old） | CIAT | | 2003 | 2 | 引进资源 |
| 5678 | 南00986 | 柱花草属 | 圭亚那柱花草 | *Stylosanthes guianensis*（Aubl.）Sw. | Graham（格拉姆） | CIAT | | 2001 | 2 | 引进资源 |
| 5679 | 南01078 | 柱花草属 | 圭亚那柱花草 | *Stylosanthes guianensis*（Aubl.）Sw. | Graham（格拉姆） | CIAT | | 2001 | 2 | 引进资源 |
| 5680 | 南00903 | 柱花草属 | 圭亚那柱花草 | *Stylosanthes guianensis*（Aubl.）Sw. | 格拉姆 | CIAT | | 2001 | 2 | 引进资源 |
| 5681 | 南00983 | 柱花草属 | 圭亚那柱花草 | *Stylosanthes guianensis*（Aubl.）Sw. | 热研2号 | 中国热作院培育 | | 2001 | 2 | 引进资源 |
| 5682 | 热研20号 | 柱花草属 | 圭亚那柱花草 | *Stylosanthes guianensis*（Aubl.）Sw. | 热研20号 | 中国热作院培育 | | 2005 | 2 | 引进资源 |
| 5683 | 太空辐射 | 柱花草属 | 圭亚那柱花草 | *Stylosanthes guianensis*（Aubl.）Sw. | 太空辐射 | 中国热作院培育 | | 2005 | 2 | 引进资源 |
| 5684 | 热研21号 | 柱花草属 | 圭亚那柱花草 | *Stylosanthes guianensis*（Aubl.）Sw. | 热研21号 | 中国热作院培育 | | 2005 | 2 | 引进资源 |
| 5685 | 品136 | 柱花草属 | 圭亚那柱花草 | *Stylosanthes guianensis*（Aubl.）Sw. | 136（1） | 中国热作院培育 | | 2005 | 2 | 引进资源 |
| 5686 | 品135 | 柱花草属 | 圭亚那柱花草 | *Stylosanthes guianensis*（Aubl.）Sw. | 9，005，890，106 | 中国热作院培育 | | 2005 | 2 | 引进资源 |
| 5687 | 品131 | 柱花草属 | 圭亚那柱花草 | *Stylosanthes guianensis*（Aubl.）Sw. | 有毛184（源于揭西184） | 中国热作院培育 | | 2005 | 2 | 引进资源 |
| 5688 | 品134 | 柱花草属 | 圭亚那柱花草 | *Stylosanthes guianensis*（Aubl.）Sw. | L6 黑皮 USF873015 | 中国热作院培育 | | 2005 | 2 | 引进资源 |
| 5689 | 品132 | 柱花草属 | 圭亚那柱花草 | *Stylosanthes guianensis*（Aubl.）Sw. | "184"，源于田独184 | 中国热作院培育 | | 2005 | 2 | 引进资源 |
| 5690 | 品138 | 柱花草属 | 圭亚那柱花草 | *Stylosanthes guianensis*（Aubl.）Sw. | E5 E6 USF873015 土黄 | 中国热作院培育 | | 2005 | 2 | 引进资源 |
| 5691 | 品133 | 柱花草属 | 圭亚那柱花草 | *Stylosanthes guianensis*（Aubl.）Sw. | "184"，源于 R293 | 中国热作院培育 | | 2005 | 2 | 引进资源 |
| 5692 | 品137 | 柱花草属 | 圭亚那柱花草 | *Stylosanthes guianensis*（Aubl.）Sw. | 90064 同170 | 中国热作院培育 | | 2005 | 2 | 引进资源 |
| 5693 | 品146 | 柱花草属 | 圭亚那柱花草 | *Stylosanthes guianensis*（Aubl.）Sw. | 源于 CIAT11371 | 中国热作院培育 | | 2005 | 2 | 引进资源 |
| 5694 | 热研5号 | 柱花草属 | 圭亚那柱花草 | *Stylosanthes guianensis*（Aubl.）Sw. | 热研5号 | 中国热作院培育 | | 2005 | 2 | 引进资源 |
| 5695 | 90083（品142） | 柱花草属 | 圭亚那柱花草 | *Stylosanthes guianensis*（Aubl.）Sw. | 90083 | 中国热作院培育 | | 2005 | 2 | 引进资源 |
| 5696 | 品144 | 柱花草属 | 圭亚那柱花草 | *Stylosanthes guianensis*（Aubl.）Sw. | E6，源于棕皮 USF873015 | 中国热作院培育 | | 2005 | 2 | 引进资源 |
| 5697 | 品148 | 柱花草属 | 圭亚那柱花草 | *Stylosanthes guianensis*（Aubl.）Sw. | | 中国热作院培育 | | 2005 | 2 | 引进资源 |
| 5698 | Temprano（品150） | 柱花草属 | 圭亚那柱花草 | *Stylosanthes guianensis*（Aubl.）Sw. | Temprano | | | 2005 | 2 | 引进资源 |

（续）

| 序号 | 送种单位编号 | 属名 | 种名 | 学名 | 品种名（原文名） | 材料来源 | 材料原产地 | 收种时间（年份） | 保存地点 | 类型 |
|---|---|---|---|---|---|---|---|---|---|---|
| 5699 | 品 143 | 柱花草属 | 圭亚那柱花草 | *Stylosanthes guianensis*（Aubl.）Sw. | 揭西畜牧局 184 | 中国热作院培育 | | 2005 | 2 | 引进资源 |
| 5700 | 品 141 | 柱花草属 | 圭亚那柱花草 | *Stylosanthes guianensis*（Aubl.）Sw. | FM05-1，源于刘 15 FM05-2 | 中国热作院培育 | | 2005 | 2 | 引进资源 |
| 5701 | E9（品 80） | 柱花草属 | 圭亚那柱花草 | *Stylosanthes guianensis*（Aubl.）Sw. | E9 | 中国热作院培育 | | 2005 | 2 | 引进资源 |
| 5702 | TPRC90034（品 76） | 柱花草属 | 圭亚那柱花草 | *Stylosanthes guianensis*（Aubl.）Sw. | TPRC90034 | 中国热作院培育 | | 2005 | 2 | 引进资源 |
| 5703 | COOK | 柱花草属 | 圭亚那柱花草 | *Stylosanthes guianensis*（Aubl.）Sw. | COOK（品 38） | CIAT | | 2003 | 2 | 引进资源 |
| 5704 | E | 柱花草属 | 圭亚那柱花草 | *Stylosanthes guianensis*（Aubl.）Sw. | E | CIAT | | 2003 | 2 | 引进资源 |
| 5705 | FM9405-5 | 柱花草属 | 圭亚那柱花草 | *Stylosanthes guianensis*（Aubl.）Sw. | FM9405-5 | CIAT | | 2003 | 2 | 引进资源 |
| 5706 | FSP4 | 柱花草属 | 圭亚那柱花草 | *Stylosanthes guianensis*（Aubl.）Sw. | FSP4 | CIAT | | 2003 | 2 | 引进资源 |
| 5707 | GC1463-IRRI | 柱花草属 | 圭亚那柱花草 | *Stylosanthes guianensis*（Aubl.）Sw. | GC1463-IRRI | CIAT | | 2005 | 2 | 引进资源 |
| 5708 | GC1517（IRRI） | 柱花草属 | 圭亚那柱花草 | *Stylosanthes guianensis*（Aubl.）Sw. | GC1517（IRRI） | CIAT | | 2003 | 2 | 引进资源 |
| 5709 | GC1578-EMBRAPA | 柱花草属 | 圭亚那柱花草 | *Stylosanthes guianensis*（Aubl.）Sw. | GC1578-EMBRAPA | CIAT | | 2003 | 2 | 引进资源 |
| 5710 | 南 01086 | 柱花草属 | 圭亚那柱花草 | *Stylosanthes guianensis*（Aubl.）Sw. | | CIAT | | 2001 | 2 | 引进资源 |
| 5711 | Cook L1-82 | 柱花草属 | 圭亚那柱花草 | *Stylosanthes guianensis*（Aubl.）Sw. | Cook L1-82 | CIAT | | 2003 | 2 | 引进资源 |
| 5712 | 广 873025 | 柱花草属 | 圭亚那柱花草 | *Stylosanthes guianensis*（Aubl.）Sw. | | 广西畜牧所 | | 2004 | 1 | 引进资源 |
| 5713 | 广 92-24 | 柱花草属 | 圭亚那柱花草 | *Stylosanthes guianensis*（Aubl.）Sw. | CIAT184C 种 | 广西畜牧所 | | 2004 | 1 | 引进资源 |
| 5714 | 广 92-27 | 柱花草属 | 圭亚那柱花草 | *Stylosanthes guianensis*（Aubl.）Sw. | CIAT184D 种 | 广西畜牧所 | | 2004 | 1 | 引进资源 |
| 5715 | | 柱花草属 | 圭亚那柱花草 | *Stylosanthes guianensis*（Aubl.）Sw. | 格拉姆 | 华热所 | | 2004 | 1 | 引进资源 |
| 5716 | | 柱花草属 | 圭亚那柱花草 | *Stylosanthes guianensis*（Aubl.）Sw. | 热研 2 号 | 华热所 | | 2004 | 1 | 引进资源 |
| 5717 | | 柱花草属 | 圭亚那柱花草 | *Stylosanthes guianensis*（Aubl.）Sw. | 136 | 华热所 | | 2004 | 1 | 引进资源 |
| 5718 | HN2010-1522 | 柱花草属 | 圭亚那柱花草 | *Stylosanthes guianensis*（Aubl.）Sw. | 热研 2 号 | CIAT | | 2008 | 3 | 引进资源 |
| 5719 | TPRC2001-01 | 柱花草属 | 圭亚那柱花草 | *Stylosanthes guianensis*（Aubl.）Sw. | TPRC2001-01 | 中国热作院培育 | | 2001 | 2 | 栽培资源 |
| 5720 | 060401036 | 柱花草属 | 圭亚那柱花草 | *Stylosanthes guianensis*（Aubl.）Sw. | | | 云南思茅 | 2006 | 2 | 野生资源 |
| 5721 | TPRC2001-02 | 柱花草属 | 圭亚那柱花草 | *Stylosanthes guianensis*（Aubl.）Sw. | TPRC2001-0 | 中国热作院培育 | | 2001 | 2 | 栽培资源 |
| 5722 | TPRC2001-03 | 柱花草属 | 圭亚那柱花草 | *Stylosanthes guianensis*（Aubl.）Sw. | TPRC2001-03 | 中国热作院培育 | | 2001 | 2 | 栽培资源 |

（续）

| 序号 | 送种单位编号 | 属 名 | 种 名 | 学 名 | 品种名（原文名） | 材料来源 | 材料原产地 | 收种时间（年份） | 保存地点 | 类型 |
|---|---|---|---|---|---|---|---|---|---|---|
| 5723 | TPRC2001-04 | 柱花草属 | 圭亚那柱花草 | *Stylosanthes guianensis*（Aubl.）Sw. | TPRC2001-04 | 中国热作院培育 | | 2001 | 2 | 栽培资源 |
| 5724 | TPRC2001-05 | 柱花草属 | 圭亚那柱花草 | *Stylosanthes guianensis*（Aubl.）Sw. | TPRC2001-05 | 中国热作院培育 | | 2001 | 2 | 栽培资源 |
| 5725 | TPRC2001-07 | 柱花草属 | 圭亚那柱花草 | *Stylosanthes guianensis*（Aubl.）Sw. | TPRC2001-07 | 中国热作院培育 | | 2001 | 2 | 栽培资源 |
| 5726 | TPRC2001-08 | 柱花草属 | 圭亚那柱花草 | *Stylosanthes guianensis*（Aubl.）Sw. | TPRC2001-08 | 中国热作院培育 | | 2001 | 2 | 栽培资源 |
| 5727 | TPRC2001-09 | 柱花草属 | 圭亚那柱花草 | *Stylosanthes guianensis*（Aubl.）Sw. | TPRC2001-09 | 中国热作院培育 | | 2001 | 2 | 栽培资源 |
| 5728 | TPRC2001-10 | 柱花草属 | 圭亚那柱花草 | *Stylosanthes guianensis*（Aubl.）Sw. | TPRC2001-10 | 中国热作院培育 | | 2001 | 2 | 栽培资源 |
| 5729 | TPRC2001-11 | 柱花草属 | 圭亚那柱花草 | *Stylosanthes guianensis*（Aubl.）Sw. | TPRC2001-11 | 中国热作院培育 | | 2001 | 2 | 栽培资源 |
| 5730 | TPRC2001-12 | 柱花草属 | 圭亚那柱花草 | *Stylosanthes guianensis*（Aubl.）Sw. | TPRC2001-12 | 中国热作院培育 | | 2001 | 2 | 栽培资源 |
| 5731 | TPRC2001-13 | 柱花草属 | 圭亚那柱花草 | *Stylosanthes guianensis*（Aubl.）Sw. | TPRC2001-13 | 中国热作院培育 | | 2001 | 2 | 栽培资源 |
| 5732 | TPRC2001-14 | 柱花草属 | 圭亚那柱花草 | *Stylosanthes guianensis*（Aubl.）Sw. | TPRC2001-14 | 中国热作院培育 | | 2001 | 2 | 栽培资源 |
| 5733 | TPRC2001-21 | 柱花草属 | 圭亚那柱花草 | *Stylosanthes guianensis*（Aubl.）Sw. | TPRC2001-21 | 中国热作院培育 | | 2001 | 2 | 栽培资源 |
| 5734 | TPRC2001-15 | 柱花草属 | 圭亚那柱花草 | *Stylosanthes guianensis*（Aubl.）Sw. | TPRC2001-15 | 中国热作院培育 | | 2001 | 2 | 栽培资源 |
| 5735 | TPRC2001-16 | 柱花草属 | 圭亚那柱花草 | *Stylosanthes guianensis*（Aubl.）Sw. | TPRC2001-16 | 中国热作院培育 | | 2001 | 2 | 栽培资源 |
| 5736 | TPRC2001-17 | 柱花草属 | 圭亚那柱花草 | *Stylosanthes guianensis*（Aubl.）Sw. | TPRC2001-17 | 中国热作院培育 | | 2001 | 2 | 栽培资源 |
| 5737 | TPRC2001-18 | 柱花草属 | 圭亚那柱花草 | *Stylosanthes guianensis*（Aubl.）Sw. | TPRC2001-18 | 中国热作院培育 | | 2001 | 2 | 栽培资源 |
| 5738 | TPRC2001-19 | 柱花草属 | 圭亚那柱花草 | *Stylosanthes guianensis*（Aubl.）Sw. | TPRC2001-19 | 中国热作院培育 | | 2001 | 2 | 栽培资源 |
| 5739 | TPRC2001-20 | 柱花草属 | 圭亚那柱花草 | *Stylosanthes guianensis*（Aubl.）Sw. | TPRC2001-20 | 中国热作院培育 | | 2001 | 2 | 栽培资源 |
| 5740 | TPRC2001-22 | 柱花草属 | 圭亚那柱花草 | *Stylosanthes guianensis*（Aubl.）Sw. | TPRC2001-22 | 中国热作院培育 | | 2001 | 2 | 栽培资源 |
| 5741 | TPRC2001-23 | 柱花草属 | 圭亚那柱花草 | *Stylosanthes guianensis*（Aubl.）Sw. | TPRC2001-23 | 中国热作院培育 | | 2001 | 2 | 栽培资源 |
| 5742 | TPRC2001-24 | 柱花草属 | 圭亚那柱花草 | *Stylosanthes guianensis*（Aubl.）Sw. | TPRC2001-24 | 中国热作院培育 | | 2001 | 2 | 栽培资源 |
| 5743 | TPRC2001-25 | 柱花草属 | 圭亚那柱花草 | *Stylosanthes guianensis*（Aubl.）Sw. | TPRC2001-25 | 中国热作院培育 | | 2001 | 2 | 栽培资源 |
| 5744 | TPRC2001-26 | 柱花草属 | 圭亚那柱花草 | *Stylosanthes guianensis*（Aubl.）Sw. | TPRC2001-26 | 中国热作院培育 | | 2001 | 2 | 栽培资源 |
| 5745 | TPRC2001-27 | 柱花草属 | 圭亚那柱花草 | *Stylosanthes guianensis*（Aubl.）Sw. | TPRC2001-27 | 中国热作院培育 | | 2001 | 2 | 栽培资源 |
| 5746 | TPRC2001-28 | 柱花草属 | 圭亚那柱花草 | *Stylosanthes guianensis*（Aubl.）Sw. | TPRC2001-28 | 中国热作院培育 | | 2001 | 2 | 栽培资源 |
| 5747 | TPRC2001-29 | 柱花草属 | 圭亚那柱花草 | *Stylosanthes guianensis*（Aubl.）Sw. | TPRC2001-29 | 中国热作院培育 | | 2001 | 2 | 栽培资源 |

（续）

| 序号 | 送种单位编号 | 属 名 | 种 名 | 学 名 | 品种名（原文名） | 材料来源 | 材料原产地 | 收种时间（年份） | 保存地点 | 类型 |
|---|---|---|---|---|---|---|---|---|---|---|
| 5748 | TPRC2001-30 | 柱花草属 | 圭亚那柱花草 | *Stylosanthes guianensis*（Aubl.）Sw. | TPRC2001-30 | 中国热作院培育 | | 2001 | 2 | 栽培资源 |
| 5749 | TPRC2001-31 | 柱花草属 | 圭亚那柱花草 | *Stylosanthes guianensis*（Aubl.）Sw. | TPRC2001-31 | 中国热作院培育 | | 2001 | 2 | 栽培资源 |
| 5750 | TPRC2001-32 | 柱花草属 | 圭亚那柱花草 | *Stylosanthes guianensis*（Aubl.）Sw. | TPRC2001-32 | 中国热作院培育 | | 2001 | 2 | 栽培资源 |
| 5751 | TPRC2001-33 | 柱花草属 | 圭亚那柱花草 | *Stylosanthes guianensis*（Aubl.）Sw. | TPRC2001-33 | 中国热作院培育 | | 2001 | 2 | 栽培资源 |
| 5752 | TPRC2001-34 | 柱花草属 | 圭亚那柱花草 | *Stylosanthes guianensis*（Aubl.）Sw. | TPRC2001-34 | 中国热作院培育 | | 2001 | 2 | 栽培资源 |
| 5753 | TPRC2001-35 | 柱花草属 | 圭亚那柱花草 | *Stylosanthes guianensis*（Aubl.）Sw. | TPRC2001-35 | 中国热作院培育 | | 2001 | 2 | 栽培资源 |
| 5754 | TPRC2001-36 | 柱花草属 | 圭亚那柱花草 | *Stylosanthes guianensis*（Aubl.）Sw. | TPRC2001-36 | 中国热作院培育 | | 2001 | 2 | 栽培资源 |
| 5755 | TPRC2001-37 | 柱花草属 | 圭亚那柱花草 | *Stylosanthes guianensis*（Aubl.）Sw. | TPRC2001-37 | 中国热作院培育 | | 2001 | 2 | 栽培资源 |
| 5756 | TPRC2001-38 | 柱花草属 | 圭亚那柱花草 | *Stylosanthes guianensis*（Aubl.）Sw. | TPRC2001-38 | 中国热作院培育 | | 2001 | 2 | 栽培资源 |
| 5757 | TPRC2001-39 | 柱花草属 | 圭亚那柱花草 | *Stylosanthes guianensis*（Aubl.）Sw. | TPRC2001-39 | 中国热作院培育 | | 2001 | 2 | 栽培资源 |
| 5758 | TPRC2001-40 | 柱花草属 | 圭亚那柱花草 | *Stylosanthes guianensis*（Aubl.）Sw. | TPRC2001-40 | 中国热作院培育 | | 2001 | 2 | 栽培资源 |
| 5759 | TPRC2001-41 | 柱花草属 | 圭亚那柱花草 | *Stylosanthes guianensis*（Aubl.）Sw. | TPRC2001-41 | 中国热作院培育 | | 2001 | 2 | 栽培资源 |
| 5760 | TPRC2001-42 | 柱花草属 | 圭亚那柱花草 | *Stylosanthes guianensis*（Aubl.）Sw. | TPRC2001-42 | 中国热作院培育 | | 2001 | 2 | 栽培资源 |
| 5761 | TPRC2001-43 | 柱花草属 | 圭亚那柱花草 | *Stylosanthes guianensis*（Aubl.）Sw. | TPRC2001-43 | 中国热作院培育 | | 2001 | 2 | 栽培资源 |
| 5762 | TPRC2001-44 | 柱花草属 | 圭亚那柱花草 | *Stylosanthes guianensis*（Aubl.）Sw. | TPRC2001-44 | 中国热作院培育 | | 2001 | 2 | 栽培资源 |
| 5763 | TPRC2001-45 | 柱花草属 | 圭亚那柱花草 | *Stylosanthes guianensis*（Aubl.）Sw. | TPRC2001-45 | 中国热作院培育 | | 2001 | 2 | 栽培资源 |
| 5764 | TPRC2001-46 | 柱花草属 | 圭亚那柱花草 | *Stylosanthes guianensis*（Aubl.）Sw. | TPRC2001-46 | 中国热作院培育 | | 2001 | 2 | 栽培资源 |
| 5765 | TPRC2001-47 | 柱花草属 | 圭亚那柱花草 | *Stylosanthes guianensis*（Aubl.）Sw. | TPRC2001-47 | 中国热作院培育 | | 2001 | 2 | 栽培资源 |
| 5766 | TPRC2001-48 | 柱花草属 | 圭亚那柱花草 | *Stylosanthes guianensis*（Aubl.）Sw. | TPRC2001-48 | 中国热作院培育 | | 2001 | 2 | 栽培资源 |
| 5767 | TPRC2001-49 | 柱花草属 | 圭亚那柱花草 | *Stylosanthes guianensis*（Aubl.）Sw. | TPRC2001-49 | 中国热作院培育 | | 2001 | 2 | 栽培资源 |
| 5768 | TPRC2001-50 | 柱花草属 | 圭亚那柱花草 | *Stylosanthes guianensis*（Aubl.）Sw. | TPRC2001-50 | 中国热作院培育 | | 2001 | 2 | 栽培资源 |
| 5769 | TPRC2001-51 | 柱花草属 | 圭亚那柱花草 | *Stylosanthes guianensis*（Aubl.）Sw. | TPRC2001-51 | 中国热作院培育 | | 2001 | 2 | 栽培资源 |
| 5770 | TPRC2001-52 | 柱花草属 | 圭亚那柱花草 | *Stylosanthes guianensis*（Aubl.）Sw. | TPRC2001-52 | 中国热作院培育 | | 2001 | 2 | 栽培资源 |
| 5771 | TPRC2001-53 | 柱花草属 | 圭亚那柱花草 | *Stylosanthes guianensis*（Aubl.）Sw. | TPRC2001-53 | 中国热作院培育 | | 2001 | 2 | 栽培资源 |
| 5772 | TPRC2001-54 | 柱花草属 | 圭亚那柱花草 | *Stylosanthes guianensis*（Aubl.）Sw. | TPRC2001-54 | 中国热作院培育 | | 2001 | 2 | 栽培资源 |

（续）

| 序号 | 送种单位编号 | 属 名 | 种 名 | 学 名 | 品种名（原文名） | 材料来源 | 材料原产地 | 收种时间（年份） | 保存地点 | 类型 |
|---|---|---|---|---|---|---|---|---|---|---|
| 5773 | TPRC2001-55 | 柱花草属 | 圭亚那柱花草 | *Stylosanthes guianensis*（Aubl.）Sw. | TPRC2001-55 | 中国热作院培育 | | 2001 | 2 | 栽培资源 |
| 5774 | TPRC2001-56 | 柱花草属 | 圭亚那柱花草 | *Stylosanthes guianensis*（Aubl.）Sw. | TPRC2001-56 | 中国热作院培育 | | 2001 | 2 | 栽培资源 |
| 5775 | TPRC2001-57 | 柱花草属 | 圭亚那柱花草 | *Stylosanthes guianensis*（Aubl.）Sw. | TPRC2001-57 | 中国热作院培育 | | 2001 | 2 | 栽培资源 |
| 5776 | TPRC2001-58 | 柱花草属 | 圭亚那柱花草 | *Stylosanthes guianensis*（Aubl.）Sw. | TPRC2001-58 | 中国热作院培育 | | 2001 | 2 | 栽培资源 |
| 5777 | TPRC2001-59 | 柱花草属 | 圭亚那柱花草 | *Stylosanthes guianensis*（Aubl.）Sw. | TPRC2001-59 | 中国热作院培育 | | 2001 | 2 | 栽培资源 |
| 5778 | TPRC2001-06 | 柱花草属 | 圭亚那柱花草 | *Stylosanthes guianensis*（Aubl.）Sw. | TPRC2001-6 | 中国热作院培育 | | 2001 | 2 | 栽培资源 |
| 5779 | TPRC2001-60 | 柱花草属 | 圭亚那柱花草 | *Stylosanthes guianensis*（Aubl.）Sw. | TPRC2001-60 | 中国热作院培育 | | 2001 | 2 | 栽培资源 |
| 5780 | TPRC2001-61 | 柱花草属 | 圭亚那柱花草 | *Stylosanthes guianensis*（Aubl.）Sw. | TPRC2001-61 | 中国热作院培育 | | 2001 | 2 | 栽培资源 |
| 5781 | TPRC2001-62 | 柱花草属 | 圭亚那柱花草 | *Stylosanthes guianensis*（Aubl.）Sw. | TPRC2001-62 | 中国热作院培育 | | 2001 | 2 | 栽培资源 |
| 5782 | TPRC2001-63 | 柱花草属 | 圭亚那柱花草 | *Stylosanthes guianensis*（Aubl.）Sw. | TPRC2001-63 | 中国热作院培育 | | 2001 | 2 | 栽培资源 |
| 5783 | TPRC2001-64 | 柱花草属 | 圭亚那柱花草 | *Stylosanthes guianensis*（Aubl.）Sw. | TPRC2001-64 | 中国热作院培育 | | 2001 | 2 | 栽培资源 |
| 5784 | TPRC2001-65 | 柱花草属 | 圭亚那柱花草 | *Stylosanthes guianensis*（Aubl.）Sw. | TPRC2001-65 | 中国热作院培育 | | 2001 | 2 | 栽培资源 |
| 5785 | TPRC2001-66 | 柱花草属 | 圭亚那柱花草 | *Stylosanthes guianensis*（Aubl.）Sw. | TPRC2001-66 | 中国热作院培育 | | 2001 | 2 | 栽培资源 |
| 5786 | TPRC2001-67 | 柱花草属 | 圭亚那柱花草 | *Stylosanthes guianensis*（Aubl.）Sw. | TPRC2001-67 | 中国热作院培育 | | 2001 | 2 | 栽培资源 |
| 5787 | TPRC2001-68 | 柱花草属 | 圭亚那柱花草 | *Stylosanthes guianensis*（Aubl.）Sw. | TPRC2001-68 | 中国热作院培育 | | 2001 | 2 | 栽培资源 |
| 5788 | TPRC2001-69 | 柱花草属 | 圭亚那柱花草 | *Stylosanthes guianensis*（Aubl.）Sw. | TPRC2001-69 | 中国热作院培育 | | 2001 | 2 | 栽培资源 |
| 5789 | TPRC2001-70 | 柱花草属 | 圭亚那柱花草 | *Stylosanthes guianensis*（Aubl.）Sw. | TPRC2001-70 | 中国热作院培育 | | 2001 | 2 | 栽培资源 |
| 5790 | TPRC2001-71 | 柱花草属 | 圭亚那柱花草 | *Stylosanthes guianensis*（Aubl.）Sw. | TPRC2001-71 | 中国热作院培育 | | 2001 | 2 | 栽培资源 |
| 5791 | TPRC2001-72 | 柱花草属 | 圭亚那柱花草 | *Stylosanthes guianensis*（Aubl.）Sw. | TPRC2001-72 | 中国热作院培育 | | 2001 | 2 | 栽培资源 |
| 5792 | TPRC2001-73 | 柱花草属 | 圭亚那柱花草 | *Stylosanthes guianensis*（Aubl.）Sw. | TPRC2001-73 | 中国热作院培育 | | 2001 | 2 | 栽培资源 |
| 5793 | TPRC2001-74 | 柱花草属 | 圭亚那柱花草 | *Stylosanthes guianensis*（Aubl.）Sw. | TPRC2001-74 | 中国热作院培育 | | 2001 | 2 | 栽培资源 |
| 5794 | TPRC2001-75 | 柱花草属 | 圭亚那柱花草 | *Stylosanthes guianensis*（Aubl.）Sw. | TPRC2001-75 | 中国热作院培育 | | 2001 | 2 | 栽培资源 |
| 5795 | TPRC2001-76 | 柱花草属 | 圭亚那柱花草 | *Stylosanthes guianensis*（Aubl.）Sw. | TPRC2001-76 | 中国热作院培育 | | 2001 | 2 | 栽培资源 |
| 5796 | TPRC2001-77 | 柱花草属 | 圭亚那柱花草 | *Stylosanthes guianensis*（Aubl.）Sw. | TPRC2001-77 | 中国热作院培育 | | 2001 | 2 | 栽培资源 |
| 5797 | TPRC2001-78 | 柱花草属 | 圭亚那柱花草 | *Stylosanthes guianensis*（Aubl.）Sw. | TPRC2001-78 | 中国热作院培育 | | 2001 | 2 | 栽培资源 |

（续）

| 序号 | 送种单位编号 | 属 名 | 种 名 | 学 名 | 品种名（原文名） | 材料来源 | 材料原产地 | 收种时间（年份） | 保存地点 | 类型 |
|---|---|---|---|---|---|---|---|---|---|---|
| 5798 | TPRC2001-79 | 柱花草属 | 圭亚那柱花草 | *Stylosanthes guianensis*（Aubl.）Sw. | TPRC2001-79 | 中国热作院培育 | | 2001 | 2 | 栽培资源 |
| 5799 | TPRC2001-80 | 柱花草属 | 圭亚那柱花草 | *Stylosanthes guianensis*（Aubl.）Sw. | TPRC2001-80 | 中国热作院培育 | | 2001 | 2 | 栽培资源 |
| 5800 | TPRC2001-81 | 柱花草属 | 圭亚那柱花草 | *Stylosanthes guianensis*（Aubl.）Sw. | TPRC2001-81 | 中国热作院培育 | | 2001 | 2 | 栽培资源 |
| 5801 | TPRC2001-82 | 柱花草属 | 圭亚那柱花草 | *Stylosanthes guianensis*（Aubl.）Sw. | TPRC2001-82 | 中国热作院培育 | | 2001 | 2 | 栽培资源 |
| 5802 | TPRC2001-83 | 柱花草属 | 圭亚那柱花草 | *Stylosanthes guianensis*（Aubl.）Sw. | TPRC2001-83 | 中国热作院培育 | | 2001 | 2 | 栽培资源 |
| 5803 | TPRC2001-84 | 柱花草属 | 圭亚那柱花草 | *Stylosanthes guianensis*（Aubl.）Sw. | TPRC2001-84 | 中国热作院培育 | | 2001 | 2 | 栽培资源 |
| 5804 | TPRC2001-85 | 柱花草属 | 圭亚那柱花草 | *Stylosanthes guianensis*（Aubl.）Sw. | TPRC2001-85 | 中国热作院培育 | | 2001 | 2 | 栽培资源 |
| 5805 | TPRC90003（品 36） | 柱花草属 | 圭亚那柱花草 | *Stylosanthes guianensis*（Aubl.）Sw. | TPRC90003 | 中国热作院培育 | | 2005 | 2 | 栽培资源 |
| 5806 | TPRC90139（品 04） | 柱花草属 | 圭亚那柱花草 | *Stylosanthes guianensis*（Aubl.）Sw. | TPRC90139 柱 | 中国热作院培育 | | 2005 | 2 | 栽培资源 |
| 5807 | Fitzroy | 柱花草属 | 圭亚那柱花草 | *Stylosanthes guianensis*（Aubl.）Sw. | 费特罗雷 | CIAT | | 2003 | 2 | 引进资源 |
| 5808 | 品 127 | 柱花草属 | 圭亚那柱花草 | *Stylosanthes guianensis*（Aubl.）Sw. | 129 号(48) | 中国热作院培育 | | 2005 | 2 | 栽培资源 |
| 5809 | 2539（品 120） | 柱花草属 | 圭亚那柱花草 | *Stylosanthes guianensis*（Aubl.）Sw. | 2539 | CIAT | | 2005 | 2 | 引进资源 |
| 5810 | FM9405-Parcele6（品 107） | 柱花草属 | 圭亚那柱花草 | *Stylosanthes guianensis*（Aubl.）Sw. | FM9405-Parcele6 | CIAT | | 2005 | 2 | 引进资源 |
| 5811 | Oxley（品 113） | 柱花草属 | 圭亚那柱花草 | *Stylosanthes guianensis*（Aubl.）Sw. | 澳克雷 | 中国热作院培育 | | 2005 | 2 | 栽培资源 |
| 5812 | 品 128 | 柱花草属 | 圭亚那柱花草 | *Stylosanthes guianensis*（Aubl.）Sw. | 130 号(48) | 中国热作院培育 | | 2005 | 2 | 栽培资源 |
| 5813 | 热研 20 号 | 柱花草属 | 圭亚那柱花草 | *Stylosanthes guianensis*（Aubl.）Sw. | 白花柱花草 | 中国热作院培育 | | 2005 | 2 | 栽培资源 |
| 5814 | E11 | 柱花草属 | 圭亚那柱花草 | *Stylosanthes guianensis*（Aubl.）Sw. | E11 | 中国热作院培育 | | 2003 | 2 | 栽培资源 |
| 5815 | 巴西苜蓿（品 129） | 柱花草属 | 圭亚那柱花草 | *Stylosanthes guianensis*（Aubl.）Sw. | 巴西苜蓿 | | 巴西 | 2005 | 2 | 引进资源 |
| 5816 | 云 73 | 柱花草属 | 圭亚那柱花草 | *Stylosanthes guianensis*（Aubl.）Sw. | 云 73 | 云南元谋 | | 2005 | 2 | 栽培资源 |
| 5817 | 云 79 | 柱花草属 | 圭亚那柱花草 | *Stylosanthes guianensis*（Aubl.）Sw. | 云 79 | 云南元谋 | | 2005 | 2 | 栽培资源 |
| 5818 | 云 77 | 柱花草属 | 圭亚那柱花草 | *Stylosanthes guianensis*（Aubl.）Sw. | 云 77 | 云南元谋 | | 2005 | 2 | 栽培资源 |
| 5819 | 云 35 | 柱花草属 | 圭亚那柱花草 | *Stylosanthes guianensis*（Aubl.）Sw. | CIAT11363 | CIAT | | 2005 | 2 | 引进资源 |
| 5820 | Graham（格拉姆）（品 10） | 柱花草属 | 圭亚那柱花草 | *Stylosanthes guianensis*（Aubl.）Sw. | 格拉姆 | CIAT | | 2003 | 2 | 引进资源 |

（续）

| 序号 | 送种单位编号 | 属名 | 种名 | 学名 | 品种名（原文名） | 材料来源 | 材料原产地 | 收种时间（年份） | 保存地点 | 类型 |
|---|---|---|---|---|---|---|---|---|---|---|
| 5821 | 云 31 | 柱花草属 | 圭亚那柱花草 | *Stylosanthes guianensis*（Aubl.）Sw. | 云 31 | 云南元谋 | | 2005 | 2 | 栽培资源 |
| 5822 | 云 34 | 柱花草属 | 圭亚那柱花草 | *Stylosanthes guianensis*（Aubl.）Sw. | 云 34 | 云南元谋 | | 2005 | 2 | 栽培资源 |
| 5823 | 云 43 | 柱花草属 | 圭亚那柱花草 | *Stylosanthes guianensis*（Aubl.）Sw. | 云 43 | 云南元谋 | | 2005 | 2 | 栽培资源 |
| 5824 | 云 48 | 柱花草属 | 圭亚那柱花草 | *Stylosanthes guianensis*（Aubl.）Sw. | 云 48 | 云南元谋 | | 2005 | 2 | 栽培资源 |
| 5825 | 云 49 | 柱花草属 | 圭亚那柱花草 | *Stylosanthes guianensis*（Aubl.）Sw. | 云 49 | 云南元谋 | | 2005 | 2 | 栽培资源 |
| 5826 | 云 14 | 柱花草属 | 圭亚那柱花草 | *Stylosanthes guianensis*（Aubl.）Sw. | 云 14 | 云南元谋 | | 2005 | 2 | 栽培资源 |
| 5827 | 云 07 | 柱花草属 | 圭亚那柱花草 | *Stylosanthes guianensis*（Aubl.）Sw. | 云 07 | 云南元谋 | | 2005 | 2 | 栽培资源 |
| 5828 | CIAT10121 | 柱花草属 | 圭亚那柱花草 | *Stylosanthes guianensis*（Aubl.）Sw. | 大叶柱花草 | CIAT | | 2003 | 2 | 引进资源 |
| 5829 | CIAT1361 | 柱花草属 | 圭亚那柱花草 | *Stylosanthes guianensis*（Aubl.）Sw. | 细茎柱花草 | CIAT | | 2003 | 2 | 引进资源 |
| 5830 | 130315002 | 柱花草属 | 圭亚那柱花草 | *Stylosanthes guianensis*（Aubl.）Sw. | 柱花草 | CIAT | | 2013 | 2 | 引进资源 |
| 5831 | 130310007 | 柱花草属 | 圭亚那柱花草 | *Stylosanthes guianensis*（Aubl.）Sw. | 柱花草 | CIAT | | 2013 | 2 | 引进资源 |
| 5832 | CIAT151 | 柱花草属 | 圭亚那柱花草 | *Stylosanthes guianensis*（Aubl.）Sw. | CIAT151 | CIAT | | 2005 | 2 | 引进资源 |
| 5833 | stylo falconesis | 柱花草属 | 圭亚那柱花草 | *Stylosanthes guianensis*（Aubl.）Sw. | | CIAT | | 2003 | 2 | 引进资源 |
| 5834 | stylo sericeiceps | 柱花草属 | 圭亚那柱花草 | *Stylosanthes guianensis*（Aubl.）Sw. | | CIAT | | 2003 | 2 | 引进资源 |
| 5835 | 云 50 | 柱花草属 | 圭亚那柱花草 | *Stylosanthes guianensis*（Aubl.）Sw. | | 云南元谋 | | 2005 | 2 | 栽培资源 |
| 5836 | 云 52 | 柱花草属 | 圭亚那柱花草 | *Stylosanthes guianensis*（Aubl.）Sw. | | 云南元谋 | | 2005 | 2 | 栽培资源 |
| 5837 | 90005（1）（品 126、品 50） | 柱花草属 | 圭亚那柱花草 | *Stylosanthes guianensis*（Aubl.）Sw. | 90005（1） | 中国热作院培育 | | 2005 | 2 | 栽培资源 |
| 5838 | 热研 13 号（品 55） | 柱花草属 | 圭亚那柱花草 | *Stylosanthes guianensis*（Aubl.）Sw. | 热研 13 | 中国热作院培育 | | 2005 | 2 | 栽培资源 |
| 5839 | L8（品 72） | 柱花草属 | 圭亚那柱花草 | *Stylosanthes guianensis*（Aubl.）Sw. | L8 | 中国热作院培育 | | 2005 | 2 | 栽培资源 |
| 5840 | 热研 18 号 | 柱花草属 | 圭亚那柱花草 | *Stylosanthes guianensis*（Aubl.）Sw. | 热研 18 号 | 中国热作院培育 | | 2005 | 2 | 栽培资源 |
| 5841 | TPRC2001-86 | 柱花草属 | 有钩柱花草 | *Stylosanthes hamata*（L.）Taub. | TPRC2001-86 | 中国热作院培育 | | 2009 | 2 | 栽培资源 |
| 5842 | 南 01085 | 柱花草属 | 有钩柱花草 | *Stylosanthes hamata*（L.）Taub. | | CIAT | | 2001 | 2 | 引进资源 |
| 5843 | 南 02157 | 柱花草属 | 有钩柱花草 | *Stylosanthes hamata*（L.）Taub. | | CIAT | | 2001 | 2 | 引进资源 |
| 5844 | 南 01082 | 柱花草属 | 有钩柱花草 | *Stylosanthes hamata*（L.）Taub. | | CIAT | | 2001 | 2 | 引进资源 |

（续）

| 序号 | 送种单位编号 | 属 名 | 种 名 | 学 名 | 品种名（原文名） | 材料来源 | 材料原产地 | 收种时间（年份） | 保存地点 | 类型 |
|---|---|---|---|---|---|---|---|---|---|---|
| 5845 | 南 01083 | 柱花草属 | 有钩柱花草 | *Stylosanthes hamata*（L.）Taub. | | CIAT | | 2001 | 2 | 引进资源 |
| 5846 | 南 01089 | 柱花草属 | 有钩柱花草 | *Stylosanthes hamata*（L.）Taub. | | CIAT | | 2001 | 2 | 引进资源 |
| 5847 | 广 873024 | 柱花草属 | 有钩柱花草 | *Stylosanthes hamata*（L.）Taub. | | 广西畜牧所 | 美国 | 2004 | 1 | 引进资源 |
| 5848 | 广 873020 | 柱花草属 | 有钩柱花草 | *Stylosanthes hamata*（L.）Taub. | | 广西畜牧所 | 美国 | 2004 | 1 | 引进资源 |
| 5849 | 广 873022 | 柱花草属 | 有钩柱花草 | *Stylosanthes hamata*（L.）Taub. | | 广西畜牧所 | 美国 | 2004 | 1 | 引进资源 |
| 5850 | 广 873029 | 柱花草属 | 有钩柱花草 | *Stylosanthes hamata*（L.）Taub. | | 广西畜牧所 | 美国 | 2004 | 1 | 引进资源 |
| 5851 | | 柱花草属 | 有钩柱花草 | *Stylosanthes hamata*（L.）Taub. | | 广西畜牧所 | 美国 | 2004 | 1 | 引进资源 |
| 5852 | CIAT147 | 柱花草属 | 有钩柱花草 | *Stylosanthes hamata*（L.）Taub. | CIAT147 | CIAT | | 2003 | 2 | 引进资源 |
| 5853 | CIAT167 | 柱花草属 | 有钩柱花草 | *Stylosanthes hamata*（L.）Taub. | CIAT167 | CIAT | | 2003 | 2 | 引进资源 |
| 5854 | Verano | 柱花草属 | 有钩柱花草 | *Stylosanthes hamata*（L.）Taub. | | CIAT | | 2003 | 2 | 引进资源 |
| 5855 | CIAT1310 | 柱花草属 | 矮柱花草 | *Stylosanthes humilis* HBK. | | 美国夏威夷大学 | | 2004 | 2 | 引进资源 |
| 5856 | | 柱花草属 | 矮柱花草 | *Stylosanthes humilis* HBK. | | 广西畜牧所 | 澳大利亚 | 2004 | 1 | 引进资源 |
| 5857 | | 柱花草属 | 矮柱花草 | *Stylosanthes humilis* HBK. | | 广西畜牧所 | 中美州 | 2004 | 1 | 引进资源 |
| 5858 | | 柱花草属 | 矮柱花草 | *Stylosanthes humilis* HBK. | | 广西畜牧所 | 中美州 | 2004 | 1 | 引进资源 |
| 5859 | HN773 | 柱花草属 | 西卡柱花草 | *Stylosanthes scabra* Vog. | CIAT 2323 | | 澳大利亚 | 1998 | 3 | 引进资源 |
| 5860 | HN774 | 柱花草属 | 西卡柱花草 | *Stylosanthes scabra* Vog. | CIAT 2534 | | 澳大利亚 | 1998 | 3 | 引进资源 |
| 5861 | Siran(L3-93) | 柱花草属 | 西卡柱花草 | *Stylosanthes scabra* Vog. | Siran(L3-93) | CIAT | | 2001 | 2 | 引进资源 |
| 5862 | 33260(品 115) | 柱花草属 | 西卡柱花草 | *Stylosanthes scabra* Vog. | 33260 | CIAT | | 2003 | 2 | 引进资源 |
| 5863 | CIAT40292(品 122) | 柱花草属 | 西卡柱花草 | *Stylosanthes scabra* Vog. | CIAT40292 | CIAT | | 2003 | 2 | 引进资源 |
| 5864 | 93116 西卡(重复) | 柱花草属 | 西卡柱花草 | *Stylosanthes scabra* Vog. | 93116 | CIAT | | 2003 | 2 | 引进资源 |
| 5865 | Q10042(品 116) | 柱花草属 | 西卡柱花草 | *Stylosanthes scabra* Vog. | Q10042 | CIAT | | 2003 | 2 | 引进资源 |
| 5866 | 2323 | 柱花草属 | 西卡柱花草 | *Stylosanthes scabra* Vog. | 2323 | CIAT | | 2003 | 2 | 引进资源 |
| 5867 | CIAT36260 | 柱花草属 | 西卡柱花草 | *Stylosanthes scabra* Vog. | | CIAT | | 2003 | 2 | 引进资源 |
| 5868 | RRR94-97 | 柱花草属 | 西卡柱花草 | *Stylosanthes scabra* Vog. | RRR94-97 | CIAT | | 2003 | 2 | 引进资源 |
| 5869 | 140401060 | 柱花草属 | 西卡柱花草 | *Stylosanthes scabra* Vog. | CIAT8 | CIAT | | 2014 | 2 | 引进资源 |

（续）

| 序号 | 送种单位编号 | 属 名 | 种 名 | 学 名 | 品种名（原文名） | 材料来源 | 材料原产地 | 收种时间（年份） | 保存地点 | 类型 |
|---|---|---|---|---|---|---|---|---|---|---|
| 5870 | CIAT40205(Fitzray) | 柱花草属 | 西卡柱花草 | *Stylosanthes scabra* Vog. | CIAT40205 | CIAT | | 2003 | 2 | 引进资源 |
| 5871 | Seca(品2) | 柱花草属 | 西卡柱花草 | *Stylosanthes scabra* Vog. | | CIAT | | 2003 | 2 | 引进资源 |
| 5872 | TPRC250(品68) | 柱花草属 | 西卡柱花草 | *Stylosanthes scabra* Vog. | 250 | 中国热作院培育 | | 2003 | 2 | 引进资源 |
| 5873 | CIAT93116(品117) | 柱花草属 | 西卡柱花草 | *Stylosanthes scabra* Vog. | CIAT93116 | CIAT | | 2003 | 2 | 引进资源 |
| 5874 | HN2011-1889 | 葫芦茶属 | 葫芦茶 | *Tadehagi triquetrum*（L.）Ohashi | | | 云南河口 | 2007 | 3 | 野生资源 |
| 5875 | 060117048 | 葫芦茶属 | 葫芦茶 | *Tadehagi triquetrum*（L.）Ohashi | | | 海南西培农场 | 2006 | 2 | 野生资源 |
| 5876 | 060326045 | 葫芦茶属 | 葫芦茶 | *Tadehagi triquetrum*（L.）Ohashi | | | 云南思茅 | 2006 | 2 | 野生资源 |
| 5877 | 070314029 | 葫芦茶属 | 葫芦茶 | *Tadehagi triquetrum*（L.）Ohashi | | | 云南巴马 | 2007 | 2 | 野生资源 |
| 5878 | GX111212010 | 葫芦茶属 | 葫芦茶 | *Tadehagi triquetrum*（L.）Ohashi | | 广西牧草站 | | 2011 | 2 | 野生资源 |
| 5879 | 2010FJ019 | 葫芦茶属 | 葫芦茶 | *Tadehagi triquetrum*（L.）Ohashi | | 福建农科院 | | 2010 | 2 | 野生资源 |
| 5880 | 071220011 | 葫芦茶属 | 葫芦茶 | *Tadehagi triquetrum*（L.）Ohashi | | | 福建漳州南靖 | 2007 | 2 | 野生资源 |
| 5881 | hn2621 | 灰毛豆属 | 白灰毛豆 | *Tephrosia candida* DC | | 广东 | 广西百色 | 2005 | 3 | 野生资源 |
| 5882 | HN291 | 灰毛豆属 | 白灰毛豆 | *Tephrosia candida* DC | | | 云南元谋 | 2003 | 3 | 野生资源 |
| 5883 | hn3081 | 灰毛豆属 | 白灰毛豆 | *Tephrosia candida* DC | | | 广东廉江 | 2005 | 3 | 野生资源 |
| 5884 | HN776 | 灰毛豆属 | 白灰毛豆 | *Tephrosia candida* DC | | 广西 | 云南陇川 | 2005 | 3 | 野生资源 |
| 5885 | hn2496 | 灰毛豆属 | 白灰毛豆 | *Tephrosia candida* DC | | | 云南勐海 | 2005 | 3 | 野生资源 |
| 5886 | hn2497 | 灰毛豆属 | 白灰毛豆 | *Tephrosia candida* DC | | | 云南红河元江 | 2005 | 3 | 野生资源 |
| 5887 | hn2540 | 灰毛豆属 | 白灰毛豆 | *Tephrosia candida* DC | | | 云南景洪 | 2005 | 3 | 野生资源 |
| 5888 | hn2538 | 灰毛豆属 | 白灰毛豆 | *Tephrosia candida* DC | | | 福建漳州漳浦 | 2007 | 3 | 野生资源 |
| 5889 | hn2541 | 灰毛豆属 | 白灰毛豆 | *Tephrosia candida* DC | | | 云南思茅 | 2005 | 3 | 野生资源 |
| 5890 | hn2657 | 灰毛豆属 | 白灰毛豆 | *Tephrosia candida* DC | | | 云南陇川 | 2005 | 3 | 野生资源 |
| 5891 | hn3055 | 灰毛豆属 | 白灰毛豆 | *Tephrosia candida* DC | | | 云南思茅 | 2006 | 3 | 野生资源 |
| 5892 | hn3080 | 灰毛豆属 | 白灰毛豆 | *Tephrosia candida* DC | | | 福建慧安 | 2011 | 3 | 野生资源 |
| 5893 | HN778 | 灰毛豆属 | 白灰毛豆 | *Tephrosia candida* DC | | | 广西百色 | 2005 | 3 | 野生资源 |
| 5894 | HN779 | 灰毛豆属 | 白灰毛豆 | *Tephrosia candida* DC | | | 福建慧安 | 2011 | 3 | 野生资源 |

（续）

| 序号 | 送种单位编号 | 属名 | 种名 | 学名 | 品种名（原文名） | 材料来源 | 材料原产地 | 收种时间（年份） | 保存地点 | 类型 |
|---|---|---|---|---|---|---|---|---|---|---|
| 5895 | 050227350 | 灰毛豆属 | 白灰毛豆 | *Tephrosia candida* DC | | | 云南勐海 | 2005 | 2 | 野生资源 |
| 5896 | 050308521 | 灰毛豆属 | 白灰毛豆 | *Tephrosia candida* DC | | | 广西百色 | 2005 | 2 | 野生资源 |
| 5897 | 050312607 | 灰毛豆属 | 白灰毛豆 | *Tephrosia candida* DC | | | 广东廉江 | 2005 | 2 | 野生资源 |
| 5898 | 031222001 | 灰毛豆属 | 白灰毛豆 | *Tephrosia candida* DC | | | 海南万宁 | 2003 | 2 | 野生资源 |
| 5899 | 040227001 | 灰毛豆属 | 白灰毛豆 | *Tephrosia candida* DC | | | 海南东方鸵鸟基地 | 2004 | 2 | 野生资源 |
| 5900 | 070125002 | 灰毛豆属 | 白灰毛豆 | *Tephrosia candida* DC | | | 海南陵水提蒙 | 2007 | 2 | 野生资源 |
| 5901 | 050302348 | 灰毛豆属 | 白灰毛豆 | *Tephrosia candida* DC | | | 海南陵水黎安镇 | 2005 | 2 | 野生资源 |
| 5902 | 060326014 | 灰毛豆属 | 白灰毛豆 | *Tephrosia candida* DC | | | 云南思茅 | 2006 | 2 | 野生资源 |
| 5903 | 071221003 | 灰毛豆属 | 白灰毛豆 | *Tephrosia candida* DC | | | 福建南靖 | 2007 | 2 | 野生资源 |
| 5904 | 071227070 | 灰毛豆属 | 白灰毛豆 | *Tephrosia candida* DC | | | 广东清远高桥镇 | 2007 | 2 | 野生资源 |
| 5905 | 071214001 | 灰毛豆属 | 白灰毛豆 | *Tephrosia candida* DC | | | 广东湛江 | 2007 | 2 | 野生资源 |
| 5906 | 060918001 | 灰毛豆属 | 白灰毛豆 | *Tephrosia candida* DC | | | 湖南新晃县城 | 2006 | 2 | 野生资源 |
| 5907 | 050302450 | 灰毛豆属 | 白灰毛豆 | *Tephrosia candida* DC | | | 云南红河元江 | 2005 | 2 | 野生资源 |
| 5908 | 071217067 | 灰毛豆属 | 白灰毛豆 | *Tephrosia candida* DC | | | 福建漳浦 | 2007 | 2 | 野生资源 |
| 5909 | 050301418 | 灰毛豆属 | 白灰毛豆 | *Tephrosia candida* DC | | | 云南思茅 | 2005 | 2 | 野生资源 |
| 5910 | 050302438 | 灰毛豆属 | 白灰毛豆 | *Tephrosia candida* DC | | | 海南思茅普洱 | 2005 | 2 | 野生资源 |
| 5911 | 050221159 | 灰毛豆属 | 白灰毛豆 | *Tephrosia candida* DC | | | 云南陇川 | 2005 | 2 | 野生资源 |
| 5912 | 040528001 | 灰毛豆属 | 白灰毛豆 | *Tephrosia candida* DC | | | 斯里兰卡 | 2004 | 2 | 引进资源 |
| 5913 | 061005004 | 灰毛豆属 | 灰毛豆 | *Tephrosia purpurea* (L.) Pers. | | | 海南东方抱板镇 | 2006 | 2 | 野生资源 |
| 5914 | 061118014 | 灰毛豆属 | 灰毛豆 | *Tephrosia purpurea* (L.) Pers. | | | 海南儋州海头镇 | 2006 | 2 | 野生资源 |
| 5915 | 061127006 | 灰毛豆属 | 灰毛豆 | *Tephrosia purpurea* (L.) Pers. | | | 海南昌江十月田镇 | 2006 | 2 | 野生资源 |
| 5916 | GS0465 | 野决明属 | 披针叶野决明 | *Thermopsis lanceolata* R. Br. | | 甘肃古浪平顶山 | 甘肃古浪 | 2002 | 3 | 野生资源 |
| 5917 | GS1185 | 野决明属 | 披针叶野决明 | *Thermopsis lanceolata* R. Br. | | | 甘肃合作 | 2006 | 3 | 野生资源 |
| 5918 | GS1660 | 野决明属 | 披针叶野决明 | *Thermopsis lanceolata* R. Br. | | | 甘肃会宁 | 2007 | 3 | 野生资源 |
| 5919 | GS2366 | 野决明属 | 披针叶野决明 | *Thermopsis lanceolata* R. Br. | | | 甘肃肃南 | 2010 | 3 | 野生资源 |

（续）

| 序号 | 送种单位编号 | 属 名 | 种 名 | 学 名 | 品种名（原文名） | 材料来源 | 材料原产地 | 收种时间（年份） | 保存地点 | 类型 |
|---|---|---|---|---|---|---|---|---|---|---|
| 5920 | GS2700 | 野决明属 | 披针叶野决明 | *Thermopsis lanceolata* R. Br. | | | 甘肃会宁太平店 | 2009 | 3 | 野生资源 |
| 5921 | GS2765 | 野决明属 | 披针叶野决明 | *Thermopsis lanceolata* R. Br. | | | 甘肃天祝石门 | 2010 | 3 | 野生资源 |
| 5922 | GS2982 | 野决明属 | 披针叶野决明 | *Thermopsis lanceolata* R. Br. | | | 陕西延长 | 2011 | 3 | 野生资源 |
| 5923 | GS3040 | 野决明属 | 披针叶野决明 | *Thermopsis lanceolata* R. Br. | | | 陕西子洲 | 2011 | 3 | 野生资源 |
| 5924 | GS3099 | 野决明属 | 披针叶野决明 | *Thermopsis lanceolata* R. Br. | | | 甘肃合作卡加道 | 2011 | 3 | 野生资源 |
| 5925 | GS3373 | 野决明属 | 披针叶野决明 | *Thermopsis lanceolata* R. Br. | | | 宁夏盐池 | 2011 | 3 | 野生资源 |
| 5926 | GS3553 | 野决明属 | 披针叶野决明 | *Thermopsis lanceolata* R. Br. | | | 宁夏盐池 | 2012 | 3 | 野生资源 |
| 5927 | GS4400 | 野决明属 | 披针叶野决明 | *Thermopsis lanceolata* R. Br. | | | 甘肃静宁 | 2013 | 3 | 野生资源 |
| 5928 | GS448 | 野决明属 | 披针叶野决明 | *Thermopsis lanceolata* R. Br. | | | 甘肃肃南喇嘛湾 | 2004 | 3 | 野生资源 |
| 5929 | GS4990 | 野决明属 | 披针叶野决明 | *Thermopsis lanceolata* R. Br. | | | 甘肃静宁 | 2015 | 3 | 野生资源 |
| 5930 | GS756 | 野决明属 | 披针叶野决明 | *Thermopsis lanceolata* R. Br. | | 甘肃甘加八角城 | | 2005 | 3 | 野生资源 |
| 5931 | JL15-027 | 野决明属 | 披针叶野决明 | *Thermopsis lanceolata* R. Br. | | | 内蒙古海拉尔呼和诺尔 | 2014 | 3 | 野生资源 |
| 5932 | 蒙77 | 野决明属 | 披针叶野决明 | *Thermopsis lanceolata* R. Br. | | | 内蒙通辽科左后旗 | 2000 | 3 | 野生资源 |
| 5933 | 99 | 野决明属 | 披针叶野决明 | *Thermopsis lanceolata* R. Br. | | 宁夏草原站 | 宁夏盐池 | 2003 | 1 | 野生资源 |
| 5934 | GS2106 | 野决明属 | 中亚野决明 | *Thermopsis schischkiniim* Czefr. | | | 甘肃会宁 | 2008 | 3 | 野生资源 |
| 5935 | ZXY06A-103 | 车轴草属 | 埃及三叶草 | *Trifolium alexandrinum* L. | | | 意大利 | 2006 | 3 | 引进资源 |
| 5936 | ZXY06A-104 | 车轴草属 | 埃及三叶草 | *Trifolium alexandrinum* L. | | | 阿尔及利亚 | 2006 | 3 | 引进资源 |
| 5937 | ZXY06A-105 | 车轴草属 | 埃及三叶草 | *Trifolium alexandrinum* L. | | | 阿尔及利亚 | 2006 | 3 | 引进资源 |
| 5938 | ZXY06A-106 | 车轴草属 | 埃及三叶草 | *Trifolium alexandrinum* L. | | | 印度 | 2006 | 3 | 引进资源 |
| 5939 | ZXY06A-107 | 车轴草属 | 埃及三叶草 | *Trifolium alexandrinum* L. | | 俄罗斯 | | 2006 | 3 | 引进资源 |
| 5940 | ZXY06A-110 | 车轴草属 | 埃及三叶草 | *Trifolium alexandrinum* L. | | | 印度 | 2006 | 3 | 引进资源 |
| 5941 | ZXY06A-115 | 车轴草属 | 埃及三叶草 | *Trifolium alexandrinum* L. | | 俄罗斯 | 乌兹别克斯坦 | 2006 | 3 | 引进资源 |
| 5942 | ZXY06A-60 | 车轴草属 | 埃及三叶草 | *Trifolium alexandrinum* L. | | | 埃及 | 2006 | 3 | 引进资源 |
| 5943 | ZXY06A-61 | 车轴草属 | 埃及三叶草 | *Trifolium alexandrinum* L. | | 俄罗斯 | 伊拉克 | 2006 | 3 | 引进资源 |

（续）

| 序号 | 送种单位编号 | 属名 | 种名 | 学名 | 品种名（原文名） | 材料来源 | 材料原产地 | 收种时间（年份） | 保存地点 | 类型 |
|---|---|---|---|---|---|---|---|---|---|---|
| 5944 | ZXY06A--63 | 车轴草属 | 埃及三叶草 | *Trifolium alexandrinum* L. | | 俄罗斯 | 意大利 | 2006 | 3 | 引进资源 |
| 5945 | ZXY06A--65 | 车轴草属 | 埃及三叶草 | *Trifolium alexandrinum* L. | | 俄罗斯 | 意大利 | 2006 | 3 | 引进资源 |
| 5946 | ZXY06A--66 | 车轴草属 | 埃及三叶草 | *Trifolium alexandrinum* L. | | 俄罗斯 | | 2006 | 3 | 引进资源 |
| 5947 | ZXY06A--67 | 车轴草属 | 埃及三叶草 | *Trifolium alexandrinum* L. | | | 埃及 | 2006 | 3 | 引进资源 |
| 5948 | ZXY06A--68 | 车轴草属 | 埃及三叶草 | *Trifolium alexandrinum* L. | | | 印度 | 2006 | 3 | 引进资源 |
| 5949 | ZXY06A--69 | 车轴草属 | 埃及三叶草 | *Trifolium alexandrinum* L. | | | 印度 | 2006 | 3 | 引进资源 |
| 5950 | ZXY06A--71 | 车轴草属 | 埃及三叶草 | *Trifolium alexandrinum* L. | | | 印度 | 2006 | 3 | 引进资源 |
| 5951 | ZXY06A--72 | 车轴草属 | 埃及三叶草 | *Trifolium alexandrinum* L. | | | 印度 | 2006 | 3 | 引进资源 |
| 5952 | ZXY06A--73 | 车轴草属 | 埃及三叶草 | *Trifolium alexandrinum* L. | | | 印度 | 2006 | 3 | 引进资源 |
| 5953 | ZXY06A--76 | 车轴草属 | 埃及三叶草 | *Trifolium alexandrinum* L. | | | 埃及 | 2006 | 3 | 引进资源 |
| 5954 | ZXY06A--77 | 车轴草属 | 埃及三叶草 | *Trifolium alexandrinum* L. | | | 巴基斯坦 | 2006 | 3 | 引进资源 |
| 5955 | ZXY06A--78 | 车轴草属 | 埃及三叶草 | *Trifolium alexandrinum* L. | | | 南非 | 2006 | 3 | 引进资源 |
| 5956 | ZXY06A--79 | 车轴草属 | 埃及三叶草 | *Trifolium alexandrinum* L. | | | 叙利亚 | 2006 | 3 | 引进资源 |
| 5957 | ZXY06A--81 | 车轴草属 | 埃及三叶草 | *Trifolium alexandrinum* L. | | 俄罗斯 | 伊拉克 | 2006 | 3 | 引进资源 |
| 5958 | ZXY06A--82 | 车轴草属 | 埃及三叶草 | *Trifolium alexandrinum* L. | | 俄罗斯 | 伊拉克 | 2006 | 3 | 引进资源 |
| 5959 | ZXY06A--85 | 车轴草属 | 埃及三叶草 | *Trifolium alexandrinum* L. | | 俄罗斯 | 伊拉克 | 2006 | 3 | 引进资源 |
| 5960 | ZXY06A--88 | 车轴草属 | 埃及三叶草 | *Trifolium alexandrinum* L. | | | 巴基斯坦 | 2006 | 3 | 引进资源 |
| 5961 | ZXY06A--95 | 车轴草属 | 埃及三叶草 | *Trifolium alexandrinum* L. | | | 印度 | 2006 | 3 | 引进资源 |
| 5962 | ZXY06A--96 | 车轴草属 | 埃及三叶草 | *Trifolium alexandrinum* L. | | | 印度 | 2006 | 3 | 引进资源 |
| 5963 | ZXY06A--97 | 车轴草属 | 埃及三叶草 | *Trifolium alexandrinum* L. | | | 印度 | 2006 | 3 | 引进资源 |
| 5964 | ZXY06A--98 | 车轴草属 | 埃及三叶草 | *Trifolium alexandrinum* L. | | | 印度 | 2006 | 3 | 引进资源 |
| 5965 | ZXY2010A-13 | 车轴草属 | 埃及三叶草 | *Trifolium alexandrinum* L. | | 俄罗斯 | | 2010 | 3 | 引进资源 |
| 5966 | ZXY03P-440 | 车轴草属 | 库拉三叶草 | *Trifolium ambiguum* Bieb. | | 俄罗斯 | | 2003 | 3 | 引进资源 |
| 5967 | ZXY04P--316 | 车轴草属 | 库拉三叶草 | *Trifolium ambiguum* Bieb. | | 俄罗斯 | 乌克兰 | 2004 | 3 | 引进资源 |
| 5968 | ZXY-157 | 车轴草属 | 库拉三叶草 | *Trifolium ambiguum* Bieb. | | | 俄罗斯 | 2005 | 3 | 引进资源 |

（续）

| 序号 | 送种单位编号 | 属名 | 种名 | 学名 | 品种名（原文名） | 材料来源 | 材料原产地 | 收种时间（年份） | 保存地点 | 类型 |
|---|---|---|---|---|---|---|---|---|---|---|
| 5969 | ZXY-177 | 车轴草属 | 库拉三叶草 | *Trifolium ambiguum* Bieb. | | | 俄罗斯 | 2005 | 3 | 引进资源 |
| 5970 | ZXY-194 | 车轴草属 | 库拉三叶草 | *Trifolium ambiguum* Bieb. | | | 俄罗斯 | 2005 | 3 | 引进资源 |
| 5971 | ZXY-210 | 车轴草属 | 库拉三叶草 | *Trifolium ambiguum* Bieb. | | | 俄罗斯 | 2005 | 3 | 引进资源 |
| 5972 | ZXY-248 | 车轴草属 | 库拉三叶草 | *Trifolium ambiguum* Bieb. | | | 俄罗斯 | 2005 | 3 | 引进资源 |
| 5973 | ZXY-261 | 车轴草属 | 库拉三叶草 | *Trifolium ambiguum* Bieb. | | | 俄罗斯 | 2005 | 3 | 引进资源 |
| 5974 | ZXY-283 | 车轴草属 | 库拉三叶草 | *Trifolium ambiguum* Bieb. | | | 俄罗斯 | 2005 | 3 | 引进资源 |
| 5975 | ZXY-331 | 车轴草属 | 库拉三叶草 | *Trifolium ambiguum* Bieb. | | | 俄罗斯 | 2005 | 3 | 引进资源 |
| 5976 | ZXY-869 | 车轴草属 | 库拉三叶草 | *Trifolium ambiguum* Bieb. | | | 俄罗斯 | 2005 | 3 | 引进资源 |
| 5977 | 93-32 | 车轴草属 | 库拉三叶草 | *Trifolium ambiguum* Bieb. | | 新疆八一农学院 | | 2004 | 1 | 引进资源 |
| 5978 | 85-113 | 车轴草属 | 库拉三叶草 | *Trifolium ambiguum* Bieb. | | 中国农科院畜牧所 | | 2004 | 1 | 引进资源 |
| 5979 | zxy04p-234 | 车轴草属 | 库拉三叶草 | *Trifolium ambiguum* Bieb. | | 俄罗斯 | 俄罗斯斯塔夫罗波尔 | 2004 | 1 | 引进资源 |
| 5980 | zxy04p-245 | 车轴草属 | 库拉三叶草 | *Trifolium ambiguum* Bieb. | | 俄罗斯 | 俄罗斯斯塔夫罗波尔 | 2004 | 1 | 引进资源 |
| 5981 | zxy04p-316 | 车轴草属 | 库拉三叶草 | *Trifolium ambiguum* Bieb. | | 俄罗斯 | | 2004 | 1 | 引进资源 |
| 5982 | zxy04p-334 | 车轴草属 | 库拉三叶草 | *Trifolium ambiguum* Bieb. | | 俄罗斯 | | 2004 | 1 | 引进资源 |
| 5983 | ZXY03P-285 | 车轴草属 | 草莓三叶草 | *Trifolium fragiferum* L. | | 俄罗斯 | | 2003 | 3 | 引进资源 |
| 5984 | 南野-69 | 车轴草属 | 草莓三叶草 | *Trifolium fragiferum* L. | | 新疆八一农学院 | | 2004 | 1 | 栽培资源 |
| 5985 | | 车轴草属 | 草莓三叶草 | *Trifolium fragiferum* L. | 飞毯(Palestine) | | | 2008 | 1 | 引进资源 |
| 5986 | | 车轴草属 | 草莓三叶草 | *Trifolium fragiferum* L. | | | | 2008 | 1 | 栽培资源 |
| 5987 | 云农0684 | 车轴草属 | 草莓三叶草 | *Trifolium fragiferum* L. | | 云南省肉牛和牧草研究中心 | | 2008 | 1 | 引进资源 |
| 5988 | | 车轴草属 | 草莓三叶草 | *Trifolium fragiferum* L. | | 新疆农业大学 | 新疆 | 2003 | 1 | 栽培资源 |
| 5989 | 0160 | 车轴草属 | 杂三叶草 | *Trifolium hybridum* L. | | 中国农科院畜牧所 | | 2015 | 3 | 引进资源 |
| 5990 | 10-88 | 车轴草属 | 杂三叶草 | *Trifolium hybridum* L. | | 中国农科院畜牧所 | | 2010 | 3 | 引进资源 |

（续）

| 序号 | 送种单位编号 | 属 名 | 种 名 | 学 名 | 品种名（原文名） | 材料来源 | 材料原产地 | 收种时间（年份） | 保存地点 | 类型 |
|---|---|---|---|---|---|---|---|---|---|---|
| 5991 | 79-12 | 车轴草属 | 杂三叶草 | *Trifolium hybridum* L. | | 中国农科院畜牧所 | | 2015 | 3 | 引进资源 |
| 5992 | 79-90 | 车轴草属 | 杂三叶草 | *Trifolium hybridum* L. | | 中国农科院畜牧所 | | 2015 | 3 | 引进资源 |
| 5993 | 79-94 | 车轴草属 | 杂三叶草 | *Trifolium hybridum* L. | | 中国农科院畜牧所 | | 2015 | 3 | 引进资源 |
| 5994 | 83-91 | 车轴草属 | 杂三叶草 | *Trifolium hybridum* L. | | 中国农科院畜牧所 | | 2015 | 3 | 引进资源 |
| 5995 | 98-21 | 车轴草属 | 杂三叶草 | *Trifolium hybridum* L. | | 中国农科院畜牧所 | | 2015 | 3 | 引进资源 |
| 5996 | xj2012-123 | 车轴草属 | 杂三叶草 | *Trifolium hybridum* L. | | 加拿大 | | 2011 | 3 | 引进资源 |
| 5997 | ZXY05P--1012 | 车轴草属 | 杂三叶草 | *Trifolium hybridum* L. | | 俄罗斯 | 拉脱维亚 | 2005 | 3 | 引进资源 |
| 5998 | ZXY05P-1024 | 车轴草属 | 杂三叶草 | *Trifolium hybridum* L. | | 俄罗斯 | 拉脱维亚 | 2005 | 3 | 引进资源 |
| 5999 | ZXY05P--1031 | 车轴草属 | 杂三叶草 | *Trifolium hybridum* L. | | 俄罗斯 | 拉脱维亚 | 2005 | 3 | 引进资源 |
| 6000 | ZXY05P--1129 | 车轴草属 | 杂三叶草 | *Trifolium hybridum* L. | | 俄罗斯 | 立陶宛 | 2005 | 3 | 引进资源 |
| 6001 | ZXY06P-2369 | 车轴草属 | 杂三叶草 | *Trifolium hybridum* L. | | 俄罗斯 | 俄罗斯 | 2006 | 3 | 引进资源 |
| 6002 | ZXY07P-3166 | 车轴草属 | 杂三叶草 | *Trifolium hybridum* L. | | 俄罗斯 | | 2007 | 3 | 引进资源 |
| 6003 | ZXY07P-3179 | 车轴草属 | 杂三叶草 | *Trifolium hybridum* L. | | 俄罗斯 | | 2007 | 3 | 引进资源 |
| 6004 | ZXY07P-3318 | 车轴草属 | 杂三叶草 | *Trifolium hybridum* L. | | 俄罗斯 | | 2007 | 3 | 引进资源 |
| 6005 | zxy2010-7001 | 车轴草属 | 杂三叶草 | *Trifolium hybridum* L. | | | 俄罗斯阿穆尔 | 2010 | 3 | 引进资源 |
| 6006 | zxy2011P-8404 | 车轴草属 | 杂三叶草 | *Trifolium hybridum* L. | | 俄罗斯 | | 2011 | 3 | 引进资源 |
| 6007 | zxy2012p-10050 | 车轴草属 | 杂三叶草 | *Trifolium hybridum* L. | | | 俄罗斯 | 2012 | 3 | 引进资源 |
| 6008 | zxy2012p-9044 | 车轴草属 | 杂三叶草 | *Trifolium hybridum* L. | | | 俄罗斯 | 2012 | 3 | 引进资源 |
| 6009 | zxy2012p-9091 | 车轴草属 | 杂三叶草 | *Trifolium hybridum* L. | | | 巴什科尔托斯坦 | 2012 | 3 | 引进资源 |
| 6010 | zxy2012p-9136 | 车轴草属 | 杂三叶草 | *Trifolium hybridum* L. | | | 俄罗斯 | 2012 | 3 | 引进资源 |

（续）

| 序号 | 送种单位编号 | 属名 | 种名 | 学名 | 品种名（原文名） | 材料来源 | 材料原产地 | 收种时间（年份） | 保存地点 | 类型 |
|------|------|------|------|------|------|------|------|------|------|------|
| 6011 | zxy2012p-9178 | 车轴草属 | 杂三叶草 | *Trifolium hybridum* L. | | | 俄罗斯 | 2012 | 3 | 引进资源 |
| 6012 | zxy2012p-9265 | 车轴草属 | 杂三叶草 | *Trifolium hybridum* L. | | | 俄罗斯 | 2012 | 3 | 引进资源 |
| 6013 | zxy2012p-9348 | 车轴草属 | 杂三叶草 | *Trifolium hybridum* L. | | | 俄罗斯 | 2012 | 3 | 引进资源 |
| 6014 | zxy2012p-9407 | 车轴草属 | 杂三叶草 | *Trifolium hybridum* L. | | | 俄罗斯 | 2012 | 3 | 引进资源 |
| 6015 | zxy2012p-9637 | 车轴草属 | 杂三叶草 | *Trifolium hybridum* L. | | | 俄罗斯 | 2012 | 3 | 引进资源 |
| 6016 | zxy2012p-9684 | 车轴草属 | 杂三叶草 | *Trifolium hybridum* L. | | | 俄罗斯 | 2012 | 3 | 引进资源 |
| 6017 | zxy2012p-9772 | 车轴草属 | 杂三叶草 | *Trifolium hybridum* L. | | | 俄罗斯 | 2012 | 3 | 引进资源 |
| 6018 | zxy2012p-9817 | 车轴草属 | 杂三叶草 | *Trifolium hybridum* L. | | | 乌克兰 | 2012 | 3 | 引进资源 |
| 6019 | zxy2012p-9859 | 车轴草属 | 杂三叶草 | *Trifolium hybridum* L. | | | 乌克兰 | 2012 | 3 | 引进资源 |
| 6020 | zxy2012p-9970 | 车轴草属 | 杂三叶草 | *Trifolium hybridum* L. | | | 瑞典 | 2012 | 3 | 引进资源 |
| 6021 | ZXY2013P-10569 | 车轴草属 | 杂三叶草 | *Trifolium hybridum* L. | | 俄罗斯 | | 2013 | 3 | 引进资源 |
| 6022 | ZXY2013P-10601 | 车轴草属 | 杂三叶草 | *Trifolium hybridum* L. | | 俄罗斯 | | 2013 | 3 | 引进资源 |
| 6023 | ZXY2013P-10624 | 车轴草属 | 杂三叶草 | *Trifolium hybridum* L. | | 俄罗斯 | | 2013 | 3 | 引进资源 |
| 6024 | ZXY2013P-10660 | 车轴草属 | 杂三叶草 | *Trifolium hybridum* L. | | 俄罗斯 | | 2013 | 3 | 引进资源 |
| 6025 | ZXY2013P-10714 | 车轴草属 | 杂三叶草 | *Trifolium hybridum* L. | | 俄罗斯 | | 2013 | 3 | 引进资源 |
| 6026 | ZXY2013P-10735 | 车轴草属 | 杂三叶草 | *Trifolium hybridum* L. | | 俄罗斯 | | 2013 | 3 | 引进资源 |
| 6027 | ZXY2013P-10785 | 车轴草属 | 杂三叶草 | *Trifolium hybridum* L. | | 俄罗斯 | | 2013 | 3 | 引进资源 |
| 6028 | ZXY2013P-10843 | 车轴草属 | 杂三叶草 | *Trifolium hybridum* L. | | 俄罗斯 | | 2013 | 3 | 引进资源 |
| 6029 | ZXY2013P-10898 | 车轴草属 | 杂三叶草 | *Trifolium hybridum* L. | | 俄罗斯 | | 2013 | 3 | 引进资源 |
| 6030 | ZXY2013P-11043 | 车轴草属 | 杂三叶草 | *Trifolium hybridum* L. | | 俄罗斯 | | 2013 | 3 | 引进资源 |
| 6031 | ZXY2014P-13034 | 车轴草属 | 杂三叶草 | *Trifolium hybridum* L. | | | 俄罗斯 | 2014 | 3 | 引进资源 |
| 6032 | ZXY-247 | 车轴草属 | 杂三叶草 | *Trifolium hybridum* L. | | | 俄罗斯 | 2005 | 3 | 引进资源 |
| 6033 | ZXY-963 | 车轴草属 | 杂三叶草 | *Trifolium hybridum* L. | | | 哈萨克斯坦 | 2005 | 3 | 引进资源 |
| 6034 | 兰258 | 车轴草属 | 杂三叶草 | *Trifolium hybridum* L. | | 中国农科院兰州畜牧所 | | 2004 | 1 | 栽培资源 |

（续）

| 序号 | 送种单位编号 | 属名 | 种名 | 学名 | 品种名（原文名） | 材料来源 | 材料原产地 | 收种时间（年份） | 保存地点 | 类型 |
|------|------|------|------|------|------|------|------|------|------|------|
| 6035 | | 车轴草属 | 杂三叶草 | *Trifolium hybridum* L. | | 湖北畜牧所 | | 2004 | 1 | 栽培资源 |
| 6036 | | 车轴草属 | 杂三叶草 | *Trifolium hybridum* L. | | 江苏农学院 | | 2004 | 1 | 栽培资源 |
| 6037 | zxy-740 | 车轴草属 | 杂三叶草 | *Trifolium hybridum* L. | | 俄罗斯 | | 2005 | 1 | 引进资源 |
| 6038 | zxy06p-2166 | 车轴草属 | 杂三叶草 | *Trifolium hybridum* L. | | 俄罗斯 | | 2006 | 1 | 引进资源 |
| 6039 | zxy06p-2177 | 车轴草属 | 杂三叶草 | *Trifolium hybridum* L. | | 俄罗斯 | | 2006 | 1 | 引进资源 |
| 6040 | zxy06p-2220 | 车轴草属 | 杂三叶草 | *Trifolium hybridum* L. | | 俄罗斯 | | 2006 | 1 | 引进资源 |
| 6041 | 杂三叶 | 车轴草属 | 杂三叶草 | *Trifolium hybridum* L. | | | 广西南宁 | 2009 | 2 | 栽培资源 |
| 6042 | GS0381 | 车轴草属 | 绛三叶草 | *Trifolium incarnatum* L. | 夕阳红 | 百绿 | | 2002 | 3 | 栽培资源 |
| 6043 | YN2014-154 | 车轴草属 | 绛三叶草 | *Trifolium incarnatum* L. | | | 云南嵩明 | 2014 | 3 | 栽培资源 |
| 6044 | | 车轴草属 | 绛三叶草 | *Trifolium incarnatum* L. | 夕阳红 | | | | 1 | 栽培资源 |
| 6045 | YN00010 | 车轴草属 | 绛三叶草 | *Trifolium incarnatum* L. | | | | 2008 | 1 | 栽培资源 |
| 6046 | JL04-65 | 车轴草属 | 野火球 | *Trifolium lupinaster* L. | | | 俄罗斯 | 2004 | 3 | 引进资源 |
| 6047 | JL16-044 | 车轴草属 | 野火球 | *Trifolium lupinaster* L. | | | 黑龙江呼玛 | 2015 | 3 | 野生资源 |
| 6048 | NM05-470 | 车轴草属 | 野火球 | *Trifolium lupinaster* L. | | 内蒙古草原站 | | 2005 | 3 | 野生资源 |
| 6049 | SC2009-225 | 车轴草属 | 野火球 | *Trifolium lupinaster* L. | | | 四川康定折多山 | 2009 | 3 | 引进资源 |
| 6050 | B4994 | 车轴草属 | 中间三叶草 | *Trifolium medium* L. | | 中国农科院草原所 | | 2015 | 3 | 引进资源 |
| 6051 | B5386 | 车轴草属 | 中间三叶草 | *Trifolium medium* L. | | 中国农科院草原所 | | 2015 | 3 | 引进资源 |
| 6052 | zxy2012p-10294 | 车轴草属 | 中间三叶草 | *Trifolium medium* L. | | | 俄罗斯 | 2012 | 3 | 引进资源 |
| 6053 | ZXY-214 | 车轴草属 | 中间三叶草 | *Trifolium medium* L. | | | 俄罗斯 | 2005 | 3 | 引进资源 |
| 6054 | 1580 | 车轴草属 | 红三叶草 | *Trifolium pratense* L. | | 中国农科院畜牧所 | | 2015 | 3 | 栽培资源 |
| 6055 | 1616 | 车轴草属 | 红三叶草 | *Trifolium pratense* L. | | 中国农科院畜牧所 | | 2015 | 3 | 栽培资源 |

（续）

| 序号 | 送种单位编号 | 属 名 | 种 名 | 学 名 | 品种名（原文名） | 材料来源 | 材料原产地 | 收种时间（年份） | 保存地点 | 类型 |
|---|---|---|---|---|---|---|---|---|---|---|
| 6056 | 2000-28 | 车轴草属 | 红三叶草 | *Trifolium pratense* L. | | 中国农科院畜牧所 | | 1999 | 3 | 栽培资源 |
| 6057 | 2282 | 车轴草属 | 红三叶草 | *Trifolium pratense* L. | | 中国农科院畜牧所 | | 2015 | 3 | 栽培资源 |
| 6058 | 79-91 | 车轴草属 | 红三叶草 | *Trifolium pratense* L. | | 中国农科院畜牧所 | | 2015 | 3 | 引进资源 |
| 6059 | 80-4 | 车轴草属 | 红三叶草 | *Trifolium pratense* L. | | 中国农科院畜牧所 | | 2015 | 3 | 引进资源 |
| 6060 | 81-15 | 车轴草属 | 红三叶草 | *Trifolium pratense* L. | | 中国农科院畜牧所 | | 2015 | 3 | 引进资源 |
| 6061 | 81-48 | 车轴草属 | 红三叶草 | *Trifolium pratense* L. | | 中国农科院畜牧所 | | 2015 | 3 | 引进资源 |
| 6062 | 83-271 | 车轴草属 | 红三叶草 | *Trifolium pratense* L. | 肯兰特（Kenland） | 中国农科院畜牧所 | 加拿大 | 2006 | 3 | 栽培资源 |
| 6063 | 86-353 | 车轴草属 | 红三叶草 | *Trifolium pratense* L. | | 中国农科院畜牧所 | | 2015 | 3 | 引进资源 |
| 6064 | 87-7 | 车轴草属 | 红三叶草 | *Trifolium pratense* L. | | 中国农科院畜牧所 | 澳大利亚 | 2007 | 3 | 引进资源 |
| 6065 | 94-34 | 车轴草属 | 红三叶草 | *Trifolium pratense* L. | | 中国农科院畜牧所 | | 2015 | 3 | 引进资源 |
| 6066 | B5398 | 车轴草属 | 红三叶草 | *Trifolium pratense* L. | | 中国农科院草原所 | | 2015 | 3 | 引进资源 |
| 6067 | CHQ03-250 | 车轴草属 | 红三叶草 | *Trifolium pratense* L. | 瑞德 | 四川玄阳 | 美国 | 2003 | 3 | 引进资源 |
| 6068 | hlj-2015003 | 车轴草属 | 红三叶草 | *Trifolium pratense* L. | | | 黑龙江哈牡高速 | 2009 | 3 | 野生资源 |
| 6069 | hlj-2015004 | 车轴草属 | 红三叶草 | *Trifolium pratense* L. | | | 黑龙江牡丹江 | 2009 | 3 | 野生资源 |

（续）

| 序号 | 送种单位编号 | 属名 | 种名 | 学名 | 品种名（原文名） | 材料来源 | 材料原产地 | 收种时间（年份） | 保存地点 | 类型 |
|---|---|---|---|---|---|---|---|---|---|---|
| 6070 | zxy2012p-10108 | 车轴草属 | 红三叶草 | *Trifolium pratense* L. | | 俄罗斯 | | 2015 | 3 | 引进资源 |
| 6071 | JL10-140 | 车轴草属 | 红三叶草 | *Trifolium pratense* L. | | 白山市草原站 | | 2010 | 3 | 野生资源 |
| 6072 | JL16-084 | 车轴草属 | 红三叶草 | *Trifolium pratense* L. | | | 吉林抚松 | 2016 | 3 | 野生资源 |
| 6073 | SC2013-125 | 车轴草属 | 红三叶草 | *Trifolium pratense* L. | | | 四川广元 | 2012 | 3 | 野生资源 |
| 6074 | SC2013-128 | 车轴草属 | 红三叶草 | *Trifolium pratense* L. | | | 四川青川 | 2012 | 3 | 野生资源 |
| 6075 | xj2014-036 | 车轴草属 | 红三叶草 | *Trifolium pratense* L. | | | 新疆裕民 | 2013 | 3 | 野生资源 |
| 6076 | YN2012-080 | 车轴草属 | 红三叶草 | *Trifolium pratense* L. | | 云南昆明 | | 2011 | 3 | 引进资源 |
| 6077 | YN2014-002 | 车轴草属 | 红三叶草 | *Trifolium pratense* L. | | | 云南曲靖会泽 | 2004 | 3 | 野生资源 |
| 6078 | YN2014-003 | 车轴草属 | 红三叶草 | *Trifolium pratense* L. | | | 云南昆明官渡 | 2008 | 3 | 野生资源 |
| 6079 | YN2014-009 | 车轴草属 | 红三叶草 | *Trifolium pratense* L. | | | 云南曲靖 | 2014 | 3 | 野生资源 |
| 6080 | ZXY05P-731 | 车轴草属 | 红三叶草 | *Trifolium pratense* L. | | 俄罗斯 | 英国 | 2005 | 3 | 引进资源 |
| 6081 | ZXY05P-737 | 车轴草属 | 红三叶草 | *Trifolium pratense* L. | | 俄罗斯 | 英国 | 2005 | 3 | 引进资源 |
| 6082 | ZXY05P-748 | 车轴草属 | 红三叶草 | *Trifolium pratense* L. | | 俄罗斯 | 英国 | 2005 | 3 | 引进资源 |
| 6083 | ZXY05P-752 | 车轴草属 | 红三叶草 | *Trifolium pratense* L. | | 俄罗斯 | 英国 | 2005 | 3 | 引进资源 |
| 6084 | ZXY05P-801 | 车轴草属 | 红三叶草 | *Trifolium pratense* L. | | 俄罗斯 | 瑞士 | 2005 | 3 | 引进资源 |
| 6085 | ZXY05P-988 | 车轴草属 | 红三叶草 | *Trifolium pratense* L. | | 俄罗斯 | 葡萄牙 | 2005 | 3 | 引进资源 |
| 6086 | ZXY06P-2395 | 车轴草属 | 红三叶草 | *Trifolium pratense* L. | | 俄罗斯 | 俄罗斯勃良斯克 | 2006 | 3 | 引进资源 |
| 6087 | ZXY07P-3274 | 车轴草属 | 红三叶草 | *Trifolium pratense* L. | | | 澳大利亚 | 2007 | 3 | 引进资源 |
| 6088 | ZXY07P-3283 | 车轴草属 | 红三叶草 | *Trifolium pratense* L. | | 黑龙江 | | 2007 | 3 | 引进资源 |
| 6089 | ZXY07P-3303 | 车轴草属 | 红三叶草 | *Trifolium pratense* L. | | 俄罗斯 | | 2007 | 3 | 引进资源 |
| 6090 | ZXY07P-3175 | 车轴草属 | 红三叶草 | *Trifolium pratense* L. | | 俄罗斯 | | 2007 | 3 | 引进资源 |
| 6091 | ZXY07P-3643 | 车轴草属 | 红三叶草 | *Trifolium pratense* L. | | 俄罗斯 | | 2007 | 3 | 引进资源 |
| 6092 | ZXY07P-3656 | 车轴草属 | 红三叶草 | *Trifolium pratense* L. | | 俄罗斯 | | 2007 | 3 | 引进资源 |
| 6093 | ZXY08P-5217 | 车轴草属 | 红三叶草 | *Trifolium pratense* L. | | | 拉脱维亚 | 2008 | 3 | 引进资源 |
| 6094 | ZXY2005P-829 | 车轴草属 | 红三叶草 | *Trifolium pratense* L. | | 俄罗斯 | | 2005 | 3 | 引进资源 |

（续）

| 序号 | 送种单位编号 | 属 名 | 种 名 | 学 名 | 品种名（原文名） | 材料来源 | 材料原产地 | 收种时间（年份） | 保存地点 | 类型 |
|---|---|---|---|---|---|---|---|---|---|---|
| 6095 | ZXY2009P-6239 | 车轴草属 | 红三叶草 | *Trifolium pratense* L. | | | 吉尔吉斯斯坦 | 2009 | 3 | 引进资源 |
| 6096 | zxy2011-8345 | 车轴草属 | 红三叶草 | *Trifolium pratense* L. | | | 南斯拉夫 | 2011 | 3 | 引进资源 |
| 6097 | zxy2011-8355 | 车轴草属 | 红三叶草 | *Trifolium pratense* L. | | | 匈牙利 | 2011 | 3 | 引进资源 |
| 6098 | zxy2011-8459 | 车轴草属 | 红三叶草 | *Trifolium pratense* L. | | | 南斯拉夫 | 2011 | 3 | 引进资源 |
| 6099 | zxy2011-8538 | 车轴草属 | 红三叶草 | *Trifolium pratense* L. | | | 南斯拉夫 | 2011 | 3 | 引进资源 |
| 6100 | zxy2011-8585 | 车轴草属 | 红三叶草 | *Trifolium pratense* L. | | | 南斯拉夫 | 2011 | 3 | 引进资源 |
| 6101 | zxy2011-8662 | 车轴草属 | 红三叶草 | *Trifolium pratense* L. | | | 南斯拉夫 | 2011 | 3 | 引进资源 |
| 6102 | zxy2011-8664 | 车轴草属 | 红三叶草 | *Trifolium pratense* L. | | | 南斯拉夫 | 2011 | 3 | 引进资源 |
| 6103 | zxy2011-8748 | 车轴草属 | 红三叶草 | *Trifolium pratense* L. | | | 南斯拉夫 | 2011 | 3 | 引进资源 |
| 6104 | zxy2011P-8538 | 车轴草属 | 红三叶草 | *Trifolium pratense* L. | | 俄罗斯 | | 2011 | 3 | 引进资源 |
| 6105 | zxy2012p-10311 | 车轴草属 | 红三叶草 | *Trifolium pratense* L. | | | 俄罗斯 | 2012 | 3 | 引进资源 |
| 6106 | zxy2012p-9068 | 车轴草属 | 红三叶草 | *Trifolium pratense* L. | | | 乌克兰 | 2012 | 3 | 引进资源 |
| 6107 | zxy2012p-9093 | 车轴草属 | 红三叶草 | *Trifolium pratense* L. | | | 乌克兰 | 2012 | 3 | 引进资源 |
| 6108 | zxy2012p-9117 | 车轴草属 | 红三叶草 | *Trifolium pratense* L. | | | 乌克兰 | 2012 | 3 | 引进资源 |
| 6109 | zxy2012p-9150 | 车轴草属 | 红三叶草 | *Trifolium pratense* L. | | | 法国 | 2012 | 3 | 引进资源 |
| 6110 | zxy2012p-9163 | 车轴草属 | 红三叶草 | *Trifolium pratense* L. | | | 法国 | 2012 | 3 | 引进资源 |
| 6111 | zxy2012p-9605 | 车轴草属 | 红三叶草 | *Trifolium pratense* L. | | | 塔吉克斯坦 | 2012 | 3 | 引进资源 |
| 6112 | zxy2012P-9623 | 车轴草属 | 红三叶草 | *Trifolium pratense* L. | | 俄罗斯 | | 2012 | 3 | 引进资源 |
| 6113 | zxy2012p-9788 | 车轴草属 | 红三叶草 | *Trifolium pratense* L. | | | 葡萄牙 | 2012 | 3 | 引进资源 |
| 6114 | zxy2012p-9821 | 车轴草属 | 红三叶草 | *Trifolium pratense* L. | | | 英国 | 2012 | 3 | 引进资源 |
| 6115 | zxy2012p-9959 | 车轴草属 | 红三叶草 | *Trifolium pratense* L. | | | 俄罗斯 | 2012 | 3 | 引进资源 |
| 6116 | ZXY2013P-10515 | 车轴草属 | 红三叶草 | *Trifolium pratense* L. | | 俄罗斯 | | 2013 | 3 | 栽培资源 |
| 6117 | ZXY2013P-10535 | 车轴草属 | 红三叶草 | *Trifolium pratense* L. | | 俄罗斯 | | 2013 | 3 | 栽培资源 |
| 6118 | ZXY2013P-10552 | 车轴草属 | 红三叶草 | *Trifolium pratense* L. | | 俄罗斯 | | 2013 | 3 | 栽培资源 |
| 6119 | ZXY2013P-10559 | 车轴草属 | 红三叶草 | *Trifolium pratense* L. | | 俄罗斯 | | 2013 | 3 | 栽培资源 |

（续）

| 序号 | 送种单位编号 | 属 名 | 种 名 | 学 名 | 品种名（原文名） | 材料来源 | 材料原产地 | 收种时间（年份） | 保存地点 | 类型 |
|---|---|---|---|---|---|---|---|---|---|---|
| 6120 | ZXY2013P-10621 | 车轴草属 | 红三叶草 | *Trifolium pratense* L. | | 俄罗斯 | | 2013 | 3 | 栽培资源 |
| 6121 | ZXY2013P-10831 | 车轴草属 | 红三叶草 | *Trifolium pratense* L. | | 俄罗斯 | | 2013 | 3 | 栽培资源 |
| 6122 | ZXY2013P-10995 | 车轴草属 | 红三叶草 | *Trifolium pratense* L. | | 俄罗斯 | | 2013 | 3 | 栽培资源 |
| 6123 | ZXY2013P-11034 | 车轴草属 | 红三叶草 | *Trifolium pratense* L. | | 俄罗斯 | | 2013 | 3 | 栽培资源 |
| 6124 | ZXY2013P-11039 | 车轴草属 | 红三叶草 | *Trifolium pratense* L. | | 俄罗斯 | | 2013 | 3 | 栽培资源 |
| 6125 | ZXY2013P-11116 | 车轴草属 | 红三叶草 | *Trifolium pratense* L. | | 俄罗斯 | | 2013 | 3 | 栽培资源 |
| 6126 | ZXY2013P-11136 | 车轴草属 | 红三叶草 | *Trifolium pratense* L. | | 俄罗斯 | | 2013 | 3 | 栽培资源 |
| 6127 | ZXY2013P-11285 | 车轴草属 | 红三叶草 | *Trifolium pratense* L. | | 俄罗斯 | | 2013 | 3 | 栽培资源 |
| 6128 | ZXY2013P-11305 | 车轴草属 | 红三叶草 | *Trifolium pratense* L. | | 俄罗斯 | | 2013 | 3 | 栽培资源 |
| 6129 | ZXY2013P-11333 | 车轴草属 | 红三叶草 | *Trifolium pratense* L. | | 俄罗斯 | | 2013 | 3 | 栽培资源 |
| 6130 | ZXY2013P-11372 | 车轴草属 | 红三叶草 | *Trifolium pratense* L. | | 俄罗斯 | | 2013 | 3 | 栽培资源 |
| 6131 | ZXY2013P-11441 | 车轴草属 | 红三叶草 | *Trifolium pratense* L. | | 俄罗斯 | | 2013 | 3 | 栽培资源 |
| 6132 | ZXY2013P-11514 | 车轴草属 | 红三叶草 | *Trifolium pratense* L. | | 俄罗斯 | | 2013 | 3 | 栽培资源 |
| 6133 | ZXY2014P-12507 | 车轴草属 | 红三叶草 | *Trifolium pratense* L. | | | 俄罗斯 | 2014 | 3 | 引进资源 |
| 6134 | ZXY2014P-12650 | 车轴草属 | 红三叶草 | *Trifolium pratense* L. | | | 芬兰 | 2014 | 3 | 引进资源 |
| 6135 | ZXY2014P-12675 | 车轴草属 | 红三叶草 | *Trifolium pratense* L. | | | 俄罗斯 | 2014 | 3 | 引进资源 |
| 6136 | ZXY2014P-12712 | 车轴草属 | 红三叶草 | *Trifolium pratense* L. | | | 俄罗斯 | 2014 | 3 | 引进资源 |
| 6137 | ZXY2014P-12718 | 车轴草属 | 红三叶草 | *Trifolium pratense* L. | | | 俄罗斯 | 2014 | 3 | 引进资源 |
| 6138 | ZXY2014P-12725 | 车轴草属 | 红三叶草 | *Trifolium pratense* L. | | | 俄罗斯 | 2014 | 3 | 引进资源 |
| 6139 | ZXY2014P-12743 | 车轴草属 | 红三叶草 | *Trifolium pratense* L. | | | 俄罗斯 | 2014 | 3 | 引进资源 |
| 6140 | ZXY2014P-13047 | 车轴草属 | 红三叶草 | *Trifolium pratense* L. | | | 乌克兰 | 2014 | 3 | 引进资源 |
| 6141 | ZXY2014P-13072 | 车轴草属 | 红三叶草 | *Trifolium pratense* L. | | | 乌克兰 | 2014 | 3 | 引进资源 |
| 6142 | ZXY2014P-13081 | 车轴草属 | 红三叶草 | *Trifolium pratense* L. | | | 乌克兰 | 2014 | 3 | 引进资源 |
| 6143 | ZXY-539 | 车轴草属 | 红三叶草 | *Trifolium pratense* L. | | | 吉尔吉斯斯坦 | 2005 | 3 | 引进资源 |
| 6144 | ZXY-899 | 车轴草属 | 红三叶草 | *Trifolium pratense* L. | | | 美国 | 2005 | 3 | 引进资源 |
| 6145 | ZXY03P-497 | 车轴草属 | 红三叶草 | *Trifolium pratense* L. | | 俄罗斯 | | 2015 | 3 | 引进资源 |

（续）

| 序号 | 送种单位编号 | 属　名 | 种　名 | 学　名 | 品种名（原文名） | 材料来源 | 材料原产地 | 收种时间（年份） | 保存地点 | 类型 |
|---|---|---|---|---|---|---|---|---|---|---|
| 6146 | 豆 012 | 车轴草属 | 红三叶草 | *Trifolium pratense* L. | 巴东 | 中国农科院畜牧所 | 湖北 | 2004 | 1 | 栽培资源 |
| 6147 | 豆 012 | 车轴草属 | 红三叶草 | *Trifolium pratense* L. | 巴东 | 湖北畜牧所 | 湖北巴东 | 1988 | 1 | 栽培资源 |
| 6148 | zxy-962 | 车轴草属 | 红三叶草 | *Trifolium pratense* L. | | 俄罗斯 | | 2005 | 1 | 引进资源 |
| 6149 | zxy06p-1764 | 车轴草属 | 红三叶草 | *Trifolium pratense* L. | | 俄罗斯 | 俄罗斯阿尔汉格尔斯克 | 2006 | 1 | 引进资源 |
| 6150 | zxy06p-1768 | 车轴草属 | 红三叶草 | *Trifolium pratense* L. | | 俄罗斯 | 俄罗斯阿尔汉格尔斯克 | 2006 | 1 | 引进资源 |
| 6151 | 红三叶 | 车轴草属 | 红三叶草 | *Trifolium pratense* L. | | | 广东湛江 | 2009 | 2 | 栽培资源 |
| 6152 | 2459 | 车轴草属 | 红三叶草 | *Trifolium pratense* L. | | 中国农科院畜牧所 | 四川 | 2015 | 3 | 栽培资源 |
| 6153 | 72-13 | 车轴草属 | 红三叶草 | *Trifolium pratense* L. | | 中国农科院畜牧所 | 加拿大 | 2015 | 3 | 引进资源 |
| 6154 | 83-110 | 车轴草属 | 红三叶草 | *Trifolium pratense* L. | | 中国农科院畜牧所 | 加拿大 | 2015 | 3 | 引进资源 |
| 6155 | 83-112 | 车轴草属 | 红三叶草 | *Trifolium pratense* L. | | 中国农科院畜牧所 | 加拿大 | 2015 | 3 | 引进资源 |
| 6156 | 83-113 | 车轴草属 | 红三叶草 | *Trifolium pratense* L. | | 中国农科院畜牧所 | 加拿大 | 2015 | 3 | 引进资源 |
| 6157 | 83-114 | 车轴草属 | 红三叶草 | *Trifolium pratense* L. | | 中国农科院畜牧所 | 加拿大 | 2015 | 3 | 引进资源 |
| 6158 | 83-115 | 车轴草属 | 红三叶草 | *Trifolium pratense* L. | | 中国农科院畜牧所 | 加拿大 | 2015 | 3 | 引进资源 |
| 6159 | 86-272 | 车轴草属 | 红三叶草 | *Trifolium pratense* L. | | 中国农科院畜牧所 | 美国俄勒冈州 | 2015 | 3 | 引进资源 |

（续）

| 序号 | 送种单位编号 | 属名 | 种名 | 学名 | 品种名（原文名） | 材料来源 | 材料原产地 | 收种时间（年份） | 保存地点 | 类型 |
|------|------|------|------|------|------|------|------|------|------|------|
| 6160 | 87-124 | 车轴草属 | 红三叶草 | *Trifolium pratense* L. | | 中国农科院畜牧所 | 美国俄勒冈州 | 2015 | 3 | 引进资源 |
| 6161 | zxy06p-1931 | 车轴草属 | 红三叶草 | *Trifolium pratense* L. | | 俄罗斯 | | 2006 | 1 | 引进资源 |
| 6162 | zxy06p-1936 | 车轴草属 | 红三叶草 | *Trifolium pratense* L. | | 俄罗斯 | | 2006 | 1 | 引进资源 |
| 6163 | 10-1 | 车轴草属 | 白三叶草 | *Trifolium rapens* L. | | 中国农科院畜牧所 | | 2015 | 3 | 引进资源 |
| 6164 | 10-85 | 车轴草属 | 白三叶草 | *Trifolium rapens* L. | 胡依阿（Huia） | 中国农科院畜牧所 | | 2016 | 3 | 引进资源 |
| 6165 | 1788 | 车轴草属 | 白三叶草 | *Trifolium rapens* L. | | 中国农科院畜牧所 | | 2015 | 3 | 栽培资源 |
| 6166 | 2618 | 车轴草属 | 白三叶草 | *Trifolium rapens* L. | | 中国农科院畜牧所 | | 2015 | 3 | 栽培资源 |
| 6167 | 79-205 | 车轴草属 | 白三叶草 | *Trifolium rapens* L. | | 中国农科院畜牧所 | 英国 | 1979 | 3 | 引进资源 |
| 6168 | 80-61 | 车轴草属 | 白三叶草 | *Trifolium rapens* L. | | 中国农科院畜牧所 | | 2015 | 3 | 引进资源 |
| 6169 | 80-62 | 车轴草属 | 白三叶草 | *Trifolium rapens* L. | | 中国农科院畜牧所 | | 2015 | 3 | 引进资源 |
| 6170 | 80-63 | 车轴草属 | 白三叶草 | *Trifolium rapens* L. | | 中国农科院畜牧所 | | 2015 | 3 | 引进资源 |
| 6171 | 80-64 | 车轴草属 | 白三叶草 | *Trifolium rapens* L. | | 中国农科院畜牧所 | | 2015 | 3 | 引进资源 |
| 6172 | 81-8 | 车轴草属 | 白三叶草 | *Trifolium rapens* L. | | 中国农科院畜牧所 | | 2015 | 3 | 引进资源 |
| 6173 | 81-88 | 车轴草属 | 白三叶草 | *Trifolium rapens* L. | 克尔利卡诺瓦（Cllilka-nova） | 中国农科院畜牧所 | 丹麦 | 1999 | 3 | 引进资源 |

（续）

| 序号 | 送种单位编号 | 属 名 | 种 名 | 学 名 | 品种名（原文名） | 材料来源 | 材料原产地 | 收种时间（年份） | 保存地点 | 类型 |
|---|---|---|---|---|---|---|---|---|---|---|
| 6174 | 84-845 | 车轴草属 | 白三叶草 | *Trifolium rapens* L. | | 中国农科院畜牧所 | 澳大利亚 | 1984 | 3 | 引进资源 |
| 6175 | 86-361 | 车轴草属 | 白三叶草 | *Trifolium rapens* L. | | 中国农科院畜牧所 | 英国 | 1986 | 3 | 引进资源 |
| 6176 | B5060 | 车轴草属 | 白三叶草 | *Trifolium rapens* L. | | 中国农科院草原所 | | 2012 | 3 | 引进资源 |
| 6177 | B5445 | 车轴草属 | 白三叶草 | *Trifolium rapens* L. | | 中国农科院草原所 | | 2012 | 3 | 引进资源 |
| 6178 | HB2011-167 | 车轴草属 | 白三叶草 | *Trifolium rapens* L. | | 湖北农科院畜牧所 | | 2011 | 3 | 野生资源 |
| 6179 | HB2011-172 | 车轴草属 | 白三叶草 | *Trifolium rapens* L. | | 湖北农科院畜牧所 | | 2011 | 3 | 野生资源 |
| 6180 | HB2015008 | 车轴草属 | 白三叶草 | *Trifolium rapens* L. | | | 河南新县 | 2015 | 3 | 野生资源 |
| 6181 | JL04-66 | 车轴草属 | 白三叶草 | *Trifolium rapens* L. | | | 新西兰 | 2004 | 3 | 引进资源 |
| 6182 | JL14-022 | 车轴草属 | 白三叶草 | *Trifolium rapens* L. | | | 吉林靖宇 | 2014 | 3 | 野生资源 |
| 6183 | JL14-023 | 车轴草属 | 白三叶草 | *Trifolium rapens* L. | | | 吉林洮南 | 2014 | 3 | 野生资源 |
| 6184 | JL15-090 | 车轴草属 | 白三叶草 | *Trifolium rapens* L. | | | 吉林浑江 | 2015 | 3 | 野生资源 |
| 6185 | JL15-091 | 车轴草属 | 白三叶草 | *Trifolium rapens* L. | | | 吉林江源 | 2015 | 3 | 野生资源 |
| 6186 | JL16-081 | 车轴草属 | 白三叶草 | *Trifolium rapens* L. | | | 吉林浑江 | 2016 | 3 | 野生资源 |
| 6187 | JL16-082 | 车轴草属 | 白三叶草 | *Trifolium rapens* L. | | | 吉林临江 | 2016 | 3 | 野生资源 |
| 6188 | JL16-083 | 车轴草属 | 白三叶草 | *Trifolium rapens* L. | | | 辽宁新宾 | 2016 | 3 | 野生资源 |
| 6189 | JS2011-84 | 车轴草属 | 白三叶草 | *Trifolium rapens* L. | | | 安徽合肥 | 2011 | 3 | 野生资源 |
| 6190 | SC2016-107 | 车轴草属 | 白三叶草 | *Trifolium rapens* L. | 雷神 | 北京百斯特草业有限公司 | | 2016 | 3 | 引进资源 |
| 6191 | XJ06-065 | 车轴草属 | 白三叶草 | *Trifolium rapens* L. | | | 拉脱维亚 | 2006 | 3 | 引进资源 |

（续）

| 序号 | 送种单位编号 | 属 名 | 种 名 | 学 名 | 品种名（原文名） | 材料来源 | 材料原产地 | 收种时间（年份） | 保存地点 | 类型 |
|---|---|---|---|---|---|---|---|---|---|---|
| 6192 | XJ06-065 | 车轴草属 | 白三叶草 | *Trifolium rapens* L. | | | 白俄罗斯 | 2006 | 3 | 引进资源 |
| 6193 | xj2012-61 | 车轴草属 | 白三叶草 | *Trifolium rapens* L. | | | 新疆奇台 | 2011 | 3 | 野生资源 |
| 6194 | xj2014-035 | 车轴草属 | 白三叶草 | *Trifolium rapens* L. | | | 新疆裕民 | 2013 | 3 | 野生资源 |
| 6195 | YN2004-187 | 车轴草属 | 白三叶草 | *Trifolium rapens* L. | | 四川草原站 | | 2003 | 3 | 野生资源 |
| 6196 | YN2014-008 | 车轴草属 | 白三叶草 | *Trifolium rapens* L. | | | 江苏南京 | 2007 | 3 | 野生资源 |
| 6197 | YN2014-162 | 车轴草属 | 白三叶草 | *Trifolium rapens* L. | | | 云南昆明 | 2014 | 3 | 野生资源 |
| 6198 | ZXY03P-373 | 车轴草属 | 白三叶草 | *Trifolium rapens* L. | | | 希腊 | 2003 | 3 | 引进资源 |
| 6199 | ZXY05P--605 | 车轴草属 | 白三叶草 | *Trifolium rapens* L. | | 俄罗斯 | 拉脱维亚 | 2005 | 3 | 引进资源 |
| 6200 | ZXY05P--671 | 车轴草属 | 白三叶草 | *Trifolium rapens* L. | | 俄罗斯 | 白俄罗斯 | 2005 | 3 | 引进资源 |
| 6201 | ZXY06P-1686 | 车轴草属 | 白三叶草 | *Trifolium rapens* L. | | 俄罗斯 | 俄罗斯阿尔汉格尔斯克 | 2006 | 3 | 引进资源 |
| 6202 | ZXY06P-1693 | 车轴草属 | 白三叶草 | *Trifolium rapens* L. | | 俄罗斯 | 俄罗斯阿尔汉格尔斯克 | 2006 | 3 | 引进资源 |
| 6203 | ZXY06P-2344 | 车轴草属 | 白三叶草 | *Trifolium rapens* L. | | 俄罗斯 | 乌拉圭 | 2006 | 3 | 引进资源 |
| 6204 | ZXY06P-2496 | 车轴草属 | 白三叶草 | *Trifolium rapens* L. | | 俄罗斯 | 俄罗斯圣彼得堡 | 2006 | 3 | 引进资源 |
| 6205 | ZXY06P-2508 | 车轴草属 | 白三叶草 | *Trifolium rapens* L. | | 俄罗斯 | 波兰 | 2006 | 3 | 引进资源 |
| 6206 | ZXY06P-2528 | 车轴草属 | 白三叶草 | *Trifolium rapens* L. | | 俄罗斯 | 立陶宛 | 2006 | 3 | 引进资源 |
| 6207 | ZXY07P-3199 | 车轴草属 | 白三叶草 | *Trifolium rapens* L. | | 俄罗斯 | | 2007 | 3 | 引进资源 |
| 6208 | ZXY07P-3219 | 车轴草属 | 白三叶草 | *Trifolium rapens* L. | | 俄罗斯 | | 2007 | 3 | 引进资源 |
| 6209 | ZXY07P-3744 | 车轴草属 | 白三叶草 | *Trifolium rapens* L. | | 中国农科院畜牧所 | 西班牙 | 2005 | 3 | 引进资源 |
| 6210 | ZXY07P-3842 | 车轴草属 | 白三叶草 | *Trifolium rapens* L. | | | 俄罗斯 | 2007 | 3 | 引进资源 |
| 6211 | zxy2010-7468 | 车轴草属 | 白三叶草 | *Trifolium rapens* L. | | | 新西兰 | 2010 | 3 | 引进资源 |
| 6212 | ZXY10P-7438 | 车轴草属 | 白三叶草 | *Trifolium rapens* L. | | 俄罗斯 | | 2010 | 3 | 引进资源 |
| 6213 | zxy2011-8427 | 车轴草属 | 白三叶草 | *Trifolium rapens* L. | | | 俄罗斯莫斯科 | 2011 | 3 | 引进资源 |

（续）

| 序号 | 送种单位编号 | 属 名 | 种 名 | 学 名 | 品种名（原文名） | 材料来源 | 材料原产地 | 收种时间（年份） | 保存地点 | 类型 |
|---|---|---|---|---|---|---|---|---|---|---|
| 6214 | zxy2012p-10010 | 车轴草属 | 白三叶草 | *Trifolium rapens* L. | | | 丹麦 | 2012 | 3 | 引进资源 |
| 6215 | zxy2012P-10083 | 车轴草属 | 白三叶草 | *Trifolium rapens* L. | | 俄罗斯 | | 2012 | 3 | 引进资源 |
| 6216 | zxy2012p-10197 | 车轴草属 | 白三叶草 | *Trifolium rapens* L. | | | 乌克兰 | 2012 | 3 | 引进资源 |
| 6217 | zxy2012P-10197 | 车轴草属 | 白三叶草 | *Trifolium rapens* L. | | 俄罗斯 | | 2012 | 3 | 引进资源 |
| 6218 | zxy2012p-10243 | 车轴草属 | 白三叶草 | *Trifolium rapens* L. | | | 哈萨克斯坦 | 2012 | 3 | 引进资源 |
| 6219 | zxy2012p-10274 | 车轴草属 | 白三叶草 | *Trifolium rapens* L. | | | 乌克兰 | 2012 | 3 | 引进资源 |
| 6220 | zxy2012p-10310 | 车轴草属 | 白三叶草 | *Trifolium rapens* L. | | | 俄罗斯 | 2012 | 3 | 引进资源 |
| 6221 | zxy2012p-9006 | 车轴草属 | 白三叶草 | *Trifolium rapens* L. | | | 厄瓜多尔 | 2012 | 3 | 引进资源 |
| 6222 | zxy2012p-9046 | 车轴草属 | 白三叶草 | *Trifolium rapens* L. | | | 厄瓜多尔 | 2012 | 3 | 引进资源 |
| 6223 | zxy2012p-9138 | 车轴草属 | 白三叶草 | *Trifolium rapens* L. | | | 比利时 | 2012 | 3 | 引进资源 |
| 6224 | zxy2012p-9233 | 车轴草属 | 白三叶草 | *Trifolium rapens* L. | | | 瑞典 | 2012 | 3 | 引进资源 |
| 6225 | zxy2012P-9294 | 车轴草属 | 白三叶草 | *Trifolium rapens* L. | | 俄罗斯 | | 2012 | 3 | 引进资源 |
| 6226 | zxy2012p-9615 | 车轴草属 | 白三叶草 | *Trifolium rapens* L. | | | 英国 | 2012 | 3 | 引进资源 |
| 6227 | zxy2012p-9644 | 车轴草属 | 白三叶草 | *Trifolium rapens* L. | | | 俄罗斯 | 2012 | 3 | 引进资源 |
| 6228 | zxy2012p-9685 | 车轴草属 | 白三叶草 | *Trifolium rapens* L. | | | 俄罗斯 | 2012 | 3 | 引进资源 |
| 6229 | zxy2012p-9687 | 车轴草属 | 白三叶草 | *Trifolium rapens* L. | | | 哈萨克斯坦 | 2012 | 3 | 引进资源 |
| 6230 | zxy2012p-9780 | 车轴草属 | 白三叶草 | *Trifolium rapens* L. | | | 荷兰 | 2012 | 3 | 引进资源 |
| 6231 | zxy2012p-9810 | 车轴草属 | 白三叶草 | *Trifolium rapens* L. | | | 俄罗斯 | 2012 | 3 | 引进资源 |
| 6232 | zxy2012p-9839 | 车轴草属 | 白三叶草 | *Trifolium rapens* L. | | | 俄罗斯 | 2012 | 3 | 引进资源 |
| 6233 | zxy2012P-9839 | 车轴草属 | 白三叶草 | *Trifolium rapens* L. | | 俄罗斯 | | 2012 | 3 | 引进资源 |
| 6234 | ZXY2013P-10787 | 车轴草属 | 白三叶草 | *Trifolium rapens* L. | | 俄罗斯 | | 2013 | 3 | 引进资源 |
| 6235 | ZXY-966 | 车轴草属 | 白三叶草 | *Trifolium rapens* L. | | | 法国 | 2005 | 3 | 引进资源 |
| 6236 | ZXY-977 | 车轴草属 | 白三叶草 | *Trifolium rapens* L. | | | 希腊 | 2005 | 3 | 引进资源 |
| 6237 | 中畜-2524 | 车轴草属 | 白三叶草 | *Trifolium rapens* L. | | | 山东德州庆云 | 2014 | 3 | 野生资源 |
| 6238 | 80-66 | 车轴草属 | 白三叶草 | *Trifolium rapens* L. | 皮陶 | 湖北畜牧所 | 新西兰 | 2004 | 1 | 引进资源 |

（续）

| 序号 | 送种单位编号 | 属 名 | 种 名 | 学 名 | 品种名（原文名） | 材料来源 | 材料原产地 | 收种时间（年份） | 保存地点 | 类型 |
|---|---|---|---|---|---|---|---|---|---|---|
| 6239 | 兰257 | 车轴草属 | 白三叶草 | *Trifolium rapens* L. | | 中国农科院兰州畜牧所 | | 2004 | 1 | 引进资源 |
| 6240 | 93-31 | 车轴草属 | 白三叶草 | *Trifolium rapens* L. | | 新疆八一农学院 | | 2004 | 1 | 引进资源 |
| 6241 | 93-33 | 车轴草属 | 白三叶草 | *Trifolium rapens* L. | 新西兰 | 新疆八一农学院 | | 2004 | 1 | 引进资源 |
| 6242 | 81-31 | 车轴草属 | 白三叶草 | *Trifolium rapens* L. | | 湖北畜牧所 | | 2004 | 1 | 引进资源 |
| 6243 | 三92-02 | 车轴草属 | 白三叶草 | *Trifolium rapens* L. | | 湖北畜牧所 | | 2004 | 1 | 引进资源 |
| 6244 | | 车轴草属 | 白三叶草 | *Trifolium rapens* L. | 海法 | | 澳大利亚 | 2004 | 1 | 引进资源 |
| 6245 | | 车轴草属 | 白三叶草 | *Trifolium rapens* L. | 瑞文德 | | | 2004 | 1 | 引进资源 |
| 6246 | | 车轴草属 | 白三叶草 | *Trifolium rapens* L. | 百霸 | | | 2004 | 1 | 引进资源 |
| 6247 | | 车轴草属 | 白三叶草 | *Trifolium rapens* L. | 爱丽丝（Alice） | | | 2004 | 1 | 引进资源 |
| 6248 | T8-3（XJDK2007003） | 车轴草属 | 白三叶草 | *Trifolium rapens* L. | | | | 2004 | 1 | 引进资源 |
| 6249 | S-6 | 车轴草属 | 白三叶草 | *Trifolium rapens* L. | | | | 2004 | 1 | 引进资源 |
| 6250 | | 车轴草属 | 白三叶草 | *Trifolium rapens* L. | 胡依阿 | | | 2004 | 1 | 引进资源 |
| 6251 | 200502131 | 车轴草属 | 白三叶草 | *Trifolium rapens* L. | | 澳大利亚Seedmarks公司 | 南半球 | 2005 | 1 | 引进资源 |
| 6252 | 200502132 | 车轴草属 | 白三叶草 | *Trifolium rapens* L. | | 澳大利亚Seedmarks公司 | 南半球 | 2005 | 1 | 引进资源 |
| 6253 | 200402133 | 车轴草属 | 白三叶草 | *Trifolium rapens* L. | 法国 | 中种草业集团 | 波尔多 | 2004 | 1 | 引进资源 |
| 6254 | 200402134 | 车轴草属 | 白三叶草 | *Trifolium rapens* L. | 法国 | 中种草业集团 | 波尔多 | 2004 | 1 | 引进资源 |
| 6255 | 200402135 | 车轴草属 | 白三叶草 | *Trifolium rapens* L. | 法国 | 中种草业集团 | 波尔多 | 2004 | 1 | 引进资源 |
| 6256 | 200402136 | 车轴草属 | 白三叶草 | *Trifolium rapens* L. | 法国 | 中种草业集团 | 波尔多 | 2004 | 1 | 引进资源 |
| 6257 | 200402137 | 车轴草属 | 白三叶草 | *Trifolium rapens* L. | 法国 | 中种草业集团 | 波尔多 | 2004 | 1 | 引进资源 |
| 6258 | | 车轴草属 | 白三叶草 | *Trifolium rapens* L. | | 内蒙古农业大学 | 大兴安岭 | 2011 | 1 | 栽培资源 |
| 6259 | | 车轴草属 | 白三叶草 | *Trifolium rapens* L. | 蒙农三叶草1号 | 内蒙古农业大学 | | 2011 | 1 | 栽培资源 |
| 6260 | zxy06p-1924 | 车轴草属 | 白三叶草 | *Trifolium rapens* L. | | 俄罗斯 | | 2006 | 1 | 引进资源 |

（续）

| 序号 | 送种单位编号 | 属 名 | 种 名 | 学 名 | 品种名（原文名） | 材料来源 | 材料原产地 | 收种时间（年份） | 保存地点 | 类型 |
|---|---|---|---|---|---|---|---|---|---|---|
| 6261 | zxy06p-1927 | 车轴草属 | 白三叶草 | *Trifolium rapens* L. | | 俄罗斯 | | 2006 | 1 | 引进资源 |
| 6262 | zxy06p-2017 | 车轴草属 | 白三叶草 | *Trifolium rapens* L. | | 俄罗斯 | | 2006 | 1 | 引进资源 |
| 6263 | zxy06p-2029 | 车轴草属 | 白三叶草 | *Trifolium rapens* L. | | 俄罗斯 | | 2006 | 1 | 引进资源 |
| 6264 | zxy06p-2046 | 车轴草属 | 白三叶草 | *Trifolium rapens* L. | | 俄罗斯 | | 2006 | 1 | 引进资源 |
| 6265 | zxy06p-2358a | 车轴草属 | 白三叶草 | *Trifolium rapens* L. | | 俄罗斯 | | 2006 | 1 | 引进资源 |
| 6266 | zxy06p-2561 | 车轴草属 | 白三叶草 | *Trifolium rapens* L. | | 俄罗斯 | | 2006 | 1 | 引进资源 |
| 6267 | zxy06p-2576 | 车轴草属 | 白三叶草 | *Trifolium rapens* L. | | 俄罗斯 | | 2006 | 1 | 引进资源 |
| 6268 | zxy06p-2590 | 车轴草属 | 白三叶草 | *Trifolium rapens* L. | | 俄罗斯 | | 2006 | 1 | 引进资源 |
| 6269 | zxy06p-2598 | 车轴草属 | 白三叶草 | *Trifolium rapens* L. | | 俄罗斯 | | 2006 | 1 | 引进资源 |
| 6270 | zxy06p-2606 | 车轴草属 | 白三叶草 | *Trifolium rapens* L. | | 俄罗斯 | | 2006 | 1 | 引进资源 |
| 6271 | zxy06p-2614 | 车轴草属 | 白三叶草 | *Trifolium rapens* L. | | 俄罗斯 | | 2006 | 1 | 引进资源 |
| 6272 | bsy001 | 车轴草属 | 白三叶草 | *Trifolium rapens* L. | 花溪 | | | 2010 | 1 | 栽培资源 |
| 6273 | bsy002 | 车轴草属 | 白三叶草 | *Trifolium rapens* L. | 水城 | | | 2010 | 1 | 栽培资源 |
| 6274 | bsy003 | 车轴草属 | 白三叶草 | *Trifolium rapens* L. | 澳大利亚 | | | 2010 | 1 | 引进资源 |
| 6275 | bsy004 | 车轴草属 | 白三叶草 | *Trifolium rapens* L. | 丹寨 | | | 2010 | 1 | 栽培资源 |
| 6276 | bsy005 | 车轴草属 | 白三叶草 | *Trifolium rapens* L. | 铜梁 | | | 2010 | 1 | 栽培资源 |
| 6277 | bsy006 | 车轴草属 | 白三叶草 | *Trifolium rapens* L. | 山京 | | | 2010 | 1 | 栽培资源 |
| 6278 | bsy007 | 车轴草属 | 白三叶草 | *Trifolium rapens* L. | 长顺 | | | 2010 | 1 | 栽培资源 |
| 6279 | bsy008 | 车轴草属 | 白三叶草 | *Trifolium rapens* L. | 艾丽斯 | | | 2010 | 1 | 引进资源 |
| 6280 | bsy011 | 车轴草属 | 白三叶草 | *Trifolium rapens* L. | 重庆 | | | 2010 | 1 | 栽培资源 |
| 6281 | bsy012 | 车轴草属 | 白三叶草 | *Trifolium rapens* L. | 贵州 | | | 2010 | 1 | 栽培资源 |
| 6282 | bsy013 | 车轴草属 | 白三叶草 | *Trifolium rapens* L. | 青龙山 | | | 2010 | 1 | 栽培资源 |
| 6283 | bsy014 | 车轴草属 | 白三叶草 | *Trifolium rapens* L. | 布托 | | | 2010 | 1 | 栽培资源 |
| 6284 | bsy015 | 车轴草属 | 白三叶草 | *Trifolium rapens* L. | 湖北 | | | 2010 | 1 | 栽培资源 |
| 6285 | bsy018 | 车轴草属 | 白三叶草 | *Trifolium rapens* L. | 皮特（Pirouette） | | | 2010 | 1 | 引进资源 |

（续）

| 序号 | 送种单位编号 | 属 名 | 种 名 | 学 名 | 品种名（原文名） | 材料来源 | 材料原产地 | 收种时间（年份） | 保存地点 | 类型 |
|---|---|---|---|---|---|---|---|---|---|---|
| 6286 | bsy019 | 车轴草属 | 白三叶草 | *Trifolium rapens* L. | 皮娜(PipolinaDp8508) | | | 2010 | 1 | 引进资源 |
| 6287 | bsy020 | 车轴草属 | 白三叶草 | *Trifolium rapens* L. | 皮诺(PiccolinoDp8510) | | | 2010 | 1 | 引进资源 |
| 6288 | | 车轴草属 | 白三叶草 | *Trifolium rapens* L. | | 甘肃兰州 | | 2014 | 1 | 野生资源 |
| 6289 | HB2016010 | 车轴草属 | 白三叶草 | *Trifolium repens* L. | | | 河南信阳浉河 | 2016 | 3 | 野生资源 |
| 6290 | HB2016015 | 车轴草属 | 白三叶草 | *Trifolium repens* L. | | | 河南信阳浉河 | 2016 | 3 | 野生资源 |
| 6291 | HB2016018 | 车轴草属 | 白三叶草 | *Trifolium repens* L. | | | 河南信阳浉河 | 2016 | 3 | 野生资源 |
| 6292 | HB2016022 | 车轴草属 | 白三叶草 | *Trifolium repens* L. | | | 河南信阳浉河 | 2016 | 3 | 野生资源 |
| 6293 | HB2016024 | 车轴草属 | 白三叶草 | *Trifolium repens* L. | | | 河南信阳浉河 | 2016 | 3 | 野生资源 |
| 6294 | HB2016026 | 车轴草属 | 白三叶草 | *Trifolium repens* L. | | | 河南信阳浉河 | 2016 | 3 | 野生资源 |
| 6295 | HB2016028 | 车轴草属 | 白三叶草 | *Trifolium repens* L. | | | 河南信阳浉河 | 2016 | 3 | 野生资源 |
| 6296 | HB2016040 | 车轴草属 | 白三叶草 | *Trifolium repens* L. | | | 河南信阳罗山 | 2016 | 3 | 野生资源 |
| 6297 | HB2016044 | 车轴草属 | 白三叶草 | *Trifolium repens* L. | | | 河南信阳新县 | 2016 | 3 | 野生资源 |
| 6298 | HB2016047 | 车轴草属 | 白三叶草 | *Trifolium repens* L. | | | 河南信阳罗山 | 2016 | 3 | 野生资源 |
| 6299 | HB2016049 | 车轴草属 | 白三叶草 | *Trifolium repens* L. | | | 河南信阳新县 | 2016 | 3 | 野生资源 |
| 6300 | HB2016055 | 车轴草属 | 白三叶草 | *Trifolium repens* L. | | | 河南信阳浉河 | 2016 | 3 | 野生资源 |
| 6301 | HB2016058 | 车轴草属 | 白三叶草 | *Trifolium repens* L. | | | 河南信阳羊山 | 2016 | 3 | 野生资源 |
| 6302 | hlj-2015002 | 车轴草属 | 白三叶草 | *Trifolium repens* L. | | | 黑龙江哈牡高速公路 | 2009 | 3 | 野生资源 |
| 6303 | JL10-141 | 车轴草属 | 白三叶草 | *Trifolium repens* L. | | 白山市草原站 | | 2010 | 3 | 野生资源 |
| 6304 | SC2010-040 | 车轴草属 | 白三叶草 | *Trifolium repens* L. | TRIBUTE ZS | 四川洪雅 | 德国 | 2009 | 3 | 引进资源 |
| 6305 | SC2015-038 | 车轴草属 | 白三叶草 | *Trifolium repens* L. | 上吉 | 四川成都双流 | | 2014 | 3 | 引进资源 |
| 6306 | SC2015-046 | 车轴草属 | 白三叶草 | *Trifolium repens* L. | 绿赛欧(LUCERO) | 四川成都双流 | | 2014 | 3 | 引进资源 |
| 6307 | zxy2012P-10178 | 车轴草属 | 白三叶草 | *Trifolium repens* L. | | 俄罗斯 | | 2012 | 3 | 引进资源 |
| 6308 | | 车轴草属 | 白三叶草 | *Trifolium repens* L. | 惠业 | | 新西兰 | 2012 | 1 | 引进资源 |
| 6309 | | 车轴草属 | 白三叶草 | *Trifolium repens* L. | 麦克(mike) | | 阿根廷 | 2012 | 1 | 引进资源 |
| 6310 | | 车轴草属 | 白三叶草 | *Trifolium repens* L. | 瑞文德(Rivendel) | | 丹麦 | 2012 | 1 | 引进资源 |

（续）

| 序号 | 送种单位编号 | 属名 | 种名 | 学名 | 品种名（原文名） | 材料来源 | 材料原产地 | 收种时间（年份） | 保存地点 | 类型 |
|---|---|---|---|---|---|---|---|---|---|---|
| 6311 | | 车轴草属 | 波斯三叶草 | *Trifolium resupinatum* L. | Persian | | | 2010 | 1 | 引进资源 |
| 6312 | 云农 0693 | 车轴草属 | 波斯三叶草 | *Trifolium resupinatum* L. | | 云南农业大学 | | 2010 | 1 | 引进资源 |
| 6313 | ZXY06A--139 | 车轴草属 | 封垫三叶草 | *Trifolium resupinatum* L. | | | 阿富汗 | 2006 | 3 | 引进资源 |
| 6314 | ZXY06A--143 | 车轴草属 | 封垫三叶草 | *Trifolium resupinatum* L. | | | 阿富汗 | 2006 | 3 | 引进资源 |
| 6315 | HN2010-1507 | 车轴草属 | 肯尼亚白三叶草 | *Trifolium semipilosum* Fresen. | | | 云南昆明 | 2008 | 3 | 野生资源 |
| 6316 | 2000-26 | 车轴草属 | 箭叶三叶草 | *Trifolium vesiculosum* Savi. | | 中国农科院畜牧所 | 江苏 | 1999 | 3 | 栽培资源 |
| 6317 | ZXY2010A-102 | 胡卢巴属 | 蓝胡卢巴 | *Trigonella coerulea*（L.）Sering. | | 俄罗斯 | | 2010 | 3 | 引进资源 |
| 6318 | GS4640 | 胡芦豆属 | 葫芦巴 | *Trigonella foenum-graecum* L. | | | 甘肃甘州 | 2014 | 3 | 栽培资源 |
| 6319 | 兰 255 | 胡芦巴属 | 胡芦巴 | *Trigonella foenum-graecum* L. | | 中国农科院兰州畜牧所 | | 1990 | 1 | 野生资源 |
| 6320 | 兰 217 | 胡芦巴属 | 胡芦巴 | *Trigonella foenum-graecum* L. | 玉门 | 中国农科院兰州畜牧所 | | 1993 | 1 | 野生资源 |
| 6321 | 兰 218 | 胡芦巴属 | 胡芦巴 | *Trigonella foenum-graecum* L. | 兰州 | 中国农科院兰州畜牧所 | | 1993 | 1 | 野生资源 |
| 6322 | 兰 219 | 胡芦巴属 | 胡芦巴 | *Trigonella foenum-graecum* L. | 青海 | 中国农科院兰州畜牧所 | | 1993 | 1 | 野生资源 |
| 6323 | 兰 297 | 胡芦巴属 | 胡芦巴 | *Trigonella foenum-graecum* L. | 武威 | 中国农科院兰州畜牧所 | | 1993 | 1 | 野生资源 |
| 6324 | 061129008 | 狸尾豆属 | 长穗猫尾草 | *Uraria crinita* Desv. | | | 海南乐东 | 2006 | 2 | 野生资源 |
| 6325 | 070911001 | 狸尾豆属 | 长穗猫尾草 | *Uraria crinita* Desv. | | | 广西河池巴马 | 2007 | 2 | 野生资源 |
| 6326 | 061020017 | 狸尾豆属 | 长穗猫尾草 | *Uraria crinita* Desv. | | | 海南儋州 | 2006 | 2 | 野生资源 |
| 6327 | 061029005 | 狸尾豆属 | 长穗猫尾草 | *Uraria crinita* Desv. | | | 海南儋州两院 | 2006 | 2 | 野生资源 |
| 6328 | 061002027 | 狸尾豆属 | 长穗狸尾草 | *Uraria crinita* Desv. | | | 海南保亭新新农场 | 2006 | 2 | 野生资源 |
| 6329 | 061015001 | 狸尾豆属 | 长穗猫尾草 | *Uraria crinita* Desv. | | | 海南儋州两院 | 2006 | 2 | 野生资源 |

（续）

| 序号 | 送种单位编号 | 属名 | 种名 | 学名 | 品种名（原文名） | 材料来源 | 材料原产地 | 收种时间（年份） | 保存地点 | 类型 |
|---|---|---|---|---|---|---|---|---|---|---|
| 6330 | 070208001 | 狸尾豆属 | 长穗猫尾草 | *Uraria crinita* Desv. | | | 海南儋州 | 2007 | 2 | 野生资源 |
| 6331 | 050309551 | 狸尾豆属 | 长穗猫尾草 | *Uraria crinita* Desv. | | | 广西大新 | 2005 | 2 | 野生资源 |
| 6332 | 110112002 | 狸尾豆属 | 长穗猫尾草 | *Uraria crinita* Desv. | | | 福建漳州 | 2011 | 2 | 野生资源 |
| 6333 | 101117011 | 狸尾豆属 | 狸尾豆 | *Uraria lagopodioides*（L.）Desv. ex DC. | | | 广西大新 | 2010 | 2 | 野生资源 |
| 6334 | 101118021 | 狸尾豆属 | 狸尾豆 | *Uraria lagopodioides*（L.）Desv. ex DC. | | | 广西大新 | 2010 | 2 | 野生资源 |
| 6335 | 101119006 | 狸尾豆属 | 狸尾豆 | *Uraria lagopodioides*（L.）Desv. ex DC. | | | 广西大新 | 2010 | 2 | 野生资源 |
| 6336 | 101118005 | 狸尾豆属 | 狸尾豆 | *Uraria lagopodioides*（L.）Desv. ex DC. | | | 广西天等 | 2010 | 2 | 野生资源 |
| 6337 | 101118026 | 狸尾豆属 | 狸尾豆 | *Uraria lagopodioides*（L.）Desv. ex DC. | | | 广西大新 | 2010 | 2 | 野生资源 |
| 6338 | 101111032 | 狸尾豆属 | 狸尾豆 | *Uraria lagopodioides*（L.）Desv. ex DC. | | | 广西宁明 | 2010 | 2 | 野生资源 |
| 6339 | 101115006 | 狸尾豆属 | 狸尾豆 | *Uraria lagopodioides*（L.）Desv. ex DC. | | | 广西龙州 | 2010 | 2 | 野生资源 |
| 6340 | 101114034 | 狸尾豆属 | 狸尾豆 | *Uraria lagopodioides*（L.）Desv. ex DC. | | | 广西龙州 | 2010 | 2 | 野生资源 |
| 6341 | 101113016 | 狸尾豆属 | 狸尾豆 | *Uraria lagopodioides*（L.）Desv. ex DC. | | | 广西龙州 | 2010 | 2 | 野生资源 |
| 6342 | 081229009 | 狸尾豆属 | 狸尾豆 | *Uraria lagopodioides*（L.）Desv. ex DC. | | | 广西岑溪 | 2008 | 2 | 野生资源 |
| 6343 | 071222007 | 狸尾豆属 | 狸尾豆 | *Uraria lagopodioides*（L.）Desv. ex DC. | | | 福建永定 | 2007 | 2 | 野生资源 |
| 6344 | GX10111203 | 狸尾豆属 | 狸尾豆 | *Uraria lagopodioides*（L.）Desv. ex DC. | | | 广西大新 | 2010 | 2 | 野生资源 |
| 6345 | GX10102805 | 狸尾豆属 | 狸尾豆 | *Uraria lagopodioides*（L.）Desv. ex DC. | | | 广西北海 | 2010 | 2 | 野生资源 |
| 6346 | 101114009 | 狸尾豆属 | 狸尾豆 | *Uraria lagopodioides*（L.）Desv. ex DC. | | | 广西龙州 | 2010 | 2 | 野生资源 |
| 6347 | 101116037 | 狸尾豆属 | 狸尾豆 | *Uraria lagopodioides*（L.）Desv. ex DC. | | | 广西大新 | 2010 | 2 | 野生资源 |
| 6348 | 101109034 | 狸尾豆属 | 狸尾豆 | *Uraria lagopodioides*（L.）Desv. ex DC. | | | 广西崇左 | 2010 | 2 | 野生资源 |
| 6349 | 101116002 | 狸尾豆属 | 狸尾豆 | *Uraria lagopodioides*（L.）Desv. ex DC. | | | 广西大新 | 2010 | 2 | 野生资源 |
| 6350 | 050101002 | 狸尾豆属 | 钩柄狸尾豆 | *Uraria rufescens*（DC.）Schindl. | | | 海南白沙 | 2005 | 2 | 野生资源 |
| 6351 | 060331043 | 狸尾豆属 | 钩柄狸尾豆 | *Uraria rufescens*（DC.）Schindl. | | | 云南景洪勐龙 | 2006 | 2 | 野生资源 |
| 6352 | GX13120308 | 狸尾豆属 | 钩柄狸尾豆 | *Uraria rufescens*（DC.）Schindl. | | 广西牧草站 | | 2013 | 2 | 野生资源 |
| 6353 | 101111014 | 狸尾豆属 | 钩柄狸尾豆 | *Uraria rufescens*（DC.）Schindl. | | | 广西宁明 | 2010 | 2 | 野生资源 |
| 6354 | 041105012 | 狸尾豆属 | 钩柄狸尾豆 | *Uraria rufescens*（DC.）Schindl. | . | | 海南 | 2004 | 2 | 野生资源 |

(续)

| 序号 | 送种单位编号 | 属 名 | 种 名 | 学 名 | 品种名（原文名） | 材料来源 | 材料原产地 | 收种时间（年份） | 保存地点 | 类型 |
|------|------------|------|------|------|------|--------|----------|--------|--------|------|
| 6355 | 040105010 | 狸尾豆属 | 钩柄狸尾豆 | *Uraria rufescens*（DC.）Schindl. | | | 福建厦门 | 2004 | 2 | 野生资源 |
| 6356 | 041105010 | 狸尾豆属 | 钩柄狸尾豆 | *Uraria rufescens*（DC.）Schindl. | | | 海南儋州雅星 | 2004 | 2 | 野生资源 |
| 6357 | JL14-134 | 野豌豆属 | 山野豌豆 | *Vicia amoena* Fisch. ex DC. | | | 辽宁新宾 | 2013 | 3 | 野生资源 |
| 6358 | JL14-007 | 野豌豆属 | 山野豌豆 | *Vicia amoena* Fisch. ex DC. | | | 吉林靖宇 | 2014 | 3 | 野生资源 |
| 6359 | JL14-008 | 野豌豆属 | 山野豌豆 | *Vicia amoena* Fisch. ex DC. | | | 吉林临江 | 2014 | 3 | 野生资源 |
| 6360 | JL16-062 | 野豌豆属 | 山野豌豆 | *Vicia amoena* Fisch. ex DC. | | | 吉林安图 | 2016 | 3 | 野生资源 |
| 6361 | JL16-063 | 野豌豆属 | 山野豌豆 | *Vicia amoena* Fisch. ex DC. | | | 辽宁新宾 | 2016 | 3 | 野生资源 |
| 6362 | NM09-096 | 野豌豆属 | 山野豌豆 | *Vicia amoena* Fisch. ex DC. | | 内蒙古草原站 | | 2009 | 3 | 野生资源 |
| 6363 | 中畜-1141 | 野豌豆属 | 山野豌豆 | *Vicia amoena* Fisch. ex DC. | | 中国农科院畜牧所 | | 2010 | 3 | 野生资源 |
| 6364 | 中畜-2152 | 野豌豆属 | 山野豌豆 | *Vicia amoena* Fisch. ex DC. | | | 河北张家口赤城 | 2011 | 3 | 野生资源 |
| 6365 | 中畜-986 | 野豌豆属 | 山野豌豆 | *Vicia amoena* Fisch. ex DC. | | 中国农科院畜牧所 | | 2008 | 3 | 野生资源 |
| 6366 | IA1018 | 野豌豆属 | 山野豌豆 | *Vicia amoena* Fisch. ex DC. | | 中国农科院草原所 | | 1990 | 1 | 野生资源 |
| 6367 | 兰242 | 野豌豆属 | 山野豌豆 | *Vicia amoena* Fisch. ex DC. | | 中国农科院兰州畜牧所 | | 1993 | 1 | 野生资源 |
| 6368 | JL10-126 | 野豌豆属 | 黑龙江野豌豆 | *Vicia amurensis* Oett. | | 白山市草原站 | | 2010 | 3 | 野生资源 |
| 6369 | JL10-127 | 野豌豆属 | 黑龙江野豌豆 | *Vicia amurensis* Oett. | | 白山市草原站 | | 2010 | 3 | 野生资源 |
| 6370 | JL14-005 | 野豌豆属 | 黑龙江野豌豆 | *Vicia amurensis* Oett. | | | 吉林靖宇 | 2014 | 3 | 野生资源 |
| 6371 | JL14-006 | 野豌豆属 | 黑龙江野豌豆 | *Vicia amurensis* Oett. | | | 吉林临江 | 2014 | 3 | 野生资源 |
| 6372 | JL15-070 | 野豌豆属 | 黑龙江野豌豆 | *Vicia amurensis* Oett. | | | 吉林江源 | 2015 | 3 | 野生资源 |
| 6373 | JL15-071 | 野豌豆属 | 黑龙江野豌豆 | *Vicia amurensis* Oett. | | | 黑龙江林口 | 2015 | 3 | 野生资源 |
| 6374 | JL16-001 | 野豌豆属 | 黑龙江野豌豆 | *Vicia amurensis* Oett. | | | 黑龙江漠河 | 2015 | 3 | 野生资源 |
| 6375 | JL16-059 | 野豌豆属 | 黑龙江野豌豆 | *Vicia amurensis* Oett. | | | 吉林江源 | 2016 | 3 | 野生资源 |

（续）

| 序号 | 送种单位编号 | 属名 | 种名 | 学名 | 品种名（原文名） | 材料来源 | 材料原产地 | 收种时间（年份） | 保存地点 | 类型 |
|---|---|---|---|---|---|---|---|---|---|---|
| 6376 | JL16-060 | 野豌豆属 | 黑龙江野豌豆 | *Vicia amurensis* Oett. | | | 黑龙江林口 | 2016 | 3 | 野生资源 |
| 6377 | 南野-67 | 野豌豆属 | 窄叶野豌豆 | *Vicia angustifolia* L. ex Reichard | | 新疆八一农学院 | 新疆谢家沟 | 1993 | 1 | 野生资源 |
| 6378 | HB2015078 | 野豌豆属 | 窄叶野豌豆 | *Vicia angustifolia* L. ex Reichard | | | 河南信阳浉河 | 2015 | 3 | 野生资源 |
| 6379 | HB2015079 | 野豌豆属 | 窄叶野豌豆 | *Vicia angustifolia* L. ex Reichard | | | 河南信阳浉河 | 2015 | 3 | 野生资源 |
| 6380 | HB2015080 | 野豌豆属 | 窄叶野豌豆 | *Vicia angustifolia* L. ex Reichard | | | 河南信阳浉河 | 2015 | 3 | 野生资源 |
| 6381 | HB2015081 | 野豌豆属 | 窄叶野豌豆 | *Vicia angustifolia* L. ex Reichard | | | 河南信阳羊山 | 2015 | 3 | 野生资源 |
| 6382 | HB2015082 | 野豌豆属 | 窄叶野豌豆 | *Vicia angustifolia* L. ex Reichard | | | 河南信阳罗山 | 2015 | 3 | 野生资源 |
| 6383 | HB2015083 | 野豌豆属 | 窄叶野豌豆 | *Vicia angustifolia* L. ex Reichard | | | 河南信阳浉河 | 2015 | 3 | 野生资源 |
| 6384 | HB2015084 | 野豌豆属 | 窄叶野豌豆 | *Vicia angustifolia* L. ex Reichard | | | 河南信阳罗山 | 2015 | 3 | 野生资源 |
| 6385 | HB2015085 | 野豌豆属 | 窄叶野豌豆 | *Vicia angustifolia* L. ex Reichard | | | 河南信阳浉河 | 2015 | 3 | 野生资源 |
| 6386 | HB2015087 | 野豌豆属 | 窄叶野豌豆 | *Vicia angustifolia* L. ex Reichard | | | 河南禹州 | 2015 | 3 | 野生资源 |
| 6387 | HB2015091 | 野豌豆属 | 窄叶野豌豆 | *Vicia angustifolia* L. ex Reichard | | | 河南许昌襄城 | 2015 | 3 | 野生资源 |
| 6388 | HB2015092 | 野豌豆属 | 窄叶野豌豆 | *Vicia angustifolia* L. ex Reichard | | | 河南许昌襄城 | 2015 | 3 | 野生资源 |
| 6389 | HB2015097 | 野豌豆属 | 窄叶野豌豆 | *Vicia angustifolia* L. ex Reichard | | | 河南驻马店驿城 | 2015 | 3 | 野生资源 |
| 6390 | HB2016014 | 野豌豆属 | 窄叶野豌豆 | *Vicia angustifolia* L. ex Reichard | | | 河南信阳浉河 | 2016 | 3 | 野生资源 |
| 6391 | HB2016031 | 野豌豆属 | 窄叶野豌豆 | *Vicia angustifolia* L. ex Reichard | | | 河南平顶山卫东 | 2016 | 3 | 野生资源 |
| 6392 | | 野豌豆属 | 窄叶野豌豆 | *Vicia angustifolia* L. ex Reichard | 333/A | | | 2008 | 1 | 栽培资源 |
| 6393 | 140510002 | 野豌豆属 | 窄叶野豌豆 | *Vicia angustifolia* L. ex Reichard | | | 贵州岔江 | 2014 | 2 | 野生资源 |
| 6394 | 140510003 | 野豌豆属 | 窄叶野豌豆 | *Vicia angustifolia* L. ex Reichard | | | 贵州岔江 | 2014 | 2 | 野生资源 |
| 6395 | 2010FJ002 | 野豌豆属 | 窄叶野豌豆 | *Vicia angustifolia* L. ex Reichard | | | 福建 | 2010 | 2 | 栽培资源 |
| 6396 | 中畜-668 | 野豌豆属 | 大花野豌豆 | *Vicia bungei* Ohwi | | 中国农科院畜牧所 | | 2005 | 3 | 野生资源 |
| 6397 | 中畜-041 | 野豌豆属 | 大花野豌豆 | *Vicia bungei* Ohwi | | 中国农科院畜牧所 | 中国农科院内 | 2000 | 1 | 野生资源 |
| 6398 | GS4154 | 野豌豆属 | 广布野豌豆 | *Vicia cracca* L. | | | 陕西宜君 | 2013 | 3 | 野生资源 |

（续）

| 序号 | 送种单位编号 | 属名 | 种名 | 学名 | 品种名（原文名） | 材料来源 | 材料原产地 | 收种时间（年份） | 保存地点 | 类型 |
|---|---|---|---|---|---|---|---|---|---|---|
| 6399 | GS4193 | 野豌豆属 | 广布野豌豆 | *Vicia cracca* L. | | | 陕西黄陵 | 2013 | 3 | 野生资源 |
| 6400 | GS4587 | 野豌豆属 | 广布野豌豆 | *Vicia cracca* L. | | | 宁夏罗山保护区 | 2014 | 3 | 野生资源 |
| 6401 | GS4790 | 野豌豆属 | 广布野豌豆 | *Vicia cracca* L. | | | 陕西黄龙 | 2015 | 3 | 野生资源 |
| 6402 | GS4886 | 野豌豆属 | 广布野豌豆 | *Vicia cracca* L. | | | 陕西洛川 | 2015 | 3 | 野生资源 |
| 6403 | GS4923 | 野豌豆属 | 广布野豌豆 | *Vicia cracca* L. | | | 甘肃古浪西靖 | 2015 | 3 | 野生资源 |
| 6404 | HB2014-099 | 野豌豆属 | 广布野豌豆 | *Vicia cracca* L. | | | 河南信阳浉河 | 2013 | 3 | 野生资源 |
| 6405 | HB2014-117 | 野豌豆属 | 广布野豌豆 | *Vicia cracca* L. | | | 河南信阳浉河 | 2014 | 3 | 野生资源 |
| 6406 | HB2014-120 | 野豌豆属 | 广布野豌豆 | *Vicia cracca* L. | | | 河南信阳固始 | 2014 | 3 | 野生资源 |
| 6407 | HB2014-200 | 野豌豆属 | 广布野豌豆 | *Vicia cracca* L. | | | 河南信阳浉河 | 2014 | 3 | 野生资源 |
| 6408 | HB2015104 | 野豌豆属 | 广布野豌豆 | *Vicia cracca* L. | | | 河南信阳浉河 | 2015 | 3 | 野生资源 |
| 6409 | HB2015107 | 野豌豆属 | 广布野豌豆 | *Vicia cracca* L. | | | 河南信阳羊山 | 2015 | 3 | 野生资源 |
| 6410 | HB2015108 | 野豌豆属 | 广布野豌豆 | *Vicia cracca* L. | | | 河南信阳浉河 | 2015 | 3 | 野生资源 |
| 6411 | HB2015111 | 野豌豆属 | 广布野豌豆 | *Vicia cracca* L. | | | 河南信阳浉河 | 2015 | 3 | 野生资源 |
| 6412 | HB2015224 | 野豌豆属 | 广布野豌豆 | *Vicia cracca* L. | | | 湖北神农架红坪镇 | 2015 | 3 | 野生资源 |
| 6413 | HB2016030 | 野豌豆属 | 广布野豌豆 | *Vicia cracca* L. | | | 河南平顶山卫东 | 2016 | 3 | 野生资源 |
| 6414 | HB2016051 | 野豌豆属 | 广布野豌豆 | *Vicia cracca* L. | | | 河南信阳浉河 | 2015 | 3 | 野生资源 |
| 6415 | xj2014-033 | 野豌豆属 | 广布野豌豆 | *Vicia cracca* L. | | | 新疆裕民 | 2013 | 3 | 野生资源 |
| 6416 | xj2014-038 | 野豌豆属 | 广布野豌豆 | *Vicia cracca* L. | | | 新疆裕民 | 2013 | 3 | 野生资源 |
| 6417 | xj2014-041 | 野豌豆属 | 广布野豌豆 | *Vicia cracca* L. | | | 新疆裕民托尔加辽 | 2013 | 3 | 野生资源 |
| 6418 | xj2015-61 | 野豌豆属 | 广布野豌豆 | *Vicia cracca* L. | | | 新疆奇台县吉布库 | 2015 | 3 | 野生资源 |
| 6419 | xj2015-64 | 野豌豆属 | 广布野豌豆 | *Vicia cracca* L. | | | 新疆奇台县吉布库 | 2015 | 3 | 野生资源 |
| 6420 | xj2015-66 | 野豌豆属 | 广布野豌豆 | *Vicia cracca* L. | | | 新疆奇台县吉布库 | 2015 | 3 | 野生资源 |
| 6421 | xj2015-68 | 野豌豆属 | 广布野豌豆 | *Vicia cracca* L. | | | 新疆奇台县吉布库 | 2015 | 3 | 野生资源 |
| 6422 | xj2015-69 | 野豌豆属 | 广布野豌豆 | *Vicia cracca* L. | | | 新疆奇台县吉布库 | 2015 | 3 | 野生资源 |
| 6423 | xj2015-70 | 野豌豆属 | 广布野豌豆 | *Vicia cracca* L. | | | 新疆奇台县吉布库 | 2015 | 3 | 野生资源 |

（续）

| 序号 | 送种单位编号 | 属名 | 种名 | 学名 | 品种名（原文名） | 材料来源 | 材料原产地 | 收种时间（年份） | 保存地点 | 类型 |
|---|---|---|---|---|---|---|---|---|---|---|
| 6424 | 野 1 | 野豌豆属 | 广布野豌豆 | *Vicia cracca* L. | | 中国农科院草原所 | | 1990 | 1 | 野生资源 |
| 6425 | CHQ2004-255 | 野豌豆属 | 蚕豆 | *Vicia faba* L. | | 四川云阳南口镇 | | 2003 | 3 | 栽培资源 |
| 6426 | E1268 | 野豌豆属 | 蚕豆 | *Vicia faba* L. | | | 湖北神农架阳日镇 | 2008 | 3 | 栽培资源 |
| 6427 | E598 | 野豌豆属 | 蚕豆 | *Vicia faba* L. | 大扁蚕豆 | 湖北武汉江夏 | 湖北鄂州 | 2005 | 3 | 栽培资源 |
| 6428 | E599 | 野豌豆属 | 蚕豆 | *Vicia faba* L. | 大环豌 | 湖北武汉江夏 | 湖北南漳 | 2005 | 3 | 栽培资源 |
| 6429 | E600 | 野豌豆属 | 蚕豆 | *Vicia faba* L. | 板豆 | 湖北武汉江夏 | 湖北汉川 | 2005 | 3 | 栽培资源 |
| 6430 | E601 | 野豌豆属 | 蚕豆 | *Vicia faba* L. | 子豌 | 湖北武汉江夏 | 湖北公安 | 2005 | 3 | 栽培资源 |
| 6431 | E602 | 野豌豆属 | 蚕豆 | *Vicia faba* L. | 大青蚕豆 | 湖北武汉江夏 | 湖北兴山 | 2005 | 3 | 栽培资源 |
| 6432 | E603 | 野豌豆属 | 蚕豆 | *Vicia faba* L. | | 湖北武汉江夏 | 湖北利川 | 2005 | 3 | 栽培资源 |
| 6433 | E604 | 野豌豆属 | 蚕豆 | *Vicia faba* L. | | 湖北武汉江夏 | 湖北咸丰 | 2005 | 3 | 栽培资源 |
| 6434 | E605 | 野豌豆属 | 蚕豆 | *Vicia faba* L. | | 湖北武汉江夏 | | 2005 | 3 | 野生资源 |
| 6435 | E606 | 野豌豆属 | 蚕豆 | *Vicia faba* L. | | 湖北武汉江夏 | | 2005 | 3 | 栽培资源 |
| 6436 | E817 | 野豌豆属 | 蚕豆 | *Vicia faba* L. | | | 湖北神农架 | 2006 | 3 | 野生资源 |
| 6437 | E847 | 野豌豆属 | 蚕豆 | *Vicia faba* L. | 恩施青皮豆 | 湖北武汉江夏 | 湖北恩施 | 2005 | 3 | 野生资源 |
| 6438 | E848 | 野豌豆属 | 蚕豆 | *Vicia faba* L. | 房州早生 | 湖北武汉江夏 | 湖北房州 | 2005 | 3 | 野生资源 |
| 6439 | E923 | 野豌豆属 | 蚕豆 | *Vicia faba* L. | | 湖北武汉江夏 | | 2007 | 3 | 野生资源 |
| 6440 | E924 | 野豌豆属 | 蚕豆 | *Vicia faba* L. | | 湖北武汉江夏 | 湖北咸丰 | 2007 | 3 | 野生资源 |
| 6441 | E925 | 野豌豆属 | 蚕豆 | *Vicia faba* L. | | 湖北武汉江夏 | 湖北汉川 | 2007 | 3 | 野生资源 |
| 6442 | E926 | 野豌豆属 | 蚕豆 | *Vicia faba* L. | | 湖北武汉江夏 | 湖北通坡 | 2007 | 3 | 野生资源 |
| 6443 | E927 | 野豌豆属 | 蚕豆 | *Vicia faba* L. | | 湖北武汉江夏 | 湖北利川 | 2007 | 3 | 野生资源 |
| 6444 | E928 | 野豌豆属 | 蚕豆 | *Vicia faba* L. | | 湖北武汉江夏 | 湖北保康 | 2007 | 3 | 野生资源 |
| 6445 | E929 | 野豌豆属 | 蚕豆 | *Vicia faba* L. | | 湖北武汉江夏 | 湖北建始 | 2007 | 3 | 野生资源 |
| 6446 | E930 | 野豌豆属 | 蚕豆 | *Vicia faba* L. | | 湖北武汉江夏 | 湖北咸丰 | 2007 | 3 | 野生资源 |
| 6447 | E931 | 野豌豆属 | 蚕豆 | *Vicia faba* L. | | 湖北武汉江夏 | 湖北宣恩 | 2007 | 3 | 野生资源 |

（续）

| 序号 | 送种单位编号 | 属 名 | 种 名 | 学 名 | 品种名（原文名） | 材料来源 | 材料原产地 | 收种时间（年份） | 保存地点 | 类型 |
|---|---|---|---|---|---|---|---|---|---|---|
| 6448 | E933 | 野豌豆属 | 蚕豆 | *Vicia faba* L. | | 湖北武汉江夏 | 湖北房县 | 2007 | 3 | 野生资源 |
| 6449 | E934 | 野豌豆属 | 蚕豆 | *Vicia faba* L. | | 湖北武汉江夏 | 湖北大冶 | 2007 | 3 | 野生资源 |
| 6450 | E935 | 野豌豆属 | 蚕豆 | *Vicia faba* L. | | 湖北武汉江夏 | | 2007 | 3 | 野生资源 |
| 6451 | E937 | 野豌豆属 | 蚕豆 | *Vicia faba* L. | | 湖北武汉江夏 | 湖北咸丰 | 2007 | 3 | 野生资源 |
| 6452 | E938 | 野豌豆属 | 蚕豆 | *Vicia faba* L. | | 湖北武汉江夏 | 湖北武昌 | 2007 | 3 | 野生资源 |
| 6453 | E940 | 野豌豆属 | 蚕豆 | *Vicia faba* L. | | 湖北武汉江夏 | 湖北安陆 | 2007 | 3 | 野生资源 |
| 6454 | GS4120 | 野豌豆属 | 蚕豆 | *Vicia faba* L. | | | 陕西洛川 | 2007 | 3 | 栽培资源 |
| 6455 | GS555 | 野豌豆属 | 蚕豆 | *Vicia faba* L. | | 宁夏盐池 | | 2004 | 3 | 栽培资源 |
| 6456 | HB2010-126 | 野豌豆属 | 蚕豆 | *Vicia faba* L. | | | 湖北神农架松柏镇 | 2010 | 3 | 栽培资源 |
| 6457 | HB2011-029 | 野豌豆属 | 蚕豆 | *Vicia faba* L. | | 湖北农科院畜牧所 | | 2011 | 3 | 栽培资源 |
| 6458 | HB2012-505 | 野豌豆属 | 蚕豆 | *Vicia faba* L. | | | 湖北松柏镇 | 2011 | 3 | 野生资源 |
| 6459 | JS2004-01 | 野豌豆属 | 蚕豆 | *Vicia faba* L. | | 江苏盐城步凤 | | 2003 | 3 | 栽培资源 |
| 6460 | JS2004-02 | 野豌豆属 | 蚕豆 | *Vicia faba* L. | | 江苏射阳合德 | | 2003 | 3 | 栽培资源 |
| 6461 | JS2004-03 | 野豌豆属 | 蚕豆 | *Vicia faba* L. | | 江苏射阳 | | 2003 | 3 | 栽培资源 |
| 6462 | JS2004-04 | 野豌豆属 | 蚕豆 | *Vicia faba* L. | | 江苏阜宁陈集 | | 2003 | 3 | 栽培资源 |
| 6463 | JS2004-05 | 野豌豆属 | 蚕豆 | *Vicia faba* L. | | 上海崇明 | | 2003 | 3 | 栽培资源 |
| 6464 | JS2004-26 | 野豌豆属 | 蚕豆 | *Vicia faba* L. | | 江苏江宁 | | 2003 | 3 | 栽培资源 |
| 6465 | JS2004-28 | 野豌豆属 | 蚕豆 | *Vicia faba* L. | | 江苏江宁 | | 2003 | 3 | 栽培资源 |
| 6466 | JS2005-21 | 野豌豆属 | 蚕豆 | *Vicia faba* L. | 盐东蚕豆 | | 湖北南漳 | 2005 | 3 | 栽培资源 |
| 6467 | JS2006-55 | 野豌豆属 | 蚕豆 | *Vicia faba* L. | | 江苏泗阳南刘集 | | 2006 | 3 | 栽培资源 |
| 6468 | JS2008-11 | 野豌豆属 | 蚕豆 | *Vicia faba* L. | 如东小青皮 | 江苏如东 | | 2008 | 3 | 栽培资源 |
| 6469 | JS2008-12 | 野豌豆属 | 蚕豆 | *Vicia faba* L. | 启东小青籽 | 江苏启东 | | 2008 | 3 | 栽培资源 |
| 6470 | JS2008-14 | 野豌豆属 | 蚕豆 | *Vicia faba* L. | 启东中青皮 | 江苏启东 | | 2008 | 3 | 栽培资源 |
| 6471 | JS2008-15 | 野豌豆属 | 蚕豆 | *Vicia faba* L. | 启东乳白豆 | 江苏启东 | | 2008 | 3 | 栽培资源 |

（续）

| 序号 | 送种单位编号 | 属 名 | 种 名 | 学 名 | 品种名（原文名） | 材料来源 | 材料原产地 | 收种时间（年份） | 保存地点 | 类型 |
|------|------------|-------|-------|-------|----------------|---------|-----------|--------------|---------|------|
| 6472 | JS2008-16 | 野豌豆属 | 蚕豆 | *Vicia faba* L. | 兴化乳白豆 | 江苏兴化 | | 2008 | 3 | 栽培资源 |
| 6473 | JS2008-17 | 野豌豆属 | 蚕豆 | *Vicia faba* L. | 兴化中青皮 | 江苏兴化 | | 2008 | 3 | 栽培资源 |
| 6474 | JS2008-2 | 野豌豆属 | 蚕豆 | *Vicia faba* L. | 南通中青皮 | 江苏南通 | | 2008 | 3 | 栽培资源 |
| 6475 | JS2008-21 | 野豌豆属 | 蚕豆 | *Vicia faba* L. | 泰县饲料豆 | 江苏泰县 | | 2008 | 3 | 栽培资源 |
| 6476 | JS2008-22 | 野豌豆属 | 蚕豆 | *Vicia faba* L. | 高邮小籽豆 | 江苏高邮 | | 2008 | 3 | 栽培资源 |
| 6477 | JS2008-23 | 野豌豆属 | 蚕豆 | *Vicia faba* L. | 宝应五月收 | 江苏宝应 | | 2008 | 3 | 栽培资源 |
| 6478 | JS2008-230 | 野豌豆属 | 蚕豆 | *Vicia faba* L. | 盐城大蚕豆 | 江苏盐城 | | 2008 | 3 | 栽培资源 |
| 6479 | JS2008-231 | 野豌豆属 | 蚕豆 | *Vicia faba* L. | 盐城青蚕豆 | 江苏盐城 | | 2008 | 3 | 栽培资源 |
| 6480 | JS2008-235 | 野豌豆属 | 蚕豆 | *Vicia faba* L. | 海门青皮 | 江苏海门 | | 2008 | 3 | 栽培资源 |
| 6481 | JS2008-236 | 野豌豆属 | 蚕豆 | *Vicia faba* L. | 海门蚕豆 | 江苏海门 | | 2008 | 3 | 栽培资源 |
| 6482 | JS2008-239 | 野豌豆属 | 蚕豆 | *Vicia faba* L. | 海安白蚕豆 | 江苏海安 | | 2008 | 3 | 栽培资源 |
| 6483 | JS2008-240 | 野豌豆属 | 蚕豆 | *Vicia faba* L. | 启东大青豆 | 江苏启东 | | 2008 | 3 | 栽培资源 |
| 6484 | JS2008-241 | 野豌豆属 | 蚕豆 | *Vicia faba* L. | 启东白蚕豆 | 江苏启东 | | 2008 | 3 | 栽培资源 |
| 6485 | JS2008-244 | 野豌豆属 | 蚕豆 | *Vicia faba* L. | 如皋白皮豆 | 江苏如皋 | | 2008 | 3 | 栽培资源 |
| 6486 | JS2008-245 | 野豌豆属 | 蚕豆 | *Vicia faba* L. | 兴化蚕豆 | 江苏兴化 | | 2008 | 3 | 栽培资源 |
| 6487 | JS2008-246 | 野豌豆属 | 蚕豆 | *Vicia faba* L. | 兴化中蚕豆 | 江苏兴化 | | 2008 | 3 | 栽培资源 |
| 6488 | JS2008-247 | 野豌豆属 | 蚕豆 | *Vicia faba* L. | 兴化中青皮 | 江苏兴化 | | 2008 | 3 | 栽培资源 |
| 6489 | JS2008-249 | 野豌豆属 | 蚕豆 | *Vicia faba* L. | 金丝蚕豆 | 江苏兴化 | | 2008 | 3 | 栽培资源 |
| 6490 | JS2008-250 | 野豌豆属 | 蚕豆 | *Vicia faba* L. | 江都大蚕豆 | 江苏江都 | | 2008 | 3 | 栽培资源 |
| 6491 | JS2008-254 | 野豌豆属 | 蚕豆 | *Vicia faba* L. | 泰兴青蚕豆 | 江苏泰兴 | | 2008 | 3 | 栽培资源 |
| 6492 | JS2008-255 | 野豌豆属 | 蚕豆 | *Vicia faba* L. | 口岸青皮 | 江苏泰兴 | | 2008 | 3 | 栽培资源 |
| 6493 | JS2008-260 | 野豌豆属 | 蚕豆 | *Vicia faba* L. | 泰县青籽 | 江苏泰县 | | 2008 | 3 | 栽培资源 |
| 6494 | JS2008-261 | 野豌豆属 | 蚕豆 | *Vicia faba* L. | 邗江小蚕豆 | 江苏邗江 | | 2008 | 3 | 栽培资源 |
| 6495 | JS2008-262 | 野豌豆属 | 蚕豆 | *Vicia faba* L. | 邗江大白豆 | 江苏邗江 | | 2008 | 3 | 栽培资源 |
| 6496 | JS2008-263 | 野豌豆属 | 蚕豆 | *Vicia faba* L. | 仪征小蚕豆 | 江苏仪征 | | 2008 | 3 | 栽培资源 |

（续）

| 序号 | 送种单位编号 | 属名 | 种名 | 学名 | 品种名（原文名） | 材料来源 | 材料原产地 | 收种时间（年份） | 保存地点 | 类型 |
|---|---|---|---|---|---|---|---|---|---|---|
| 6497 | JS2008-264 | 野豌豆属 | 蚕豆 | *Vicia faba* L. | 仪征白皮豆 | 江苏仪征 | | 2008 | 3 | 栽培资源 |
| 6498 | JS2008-265 | 野豌豆属 | 蚕豆 | *Vicia faba* L. | 高邮小白皮 | 江苏高邮 | | 2008 | 3 | 栽培资源 |
| 6499 | JS2008-267 | 野豌豆属 | 蚕豆 | *Vicia faba* L. | 江宁青豆 | 江苏南京 | | 2008 | 3 | 栽培资源 |
| 6500 | JS2008-269 | 野豌豆属 | 蚕豆 | *Vicia faba* L. | 南京中蚕豆 | 江苏南京 | | 2008 | 3 | 栽培资源 |
| 6501 | JS2008-27 | 野豌豆属 | 蚕豆 | *Vicia faba* L. | 江都淡黄皮 | 江苏江都 | | 2008 | 3 | 栽培资源 |
| 6502 | JS2008-270 | 野豌豆属 | 蚕豆 | *Vicia faba* L. | 江浦小青籽 | 江苏南京 | | 2008 | 3 | 栽培资源 |
| 6503 | JS2008-271 | 野豌豆属 | 蚕豆 | *Vicia faba* L. | 汤山白蚕豆 | 江苏南京 | | 2008 | 3 | 栽培资源 |
| 6504 | JS2008-272 | 野豌豆属 | 蚕豆 | *Vicia faba* L. | 其林土蚕豆 | 江苏南京 | | 2008 | 3 | 栽培资源 |
| 6505 | JS2008-274 | 野豌豆属 | 蚕豆 | *Vicia faba* L. | 浦口大青皮 | 江苏南京 | | 2008 | 3 | 栽培资源 |
| 6506 | JS2008-276 | 野豌豆属 | 蚕豆 | *Vicia faba* L. | 永宁蚕豆 | 江苏南京 | | 2008 | 3 | 栽培资源 |
| 6507 | JS2008-278 | 野豌豆属 | 蚕豆 | *Vicia faba* L. | 永丰蚕豆 | 江苏南京 | | 2008 | 3 | 栽培资源 |
| 6508 | JS2008-28 | 野豌豆属 | 蚕豆 | *Vicia faba* L. | 邗江大青皮 | 江苏邗江 | | 2008 | 3 | 栽培资源 |
| 6509 | JS2008-282 | 野豌豆属 | 蚕豆 | *Vicia faba* L. | 高淳大青豆 | 江苏高淳 | | 2008 | 3 | 栽培资源 |
| 6510 | JS2008-283 | 野豌豆属 | 蚕豆 | *Vicia faba* L. | 溧阳青蚕豆 | 江苏溧阳 | | 2008 | 3 | 栽培资源 |
| 6511 | JS2008-285 | 野豌豆属 | 蚕豆 | *Vicia faba* L. | 句容蚕豆 | 江苏句容 | | 2008 | 3 | 栽培资源 |
| 6512 | JS2008-286 | 野豌豆属 | 蚕豆 | *Vicia faba* L. | 句容青蚕豆 | 江苏句容 | | 2008 | 3 | 栽培资源 |
| 6513 | JS2008-29 | 野豌豆属 | 蚕豆 | *Vicia faba* L. | 邗江大蚕豆 | 江苏邗江 | | 2008 | 3 | 栽培资源 |
| 6514 | JS2008-291 | 野豌豆属 | 蚕豆 | *Vicia faba* L. | 扬中青豆 | 江苏扬中 | | 2008 | 3 | 栽培资源 |
| 6515 | JS2008-292 | 野豌豆属 | 蚕豆 | *Vicia faba* L. | 丹阳蚕豆 | 江苏丹阳 | | 2008 | 3 | 栽培资源 |
| 6516 | JS2008-294 | 野豌豆属 | 蚕豆 | *Vicia faba* L. | 丹徒白皮豆 | 江苏丹徒 | | 2008 | 3 | 栽培资源 |
| 6517 | JS2008-295 | 野豌豆属 | 蚕豆 | *Vicia faba* L. | 丹徒中粒豆 | 江苏丹徒 | | 2008 | 3 | 栽培资源 |
| 6518 | JS2008-297 | 野豌豆属 | 蚕豆 | *Vicia faba* L. | 金坛菜蚕豆 | 江苏金坛 | | 2008 | 3 | 栽培资源 |
| 6519 | JS2008-298 | 野豌豆属 | 蚕豆 | *Vicia faba* L. | 常州蚕豆 | 江苏常州 | | 2008 | 3 | 栽培资源 |
| 6520 | JS2008-30 | 野豌豆属 | 蚕豆 | *Vicia faba* L. | 仪征淡黄豆 | 江苏仪征 | | 2008 | 3 | 栽培资源 |
| 6521 | JS2008-300 | 野豌豆属 | 蚕豆 | *Vicia faba* L. | 奔牛蚕豆 | 江苏常州 | | 2008 | 3 | 栽培资源 |

（续）

| 序号 | 送种单位编号 | 属 名 | 种 名 | 学 名 | 品种名（原文名） | 材料来源 | 材料原产地 | 收种时间（年份） | 保存地点 | 类型 |
|---|---|---|---|---|---|---|---|---|---|---|
| 6522 | JS2008-302 | 野豌豆属 | 蚕豆 | *Vicia faba* L. | 宜兴小蚕豆 | 江苏宜兴 | | 2008 | 3 | 栽培资源 |
| 6523 | JS2008-304 | 野豌豆属 | 蚕豆 | *Vicia faba* L. | 无锡水白豆 | 江苏无锡 | | 2008 | 3 | 栽培资源 |
| 6524 | JS2008-306 | 野豌豆属 | 蚕豆 | *Vicia faba* L. | 太仓蚕豆 | 江苏太仓 | | 2008 | 3 | 栽培资源 |
| 6525 | JS2008-308 | 野豌豆属 | 蚕豆 | *Vicia faba* L. | 青城蚕豆 | 江苏太仓 | | 2008 | 3 | 栽培资源 |
| 6526 | JS2008-5 | 野豌豆属 | 蚕豆 | *Vicia faba* L. | 如皋粉皮青 | 江苏如皋 | | 2008 | 3 | 栽培资源 |
| 6527 | JS2008-6 | 野豌豆属 | 蚕豆 | *Vicia faba* L. | 海安红皮蚕豆 | 江苏海安 | | 2008 | 3 | 栽培资源 |
| 6528 | JS2008-7 | 野豌豆属 | 蚕豆 | *Vicia faba* L. | 海安青皮豆 | 江苏海安 | | 2008 | 3 | 栽培资源 |
| 6529 | JS2008-8 | 野豌豆属 | 蚕豆 | *Vicia faba* L. | 海门中青皮 | 江苏海门 | | 2008 | 3 | 栽培资源 |
| 6530 | JS2008-9 | 野豌豆属 | 蚕豆 | *Vicia faba* L. | 海门中粒蚕豆 | 江苏海门 | | 2008 | 3 | 栽培资源 |
| 6531 | SC2009-220 | 野豌豆属 | 蚕豆 | *Vicia faba* L. | | 四川泸定 | | 2009 | 3 | 野生资源 |
| 6532 | SC2009-224 | 野豌豆属 | 蚕豆 | *Vicia faba* L. | | 四川泸定 | | 2009 | 3 | 野生资源 |
| 6533 | SC2009-226 | 野豌豆属 | 蚕豆 | *Vicia faba* L. | | 四川泸定 | | 2009 | 3 | 栽培资源 |
| 6534 | SC2009-243 | 野豌豆属 | 蚕豆 | *Vicia faba* L. | | 四川泸定 | | 2009 | 3 | 野生资源 |
| 6535 | SC2010-010 | 野豌豆属 | 蚕豆 | *Vicia faba* L. | | 四川雷波 | | 2009 | 3 | 栽培资源 |
| 6536 | SC2013-041 | 野豌豆属 | 蚕豆 | *Vicia faba* L. | | 四川达州渠县 | | 2011 | 3 | 栽培资源 |
| 6537 | SCH2003-416 | 野豌豆属 | 蚕豆 | *Vicia faba* L. | | 四川新都 | | 2003 | 3 | 栽培资源 |
| 6538 | SCH2004-156 | 野豌豆属 | 蚕豆 | *Vicia faba* L. | | 四川德昌 | | 2003 | 3 | 栽培资源 |
| 6539 | 040700001 | 野豌豆属 | 蚕豆 | *Vicia faba* L. | | | 广西河池都安 | 2004 | 2 | 野生资源 |
| 6540 | 130619009 | 野豌豆属 | 蚕豆 | *Vicia faba* L. | | | 广西百色田林 | 2013 | 2 | 野生资源 |
| 6541 | 040224006 | 野豌豆属 | 蚕豆 | *Vicia faba* L. | | | 广西河池都安 | 2004 | 2 | 野生资源 |
| 6542 | 040624001 | 野豌豆属 | 蚕豆 | *Vicia faba* L. | | | 广东肇庆 | 2004 | 2 | 野生资源 |
| 6543 | 060724001 | 野豌豆属 | 蚕豆 | *Vicia faba* L. | | | 广西河池东兰 | 2006 | 2 | 野生资源 |
| 6544 | 041122001 | 野豌豆属 | 蚕豆 | *Vicia faba* L. | | | 云南文山丘北 | 2004 | 2 | 野生资源 |
| 6545 | 南01448 | 野豌豆属 | 蚕豆 | *Vicia faba* L. | | 海南南繁基地 | | 2001 | 2 | 野生资源 |
| 6546 | 00838 | 野豌豆属 | 蚕豆 | *Vicia faba* L. | | 新疆八一农学院 | 青海 | 1989 | 1 | 栽培资源 |

（续）

| 序号 | 送种单位编号 | 属名 | 种名 | 学名 | 品种名（原文名） | 材料来源 | 材料原产地 | 收种时间（年份） | 保存地点 | 类型 |
|------|------|------|------|------|------|------|------|------|------|------|
| 6547 | 001466 | 野豌豆属 | 蚕豆 | *Vicia faba* L. | | 新疆 | | 1989 | 1 | 栽培资源 |
| 6548 | Sau2003029 | 野豌豆属 | 蚕豆 | *Vicia faba* L. | | 四川农业大学 | 四川眉山 | 2003 | 1 | 栽培资源 |
| 6549 | Sau2003139 | 野豌豆属 | 蚕豆 | *Vicia faba* L. | | 四川农业大学 | 四川泸定 | 2003 | 1 | 栽培资源 |
| 6550 | Sau2003140 | 野豌豆属 | 蚕豆 | *Vicia faba* L. | | 四川农业大学 | 四川青神 | 2003 | 1 | 栽培资源 |
| 6551 | Sau2004013 | 野豌豆属 | 蚕豆 | *Vicia faba* L. | | 四川农业大学 | 四川江油青莲 | 2004 | 1 | 栽培资源 |
| 6552 | sau2005052 | 野豌豆属 | 蚕豆 | *Vicia faba* L. | | 四川农业大学 | 四川崇州 | 2005 | 1 | 栽培资源 |
| 6553 | sau2005053 | 野豌豆属 | 蚕豆 | *Vicia faba* L. | | 四川农业大学 | 四川崇州 | 2005 | 1 | 栽培资源 |
| 6554 | HB2015210 | 野豌豆属 | 大野豌豆 | *Vicia gigantea* Bge. | | | 湖北神农架松柏镇 | 2015 | 3 | 野生资源 |
| 6555 | HB2015220 | 野豌豆属 | 大野豌豆 | *Vicia gigantea* Bge. | | | 湖北神农架九湖镇 | 2015 | 3 | 野生资源 |
| 6556 | JS2015-40 | 野豌豆属 | 大野豌豆 | *Vicia gigantea* Bge. | | | 江苏仪征登月湖 | 2015 | 3 | 野生资源 |
| 6557 | JS2015-41 | 野豌豆属 | 大野豌豆 | *Vicia gigantea* Bge. | | 江苏 | | 2015 | 3 | 野生资源 |
| 6558 | HB2011-237 | 野豌豆属 | 小巢菜 | *Vicia hirsuta*（L.）S. F. Gray | | 湖北农科院畜牧所 | | 2011 | 3 | 野生资源 |
| 6559 | HB2014-112 | 野豌豆属 | 小巢菜 | *Vicia hirsuta*（L.）S. F. Gray | | | 河南南阳桐柏 | 2014 | 3 | 野生资源 |
| 6560 | HB2015009 | 野豌豆属 | 小巢菜 | *Vicia hirsuta*（L.）S. F. Gray | | | 河南新县 | 2015 | 3 | 野生资源 |
| 6561 | HB2015095 | 野豌豆属 | 小巢菜 | *Vicia hirsuta*（L.）S. F. Gray | | | 河南驻马店 | 2015 | 3 | 野生资源 |
| 6562 | JS0078 | 野豌豆属 | 法国野豌豆 | *Vicia narbonensis* L. | | 江苏南京 | 法国 | 2000 | 3 | 栽培资源 |
| 6563 | JL14-011 | 野豌豆属 | 大叶野豌豆 | *Vicia pseudorobus* Fisch. ex C. A. Meyer | | | 吉林靖宇 | 2014 | 3 | 野生资源 |
| 6564 | 中畜-1142 | 野豌豆属 | 大叶野豌豆 | *Vicia pseudorobus* Fisch. ex C. A. Meyer | | 中国农科院畜牧所 | | 2010 | 3 | 野生资源 |
| 6565 | PT-535 | 野豌豆属 | 北野豌豆 | *Vicia ramuliflora*（Maxim.）Ohwi | 北野豌豆 | 内蒙古农业大学 | 内蒙古克什克腾旗 | 2008 | 1 | 栽培资源 |
| 6566 | JL15-072 | 野豌豆属 | 北野豌豆 | *Vicia ramuliflora*（Maxim.）Ohwi | | | 吉林江源 | 2015 | 3 | 野生资源 |
| 6567 | JL15-073 | 野豌豆属 | 北野豌豆 | *Vicia ramuliflora*（Maxim.）Ohwi | | | 黑龙江林口 | 2015 | 3 | 野生资源 |
| 6568 | JL16-061 | 野豌豆属 | 北野豌豆 | *Vicia ramuliflora*（Maxim.）Ohwi | | | 吉林江源 | 2016 | 3 | 野生资源 |

（续）

| 序号 | 送种单位编号 | 属名 | 种名 | 学名 | 品种名（原文名） | 材料来源 | 材料原产地 | 收种时间（年份） | 保存地点 | 类型 |
|---|---|---|---|---|---|---|---|---|---|---|
| 6569 | E1044 | 野豌豆属 | 窄叶野豌豆 | *Vicia sativa*（L.）subsp. *nigra* Ehrhart | | 湖北神农架松柏镇 | | 2007 | 3 | 野生资源 |
| 6570 | E1293 | 野豌豆属 | 窄叶野豌豆 | *Vicia sativa*（L.）subsp. *nigra* Ehrhart | | | 湖北神农架红坪镇 | 2008 | 3 | 野生资源 |
| 6571 | E228 | 野豌豆属 | 窄叶野豌豆 | *Vicia sativa*（L.）subsp. *nigra* Ehrhart | | | 湖北武汉 | 2003 | 3 | 野生资源 |
| 6572 | GS1495 | 野豌豆属 | 窄叶野豌豆 | *Vicia sativa*（L.）subsp. *nigra* Ehrhart | | | 甘肃肃南 | 2008 | 3 | 野生资源 |
| 6573 | GS200016 | 野豌豆属 | 窄叶野豌豆 | *Vicia sativa*（L.）subsp. *nigra* Ehrhart | | 甘肃兰州馒头山 | 日本 | 2000 | 3 | 栽培资源 |
| 6574 | HN285 | 野豌豆属 | 窄叶野豌豆 | *Vicia sativa*（L.）subsp. *nigra* Ehrhart | | | 云南元谋 | 2003 | 3 | 野生资源 |
| 6575 | JL10-028 | 野豌豆属 | 窄叶野豌豆 | *Vicia sativa*（L.）subsp. *nigra* Ehrhart | | 吉林吉林旺起 | | 2009 | 3 | 栽培资源 |
| 6576 | JS0079 | 野豌豆属 | 窄叶野豌豆 | *Vicia sativa*（L.）subsp. *nigra* Ehrhart | | 江苏南京 | 江苏南京 | 2000 | 3 | 栽培资源 |
| 6577 | JS2004-18 | 野豌豆属 | 窄叶野豌豆 | *Vicia sativa*（L.）subsp. *nigra* Ehrhart | | 上海 | 湖北武汉 | 2003 | 3 | 野生资源 |
| 6578 | JS2006-15 | 野豌豆属 | 窄叶野豌豆 | *Vicia sativa*（L.）subsp. *nigra* Ehrhart | | | 湖北神农架 | 2006 | 3 | 野生资源 |
| 6579 | JS2011-64 | 野豌豆属 | 窄叶野豌豆 | *Vicia sativa*（L.）subsp. *nigra* Ehrhart | | | 江苏扬州西湖镇 | 2011 | 3 | 野生资源 |
| 6580 | JS2011-65 | 野豌豆属 | 窄叶野豌豆 | *Vicia sativa*（L.）subsp. *nigra* Ehrhart | | | 江苏扬州西湖镇 | 2011 | 3 | 野生资源 |
| 6581 | JS2011-66 | 野豌豆属 | 窄叶野豌豆 | *Vicia sativa*（L.）subsp. *nigra* Ehrhart | | | 江苏扬州西湖镇 | 2011 | 3 | 野生资源 |
| 6582 | JS2011-67 | 野豌豆属 | 窄叶野豌豆 | *Vicia sativa*（L.）subsp. *nigra* Ehrhart | | | 江苏扬州西湖镇 | 2011 | 3 | 野生资源 |
| 6583 | JS2011-68 | 野豌豆属 | 窄叶野豌豆 | *Vicia sativa*（L.）subsp. *nigra* Ehrhart | | | 江苏扬州叉河镇 | 2011 | 3 | 野生资源 |
| 6584 | JS2011-69 | 野豌豆属 | 窄叶野豌豆 | *Vicia sativa*（L.）subsp. *nigra* Ehrhart | | | 江苏扬州叉河镇 | 2011 | 3 | 野生资源 |
| 6585 | JS2011-70 | 野豌豆属 | 窄叶野豌豆 | *Vicia sativa*（L.）subsp. *nigra* Ehrhart | | | 江苏扬州叉河镇 | 2011 | 3 | 野生资源 |
| 6586 | JS2011-71 | 野豌豆属 | 窄叶野豌豆 | *Vicia sativa*（L.）subsp. *nigra* Ehrhart | | | 江苏扬州叉河镇 | 2011 | 3 | 野生资源 |
| 6587 | SC2007-044 | 野豌豆属 | 窄叶野豌豆 | *Vicia sativa*（L.）subsp. *nigra* Ehrhart | | 四川梓潼 | | 2007 | 3 | 野生资源 |
| 6588 | SC2009-027 | 野豌豆属 | 窄叶野豌豆 | *Vicia sativa*（L.）subsp. *nigra* Ehrhart | | 四川眉山丹棱 | 湖北神农架 | 2008 | 3 | 野生资源 |
| 6589 | 2742 | 野豌豆属 | 救荒野豌豆 | *Vicia sativa* L. | 苏箭3号 | 江苏农科院 | | 2001 | 3 | 栽培资源 |
| 6590 | HB2013-087 | 野豌豆属 | 救荒野豌豆 | *Vicia sativa* L. | | | 湖南涟源大塘 | 2014 | 3 | 野生资源 |
| 6591 | GS4177 | 野豌豆属 | 救荒野豌豆 | *Vicia sativa* L. | | | 陕西杨凌 | 2013 | 3 | 野生资源 |
| 6592 | GS4190 | 野豌豆属 | 救荒野豌豆 | *Vicia sativa* L. | | | 陕西黄陵 | 2013 | 3 | 野生资源 |

（续）

| 序号 | 送种单位编号 | 属 名 | 种 名 | 学 名 | 品种名（原文名） | 材料来源 | 材料原产地 | 收种时间（年份） | 保存地点 | 类型 |
|---|---|---|---|---|---|---|---|---|---|---|
| 6593 | GS4343 | 野豌豆属 | 救荒野豌豆 | *Vicia sativa* L. | | | 甘肃肃南 | 2013 | 3 | 野生资源 |
| 6594 | GS4531 | 野豌豆属 | 救荒野豌豆 | *Vicia sativa* L. | | | 陕西凤翔 | 2014 | 3 | 野生资源 |
| 6595 | GS4547 | 野豌豆属 | 救荒野豌豆 | *Vicia sativa* L. | | | 陕西永寿 | 2014 | 3 | 野生资源 |
| 6596 | GS4648 | 野豌豆属 | 救荒野豌豆 | *Vicia sativa* L. | | | 甘肃甘州 | 2013 | 3 | 栽培资源 |
| 6597 | GS4773 | 野豌豆属 | 救荒野豌豆 | *Vicia sativa* L. | | | 陕西志丹 | 2015 | 3 | 野生资源 |
| 6598 | GS4889 | 野豌豆属 | 救荒野豌豆 | *Vicia sativa* L. | | | 陕西黄龙 | 2015 | 3 | 野生资源 |
| 6599 | GS4982 | 野豌豆属 | 救荒野豌豆 | *Vicia sativa* L. | | | 甘肃静宁 | 2015 | 3 | 野生资源 |
| 6600 | HB2011-026 | 野豌豆属 | 救荒野豌豆 | *Vicia sativa* L. | | 甘肃农业大学草业学院 | | 2011 | 3 | 野生资源 |
| 6601 | HB2011-154 | 野豌豆属 | 救荒野豌豆 | *Vicia sativa* L. | | 湖北农科院畜牧所 | | 2011 | 3 | 野生资源 |
| 6602 | HB2011-239 | 野豌豆属 | 救荒野豌豆 | *Vicia sativa* L. | | 湖北农科院畜牧所 | | 2011 | 3 | 野生资源 |
| 6603 | HB2014-115 | 野豌豆属 | 救荒野豌豆 | *Vicia sativa* L. | | | 河南信阳平桥 | 2014 | 3 | 野生资源 |
| 6604 | HB2014-119 | 野豌豆属 | 救荒野豌豆 | *Vicia sativa* L. | | | 河南信阳固始 | 2014 | 3 | 野生资源 |
| 6605 | HB2014-123 | 野豌豆属 | 救荒野豌豆 | *Vicia sativa* L. | | | 河南信阳罗山 | 2014 | 3 | 野生资源 |
| 6606 | JS0066 | 野豌豆属 | 救荒野豌豆 | *Vicia sativa* L. | 苏箭4号 | 江苏南京 | | 1999 | 3 | 栽培资源 |
| 6607 | JS0073 | 野豌豆属 | 救荒野豌豆 | *Vicia sativa* L. | 苏箭3号（宁） | 江苏南京 | | 2000 | 3 | 栽培资源 |
| 6608 | JS0074 | 野豌豆属 | 救荒野豌豆 | *Vicia sativa* L. | 苏箭3号（淮阴） | 江苏南京 | | 2000 | 3 | 栽培资源 |
| 6609 | JS0075 | 野豌豆属 | 救荒野豌豆 | *Vicia sativa* L. | 苏箭4号 | 江苏南京 | | 2000 | 3 | 栽培资源 |
| 6610 | JS0076 | 野豌豆属 | 救荒野豌豆 | *Vicia sativa* L. | 苏箭5号 | 江苏南京 | | 2000 | 3 | 栽培资源 |
| 6611 | JS2011-72 | 野豌豆属 | 救荒野豌豆 | *Vicia sativa* L. | | | 江苏盐城南洋镇 | 2011 | 3 | 野生资源 |
| 6612 | JS2013-119 | 野豌豆属 | 救荒野豌豆 | *Vicia sativa* L. | | | 江苏大众湖 | 2014 | 3 | 野生资源 |
| 6613 | NM07-028 | 野豌豆属 | 救荒野豌豆 | *Vicia sativa* L. | | | 内蒙古草原站 | 2007 | 3 | 野生资源 |
| 6614 | nm-2014-178 | 野豌豆属 | 救荒野豌豆 | *Vicia sativa* L. | | | 内蒙古草原站 | 2014 | 3 | 野生资源 |

（续）

| 序号 | 送种单位编号 | 属名 | 种名 | 学名 | 品种名（原文名） | 材料来源 | 材料原产地 | 收种时间（年份） | 保存地点 | 类型 |
|---|---|---|---|---|---|---|---|---|---|---|
| 6615 | nm-2014-180 | 野豌豆属 | 救荒野豌豆 | *Vicia sativa* L. | | 内蒙古草原站 | | 2014 | 3 | 野生资源 |
| 6616 | SC2008-013 | 野豌豆属 | 救荒野豌豆 | *Vicia sativa* L. | | 甘肃 | | 2008 | 3 | 栽培资源 |
| 6617 | SC2016-103 | 野豌豆属 | 救荒野豌豆 | *Vicia sativa* L. | | | 四川广元剑阁 | 2014 | 3 | 野生资源 |
| 6618 | SC2016-142 | 野豌豆属 | 救荒野豌豆 | *Vicia sativa* L. | | | 四川松潘 | 2014 | 3 | 野生资源 |
| 6619 | YN2014-007 | 野豌豆属 | 救荒野豌豆 | *Vicia sativa* L. | | | 云南保山 | 2008 | 3 | 野生资源 |
| 6620 | 兰1977 | 野豌豆属 | 救荒野豌豆 | *Vicia sativa* L. | | 中国农科院兰州畜牧所 | | 1987 | 1 | 野生资源 |
| 6621 | IA1010 | 野豌豆属 | 救荒野豌豆 | *Vicia sativa* L. | | 中国农科院草原所 | | 1993 | 1 | 野生资源 |
| 6622 | 兰264 | 野豌豆属 | 救荒野豌豆 | *Vicia sativa* L. | 盐城青箭豌豆 | 中国农科院兰州畜牧所 | | 1993 | 1 | 野生资源 |
| 6623 | 3690-6 | 野豌豆属 | 救荒野豌豆 | *Vicia sativa* L. | | 中国农科院兰州畜牧所 | | 1993 | 1 | 野生资源 |
| 6624 | 74-1 | 野豌豆属 | 救荒野豌豆 | *Vicia sativa* L. | | 中国农科院兰州畜牧所 | | 1992 | 1 | 野生资源 |
| 6625 | 791-2 | 野豌豆属 | 救荒野豌豆 | *Vicia sativa* L. | | 中国农科院兰州畜牧所 | | 1992 | 1 | 野生资源 |
| 6626 | 73-74 | 野豌豆属 | 救荒野豌豆 | *Vicia sativa* L. | | 中国农科院兰州畜牧所 | 江苏 | 1992 | 1 | 野生资源 |
| 6627 | 81-347 | 野豌豆属 | 救荒野豌豆 | *Vicia sativa* L. | | 中国农科院兰州畜牧所 | | 1992 | 1 | 野生资源 |
| 6628 | 81-347 | 野豌豆属 | 救荒野豌豆 | *Vicia sativa* L. | | 中国农科院兰州畜牧所 | | 1994 | 1 | 野生资源 |
| 6629 | 兰216 | 野豌豆属 | 救荒野豌豆 | *Vicia sativa* L. | | 中国农科院兰州畜牧所 | | 1992 | 1 | 野生资源 |

（续）

| 序号 | 送种单位编号 | 属 名 | 种 名 | 学 名 | 品种名（原文名） | 材料来源 | 材料原产地 | 收种时间（年份） | 保存地点 | 类型 |
|---|---|---|---|---|---|---|---|---|---|---|
| 6630 | 兰 216 | 野豌豆属 | 救荒野豌豆 | Vicia sativa L. | | 中国农科院兰州畜牧所 | | 1994 | 1 | 野生资源 |
| 6631 | 7401 | 野豌豆属 | 救荒野豌豆 | Vicia sativa L. | | 中国农科院兰州畜牧所 | | 1993 | 1 | 野生资源 |
| 6632 | S-79-11 | 野豌豆属 | 救荒野豌豆 | Vicia sativa L. | | 中国农科院兰州畜牧所 | | 1993 | 1 | 野生资源 |
| 6633 | 75-6 | 野豌豆属 | 救荒野豌豆 | Vicia sativa L. | | 中国农科院兰州畜牧所 | | 1993 | 1 | 野生资源 |
| 6634 | 7504 | 野豌豆属 | 救荒野豌豆 | Vicia sativa L. | | 中国农科院兰州畜牧所 | | 1993 | 1 | 野生资源 |
| 6635 | 罗 135 | 野豌豆属 | 救荒野豌豆 | Vicia sativa L. | | 中国农科院兰州畜牧所 | | 1994 | 1 | 野生资源 |
| 6636 | 80-152 | 野豌豆属 | 救荒野豌豆 | Vicia sativa L. | | 中国农科院兰州畜牧所 | | 1993 | 1 | 野生资源 |
| 6637 | 77-56-1 | 野豌豆属 | 救荒野豌豆 | Vicia sativa L. | | 中国农科院兰州畜牧所 | | 1994 | 1 | 野生资源 |
| 6638 | 1740 | 野豌豆属 | 救荒野豌豆 | Vicia sativa L. | | 中国农科院兰州畜牧所 | | 1993 | 1 | 野生资源 |
| 6639 | 879 | 野豌豆属 | 救荒野豌豆 | Vicia sativa L. | | 中国农科院兰州畜牧所 | | 1994 | 1 | 野生资源 |
| 6640 | 75-13 | 野豌豆属 | 救荒野豌豆 | Vicia sativa L. | | 中国农科院兰州畜牧所 | | 1992 | 1 | 野生资源 |
| 6641 | 879-3 | 野豌豆属 | 救荒野豌豆 | Vicia sativa L. | | 中国农科院兰州畜牧所 | | 1992 | 1 | 野生资源 |
| 6642 | 78-121 | 野豌豆属 | 救荒野豌豆 | Vicia sativa L. | | 中国农科院兰州畜牧所 | | 1994 | 1 | 野生资源 |

（续）

| 序号 | 送种单位编号 | 属 名 | 种 名 | 学 名 | 品种名（原文名） | 材料来源 | 材料原产地 | 收种时间（年份） | 保存地点 | 类型 |
|---|---|---|---|---|---|---|---|---|---|---|
| 6643 | IA1025 | 野豌豆属 | 救荒野豌豆 | *Vicia sativa* L. | | 中国农科院草原所 | | 1989 | 1 | 野生资源 |
| 6644 | 81-308 | 野豌豆属 | 救荒野豌豆 | *Vicia sativa* L. | | 中国农科院兰州畜牧所 | | 1991 | 1 | 野生资源 |
| 6645 | | 野豌豆属 | 救荒野豌豆 | *Vicia sativa* L. | | 中国农科院草原所 | | 1991 | 1 | 野生资源 |
| 6646 | 77-56-1 | 野豌豆属 | 救荒野豌豆 | *Vicia sativa* L. | | 中国农科院兰州畜牧所 | | 1992 | 1 | 野生资源 |
| 6647 | 74-98 | 野豌豆属 | 救荒野豌豆 | *Vicia sativa* L. | | 中国农科院兰州畜牧所 | | 1992 | 1 | 野生资源 |
| 6648 | 324 | 野豌豆属 | 救荒野豌豆 | *Vicia sativa* L. | | 中国农科院兰州畜牧所 | | 1992 | 1 | 野生资源 |
| 6649 | 81-326 | 野豌豆属 | 救荒野豌豆 | *Vicia sativa* L. | | 中国农科院兰州畜牧所 | | 1992 | 1 | 野生资源 |
| 6650 | 中 741 | 野豌豆属 | 救荒野豌豆 | *Vicia sativa* L. | | 中国农科院兰州畜牧所 | | 1992 | 1 | 野生资源 |
| 6651 | 879-2 | 野豌豆属 | 救荒野豌豆 | *Vicia sativa* L. | | 中国农科院兰州畜牧所 | | 1993 | 1 | 野生资源 |
| 6652 | 78-195 | 野豌豆属 | 救荒野豌豆 | *Vicia sativa* L. | | 中国农科院兰州畜牧所 | | 1993 | 1 | 野生资源 |
| 6653 | 78-197 | 野豌豆属 | 救荒野豌豆 | *Vicia sativa* L. | | 中国农科院兰州畜牧所 | | 1993 | 1 | 野生资源 |
| 6654 | 759 | 野豌豆属 | 救荒野豌豆 | *Vicia sativa* L. | | 中国农科院兰州畜牧所 | | 1993 | 1 | 野生资源 |
| 6655 | 81-293 | 野豌豆属 | 救荒野豌豆 | *Vicia sativa* L. | | 中国农科院兰州畜牧所 | | 1993 | 1 | 野生资源 |

（续）

| 序号 | 送种单位编号 | 属名 | 种名 | 学名 | 品种名（原文名） | 材料来源 | 材料原产地 | 收种时间（年份） | 保存地点 | 类型 |
|---|---|---|---|---|---|---|---|---|---|---|
| 6656 | 日333 | 野豌豆属 | 救荒野豌豆 | *Vicia sativa* L. | | 中国农科院兰州畜牧所 | | 1993 | 1 | 野生资源 |
| 6657 | 73-14 | 野豌豆属 | 救荒野豌豆 | *Vicia sativa* L. | | 中国农科院兰州畜牧所 | | 1994 | 1 | 野生资源 |
| 6658 | 81-303 | 野豌豆属 | 救荒野豌豆 | *Vicia sativa* L. | | 中国农科院兰州畜牧所 | | 1994 | 1 | 野生资源 |
| 6659 | 罗61 | 野豌豆属 | 救荒野豌豆 | *Vicia sativa* L. | | 中国农科院兰州畜牧所 | | 1994 | 1 | 野生资源 |
| 6660 | 中畜-012 | 野豌豆属 | 救荒野豌豆 | *Vicia sativa* L. | | 中国农科院畜牧所 | 甘肃民勤 | 2000 | 1 | 野生资源 |
| 6661 | D08LM031 | 野豌豆属 | 救荒野豌豆 | *Vicia sativa* L. | 78-189 | | | 2008 | 1 | 野生资源 |
| 6662 | GS2041 | 野豌豆属 | 救荒野豌豆 | *Vicia sativa* L. | | | 甘肃肃南 | 2010 | 3 | 栽培资源 |
| 6663 | SC2010-043 | 野豌豆属 | 救荒野豌豆 | *Vicia sativa* L. | ARMANTES ZS | 四川洪雅 | 德国 | 2009 | 3 | 引进资源 |
| 6664 | SC2010-044 | 野豌豆属 | 救荒野豌豆 | *Vicia sativa* L. | HUNGVILLOSA ZS | 四川洪雅 | 德国 | 2009 | 3 | 引进资源 |
| 6665 | SC2014-024 | 野豌豆属 | 救荒野豌豆 | *Vicia sativa* L. | | | 四川广元 | 2013 | 3 | 野生资源 |
| 6666 | SC2014-034 | 野豌豆属 | 救荒野豌豆 | *Vicia sativa* L. | | | 四川广元 | 2013 | 3 | 野生资源 |
| 6667 | hlj-2015005 | 野豌豆属 | 野豌豆 | *Vicia sepium* L. | | | 黑龙江呼玛 | 2008 | 3 | 野生资源 |
| 6668 | JS2014-142 | 野豌豆属 | 野豌豆 | *Vicia sepium* L. | | | 江苏盐城盐都 | 2014 | 3 | 野生资源 |
| 6669 | SC2006-043 | 野豌豆属 | 野豌豆 | *Vicia sepium* L. | | 四川草原站 | | 2006 | 3 | 野生资源 |
| 6670 | SC2015-111 | 野豌豆属 | 野豌豆 | *Vicia sepium* L. | | | 四川达州通川 | 2014 | 3 | 野生资源 |
| 6671 | SC2015-118 | 野豌豆属 | 野豌豆 | *Vicia sepium* L. | | | 四川达川 | 2014 | 3 | 野生资源 |
| 6672 | XJ06-069 | 野豌豆属 | 野豌豆 | *Vicia sepium* L. | | 新疆草原站 | | 2006 | 3 | 野生资源 |
| 6673 | 中畜-043 | 野豌豆属 | 野豌豆 | *Vicia sepium* L. | | 中国农科院畜牧所 | 甘肃碌曲玛艾 | 2000 | 1 | 野生资源 |
| 6674 | CHQ2004-358 | 野豌豆属 | 野豌豆 | *Vicia sepium* L. | | | 四川城口 | 2003 | 3 | 野生资源 |

（续）

| 序号 | 送种单位编号 | 属 名 | 种 名 | 学 名 | 品种名（原文名） | 材料来源 | 材料原产地 | 收种时间（年份） | 保存地点 | 类型 |
|---|---|---|---|---|---|---|---|---|---|---|
| 6675 | GS2554 | 野豌豆属 | 野豌豆 | *Vicia sepium* L. | | | 甘肃卓尼扎古录 | 2010 | 3 | 野生资源 |
| 6676 | GS4305 | 野豌豆属 | 野豌豆 | *Vicia sepium* L. | | | 甘肃肃南 | 2013 | 3 | 野生资源 |
| 6677 | HB2012-508 | 野豌豆属 | 大野豌豆 | *Vicia sinogigantea* B. J. Bao & Turland | | | 湖北红坪镇 | 2011 | 3 | 野生资源 |
| 6678 | HB2012-511 | 野豌豆属 | 大野豌豆 | *Vicia sinogigantea* B. J. Bao & Turland | | | 湖北木鱼镇 | 2011 | 3 | 野生资源 |
| 6679 | HB2010-152 | 野豌豆属 | 大野豌豆 | *Vicia sinogigantea* B. J. Bao & Turland | | | 湖北神农架红坪镇 | 2010 | 3 | 野生资源 |
| 6680 | 蒙113 | 野豌豆属 | 大野豌豆 | *Vicia sinogigantea* B. J. Bao & Turland | | | 内蒙古锡林浩特多伦 | 2001 | 3 | 野生资源 |
| 6681 | HB2011-045 | 野豌豆属 | 四籽野豌豆 | *Vicia tetrasperma*（L.）Schreber | | 湖北农科院畜牧所 | | 2011 | 3 | 野生资源 |
| 6682 | HB2014-114 | 野豌豆属 | 四籽野豌豆 | *Vicia tetrasperma*（L.）Schreber | | | 河南南阳桐柏 | 2014 | 3 | 野生资源 |
| 6683 | HB2015096 | 野豌豆属 | 四籽野豌豆 | *Vicia tetrasperma*（L.）Schreber | | | 河南驻马店市驿城 | 2015 | 3 | 野生资源 |
| 6684 | SC2009-268 | 野豌豆属 | 四籽野豌豆 | *Vicia tetrasperma*（L.）Schreber | | 四川广元 | | 2009 | 3 | 野生资源 |
| 6685 | SC2013-117 | 野豌豆属 | 四籽野豌豆 | *Vicia tetrasperma*（L.）Schreber | | | 四川广元利州 | 2012 | 3 | 野生资源 |
| 6686 | SC2014-176 | 野豌豆属 | 四籽野豌豆 | *Vicia tetrasperma*（L.）Schreber | | | 四川广元利州 | 2014 | 3 | 野生资源 |
| 6687 | YN2014-001 | 野豌豆属 | 四籽野豌豆 | *Vicia tetrasperma*（L.）Schreber | | | 云南保山 | 2005 | 3 | 野生资源 |
| 6688 | GS394 | 野豌豆属 | 歪头菜 | *Vicia unijuga* A. Br. | | | 甘肃合作 | 2004 | 3 | 野生资源 |
| 6689 | HB2011-006 | 野豌豆属 | 歪头菜 | *Vicia unijuga* A. Br. | | 湖北农科院畜牧所 | | 2011 | 3 | 野生资源 |
| 6690 | JL10-120 | 野豌豆属 | 歪头菜 | *Vicia unijuga* A. Br. | | 白山市草原站 | | 2010 | 3 | 野生资源 |
| 6691 | JL10-121 | 野豌豆属 | 歪头菜 | *Vicia unijuga* A. Br. | | 白山市草原站 | | 2010 | 3 | 野生资源 |
| 6692 | GS3002 | 野豌豆属 | 长柔毛野豌豆 | *Vicia villosa* Roth | | | 陕西礼泉 | 2011 | 3 | 栽培资源 |
| 6693 | GS4188 | 野豌豆属 | 长柔毛野豌豆 | *Vicia villosa* Roth | | | 陕西铜川 | 2013 | 3 | 野生资源 |
| 6694 | GS4924 | 野豌豆属 | 长柔毛野豌豆 | *Vicia villosa* Roth | | | 甘肃古浪西靖 | 2015 | 3 | 野生资源 |
| 6695 | JS2009-63 | 野豌豆属 | 长柔毛野豌豆 | *Vicia villosa* Roth | 金磁苕子 | | 四川屏山 | 2009 | 3 | 栽培资源 |
| 6696 | JS2011-74 | 野豌豆属 | 长柔毛野豌豆 | *Vicia villosa* Roth | | | 江苏盐城 | 2011 | 3 | 野生资源 |
| 6697 | JS2011-78 | 野豌豆属 | 长柔毛野豌豆 | *Vicia villosa* Roth | | | 安徽合肥岗集 | 2011 | 3 | 野生资源 |

（续）

| 序号 | 送种单位编号 | 属名 | 种名 | 学名 | 品种名（原文名） | 材料来源 | 材料原产地 | 收种时间（年份） | 保存地点 | 类型 |
|---|---|---|---|---|---|---|---|---|---|---|
| 6698 | JS2012-79 | 野豌豆属 | 长柔毛野豌豆 | *Vicia villosa* Roth | | | 江苏六合长山 | 2012 | 3 | 野生资源 |
| 6699 | JS2016-46 | 野豌豆属 | 长柔毛野豌豆 | *Vicia villosa* Roth | | | 江苏扬州 | 2016 | 3 | 野生资源 |
| 6700 | JS2016-47 | 野豌豆属 | 长柔毛野豌豆 | *Vicia villosa* Roth | | | 江苏仪征 | 2016 | 3 | 野生资源 |
| 6701 | JS2016-48 | 野豌豆属 | 长柔毛野豌豆 | *Vicia villosa* Roth | | | 江苏盐城 | 2016 | 3 | 野生资源 |
| 6702 | JS2016-49 | 野豌豆属 | 长柔毛野豌豆 | *Vicia villosa* Roth | | | 江苏南通海安 | 2016 | 3 | 野生资源 |
| 6703 | JS2016-50 | 野豌豆属 | 长柔毛野豌豆 | *Vicia villosa* Roth | | | 江苏扬州 | 2016 | 3 | 野生资源 |
| 6704 | JS2016-51 | 野豌豆属 | 长柔毛野豌豆 | *Vicia villosa* Roth | | | 江苏句容 | 2016 | 3 | 野生资源 |
| 6705 | SC2013-134 | 野豌豆属 | 长柔毛野豌豆 | *Vicia villosa* Roth | | | 四川剑阁 | 2012 | 3 | 野生资源 |
| 6706 | SCH03-229 | 野豌豆属 | 长柔毛野豌豆 | *Vicia villosa* Roth | | 四川泸定 | 四川古蔺 | 2003 | 3 | 栽培资源 |
| 6707 | 80-28 | 野豌豆属 | 长柔毛野豌豆 | *Vicia villosa* Roth | | 中国农科院兰州畜牧所 | | 1992 | 1 | 野生资源 |
| 6708 | 246 | 野豌豆属 | 长柔毛野豌豆 | *Vicia villosa* Roth | | 中国农科院兰州畜牧所 | | 1992 | 1 | 野生资源 |
| 6709 | 75-157 | 野豌豆属 | 长柔毛野豌豆 | *Vicia villosa* Roth | | 中国农科院兰州畜牧所 | 甘肃 | 1992 | 1 | 野生资源 |
| 6710 | 75-157 | 野豌豆属 | 长柔毛野豌豆 | *Vicia villosa* Roth | | 中国农科院兰州畜牧所 | | 1994 | 1 | 野生资源 |
| 6711 | 78-12 | 野豌豆属 | 长柔毛野豌豆 | *Vicia villosa* Roth | | 中国农科院兰州畜牧所 | 甘肃 | 1992 | 1 | 野生资源 |
| 6712 | 1399 | 野豌豆属 | 长柔毛野豌豆 | *Vicia villosa* Roth | | 中国农科院兰州畜牧所 | | 1992 | 1 | 野生资源 |
| 6713 | 1399 | 野豌豆属 | 长柔毛野豌豆 | *Vicia villosa* Roth | | 中国农科院兰州畜牧所 | | 1994 | 1 | 野生资源 |
| 6714 | 兰265 | 野豌豆属 | 长柔毛野豌豆 | *Vicia villosa* Roth | 葡萄牙 | 中国农科院兰州畜牧所 | 葡萄牙 | 1992 | 1 | 野生资源 |

（续）

| 序号 | 送种单位编号 | 属　名 | 种　名 | 学　名 | 品种名（原文名） | 材料来源 | 材料原产地 | 收种时间（年份） | 保存地点 | 类型 |
|---|---|---|---|---|---|---|---|---|---|---|
| 6715 | 88-150 | 野豌豆属 | 长柔毛野豌豆 | *Vicia villosa* Roth | | 新疆 | 新疆 | 1989 | 1 | 野生资源 |
| 6716 | 78-103 | 野豌豆属 | 长柔毛野豌豆 | *Vicia villosa* Roth | | 中国农科院兰州畜牧所 | | 1990 | 1 | 野生资源 |
| 6717 | 73-69 | 野豌豆属 | 长柔毛野豌豆 | *Vicia villosa* Roth | | 中国农科院兰州畜牧所 | | 1992 | 1 | 野生资源 |
| 6718 | 7408 | 野豌豆属 | 长柔毛野豌豆 | *Vicia villosa* Roth | | 中国农科院兰州畜牧所 | | 1993 | 1 | 野生资源 |
| 6719 | | 野豌豆属 | 长柔毛野豌豆 | *Vicia villosa* Roth | | 广西畜牧所 | | 1993 | 1 | 野生资源 |
| 6720 | | 野豌豆属 | 长柔毛野豌豆 | *Vicia villosa* Roth | 葡萄牙 | | | 2008 | 1 | 野生资源 |
| 6721 | | 野豌豆属 | 长柔毛野豌豆 | *Vicia villosa* Roth | 广西金州 | | | 2008 | 1 | 野生资源 |
| 6722 | | 野豌豆属 | 长柔毛野豌豆 | *Vicia villosa* Roth | 1399 | | | 2008 | 1 | 野生资源 |
| 6723 | | 野豌豆属 | 长柔毛野豌豆 | *Vicia villosa* Roth | 80-84 | | | 2008 | 1 | 野生资源 |
| 6724 | | 野豌豆属 | 长柔毛野豌豆 | *Vicia villosa* Roth | 80-28 | | | 2008 | 1 | 野生资源 |
| 6725 | | 野豌豆属 | 长柔毛野豌豆 | *Vicia villosa* Roth | 78-171 | | | 2008 | 1 | 野生资源 |
| 6726 | | 野豌豆属 | 长柔毛野豌豆 | *Vicia villosa* Roth | 75-121 | | | 2008 | 1 | 野生资源 |
| 6727 | | 野豌豆属 | 长柔毛野豌豆 | *Vicia villosa* Roth | 75-106 | | | 2008 | 1 | 野生资源 |
| 6728 | | 野豌豆属 | 长柔毛野豌豆 | *Vicia villosa* Roth | | | | 2008 | 1 | 野生资源 |
| 6729 | | 野豌豆属 | 长柔毛野豌豆 | *Vicia villosa* Roth | 246 | | | 2008 | 1 | 野生资源 |
| 6730 | 712019 | 野豌豆属 | 长柔毛野豌豆 | *Vicia villosa* Roth | | 陕西陇县 | 陕西陇县 | 2008 | 1 | 野生资源 |
| 6731 | 2001-02-01-00046 | 野豌豆属 | 长柔毛野豌豆 | *Vicia villosa* Roth | | 陕西杨凌 | 陕西杨凌 | 2008 | 1 | 野生资源 |
| 6732 | 200502152 | 野豌豆属 | 长柔毛野豌豆 | *Vicia villosa* Roth | | 甘肃皋兰 | 甘肃皋兰 | 2008 | 1 | 野生资源 |
| 6733 | 7121168 | 野豌豆属 | 长柔毛野豌豆 | *Vicia villosa* Roth | | 陕西杨凌 | 陕西杨凌 | 2008 | 1 | 野生资源 |
| 6734 | D08LM009 | 野豌豆属 | 长柔毛野豌豆 | *Vicia villosa* Roth | 579-6 | | | 2008 | 1 | 野生资源 |
| 6735 | D08LM003 | 野豌豆属 | 长柔毛野豌豆 | *Vicia villosa* Roth | 391 | | | 2008 | 1 | 野生资源 |
| 6736 | D08LM002 | 野豌豆属 | 长柔毛野豌豆 | *Vicia villosa* Roth | 78-12 | | | 2008 | 1 | 野生资源 |

（续）

| 序号 | 送种单位编号 | 属 名 | 种 名 | 学 名 | 品种名（原文名） | 材料来源 | 材料原产地 | 收种时间（年份） | 保存地点 | 类型 |
|---|---|---|---|---|---|---|---|---|---|---|
| 6737 | D08LM015 | 野豌豆属 | 长柔毛野豌豆 | *Vicia villosa* Roth | 76-10 | | | 2008 | 1 | 野生资源 |
| 6738 | D08LM020 | 野豌豆属 | 长柔毛野豌豆 | *Vicia villosa* Roth | 管滕选苕 | | | 2008 | 1 | 野生资源 |
| 6739 | D08LM007 | 野豌豆属 | 长柔毛野豌豆 | *Vicia villosa* Roth | 徐苕1号 | | | 2008 | 1 | 野生资源 |
| 6740 | SC2004-054 | 野豌豆属 | 光叶苕子 | *Vicia villosa* Roth var. *glabrescens* Koch. | 名山 | 四川名山 | 四川名山 | 2004 | 1 | 栽培资源 |
| 6741 | | 野豌豆属 | 光叶苕子 | *Vicia villosa* Roth var. *glabrescens* Koch. | | 云南 | | 2004 | 1 | 栽培资源 |
| 6742 | CHQ03-160 | 野豌豆属 | 光叶苕子 | *Vicia villosa* Roth var. *glabrescens* Koch. | | 四川酉阳 | | 2003 | 3 | 栽培资源 |
| 6743 | CHQ03-180 | 野豌豆属 | 光叶苕子 | *Vicia villosa* Roth var. *glabrescens* Koch. | | 四川城口 | | 2003 | 3 | 栽培资源 |
| 6744 | CHQ03-195 | 野豌豆属 | 光叶苕子 | *Vicia villosa* Roth var. *glabrescens* Koch. | | 四川巫溪 | | 2003 | 3 | 栽培资源 |
| 6745 | JS0071 | 野豌豆属 | 光叶苕子 | *Vicia villosa* Roth var. *glabrescens* Koch. | 78-183 | 江苏南京 | | 2000 | 3 | 栽培资源 |
| 6746 | JS2011-79 | 野豌豆属 | 光叶苕子 | *Vicia villosa* Roth var. *glabrescens* Koch. | | | 安徽合肥 | 2011 | 3 | 野生资源 |
| 6747 | SC2008-104 | 野豌豆属 | 光叶苕子 | *Vicia villosa* Roth var. *glabrescens* Koch. | 云光早 | 云南昆明寻甸 | | 2008 | 3 | 栽培资源 |
| 6748 | SC2009-330 | 野豌豆属 | 光叶苕子 | *Vicia villosa* Roth var. *glabrescens* Koch. | | 四川盐边 | 湖北 | 2009 | 3 | 野生资源 |
| 6749 | SCH02-177 | 野豌豆属 | 光叶苕子 | *Vicia villosa* Roth var. *glabrescens* Koch. | | 四川屏山 | 四川屏山 | 2002 | 3 | 栽培资源 |
| 6750 | SCH2004-216 | 野豌豆属 | 光叶苕子 | *Vicia villosa* Roth var. *glabrescens* Koch. | | 四川马边 | | 2003 | 3 | 栽培资源 |
| 6751 | SCH2004-51 | 野豌豆属 | 光叶苕子 | *Vicia villosa* Roth var. *glabrescens* Koch. | | 四川仁和 | | 2003 | 3 | 引进资源 |
| 6752 | SCH2004-512 | 野豌豆属 | 光叶苕子 | *Vicia villosa* Roth var. *glabrescens* Koch. | | 四川广元 | 四川凉山 | 2004 | 3 | 栽培资源 |
| 6753 | SCH2004-63 | 野豌豆属 | 光叶苕子 | *Vicia villosa* Roth var. *glabrescens* Koch. | | 四川德昌 | | 2003 | 3 | 栽培资源 |
| 6754 | YN2004-192 | 野豌豆属 | 光叶苕子 | *Vicia villosa* Roth var. *glabrescens* Koch. | | 云南新营 | | 2003 | 3 | 栽培资源 |
| 6755 | YN2006-072 | 野豌豆属 | 光叶苕子 | *Vicia villosa* Roth var. *glabrescens* Koch. | | 云南昆明小哨 | | 2006 | 3 | 栽培资源 |
| 6756 | YN2007-141 | 野豌豆属 | 光叶苕子 | *Vicia villosa* Roth var. *glabrescens* Koch. | | 云南晋宁 | | 2007 | 3 | 栽培资源 |
| 6757 | SC13-061 | 野豌豆属 | 光叶苕子 | *Vicia villosa* Roth var. *glabrescens* Koch. | | | 四川凉山普格 | 2011 | 3 | 野生资源 |
| 6758 | SC13-064 | 野豌豆属 | 光叶苕子 | *Vicia villosa* Roth var. *glabrescens* Koch. | | | 四川凉山普格 | 2011 | 3 | 野生资源 |
| 6759 | SC13-066 | 野豌豆属 | 光叶苕子 | *Vicia villosa* Roth var. *glabrescens* Koch. | | | 云南怒江兰坪 | 2010 | 3 | 栽培资源 |
| 6760 | SC13-067 | 野豌豆属 | 光叶苕子 | *Vicia villosa* Roth var. *glabrescens* Koch. | | | 云南保山隆阳 | 2010 | 3 | 栽培资源 |
| 6761 | E1077 | 豇豆属 | 赤豆 | *Vigna angularis*（Willd.）Ohwi et Ohashi | 鲁山红小豆 | 河南郑州 | 河南鲁山 | 2007 | 3 | 栽培资源 |

（续）

| 序号 | 送种单位编号 | 属 名 | 种 名 | 学 名 | 品种名（原文名） | 材料来源 | 材料原产地 | 收种时间（年份） | 保存地点 | 类型 |
|---|---|---|---|---|---|---|---|---|---|---|
| 6762 | E1081 | 豇豆属 | 赤豆 | *Vigna angularis*（Willd.）Ohwi et Ohashi | 鲁山白小豆 | 河南郑州 | 河南鲁山 | 2007 | 3 | 栽培资源 |
| 6763 | E1088 | 豇豆属 | 赤豆 | *Vigna angularis*（Willd.）Ohwi et Ohashi | 新安绿小豆 | 河南郑州 | 河南新安 | 2007 | 3 | 栽培资源 |
| 6764 | E1089 | 豇豆属 | 赤豆 | *Vigna angularis*（Willd.）Ohwi et Ohashi | 卢氏黄小豆 | 河南郑州 | 河南卢氏 | 2007 | 3 | 栽培资源 |
| 6765 | E1091 | 豇豆属 | 赤豆 | *Vigna angularis*（Willd.）Ohwi et Ohashi | 范县红小豆 | 河南郑州 | 河南范县 | 2007 | 3 | 栽培资源 |
| 6766 | E1096 | 豇豆属 | 赤豆 | *Vigna angularis*（Willd.）Ohwi et Ohashi | 宝丰白小豆 | 河南郑州 | 河南宝丰 | 2007 | 3 | 栽培资源 |
| 6767 | E1114 | 豇豆属 | 赤豆 | *Vigna angularis*（Willd.）Ohwi et Ohashi | 汝阳红小豆 | 河南郑州 | 河南汝阳 | 2007 | 3 | 栽培资源 |
| 6768 | E1123 | 豇豆属 | 赤豆 | *Vigna angularis*（Willd.）Ohwi et Ohashi | 虞城红小豆 | 河南郑州 | 河南虞城 | 2007 | 3 | 栽培资源 |
| 6769 | E1126 | 豇豆属 | 赤豆 | *Vigna angularis*（Willd.）Ohwi et Ohashi | 汝阳白小豆 | 河南郑州 | 河南汝阳 | 2007 | 3 | 栽培资源 |
| 6770 | E1131 | 豇豆属 | 赤豆 | *Vigna angularis*（Willd.）Ohwi et Ohashi | 汝阳麻小豆 | 河南郑州 | 河南汝阳 | 2007 | 3 | 栽培资源 |
| 6771 | E1135 | 豇豆属 | 赤豆 | *Vigna angularis*（Willd.）Ohwi et Ohashi | | 河南郑州 | 河南宝丰 | 2008 | 3 | 栽培资源 |
| 6772 | E1187 | 豇豆属 | 赤豆 | *Vigna angularis*（Willd.）Ohwi et Ohashi | | 湖北建始 | | 2009 | 3 | 栽培资源 |
| 6773 | E1270 | 豇豆属 | 赤豆 | *Vigna angularis*（Willd.）Ohwi et Ohashi | | | 湖北神农架松柏镇 | 2008 | 3 | 栽培资源 |
| 6774 | E541 | 豇豆属 | 赤豆 | *Vigna angularis*（Willd.）Ohwi et Ohashi | 高山小豆 | 湖北武汉江夏 | 湖北兴山高岗 | 2004 | 3 | 栽培资源 |
| 6775 | E542 | 豇豆属 | 赤豆 | *Vigna angularis*（Willd.）Ohwi et Ohashi | 黑荚小豆 | 湖北武汉江夏 | 湖北五峰长乐坪 | 2004 | 3 | 栽培资源 |
| 6776 | E543 | 豇豆属 | 赤豆 | *Vigna angularis*（Willd.）Ohwi et Ohashi | 红小豆 | 湖北武汉江夏 | 湖北五峰长乐坪 | 2004 | 3 | 栽培资源 |
| 6777 | E544 | 豇豆属 | 赤豆 | *Vigna angularis*（Willd.）Ohwi et Ohashi | 水红小豆 | 湖北武汉江夏 | 湖北兴山阳道河 | 2004 | 3 | 栽培资源 |
| 6778 | E545 | 豇豆属 | 赤豆 | *Vigna angularis*（Willd.）Ohwi et Ohashi | 红小豆 | 湖北武汉江夏 | 湖北神农架阳日 | 2004 | 3 | 栽培资源 |
| 6779 | E546 | 豇豆属 | 赤豆 | *Vigna angularis*（Willd.）Ohwi et Ohashi | 滕儿豆 | 湖北武汉江夏 | 湖北长阳贺家坪 | 2004 | 3 | 栽培资源 |
| 6780 | E547 | 豇豆属 | 赤豆 | *Vigna angularis*（Willd.）Ohwi et Ohashi | 大红小豆 | 湖北武汉江夏 | 湖北枝城潘湾 | 2004 | 3 | 栽培资源 |
| 6781 | E550 | 豇豆属 | 赤豆 | *Vigna angularis*（Willd.）Ohwi et Ohashi | 盼盼黄 | 湖北武汉江夏 | 湖北武汉江夏 | 2004 | 3 | 栽培资源 |
| 6782 | GS0020 | 豇豆属 | 赤豆 | *Vigna angularis*（Willd.）Ohwi et Ohashi | | 甘肃镇原 | 甘肃陇东 | 1999 | 3 | 栽培资源 |
| 6783 | HB2009-363 | 豇豆属 | 赤豆 | *Vigna angularis*（Willd.）Ohwi et Ohashi | | | 湖北神农架 | 2009 | 3 | 野生资源 |
| 6784 | HB2011-033 | 豇豆属 | 赤豆 | *Vigna angularis*（Willd.）Ohwi et Ohashi | | 湖北农科院畜牧所 | | 2011 | 3 | 野生资源 |
| 6785 | HB2013-089 | 豇豆属 | 赤豆 | *Vigna angularis*（Willd.）Ohwi et Ohashi | | | 湖南娄底新化 | 2012 | 3 | 野生资源 |

（续）

| 序号 | 送种单位编号 | 属 名 | 种 名 | 学 名 | 品种名（原文名） | 材料来源 | 材料原产地 | 收种时间（年份） | 保存地点 | 类型 |
|------|------------|-------|-------|-------|-----------------|----------|-----------|----------------|---------|------|
| 6786 | HB2013-225 | 豇豆属 | 赤豆 | *Vigna angularis*（Willd.）Ohwi et Ohashi | | | 湖南冷水江岩口镇 | 2012 | 3 | 野生资源 |
| 6787 | HB2013-226 | 豇豆属 | 赤豆 | *Vigna angularis*（Willd.）Ohwi et Ohashi | | | 湖南邵阳邵东 | 2012 | 3 | 野生资源 |
| 6788 | HB2014-042 | 豇豆属 | 赤豆 | *Vigna angularis*（Willd.）Ohwi et Ohashi | | | 河南信阳 | 2012 | 3 | 野生资源 |
| 6789 | hn3115 | 豇豆属 | 赤豆 | *Vigna angularis*（Willd.）Ohwi et Ohashi | | | 福建建阳 | 2015 | 3 | 野生资源 |
| 6790 | JS163 | 豇豆属 | 赤豆 | *Vigna angularis*（Willd.）Ohwi et Ohashi | | 江苏南京 | | 2000 | 3 | 栽培资源 |
| 6791 | JS168 | 豇豆属 | 赤豆 | *Vigna angularis*（Willd.）Ohwi et Ohashi | | 江苏南京 | | 2000 | 3 | 栽培资源 |
| 6792 | JS169 | 豇豆属 | 赤豆 | *Vigna angularis*（Willd.）Ohwi et Ohashi | | 江苏南京 | | 2000 | 3 | 栽培资源 |
| 6793 | JS170 | 豇豆属 | 赤豆 | *Vigna angularis*（Willd.）Ohwi et Ohashi | | 江苏南京 | | 2000 | 3 | 栽培资源 |
| 6794 | JS171 | 豇豆属 | 赤豆 | *Vigna angularis*（Willd.）Ohwi et Ohashi | | 江苏南京 | | 2000 | 3 | 栽培资源 |
| 6795 | JS172 | 豇豆属 | 赤豆 | *Vigna angularis*（Willd.）Ohwi et Ohashi | | 江苏南京 | | 2000 | 3 | 栽培资源 |
| 6796 | JS173 | 豇豆属 | 赤豆 | *Vigna angularis*（Willd.）Ohwi et Ohashi | | 江苏南京 | | 2000 | 3 | 栽培资源 |
| 6797 | JS174 | 豇豆属 | 赤豆 | *Vigna angularis*（Willd.）Ohwi et Ohashi | | 江苏南京 | | 2000 | 3 | 栽培资源 |
| 6798 | JS175 | 豇豆属 | 赤豆 | *Vigna angularis*（Willd.）Ohwi et Ohashi | | 江苏南京 | | 2000 | 3 | 栽培资源 |
| 6799 | JS176 | 豇豆属 | 赤豆 | *Vigna angularis*（Willd.）Ohwi et Ohashi | | 江苏南京 | | 2000 | 3 | 栽培资源 |
| 6800 | JS177 | 豇豆属 | 赤豆 | *Vigna angularis*（Willd.）Ohwi et Ohashi | | 江苏南京 | | 2000 | 3 | 栽培资源 |
| 6801 | JS178 | 豇豆属 | 赤豆 | *Vigna angularis*（Willd.）Ohwi et Ohashi | | 江苏南京 | | 2000 | 3 | 栽培资源 |
| 6802 | JS179 | 豇豆属 | 赤豆 | *Vigna angularis*（Willd.）Ohwi et Ohashi | | 江苏南京 | | 2000 | 3 | 栽培资源 |
| 6803 | JS180 | 豇豆属 | 赤豆 | *Vigna angularis*（Willd.）Ohwi et Ohashi | | 江苏南京 | 四川 | 2000 | 3 | 栽培资源 |
| 6804 | JS181 | 豇豆属 | 赤豆 | *Vigna angularis*（Willd.）Ohwi et Ohashi | | 江苏南京 | | 2000 | 3 | 栽培资源 |
| 6805 | JS182 | 豇豆属 | 赤豆 | *Vigna angularis*（Willd.）Ohwi et Ohashi | | 江苏南京 | | 2000 | 3 | 栽培资源 |
| 6806 | JS184 | 豇豆属 | 赤豆 | *Vigna angularis*（Willd.）Ohwi et Ohashi | | 江苏南京 | 四川 | 2000 | 3 | 栽培资源 |
| 6807 | JS185 | 豇豆属 | 赤豆 | *Vigna angularis*（Willd.）Ohwi et Ohashi | | 江苏南京 | 四川 | 2000 | 3 | 栽培资源 |
| 6808 | JS2005-15 | 豇豆属 | 赤豆 | *Vigna angularis*（Willd.）Ohwi et Ohashi | 黄尖红小豆 | | 湖北五峰长乐坪 | 2005 | 3 | 栽培资源 |
| 6809 | JS2006-66 | 豇豆属 | 赤豆 | *Vigna angularis*（Willd.）Ohwi et Ohashi | 小海农家种2 | 江苏启东小海 | | 2006 | 3 | 栽培资源 |
| 6810 | JS2006-85 | 豇豆属 | 赤豆 | *Vigna angularis*（Willd.）Ohwi et Ohashi | 保护区小豆5号 | 江苏大丰保护区 | | 2006 | 3 | 栽培资源 |

（续）

| 序号 | 送种单位编号 | 属名 | 种名 | 学名 | 品种名（原文名） | 材料来源 | 材料原产地 | 收种时间（年份） | 保存地点 | 类型 |
|------|------------|------|------|------|----------------|---------|----------|---------------|--------|------|
| 6811 | JS2016-52 | 豇豆属 | 赤豆 | *Vigna angularis*（Willd.）Ohwi et Ohashi | 野赤豆 | | 江苏仪征 | 2016 | 3 | 野生资源 |
| 6812 | JS217 | 豇豆属 | 赤豆 | *Vigna angularis*（Willd.）Ohwi et Ohashi | | 江苏南京 | | 2000 | 3 | 栽培资源 |
| 6813 | 150923007 | 豇豆属 | 赤豆 | *Vigna angularis*（Willd.）Ohwi et Ohashi | | | 福建建阳 | 2015 | 2 | 野生资源 |
| 6814 | 1113 | 豇豆属 | 赤豆 | *Vigna angularis*（Willd.）Ohwi et Ohashi | | | 湖北武汉 | 2008 | 1 | 栽培资源 |
| 6815 | 1445 | 豇豆属 | 赤豆 | *Vigna angularis*（Willd.）Ohwi et Ohashi | | | 湖北汉川 | 2008 | 1 | 栽培资源 |
| 6816 | 1446 | 豇豆属 | 赤豆 | *Vigna angularis*（Willd.）Ohwi et Ohashi | | | 湖北阳新 | 2008 | 1 | 栽培资源 |
| 6817 | 2214 | 豇豆属 | 赤豆 | *Vigna angularis*（Willd.）Ohwi et Ohashi | 红豆 | | 湖北罗田 | 2008 | 1 | 栽培资源 |
| 6818 | 2217 | 豇豆属 | 赤豆 | *Vigna angularis*（Willd.）Ohwi et Ohashi | | | 湖北崇阳 | 2008 | 1 | 栽培资源 |
| 6819 | 2960 | 豇豆属 | 赤豆 | *Vigna angularis*（Willd.）Ohwi et Ohashi | 朱砂豆 | | 湖北来凤 | 2008 | 1 | 栽培资源 |
| 6820 | 3432 | 豇豆属 | 赤豆 | *Vigna angularis*（Willd.）Ohwi et Ohashi | 红小豆 | | 湖北恩施 | 2008 | 1 | 栽培资源 |
| 6821 | 3437 | 豇豆属 | 赤豆 | *Vigna angularis*（Willd.）Ohwi et Ohashi | | | 湖北建始 | 2008 | 1 | 栽培资源 |
| 6822 | 3540 | 豇豆属 | 赤豆 | *Vigna angularis*（Willd.）Ohwi et Ohashi | | | 湖北建始 | 2008 | 1 | 栽培资源 |
| 6823 | 3815 | 豇豆属 | 赤豆 | *Vigna angularis*（Willd.）Ohwi et Ohashi | 红小豆 | | 湖北武汉 | 2008 | 1 | 栽培资源 |
| 6824 | 3881 | 豇豆属 | 赤豆 | *Vigna angularis*（Willd.）Ohwi et Ohashi | 花小豆 | | 湖北神农架 | 2008 | 1 | 栽培资源 |
| 6825 | 3897 | 豇豆属 | 赤豆 | *Vigna angularis*（Willd.）Ohwi et Ohashi | | | 湖北房县 | 2008 | 1 | 栽培资源 |
| 6826 | 3929 | 豇豆属 | 赤豆 | *Vigna angularis*（Willd.）Ohwi et Ohashi | | | 湖北五峰 | 2008 | 1 | 栽培资源 |
| 6827 | 3939 | 豇豆属 | 赤豆 | *Vigna angularis*（Willd.）Ohwi et Ohashi | 黑小豆 | | 湖北保康 | 2008 | 1 | 栽培资源 |
| 6828 | 3940 | 豇豆属 | 赤豆 | *Vigna angularis*（Willd.）Ohwi et Ohashi | 黑小豆 | | 湖北保康 | 2009 | 1 | 栽培资源 |
| 6829 | FJ 赤豆 | 豇豆属 | 赤豆 | *Vigna angularis*（Willd.）Ohwi et Ohashi | | 福建农科院 | | 2010 | 2 | 栽培资源 |
| 6830 | HB2015158 | 豇豆属 | 赤小豆 | *Vigna umbellata*（Thunb.）Ohwi et Ohashi | | | 河南驻马店确山 | 2015 | 3 | 栽培资源 |
| 6831 | HB2015177 | 豇豆属 | 赤小豆 | *Vigna umbellata*（Thunb.）Ohwi et Ohashi | | | 河南驻马店确山 | 2015 | 3 | 栽培资源 |
| 6832 | HB2015184 | 豇豆属 | 赤小豆 | *Vigna umbellata*（Thunb.）Ohwi et Ohashi | | | 河南信阳浉河 | 2015 | 3 | 栽培资源 |
| 6833 | HB2012-493 | 豇豆属 | 赤小豆 | *Vigna umbellata*（Thunb.）Ohwi et Ohashi | | | 湖北松柏镇 | 2011 | 3 | 栽培资源 |
| 6834 | 南 01459 | 豇豆属 | 赤小豆 | *Vigna umbellata*（Thunb.）Ohwi et Ohashi | | 海南南繁基地 | | 2001 | 2 | 栽培资源 |
| 6835 | 南 01458 | 豇豆属 | 赤小豆 | *Vigna umbellata*（Thunb.）Ohwi et Ohashi | | 海南南繁基地 | | 2001 | 2 | 栽培资源 |

| 序号 | 送种单位编号 | 属 名 | 种 名 | 学 名 | 品种名（原文名） | 材料来源 | 材料原产地 | 收种时间（年份） | 保存地点 | 类型 |
|---|---|---|---|---|---|---|---|---|---|---|
| 6836 | 南 00939 | 豇豆属 | 赤小豆 | *Vigna umbellata*（Thunb.）Ohwi et Ohashi | | 海南南繁基地 | | 2001 | 2 | 栽培资源 |
| 6837 | 豆 87-02 | 豇豆属 | 赤小豆 | *Vigna umbellata*（Thunb.）Ohwi et Ohashi | | 湖北畜牧所 | 湖北长阳 | 1992 | 1 | 栽培资源 |
| 6838 | 鄂豆 87-03 | 豇豆属 | 赤小豆 | *Vigna umbellata*（Thunb.）Ohwi et Ohashi | | 湖北畜牧所 | 湖北恩施 | 2004 | 1 | 栽培资源 |
| 6839 | 鄂豆 87-03 | 豇豆属 | 赤小豆 | *Vigna umbellata*（Thunb.）Ohwi et Ohashi | | 湖北畜牧所 | 湖北恩施 | 1992 | 1 | 栽培资源 |
| 6840 | 豆 91-01 | 豇豆属 | 赤小豆 | *Vigna umbellata*（Thunb.）Ohwi et Ohashi | | 湖北畜牧所 | 湖北宜昌 | 1992 | 1 | 栽培资源 |
| 6841 | JS0002 | 豇豆属 | 豇豆 | *Vigna unguiculata*（L.）Walp. | TY07 | 南京 | 江苏南京 | 2005 | 1 | 栽培资源 |
| 6842 | JS0003 | 豇豆属 | 豇豆 | *Vigna unguiculata*（L.）Walp. | TY08 | 南京 | 江苏南京 | 2005 | 1 | 栽培资源 |
| 6843 | JS0004 | 豇豆属 | 豇豆 | *Vigna unguiculata*（L.）Walp. | TY11 | 南京 | 江苏南京 | 2005 | 1 | 栽培资源 |
| 6844 | JS0005 | 豇豆属 | 豇豆 | *Vigna unguiculata*（L.）Walp. | TY12 | 南京 | 江苏南京 | 2005 | 1 | 栽培资源 |
| 6845 | JS0006 | 豇豆属 | 豇豆 | *Vigna unguiculata*（L.）Walp. | T105 | 南京 | 江苏南京 | 2005 | 1 | 栽培资源 |
| 6846 | JS0007 | 豇豆属 | 豇豆 | *Vigna unguiculata*（L.）Walp. | XD03-9 | 南京 | 江苏南京 | 2005 | 1 | 栽培资源 |
| 6847 | JS0008 | 豇豆属 | 豇豆 | *Vigna unguiculata*（L.）Walp. | XD03-10 | 南京 | 江苏南京 | 2005 | 1 | 栽培资源 |
| 6848 | JS0009 | 豇豆属 | 豇豆 | *Vigna unguiculata*（L.）Walp. | 保 908 | 南京 | 江苏南京 | 2005 | 1 | 栽培资源 |
| 6849 | JS0010 | 豇豆属 | 豇豆 | *Vigna unguiculata*（L.）Walp. | 8101 | 南京 | 江苏南京 | 2005 | 1 | 栽培资源 |
| 6850 | JS0011 | 豇豆属 | 豇豆 | *Vigna unguiculata*（L.）Walp. | 8102 | 南京 | 江苏南京 | 2005 | 1 | 栽培资源 |
| 6851 | JS0012 | 豇豆属 | 豇豆 | *Vigna unguiculata*（L.）Walp. | 8103 | 南京 | 江苏南京 | 2005 | 1 | 栽培资源 |
| 6852 | JS0013 | 豇豆属 | 豇豆 | *Vigna unguiculata*（L.）Walp. | 8104 | 南京 | 江苏南京 | 2005 | 1 | 栽培资源 |
| 6853 | JS0014 | 豇豆属 | 豇豆 | *Vigna unguiculata*（L.）Walp. | 8201 | 南京 | 江苏南京 | 2005 | 1 | 栽培资源 |
| 6854 | JS0015 | 豇豆属 | 豇豆 | *Vigna unguiculata*（L.）Walp. | 8204 | 南京 | 江苏南京 | 2005 | 1 | 栽培资源 |
| 6855 | | 豇豆属 | 豇豆 | *Vigna unguiculata*（L.）Walp. | | 中国农科院草原所 | 贵州 | 1990 | 1 | 栽培资源 |
| 6856 | 广 88-47 | 豇豆属 | 豇豆 | *Vigna unguiculata*（L.）Walp. | | 广西畜牧所 | 澳大利亚 | 1991 | 1 | 引进资源 |
| 6857 | E1272 | 豇豆属 | 贼小豆 | *Vigna minima*（Roxb.）Ohwi et Ohashi | | | 湖北神农架宗洛 | 2008 | 3 | 栽培资源 |
| 6858 | HB2011-191 | 豇豆属 | 贼小豆 | *Vigna minima*（Roxb.）Ohwi et Ohashi | | 湖北农科院畜牧所 | | 2011 | 3 | 野生资源 |

（续）

| 序号 | 送种单位编号 | 属名 | 种名 | 学名 | 品种名（原文名） | 材料来源 | 材料原产地 | 收种时间（年份） | 保存地点 | 类型 |
|---|---|---|---|---|---|---|---|---|---|---|
| 6859 | JS2006-46 | 豇豆属 | 黑吉豆 | *Vigna mungo*（L.）Hepper | 黑吉豆 | 江苏大丰五龙 | | 2006 | 3 | 栽培资源 |
| 6860 | E1025 | 豇豆属 | 绿豆 | *Vigna radiata*（L.）Wilczek | | 湖北武汉 | 河南兰考 | 2007 | 3 | 栽培资源 |
| 6861 | E1026 | 豇豆属 | 绿豆 | *Vigna radiata*（L.）Wilczek | | 湖北武汉 | 河南济源 | 2007 | 3 | 栽培资源 |
| 6862 | E1027 | 豇豆属 | 绿豆 | *Vigna radiata*（L.）Wilczek | | 湖北武汉 | 河南嵩县 | 2007 | 3 | 栽培资源 |
| 6863 | E1028 | 豇豆属 | 绿豆 | *Vigna radiata*（L.）Wilczek | | 湖北武汉 | 河南密县 | 2007 | 3 | 栽培资源 |
| 6864 | E1029 | 豇豆属 | 绿豆 | *Vigna radiata*（L.）Wilczek | | 湖北武汉 | 河南封丘 | 2007 | 3 | 栽培资源 |
| 6865 | E1030 | 豇豆属 | 绿豆 | *Vigna radiata*（L.）Wilczek | | 湖北武汉 | 河南修武 | 2007 | 3 | 栽培资源 |
| 6866 | E1031 | 豇豆属 | 绿豆 | *Vigna radiata*（L.）Wilczek | | 湖北武汉 | 河南濮阳 | 2007 | 3 | 栽培资源 |
| 6867 | E1062 | 豇豆属 | 绿豆 | *Vigna radiata*（L.）Wilczek | 西华灰脖绿豆 | 河南郑州 | 河南西华 | 2007 | 3 | 栽培资源 |
| 6868 | E1063 | 豇豆属 | 绿豆 | *Vigna radiata*（L.）Wilczek | | 河南郑州 | 河南南阳 | 2008 | 3 | 栽培资源 |
| 6869 | E1064 | 豇豆属 | 绿豆 | *Vigna radiata*（L.）Wilczek | | 河南郑州 | 河南商丘 | 2008 | 3 | 栽培资源 |
| 6870 | E1065 | 豇豆属 | 绿豆 | *Vigna radiata*（L.）Wilczek | 安阳羊牛角 | 河南郑州 | 河南安阳 | 2007 | 3 | 栽培资源 |
| 6871 | E1066 | 豇豆属 | 绿豆 | *Vigna radiata*（L.）Wilczek | | 河南郑州 | 河南南阳 | 2008 | 3 | 栽培资源 |
| 6872 | E1067 | 豇豆属 | 绿豆 | *Vigna radiata*（L.）Wilczek | | 河南郑州 | 河南鲁山 | 2008 | 3 | 栽培资源 |
| 6873 | E1068 | 豇豆属 | 绿豆 | *Vigna radiata*（L.）Wilczek | 叶县鹦哥绿豆 | 河南郑州 | 河南叶县 | 2007 | 3 | 栽培资源 |
| 6874 | E1069 | 豇豆属 | 绿豆 | *Vigna radiata*（L.）Wilczek | 光山摘角绿豆 | 河南郑州 | 河南光山 | 2007 | 3 | 栽培资源 |
| 6875 | E1070 | 豇豆属 | 绿豆 | *Vigna radiata*（L.）Wilczek | | 河南郑州 | 河南新县 | 2008 | 3 | 栽培资源 |
| 6876 | E1071 | 豇豆属 | 绿豆 | *Vigna radiata*（L.）Wilczek | | 河南郑州 | 河南柘城 | 2008 | 3 | 野生资源 |
| 6877 | E1073 | 豇豆属 | 绿豆 | *Vigna radiata*（L.）Wilczek | 洛阳摘角绿豆 | 河南郑州 | 河南洛阳 | 2007 | 3 | 栽培资源 |
| 6878 | E1074 | 豇豆属 | 绿豆 | *Vigna radiata*（L.）Wilczek | 焦作绿豆 | 河南郑州 | 河南焦作 | 2007 | 3 | 栽培资源 |
| 6879 | E1075 | 豇豆属 | 绿豆 | *Vigna radiata*（L.）Wilczek | | 河南郑州 | 河南博爱 | 2008 | 3 | 野生资源 |
| 6880 | E551 | 豇豆属 | 绿豆 | *Vigna radiata*（L.）Wilczek | | 湖北武汉江夏 | 湖北宣恩长潭 | 2004 | 3 | 栽培资源 |
| 6881 | E552 | 豇豆属 | 绿豆 | *Vigna radiata*（L.）Wilczek | | 湖北武汉江夏 | 湖北宣恩沙道 | 2004 | 3 | 栽培资源 |
| 6882 | E553 | 豇豆属 | 绿豆 | *Vigna radiata*（L.）Wilczek | | 湖北武汉江夏 | 湖北巫山早洋 | 2004 | 3 | 栽培资源 |
| 6883 | E554 | 豇豆属 | 绿豆 | *Vigna radiata*（L.）Wilczek | | 湖北武汉江夏 | 湖北武汉江夏 | 2004 | 3 | 栽培资源 |

（续）

| 序号 | 送种单位编号 | 属 名 | 种 名 | 学 名 | 品种名（原文名） | 材料来源 | 材料原产地 | 收种时间（年份） | 保存地点 | 类型 |
|---|---|---|---|---|---|---|---|---|---|---|
| 6884 | E555 | 豇豆属 | 绿豆 | *Vigna radiata*（L.）Wilczek | | 湖北武汉江夏 | 湖北房县沙河 | 2004 | 3 | 栽培资源 |
| 6885 | E556 | 豇豆属 | 绿豆 | *Vigna radiata*（L.）Wilczek | | 湖北武汉江夏 | 湖北巴东扬柳 | 2004 | 3 | 栽培资源 |
| 6886 | E557 | 豇豆属 | 绿豆 | *Vigna radiata*（L.）Wilczek | | | 湖北武汉 | 2004 | 3 | 栽培资源 |
| 6887 | E558 | 豇豆属 | 绿豆 | *Vigna radiata*（L.）Wilczek | | | 湖北武汉 | 2004 | 3 | 栽培资源 |
| 6888 | E559 | 豇豆属 | 绿豆 | *Vigna radiata*（L.）Wilczek | | 湖北武汉江夏 | 湖北竹溪兵营 | 2004 | 3 | 栽培资源 |
| 6889 | E560 | 豇豆属 | 绿豆 | *Vigna radiata*（L.）Wilczek | | 湖北武汉江夏 | 湖北竹溪兵营 | 2004 | 3 | 栽培资源 |
| 6890 | E561 | 豇豆属 | 绿豆 | *Vigna radiata*（L.）Wilczek | | 湖北武汉江夏 | 湖北巴东清太坪 | 2004 | 3 | 栽培资源 |
| 6891 | E563 | 豇豆属 | 绿豆 | *Vigna radiata*（L.）Wilczek | | 湖北武汉江夏 | 湖北恩施新塘 | 2004 | 3 | 栽培资源 |
| 6892 | E564 | 豇豆属 | 绿豆 | *Vigna radiata*（L.）Wilczek | | 湖北武汉江夏 | 湖北兴山古夫 | 2004 | 3 | 栽培资源 |
| 6893 | E565 | 豇豆属 | 绿豆 | *Vigna radiata*（L.）Wilczek | | 湖北武汉江夏 | 湖北房县桥上 | 2004 | 3 | 栽培资源 |
| 6894 | E566 | 豇豆属 | 绿豆 | *Vigna radiata*（L.）Wilczek | | 湖北武汉江夏 | 湖北竹溪鄂坪 | 2004 | 3 | 栽培资源 |
| 6895 | E567 | 豇豆属 | 绿豆 | *Vigna radiata*（L.）Wilczek | | 湖北武汉江夏 | 湖北竹溪兵营 | 2004 | 3 | 栽培资源 |
| 6896 | E568 | 豇豆属 | 绿豆 | *Vigna radiata*（L.）Wilczek | | 湖北武汉江夏 | 湖北房县白坡 | 2004 | 3 | 栽培资源 |
| 6897 | E673 | 豇豆属 | 绿豆 | *Vigna radiata*（L.）Wilczek | 大绿豆 | 湖北武汉江夏 | 湖北武汉 | 2003 | 3 | 栽培资源 |
| 6898 | E674 | 豇豆属 | 绿豆 | *Vigna radiata*（L.）Wilczek | 绿豆 | 湖北武汉江夏 | 湖北宣恩长潭 | 2003 | 3 | 栽培资源 |
| 6899 | E675 | 豇豆属 | 绿豆 | *Vigna radiata*（L.）Wilczek | 绿豆 | 湖北武汉江夏 | 湖北巫山白果 | 2003 | 3 | 栽培资源 |
| 6900 | E676 | 豇豆属 | 绿豆 | *Vigna radiata*（L.）Wilczek | 毛绿豆 | 湖北武汉江夏 | 湖北利川柏扬 | 2003 | 3 | 栽培资源 |
| 6901 | E677 | 豇豆属 | 绿豆 | *Vigna radiata*（L.）Wilczek | 小绿豆 | 湖北武汉江夏 | 湖北利川谋道 | 2003 | 3 | 栽培资源 |
| 6902 | E678 | 豇豆属 | 绿豆 | *Vigna radiata*（L.）Wilczek | 绿豆 | 湖北武汉江夏 | 湖北姊归水田坝 | 2003 | 3 | 栽培资源 |
| 6903 | E771 | 豇豆属 | 绿豆 | *Vigna radiata*（L.）Wilczek | 辉县鹦哥绿豆 | 河南郑州 | 河南辉县 | 2006 | 3 | 栽培资源 |
| 6904 | E772 | 豇豆属 | 绿豆 | *Vigna radiata*（L.）Wilczek | 伊川大角豆 | 河南郑州 | 河南伊川 | 2006 | 3 | 栽培资源 |
| 6905 | E773 | 豇豆属 | 绿豆 | *Vigna radiata*（L.）Wilczek | 邓县摘角绿豆 | 河南郑州 | 河南邓县 | 2006 | 3 | 栽培资源 |
| 6906 | E774 | 豇豆属 | 绿豆 | *Vigna radiata*（L.）Wilczek | 延津黄籽绿豆 | 河南郑州 | 河南延津 | 2006 | 3 | 栽培资源 |
| 6907 | E775 | 豇豆属 | 绿豆 | *Vigna radiata*（L.）Wilczek | 民权槐花豆 | 河南郑州 | 河南民权 | 2006 | 3 | 栽培资源 |
| 6908 | E776 | 豇豆属 | 绿豆 | *Vigna radiata*（L.）Wilczek | 灵宝黄绿豆 | 河南郑州 | 河南灵宝 | 2006 | 3 | 栽培资源 |

（续）

| 序号 | 送种单位编号 | 属　名 | 种　名 | 学　名 | 品种名（原文名） | 材料来源 | 材料原产地 | 收种时间（年份） | 保存地点 | 类型 |
|---|---|---|---|---|---|---|---|---|---|---|
| 6909 | E777 | 豇豆属 | 绿豆 | *Vigna radiata*（L.）Wilczek | 荥阳大花绿豆 | 河南郑州 | 河南荥阳 | 2006 | 3 | 栽培资源 |
| 6910 | E779 | 豇豆属 | 绿豆 | *Vigna radiata*（L.）Wilczek | 卢氏花叶绿豆 | 湖北武汉 | 河南卢氏 | 2007 | 3 | 栽培资源 |
| 6911 | E780 | 豇豆属 | 绿豆 | *Vigna radiata*（L.）Wilczek | 临汝大光籽 | 湖北武汉 | 河南临汝 | 2007 | 3 | 栽培资源 |
| 6912 | E781 | 豇豆属 | 绿豆 | *Vigna radiata*（L.）Wilczek | 太康槐花绿豆 | 河南郑州 | 河南太康 | 2006 | 3 | 栽培资源 |
| 6913 | E782 | 豇豆属 | 绿豆 | *Vigna radiata*（L.）Wilczek | 长垣灰绿豆 | 河南郑州 | 河南长垣 | 2006 | 3 | 栽培资源 |
| 6914 | E783 | 豇豆属 | 绿豆 | *Vigna radiata*（L.）Wilczek | 郑州鹦哥绿豆 | 湖北武汉 | 河南郑州 | 2007 | 3 | 栽培资源 |
| 6915 | E784 | 豇豆属 | 绿豆 | *Vigna radiata*（L.）Wilczek | | 湖北武汉 | 河南濮阳 | 2008 | 3 | 野生资源 |
| 6916 | E785 | 豇豆属 | 绿豆 | *Vigna radiata*（L.）Wilczek | 荥阳槐花豆 | 河南郑州 | 河南荥阳 | 2006 | 3 | 栽培资源 |
| 6917 | E786 | 豇豆属 | 绿豆 | *Vigna radiata*（L.）Wilczek | 南阳大籽绿 | 湖北武汉 | 河南南阳 | 2007 | 3 | 栽培资源 |
| 6918 | E787 | 豇豆属 | 绿豆 | *Vigna radiata*（L.）Wilczek | 洛阳摘角绿豆 | 湖北武汉 | 河南洛阳 | 2007 | 3 | 栽培资源 |
| 6919 | E788 | 豇豆属 | 绿豆 | *Vigna radiata*（L.）Wilczek | 镇平大角豆 | 河南郑州 | 河南镇平 | 2006 | 3 | 栽培资源 |
| 6920 | E789 | 豇豆属 | 绿豆 | *Vigna radiata*（L.）Wilczek | 民权紫秆绿豆 | 河南郑州 | 河南民权 | 2006 | 3 | 栽培资源 |
| 6921 | E790 | 豇豆属 | 绿豆 | *Vigna radiata*（L.）Wilczek | 叶县灰脖豆 | 河南郑州 | 河南叶县 | 2006 | 3 | 栽培资源 |
| 6922 | E791 | 豇豆属 | 绿豆 | *Vigna radiata*（L.）Wilczek | 临汝县81016 | 河南郑州 | 河南临汝 | 2006 | 3 | 栽培资源 |
| 6923 | E792 | 豇豆属 | 绿豆 | *Vigna radiata*（L.）Wilczek | 临汝县绿豆 | 河南郑州 | 河南临汝 | 2006 | 3 | 栽培资源 |
| 6924 | E793 | 豇豆属 | 绿豆 | *Vigna radiata*（L.）Wilczek | 嵩县A614 | 河南郑州 | 河南嵩县 | 2006 | 3 | 栽培资源 |
| 6925 | E794 | 豇豆属 | 绿豆 | *Vigna radiata*（L.）Wilczek | 汲县光绿豆 | 河南郑州 | 河南汲县 | 2006 | 3 | 栽培资源 |
| 6926 | E796 | 豇豆属 | 绿豆 | *Vigna radiata*（L.）Wilczek | | | 湖北神农架 | 2006 | 3 | 栽培资源 |
| 6927 | E850 | 豇豆属 | 绿豆 | *Vigna radiata*（L.）Wilczek | 嵩县绿豆 | 河南郑州 | 河南嵩县 | 2006 | 3 | 栽培资源 |
| 6928 | E851 | 豇豆属 | 绿豆 | *Vigna radiata*（L.）Wilczek | 登封圆叶绿豆 | 河南郑州 | 河南登封 | 2006 | 3 | 栽培资源 |
| 6929 | E852 | 豇豆属 | 绿豆 | *Vigna radiata*（L.）Wilczek | 汝阳县绿豆 | 河南郑州 | 河南汝阳 | 2006 | 3 | 栽培资源 |
| 6930 | E853 | 豇豆属 | 绿豆 | *Vigna radiata*（L.）Wilczek | 嵩县A634 | 湖北武汉 | 河南嵩县 | 2007 | 3 | 栽培资源 |
| 6931 | E854 | 豇豆属 | 绿豆 | *Vigna radiata*（L.）Wilczek | 淇县绿豆 | 河南郑州 | 河南淇县 | 2006 | 3 | 栽培资源 |
| 6932 | E855 | 豇豆属 | 绿豆 | *Vigna radiata*（L.）Wilczek | 商水黄角绿豆 | 河南郑州 | 河南商水 | 2006 | 3 | 栽培资源 |
| 6933 | E856 | 豇豆属 | 绿豆 | *Vigna radiata*（L.）Wilczek | 汝阳县绿豆 | 河南郑州 | 河南汝阳 | 2006 | 3 | 栽培资源 |

（续）

| 序号 | 送种单位编号 | 属名 | 种名 | 学名 | 品种名（原文名） | 材料来源 | 材料原产地 | 收种时间（年份） | 保存地点 | 类型 |
|---|---|---|---|---|---|---|---|---|---|---|
| 6934 | E857 | 豇豆属 | 绿豆 | *Vigna radiata*（L.）Wilczek | 汲县灰脖绿豆 | 河南郑州 | 河南汲县 | 2006 | 3 | 栽培资源 |
| 6935 | E858 | 豇豆属 | 绿豆 | *Vigna radiata*（L.）Wilczek | 伊川小柳沙黄 | 河南郑州 | 河南伊川 | 2006 | 3 | 栽培资源 |
| 6936 | E859 | 豇豆属 | 绿豆 | *Vigna radiata*（L.）Wilczek | 浚县六十天糙 | 河南郑州 | 河南浚县 | 2006 | 3 | 栽培资源 |
| 6937 | E860 | 豇豆属 | 绿豆 | *Vigna radiata*（L.）Wilczek | 博爱县绿豆 | 湖北武汉 | 河南博爱 | 2007 | 3 | 栽培资源 |
| 6938 | E861 | 豇豆属 | 绿豆 | *Vigna radiata*（L.）Wilczek | 宁陵半直半托 | 湖北武汉 | 河南宁陵 | 2007 | 3 | 栽培资源 |
| 6939 | E872 | 豇豆属 | 绿豆 | *Vigna radiata*（L.）Wilczek | | 湖北武汉江夏 | 湖北宜昌沙坪 | 2006 | 3 | 栽培资源 |
| 6940 | E873 | 豇豆属 | 绿豆 | *Vigna radiata*（L.）Wilczek | | 湖北武汉江夏 | 湖北巫山洋溪 | 2006 | 3 | 栽培资源 |
| 6941 | E991 | 豇豆属 | 绿豆 | *Vigna radiata*（L.）Wilczek | | 湖北武汉 | 河南新野 | 2007 | 3 | 栽培资源 |
| 6942 | GS0019 | 豇豆属 | 绿豆 | *Vigna radiata*（L.）Wilczek | | 甘肃镇原 | 甘肃陇东 | 1999 | 3 | 引进资源 |
| 6943 | GS0272 | 豇豆属 | 绿豆 | *Vigna radiata*（L.）Wilczek | 草原 | 甘肃农业大学 | | 2001 | 3 | 栽培资源 |
| 6944 | GS2013 | 豇豆属 | 绿豆 | *Vigna radiata*（L.）Wilczek | | | 宁夏固原原州 | 2008 | 3 | 栽培资源 |
| 6945 | GS583 | 豇豆属 | 绿豆 | *Vigna radiata*（L.）Wilczek | | 宁夏盐池 | | 2004 | 3 | 野生资源 |
| 6946 | GS889 | 豇豆属 | 绿豆 | *Vigna radiata*（L.）Wilczek | | 甘肃肃南 | | 2006 | 3 | 栽培资源 |
| 6947 | HB2009-284 | 豇豆属 | 绿豆 | *Vigna radiata*（L.）Wilczek | | 湖北枣阳 | | 2009 | 3 | 野生资源 |
| 6948 | HB2009-285 | 豇豆属 | 绿豆 | *Vigna radiata*（L.）Wilczek | | 湖北襄樊 | | 2009 | 3 | 野生资源 |
| 6949 | HB2009-349 | 豇豆属 | 绿豆 | *Vigna radiata*（L.）Wilczek | | | 湖北神农架阳日镇 | 2009 | 3 | 栽培资源 |
| 6950 | HB2010-140 | 豇豆属 | 绿豆 | *Vigna radiata*（L.）Wilczek | | | 湖北神农架阳日镇 | 2010 | 3 | 栽培资源 |
| 6951 | HB2011-024 | 豇豆属 | 绿豆 | *Vigna radiata*（L.）Wilczek | | 湖北农科院畜牧所 | | 2011 | 3 | 栽培资源 |
| 6952 | HB2011-046 | 豇豆属 | 绿豆 | *Vigna radiata*（L.）Wilczek | | 湖北农科院畜牧所 | | 2011 | 3 | 栽培资源 |
| 6953 | HB2011-133 | 豇豆属 | 绿豆 | *Vigna radiata*（L.）Wilczek | | 湖北农科院畜牧所 | | 2011 | 3 | 野生资源 |
| 6954 | HB2012-453 | 豇豆属 | 绿豆 | *Vigna radiata*（L.）Wilczek | | 湖北农科院畜牧所 | 湖北钟祥 | 2012 | 3 | 野生资源 |

（续）

| 序号 | 送种单位编号 | 属 名 | 种 名 | 学 名 | 品种名（原文名） | 材料来源 | 材料原产地 | 收种时间（年份） | 保存地点 | 类型 |
|---|---|---|---|---|---|---|---|---|---|---|
| 6955 | hn3117 | 豇豆属 | 绿豆 | *Vigna radiata*（L.）Wilczek | | 热带牧草中心 | 福建建阳 | 2015 | 3 | 栽培资源 |
| 6956 | JS2004-14 | 豇豆属 | 绿豆 | *Vigna radiata*（L.）Wilczek | | 江苏盐都秦南 | | 2003 | 3 | 栽培资源 |
| 6957 | JS2004-96 | 豇豆属 | 绿豆 | *Vigna radiata*（L.）Wilczek | 盐城 | 江苏 | | 2004 | 3 | 栽培资源 |
| 6958 | JS2005-23 | 豇豆属 | 绿豆 | *Vigna radiata*（L.）Wilczek | 印尼绿豆 | | 印度尼西亚 | 2005 | 3 | 引进资源 |
| 6959 | JS2006-100 | 豇豆属 | 绿豆 | *Vigna radiata*（L.）Wilczek | 七套绿豆2 | 江苏响水七套 | | 2006 | 3 | 栽培资源 |
| 6960 | JS2006-101 | 豇豆属 | 绿豆 | *Vigna radiata*（L.）Wilczek | 海边土种3 | 江苏滨海海边 | | 2006 | 3 | 栽培资源 |
| 6961 | JS2006-102 | 豇豆属 | 绿豆 | *Vigna radiata*（L.）Wilczek | 临淮土种2 | 江苏滨海临淮 | | 2006 | 3 | 栽培资源 |
| 6962 | JS2006-104 | 豇豆属 | 绿豆 | *Vigna radiata*（L.）Wilczek | 庆丰农家种3 | 江苏建湖庆丰 | | 2006 | 3 | 栽培资源 |
| 6963 | JS2006-105 | 豇豆属 | 绿豆 | *Vigna radiata*（L.）Wilczek | 芦荡绿豆3 | 江苏建湖芦荡 | | 2006 | 3 | 栽培资源 |
| 6964 | JS2006-106 | 豇豆属 | 绿豆 | *Vigna radiata*（L.）Wilczek | 大纵湖1号 | 江苏盐都大纵湖 | | 2006 | 3 | 栽培资源 |
| 6965 | JS2006-109 | 豇豆属 | 绿豆 | *Vigna radiata*（L.）Wilczek | 北龙港2号 | 江苏盐都北龙港 | | 2006 | 3 | 栽培资源 |
| 6966 | JS2006-110 | 豇豆属 | 绿豆 | *Vigna radiata*（L.）Wilczek | 靠鱼湾1 | 江苏射阳靠鱼湾 | | 2006 | 3 | 栽培资源 |
| 6967 | JS2006-112 | 豇豆属 | 绿豆 | *Vigna radiata*（L.）Wilczek | 新洋绿豆2 | 江苏射阳新洋 | | 2006 | 3 | 栽培资源 |
| 6968 | JS2006-113 | 豇豆属 | 绿豆 | *Vigna radiata*（L.）Wilczek | 新洋绿豆4 | 江苏射阳新洋 | | 2006 | 3 | 栽培资源 |
| 6969 | JS2006-114 | 豇豆属 | 绿豆 | *Vigna radiata*（L.）Wilczek | 黄尖绿豆3 | 江苏射阳黄尖 | | 2006 | 3 | 栽培资源 |
| 6970 | JS2006-115 | 豇豆属 | 绿豆 | *Vigna radiata*（L.）Wilczek | 盱眙土绿豆 | 江苏盱眙张洪 | | 2006 | 3 | 栽培资源 |
| 6971 | JS2006-117 | 豇豆属 | 绿豆 | *Vigna radiata*（L.）Wilczek | 马坝1 | 江苏盱眙马坝 | | 2006 | 3 | 栽培资源 |
| 6972 | JS2006-118 | 豇豆属 | 绿豆 | *Vigna radiata*（L.）Wilczek | 盱城3 | 江苏盱眙盱城 | | 2006 | 3 | 栽培资源 |
| 6973 | JS2006-120 | 豇豆属 | 绿豆 | *Vigna radiata*（L.）Wilczek | 农家种1 | 江苏宿迁张集镇 | | 2006 | 3 | 栽培资源 |
| 6974 | JS2006-121 | 豇豆属 | 绿豆 | *Vigna radiata*（L.）Wilczek | 八月早绿豆 | 江苏涟水朱家沟 | | 2006 | 3 | 栽培资源 |
| 6975 | JS2006-123 | 豇豆属 | 绿豆 | *Vigna radiata*（L.）Wilczek | 洪泽湖3 | 江苏洪泽湖 | | 2006 | 3 | 栽培资源 |
| 6976 | JS2006-124 | 豇豆属 | 绿豆 | *Vigna radiata*（L.）Wilczek | 九月枯1 | 江苏丰县丰楼乡 | | 2006 | 3 | 栽培资源 |
| 6977 | JS2006-125 | 豇豆属 | 绿豆 | *Vigna radiata*（L.）Wilczek | 九月枯2 | 江苏丰县丰楼乡 | | 2006 | 3 | 栽培资源 |
| 6978 | JS2006-126 | 豇豆属 | 绿豆 | *Vigna radiata*（L.）Wilczek | 铜山绿豆 | 江苏徐州铜山 | | 2006 | 3 | 栽培资源 |
| 6979 | JS2006-128 | 豇豆属 | 绿豆 | *Vigna radiata*（L.）Wilczek | 王集绿豆2 | 江苏睢宁王集 | | 2006 | 3 | 栽培资源 |

（续）

| 序号 | 送种单位编号 | 属名 | 种名 | 学名 | 品种名（原文名） | 材料来源 | 材料原产地 | 收种时间（年份） | 保存地点 | 类型 |
|---|---|---|---|---|---|---|---|---|---|---|
| 6980 | JS2006-131 | 豇豆属 | 绿豆 | *Vigna radiata*（L.）Wilczek | 云台山3 | 江苏连云港云台山 | | 2006 | 3 | 栽培资源 |
| 6981 | JS2006-134 | 豇豆属 | 绿豆 | *Vigna radiata*（L.）Wilczek | 灌云八十日 | 江苏灌云大豆原种场 | | 2006 | 3 | 栽培资源 |
| 6982 | JS2006-136 | 豇豆属 | 绿豆 | *Vigna radiata*（L.）Wilczek | 灌云明绿豆1 | 江苏灌云大豆原种场 | | 2006 | 3 | 栽培资源 |
| 6983 | JS2006-137 | 豇豆属 | 绿豆 | *Vigna radiata*（L.）Wilczek | 灌云明绿豆2 | 江苏灌云大豆原种场 | | 2006 | 3 | 栽培资源 |
| 6984 | JS2006-138 | 豇豆属 | 绿豆 | *Vigna radiata*（L.）Wilczek | 长江3号 | 江苏南京栖霞 | | 2006 | 3 | 栽培资源 |
| 6985 | JS2006-139 | 豇豆属 | 绿豆 | *Vigna radiata*（L.）Wilczek | 九十日明绿豆 | 江苏南京栖霞 | | 2006 | 3 | 栽培资源 |
| 6986 | JS2006-140 | 豇豆属 | 绿豆 | *Vigna radiata*（L.）Wilczek | 栖霞绿豆 | 江苏南京栖霞 | | 2006 | 3 | 栽培资源 |
| 6987 | JS2006-141 | 豇豆属 | 绿豆 | *Vigna radiata*（L.）Wilczek | 苏绿1号 | 江苏南京马群镇 | | 2006 | 3 | 栽培资源 |
| 6988 | JS2006-142 | 豇豆属 | 绿豆 | *Vigna radiata*（L.）Wilczek | 方山绿豆 | 江苏南京方山乡 | | 2006 | 3 | 栽培资源 |
| 6989 | JS2006-143 | 豇豆属 | 绿豆 | *Vigna radiata*（L.）Wilczek | 方山土种1 | 江苏南京方山乡 | | 2006 | 3 | 栽培资源 |
| 6990 | JS2006-144 | 豇豆属 | 绿豆 | *Vigna radiata*（L.）Wilczek | 方山土种2 | 江苏南京方山乡 | | 2006 | 3 | 栽培资源 |
| 6991 | JS2006-145 | 豇豆属 | 绿豆 | *Vigna radiata*（L.）Wilczek | 紫金山南4 | 江苏南京紫金山 | | 2006 | 3 | 栽培资源 |
| 6992 | JS2006-146 | 豇豆属 | 绿豆 | *Vigna radiata*（L.）Wilczek | 紫金山南5 | 江苏南京紫金山 | | 2006 | 3 | 栽培资源 |
| 6993 | JS2006-147 | 豇豆属 | 绿豆 | *Vigna radiata*（L.）Wilczek | 牛首1号 | 江苏南京牛首 | | 2006 | 3 | 栽培资源 |
| 6994 | JS2006-148 | 豇豆属 | 绿豆 | *Vigna radiata*（L.）Wilczek | 牛首2号 | 江苏南京牛首 | | 2006 | 3 | 栽培资源 |
| 6995 | JS2006-150 | 豇豆属 | 绿豆 | *Vigna radiata*（L.）Wilczek | 珍珠泉九月黄 | 江苏南京珍珠泉 | | 2006 | 3 | 栽培资源 |
| 6996 | JS2006-151 | 豇豆属 | 绿豆 | *Vigna radiata*（L.）Wilczek | 小海八十日 | 江苏启东小海 | | 2006 | 3 | 栽培资源 |
| 6997 | JS2006-152 | 豇豆属 | 绿豆 | *Vigna radiata*（L.）Wilczek | 小海青 | 江苏启东小海 | | 2006 | 3 | 栽培资源 |
| 6998 | JS2006-153 | 豇豆属 | 绿豆 | *Vigna radiata*（L.）Wilczek | 江阴沙十月黄 | 江苏启东江阴沙 | | 2006 | 3 | 栽培资源 |
| 6999 | JS2006-154 | 豇豆属 | 绿豆 | *Vigna radiata*（L.）Wilczek | 启东明绿豆 | 江苏启东近海镇 | | 2006 | 3 | 栽培资源 |
| 7000 | JS2006-155 | 豇豆属 | 绿豆 | *Vigna radiata*（L.）Wilczek | 如东九月黄 | 江苏如东潮桥镇 | | 2006 | 3 | 栽培资源 |

（续）

| 序号 | 送种单位编号 | 属 名 | 种 名 | 学 名 | 品种名（原文名） | 材料来源 | 材料原产地 | 收种时间（年份） | 保存地点 | 类型 |
|---|---|---|---|---|---|---|---|---|---|---|
| 7001 | JS2006-156 | 豇豆属 | 绿豆 | *Vigna radiata*（L.）Wilczek | 通州地方种1 | 江苏南通通州 | | 2006 | 3 | 栽培资源 |
| 7002 | JS2006-157 | 豇豆属 | 绿豆 | *Vigna radiata*（L.）Wilczek | 通州地方种2 | 江苏南通通州 | | 2006 | 3 | 栽培资源 |
| 7003 | JS2006-159 | 豇豆属 | 绿豆 | *Vigna radiata*（L.）Wilczek | 狼山明绿豆 | 江苏南通狼山 | | 2006 | 3 | 栽培资源 |
| 7004 | JS2006-160 | 豇豆属 | 绿豆 | *Vigna radiata*（L.）Wilczek | 狼山九月收 | 江苏南通狼山 | | 2006 | 3 | 栽培资源 |
| 7005 | JS2006-163 | 豇豆属 | 绿豆 | *Vigna radiata*（L.）Wilczek | 南通明绿豆 | 江苏海安角斜 | | 2006 | 3 | 栽培资源 |
| 7006 | JS2006-164 | 豇豆属 | 绿豆 | *Vigna radiata*（L.）Wilczek | 大粒绿豆 | 江苏海安角斜 | | 2006 | 3 | 栽培资源 |
| 7007 | JS2006-165 | 豇豆属 | 绿豆 | *Vigna radiata*（L.）Wilczek | 土绿豆1 | 江苏海安角斜 | | 2006 | 3 | 栽培资源 |
| 7008 | JS2006-166 | 豇豆属 | 绿豆 | *Vigna radiata*（L.）Wilczek | 角斜绿豆 | 江苏海安角斜 | | 2006 | 3 | 栽培资源 |
| 7009 | JS2006-167 | 豇豆属 | 绿豆 | *Vigna radiata*（L.）Wilczek | 明九收绿豆 | 江苏海安角斜 | | 2006 | 3 | 栽培资源 |
| 7010 | JS2006-168 | 豇豆属 | 绿豆 | *Vigna radiata*（L.）Wilczek | 海门1号 | 江苏海门吕泗 | | 2006 | 3 | 栽培资源 |
| 7011 | JS2006-169 | 豇豆属 | 绿豆 | *Vigna radiata*（L.）Wilczek | 农家种3 | 江苏海门吕泗 | | 2006 | 3 | 栽培资源 |
| 7012 | JS2006-170 | 豇豆属 | 绿豆 | *Vigna radiata*（L.）Wilczek | 农家种4 | 江苏海门吕泗 | | 2006 | 3 | 栽培资源 |
| 7013 | JS2006-171 | 豇豆属 | 绿豆 | *Vigna radiata*（L.）Wilczek | 吕泗土种1 | 江苏海门吕泗 | | 2006 | 3 | 栽培资源 |
| 7014 | JS2006-175 | 豇豆属 | 绿豆 | *Vigna radiata*（L.）Wilczek | 农场绿1号 | 江苏南通农场 | | 2006 | 3 | 栽培资源 |
| 7015 | JS2006-176 | 豇豆属 | 绿豆 | *Vigna radiata*（L.）Wilczek | 农场绿3号 | 江苏南通农场 | | 2006 | 3 | 栽培资源 |
| 7016 | JS2006-177 | 豇豆属 | 绿豆 | *Vigna radiata*（L.）Wilczek | 金山土绿豆2号 | 江苏镇江金山 | | 2006 | 3 | 栽培资源 |
| 7017 | JS2006-178 | 豇豆属 | 绿豆 | *Vigna radiata*（L.）Wilczek | 金山土绿豆3号 | 江苏镇江金山 | | 2006 | 3 | 栽培资源 |
| 7018 | JS2006-179 | 豇豆属 | 绿豆 | *Vigna radiata*（L.）Wilczek | 焦山绿豆5号 | 江苏镇江焦山 | | 2006 | 3 | 栽培资源 |
| 7019 | JS2006-180 | 豇豆属 | 绿豆 | *Vigna radiata*（L.）Wilczek | 焦山绿豆1号 | 江苏镇江焦山 | | 2006 | 3 | 栽培资源 |
| 7020 | JS2006-181 | 豇豆属 | 绿豆 | *Vigna radiata*（L.）Wilczek | 北固山九十日 | 江苏镇江北固山 | | 2006 | 3 | 栽培资源 |
| 7021 | JS2006-183 | 豇豆属 | 绿豆 | *Vigna radiata*（L.）Wilczek | 北固山早绿豆 | 江苏镇江北固山 | | 2006 | 3 | 栽培资源 |
| 7022 | JS2006-185 | 豇豆属 | 绿豆 | *Vigna radiata*（L.）Wilczek | 丹徒明绿豆 | 江苏丹徒荣柄镇 | | 2006 | 3 | 栽培资源 |
| 7023 | JS2006-186 | 豇豆属 | 绿豆 | *Vigna radiata*（L.）Wilczek | 丹徒九月收 | 江苏丹徒荣柄镇 | | 2006 | 3 | 栽培资源 |
| 7024 | JS2006-187 | 豇豆属 | 绿豆 | *Vigna radiata*（L.）Wilczek | 丹阳八月黄 | 江苏丹阳下蜀 | | 2006 | 3 | 栽培资源 |
| 7025 | JS2006-188 | 豇豆属 | 绿豆 | *Vigna radiata*（L.）Wilczek | 运河绿豆1 | 江苏宝应运河 | | 2006 | 3 | 栽培资源 |

（续）

| 序号 | 送种单位编号 | 属名 | 种名 | 学名 | 品种名（原文名） | 材料来源 | 材料原产地 | 收种时间（年份） | 保存地点 | 类型 |
|------|------|------|------|------|------|------|------|------|------|------|
| 7026 | JS2006-189 | 豇豆属 | 绿豆 | *Vigna radiata*（L.）Wilczek | 运河绿豆2 | 江苏宝应运河 | | 2006 | 3 | 栽培资源 |
| 7027 | JS2006-190 | 豇豆属 | 绿豆 | *Vigna radiata*（L.）Wilczek | 运河绿豆3 | 江苏宝应运河 | | 2006 | 3 | 栽培资源 |
| 7028 | JS2006-192 | 豇豆属 | 绿豆 | *Vigna radiata*（L.）Wilczek | 小尹庄土种1 | 江苏宝应小尹庄 | | 2006 | 3 | 栽培资源 |
| 7029 | JS2006-193 | 豇豆属 | 绿豆 | *Vigna radiata*（L.）Wilczek | 小尹庄土种2 | 江苏宝应小尹庄 | | 2006 | 3 | 栽培资源 |
| 7030 | JS2006-194 | 豇豆属 | 绿豆 | *Vigna radiata*（L.）Wilczek | 长荡湖土绿豆 | 江苏长荡湖 | | 2006 | 3 | 栽培资源 |
| 7031 | JS2006-196 | 豇豆属 | 绿豆 | *Vigna radiata*（L.）Wilczek | 高邮湖绿豆1 | 江苏高邮湖 | | 2006 | 3 | 栽培资源 |
| 7032 | JS2006-197 | 豇豆属 | 绿豆 | *Vigna radiata*（L.）Wilczek | 高邮湖绿豆2 | 江苏高邮湖 | | 2006 | 3 | 栽培资源 |
| 7033 | JS2006-198 | 豇豆属 | 绿豆 | *Vigna radiata*（L.）Wilczek | 李堡绿豆 | 江苏兴化李堡 | | 2006 | 3 | 栽培资源 |
| 7034 | JS2006-199 | 豇豆属 | 绿豆 | *Vigna radiata*（L.）Wilczek | 水乡土绿豆 | 江苏兴化周庄 | | 2006 | 3 | 栽培资源 |
| 7035 | JS2006-200 | 豇豆属 | 绿豆 | *Vigna radiata*（L.）Wilczek | 周庄九十日 | 江苏兴化周庄 | | 2006 | 3 | 栽培资源 |
| 7036 | JS2006-205 | 豇豆属 | 绿豆 | *Vigna radiata*（L.）Wilczek | 大皱土绿豆 | 江苏兴化大皱 | | 2006 | 3 | 栽培资源 |
| 7037 | JS2006-206 | 豇豆属 | 绿豆 | *Vigna radiata*（L.）Wilczek | 海南土绿豆1 | 江苏兴化海南 | | 2006 | 3 | 栽培资源 |
| 7038 | JS2006-207 | 豇豆属 | 绿豆 | *Vigna radiata*（L.）Wilczek | 海南土绿豆2 | 江苏兴化海南 | | 2006 | 3 | 栽培资源 |
| 7039 | JS2006-208 | 豇豆属 | 绿豆 | *Vigna radiata*（L.）Wilczek | 老圩绿豆2 | 江苏兴化老圩 | | 2006 | 3 | 栽培资源 |
| 7040 | JS2006-209 | 豇豆属 | 绿豆 | *Vigna radiata*（L.）Wilczek | 江边绿豆1 | 江苏泰州高港 | | 2006 | 3 | 栽培资源 |
| 7041 | JS2006-210 | 豇豆属 | 绿豆 | *Vigna radiata*（L.）Wilczek | 江边绿豆2 | 江苏泰州高港 | | 2006 | 3 | 栽培资源 |
| 7042 | JS2006-211 | 豇豆属 | 绿豆 | *Vigna radiata*（L.）Wilczek | 口岸绿豆2 | 江苏泰州口岸 | | 2006 | 3 | 栽培资源 |
| 7043 | JS2006-212 | 豇豆属 | 绿豆 | *Vigna radiata*（L.）Wilczek | 根思明绿豆1 | 江苏泰兴根思 | | 2006 | 3 | 栽培资源 |
| 7044 | JS2006-213 | 豇豆属 | 绿豆 | *Vigna radiata*（L.）Wilczek | 根思明绿豆2 | 江苏泰兴根思 | | 2006 | 3 | 栽培资源 |
| 7045 | JS2006-215 | 豇豆属 | 绿豆 | *Vigna radiata*（L.）Wilczek | 薛窑绿豆1 | 江苏如皋薛窑 | | 2006 | 3 | 栽培资源 |
| 7046 | JS2006-216 | 豇豆属 | 绿豆 | *Vigna radiata*（L.）Wilczek | 薛窑绿豆2 | 江苏如皋薛窑 | | 2006 | 3 | 栽培资源 |
| 7047 | JS2006-217 | 豇豆属 | 绿豆 | *Vigna radiata*（L.）Wilczek | 薛窑绿豆3 | 江苏如皋薛窑 | | 2006 | 3 | 栽培资源 |
| 7048 | JS2006-218 | 豇豆属 | 绿豆 | *Vigna radiata*（L.）Wilczek | 如皋迟绿豆 | 江苏如皋薛窑 | | 2006 | 3 | 栽培资源 |
| 7049 | JS2006-219 | 豇豆属 | 绿豆 | *Vigna radiata*（L.）Wilczek | 如皋九十日 | 江苏如皋薛窑 | | 2006 | 3 | 栽培资源 |
| 7050 | JS2006-220 | 豇豆属 | 绿豆 | *Vigna radiata*（L.）Wilczek | 江阴农家种1 | 江苏江阴常阴沙 | | 2006 | 3 | 栽培资源 |

（续）

| 序号 | 送种单位编号 | 属 名 | 种 名 | 学 名 | 品种名（原文名） | 材料来源 | 材料原产地 | 收种时间（年份） | 保存地点 | 类型 |
|---|---|---|---|---|---|---|---|---|---|---|
| 7051 | JS2006-221 | 豇豆属 | 绿豆 | *Vigna radiata*（L.）Wilczek | 吴江八月枯 | 江苏吴江江边 | | 2006 | 3 | 栽培资源 |
| 7052 | JS2006-222 | 豇豆属 | 绿豆 | *Vigna radiata*（L.）Wilczek | 吴江九十日 | 江苏吴江江边 | | 2006 | 3 | 栽培资源 |
| 7053 | JS2006-223 | 豇豆属 | 绿豆 | *Vigna radiata*（L.）Wilczek | 吴江土种3 | 江苏吴江江边 | | 2006 | 3 | 栽培资源 |
| 7054 | JS2006-224 | 豇豆属 | 绿豆 | *Vigna radiata*（L.）Wilczek | 吴县土种2 | 江苏吴县木渎镇 | | 2006 | 3 | 栽培资源 |
| 7055 | JS2006-225 | 豇豆属 | 绿豆 | *Vigna radiata*（L.）Wilczek | 吴县土种3 | 江苏吴县木渎镇 | | 2006 | 3 | 栽培资源 |
| 7056 | JS2006-226 | 豇豆属 | 绿豆 | *Vigna radiata*（L.）Wilczek | 苏州青绿豆 | 江苏吴县木渎镇 | | 2006 | 3 | 栽培资源 |
| 7057 | JS2006-227 | 豇豆属 | 绿豆 | *Vigna radiata*（L.）Wilczek | 苏州牛踏扁 | 江苏吴县木渎镇 | | 2006 | 3 | 栽培资源 |
| 7058 | JS2006-228 | 豇豆属 | 绿豆 | *Vigna radiata*（L.）Wilczek | 东山明绿豆2 | 江苏苏州东山 | | 2006 | 3 | 栽培资源 |
| 7059 | JS2006-229 | 豇豆属 | 绿豆 | *Vigna radiata*（L.）Wilczek | 东山绿豆3 | 江苏苏州东山 | | 2006 | 3 | 栽培资源 |
| 7060 | JS2006-230 | 豇豆属 | 绿豆 | *Vigna radiata*（L.）Wilczek | 绿豆 | 江苏泗阳史老庄 | | 2006 | 3 | 栽培资源 |
| 7061 | JS2006-231 | 豇豆属 | 绿豆 | *Vigna radiata*（L.）Wilczek | 张洪1号 | 江苏盱眙张洪 | | 2006 | 3 | 栽培资源 |
| 7062 | JS2006-232 | 豇豆属 | 绿豆 | *Vigna radiata*（L.）Wilczek | 明陵1号 | 江苏盱眙明陵 | | 2006 | 3 | 栽培资源 |
| 7063 | JS2006-94 | 豇豆属 | 绿豆 | *Vigna radiata*（L.）Wilczek | 明绿豆 | 江苏泗阳赵庄 | | 2006 | 3 | 栽培资源 |
| 7064 | JS2006-95 | 豇豆属 | 绿豆 | *Vigna radiata*（L.）Wilczek | 小绿豆 | 江苏泗阳孙李庄 | | 2006 | 3 | 栽培资源 |
| 7065 | JS2006-96 | 豇豆属 | 绿豆 | *Vigna radiata*（L.）Wilczek | 大绿豆 | 江苏泗阳孙李庄 | | 2006 | 3 | 栽培资源 |
| 7066 | JS2006-99 | 豇豆属 | 绿豆 | *Vigna radiata*（L.）Wilczek | 七套绿豆1 | 江苏响水七套 | | 2006 | 3 | 栽培资源 |
| 7067 | JS2008-61 | 豇豆属 | 绿豆 | *Vigna radiata*（L.）Wilczek | 南京明绿豆 | 江苏南京 | | 2008 | 3 | 栽培资源 |
| 7068 | JS2008-63 | 豇豆属 | 绿豆 | *Vigna radiata*（L.）Wilczek | 江浦明绿豆 | 江苏江浦 | | 2008 | 3 | 栽培资源 |
| 7069 | JS2008-64 | 豇豆属 | 绿豆 | *Vigna radiata*（L.）Wilczek | 泰兴绿豆 | 江苏泰兴 | | 2008 | 3 | 栽培资源 |
| 7070 | JS2008-65 | 豇豆属 | 绿豆 | *Vigna radiata*（L.）Wilczek | 启东毛绿豆 | 江苏启东 | | 2008 | 3 | 栽培资源 |
| 7071 | JS2008-66 | 豇豆属 | 绿豆 | *Vigna radiata*（L.）Wilczek | 海安绿豆 | 江苏海安 | | 2008 | 3 | 栽培资源 |
| 7072 | JS2008-67 | 豇豆属 | 绿豆 | *Vigna radiata*（L.）Wilczek | 江都明绿豆 | 江苏江都 | | 2008 | 3 | 栽培资源 |
| 7073 | JS2008-68 | 豇豆属 | 绿豆 | *Vigna radiata*（L.）Wilczek | 邗江明绿豆 | 江苏邗江 | | 2008 | 3 | 栽培资源 |
| 7074 | JS2008-70 | 豇豆属 | 绿豆 | *Vigna radiata*（L.）Wilczek | 扬州明绿豆 | 江苏扬州 | | 2008 | 3 | 栽培资源 |
| 7075 | JS2008-71 | 豇豆属 | 绿豆 | *Vigna radiata*（L.）Wilczek | 泰州绿豆 | 江苏泰州 | | 2008 | 3 | 栽培资源 |

（续）

| 序号 | 送种单位编号 | 属　名 | 种　名 | 学　名 | 品种名（原文名） | 材料来源 | 材料原产地 | 收种时间（年份） | 保存地点 | 类型 |
|---|---|---|---|---|---|---|---|---|---|---|
| 7076 | JS2008-73 | 豇豆属 | 绿豆 | *Vigna radiata*（L.）Wilczek | 盐城野绿豆 | 江苏盐城 | | 2008 | 3 | 栽培资源 |
| 7077 | JS201 | 豇豆属 | 绿豆 | *Vigna radiata*（L.）Wilczek | | 江苏南京 | 湖北 | 2000 | 3 | 栽培资源 |
| 7078 | JS2012-86 | 豇豆属 | 绿豆 | *Vigna radiata*（L.）Wilczek | | | 江苏盐城南洋 | 2012 | 3 | 野生资源 |
| 7079 | JS2012-90 | 豇豆属 | 绿豆 | *Vigna radiata*（L.）Wilczek | | | 江苏盐城南洋 | 2012 | 3 | 野生资源 |
| 7080 | JS202 | 豇豆属 | 绿豆 | *Vigna radiata*（L.）Wilczek | | 江苏南京 | | 2000 | 3 | 栽培资源 |
| 7081 | JS203 | 豇豆属 | 绿豆 | *Vigna radiata*（L.）Wilczek | | 江苏南京 | | 2000 | 3 | 栽培资源 |
| 7082 | JS204 | 豇豆属 | 绿豆 | *Vigna radiata*（L.）Wilczek | | 江苏南京 | | 2000 | 3 | 栽培资源 |
| 7083 | JS206 | 豇豆属 | 绿豆 | *Vigna radiata*（L.）Wilczek | | 江苏南京 | | 2000 | 3 | 栽培资源 |
| 7084 | NM05-183 | 豇豆属 | 绿豆 | *Vigna radiata*（L.）Wilczek | | 内蒙古巴林右旗 | | 2005 | 3 | 栽培资源 |
| 7085 | SCH02-187 | 豇豆属 | 绿豆 | *Vigna radiata*（L.）Wilczek | | 四川彭县 | 四川彭县 | 2002 | 3 | 栽培资源 |
| 7086 | SCH2003-423 | 豇豆属 | 绿豆 | *Vigna radiata*（L.）Wilczek | | 四川洪雅 | | 2003 | 3 | 栽培资源 |
| 7087 | SCH2004-163 | 豇豆属 | 绿豆 | *Vigna radiata*（L.）Wilczek | | 四川盐边 | | 2003 | 3 | 栽培资源 |
| 7088 | 101117022 | 豇豆属 | 绿豆 | *Vigna radiata*（L.）Wilczek | | | 广西大新 | 2010 | 2 | 野生资源 |
| 7089 | 071227060 | 豇豆属 | 绿豆 | *Vigna radiata*（L.）Wilczek | | | 广东清远 | 2007 | 2 | 野生资源 |
| 7090 | JS0017 | 豇豆属 | 绿豆 | *Vigna radiata*（L.）Wilczek | S303豇豆 | 江苏南京 | 江苏南京 | 2005 | 1 | 栽培资源 |
| 7091 | JS0018 | 豇豆属 | 绿豆 | *Vigna radiata*（L.）Wilczek | S304豇豆 | 江苏南京 | 江苏南京 | 2005 | 1 | 栽培资源 |
| 7092 | JS0019 | 豇豆属 | 绿豆 | *Vigna radiata*（L.）Wilczek | S305豇豆 | 江苏南京 | 江苏南京 | 2005 | 1 | 栽培资源 |
| 7093 | JS0020 | 豇豆属 | 绿豆 | *Vigna radiata*（L.）Wilczek | S306豇豆 | 江苏南京 | 江苏南京 | 2005 | 1 | 栽培资源 |
| 7094 | JS0021 | 豇豆属 | 绿豆 | *Vigna radiata*（L.）Wilczek | S307豇豆 | 江苏南京 | 江苏南京 | 2005 | 1 | 栽培资源 |
| 7095 | JS0022 | 豇豆属 | 绿豆 | *Vigna radiata*（L.）Wilczek | S309豇豆 | 江苏南京 | 江苏南京 | 2005 | 1 | 栽培资源 |
| 7096 | JS0023 | 豇豆属 | 绿豆 | *Vigna radiata*（L.）Wilczek | S310豇豆 | 江苏南京 | 江苏南京 | 2005 | 1 | 栽培资源 |
| 7097 | JS0024 | 豇豆属 | 绿豆 | *Vigna radiata*（L.）Wilczek | 7107豇豆 | 江苏南京 | 江苏南京 | 2005 | 1 | 栽培资源 |
| 7098 | JS0025 | 豇豆属 | 绿豆 | *Vigna radiata*（L.）Wilczek | 7108豇豆 | 江苏南京 | 江苏南京 | 2005 | 1 | 栽培资源 |
| 7099 | JS0026 | 豇豆属 | 绿豆 | *Vigna radiata*（L.）Wilczek | 67009豇豆 | 江苏南京 | 江苏南京 | 2005 | 1 | 栽培资源 |
| 7100 | JS0027 | 豇豆属 | 绿豆 | *Vigna radiata*（L.）Wilczek | TY15豇豆 | 江苏南京 | 江苏南京 | 2005 | 1 | 栽培资源 |

(续)

| 序号 | 送种单位编号 | 属 名 | 种 名 | 学 名 | 品种名（原文名） | 材料来源 | 材料原产地 | 收种时间（年份） | 保存地点 | 类型 |
|---|---|---|---|---|---|---|---|---|---|---|
| 7101 | JS0028 | 豇豆属 | 绿豆 | *Vigna radiata*（L.）Wilczek | TY16豇豆 | 江苏南京 | 江苏南京 | 2005 | 1 | 栽培资源 |
| 7102 | JS0029 | 豇豆属 | 绿豆 | *Vigna radiata*（L.）Wilczek | TY17豇豆 | 江苏南京 | 江苏南京 | 2005 | 1 | 栽培资源 |
| 7103 | JS0030 | 豇豆属 | 绿豆 | *Vigna radiata*（L.）Wilczek | TY19豇豆 | 江苏南京 | 江苏南京 | 2005 | 1 | 栽培资源 |
| 7104 | JS0031 | 豇豆属 | 绿豆 | *Vigna radiata*（L.）Wilczek | TY20豇豆 | 江苏南京 | 江苏南京 | 2005 | 1 | 栽培资源 |
| 7105 | JS0032 | 豇豆属 | 绿豆 | *Vigna radiata*（L.）Wilczek | TY21豇豆 | 江苏南京 | 江苏南京 | 2005 | 1 | 栽培资源 |
| 7106 | JS0033 | 豇豆属 | 绿豆 | *Vigna radiata*（L.）Wilczek | TY22豇豆 | 江苏南京 | 江苏南京 | 2005 | 1 | 栽培资源 |
| 7107 | JS0034 | 豇豆属 | 绿豆 | *Vigna radiata*（L.）Wilczek | TY23豇豆 | 江苏南京 | 江苏南京 | 2005 | 1 | 栽培资源 |
| 7108 | JS0035 | 豇豆属 | 绿豆 | *Vigna radiata*（L.）Wilczek | TY24豇豆 | 江苏南京 | 江苏南京 | 2005 | 1 | 栽培资源 |
| 7109 | JS0036 | 豇豆属 | 绿豆 | *Vigna radiata*（L.）Wilczek | TY25豇豆 | 江苏南京 | 江苏南京 | 2005 | 1 | 栽培资源 |
| 7110 | JS0037 | 豇豆属 | 绿豆 | *Vigna radiata*（L.）Wilczek | TY26豇豆 | 江苏南京 | 江苏南京 | 2005 | 1 | 栽培资源 |
| 7111 | JS0038 | 豇豆属 | 绿豆 | *Vigna radiata*（L.）Wilczek | TY27豇豆 | 江苏南京 | 江苏南京 | 2005 | 1 | 栽培资源 |
| 7112 | JS0039 | 豇豆属 | 绿豆 | *Vigna radiata*（L.）Wilczek | TY28豇豆 | 江苏南京 | 江苏南京 | 2005 | 1 | 栽培资源 |
| 7113 | JS0040 | 豇豆属 | 绿豆 | *Vigna radiata*（L.）Wilczek | TY30豇豆 | 江苏南京 | 江苏南京 | 2005 | 1 | 栽培资源 |
| 7114 | JS0041 | 豇豆属 | 绿豆 | *Vigna radiata*（L.）Wilczek | TY31豇豆 | 江苏南京 | 江苏南京 | 2005 | 1 | 栽培资源 |
| 7115 | JS0042 | 豇豆属 | 绿豆 | *Vigna radiata*（L.）Wilczek | TY33豇豆 | 江苏南京 | 江苏南京 | 2005 | 1 | 栽培资源 |
| 7116 | JS0043 | 豇豆属 | 绿豆 | *Vigna radiata*（L.）Wilczek | TY34豇豆 | 江苏南京 | 江苏南京 | 2005 | 1 | 栽培资源 |
| 7117 | JS0044 | 豇豆属 | 绿豆 | *Vigna radiata*（L.）Wilczek | TY35豇豆 | 江苏南京 | 江苏南京 | 2005 | 1 | 栽培资源 |
| 7118 | JS0045 | 豇豆属 | 绿豆 | *Vigna radiata*（L.）Wilczek | TY36豇豆 | 江苏南京 | 江苏南京 | 2005 | 1 | 栽培资源 |
| 7119 | JS0046 | 豇豆属 | 绿豆 | *Vigna radiata*（L.）Wilczek | TY37豇豆 | 江苏南京 | 江苏南京 | 2005 | 1 | 栽培资源 |
| 7120 | JS0047 | 豇豆属 | 绿豆 | *Vigna radiata*（L.）Wilczek | TY39豇豆 | 江苏南京 | 江苏南京 | 2005 | 1 | 栽培资源 |
| 7121 | JS0048 | 豇豆属 | 绿豆 | *Vigna radiata*（L.）Wilczek | TY40豇豆 | 江苏南京 | 江苏南京 | 2005 | 1 | 栽培资源 |
| 7122 | JS0049 | 豇豆属 | 绿豆 | *Vigna radiata*（L.）Wilczek | GSN0.9豇豆 | 江苏南京 | 江苏南京 | 2005 | 1 | 栽培资源 |
| 7123 | JS0050 | 豇豆属 | 绿豆 | *Vigna radiata*（L.）Wilczek | JHN0.4豇豆 | 江苏南京 | 江苏南京 | 2005 | 1 | 栽培资源 |
| 7124 | | 豇豆属 | 绿豆 | *Vigna radiata*（L.）Wilczek | | 广西畜牧所 | | 1994 | 1 | 栽培资源 |
| 7125 | Sau2003090 | 豇豆属 | 绿豆 | *Vigna radiata*（L.）Wilczek | | 四川农业大学 | 四川雅安 | 2003 | 1 | 栽培资源 |

（续）

| 序号 | 送种单位编号 | 属 名 | 种 名 | 学 名 | 品种名（原文名） | 材料来源 | 材料原产地 | 收种时间（年份） | 保存地点 | 类型 |
|---|---|---|---|---|---|---|---|---|---|---|
| 7126 | Sau2003148 | 豇豆属 | 绿豆 | *Vigna radiata* (L.) Wilczek | | 四川农业大学 | 四川芦山 | 2003 | 1 | 栽培资源 |
| 7127 | E1249 | 豇豆属 | 赤小豆 | *Vigna umbellata* (Thunb.) Ohwi et Ohashi | | 湖北神农架大九湖 | 新疆 | 2008 | 3 | 野生资源 |
| 7128 | E1269 | 豇豆属 | 赤小豆 | *Vigna umbellata* (Thunb.) Ohwi et Ohashi | | | 湖北神农架 | 2008 | 3 | 野生资源 |
| 7129 | E413 | 豇豆属 | 赤小豆 | *Vigna umbellata* (Thunb.) Ohwi et Ohashi | | 湖北通山 | | 2003 | 3 | 栽培资源 |
| 7130 | E414 | 豇豆属 | 赤小豆 | *Vigna umbellata* (Thunb.) Ohwi et Ohashi | | 湖北通山 | | 2003 | 3 | 栽培资源 |
| 7131 | E416 | 豇豆属 | 赤小豆 | *Vigna umbellata* (Thunb.) Ohwi et Ohashi | | 湖北阳新 | | 2003 | 3 | 栽培资源 |
| 7132 | E417 | 豇豆属 | 赤小豆 | *Vigna umbellata* (Thunb.) Ohwi et Ohashi | | 湖北阳新 | | 2003 | 3 | 栽培资源 |
| 7133 | E436 | 豇豆属 | 赤小豆 | *Vigna umbellata* (Thunb.) Ohwi et Ohashi | | 湖北姊归 | | 2003 | 3 | 栽培资源 |
| 7134 | E437 | 豇豆属 | 赤小豆 | *Vigna umbellata* (Thunb.) Ohwi et Ohashi | | 湖北神农架 | | 2003 | 3 | 栽培资源 |
| 7135 | E439 | 豇豆属 | 赤小豆 | *Vigna umbellata* (Thunb.) Ohwi et Ohashi | | 湖北神农架 | | 2003 | 3 | 栽培资源 |
| 7136 | E440 | 豇豆属 | 赤小豆 | *Vigna umbellata* (Thunb.) Ohwi et Ohashi | | 湖北神农架 | | 2003 | 3 | 栽培资源 |
| 7137 | GS554 | 豇豆属 | 赤小豆 | *Vigna umbellata* (Thunb.) Ohwi et Ohashi | | 宁夏盐池 | | 2004 | 3 | 栽培资源 |
| 7138 | HB2010-127 | 豇豆属 | 赤小豆 | *Vigna umbellata* (Thunb.) Ohwi et Ohashi | | | 湖北神农架大九湖 | 2010 | 3 | 栽培资源 |
| 7139 | HB2010-154 | 豇豆属 | 赤小豆 | *Vigna umbellata* (Thunb.) Ohwi et Ohashi | | | 湖北神农架宗洛乡 | 2010 | 3 | 栽培资源 |
| 7140 | JS187 | 豇豆属 | 赤小豆 | *Vigna umbellata* (Thunb.) Ohwi et Ohashi | | 江苏南京 | | 2000 | 3 | 栽培资源 |
| 7141 | JS188 | 豇豆属 | 赤小豆 | *Vigna umbellata* (Thunb.) Ohwi et Ohashi | | 江苏南京 | | 2000 | 3 | 栽培资源 |
| 7142 | JS189 | 豇豆属 | 赤小豆 | *Vigna umbellata* (Thunb.) Ohwi et Ohashi | | 江苏南京 | | 2000 | 3 | 栽培资源 |
| 7143 | JS190 | 豇豆属 | 赤小豆 | *Vigna umbellata* (Thunb.) Ohwi et Ohashi | | 江苏南京 | | 2000 | 3 | 栽培资源 |
| 7144 | JS191 | 豇豆属 | 赤小豆 | *Vigna umbellata* (Thunb.) Ohwi et Ohashi | | 江苏南京 | | 2000 | 3 | 栽培资源 |
| 7145 | JS192 | 豇豆属 | 赤小豆 | *Vigna umbellata* (Thunb.) Ohwi et Ohashi | | 江苏南京 | | 2000 | 3 | 栽培资源 |
| 7146 | JS193 | 豇豆属 | 赤小豆 | *Vigna umbellata* (Thunb.) Ohwi et Ohashi | | 江苏南京 | | 2000 | 3 | 栽培资源 |
| 7147 | JS194 | 豇豆属 | 赤小豆 | *Vigna umbellata* (Thunb.) Ohwi et Ohashi | | 江苏南京 | | 2000 | 3 | 栽培资源 |
| 7148 | JS195 | 豇豆属 | 赤小豆 | *Vigna umbellata* (Thunb.) Ohwi et Ohashi | | 江苏南京 | | 2000 | 3 | 栽培资源 |
| 7149 | JS196 | 豇豆属 | 赤小豆 | *Vigna umbellata* (Thunb.) Ohwi et Ohashi | | 江苏南京 | | 2000 | 3 | 栽培资源 |

（续）

| 序号 | 送种单位编号 | 属 名 | 种 名 | 学 名 | 品种名（原文名） | 材料来源 | 材料原产地 | 收种时间（年份） | 保存地点 | 类型 |
|---|---|---|---|---|---|---|---|---|---|---|
| 7150 | JS197 | 豇豆属 | 赤小豆 | *Vigna umbellata*（Thunb.）Ohwi et Ohashi | | 江苏南京 | | 2000 | 3 | 栽培资源 |
| 7151 | JS198 | 豇豆属 | 赤小豆 | *Vigna umbellata*（Thunb.）Ohwi et Ohashi | | 江苏南京 | | 2000 | 3 | 栽培资源 |
| 7152 | JS199 | 豇豆属 | 赤小豆 | *Vigna umbellata*（Thunb.）Ohwi et Ohashi | | 江苏南京 | | 2000 | 3 | 栽培资源 |
| 7153 | 141016005 | 豇豆属 | 赤小豆 | *Vigna umbellata*（Thunb.）Ohwi et Ohashi | | | 江西萍乡芦溪 | 2014 | 2 | 野生资源 |
| 7154 | HB2011-025 | 豇豆属 | 赤小豆 | *Vigna umbellata*（Thunb.）Ohwi et Ohashi | | 湖北农科院 | | 2011 | 3 | 野生资源 |
| 7155 | SCH2004-554 | 豇豆属 | 短豇豆 | *Vigna unguiculata* subsp. *cylindrica*（L.）Verdc. | | 四川朝天 | 四川广元 | 2004 | 3 | 栽培资源 |
| 7156 | SCH2004-555 | 豇豆属 | 短豇豆 | *Vigna unguiculata* subsp. *cylindrica*（L.）Verdc. | | 四川朝元 | 四川广元 | 2004 | 3 | 野生资源 |
| 7157 | HB2012-523 | 豇豆属 | 长豇豆 | *Vigna unguiculata* subsp. *sesquipedalis*（L.）Verdc. | | | 湖北松柏镇 | 2016 | 3 | 栽培资源 |
| 7158 | CHQ2004-351 | 豇豆属 | 豇豆 | *Vigna unguiculata*（L.）Walp. | | 四川江津金陵镇 | | 2003 | 3 | 栽培资源 |
| 7159 | E1250 | 豇豆属 | 豇豆 | *Vigna unguiculata*（L.）Walp. | | | 湖北神农架阳日镇 | 2008 | 3 | 野生资源 |
| 7160 | E821 | 豇豆属 | 豇豆 | *Vigna unguiculata*（L.）Walp. | | | 湖北神农架 | 2006 | 3 | 野生资源 |
| 7161 | GS0023 | 豇豆属 | 豇豆 | *Vigna unguiculata*（L.）Walp. | | 甘肃镇原 | 甘肃陇东 | 1999 | 3 | 栽培资源 |
| 7162 | GS1446 | 豇豆属 | 豇豆 | *Vigna unguiculata*（L.）Walp. | | 宁夏盐池 | | 2007 | 3 | 栽培资源 |
| 7163 | GS1457 | 豇豆属 | 豇豆 | *Vigna unguiculata*（L.）Walp. | | 宁夏盐池 | | 2007 | 3 | 栽培资源 |
| 7164 | GS1465 | 豇豆属 | 豇豆 | *Vigna unguiculata*（L.）Walp. | 麻豇豆 | 宁夏盐池 | | 2007 | 3 | 栽培资源 |
| 7165 | GS1466 | 豇豆属 | 豇豆 | *Vigna unguiculata*（L.）Walp. | 花豇豆 | 宁夏盐池 | | 2007 | 3 | 栽培资源 |
| 7166 | GS2017 | 豇豆属 | 豇豆 | *Vigna unguiculata*（L.）Walp. | | | 宁夏彭阳 | 2008 | 3 | 栽培资源 |
| 7167 | GS2018 | 豇豆属 | 豇豆 | *Vigna unguiculata*（L.）Walp. | | | 宁夏彭阳 | 2008 | 3 | 栽培资源 |
| 7168 | GS2019 | 豇豆属 | 豇豆 | *Vigna unguiculata*（L.）Walp. | | | 宁夏彭阳 | 2008 | 3 | 栽培资源 |
| 7169 | GS2027 | 豇豆属 | 豇豆 | *Vigna unguiculata*（L.）Walp. | | | 宁夏彭阳 | 2008 | 3 | 栽培资源 |
| 7170 | GS-252 | 豇豆属 | 豇豆 | *Vigna unguiculata*（L.）Walp. | | 甘肃武威 | | 2003 | 3 | 栽培资源 |
| 7171 | GS581 | 豇豆属 | 豇豆 | *Vigna unguiculata*（L.）Walp. | | 宁夏盐池 | | 2004 | 3 | 栽培资源 |

（续）

| 序号 | 送种单位编号 | 属 名 | 种 名 | 学 名 | 品种名（原文名） | 材料来源 | 材料原产地 | 收种时间（年份） | 保存地点 | 类型 |
|---|---|---|---|---|---|---|---|---|---|---|
| 7172 | HB2009-348 | 豇豆属 | 豇豆 | *Vigna unguiculata*（L.）Walp. | | | 湖北神农架阳日镇 | 2010 | 3 | 野生资源 |
| 7173 | HB2010-125 | 豇豆属 | 豇豆 | *Vigna unguiculata*（L.）Walp. | | | 湖北神农架松柏镇 | 2011 | 3 | 栽培资源 |
| 7174 | HB2011-036 | 豇豆属 | 豇豆 | *Vigna unguiculata*（L.）Walp. | | 湖北农科院畜牧究所 | | 2011 | 3 | 野生资源 |
| 7175 | HB2011-037 | 豇豆属 | 豇豆 | *Vigna unguiculata*（L.）Walp. | | 湖北农科院畜牧究所 | | 2011 | 3 | 栽培资源 |
| 7176 | hn3157 | 豇豆属 | 豇豆 | *Vigna unguiculata*（L.）Walp. | | | 福建建阳 | 2015 | 3 | 栽培资源 |
| 7177 | JS0102 | 豇豆属 | 豇豆 | *Vigna unguiculata*（L.）Walp. | | 江苏南京 | | 2000 | 3 | 引进资源 |
| 7178 | JS0103 | 豇豆属 | 豇豆 | *Vigna unguiculata*（L.）Walp. | | 四川 | | 2000 | 3 | 引进资源 |
| 7179 | JS0104 | 豇豆属 | 豇豆 | *Vigna unguiculata*（L.）Walp. | | 江苏南京 | 四川 | 2000 | 3 | 栽培资源 |
| 7180 | JS0105 | 豇豆属 | 豇豆 | *Vigna unguiculata*（L.）Walp. | | 江苏南京 | | 2000 | 3 | 栽培资源 |
| 7181 | JS0107 | 豇豆属 | 豇豆 | *Vigna unguiculata*（L.）Walp. | | 江苏南京 | | 2000 | 3 | 栽培资源 |
| 7182 | JS0108 | 豇豆属 | 豇豆 | *Vigna unguiculata*（L.）Walp. | | 江苏南京 | | 2000 | 3 | 栽培资源 |
| 7183 | JS0109 | 豇豆属 | 豇豆 | *Vigna unguiculata*（L.）Walp. | | 江苏南京 | | 2000 | 3 | 栽培资源 |
| 7184 | JS0110 | 豇豆属 | 豇豆 | *Vigna unguiculata*（L.）Walp. | | 江苏南京 | | 2000 | 3 | 栽培资源 |
| 7185 | JS0365 | 豇豆属 | 豇豆 | *Vigna unguiculata*（L.）Walp. | | 江苏 | | 2002 | 3 | 栽培资源 |
| 7186 | JS113 | 豇豆属 | 豇豆 | *Vigna unguiculata*（L.）Walp. | | 江苏南京 | 江苏泰县 | 2000 | 3 | 栽培资源 |
| 7187 | JS114 | 豇豆属 | 豇豆 | *Vigna unguiculata*（L.）Walp. | | 江苏南京 | 江西 | 2000 | 3 | 栽培资源 |
| 7188 | JS115 | 豇豆属 | 豇豆 | *Vigna unguiculata*（L.）Walp. | | 江苏南京 | 江苏泰县 | 2000 | 3 | 栽培资源 |
| 7189 | JS119 | 豇豆属 | 豇豆 | *Vigna unguiculata*（L.）Walp. | | 江苏南京 | | 2000 | 3 | 栽培资源 |
| 7190 | JS120 | 豇豆属 | 豇豆 | *Vigna unguiculata*（L.）Walp. | | 江苏南京 | | 2000 | 3 | 栽培资源 |
| 7191 | JS121 | 豇豆属 | 豇豆 | *Vigna unguiculata*（L.）Walp. | | 江苏南京 | | 2000 | 3 | 栽培资源 |
| 7192 | JS122 | 豇豆属 | 豇豆 | *Vigna unguiculata*（L.）Walp. | | 江苏南京 | | 2000 | 3 | 栽培资源 |
| 7193 | JS123 | 豇豆属 | 豇豆 | *Vigna unguiculata*（L.）Walp. | | 江苏南京 | | 2000 | 3 | 栽培资源 |
| 7194 | JS124 | 豇豆属 | 豇豆 | *Vigna unguiculata*（L.）Walp. | | 江苏南京 | | 2000 | 3 | 栽培资源 |

（续）

| 序号 | 送种单位编号 | 属名 | 种名 | 学名 | 品种名（原文名） | 材料来源 | 材料原产地 | 收种时间（年份） | 保存地点 | 类型 |
|---|---|---|---|---|---|---|---|---|---|---|
| 7195 | JS125 | 豇豆属 | 豇豆 | *Vigna unguiculata*（L.）Walp. | | 江苏南京 | | 2000 | 3 | 栽培资源 |
| 7196 | JS126 | 豇豆属 | 豇豆 | *Vigna unguiculata*（L.）Walp. | | 江苏南京 | | 2000 | 3 | 栽培资源 |
| 7197 | JS127 | 豇豆属 | 豇豆 | *Vigna unguiculata*（L.）Walp. | | 江苏南京 | | 2000 | 3 | 栽培资源 |
| 7198 | JS128 | 豇豆属 | 豇豆 | *Vigna unguiculata*（L.）Walp. | | 江苏南京 | | 2000 | 3 | 栽培资源 |
| 7199 | JS129 | 豇豆属 | 豇豆 | *Vigna unguiculata*（L.）Walp. | | 江苏南京 | | 2000 | 3 | 栽培资源 |
| 7200 | JS130 | 豇豆属 | 豇豆 | *Vigna unguiculata*（L.）Walp. | | 江苏南京 | | 2000 | 3 | 栽培资源 |
| 7201 | JS131 | 豇豆属 | 豇豆 | *Vigna unguiculata*（L.）Walp. | | 江苏南京 | | 2000 | 3 | 栽培资源 |
| 7202 | JS132 | 豇豆属 | 豇豆 | *Vigna unguiculata*（L.）Walp. | | 江苏南京 | | 2000 | 3 | 栽培资源 |
| 7203 | JS133 | 豇豆属 | 豇豆 | *Vigna unguiculata*（L.）Walp. | | 江苏南京 | | 2000 | 3 | 栽培资源 |
| 7204 | JS134 | 豇豆属 | 豇豆 | *Vigna unguiculata*（L.）Walp. | | 江苏南京 | | 2000 | 3 | 栽培资源 |
| 7205 | JS135 | 豇豆属 | 豇豆 | *Vigna unguiculata*（L.）Walp. | | 江苏南京 | | 2000 | 3 | 栽培资源 |
| 7206 | JS136 | 豇豆属 | 豇豆 | *Vigna unguiculata*（L.）Walp. | | 江苏南京 | | 2000 | 3 | 栽培资源 |
| 7207 | JS137 | 豇豆属 | 豇豆 | *Vigna unguiculata*（L.）Walp. | | 江苏南京 | | 2000 | 3 | 栽培资源 |
| 7208 | JS138 | 豇豆属 | 豇豆 | *Vigna unguiculata*（L.）Walp. | | 江苏南京 | | 2000 | 3 | 栽培资源 |
| 7209 | JS139 | 豇豆属 | 豇豆 | *Vigna unguiculata*（L.）Walp. | | 江苏南京 | | 2000 | 3 | 栽培资源 |
| 7210 | JS140 | 豇豆属 | 豇豆 | *Vigna unguiculata*（L.）Walp. | | 江苏南京 | | 2000 | 3 | 栽培资源 |
| 7211 | JS141 | 豇豆属 | 豇豆 | *Vigna unguiculata*（L.）Walp. | | 江苏南京 | | 2000 | 3 | 栽培资源 |
| 7212 | JS142 | 豇豆属 | 豇豆 | *Vigna unguiculata*（L.）Walp. | | 江苏南京 | | 2000 | 3 | 栽培资源 |
| 7213 | JS143 | 豇豆属 | 豇豆 | *Vigna unguiculata*（L.）Walp. | | 江苏南京 | | 2000 | 3 | 栽培资源 |
| 7214 | JS144 | 豇豆属 | 豇豆 | *Vigna unguiculata*（L.）Walp. | | 江苏南京 | | 2000 | 3 | 栽培资源 |
| 7215 | JS145 | 豇豆属 | 豇豆 | *Vigna unguiculata*（L.）Walp. | | 江苏南京 | | 2000 | 3 | 栽培资源 |
| 7216 | JS146 | 豇豆属 | 豇豆 | *Vigna unguiculata*（L.）Walp. | | 江苏南京 | | 2000 | 3 | 栽培资源 |
| 7217 | JS147 | 豇豆属 | 豇豆 | *Vigna unguiculata*（L.）Walp. | | 江苏南京 | | 2000 | 3 | 栽培资源 |
| 7218 | JS148 | 豇豆属 | 豇豆 | *Vigna unguiculata*（L.）Walp. | | 江苏南京 | | 2000 | 3 | 栽培资源 |
| 7219 | JS149 | 豇豆属 | 豇豆 | *Vigna unguiculata*（L.）Walp. | | 江苏南京 | | 2000 | 3 | 栽培资源 |

（续）

| 序号 | 送种单位编号 | 属 名 | 种 名 | 学 名 | 品种名（原文名） | 材料来源 | 材料原产地 | 收种时间（年份） | 保存地点 | 类型 |
|------|------|------|------|------|------|------|------|------|------|------|
| 7220 | JS150 | 豇豆属 | 豇豆 | *Vigna unguiculata*（L.）Walp. | | 江苏南京 | | 2000 | 3 | 栽培资源 |
| 7221 | JS151 | 豇豆属 | 豇豆 | *Vigna unguiculata*（L.）Walp. | | 江苏南京 | | 2000 | 3 | 栽培资源 |
| 7222 | JS152 | 豇豆属 | 豇豆 | *Vigna unguiculata*（L.）Walp. | | 江苏南京 | | 2000 | 3 | 栽培资源 |
| 7223 | JS154 | 豇豆属 | 豇豆 | *Vigna unguiculata*（L.）Walp. | | 江苏南京 | | 2000 | 3 | 栽培资源 |
| 7224 | JS155 | 豇豆属 | 豇豆 | *Vigna unguiculata*（L.）Walp. | | 江苏南京 | | 2000 | 3 | 栽培资源 |
| 7225 | JS156 | 豇豆属 | 豇豆 | *Vigna unguiculata*（L.）Walp. | | 江苏南京 | | 2000 | 3 | 栽培资源 |
| 7226 | JS157 | 豇豆属 | 豇豆 | *Vigna unguiculata*（L.）Walp. | | 江苏南京 | | 2000 | 3 | 栽培资源 |
| 7227 | JS158 | 豇豆属 | 豇豆 | *Vigna unguiculata*（L.）Walp. | | 江苏南京 | | 2000 | 3 | 栽培资源 |
| 7228 | JS2004-173 | 豇豆属 | 豇豆 | *Vigna unguiculata*（L.）Walp. | | 江苏盐城 | | 2004 | 3 | 栽培资源 |
| 7229 | JS2004-174 | 豇豆属 | 豇豆 | *Vigna unguiculata*（L.）Walp. | | | 福建 | 2004 | 3 | 栽培资源 |
| 7230 | JS2004-27 | 豇豆属 | 豇豆 | *Vigna unguiculata*（L.）Walp. | | 江苏江宁 | | 2003 | 3 | 栽培资源 |
| 7231 | JS2004-97 | 豇豆属 | 豇豆 | *Vigna unguiculata*（L.）Walp. | | | 福建 | 2004 | 3 | 栽培资源 |
| 7232 | JS2004-99 | 豇豆属 | 豇豆 | *Vigna unguiculata*（L.）Walp. | | 江苏 | | 2004 | 3 | 栽培资源 |
| 7233 | JS2006-54 | 豇豆属 | 豇豆 | *Vigna unguiculata*（L.）Walp. | 白豇 | 江苏滨海八滩 | | 2006 | 3 | 栽培资源 |
| 7234 | JS2008-225 | 豇豆属 | 豇豆 | *Vigna unguiculata*（L.）Walp. | 句容小米豆 | 江苏句容 | | 2008 | 3 | 栽培资源 |
| 7235 | JS2008-226 | 豇豆属 | 豇豆 | *Vigna unguiculata*（L.）Walp. | 徐州大粒饭豆 | 江苏徐州 | | 2008 | 3 | 野生资源 |
| 7236 | JS2008-227 | 豇豆属 | 豇豆 | *Vigna unguiculata*（L.）Walp. | 泰州米豇豆 | 江苏泰州 | | 2008 | 3 | 栽培资源 |
| 7237 | JS2008-76 | 豇豆属 | 豇豆 | *Vigna unguiculata*（L.）Walp. | 溧水花饭豆 | 江苏溧水 | | 2008 | 3 | 栽培资源 |
| 7238 | JS2008-77 | 豇豆属 | 豇豆 | *Vigna unguiculata*（L.）Walp. | 溧水花纹饭豆 | 江苏溧水 | | 2008 | 3 | 栽培资源 |
| 7239 | JS2008-78 | 豇豆属 | 豇豆 | *Vigna unguiculata*（L.）Walp. | 江宁花纹饭豆 | 江苏江宁 | | 2008 | 3 | 栽培资源 |
| 7240 | JS2008-79 | 豇豆属 | 豇豆 | *Vigna unguiculata*（L.）Walp. | 兴化饭豆 | 江苏兴化 | | 2008 | 3 | 栽培资源 |
| 7241 | SCH2003-417 | 豇豆属 | 豇豆 | *Vigna unguiculata*（L.）Walp. | | | 四川洪雅 | 2003 | 3 | 野生资源 |
| 7242 | SCH2004-161 | 豇豆属 | 豇豆 | *Vigna unguiculata*（L.）Walp. | | | 四川邛崃 | 2003 | 3 | 野生资源 |
| 7243 | YN2004-190 | 豇豆属 | 豇豆 | *Vigna unguiculata*（L.）Walp. | | 云南昆明 | 亚洲南部 | 2003 | 3 | 野生资源 |
| 7244 | FJ 印度豇豆 | 豇豆属 | 豇豆 | *Vigna unguiculata*（L.）Walp. | | | 福建福州古田 | 2010 | 2 | 野生资源 |

（续）

| 序号 | 送种单位编号 | 属 名 | 种 名 | 学 名 | 品种名（原文名） | 材料来源 | 材料原产地 | 收种时间（年份） | 保存地点 | 类型 |
|---|---|---|---|---|---|---|---|---|---|---|
| 7245 | 广 92-6 | 豇豆属 | 豇豆 | *Vigna unguiculata*（L.）Walp. | | 广西畜牧所 | 华南 | 1991 | 1 | 野生资源 |
| 7246 | 广 92-5 | 豇豆属 | 豇豆 | *Vigna unguiculata*（L.）Walp. | | 广西畜牧所 | 华南 | 1991 | 1 | 野生资源 |
| 7247 | 广 81-10 | 豇豆属 | 豇豆 | *Vigna unguiculata*（L.）Walp. | | 广西畜牧所 | 华南 | 1991 | 1 | 野生资源 |
| 7248 | HN1364 | 豇豆属 | 豇豆 | *Vigna unguiculata*（L.）Walp. | | | 福建福州古田 | 2010 | 3 | 野生资源 |
| 7249 | 070118031-1 | 豇豆属 | 豇豆 | *Vigna unguiculata*（L.）Walp. | | | 福建福州 | 2007 | 2 | 野生资源 |
| 7250 | 161021004 | 豇豆属 | 豇豆 | *Vigna unguiculata*（L.）Walp. | | | 萨摩亚 | 2016 | 2 | 引进资源 |
| 7251 | 161025004 | 豇豆属 | 豇豆 | *Vigna unguiculata*（L.）Walp. | | | 汤加 | 2016 | 2 | 引进资源 |
| 7252 | 141202009 | 豇豆属 | 豇豆 | *Vigna unguiculata*（L.）Walp. | | | 海南儋州那大 | 2014 | 2 | 野生资源 |
| 7253 | 141202010 | 豇豆属 | 豇豆 | *Vigna unguiculata*（L.）Walp. | | | 云南怒江州泸水 | 2014 | 2 | 野生资源 |
| 7254 | 印尼豇豆-1 | 豇豆属 | 豇豆 | *Vigna unguiculata*（L.）Walp. | | 印度国际半干旱作物研究所 | | 2006 | 2 | 野生资源 |
| 7255 | 101214012 | 豇豆属 | 豇豆 | *Vigna unguiculata*（L.）Walp. | | | 贝宁 | 2010 | 2 | 引进资源 |
| 7256 | 070109007 | 豇豆属 | 豇豆 | *Vigna unguiculata*（L.）Walp. | | | 广东惠阳 | 2007 | 2 | 野生资源 |
| 7257 | FJ 四季长豆 | 豇豆属 | 豇豆 | *Vigna unguiculata*（L.）Walp. | | 福建农业科学院 | | 2010 | 2 | 栽培资源 |
| 7258 | 081218004 | 豇豆属 | 豇豆 | *Vigna unguiculata*（L.）Walp. | | | 湖北鄂州泽林 | 2008 | 2 | 野生资源 |
| 7259 | 印度豇豆 | 豇豆属 | 豇豆 | *Vigna unguiculata*（L.）Walp. | | | 澳大利亚 | 2006 | 2 | 引进资源 |
| 7260 | 041130159 | 豇豆属 | 豇豆 | *Vigna unguiculata*（L.）Walp. | | | 海南陵水 | 2004 | 2 | 野生资源 |
| 7261 | 南 00529 | 豇豆属 | 豇豆 | *Vigna unguiculata*（L.）Walp. | | 海南南繁基地 | | 2001 | 2 | 野生资源 |
| 7262 | 041130041 | 豇豆属 | 豇豆 | *Vigna unguiculata*（L.）Walp. | | | 海南东方抱板镇 | 2004 | 2 | 野生资源 |
| 7263 | 070118031 | 豇豆属 | 豇豆 | *Vigna unguiculata*（L.）Walp. | | | 广东惠州博罗 | 2007 | 2 | 野生资源 |
| 7264 | 050507011 | 豇豆属 | 豇豆 | *Vigna unguiculata*（L.）Walp. | | | 澳大利亚 | 2005 | 2 | 引进资源 |
| 7265 | 081226031 | 豇豆属 | 豇豆 | *Vigna unguiculata*（L.）Walp. | | | 湖南永州零陵 | 2008 | 2 | 野生资源 |
| 7266 | 071220048 | 豇豆属 | 豇豆 | *Vigna unguiculata*（L.）Walp. | | | 福建漳州南靖 | 2007 | 2 | 野生资源 |
| 7267 | 140401055 | 豇豆属 | 豇豆 | *Vigna unguiculata*（L.）Walp. | | | 福建福州晋安 | 2014 | 2 | 野生资源 |
| 7268 | 150923005 | 豇豆属 | 豇豆 | *Vigna unguiculata*（L.）Walp. | | | 福建建阳 | 2015 | 2 | 野生资源 |

（续）

| 序号 | 送种单位编号 | 属 名 | 种 名 | 学 名 | 品种名（原文名） | 材料来源 | 材料原产地 | 收种时间（年份） | 保存地点 | 类型 |
|------|------|------|------|------|------|------|------|------|------|------|
| 7269 | 151115020 | 豇豆属 | 豇豆 | *Vigna unguiculata*（L.）Walp. | | | 四川攀枝花 | 2015 | 2 | 野生资源 |
| 7270 | 150923004 | 豇豆属 | 豇豆 | *Vigna unguiculata*（L.）Walp. | | | 福建建阳 | 2015 | 2 | 野生资源 |
| 7271 | HB2010-139 | 豇豆属 | 野豇豆 | *Vigna vexillata*（L.）Rich. | | | 湖北神农架松柏镇 | 2014 | 3 | 野生资源 |
| 7272 | HB2011-015 | 豇豆属 | 野豇豆 | *Vigna vexillata*（L.）Rich. | | 湖北农科院畜牧所 | | 2016 | 3 | 野生资源 |
| 7273 | HB2011-017 | 豇豆属 | 野豇豆 | *Vigna vexillata*（L.）Rich. | | 湖北农科院畜牧所 | | 2016 | 3 | 野生资源 |
| 7274 | HB2014-247 | 豇豆属 | 野豇豆 | *Vigna vexillata*（L.）Rich. | | | 河南信阳浉河 | 2014 | 3 | 野生资源 |
| 7275 | HB2014-248 | 豇豆属 | 野豇豆 | *Vigna vexillata*（L.）Rich. | | | 河南信阳浉河 | 2014 | 3 | 野生资源 |
| 7276 | HB2015154 | 豇豆属 | 野豇豆 | *Vigna vexillata*（L.）Rich. | | | 河南信阳羊山 | 2015 | 3 | 野生资源 |
| 7277 | HB2015162 | 豇豆属 | 野豇豆 | *Vigna vexillata*（L.）Rich. | | | 河南驻马店确山 | 2015 | 3 | 野生资源 |
| 7278 | HB2015165 | 豇豆属 | 野豇豆 | *Vigna vexillata*（L.）Rich. | | | 河南信阳浉河 | 2015 | 3 | 野生资源 |
| 7279 | HB2015166 | 豇豆属 | 野豇豆 | *Vigna vexillata*（L.）Rich. | | | 河南信阳浉河 | 2015 | 3 | 野生资源 |
| 7280 | HB2015167 | 豇豆属 | 野豇豆 | *Vigna vexillata*（L.）Rich. | | | 河南信阳浉河 | 2015 | 3 | 野生资源 |
| 7281 | HB2015170 | 豇豆属 | 野豇豆 | *Vigna vexillata*（L.）Rich. | | | 河南信阳浉河 | 2015 | 3 | 野生资源 |
| 7282 | HB2015173 | 豇豆属 | 野豇豆 | *Vigna vexillata*（L.）Rich. | | | 河南信阳新县 | 2015 | 3 | 野生资源 |
| 7283 | HB2015180 | 豇豆属 | 野豇豆 | *Vigna vexillata*（L.）Rich. | | | 河南信阳浉河 | 2015 | 3 | 野生资源 |
| 7284 | HB2015181 | 豇豆属 | 野豇豆 | *Vigna vexillata*（L.）Rich. | | | 河南信阳浉河 | 2015 | 3 | 野生资源 |
| 7285 | HB2015215 | 豇豆属 | 野豇豆 | *Vigna vexillata*（L.）Rich. | | | 湖北神农架松柏镇 | 2015 | 3 | 野生资源 |
| 7286 | 101214000 | 丁葵草属 | 丁葵草 | *Zornia diphylla* Per. | | | 贝宁 | 2010 | 2 | 引进资源 |
| 7287 | 110111023 | 丁葵草属 | 丁葵草 | *Zornia diphylla* Per. | | | 福建漳浦 | 2011 | 2 | 野生资源 |
| 7288 | 060811003 | 丁葵草属 | 丁葵草 | *Zornia diphylla* Per. | | | 吉隆坡 | 2006 | 2 | 引进资源 |
| 7289 | 040822174 | 丁葵草属 | 丁葵草 | *Zornia diphylla* Per. | | | 海南昌江叉河 | 2004 | 2 | 野生资源 |
| 7290 | 040822063 | 丁葵草属 | 丁葵草 | *Zornia diphylla* Per. | | | 海南琼中种牛场 | 2004 | 2 | 野生资源 |
| 7291 | 061014003 | 丁葵草属 | 丁葵草 | *Zornia diphylla* Per. | | | 海南儋州大成 | 2006 | 2 | 野生资源 |

（续）

| 序号 | 送种单位编号 | 属 名 | 种 名 | 学 名 | 品种名（原文名） | 材料来源 | 材料原产地 | 收种时间（年份） | 保存地点 | 类型 |
|------|------------|-------|-------|-------|------------------|----------|-----------|----------------|---------|------|
| 7292 | 051212100 | 丁葵草属 | 丁葵草 | *Zornia diphylla* Per. | | | 海南东方鸵鸟基地 | 2005 | 2 | 野生资源 |
| 7293 | 070106010 | 丁葵草属 | 丁葵草 | *Zornia diphylla* Per. | | | 广东华南植物园 | 2007 | 2 | 野生资源 |
| 7294 | 061113013 | 丁葵草属 | 丁葵草 | *Zornia diphylla* Per. | | | 海南儋州木堂镇 | 2006 | 2 | 野生资源 |
| 7295 | 061127028 | 丁葵草属 | 丁葵草 | *Zornia diphylla* Per. | | | 海南东方新街镇 | 2006 | 2 | 野生资源 |
| 7296 | 130315001 | 丁葵草属 | 丁葵草 | *Zornia diphylla* Per. | | | 广东龙川 | 2013 | 2 | 野生资源 |
| 7297 | 150528002 | 丁葵草属 | 丁葵草 | *Zornia diphylla* Per. | | | 刚果 | 2015 | 2 | 引进资源 |
| 7298 | 151023021 | 丁葵草属 | 丁葵草 | *Zornia diphylla* Per. | | | 广东化州林尘镇 | 2015 | 2 | 野生资源 |